国外名校最新教材精选

Principles of Electronic Materials and Devices
(Third Edition)

电子材料与器件原理
（第 3 版）

下册：应用篇

〔加〕　萨法·卡萨普　著

S. O. Kasap

Professor of University of Saskatchewan, Canada
Canada Research Chair

汪　宏　等译

西安交通大学出版社
Xi'an Jiaotong University Press

S. O. Kasap
Principles of Electronic Materials and Devices, Third Edition
ISBN:0-07-295791-3

Copyright © 2006 by The McGraw-Hill Companies, Inc.

Original edition published by The McGraw-Hill Companies, Inc. All rights reserved. No part of this publication may be reproduced or distributed by any means, or stored in a database or retrieval system, without the prior written permission of the publisher.

Simplified Chinese translation edition jointly published by McGraw-Hill Education (Asia) Co. and Xi'an Jiaotong University Press.

本书中文简体字翻译版由西安交通大学出版社和美国麦格劳-希尔教育（亚洲）出版公司合作出版。未经出版者预先书面许可，不得以任何方式复制或抄袭本书的任何部分。

本书封面贴有麦格劳-希尔（McGraw-Hill）公司防伪标签，无标签者不得销售。

陕西省版权局著作权合同登记号　25-2008-091号

图书在版编目（CIP）数据

电子材料与器件原理：第3版·下册/（加）卡萨普（Kasap, S. O.）；
汪宏等译.—西安：西安交通大学出版社，2009.7（2020.6重印）
（国外名校最新教材精选）
书名原文：Principles of Electronic Materials and Devices/Third Edition
ISBN 978-7-5605-3155-7

Ⅰ.电…　Ⅱ.①卡…②汪…　Ⅲ.①电子材料-高等学校-
教材②电子器件-高等学校-教材　Ⅳ.TN04　TN103

中国版本图书馆 CIP 数据核字（2009）第 102467 号

书　　名	电子材料与器件原理（第3版）/下册：应用篇
著　　者	（加）萨法·卡萨普（S. O. Kasap）
译　　者	汪　宏　等
策划编辑	赵丽平　贺峰涛
责任编辑	贺峰涛
文字编辑	宗立文

出版发行	西安交通大学出版社
	（西安市兴庆南路1号　邮政编码 710048）
网　　址	http://www.xjtupress.com
电　　话	(029)82668357　82667874（发行部）
	(029)82668315（总编办）
传　　真	(029)82668280
印　　刷	西安日报社印务中心

开　　本	787 mm×1 092 mm　1/16　印张 26.25　字数 631 千字
版次印次	2009 年 7 月第 1 版　　2020 年 6 月第 7 次印刷
书　　号	ISBN 978-7-5605-3155-7
定　　价	54.00 元

读者购书、书店添货或发现印装质量问题，请与本社发行中心联系、调换。
订购热线：(029)82665248　(029)82665249
投稿热线：(029)82664954
读者信箱：banquan1809@126.com

版权所有　侵权必究

译者序

　　近年来,随着电子信息技术的飞速发展,电子器件正向小型化、集成化和多功能化方向发展,新型电子材料与器件的研究因而十分活跃。电子材料与器件主要包括半导体材料与器件、功能电介质材料与器件、磁性材料与器件、光电子材料与器件等,在电子信息技术产业中占据着主导地位,对社会、经济和国防建设发展产生着巨大的影响。

　　以硅材料和硅技术为代表的半导体材料与器件自 1947 年第一只晶体管发明以来,取得了令人瞩目的飞速进展,为计算机和网络技术的革命与进步奠定了重要基础。目前集成电路 90nm 和 65nm 工艺已趋成熟,随着高 k 栅介质材料与技术的研究开发与应用,45nm 工艺时代也已来临,采用 45nm 高 k 金属栅极晶体管技术生产的高端处理器芯片最大集成了 8.2 亿个晶体管,相比 65nm 工艺实现了更快的晶体管切换速度、更高的内核速度、更低的功耗和更高的集成度,未来集成电路的特征尺寸预计将达到 10nm 的极限。功能电介质材料具有电、磁、光、热及其耦合的机电、磁电、电光等丰富多样的功能,基于功能电介质材料的电子元器件的发展极大地促进了现代信息和电子技术的进步,例如上世纪20 年代中叶,Ni-Zn、Mn-Zn 铁氧体的发现,引导了电感线圈器件的变革,使电话和无线电技术进入了新的阶段;"二战"期间发明的高介电 $BaTiO_3$ 基陶瓷,使得电容器及相关技术产生了变革,形成了规模庞大的电子元件产业;压电陶瓷材料的发展深刻地改变了包括传感器技术、超声技术、表面波通信技术、精密定位技术等一系列工业技术;小型化的氧化物陶瓷微波元器件的出现使当今无线移动通信得以飞速增长。磁性材料与器件的发展同样深深地影响到我们的日常生活,磁记录材料仍然是当今最为广泛使用的存储器材料之一,上世纪 90 年代巨磁阻效应的发现和在计算机硬盘上的应用使得计算机硬盘小型化和高容量成为现实;超导性的发现使得高速磁悬浮列车成为可能,科学家们研究和演示了高温超导材料在新型电力输送系统中的应用;光电子材料发展也与信息电子技术息息相关,光存储介质(如光盘)、光通信材料(如光纤)、光显示材料(如电致发光材料和液晶显示材料)、激光材料(如激光器)等已得到广泛应用,科学家正在致力于开发新型发光材料、光电转换材料和光电集成材料,从而有望使太阳能这一绿色能源利用成为能源主流、使光子计算机等新型光子信息系统成为现实。

本书是目前市场上少有的一本比较全面介绍电子材料与器件的优秀教材,本书的内容全面广泛,第1章到第4章阐述了材料科学基础概念、固体的电导和热导、量子物理基础和现代固体理论等基础理论知识,第5章到第9章重点介绍了半导体、半导体器件、电介质材料与绝缘、磁性与超导性、材料的光学特性等几大部分内容,本书的特点在于既形象生动地介绍了电子材料与器件的原理性知识,又紧密结合现代电子材料与器件的最新发展给出了很多实际例子。全书逻辑清楚,深入浅出,重点突出,知识面广,易于阅读。作为一本专业教材它还具有以下的突出优点:(1)理论知识以强调物理概念为主,尽量减少繁琐的数学推导;(2)全书有170个例题和250个习题,每一个简单的概念都有例题以便于学生理解和学习;(3)全书有530张制作精美的插图来帮助理解和解释相关概念;(4)每一章后面的习题从易到难分级,较难的问题以星号表示出来,并有重点概念提示;(5)每一章后面都有专业术语及其解释,还有附加主题(Additional topics)给出一些重要理论和概念的深入知识以加深理解。

总之,本书是一本关于电子材料与器件的非常优秀的教材,已被国外很多著名高校用作电气与电子类专业的教材。本书的内容涉及电子科学、电气科学和材料科学等相关学科,体现了新型电子材料与器件的发展是学科交叉和融合的必然趋势。系统地学习和阅读本书可以得到创新性思维的启迪。因此,本书适于作为高等院校电子科学、电气科学和材料科学等相关学科的高年级本科生或研究生的专业课程教材,也适用于相关领域的科学家、工程师和高校师生参考。

本书由汪宏组织翻译和审校。参加本书翻译的有:汪宏、李振荣、陈晓峰、汪敏强、屈马林、冯玉军、陈贵灿、贺永宁、任巍、魏晓勇、陈烽、李少康、李可铖等。全书翻译分工如下:

第1章　材料科学基础概念(汪宏、李振荣译)

第2章　固体中的电导和热导(陈晓峰译)

第3章　量子物理基础(屈马林、汪敏强译)

第4章　现代固体理论(冯玉军译)

第5章　半导体(陈贵灿译)

第6章　半导体器件(贺永宁译)

第7章　电介质材料与绝缘(任巍、魏晓勇、李少康译)

第8章　磁性和超导性(汪宏、李可铖译)

第9章　材料的光学特性(陈烽译)

西安交通大学出版社的贺峰涛编辑和赵丽萍编审在组织出版和编辑工作中给予了极大的支持和帮助,在此对他们表示衷心的感谢。感谢所有为本书出版付出辛勤劳动的人们。

因译者水平和经验有限,疏漏和错误在所难免,欢迎读者批评指正。

译　者

2009 年 4 月

于西安交通大学

前　言

关于第 3 版

　　这本教材适用于本科生关于电子材料与器件的基本教程。教材中附加的专题，使得这本教材也可以作为电子工程和材料科学专业研究生关于电子材料的入门教材。第 3 版在第 2 版的基础上根据读者的反馈意见进行了大量修订，增加了很多新的扩展专题、大量的新例题和习题。还有一些改动虽然很小，但是对于教材的改进却是相当重要的。例如，硅的本征浓度 n_i 被订正为 $1 \times 10^{10}\,\text{cm}^{-3}$，而不是如其他教材中常见的 $1.45 \times 10^{10}\,\text{cm}^{-3}$，这个改变使得与器件有关的计算产生了显著的差别。书中增加了大量的习题，也增加了更多的例题以将概念和实际应用联系起来。在好几章中都提到的布喇格衍射定律在附录 A 中进行了解释，供不熟悉这个定律的读者学习。

　　第 3 版是目前市场上不多见的从更宽的范围介绍电子材料的书籍，可供相关领域的工程师和科学家参考。我相信第 3 版的修订既提高了本书的严谨性又没有损失旧版中受到学生和教师欢迎的半定量的阐述风格。一些新增和扩展的专题如下：

第 1 章　热膨胀；原子扩散

第 2 章　薄膜的电导；微电子学中的互连；电迁移

第 3 章　普朗克和斯特藩定律；原子磁矩；斯特恩–盖拉赫实验

第 4 章　碳纳米管的场发射；格林爱森热膨胀

第 5 章　压阻性；非晶态半导体

第 6 章　发光二极管；太阳能电池；半导体激光器

第 7 章　德拜弛豫；介质的局域场；离子极化率；朗之万偶极极化；混合介质

第 8 章　泡利自旋顺磁性；铁磁体的能带模型；巨磁阻（GMR）；磁存储

第 9 章　塞尔迈耶尔和柯西色散关系；剩余射线或晶格吸收；发光和白光 LED

附　录　布喇格衍射定律和 X 射线衍射；光通量和辐射亮度

本书的结构和特点

在编写这本教材时,我试图将全面的内容和不同的版本保持在一个半定量阐述的水平而不陷入过深的物理理论中。许多问题只限于满足工程类的需要。一些章节中的附加专题提供了更多的处理细节,通常包括量子力学和数学的处理。尽量避免了重复的引用,使得读者可以根据自身情况跳过不同的章节。这本教材可用于一学期的相关课程并具有很大的灵活性。

一些重要的特点包括:

- 有关原理的介绍着重强调其物理思想而采用最少的数学推导;量子力学为课程的一部分但不采用难懂的数学形式。
- 有170多个例子和例题,大多数具有实际意义;学生通过这些例子学习,并有250道简单的习题。
- 即使是简单的概念也有例子帮助学习。
- 大多数学生希望通过清晰的示意图来帮助他们理解和解释概念,教材中包括了530幅专业制作的示意图来反映和帮助解释概念。
- 每章后的问题和习题进行了难易分级,总是以简单的概念开始过渡到复杂的概念。难题标有星号(*)。很多实际应用用示意图表示出来,只要登录本书在 McGraw-Hill 的网址,就可以得到提供给教师的在线更新的题解手册。
- 书中在每章的最后包括了索引术语解释,解释了正文及习题中遇到的一些概念和术语。
- 每章的最后包括了附加的专题,用以进一步介绍重要的概念、有趣的应用或定理证明。这些专题可以用于一门两学期的课程以及供好学的学生深化学习。
- 本书得到 McGraw – Hill 教材网页的支持,网页上包括供教师和学生参考的题解。

致谢

感谢我过去和现在的所有研究生和从事博士后研究工作的同事们,他们阅读了本书的不同章节并使我永不停顿。我很幸运有 Charbel Tannous 这样的同事和朋友,他总是给出尖锐但有益的评论,尤其是对第8章的内容。感谢大量的评阅人,在不同的时间阅读了手稿的不同部分并提出了广泛的评论。也感谢大量的教师写信给我告知他们的意见。我采纳了大多数的建议进行了修订,相信这将使本书更加出色。没有一本教材是十全十美的,我相信还会有更多的建议供下次修订参考。我衷心感谢这些无价的批评和建议,下列是其中的一部分建议者(依字母次序):

Çetin Aktik (University of Sherbrooke)

Emily Allen (San Jose State University)

Vasantha Amarakoon (New York State College of Ceramics at Alfred University)

David Bahr (Washington State University)

David Cahill (University of Illinois)

David Cann (Iowa State University)

Mark De Guire (Case Western Reserve University)

Joel Dubow (University of Utah)

Alwyn Eades (Lehigh University)

Stacy Gleixner (San Jose State University)

Mehmet Günes (Izmir Institute of Technology)

Robert Johanson (University of Saskatchewan)

Karen Kavanagh (Simon Fraser University)

Furrukh Khan (Ohio State University)

Michael Kozicki (Arizona State University)

Eric Kvam (Purdue University)

Hilary Lackritz (Purdue University)

Long C. Lee (San Diego State University)

Allen Meitzler (University of Michigan, Dearborn)

Peter D. Moran (Michigan Technological University)

Pierre Pecheur (University of Nancy, France)

Aaron Peled Holon (Academic Institute of Technology, Israel)

John Sanchez (University of Michigan, Ann Arbor)

Christoph Steinbruchel (Rensselaer Polytechnic Institute)

Charbel Tannous (Brest University, France)

Linda Vanasupa (California Polytechnic State University)

Steven M. Yalisove (University of Michigan, Ann Arbor)

萨法·卡萨普

http://ElectronicMaterials.Usask.Ca

"科学的重要之处不只在于获得新的事实而更在于发现新的方法来思考这些事实。"

——威廉·劳伦斯·布喇格爵士(Sir William Lawrence Bragg)

献给 Nicolette

简要目录

目　录

附：上册(理论篇)

GaAs 晶锭和晶片

照片来源:承蒙日本住友电气工业株式会社(Sumitomo Electric Industries,Ltd)提供

阿诺德·索末菲（Arnold Johannes Wilhelm Sommerfeld,1868—1951)提出了第4章中金属的量子力学自由电子理论。索末菲是慕尼黑大学由他本人创建的理论物理研究所的所长

照片来源：美国物理学会塞格雷(Emilio Segrè)图像档案馆,今日物理收藏

菲利克斯·布洛赫(左)(Felix Bloch)和罗特哈尔·诺德海姆(右)(Lothar Wolfgang Nordheim)。诺德海姆(1899—1988)获得哥廷根大学博士学位

照片来源：美国物理学会塞格雷(Emilio Segrè)图像档案馆,Uhlenbeck收藏

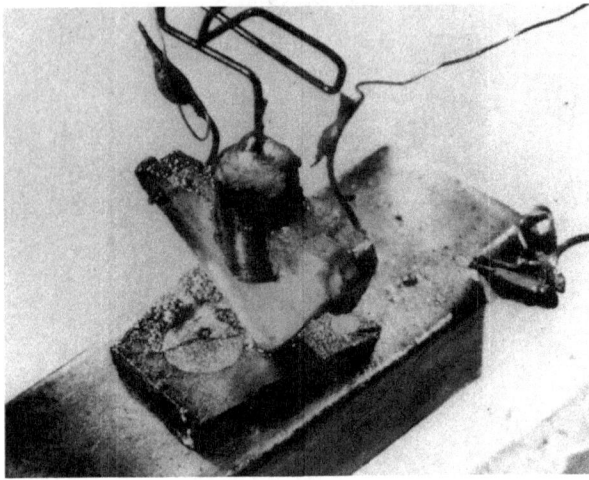

贝尔实验室发明的第一个点接触晶体管
照片来源：贝尔实验室

晶体管的3个发明者：威廉·肖克利（William Shockley）（坐者），约翰·巴丁（John Bardeen）（左边）和沃尔特·布拉顿（Walter Brattain）（右边）于1948年。1956年这3位发明者共享诺贝尔奖
照片来源：贝尔实验室

第5章　半导体

本章中我们将对本征与非本征半导体的性质建立基本的认识。尽管我们讨论的大部分内容和实例是基于 Si 材料,但其思想适用于 Ge 材料和 GaAs,InP 以及其它化合物半导体。我们所说的本征硅是指理想的、无缺陷的硅单晶,它没有任何的杂质或晶体缺陷(例如位错和晶粒边界)。因此,该晶体中的硅原子以金刚石结构的形式完整地相互键合。在温度高于绝对零度的条件下,晶格中的硅原子将按照一种能量分布产生振动。尽管这种振动的平均能量至多为 $3kT$,振动的硅原子并不能破坏它们之间的键合,但某些区域的少数晶格振动仍然可以具有足够的能量使硅原子之间的键合断裂。一个键一旦被破坏,就会产生一个"自由电子",它在晶体中作无规则运动,在电场的作用下能参与导电。这个破坏的键失去了一个电子,因而该处带正电;由于失去电子而在键中留下的空位被称为**空穴**。邻近键的电子能容易地隧穿到这个断键并填充空穴,于是有效地产生了空穴向隧穿电子原来地方的转移。因此,通过邻近键的电子的隧穿,空穴也可以自由地在晶体中作无规则运动,也可以在外加电场作用下参与电导。在本征半导体中,热激发产生的电子数等于空穴数(断裂的价键数)。在非本征半导体中,半导体添加了杂质,杂质可以提供额外的电子或空穴。例如在 Si 中掺砷(As),每个砷原子起施主的作用,为晶体提供一个自由电子。因为这些电子不是来自断裂的键,电子与空穴的数目在非本征半导体中是不相等的,本例中掺砷的 Si 将具有过量的电子。这种硅晶体称为 n 型 Si,因为导电主要是由电子的运动产生的。如果掺杂(例如掺硼)而使空穴的浓度超过电子的浓度,也可以得到 p 型 Si。

5.1　本征半导体

5.1.1　硅晶体与能带图

孤立的 Si 原子的电子排列为 $[\text{Ne}]3s^2p^2$。然而它处于其它原子附近时,3s 与 3p 能级是如此靠近,使得能级的相互作用出现 $\psi(3s)$,$\psi(3p_x)$,$\psi(3p_y)$ 和 $\psi(3p_z)$ 四个轨道的混叠,并产生四个新的杂化轨道(称为 ψ_{hyb})。这些新轨道对称地取向、相互尽可能地离开(指向四面体的顶点)。在二维的示意图中,我们只能看到如图 5.1(a)所示的轨道。每个轨道有一个电子,四个杂化轨道 ψ_{hyb} 都是半满的。因此,硅原子的一个 ψ_{hyb} 可以与邻近的一个硅原子的一个杂化轨道进行交叠而形成具有一对自旋电子的共价键。通过半满轨道 ψ_{hyb} 的这种交叠方式,一个硅原子可以与四个硅原子键合,如图 5.1(b)所示。每个 Si—Si 键对应一个轨道 ψ_B,它由邻近的两个 ψ_{hyb} 交叠而成。每一个价键轨道 ψ_B 具有两个自旋的电子,因而是满的。邻近的 Si 原子也可以与其它的 Si 原子形成共价键,因此可形成三维的 Si 原子网络。在一个四面体分布中,一个硅原子与四个硅原子组成共价键,最终的结构就是硅晶体。这就是在第 1 章叙述的金刚石结构。我们可以想象,由图 5.1(b)所示的是二维硅晶体,共价键中的电子是价电子。

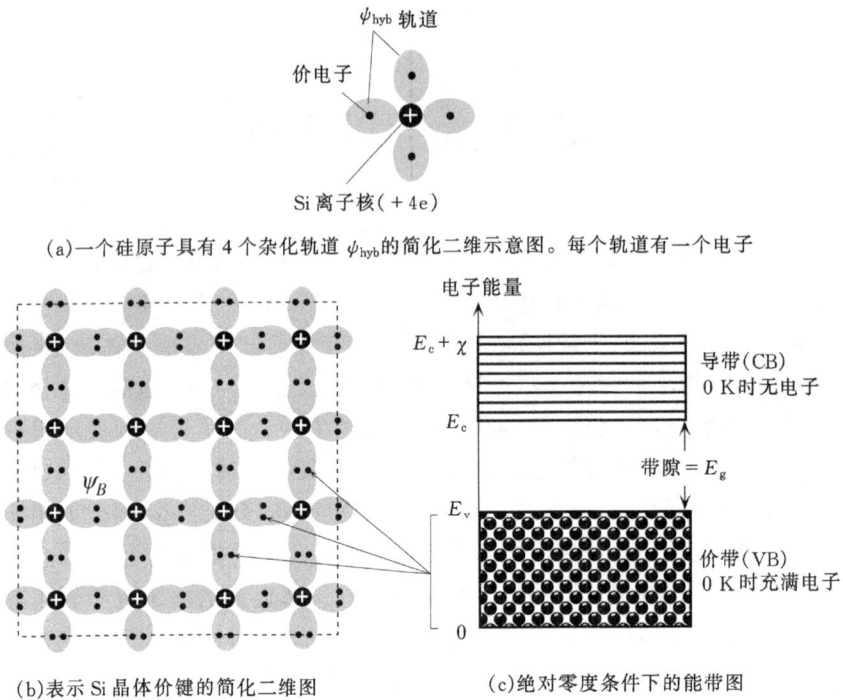

(a)一个硅原子具有 4 个杂化轨道 ψ_{hyb} 的简化二维示意图。每个轨道有一个电子

(b)表示 Si 晶体价键的简化二维图

(c)绝对零度条件下的能带图

图 5.1

硅晶体的能带图如图 5.1(c)所示[①]。纵坐标表示晶体中电子的能量。价带(VB)包含了与价键轨道交叠(ψ_B)对应的电子状态。由于晶体中所有的价键轨道(ψ_B)都被价电子填满,在绝对零度的条件下 VB 也是被价电子填满的。导带(CB)包含了更高能量的电子状态,这些状态与非束缚轨道的交叠相对应。CB 与 VB 被能隙 E_g 分隔,E_g 称为**带隙**或**禁带**。VB 的顶部标记为能级 E_v;CB 的底部标记为 E_c。从 E_c 到真空能级的距离,即 CB 的宽度,称为电子的**亲和能** χ。整个能带图如图 5.1(c)所示,它适用于所有的晶体半导体,不同的材料只是能量需作适当的变化。

图 5.1(c)的 VB 中的电子是图 5.1(b)中 Si 原子之间的价电子。但是,VB 中的一个价电子并不是处于某个原子的格点,而是在整个固体中扩展。尽管图 5.1(b)中的这些电子出现在 Si 原子的价键轨道中,事实上这是不正确的。在晶体中,这些电子可以从一个键隧穿到另一个键而交换位置。假如计算 Si 晶体的一个价电子的波函数,我们发现,该波函数会扩展到整个固体。这表示:共价键中的这些电子是不可分辨的。我们从开始就不能对电子进行标注,也不能指出电子处于哪两个原子的某个共价键中。

我们可以粗略地表示二维的 Si 晶体,如图 5.2 所示。对于 Si 原子之间的每个共价键,我们用两根线表示自旋对的两

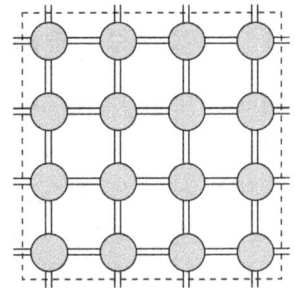

图 5.2 用 2 根线(每根线代表一个价电子)表示价键的 Si 晶体二维图

---

① 硅晶体能带图的形成已在第 4 章详细叙述。

个电子,每根线代表一个价电子。

5.1.2　电子与空穴

硅晶体中仅有的空电子状态在 CB 中(参见图 5.1(c))。CB 中的电子可以在晶体内自由运动,也可以对所加的电场作出响应,因为邻近存在许多空的能级。CB 中的电子可以很容易地从电场得到能量并移动到更高的能级,因为这些状态是空的。通常我们可以把 CB 中的电子当作具有修正了质量的晶体内的自由电子,这将在 5.1.3 节中进行解释。

由于仅有的空电子态位于 CB,VB 中电子的激发需要的最小能量为 E_g。当一个能量 $h\nu >$ E_g 的光子入射到 VB 中的一个电子时,图 5.3(a)显示了所发生的现象。这个电子吸收入射光子,得到足够越过带隙 E_g 的能量并到达 CB。其结果是,产生了一个电子和一个空穴,这对应于在 VB 中失去了一个电子。在诸如 Si 和 Ge 这样的某些半导体中,吸收光子的过程还包含晶格振动(Si 原子的振动),这在图 5.3(b)中没有表示出来。

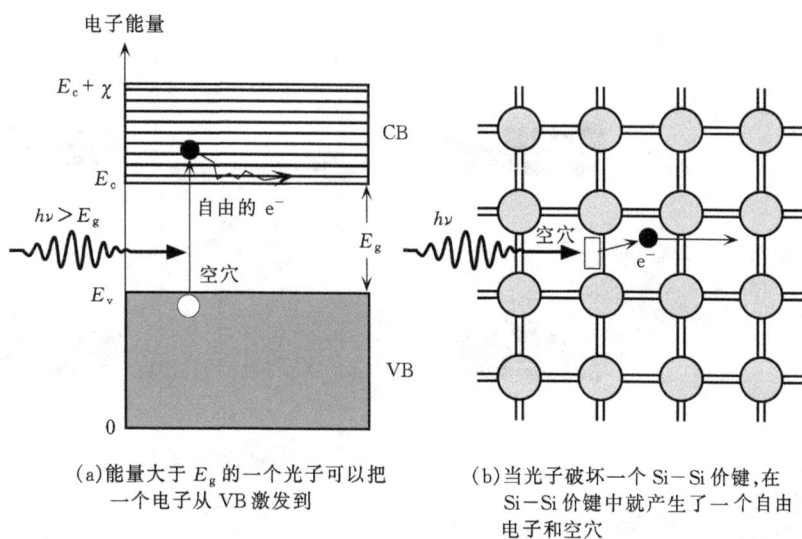

(a)能量大于 E_g 的一个光子可以把
　　一个电子从 VB 激发到

(b)当光子破坏一个 Si—Si 价键,在
　　Si—Si 价键中就产生了一个自由
　　电子和空穴

图 5.3

在这个特例中,虽然能量 $h\nu > E_g$ 的一个光子可以产生电子-空穴对,但这不是必须的。实际上,没有光辐射存在,由于**热产生**的结果,电子-空穴对的产生过程也会在样品中进行。由于热能,晶体中的原子不停地振动,这表示 Si 原子之间的价键周期地变形。某区域的原子在某瞬间可能会如此移动,使得其价键过度伸展,如图 5.4 所示。这将引起过度伸展价键的破裂,并因此释放电子到 CB(电子真正地变得"自由")。价键中失去电子的空电子状态就是我们在价带中所称的空穴。在 CB 中的自由电子可以在晶体中无规则地运动,也可以在外加的电场中提供电导。VB 的空穴周围的区域带正电,因为 $-e$ 的电荷已经从晶体的电中性的区域被移去。该空穴以 h^+ 表示,可以在晶体中自由地漫游,因为邻近价键的电子可以"跳跃"(即隧穿)而进入空穴,填充这个位置的价电子态,因而在电子原来所在的地方产生一个空穴。实际上,这与空穴以相反的方向移动是等效的,如图5.5(a)所示。这种单步的转移可以重新发生,引起空穴进一步被转移,其结果是:空穴就像正电荷实体,可以在晶体中自由移动,如图5.5(a)~(d)所示。相对于最初电子的运动,它的运动是相当独立的。在外加电场的条件下,它会沿电

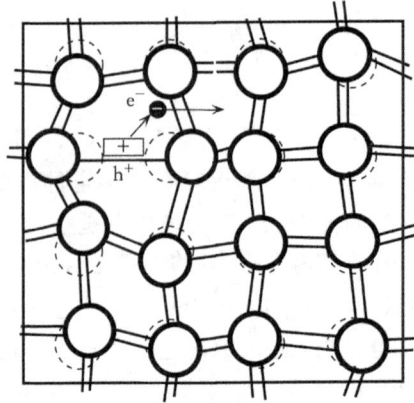

图 5.4　原子的热振动可以破坏价键而产生电子-空穴对

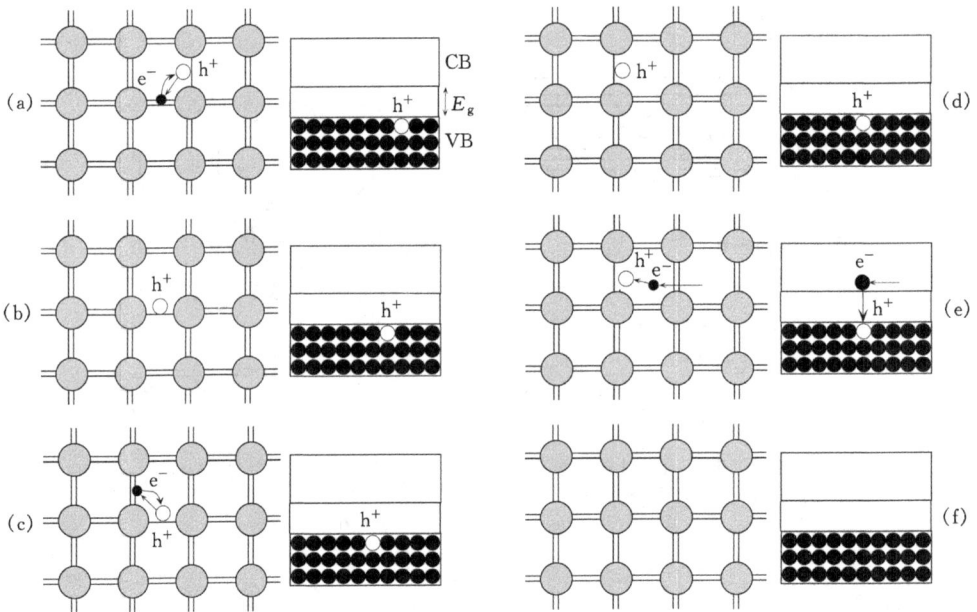

图 5.5　价带中空穴的图解,由于邻近价电子的隧穿,空穴在晶体中漫游

场的方向漂移,因而提供电导。很明显,在半导体中存在两种类型的电荷载流子:电子与空穴。空穴实际上是 VB 中的空电子态,它的性能就像是正电荷粒子,能独立地对外加电场做出响应。

如果 CB 中的一个漫游的电子遇到 VB 中的一个空穴,该电子发现更低能量的空态,就会占据空穴。如图 5.5(e)和图 5.5(f)所示,这电子从 CB 落入 VB,这种现象称为**复合**,引起 CB 的电子与 VB 的空穴的湮灭(annihilation)。电子从 CB 落入 VB 过程中多余的能量,在某些半导体中(例如 GaAs 和 InP)以光的形式发射,在 Si 和 Ge 中则变成晶格振动(热)。

必须强调,图 5.5 所表示的是基于经典概念的空穴运动的教学图解,正如更好的课本所讨论的,不能太认真地接受(参见 5.11 节)。我们应当记住,如图 5.5 所暗示的,晶体中电子的波函数是扩展且非定域的。进一步说,空穴这个概念是对应于通常有一个电子的一个空的价带波函数,如图 5.5 所暗示的,我们不能将空穴定域于一个特定的位置。

5.1.3　半导体的电导

如图 5.6 所示,如果半导体两端加电场,能带将发生弯曲。电子的总能量 $E = KE + PE$,现在附加了静电势能,该势能在外加电场中不是常量。由于 $\mathrm{d}V/\mathrm{d}x = -E_x$,均匀电场 E_x 暗示着 $V(x)$ 线性地减小,则 $V = -Ax + B$。这意味着样品两端电子的静电势能 PE 由等于 $-eV(x)$,变为 $eAx - eB$,并随 x 线性增大。在外加电场作用下,所有能级以及能带将沿 x 方向向上倾斜,如图 5.6 所示。

在 E_x 的作用下,CB 中的电子向左运动并立即从电场得到能量。当与热振动的 Si 原子发生碰撞时,电子失去一些能量并在 CB 中下跌。碰撞后电子又开始再次加速,直到下一次碰撞,如此重复过程。由于电子在电场中漂移,我们认可这种过程,如图 5.6 所示。电子的漂移速度 v_{de} 为 $\mu_e E_x$,其中 μ_e 是电子的迁移率。在电场中,VB 的空穴也以类似的方式漂移,但它沿着电场的方向运动。请注意,如果空穴得到能量,它在 VB 中"向下"运动,因为空穴的势能相对于电子的势能具有相反的符号。

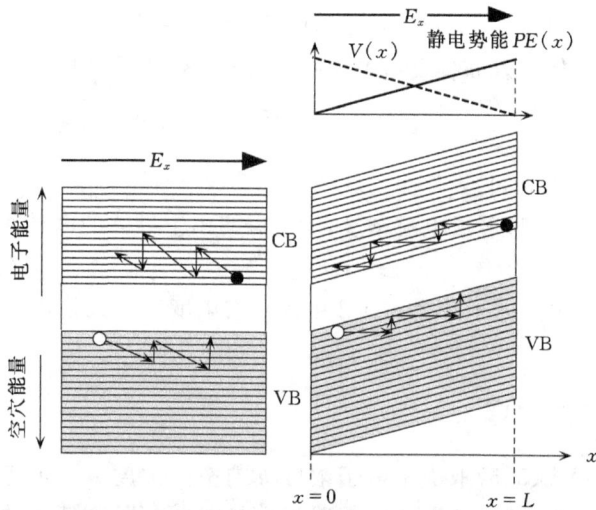

(a)电子与空穴在 E_x 作用下　　(b)外加电场使能带弯曲。
进行漂移的简化图示　　　　　电子的静电势能 PE 等
　　　　　　　　　　　　　　于 $-eV(x)$,因为 $V(x)$
　　　　　　　　　　　　　　朝 E_x 的方向减小,所
　　　　　　　　　　　　　　以 PE 增加

图 5.6　在外加电场的条件下 CB 中的电子和 VB 中的空穴发生漂移并对电导率有贡献

电子和空穴均对电导有贡献,由电流密度 J 的定义可以写出

$$J = env_{\mathrm{de}} + epv_{\mathrm{dh}} \tag{5.1}$$

其中 n 是 CB 中的电子浓度;p 是 VB 中的空穴浓度。v_{de} 和 v_{dh} 分别表示电子和空穴在相应外加电场 E_x 中的漂移速度。因此,它们为

$$v_{\mathrm{de}} = \mu_e E_x$$
$$v_{\mathrm{dh}} = \mu_h E_x \tag{5.2}　电子和空穴漂移速率$$

μ_e 和 μ_h 分别是电子与空穴的漂移迁移率。第 2 章中我们曾推导出导体中电子的迁移率为

$$\mu_e = \frac{e\tau_e}{m_e} \qquad\qquad (5.3)$$

其中 τ_e 是散射之间的平均自由时间,m_e 是电子的质量。金属中电子运动的思想也可应用于半导体 CB 中的电子运动,以便重新推导半导体中的式(5.3)。但是对晶体中的电子,我们必须采用有效质量 m_e^*,而不是自由空间的质量 m_e。晶体中的"自由"电子并不是完全自由的,因为它运动的时候,总是与固体中离子的势能(PE)发生相互作用,受到不同的内部作用力。有效质量以这样的方式来计入这些内力:通过公式 $F_{ext}=m_e^* a$ 可以把导带(CB)中电子的加速度 a 与外力 F_{ext}(例如 $-eE_x$)联系起来,如同对真空中的电子使用公式 $F_{ext}=m_e a$。在使用 $F_{ext}=m_e^* a$ 这种公式来描述电子运动的时候,我们毫无疑问地假定:电子的有效质量可以计算或用实验方法进行测量。我们必须记住,电子的真实行为取决于周期晶格(晶体)中薛定谔方程的解,而这个解表明:我们确实能够借助于有效质量 m_e^* 来描述电子加速时内部所受的阻力。有效质量取决于晶体内电子与电子周围环境的相互作用。

现在我们考虑,空穴是否也具有质量。只要我们把质量看成是对加速度的阻力,即惯性,空穴没有质量的结论就是没有道理的。对空穴的加速意味着电子从一个价键到另一个价键沿相反方向隧穿的加速。很明显,空穴具有非零的、有限的惯性质量。否则,最小的外力会使空穴具有无限的加速度。如果以 m_h^* 表示 VB 中空穴的有效质量,则空穴的漂移迁移率为

$$\mu_h = \frac{e\tau_h}{m_h^*} \qquad\qquad (5.4)$$

τ_h 是空穴的散射平均自由时间。

如果进一步地把式(5.1)看成电流密度,就可以写出半导体的电导率为

$$\sigma = en\mu_e + ep\mu_h \qquad\qquad (5.5) \quad \text{半导体的电导率}$$

其中 n 和 p 分别是 CB 中的电子浓度和 VB 中的空穴浓度。上式是对所有的半导体均有效的普遍公式。

5.1.4　电子与空穴的浓度

半导体的一般方程式(5.5)取决于电子浓度 n 与空穴浓度 p。如何确定它们的数值?我们注意图 5.7(a)～(d)的步骤,状态密度乘以某个状态被占据的概率,然后在整个 CB 中对 n 积分(对电子)以及在整个 VB 中对 p 积分(对空穴)。

我们定义 $g_{cb}(E)$ 为 CB 的**状态密度**,即单位能量、单位体积中的状态数。在能量为 E 的某个状态找到电子的概率由费密-狄拉克函数 $f(E)$ 确定,这在第 4 章进行了讨论。$g_{cb}(E)f(E)$ 是导带(CB)中单位能量、单位体积的实际电子数 $n_E(E)$,那么,单位体积中能量在 E 到 $E+dE$ 范围内的电子数为

$$n_E dE = g_{cb}(E)f(E)dE$$

对上式从导带底(E_c)到导带顶($E_c+\chi$)积分,得到电子浓度 n,CB 中每单位体积的电子数,换言之,

$$n = \int_{E_c}^{E_c+\chi} n_E(E)dE = \int_{E_c}^{E_c+\chi} g_{cb}(E)f(E)dE$$

假定 $(E_c-E_F) \gg kT$(即 E_F 至少比 E_c 低几个 kT),则下式成立

$$f(E) \approx \exp[-(E-E_F)/kT]$$

于是,可以用玻耳兹曼统计替代费密-狄拉克统计,并很自然地接受这个结论:CB 中的电子数

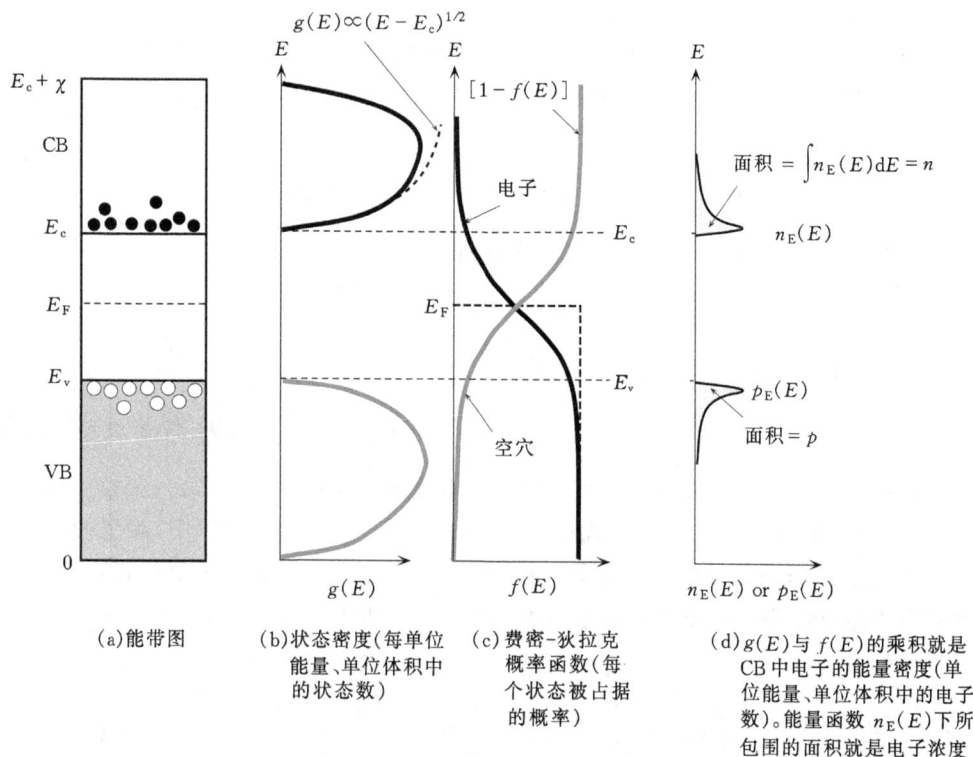

（a）能带图　（b）状态密度（每单位能量、单位体积中的状态数）　（c）费密-狄拉克概率函数（每个状态被占据的概率）　（d）$g(E)$ 与 $f(E)$ 的乘积就是 CB 中电子的能量密度（单位能量、单位体积中的电子数）。能量函数 $n_E(E)$ 下所包围的面积就是电子浓度

图 5.7

远小于这个带中的状态数。

　　进一步地,取积分上限为 $E=\infty$,代替 $E_c+\chi$,因为 $f(E)$ 随能量快速变化,在带顶附近使 $g_{cb}(E)f(E)\to 0$。而且,$g_{cb}(E)f(E)$ 只有在靠近 E_c 的地方有意义,对于三维势阱中的电子,可以不考虑 $g_{cb}(E)$ 在整个导带中的精确表示形式,而采用下式

$$g_{cb}(E)=\frac{(\pi 8\sqrt{2})m_e^{*\,3/2}}{h^3}(E-E_c)^{1/2}　　　　导带的态密度$$

因此,n 的表达式变为

$$n\approx\frac{(\pi 8\sqrt{2})m_e^{*\,3/2}}{h^3}\int_{E_c}^{\infty}(E-E_c)^{1/2}\exp\left[-\frac{(E-E_F)}{kT}\right]dE$$

上式的结果是

$$n=N_c\exp\left[-\frac{(E_c-E_F)}{kT}\right]　　　　（5.6）导带的电子浓度$$

其中,

$$N_c=2\left(\frac{2\pi m_e^* kT}{h^2}\right)^{3/2}　　　　（5.7）导带底的有效态密度$$

　　式(5.6)中积分的结果似乎很简单,但它是在 $(E_c-E_F)\gg kT$ 条件下的一种近似。N_c 是与温度有关的常量,称为 **CB 带边的有效状态密度**。对式(5.6)可以作如下解释:如果处理导带的所有状态并以 E_c 处的有效状态密度 N_c(单位体积中的状态数)代替它,然后乘以玻耳兹曼概率函数 $f(E_c)=\exp[-(E_c-E_F)/kT]$,则得到了在 E_c 的电子浓度,也就是导带的电子浓

度,因而 N_c 是 CB 带边的有效状态密度。

我们可以类似地分析 VB 中的空穴浓度。VB 中的状态密度 $g_{vb}(E)$ 乘以被一个空穴占据的概率 $[1-f(E)]$(即缺少一个电子的概率),得到单位能量的空穴浓度 p_E,对它在整个 VB 中积分,得到的空穴浓度为

$$p = \int_0^{E_v} p_E(E)\mathrm{d}E = \int_0^{E_v} g_{vb}(E)[1-f(E)]\mathrm{d}E$$

如果 E_F 至少比 E_v 高几个 kT,则上式的积分可简化为

$$p = N_v \exp\left[-\frac{(E_F - E_v)}{kT}\right] \qquad (5.8) \quad \boxed{\text{价带的空穴浓度}}$$

N_v 是 VB 带边的有效状态密度,其表达式为

$$N_v = 2\left(\frac{2\pi m_h^* kT}{h^2}\right)^{3/2} \qquad (5.9) \quad \boxed{\text{价带顶的有效态密度}}$$

现在我们可以体会到研究状态密度 $g(E)$(它是能量 E 的函数)和费密-狄拉克函数 $f(E)$ 的好处,它们对于推导 n 和 p 的表达式都是重要的参数。在我们的推导中,除了假定 E_F 离开带边几个 kT 之外,没有任何特殊的假设,这表明式(5.6)和式(5.8)通常都是有效的。

确定自由电子和空穴的浓度的一般方程由式(5.6)和式(5.8)表示。考虑它们的乘积 np 是很有意义的,

$$np = N_c \exp\left[-\frac{(E_c - E_F)}{kT}\right] N_v \exp\left[-\frac{(E_F - E_v)}{kT}\right] = N_c N_v \exp\left[-\frac{(E_c - E_v)}{kT}\right]$$

或

$$np = N_c N_v \exp\left(-\frac{E_g}{kT}\right) \qquad (5.10)$$

式中,$E_g = E_c - E_v$ 是带隙能量(或禁带能量)。首先,我们注意到:这是通用表达式,该式右边,$N_c N_v \exp(-E_g/kT)$,是依赖于温度和材料性质(例如 E_g)的常量,它与费密能级的位置无关。对于本征半导体的特殊情况,$n = p$,我们以 n_i 表示**本征半导体浓度**,因而 $N_c N_v \exp(-E_g/kT)$ 必须等于 n_i^2。从式(5.7)我们得到

$$np = n_i^2 = N_c N_v \exp\left(-\frac{E_g}{kT}\right) \qquad (5.11) \quad \boxed{\text{质量作用定律}}$$

上式是热平衡条件下的通用公式。但它不包括存在外部激发(如光生效应)的情况。该式说明,乘积 np 是与温度有关的常量,如果由于某种原因增加了电子浓度,则不可避免地会减小空穴浓度。常量 n_i 具有特殊的意义,它代表了本征材料中自由电子和空穴的浓度。

本征半导体是电子和空穴的浓度相等的、纯净的半导体晶体。所谓纯,实际上是指晶体中没有任何杂质。本征半导体也不包括晶体的缺陷,因为缺陷可以捕获某一种电荷载流子而引起不相等的电子与空穴浓度。所谓净,是指通过跨越带隙的热激发成对地产生电子与空穴。值得强调的是,式(5.11)是普遍有效的,因此可适用于本征半导体与非本征(即 $n \neq p$)半导体。

晶体中如果一个电子与一个空穴相遇,它们将"复合",电子的能量将下降并占据空穴所表示的空的电子态。其结果是,断裂的价键被"修复",但损失了两个自由的载流子。电子与空穴的复合引起了它们的湮灭。因此,在半导体中存在由于热激发从 VB 到 CB 的电子-空穴对的产生,也存在电子-空穴对的复合,分别从导带和价带消除这些电子-空穴对。复合率 R 与电子数、空穴数成比例,即

$$R \propto np$$

产生率 G 取决于在 E_v 处可用于激发的电子数(即 N_v)、在 E_c 处可利用的空状态数(即 N_c)以及电子跃迁的概率(即 $\exp(-E_g/kT)$)。因而 G 表示为

$$G \propto N_c N_v \exp\left(-\frac{E_g}{kT}\right)$$

由于热平衡,n 或 p 不能持续增加,产生率与复合率必须相等,即 $G=R$,这个表达与式(5.11)等效。

在以草图 5.7(a)~(d)说明 n 和 p 表达式[式(5.6)和式(5.8)]推导的图解中,我们曾假设费密能级处于带隙中部的某处,这不是数学推导中的假设,仅仅是在草图中的假设。从式(5.6)和式(5.8)我们还注意到,费密能级的位置对于确定电子和空穴的浓度是非常重要的,它对 n 和 p 的确定起着"数学曲柄"(mathematical crank)的作用。

首先我们考虑本征半导体,$n=p=n_i$,如果在式(5.8)中设 $p=n_i$,我们可以解出本征半导体的费密能量 E_{Fi} 为

$$N_v \exp\left[-\frac{(E_{Fi}-E_v)}{kT}\right] = (N_c N_v)^{1/2} \exp\left(-\frac{E_g}{2kT}\right)$$

由此得到

$$E_{Fi} = E_v + \frac{1}{2}E_g - \frac{1}{2}kT\ln\left(\frac{N_c}{N_v}\right) \qquad (5.12)$$ 本征半导体的费密能级

而且,把 N_c 和 N_v 的表达式代入上式,得到

$$E_{Fi} = E_v + \frac{1}{2}E_g - \frac{3}{4}kT\ln\left(\frac{m_e^*}{m_h}\right) \qquad (5.13)$$ 本征半导体的费密能级

很明显,上两式中如果 $N_c=N_v$,或者 $m_e^*=m_h^*$,则 E_{Fi} 为

$$E_{Fi} = E_v + \frac{1}{2}E_g$$

这表示,E_{Fi} 恰好处于带隙的中央。然而,在一般情况下,电子与空穴的有效质量不相等,费密能级将在带隙中央下移 $(3/4)kT\ln(m_e^*/m_h^*)$,当然下移的这个量与 $(1/2)E_g$ 相比是很小的。对于硅和锗,空穴的有效质量(适用于状态密度)比电子的稍小一点,因此 E_{Fi} 位于中央偏下。

$np=n_i^2$ 的情况说明,如果因为某种原因增加了 CB 中的电子浓度而高于本征值——例如在硅单晶中掺入施主杂质,杂质中的额外电子会进入 CB——那么我们将有 $n>p$。这种半导体称为 **n 型半导体**。相对于 E_v,费密能级必定更靠近 E_c,因而有

$$E_c - E_F < E_F - E_v$$

由式(5.6)和式(5.8)可得 $n>p$。在热平衡的条件下,如果没有外部激发(例如光照),np 的乘积总是等于 n_i^2。

在 VB 中也可以具有比 CB 中的电子数更多的空穴数,例如,添加的杂质使 VB 中的电子移走,则可产生空穴。这种情况下,与 E_c 相比,E_F 更靠近 E_v,这种 $p>n$ 的半导体称为 **p 型半导体**。对于本征、n 型和 p 型的半导体(即 i-Si,n-Si 和 p-Si)及其相应的费密能级如能带图 5.8(a)~(c)所示。

很明显,如果我们已知 E_F 的位置,根据式(5.6)和式(5.8)可以有效地确定 n 和 p。我们可以认为 E_F 是一种材料的特性,它与提供电导的载流子浓度有关。但它的意义超过了对 n 和 p 的确定,它还决定了从半导体中移去一个电子的能量。真空能级(电子处于该能级时是

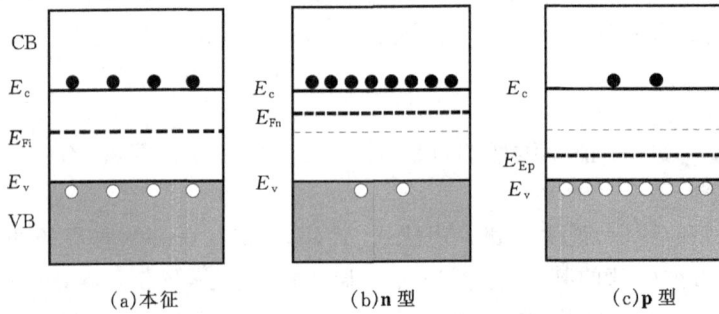

图 5.8　各种半导体的能带图。在所有情况，$np = n_i^2$

自由的)与 E_F 之差的能量称为半导体的**功函数 Φ**，这是移去一个电子所需的能量，尽管在半导体的 E_F 处不存在任何电子。

借助于每个电子的势能，还可以把费密能级理解成电功，这类似于对静电势能的理解。正如 $e\Delta V$ 是携带一个电荷 e 横跨 ΔV 的电势差所涉及的电功。从材料(或系统)的一端到另一端 E_F 的任何差别是外力做的功 ΔE_F。以此推论，如果在材料上做了电功，例如有电流通过，则材料中的费密能级就不一致。ΔE_F 表示了每个电子所做的功。一种材料如果处于热平衡，而且没有受到外部激发(例如光照或与电压相连接)，则该材料的费密能级必定是一致的，即 $\Delta E_F = 0$。

对于一种半导体，导带中的一个电子的平均能量是多少？它的平均速度又是多少？我们注意到，具有能量为 E 到 $E + dE$ 的电子浓度为 $n_E(E)dE$，或者为 $g_{cb}(E)f(E)dE$。由关于平均的定义，CB 中电子的平均能量为

$$\overline{E_{CB}} = \frac{1}{n}\int_{CB} E g_{cb}(E) f(E) dE$$

上式的积分必须遍及 CB。将 $g_{cb}(E)$ 和 $f(E)$ 表示式代入该积分，并从 E_c 到带顶进行积分，我们可以得到非常简单的结果。

$$\overline{E_{CB}} = E_c + \frac{3}{2}kT \qquad (5.14)\ \text{导带的平均电子能量}$$

因此，导带中一个电子具有的平均能量为：E_c 之上的 $(3/2)kT$。因为处于 E_c 的电子在晶体中是"自由"的，所以 $(3/2)kT$ 必定是一个电子的平均动能。

设想容器中装了大量气体原子(例如氦原子)，假设原子(或粒子)间没有相互作用，即它们是相互独立的，则上述推导的结果很像这些原子的平均动能。从动能理论我们知道，大量独立原子的统计服从麦克斯韦-玻耳兹曼描述，其平均能量就是 $(3/2)kT$。我们还记得，金属中的电子统计的描述涉及基于泡利不相容原理的费密-狄拉克函数，对所有的实际应用而言，金属中导电电子的平均能量是 $(3/5)E_F$，而且与温度无关。我们看到，在两种固体中，集聚电子的行为是完全不同的。下面我们解释这种差异。半导体中的导带几乎不被电子填充，这意味着电子状态数比电子数多很多，因而两个电子都力图填充同一状态的可能性实际上为零。因此可以忽略泡利不相容原理而采用玻耳兹曼统计。对于金属，则完全是另一种情况，电子与状态在数量上是十分接近的。

表 5.1 列举并比较了重要半导体 Ge,Si 和 GaAs 的某些特性。

表 5.1　在 300 K 条件下 Ge,Si 和 GaAs 的某些特性

	E_g (eV)	χ (eV)	N_c (cm^{-3})	N_v (cm^{-3})	n_i (cm^{-3})	μ_e (cm$^2\cdot$V$^{-1}\cdot$s^{-1})	μ_h (cm$^2\cdot$V$^{-1}\cdot$s^{-1})	m_e^*/m_e	m_h^*/m_e	ε_r
Ge	0.66	4.13	1.04×10^{19}	6.0×10^{18}	2.3×10^{13}	3900	1900	0.12a	0.23a	16
								0.56b	0.40b	
Si	1.10	4.01	2.8×10^{19}	1.2×10^{19}	1.0×10^{10}	1350	450	0.26a	0.38a	11.9
								1.08b	0.60b	
GaAs	1.42	4.07	4.7×10^{17}	7×10^{18}	2.1×10^{6}	8500	400	0.067a,b	0.40a	13.1
									0.50b	

注:与电导率有关的有效质量(标注为 a)与适用于状态密度的有效质量(标注为 b)是不同的。关于硅的 n_i,尽管正确的数值实际上是 1.0×10^{10} cm^{-3},但在许多教科书中是 1.45×10^{10} cm^{-3},并被广泛应用。(M. A. Green,J. Appl. Phys. , 67,2944,1990)

例 5.1　硅的本征浓度与本征电导率　已知硅中与状态密度有关的电子和空穴有效质量分别为 $1.08m_e$ 和 $0.60m_e$,室温条件下,电子与空穴的漂移迁移率分别为 1350 cm$^2\cdot$V$^{-1}\cdot$s^{-1} 和 450 cm$^2\cdot$V$^{-1}\cdot$s^{-1},计算 Si 的本征浓度和本征电阻率。

解:通过以下两式,简单计算 N_c 和 N_v

$$N_c = 2\left(\frac{2\pi m_e^* kT}{h^2}\right)^{3/2}, \qquad N_v = 2\left(\frac{2\pi m_h^* kT}{h^2}\right)^{3/2}$$

$$N_c = 2\left[\frac{2\pi(1.08\times9.1\times10^{-31}\text{kg})(1.38\times10^{-23}\text{J}\cdot\text{K}^{-1})(300\text{ K})}{(6.63\times10^{-34}\text{ J}\cdot\text{s})^2}\right]^{3/2}$$

$$= 2.81\times10^{25}\text{ m}^{-3} = 2.81\times10^{19}\text{ cm}^{-3}$$

$$N_v = 2\left[\frac{2\pi(0.60\times9.1\times10^{-31}\text{kg})(1.38\times10^{-23}\text{J}\cdot\text{K}^{-1})(300\text{ K})}{(6.63\times10^{-34}\text{ J}\cdot\text{s})^2}\right]^{3/2}$$

$$= 1.16\times10^{25}\text{ m}^{-3} = 1.16\times10^{19}\text{ cm}^{-3}$$

本征浓度为

$$n_i = (N_c N_v)^{1/2}\exp\left(-\frac{E_g}{2kT}\right)$$

$$n_i = \left[(2.81\times10^{19}\text{ cm}^{-3})(1.16\times10^{19}\text{ cm}^{-3})\right]^{1/2}\exp\left[-\frac{1.10\text{eV}}{2(300\text{ K})(8.62\times10^{-5}\text{eV}\cdot\text{K}^{-1})}\right]$$

$$= 1.0\times10^{10}\text{ cm}^{-3}$$

电导率为

$$\sigma = en\mu_e + ep\mu_h = en_i(\mu_e + \mu_h)$$

因此

$$\sigma = (1.6\times10^{-19}\text{C})(1.0\times10^{10}\text{ cm}^{-3})(1350 + 450\text{ cm}^2\cdot\text{V}^{-1}\cdot\text{s}^{-1})$$

$$= 2.9\times10^{-6}\ \Omega^{-1}\cdot\text{cm}^{-1}$$

电阻率为

$$\rho = \frac{1}{\sigma} = 3.5\times10^{5}\ \Omega\cdot\text{cm}$$

尽管我们计算得到的数值是 $n_i = 1.0 \times 10^{10}$ cm^{-3}，但在文献中最广泛采用的是 1.45×10^{10} cm^{-3}。这种差别来源于许多因素，其中最主要的原因是：在计算 N_v 中，应该采用空穴有效质量的精确数值。因此，本书今后将简单地采用[①] $n_i = 1.0 \times 10^{10}$ cm^{-3}，这似乎是"准确"的数值。

例 5.2　导带中电子的平均速度　在 300 K 的条件下，对硅的导带中电子的平均速度进行估算。如果 a 为晶格振动的幅值，则动能理论预计 $a^2 \propto T$；或者不同的叙述为，与晶格振动有关的平均能量（与 a^2 成正比）随 kT 增加。已知 CB 中电子的平均速度对温度的依赖关系，则漂移迁移率对温度的依赖关系是什么？导带中电子的有效质量为 $0.26 m_e$。

解：半导体导带中一个电子的平均动能为 $(1/2) m_e^* v_e^2$，又等于 $(3/2) kT$。这个事实意味着，有效平均速度 v_e^2 必定为

$$v_e = \left(\frac{3kT}{m_e^*}\right)^{1/2} = \frac{3 \times 1.38 \times 10^{-23} \times 300^{1/2}}{0.26 \times 9.1 \times 10^{-31}} = 2.3 \times 10^5 \text{ m} \cdot \text{s}^{-1}$$

有效平均速度 v_e 称为电子的热速度 v_{th}。

由于原子的热振动，电子在两次碰撞之间的平均自由时间 τ 与电子平均速度 v_e 和热振动的散射截面均成反比，即

$$\tau \propto \frac{1}{v_e (\pi a^2)}$$

式中 a 是原子热振动的振幅。但是，$v_e \propto T^{1/2}$，并且 $(\pi a)^2 \propto kT$，因此 $\tau \propto T^{-3/2}$，结果 $\mu_e \propto T^{-3/2}$。

实验测得的 μ_e 不是精确地与 $T^{-3/2}$ 成比例，而是与 $T^{-2.4}$ 成比例，具有更高的幂指数。在状态密度计算中与传输计算（例如平均速度和漂移迁移率等）中所采用的有效质量是不同的。

5.2　非本征半导体

在纯净的单晶硅中引入少量的杂质，可以得到一种极性的载流子在数量上超过另一种的半导体。这种半导体相对于纯净、完整单晶的本征情况，称为非本征半导体。例如，加入诸如砷一类的 5 价杂质（比 4 价多 1 价），我们可以得到电子浓度远大于空穴浓度的半导体，即 n 型半导体。如果加入诸如硼一类的 3 价杂质（比 4 价少 1 价），则空穴浓度超过电子浓度，得到 p 型半导体。杂质是如何改变半导体中电子和空穴的浓度的？

5.2.1　n 型掺杂

如果将少量的周期表 V 族的 5 价元素（诸如 As，P 和 Sb）引入到纯的硅晶体中，这将会发生什么情况？我们只添加少量（例如每百万个主体原子中仅一个杂质），因为我们希望每一个杂质原子被数百万个硅原子包围，从而迫使这个杂质原子与相同金刚石结构中的 Si 原子结合。砷有 5 个价电子，而硅只有 4 个价电子。因此，当一个砷原子与 4 个硅原子组成价键时，砷原子有一个电子未能组成价键。这个电子没有键合的机会，便离开砷原子，并在围绕砷原子的轨道上运行，如图 5.9 所示。As$^+$ 离子中心与沿轨道运行的一个电子一起，就像在硅环境中

---

① 　正确的数值是 1.0×10^{10} cm^{-3}，这正如 M. A. Green（*J. Appl. Phys.*，67，2944，1990）和 A. B. Sproul，M. A. Green（*J. Appl. Phys.*，70，846，1991）所论述的。

的一个氢原子。我们可以容易地计算使这个电子离开 As 原子(即电离 As 杂质)所需要的能量。假如这个氢原子处于自由空间,把一个电子从基态(处于 $n=1$)移动到远离中心位置所需要的能量为 $-E_n(n=1)$。因此,在氢原子中电子的结合能为

$$E_b = -E_1 = \frac{m_e e^4}{8\varepsilon_0^2 h^2} = 13.6 \text{ eV}$$

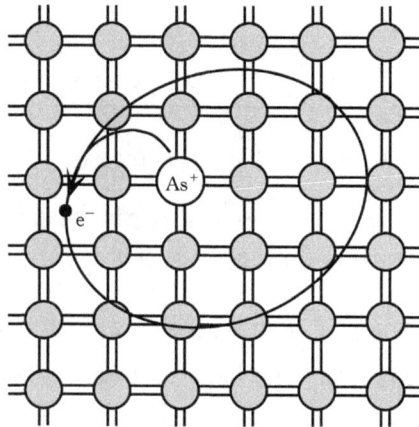

图 5.9　掺杂 As 的 Si 晶体

As 中的 4 个价电子可以像 Si 那样键合,但第 5 个电子却脱离对 As
的围绕。释放第 5 个电子到 CB 所需要的能量是非常小的

如果我们希望把上式的结果应用到在 Si 晶体环境中 As⁺ 核周围的电子,则必须以 $\varepsilon_0\varepsilon_r$ 替代 ε_0,这里的 ε_r 是 Si 的相对介电常数,同时还必须以 Si 晶体中电子的有效质量 m_e^* 替代 m_e。因此,Si 晶体中这个电子与 As⁺ 的结合能为

$$E_b^{si} = \frac{m_e^* e^4}{8\varepsilon_0^2 \varepsilon_r^2 h^2} = (13.6 \text{ eV})\left(\frac{m_e^*}{m_e}\right)\left(\frac{1}{\varepsilon_r^2}\right) \tag{5.15}$$

施主的电
子束缚能

对于 Si 晶体,$\varepsilon_r=11.9$, $m_e^* \approx (1/3)m_e$,我们得到 $E_b^{si}=0.032\text{eV}$。该数值可与室温下原子振动的平均热能约 $3kT$(约 0.07eV)相比较。这样,由于 Si 晶格的热振动,第 5 个价电子很容易被释放。然后,这个电子在半导体中是"自由"的,换句话说,它处于 CB 中。所以,激发这个电子到 CB 所需的能量是 0.032eV。添加的 As 原子在该原子的格点引入了局部的电子态,因为第 5 个电子具有类氢的、在 As⁺ 周围的局域的波函数。这些状态的能量 E_d 为在 E_c 之下 0.032eV 的地方,因为该能量就是使电子离开 As 原子而进入 CB 所需要的能量。室温下晶格振动的热激发足以使 As 原子电离,即激发电子从 E_d 到 CB。这个过程产生了自由电子和不可移动的 As⁺ 离子,如图 5.10 中 n 型半导体的能带图所示。As 原子向 CB 贡献电子,因此被称为**施主原子**。E_d 是施主原子周围的电子的能量。因 E_d 很靠近 E_c,来自掺杂的第 5 个多余电子被贡献给 CB。如果 N_d 是晶体中施主原子的浓度,且 $N_d \gg n_i$,则室温下向 CB 提供的电子数接近 N_d,即 $n \approx N_d$。空穴浓度将变为 $p=n_i^2/N_d$,小于它的本征浓度,因为 CB 大量电子中的一部分将与 VB 中的空穴复合,以便维持 $np=n_i^2$。此时的电导率为

$$\sigma = eN_d\mu_e + e\left(\frac{n_i^2}{N_d}\right)\mu_h \approx eN_d\mu_e \tag{5.16}$$

n 型电导率

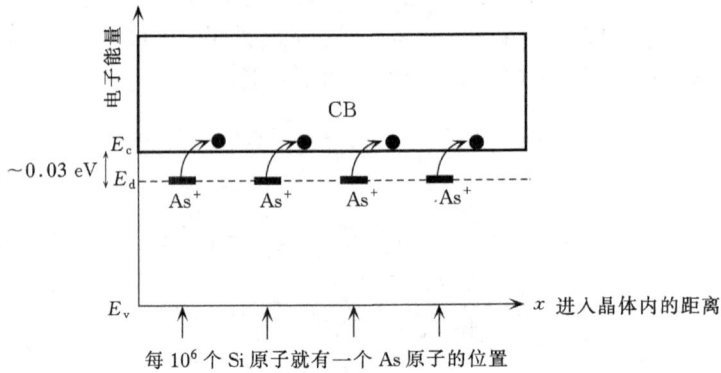

图 5.10　以 1×10^{-6} 浓度的 As 进行掺杂的 n 型 Si 的能带图
在 As$^+$ 位置的周围、在 E_c 之下存在施主能级

　　然而在低温条件下,不是所有的施主都电离,因此我们需要知道在施主中具有能量为 E_d 的一个状态中找到一个电子的概率记为 $f_d(E_d)$。这个概率函数与费密-狄拉克函数 $f(E_d)$ 类似,只是指数项需乘系数(1/2)。

$$f_d(E_d) = \frac{1}{1 + \frac{1}{2}\exp\left[\dfrac{(E_d - E_F)}{kT}\right]} \qquad (5.17) \;\; \text{施主的占位几率}$$

　　系数(1/2)是因为这样的事实:施主的电子态只能容纳具有自旋方向向上或向下的一个电子,不能容纳两个电子[①](施主能级一旦被电子占据,第二个电子不能进入这个位置)。因此,在温度 T 的条件下被电离的施主的数目为

$$N_d^+ = N_d \times (\text{在 } E_d \text{ 不能找到一个电子的概率})$$

$$= N_d[1 - f_d(E_d)]$$

$$= \frac{N_d}{1 + 2\exp\left[\dfrac{(E_F - E_d)}{kT}\right]} \qquad\qquad (5.18)$$

5.2.2　p 型掺杂

　　我们已经看到,Si 晶体中引入 5 价原子会出现 n 型掺杂,因为第 5 个电子不能进入价键,并由于热激发它会从施主逸出而进入 CB。通过类似的推导我们可以预料,用 3 价原子(例如 B,Al,Ga 或 In)对 Si 晶体进行掺杂将得到 p 型 Si 晶体。以少量的 B 掺杂硅的情况如图 5.11 (a)所示。B 只有 3 个价电子,在与邻近的 4 个 Si 原子共享电子时,其中一个价键将少一个电子,组成共价键过程中的这个空缺就是空穴。邻近的电子可以通过隧穿进入该空穴,并且该空穴可进一步转移,使其离开 B 原子。当空穴离开后,原来的 B 原子带负电并吸引空穴,使空穴在 B$^-$ 离子的周围运行,如图 5.11(b)所示。类似 n 型 Si 的情形,这个空穴与 B$^-$ 离子的结合能可以利用氢原子模型进行计算。该结合能计算后的结果约 0.05eV,是非常小的。因此,常温下晶格的热振动可以使空穴摆脱 B$^-$ 格点而成为自由空穴。我们记得,自由空穴处在 VB 中。

---

　　① 　高级固体物理书中可以找到这个证明。

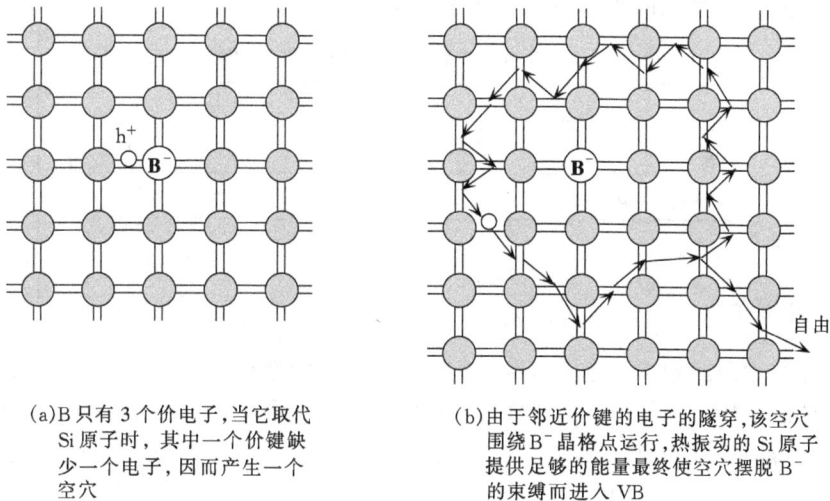

(a)B 只有 3 个价电子,当它取代
Si 原子时, 其中一个价键缺
少一个电子,因而产生一个
空穴

(b)由于邻近价键的电子的隧穿,该空穴
围绕 B⁻ 晶格点运行,热振动的 Si 原子
提供足够的能量最终使空穴摆脱 B⁻
的束缚而进入 VB

图 5.11　掺 B 的 Si 单晶

空穴从 B⁻ 晶格的逃逸包括两个过程:第一,B 原子接受来自邻近 Si—Si 价键的电子(从 VB 中),这实际上产生被转移的空穴;第二,到 VB 中才获得自由的最终逃逸。引入到 Si 晶体中的 B 原子起着接受电子的作用,因此称为**受主杂质**。被 B 原子接受的电子来自邻近价键,在能带图中,该电子离开 VB 并被 B 原子接受,使 B 原子带负电。这过程将在 VB 中留下空穴,该空穴可以不受约束地在价带漫游。如图 5.12 所示。

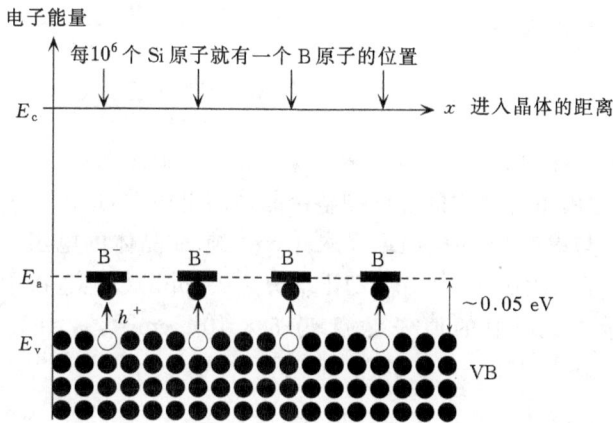

图 5.12　以浓度为 1×10^{-6} 的 B 掺杂的 p 型 Si 的能带图

在 B⁻ 晶格点周围存在着受主能级 E_a,这些受主能级位于 E_v 之上,可以接受来自 VB 的电子,因而在 VB 中产生空穴

很明显,以 3 价杂质掺杂的硅晶体产生 p 型材料。我们有比电子多得多的空穴用于电导,由于带负电荷的 B 原子是不可移动的,所以对电导率没有贡献。如果受主杂质的浓度 N_a 远大于本征浓度 n_i,即 $N_a \gg n_i$,则室温下所有的受主均电离,因此 $p \approx N_a$。电子浓度则由浓度作用定律确定: $n = n_i^2/N_a$,它远小于 p。因此电导率为 $\sigma = eN_a\mu_h$。

Si 晶体中施主和受主的典型电离能在表 5.2 中作了概括。

表 5.2   Si 中施主和受主电离能(eV)的例子

	施主			受主	
P	As	Sb	B	Al	Ga
0.045	0.054	0.039	0.045	0.057	0.072

5.2.3   补偿掺杂

如果半导体中同时包含施主和受主,情况如何? **补偿掺杂**一词是用来描述具有受主与施主两者的以控制特性的半导体的掺杂。例如,以受主 N_a 掺杂的 p 型半导体可以变成 n 型半导体,其方法是添加施主,直至其浓度 $N_d > N_a$。施主的作用可以补偿受主的作用,反之亦然。提供的电子浓度为 $N_d - N_a$,比 n_i 大。当受主与施主两者同时存在时,来自施主的电子与来自受主的空穴将产生复合,以便遵守浓度作用定律 $np = n_i^2$。我们记得:不能同时增加电子与空穴的浓度,因为这会导致复合率的提高,这里复合率的提高又反过来增加电子与空穴的浓度以满足 $np = n_i^2$。当一个受主原子接受一个价电子的时候,在 VB 中就产生了一个空穴,然后该空穴会与来自 CB 中的一个电子复合。假设施主比受主多,如果取最初的电子浓度为 $n = N_d$,则来自施主的电子与 N_a 个受主产生的空穴 N_a 复合的结果是,电子浓度 N_d 又减少到 $n = N_d - N_a$。根据类似的理由,如果受主比施主多,则空穴的浓度变为 $p = N_a - N_d$。因为来自施主 N_d 的电子与来自受主 N_a 的空穴会产生复合。因此存在以下两种补偿效应:

1.施主较多: $N_d - N_a \gg n_i$ $n = N_d - N_a$ 以及 $p = \dfrac{n_i^2}{(N_d - N_a)}$ **补偿掺杂**

2.受主较多: $N_a - N_d \gg n_i$ $p = N_a - N_d$ 以及 $n = \dfrac{n_i^2}{(N_a - N_d)}$

这些结论均基于这样的假定:温度足够高,使受主与施主均已电离,这就是室温的情况。低温条件下,必须考虑施主与受主的统计和整个晶体的电中性,这由以下例题 5.3 进行叙述。

例 5.3   本征 Si 与掺杂 Si 的电阻率   求 1 cm³ 纯 Si 晶体的电阻。如果该晶体以 As 掺杂,杂质原子与 Si 原子的比例为 1:10⁹,即十亿分之一(ppb)(注:这掺杂相当于在中国居住一个外国人)。已知数据:Si 中的原子浓度为 5×10^{22} cm^{-3}, $n_i = 1.0 \times 10^{10}$ cm^{-3}, $\mu_e = 1350$ cm² · V⁻¹ · s⁻¹, $\mu_h = 450$ cm² · V⁻¹ · s⁻¹。

解: 对于本征情况,应用公式

$$\sigma = en\mu_r + ep\mu_h = en(\mu_e + \mu_h)$$

$$\sigma = (1.6 \times 10^{-19} \text{ C})(1.0 \times 10^{10} \text{ cm}^{-3})(1350 + 450 \text{ cm}^2 \cdot \text{V}^{-1} \cdot \text{s}^{-1})$$

$$= 2.88 \times 10^{-6} \ \Omega^{-1} \cdot \text{cm}^{-1}$$

由于 $L = 1$ cm, $A = 1$ cm²,电阻为

$$R = \frac{L}{\sigma A} = \frac{1}{\sigma} = 3.47 \times 10^5 \ \Omega = 347 \text{ k}\Omega$$

因掺杂比例为 1:10⁹,故

$$N_d = \frac{N_{\text{Si}}}{10^9} = \frac{5 \times 10^{22}}{10^9} = 5 \times 10^{13} \text{ cm}^{-3}$$

室温下所有的施主均电离,那么

$$n = N_d = 5 \times 10^{13} \ \text{cm}^{-3}$$

空穴浓度为

$$p = \frac{n_i^2}{N_d} = \frac{(1.0 \times 10^{10})^2}{5 \times 10^{13}} = 2.0 \times 10^6 \ \text{cm}^{-3} \ll n_i$$

因此电阻率为

$$\sigma = e n \mu_e = (1.6 \times 10^{-19} \ \text{C})(5 \times 10^{13} \ \text{cm}^{-3})(1350 \ \text{cm}^2 \cdot \text{V}^{-1} \cdot \text{s}^{-1})$$
$$= 1.08 \times 10^{-2} \ \Omega^{-1} \cdot \text{cm}^{-1}$$

电阻为

$$R = \frac{L}{\sigma A} = \frac{1}{\sigma} = 92.6 \ \Omega$$

注意,在 10^9 个原子中仅掺杂了一个杂质,晶体的电阻便急剧下降。

以硼代替砷来对硅晶体进行掺杂,杂质原子与硅原子的比例仍为 $1 : 10^9$,这表示 $N_a = 5 \times 10^{13} \ \text{cm}^{-3}$,电导率的结果为

$$\sigma = e p \mu_h = (1.6 \times 10^{-19} \ \text{C})(5 \times 10^{13} \ \text{cm}^3)(450 \ \text{cm}^2 \cdot \text{V}^{-1} \cdot \text{s}^{-1})$$
$$= 3.6 \times 10^{-3} \ \Omega^{-1} \cdot \text{cm}^{-1}$$

所以,

$$R = \frac{L}{\sigma A} = \frac{1}{\sigma} = 278 \ \Omega$$

对于相同杂质浓度的 p 型掺杂和 n 型掺杂,前者的电阻更高,原因是 $\mu_h < \mu_e$。

例 5.4　补偿掺杂　含有磷原子(施主)的浓度为 $10^{16} \ \text{cm}^{-3}$ 的 n 型 Si 半导体,以 $10^{17} \ \text{cm}^{-3}$ 的硼原子(受主)进行掺杂。请计算该半导体中的电子和空穴的浓度。

解:该半导体已进行补偿掺杂,受主浓度超过了施主的浓度,因此

$$N_a - N_d = 10^{17} - 10^{16} = 9 \times 10^{16} \ \text{cm}^{-3}$$

这浓度远大于室温下的本征浓度 $n_i = 1.0 \times 10^{10} \ \text{cm}^{-3}$,因此空穴浓度为

$$p = N_a - N_d = 9 \times 10^{16} \ \text{cm}^{-3}$$

电子浓度为

$$n = \frac{n_i^2}{p} = \frac{(1 \times 10^{10} \ \text{cm}^{-3})^2}{9 \times 10^{16} \ \text{cm}^{-3}} = (1.1 \times 10^3 \ \text{cm}^{-3})$$

很明显,电子的浓度以及它对电导的贡献与空穴相比是完全可以忽略的。因此,通过硼的过量掺杂,n 型半导体已经变成了 p 型半导体。

例 5.5　n 型和 p 型 Si 中的费密能级　n 型 Si 晶圆片已经用 $10^{16} \ \text{cm}^{-3}$ 的锑(Sb)进行了掺杂。请计算费密能级相对于本征 Si 费密能级 E_{Fi} 的位置。如果在该 n 型 Si 样品上用 $2 \times 10^{17} \ \text{cm}^{-3}$ 的硼原子进一步掺杂,请再次计算费密能级相对于本征 Si 费密能级 E_{Fi} 的位置(假定 $T = 300 \ \text{K}, kT = 0.0259 \text{eV}$)。

解:Sb 产生 n 型 Si 的掺杂浓度为 $N_d = 10^{16} \ \text{cm}^{-3}$,由于 $N_d \gg n_i (= 1.0 \times 10^{10} \ \text{cm}^{-3})$,我们得到

$$n = N_d = 10^{16} \ \text{cm}^{-3}$$

对本征 Si,

$$n_i = N_c \exp\left[-\frac{(E_c - E_{Fi})}{kT}\right]$$

但是,对于掺杂 Si,

$$n = N_c \exp\left[-\frac{(E_c - E_{Fn})}{kT}\right] = N_d$$

其中,E_{Fi} 和 E_{Fn} 分别是本征硅和 n 型硅的费密能量。上两式相除为

$$\frac{N_d}{n_i} = \exp\left[\frac{(E_{Fn} - E_{Fi})}{kT}\right]$$

于是,

$$E_{Fn} - E_{Fi} = kT\ln\left(\frac{N_d}{n_i}\right) = (0.0259\text{eV})\ln\left(\frac{10^{16}}{1.0 \times 10^{10}}\right) = 0.36\text{eV}$$

当该晶圆片进一步用硼进行掺杂时,受主浓度为

$$N_a = 2 \times 10^{17} \text{ cm}^{-3} > N_d = 10^{16} \text{ cm}^{-3}$$

该半导体被补偿掺杂,而且该半导体转变成了 p 型 Si,空穴浓度为

$$p = N_a - N_d = (2 \times 10^{17} - 10^{16}) = 1.9 \times 10^{17} \text{ cm}^{-3}$$

对本征 Si,

$$n_i = N_v \exp\left[-\frac{(E_{Fi} - E_v)}{kT}\right]$$

因此,对掺杂 Si,

$$p = N_v \exp\left[-\frac{(E_{Fp} - E_v)}{kT}\right] = N_a - N_d$$

式中的 E_{Fi} 和 E_{Fp} 分别是本征 Si 和 p 型 Si 的费密能量。上两式相除得

$$\frac{p}{n_i} = \exp\left[-\frac{(E_{Fp} - E_{Fi})}{kT}\right]$$

因此,

$$E_{Fp} - E_{Fi} = -kT\ln\left(\frac{p}{n_i}\right) = -(0.0259\text{eV})\ln\left(\frac{1.9 \times 10^{17}}{1.0 \times 10^{10}}\right) = -0.43\text{eV}$$

例 5.6　n 型半导体连接电源电压之后的能带图　对于连接电源电压 V 并传导电流的 n 型半导体,我们研究它的能带图。外加的电压沿半导体均匀降落,因此半导体中的电子现在还具有强加的静电势能,该静电势能朝正极减小,如图 5.13 所示。整个能带结构、导带和价带因此而倾斜。当一个电子从 A 向 B 漂移,电子的势能(PE)降低,因为电子正在接近正极。对于本征情况,费密能级 E_F 在 E_{Fi} 之上。

我们应该记住,费密能级的一个重要性质是:系统内 E_F 的改变是可用来对外部做电功。作为推论,如果对一个系统做了电功,例如电池连接到半导体两端,则在整个系统中 E_F 就不是均匀的。系统内 E_F 的变化 ΔE_F 等效于每个电子的电功 eV。因此,E_F 跟随着静电势能的性能从一端向另一端发生变化,$E_F(A) - E_F(B)$ 恰好就是 eV,该数值是使一个电子通过半导体所需的能量,如图 5.13 所示。在半导体内电子浓度是均匀的,因此从一端到另一端的($E_c - E_F$)是常量。所以,CB,VB 和 E_F 以同样的角度弯曲。

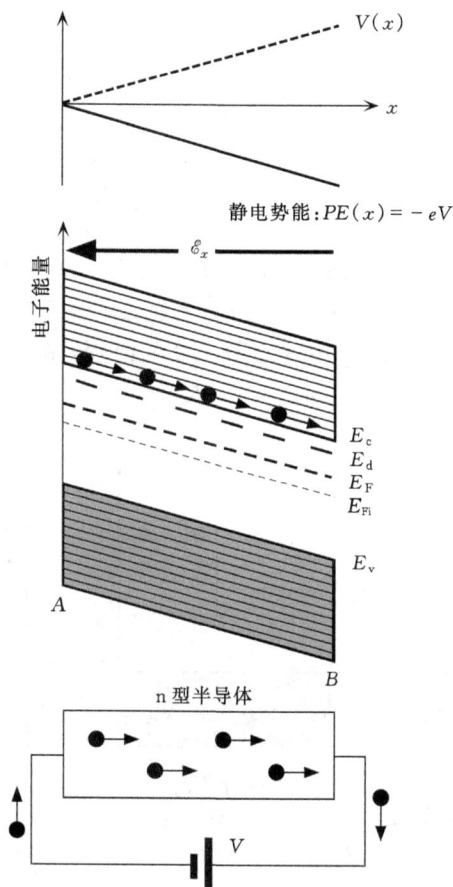

图 5.13　连接电源电压 V 的 n 型半导体的能带图
整个能带图倾斜,因为现在电子还具有静电势能

5.3　电导率与温度的关系

至此我们已经计算了室温下掺杂半导体的电导率与电阻率,计算中分别假定了 $n \approx N_d$(对于 n 型)与 $p \approx N_a$(对于 p 型),并附加了一个条件:掺杂物的浓度远大于本征浓度 n_i。为了得到其它温度条件下的电导率,必须考虑两个因素:载流子浓度和漂移迁移率对温度的依赖关系。

5.3.1　载流子浓度与温度的关系

考虑以单位体积 N_d 个施主掺杂的 n 型半导体,而且 $N_d \gg n_i$。把该半导体放置在非常低的温度下,温度降低到使其电导率几乎为零。在这么低的温度下,施主不会电离,因为热振动的能量太小。随着温度的增加,一些施主电离,并向 CB 贡献电子,如图 5.14(a)所示。但这时 Si—Si 价键断裂(即电子从 E_v 到 E_c 的热激发)不可能发生,因为这需要太大的能量。由于施

主电离能 $\Delta E = E_c - E_d$ 非常小($\ll E_g$),热产生包括了电子从 E_d 到 E_c 的热激发。低温下的电子浓度表达式为

$$n = \left(\frac{1}{2} N_c N_d\right)^{1/2} \exp\left(-\frac{\Delta E}{2kT}\right) \tag{5.19}$$

类似于本征情况,本征条件下的表达式是

$$n = (N_c N_v)^{1/2} \exp\left(-\frac{E_g}{2kT}\right) \tag{5.20}$$

当跨越带隙 E_g,从 E_v 到 E_c 的热产生发生时,式(5.20)才是正确的。式(5.19)与式(5.20)十分相似,但考虑了低温下的从 E_d 到 E_c(跨越 ΔE)的激发,也考虑了以 N_d 取代 N_v,我们以 N_d 作为有效电子数。式(5.19)中的系数 1/2 的出现,是因为施主占据量子态的统计与通常的费密-狄拉克函数不同,这在前面已经提到。

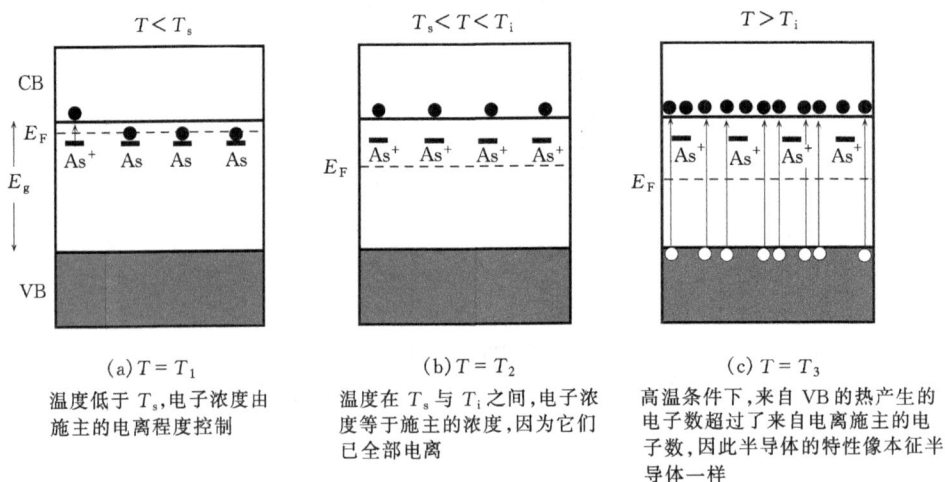

$T < T_s$ $T_s < T < T_i$ $T > T_i$

(a) $T = T_1$ (b) $T = T_2$ (c) $T = T_3$

温度低于 T_s,电子浓度由施主的电离程度控制   温度在 T_s 与 T_i 之间,电子浓度等于施主的浓度,因为它们已全部电离   高温条件下,来自 VB 的热产生的电子数超过了来自电离施主的电子数,因此半导体的特性像本征半导体一样

图 5.14

随着温度的进一步上升,最终所有的施主均电离,电子浓度等于施主的浓度,即 $n = N_d$,如图 5.14(b)所示。在达到很高的温度、跨越带隙的热产生开始占优势之前,这种情况维持不变。温度很高的条件下,原子的热振动将非常激烈,以致 Si—Si 键断裂,跨越 E_g 的热产生将占主导地位。CB 中的电子浓度主要是因为从 VB 到 CB 的热激发,如图 5.14(c)所示。但是,这个过程也在 VB 中产生相等浓度的空穴。因此,该半导体的特性如同处在本征状态。这种温度下的电子浓度等于本征浓度 n_i,由式(5.20)确定。

因此,电子浓度对温度的依赖关系可分成 3 个区域。

1. 低温区($T < T_s$)。在该低温区,温度的上升会使更多的施主电离,直到温度 T_s 之前,施主电离的过程会连续进行。T_s 称为饱和温度,在该温度条件下,所有的施主均已电离,被电离了的施主浓度达到饱和。电子浓度由式(5.19)决定。该温度区常称为电离区。

2. 中温区($T_s < T < T_i$)。在这个温度范围内几乎所有的施主已电离,$n = N_d$。当 $T = T_i$ 时,与温度有关的 n_i 变成与 N_d 相等。在 pn 结器件的应用中,正是这个温度区($T_s < T < T_i$)利用了半导体 n 型掺杂的特性。该温度区称为非本征区。

3. 高温区($T > T_i$)。跨越带隙的热激发所产生的电子浓度 n_i 远大于 N_d,所以,电子浓度

$n = n_i(T)$。而且,由于发生了从 VB 到 VC 的热激发,空穴浓度 $p = n$。该温度区称为本征区。

　　图 5.15 表示了 n 型半导体中电子浓度与温度的关系。按照惯例,我们画出 $\ln(n)$ 与温度的倒数 T^{-1} 之间的关系。低温条件下,$\ln(n)$ 相对 T^{-1} 的关系几乎是一条直线,直线的斜率是 $-[\Delta E/(2k)]$,因为在式(5.19)中 $N_c^{1/2}(\propto T^{3/4})$ 与 $\exp[-\Delta E/(2kT)]$ 相比可以忽略。然而,在高温区,这斜坡非常陡峭,斜率接近 $-E_g/(2k)$,因为式(5.20)表示为

$$n \propto T^{3/2} \exp\left(-\frac{E_g}{2kT}\right)$$

而上式的指数部分相对于 $T^{3/2}$ 部分起支配作用。在中温区,n 等于 N_d,几乎与温度无关。

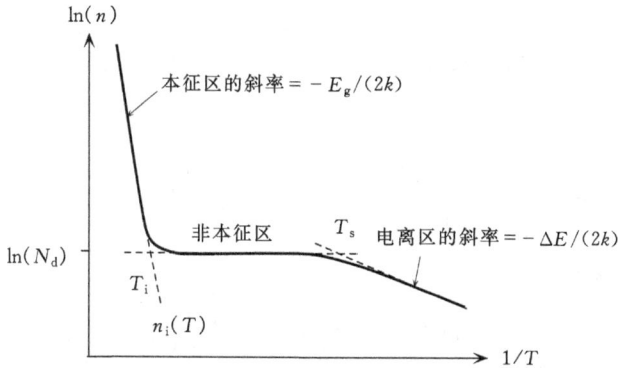

图 5.15　n 型半导体中电子浓度与温度的关系

　　图 5.16 表示了在 Ge,Si 和 GaAs 中本征浓度与温度的关系,表示形式均为 $\log(n_i)$ 相对于 $1/T$。当然,这些直线的斜率是各自带隙能量 E_g 的一种度量。图 $\log(n_i) \sim 1/T$ 可用来计算某给定的温度下,杂质浓度是否大于本征浓度。第 6 章中我们将会认识到,pn 结二极管的反向饱和电流取决于 n_i^2,因此,图 5.16 还表示,该饱和电流如何随温度变化。

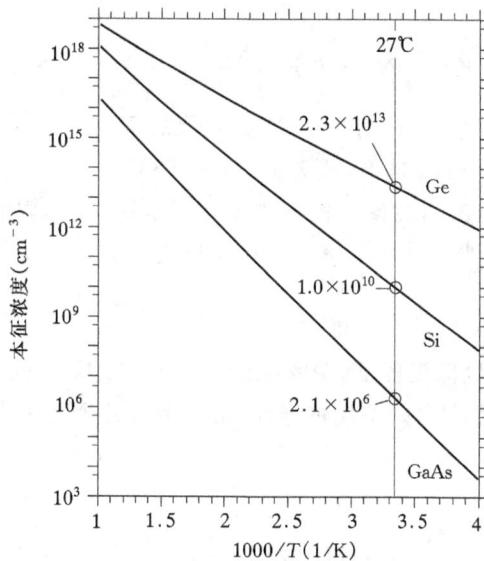

图 5.16　本征浓度与温度的关系

例 5.7 饱和温度与本征温度 n 型硅样品已经用 10^{15} cm^{-3} 的磷进行了掺杂,而且 P 在 Si 中的施主能级位于导带边之下 0.045eV。

a. 估算样品表现为本征特性的最低温度。

b. 估算大部分施主已电离的最低温度。

解: 我们知道,$n_i(T)$ 强烈地依赖温度,如图 5.16 所示,当温度升高到 $T \approx T_i$ 时,n_i 接近 N_d。温度超过 T_i 时,$n_i(T > T_i) \gg N_d$。因此我们需解下式

$$n_i(T > T_i) = N_d = 10^{15} \text{ cm}^{-3}$$

从图 5.16,在硅的 $\log(n_i) \sim 10^3/T$ 关系中可得,当 $n_i = 10^{15}$ cm^{-3} 时,$(10^3/T) \approx 1.85$。因此,$T_i \approx 541$ K 或 268 ℃。

假定当 $T \approx T_s$ 时,绝大部分施主已经电离。在图 5.16 中,非本征线与外延的电离线相交得

$$n = \left(\frac{1}{2} N_c N_d \right)^{1/2} \exp\left(-\frac{\Delta E}{2kT_s} \right) \approx N_d$$

在温度 T_s 的条件下,电离特性与非本征区特性交叠。上式中,$N_d = 10^{15}$ cm^{-3},$\Delta E = 0.045$eV,$N_c \propto T^{3/2}$,或更确切表示为

$$N_c(T_s) = N_c(300 \text{ K}) \left(\frac{T_s}{300} \right)^{3/2}$$

很明显,该方程只能进行数值求解。类似的方程会在许多物理问题中遇到,方程中的其中一项具有很强的温度依赖关系。这里,$\exp[-\Delta E/(2kT_s)]$(译者注:原文该处为 $\exp[-\Delta E/(kT_s)]$)具有很强的温度关系。首先假定 N_c 为 300 K 时的值,$N_c = 2.8 \times 10^{19}$ cm^{-3},对 T_s 的计算式为

$$T_s = \frac{\Delta E}{k \ln\left(\frac{N_c}{2N_d} \right)} = \frac{0.045 \text{eV}}{(8.62 \times 10^{-5} \text{eV} \cdot \text{K}^{-1}) \ln\left[\frac{2.8 \times 10^{19} \text{ cm}^{-3}}{2(1.0 \times 10^{15} \text{ cm}^{-3})} \right]} = 54.7 \text{ K}$$

当 $T = 54.7$ K 时,

$$N_c(54.7 \text{ K}) = N_c(300 \text{ K}) \left(\frac{54.7}{300} \right)^{3/2} = 2.18 \times 10^{18} \text{ cm}^{-3}$$

如果应用低温下新的 N_c 数值,则较正确的 T_s 值是 74.6 K。由于只需要估算 T_s,因此这个半导体的非本征范围是:75~541 K,或者 −198~268℃。

例 5.8 电子浓度与温度的关系 根据浓度作用定律、晶体内的电中性和电子态被占据的统计学,最低温度下 n 型半导体中的电子浓度可以表示为

$$n = \left(\frac{1}{2} N_c N_d \right)^{1/2} \exp\left(-\frac{\Delta E}{2kT} \right) \qquad \text{电离区的电子浓度}$$

其中 $\Delta E = E_c - E_d$。而且,最低温度下,费密能量处于 E_d 与 E_c 之间。

要得到掺杂对电子浓度和空穴浓度的影响,必须考虑几个物理学原理。对于 n 型半导体,它们是:

1. 载流子统计:

$$n = N_c \exp\left[-\frac{(E_c - E_F)}{kT} \right] \tag{1}$$

2. 浓度作用定律：

$$np = n_i^2 \tag{2}$$

3. 晶体的电中性：正电荷和负电荷的数量相等，即

$$p + N_d^+ = n \tag{3}$$

其中，N_d^+ 是已电离的施主的浓度。

4. 杂质电离的统计：

$$N_d^+ = N_d \times (找不到在 E_d 的电子的概率) = N_d[1 - f_d(E_d)]$$

$$= \frac{N_d}{1 + 2\exp\left[\dfrac{(E_F - E_d)}{kT}\right]} \tag{4}$$

通过以上 4 个方程的联立求解，可得到 n 依赖于 T 和 N_d 的函数关系。例如，从浓度作用定律 [即方程(2)] 和电中性条件 [即方程(3)]，我们可得

$$\frac{n_i^2}{n} + N_d^+ = n$$

这是关于 n 的二次方程。求解该方程得到

$$n = \frac{1}{2}(N_d^+) + \left[\frac{1}{4}(N_d^+)^2 + n_i^2\right]^{1/2}$$

很明显，如果再考虑方程(4)中的统计描述，上式将给出 n 的特性：n 是 T 和 N_d 的函数。电子浓度 n 在低温区 $(T < T_s)$ 的表达式中，n_i^2 可以忽略，于是得到低温区的方程为

$$n = N_d^+ = \frac{N_d}{1 + 2\exp\left[\dfrac{(E_F - E_d)}{kT}\right]} \approx \frac{1}{2} N_d \exp\left[-\frac{(E_F - E_d)}{kT}\right]$$

但是，方程(1)的统计描述通常是有效的，因此，低温区的方程与方程(1)相乘，然后取平方根，并从表达式中消去 E_F，得到

$$n = \left(\frac{1}{2} N_c N_d\right)^{1/2} \exp\left[-\frac{(E_c - E_d)}{2kT}\right]$$

为计算费密能量的位置，考虑普遍的表达式：

$$n = N_c \exp\left[-\frac{(E_c - E_F)}{kT}\right]$$

该式必须与低温下的 n 表达式相符，由两式相等并重新整理可得

$$E_F = \frac{E_c + E_d}{2} + \frac{1}{2} kT \ln\left(\frac{N_d}{2N_c}\right)$$

低温下，费密能量处于 $\Delta E = E_c - E_d$ 的中央附近。

5.3.2　漂移迁移率及其与温度和杂质的关系

漂移迁移率与温度的关系在两个不同的温度范围有明显的区别。在高温区，可以说，漂移迁移率受来自晶格振动的散射的限制，由于原子振动的幅值随温度升高而增大，漂移迁移率以 $\mu \propto T^{-2/3}$ 的方式减小。然而，在低温条件下，晶格振动较弱，不是电子漂移的主要限制，电离杂质对电子的散射才是限制迁移率的主要机制，后面将会看到：$\mu \propto T^{3/2}$。

回顾第 2 章内容，我们知道，电子漂移迁移率 μ 取决于两次散射之间的平均自由时间 τ，μ 为

$$\mu = \frac{e\tau}{m_e^*} \tag{5.21}$$

其中，

$$\tau = \frac{1}{Sv_{th}N_s} \tag{5.22}$$

式中，S 是散射截面的面积，v_{th} 是电子的平均速度，称为热速度，N_s 是单位体积发生散射的次数。如果 a 是原子在平衡附近振动的幅值，则 $S = \pi a^2$。随着温度的增加，晶格振动的幅值遵循 $a^2 \propto T$，这如第 2 章所述。CB 中的电子可以自由地漫游，因此它只有动能(KE)。我们还知道，CB 中每个电子的平均动能为 $(3/2)kT$，就好像分子动力学理论可以应用到 CB 中的所有电子。因此

$$\frac{1}{2}m_e^* v_{th}^2 = \frac{3}{2}kT$$

由此得到：$v_{th} \propto T^{1/2}$。那么由于晶格振动，两次散射之间的平均时间 τ_L 为

$$\tau_L = \frac{1}{(\pi a^2)v_{th}N_s} \propto \frac{1}{(T)(T^{1/2})} \propto T^{-3/2}$$

它导致晶格振动散射限制的迁移率，记为 μ_L，其形式为

$$\mu_L \propto T^{-3/2} \tag{5.23} \quad \text{晶格散射-限制的迁移率}$$

　　低温条件下，与电离施主杂质所引起的散射相比，由晶格热振动引起的散射较弱。当电子在电离施主 As$^+$ 附近通过时，电子被吸引而偏离原来的直线路径，如图 5.17 所示。低温下，电子的这种散射限制了它的漂移迁移率。

　　距离 As$^+$ 为 r 处的一个电子，它具有的 PE 来源于库仑引力，且数值为

$$|PE| = \frac{e^2}{4\pi\varepsilon_0\varepsilon_r r}$$

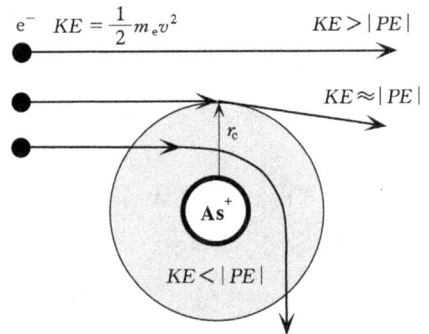

图 5.17　电离杂质对电子的散射

　　如果在接近 As$^+$ 时电子的 KE 大于在 r 处的 PE，则电子将感觉不到 PE 的存在，基本上不会偏离原来的运动，我们可以说，电子未受散射。实际上，电子由于具有很高的 KE 而感觉不到来自施主的库仑推力。另一方面，如果电子的 KE 小于它在 r 处来自 As$^+$ 的 PE，则库仑相互作用的 PE 将很强以致电子发生强烈的偏转，如图 5.17 所示。临界半径 r_c 相应于电子恰好发生散射的情况，即 $KE \approx |PE(r_c)|$。由于平均 $KE = (3/2)kT$，所以当 $r = r_c$ 时，下式成立，

$$\frac{3}{2}kT = |PE(r_c)| = \frac{e^2}{4\pi\varepsilon_0\varepsilon_r r_c}$$

从上式可得：$r_c = e^2/(6\pi\varepsilon_0\varepsilon_r kT)$。随着温度的增加，散射半径将减小，散射截面 $S = \pi r_c^2$ 变为

$$S = \frac{\pi e^4}{(6\pi\varepsilon_0\varepsilon_r kT)^2} \propto T^{-2}$$

结合 $v_{th} \propto T^{1/2}$，由式(5.22)可得两次杂质散射之间的平均散射时间 τ_I 与温度的关系为

$$\tau_I = \frac{1}{Sv_{th}N_I} \propto \frac{1}{(T^{-2})(T^{1/2})N_I} \propto \frac{T^{3/2}}{N_I}$$

其中 N_I 是电离杂质的浓度(所有电离杂质,包括施主与受主)。由式(5.21),最终得到电离杂质限制的迁移率与温度的关系为

$$\mu_I \propto \frac{T^{3/2}}{N_I} \tag{5.24}$$

电离杂质散射限制的迁移率

请注意,μ_I 随电离掺杂浓度 N_I 的提高而降低,而 N_I 本身也可以与温度有关。在最低的温度下,如果温度低于饱和温度 T_s,N_I 确实强烈地依赖于温度,因为不是所有的施主均已电离。

根据马希森定则(Matthiessen's rule),总的漂移迁移率的倒数等于 μ_I 与 μ_L 的倒数之和,即

$$\frac{1}{\mu_e} = \frac{1}{\mu_I} + \frac{1}{\mu_L} \tag{5.25}$$

有效的迁移率

因此,具有最低迁移率的散射过程确定了整个(有效的)漂移迁移率。

在 Ge 与 Si 中,实验得到的电子的漂移迁移率与温度的关系如图 5.18 所示,对于不同的施主浓度均以双对数坐标作图。图中的斜率对应于 $\mu_e \propto T^n$ 中的指数 n。其中两幅插图的简单原理草图表示了 μ_L 和 μ_I(分别来自式(5.23)和式(5.24))与温度的关系。对于低掺杂浓度情况下(例如 $N_d = 10^{13} \text{ cm}^{-3}$)的 Ge,实验表明:$\mu_e \propto T^{-1.5}$,此结果与式(5.23)相符,即 μ_e 由 μ_L 确定。然而,在高温条件下,对于低掺杂的 Si 的各条曲线(μ_I 被忽略),表现出 $\mu_e \propto T^{-2.5}$ 的特性,而不是 $\mu_e \propto T^{-1.5}$,该结果可由更严格的理论进行解释。随着施主浓度的增加,由于 μ_I 变小,漂移迁移率将减小。在最高的掺杂浓度的条件下,低温时 Si 中的电子漂移迁移率几乎呈现出 $\mu_e \propto T^{3/2}$ 的特性。类似的结论可以推广到空穴漂移迁移率与温度的关系。

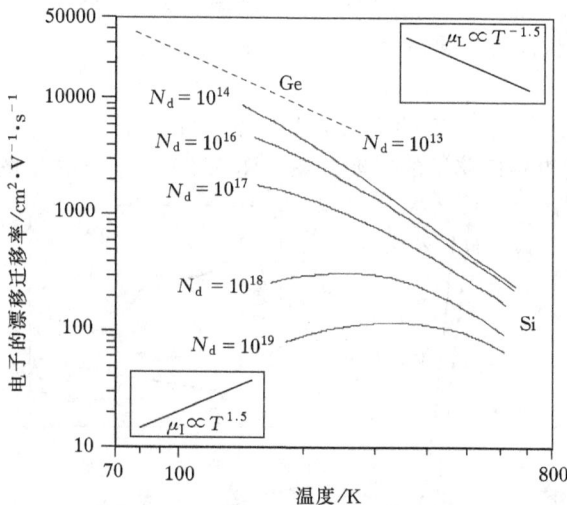

图 5.18　n 型 Ge 和 n 型 Si 样品中漂移迁移率与温度的双对数图

对 Si 表示了不同施主浓度的情况,N_d 的单位是 cm^{-3}。右上角的插图是晶格限制迁移率的简单原理;左下角的插图是杂质散射限制迁移率的简单原理

室温下 Si 中的电子与空穴的漂移迁移率与掺杂浓度的关系如图 5.19 所示。正如所料,通过添加一定量的杂质,漂移迁移率由式(5.25)中的 μ_I 压倒性地控制。

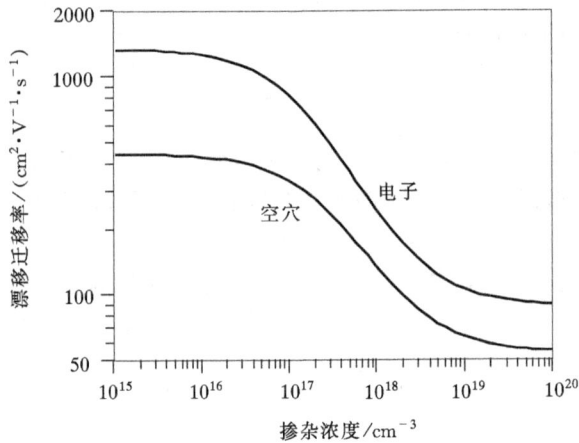

图 5.19　300 K 时 Si 中的电子与空穴的漂移迁移率随掺杂浓度的变化

5.3.3　电导率与温度的关系

以施主掺杂的非本征半导体的电导率取决于电子的浓度与漂移迁移率。而电子的浓度与迁移率在前面的内容中均已讨论并确定。当温度处于电离区的最低温度时，电子浓度与温度的关系是下式所示的指数规律，

$$n = \left(\frac{1}{2} N_c N_d\right)^{1/2} \exp\left[-\frac{(E_c - E_d)}{2kT}\right] \qquad \text{电离区的电子浓度}$$

因此该电子浓度也支配着电导率与温度的关系。当温度处于最高温度的本征区内时，电导率由 n_i 的温度函数所支配，因为电导率为

$$\sigma = e n_i (\mu_e + \mu_h)$$

而且，与 $\mu \propto T^{-3/2}$ 相对照，n_i 是温度的指数函数。在非本征温度区内，$n = N_d$ 是常数，所以电导率与温度的关系遵循漂移迁移率的温度关系。图 5.20 以半对数作图的方式示意性地表示

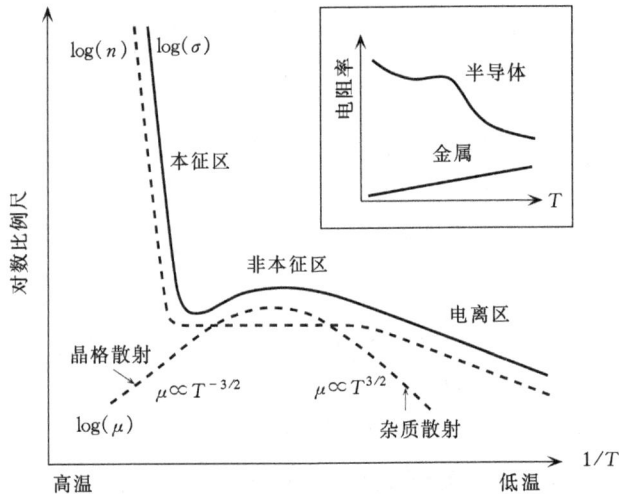

图 5.20　n 型掺杂的半导体中电导率与温度关系的原理图

了电导率相对于温度的倒数的关系。图中的整个非本征区,σ 呈现出很宽的"S"形,这来源于漂移迁移率对温度的依赖关系。

例 5.9　补偿掺杂的 Si 晶体

a. 以 10^{17} cm^{-3} 砷原子掺杂了的 Si 样品。请计算 27℃(300 K)和 127℃(400 K)下的电导率。

b. 对上述的 n 型 Si 样品进一步以 9×10^{16} cm^{-3} 硼原子进行掺杂。请计算该样品 27℃ 和 127℃ 下的电导率。

解:a. 砷掺杂的浓度为 $N_d = 10^{17}$ cm^{-3},远大于本征浓度 n_i。这意味着:$n = N_d$;$p = (n_i^2/N_d) \ll n$,可以忽略。因此,$n = 10^{17}$ cm^{-3},同时根据图 5.19 关于漂移迁移率与掺杂浓度的关系可得:在 $N_d = 10^{17}$ cm^{-3} 的条件下,电子的漂移迁移率是 800 cm$^2 \cdot$ V$^{-1} \cdot$ s^{-1}。所以,得到 27℃时的电导率为

$$\sigma = en\mu_e + en\mu_h = eN_d\mu_e$$
$$= (1.6 \times 10^{-19} \text{ C})(10^{17} \text{ cm}^{-3})(800 \text{ cm}^2 \cdot \text{V}^{-1} \cdot \text{s}^{-1}) = 12.8 \ \Omega^{-1} \cdot \text{cm}^{-1}$$

在 $T = 127℃ = 400$ K 的条件下,由图 5.18 可得

$$\mu_e \approx 420 \text{ cm}^2 \cdot \text{V}^{-1} \cdot \text{s}^{-1}$$

所以,电导率为

$$\sigma = eN_d\mu_e = 6.72 \ \Omega^{-1} \cdot \text{cm}^{-1}$$

b. 进一步掺杂的浓度为 $N_a = 9\times10^{16}$ cm^{-3},由补偿效应可得

$$N_d - N_a = 1 \times 10^7 - 9 \times 10^{16} = 10^{16} \text{ cm}^{-3}$$

由于 $N_d - N_a \gg n_i$,该材料是 n 型的,其电子浓度为 $n = N_d - N_a = 10^{16}$ cm^{-3}。但是漂移迁移率却大约是 600 cm$^2 \cdot$ V$^{-1} \cdot$ s^{-1},尽管 $N_d - N_a$ 现在是 10^{16} cm^{-3},而不是 10^{17} cm^{-3},但是所有的施主与受主均已电离,而且都会对载流子进行散射。电子(来自施主)与空穴(来自受主)的复合并不能改变室温下所有的杂质都将电离的事实。从效果上看,补偿效应就像来自施主的所有电子均被受主接受。虽然随着补偿掺杂的净电子浓度为 $n = N_d - N_a$,散射的漂移迁移率仍然由 $(N_d + N_a)$ 决定,即 $10^{17} + 9\times10^{16}$ cm$^{-3} = 1.9 \times 10^{17}$ cm^{-3}。由它所确定的电子漂移迁移率,在温度为 300 K 和 400 K 时分别是 600 cm$^2 \cdot$ V$^{-1} \cdot$ s^{-1} 与 400 cm$^2 \cdot$ V$^{-1} \cdot$ s^{-1}。忽略空穴浓度 $p = n_i^2/(N_d - N_a)$ 之后,我们得到

300 K 条件下,

$$\sigma = e(N_d - N_a)\mu_e \approx (1.6 \times 10^{-19} \text{ C})(10^{16} \text{ cm}^{-3})(600 \text{ cm}^2 \cdot \text{V}^{-1} \cdot \text{s}^{-1}) = 0.96 \ \Omega^{-1} \cdot \text{cm}^{-1}$$

400 K 条件下,

$$\sigma = e(N_d - N_a)\mu_e \approx (1.6 \times 10^{-19} \text{ C})(10^{16} \text{ cm}^{-3})(400 \text{ cm}^2 \cdot \text{V}^{-1} \cdot \text{s}^{-1}) = 0.64 \ \Omega^{-1} \cdot \text{cm}^{-1}$$

5.3.4　简并半导体与非简并半导体

在 CB 中电子浓度的一般指数表达式为

$$n \approx N_c \exp\left[-\frac{(E_c - E_F)}{kT}\right] \tag{5.26}$$

上式基于以玻耳兹曼统计代替费密-狄拉克统计,它只在 E_c 处于 E_F 之上几个 kT 时才有效。换句话说,我们假定了 CB 中的状态数超过电子数,使两个电子占据同一个状态的可能性为零。这意味着,泡利不相容原理可以忽略,电子的统计规律可以用玻耳兹曼统计进行描述。N_c 是 CB 中状态密度的度量,对 n 的玻耳兹曼表达式只有当 $n \ll N_c$ 时才有效。$n \ll N_c$ 以及

$p\ll N_v$ 的半导体称为**非简并半导体**。这些半导体基本上遵循上述的所有讨论的规律,并表现出前面所概述的、通常半导体的各种特性。

当半导体以施主进行过量掺杂之后,n 可以变得如此之大(典型值为 $10^{19}\sim10^{20}$ cm^{-3}),使得它的值与 N_c 相当,或者大于 N_c。在这种情况下,电子统计中泡利不相容原理变得十分重要,而且必须采用费密-狄拉克统计。对 n 进行统计的式(5.26)不再成立。这种半导体所表现出来的特性更像金属,而不像半导体;例如,电阻率遵循 $\rho\propto T$。$n>N_c$ 或 $p>N_v$ 的半导体称为**简并半导体**。

简并半导体中高载流子浓度来源于重掺杂。例如,在 n 型半导体中增加施主浓度,达到足够高的掺杂程度,则施主原子之间变得非常靠近,使它们的轨道相互交叠并形成很窄的能带,这些能带交叠会变成导带的一部分。因此 E_c 被稍许下移,E_g 稍许变窄。来自施主的价电子从 E_c 开始填充导带,这种情况与金属类似,金属中价电子填充交叠的能带。因此,简并的 n 型半导体中费密能级处于 CB 之内,或者在 E_c 之上,就像金属中 E_F 位于带内的情况。这时,在 E_c 与 E_F 之间的大多数状态已被电子填满,如图 5.21 所示。在 p 型简并半导体的情况下,费密能级位于 E_v 之下的 VB 内。必须强调的是,在简并半导体中不能简单地假定 $n=N_d$ 或者 $p=N_a$,因为掺杂浓度很大,杂质之间会发生相互作用。不是所有的杂质均能电离,而且载流子浓度最终将达到饱和,典型值约为 10^{20} cm^{-3}。此外,浓度作用定律 $np=n_i^2$ 对简并半导体不适用。

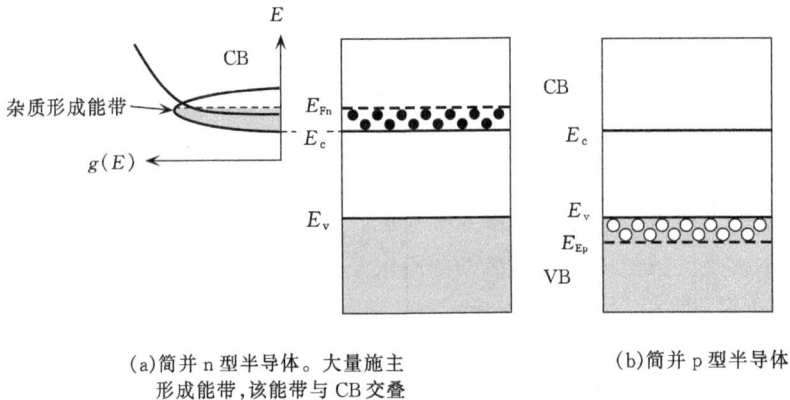

(a)简并 n 型半导体。大量施主形成能带,该能带与 CB 交叠

(b)简并 p 型半导体

图 5.21

简并半导体有许多重要用途,例如可用于激光二极管、齐纳二极管、集成电路中的欧姆接触和在许多微电子 MOS 器件中作为金属栅极。

5.4 复合与少数载流子注入

5.4.1 直接复合与间接复合

温度在绝对零度之上,VB 的电子热激发到 CB,不断地产生自由电子-空穴对。很明显,在平衡状态下,必定存在某些湮灭机制,使 CB 中的电子回到 VB 中的空状态(空穴)。当晶体的 CB 中的自由电子漫游时,如果与空穴"相遇",它就会落入低能量的空电子态,并填充这个状态。该过程称为**复合**。直觉上,复合对应于自由电子寻找那些失去电子的不完善的价键,然后电子进入并完善该价键。CB 中的自由电子与 VB 中的自由空穴因此被湮灭。能带图上,复合过程表示为

CB 中的电子(它在那里是自由的)进入到 VB 中的空穴(它处于价键中),图5.22表示了一种直接复合的机制。例如在 GaAs 中发生的情形,一个自由电子与一个自由空穴在晶体的某个位置相遇并产生复合。电子的多余的能量作为一个光子(能量 $h\nu = E_g$)损失了。事实上,正是这种复合产生了发光二极管(LED)中的发光。

　　像自然界的所有其它过程一样,一个电子与一个空穴的复合过程必须服从动量守恒定律。CB 中电子的波函数 $\psi_{cb}(k_{cb})$ 具有与波矢 k_{cb} 相联系的一定的动量 $\hbar k_{cb}$。同样,VB 中电子的波函数 $\psi_{vb}(k_{vb})$ 具有与波矢 k_{vb} 相联系的一定的动量 $\hbar k_{vb}$。复合中线性动量的守恒要求是:当 CB 中的电子落入 VB 时,它的波矢应当维持不变,$k_{vb} = k_{cb}$。对元素半导体 Si 和 Ge,具有 $k_{vb} =$

图 5.22　GaAs 中的直接复合
$k_{cb} = k_{vb}$ 以满足动量守恒

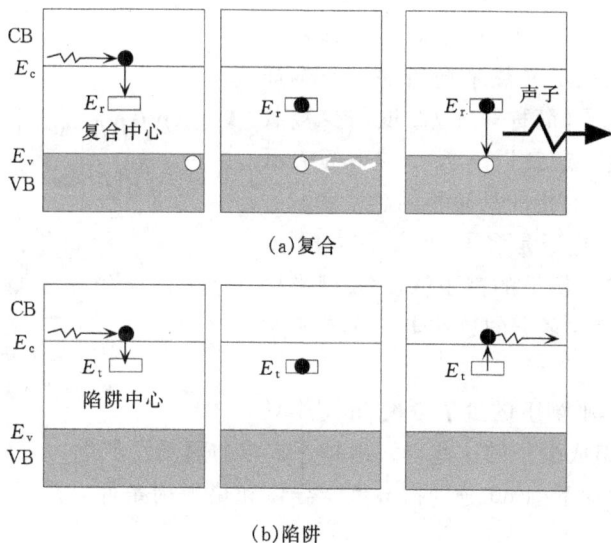

k_{cb} 的电子态 $\psi_{vb}(k_{vb})$ 处于 VB 的正中部,因而是被电子完全占据了的。其结果是,VB 中没有能满足 $k_{vb} = k_{cb}$ 的空状态,因而在 Ge 和 Si 中这种直接复合几乎是不可能的。对于 GaAs 和 InSb 一类的化合物半导体,满足 $k_{vb} = k_{cb}$ 的电子态恰好处于价带顶部,而该处基本上是空的(包含空穴),因此 GaAs 中 CB 的电子可以落入 VB 顶部的空电子态,并保持 $k_{vb} = k_{cb}$。在 GaAs 中,**直接复合**是可能的,正是这个原因使 GaAs 成为 LED 材料。

　　在 Si 和 Ge 一类的元素半导体晶体中,电子与空穴通常通过复合中心进行复合。复合中心提高了复合几率,因为它能“吸收”电子与空穴间的任何动量差别。这种复合基本上包含第 3 种实体:它可以是杂质原子或者晶体缺陷。电子被复合中心俘获并位于该复合中心的位置,然后这个电子将“保持”在该处,直到某个空穴到达并与之复合。在图 5.23(a)所示的能带图

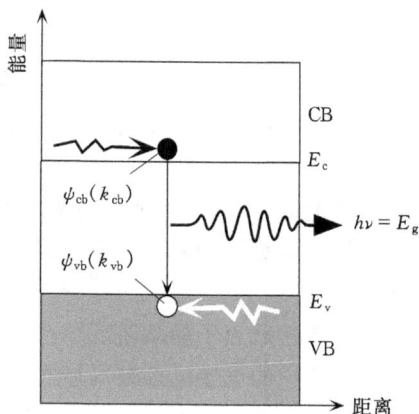

(a)复合

(b)陷阱

图 5.23　复合与陷阱效应

(a)Si 中的复合通过复合中心进行,复合中心在带隙的 E_r 具有局域能级,该能级通常位于带隙中部附近;(b)电子的俘获与去俘获通过陷阱中心进行,陷阱中心在带隙中具有局域能级

中,复合中心在 E_c 下方的带隙内提供了局部的电子态,这些复合中心处于晶体中一定的位置。电子接近这些中心时便被俘获,然后停留并被束缚在这个中心,"等待"能够与之复合的空穴。在这种复合过程中,电子的能量通常会损失,通过第 3 种实体的"反冲"把能量传递给晶格振动(当做声音)。被发射的晶格振动称为**声子**。与光子类似,声子是晶体中与原子振动相联系的能量量子。

典型的复合中心,除施主与受主杂质之外,还可以是金属杂质以及位错、空位和填隙原子等晶体缺陷。每一种复合中心在附加的复合中都有自己独特的性质,关于这些内容,这里不作叙述。

简单叙述载流子的**陷阱**现象是有益的,因为在许多器件中它可能是性能方面的主要限制因素。导带中的电子可以被局域态(localized state)俘获,局域态像复合中心一样,也处于带隙中,如图 5.23(b)所示。电子落入位于 E_t 的陷阱中心,暂时变得与 CB 无关,之后的某个时间,由于相关联的晶格振动,该电子被激发而返回到 CB,并又可以参与导电。因此,陷阱效应包括了电子离开 CB 的暂时迁移;而复合则是电子永久地从 CB 移去,因为它被俘获后,紧接着将与空穴复合。我们可以把陷阱看成是晶体中的瑕疵,但在瑕疵周围会产生具有一定能量(位于带隙)的局域电子态。在瑕疵附近通过的载流子可以被俘获并丧失运动的自由度。这些瑕疵可以是杂质,也可以是与复合中心一样的晶体的不完整性,它与复合中心的唯一区别在于:被复合中心俘获的载流子不可能逃离,因为该复合中心附加了复合的功能。虽然图 5.23(b)表示的是电子的陷阱,类似的结论也可以应用于空穴的陷阱,空穴的陷阱中心通常靠近 E_v。一般情况下,位于带隙中央附近的瑕疵和缺陷起复合中心的作用。

5.4.2 少数载流子寿命

如果用适当波长的光均匀地照射施主浓度为 5×10^{16} cm^{-3} 的 n 型半导体以便得到光生电子-空穴对(EHPs),如图 5.24 所示,该半导体内部将发生什么情况?我们现在定义热平衡条件下非本征半导体中的多数载流子(简称多子)浓度与少数载流子(简称少子)浓度。通常以 n 或 p 的下标表示半导体的类型,0 为下标,指的是暗箱的热平衡。

在 n 型半导体中,电子是多子,空穴是少子。

n_{n0} 解释成暗箱热平衡下的**多子浓度**(n 型半导体中的电子浓度)。组成多子的这些电子来自施主的热电离。

p_{n0} 解释成暗箱热平衡下的**少子浓度**(n 型半导体中的空穴浓度)。组成少子的这些空穴由越过带隙的热激发产生。

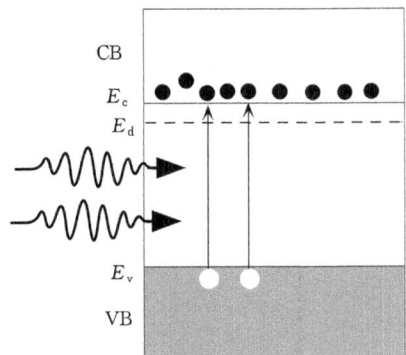

图 5.24 对 n 型半导体进行低剂量的光注入(弱注入),$\Delta n_n < n_{n0}$

以上两种表示中的下标 n0 分别指 n 型半导体和热平衡条件。热平衡意味着服从浓度作用定律并且 $n_{n0} p_{n0} = n_i^2$。

当用光照射半导体时,就通过光生的方式产生了过剩的 EHPs。假设 n_n 和 p_n 分别表示任意时刻的电子和空穴的浓度,定义为瞬间的多子(电子)和少子(空穴)的浓度。对半导体的任何时刻和任何位置,我们通过下列的**过剩浓度**来定义对平衡状态的偏离:

Δn_n 是过剩电子(多子)浓度:$\Delta n_n = n_n - n_{n0}$

Δp_n 是过剩空穴(少子)浓度:$\Delta p_n = p_n - p_{n0}$

光照条件下,任何时刻的电子和空穴的浓度为

$$n_n = n_{n0} + \Delta n_n \qquad p_n = p_{n0} + \Delta p_n$$

光激发产生的 EHPs,或如图 5.24 所示的数量相等的多子与空穴,意味着

$$\Delta p_n = \Delta n_n$$

很明显,这不服从浓度作用定律:$n_n p_n \neq n_i^2$,值得回忆的是,由于 n_{n0} 和 p_{n0} 只与温度有关,则有

$$\frac{\mathrm{d}n_n}{\mathrm{d}t} = \frac{\mathrm{d}\Delta n_n}{\mathrm{d}t} \qquad 和 \qquad \frac{\mathrm{d}p_n}{\mathrm{d}t} = \frac{\mathrm{d}\Delta p_n}{\mathrm{d}t}$$

假定光照很弱,所产生的电荷仅为 $10\% \times n_{n0}$,即

$$\Delta n_n = 0.1 n_{n0} = 0.5 \times 10^{16} \text{ cm}^{-3}$$

$$\Delta p_n = \Delta n_n = 0.5 \times 10^{16} \text{ cm}^{-3}$$

图 5.25 以单轴坐标作图表示了暗箱和光照两种情况下的多子浓度(n_n)和少子浓度(p_n)。图中采用对数刻度以便能记录大数量级的变化。光照条件下,少子浓度为

$$p_n = p_{n0} + \Delta p_n = 2.0 \times 10^3 + 0.5 \times 10^{16} \approx 0.5 \times 10^{16} = \Delta p_n$$

即 $p_n \approx \Delta p_n$,这表明,虽然 n_n 只有 10% 的变化,p_n 却产生了约 10^{12} 的激烈变化。

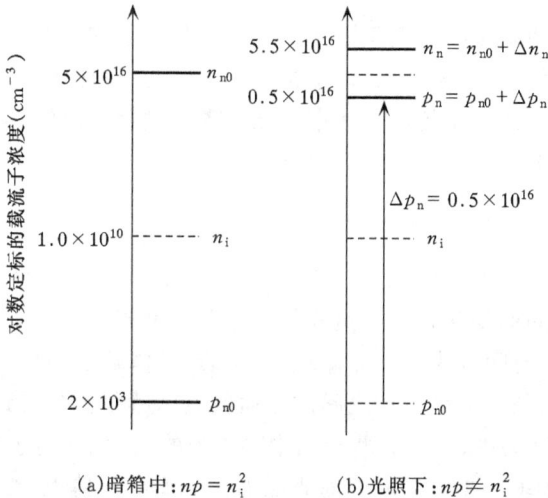

图 5.25　在 n 型半导体中的小注入对 n_n 的影响不大,却强烈地影响少子的浓度 p_n

在 n 型半导体上用光照射(光开关接通)一定的时间后,去除光照(光开关断开),图 5.26 显示了该半导体内部所发生的情况。很明显,当光照断开时 $p_n = \Delta p_n$ 的情形(图 5.26 中的 B 状态)最终必回到暗箱的情况(A 状态):$p_n = p_{n0}$。换句话说,过剩的少子 Δp_n 和过剩的多子 Δn_n 必须消除。这种消除通过复合进行,过剩的空穴与现有的电子复合并消失。然而这种复合需要时间,因为电子和空穴必须相互寻找。为了叙述复合的速度,我们引入时间的量 τ_h,称**为少子寿命(平均复合时间)**,其定义是:VB 中存在的空穴,从它的产生到复合的平均时间。也就是说,空穴在与电子复合之前处于自由状态的平均时间。另一种等效的定义是:$1/\tau_h$ 是单位时间内一个空穴与电子复合的几率。我们必须记住:复合过程是通过复合中心进行的,因

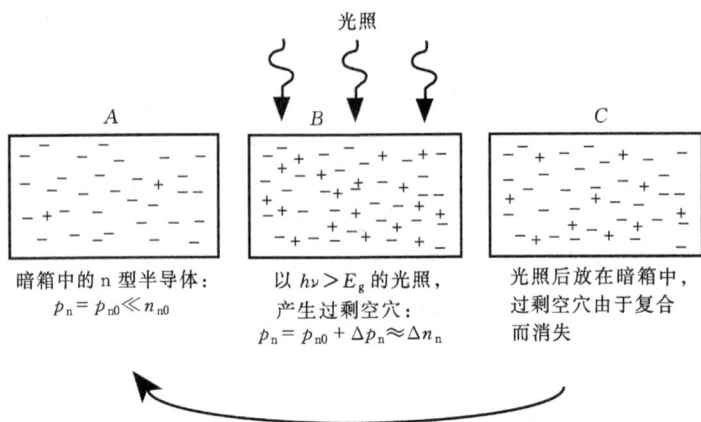

图 5.26　n 型半导体被光照射导致过剩的电子与空穴的浓度

光照结束后,复合过程将使系统恢复到平衡状态;过剩的电子与空穴完全复合

此复合时间取决于这些中心的浓度以及中心俘获少子的有效性。一个少子一旦被复合中心俘获,则将存在大量的与之复合的多子,因此间接复合与多子的浓度无关,这就是以少子寿命来定义复合时间的理由。

如果少子复合的时间是 10 秒,而且有 1 000 个过剩的空穴,则这些过剩的空穴将以每秒 100 个的速率消失。过剩少子复合的速率是 $\Delta p_n / \tau_h$。因此,在任何瞬间下式均成立

过剩空穴浓度的增加速率＝光生率－过剩空穴的复合率

如果 G_{ph} 是光生率,则 Δp_n 的净变化率为

$$\frac{\mathrm{d}\Delta p_n}{\mathrm{d}t} = G_{ph} - \frac{\Delta p_n}{\tau_h} \qquad (5.27) \text{ 过剩少子浓度}$$

这是一个普遍表达式。如果已知光生率 G_{ph}、少子寿命 τ_h 和 $t=0$ 的初始条件,该式可以描述过剩少子浓度随时间的变化。该表达式的唯一假设是弱注入($\Delta p_n < n_{n0}$)。

我们应该注意,复合时间取决于半导体材料、杂质、晶体缺陷和温度等因素,而且没有任何可引用的典型值,它可以是从纳秒到秒之间的任何数值。后面将会看到,某些应用要求很短的 τ_h,例如在 pn 结的快速开关中;而在有些应用中要求长的 τ_h,例如对于持久的发光。

例 5.10　光响应时间　如果当 $t=0$ 时光照加在 n 型半导体上,当 $t=t_{off}(t_{off} \gg \tau_h)$ 时光照关断,请画出空穴浓度变化的草图。

解:应用式(5.27),其中,$0 \leqslant t \leqslant t_{off}$ 时 G_{ph} 为常数。式(5.27)是一阶微分方程,对它积分得到

$$\ln\left[G_{ph} - \left(\frac{\Delta p_n}{\tau_h}\right)\right] = -\frac{t}{\tau_h} + C_1$$

其中 C_1 是积分常数。当 $t=0$ 时,$\Delta p_n=0$,因此 $C_1 = \ln G_{ph}$。所以,上式的解为

$$\Delta p_n(t) = \tau_h G_{ph}\left[1 - \exp\left(-\frac{t}{\tau_h}\right)\right] \qquad 0 \leqslant t \leqslant t_{off} \qquad (5.28)$$

我们看到,光照一旦接通,少子浓度便按指数规律上升,在 $t > \tau_h$ 之后,它达到稳态值 $\Delta p_n(\infty) = \tau_h G_{ph}$。

在光照关断的时刻，如果假定 $t_{\text{off}} \gg \tau_{\text{h}}$，则从式(5.28)得到

$$\Delta p_{\text{n}}(t_{\text{off}}) = \tau_{\text{h}} G_{\text{ph}}$$

可以定义 t' 为从 $t = t_{\text{off}}$ 开始计量的时间，即 $t' = t - t_{\text{off}}$，则上式可写成

$$\Delta p_{\text{n}}(t' = 0) = \tau_{\text{h}} G_{\text{ph}}$$

在 $G_{\text{ph}} = 0$，并且 $t > t_{\text{off}}$ 或 $t' > 0$ 的条件下，求解式(5.27)，得到

$$\Delta p_{\text{n}}(t') = \Delta p_{\text{n}}(0) \exp\left(-\frac{t'}{\tau_{\text{h}}}\right)$$

其中，$\Delta p_{\text{n}}(0)$ 实际上是积分常数，它相当于边界条件：$t' = 0$ 时的 Δp_{n}，令 $t' = 0$ 和 $\Delta p_{\text{n}} = \tau_{\text{h}} G_{\text{ph}}$，上式变为

$$\Delta p_{\text{n}}(t') = \tau_{\text{h}} G_{\text{ph}} \exp\left(-\frac{t'}{\tau_{\text{h}}}\right) \tag{5.29}$$

我们看到，从关断光照的时刻开始，过剩少子的浓度按指数规律衰减，衰减的时间常数等于少子的复合时间。少子浓度随时间的变化如图 5.27 所示。

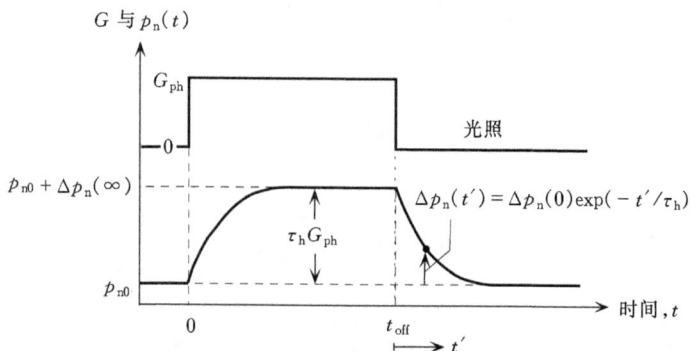

图 5.27　在 $t = 0$ 时刻开始光照，$t = t_{\text{off}}$ 时刻撤除光照

过剩少子的浓度 $\Delta p_{\text{n}}(t)$ 以时间常数 τ_{h} 指数性上升到稳态值。从 t_{off} 开始，过剩少子的浓度指数性地衰减到它的平衡值

例 5.11　光电导率　强度 $I(\lambda)$、波长 λ 的光照射在无陷阱的直接带隙半导体上，这将产生光生电流。如图 5.28 所示，光照的面积为 $A = (L \times W)$，半导体的厚度为 D。如果 η 为量子效率(每个被吸收的光子所产生的自由电子-空穴对(EHP)的数目)，τ 为光生载流子的复合寿命。**稳态光电导率**的定义如下

$$\Delta\sigma = \sigma_{(\text{光照})} - \sigma_{(\text{黑暗})}$$

其中 $\Delta\sigma$ 为

$$\Delta\sigma = \frac{e\eta I \lambda \tau(\mu_{\text{e}} + \mu_{\text{h}})}{hcD}$$

(5.30) 稳态光电导率

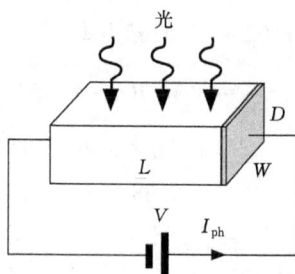

图 5.28　长度为 L、宽度为 W 和厚度为 D 的半导体样品被波长为 λ 的光照射，I_{ph} 是稳态光电流

光电导电池是长、宽和厚分别为 1 mm,1 mm 和 0.1 mm 的 CdS 晶体,其两端均有电接触。因此,接受光辐射的面积为 1 mm²,每端的接触面积为 0.1 mm²。该电池被波长 450 nm、强度 1 mW/cm² 的蓝光照射。对于量子效率为 1 和电子复合时间为 1 ms 的情况,请计算

    a. 每秒产生的 EHP 的数目;

    b. 样品的光电导率;

    c. 加在样品两端的电压为 50V 时所产生的光电流。

注意,CdS 光电导体是直接带隙半导体,带隙 $E_g = 2.6\text{eV}$,电子迁移率 $\mu_e = 0.034 \text{ m}^2 \cdot \text{V}^{-1} \cdot \text{s}^{-1}$,$\mu_h = 0.0018 \text{ m}^2 \cdot \text{V}^{-1} \cdot \text{s}^{-1}$。

解:如果 Γ_{ph} 是每秒、每单位面积得到的光子数(光通量),则 $\Gamma_{ph} = I/h\nu$,其中 I 为光亮度(每秒、每单位面积的能量流),$h\nu$ 是每个光子的能量。量子效率 η 定义为每个被吸收的光子所产生的自由电子-空穴对(EHP)的数目。因此,每秒、每单位体积所产生的 EHP 数,即每单位体积的光生率 G_{ph} 为

$$G_{ph} = \frac{\eta A \Gamma_{ph}}{AD} = \frac{\eta \left(\dfrac{I}{h\nu}\right)}{D} = \frac{\eta I \lambda}{hcD}$$

稳态时,

$$\frac{\mathrm{d}\Delta n}{\mathrm{d}t} = G_{ph} - \frac{\Delta n}{\tau} = 0$$

因此,

$$\Delta n = \tau G_{ph} = \frac{\tau \eta I \lambda}{hcD}$$

但是,由定义得

$$\Delta \sigma = e\mu_e \Delta n + e\mu_h \Delta p = e\Delta n(\mu_e + \mu_h)$$

由于电子与空穴是成对产生的,$\Delta n = \Delta p$,因此在 $\Delta \sigma$ 的表达式中替换 Δn,便可得式(5.30)

$$\Delta \sigma = \frac{e\eta I \lambda \tau (\mu_e + \mu_h)}{hcD}$$

    a. 每单位时间的光生率并不是 G_{ph},它是每单位时间、每单位体积的光生率。

定义 EHP_{ph} 为整个体积内(AD)单位时间 EHP 的总数量。那么,

$$\text{EHP}_{ph} = 总的光生率$$

$$= (AD)G_{ph} = (AD)\frac{\eta I \lambda}{hcD} = \frac{A\eta I \lambda}{hc}$$

$$= [(10^{-3} \times 10^{-3} \text{ m}^2)(1)(10^{-3} \times 10^4 \text{ J} \cdot \text{s}^{-1} \cdot \text{m}^{-2})(450 \times 10^{-9} \text{ m})] \div$$

$$[(6.63 \times 10^{-34} \text{ J} \cdot \text{s})(3 \times 10^8 \text{ m} \cdot \text{s}^{-1})]$$

$$= 2.26 \times 10^{13} \text{ EHP} \cdot \text{s}^{-1}$$

    b. 由式(5.30)

$$\Delta \sigma = \frac{e\eta I \lambda \tau (\mu_e + \mu_h)}{hcD}$$

可得

$$\Delta \sigma = \frac{(1.6 \times 10^{-19} \text{ C})(1)(10^{-3} \times 10^4 \text{ J} \cdot \text{s}^{-1}\text{m}^{-2})(450 \times 10^{-9} \text{ m})(1 \times 10^{-3} \text{ s})(0.0358 \text{ m}^2 \cdot \text{V}^{-1} \cdot \text{s}^{-1})}{(6.63 \times 10^{-34} \text{ J} \cdot \text{s})(3 \times 10^8 \text{ m} \cdot \text{s}^{-1})(0.1 \times 10^{-3} \text{ m})}$$

$$= 1.30 \ \Omega^{-1} \cdot \text{m}^{-1}$$

c. 光电流密度为

$$\Delta J = E \Delta \sigma = (1.30 \ \Omega^{-1} \cdot m^{-1})(50 V/10^{-3} \ m) = 6.50 \times 10^4 \ A \cdot m^{-2}$$

光电流为

$$\Delta I = A \Delta J = (10^{-3} \times 0.1 \times 10^{-3} \ m^2)(6.50 \times 10^4 \ A \cdot m^{-2})$$
$$= 6.5 \times 10^{-3} \ A = 6.5 \ mA$$

以上计算中做了这样的假定:所有入射光线的能量全被吸收。

5.5　扩散方程、电导方程与无规则运动

我们知道,由于无规则运动,气体粒子会从高浓度区向低浓度区扩散。当香水瓶在房间的一个角落被打开,香水分子会从瓶中向外扩散,过一会儿在房间的另一个角落就可以闻到香味。无论何时,只要存在粒子的浓度梯度,就会产生粒子向浓度低的方向的净扩散运动。扩散的原因在于粒子的无规则运动。为了对粒子的流动进行量化,如同电流一样,我们定义**粒子通量** Γ 为单位时间通过单位横截面积的粒子(不带电)数。因此,如果 ΔN 粒子在时间 Δt 内通过横截面积 A,则粒子通量为

$$\Gamma = \frac{\Delta N}{A \Delta t} \qquad (5.31) \ \boxed{\text{粒子通量定义}}$$

很明显,如果粒子带电荷 Q(电子为 $-e$,空穴为 $+e$),则电流密度 J(基本上是电荷通量)与粒子通量的关系为

$$J = Q\Gamma \qquad (5.32) \ \boxed{\text{电流密度定义}}$$

假定半导体中某个时间 t 的电子浓度沿 x 方向降低,并具有如图 5.29(a)所示的分布 $n(x,t)$。这种分布可以通过某种方法得到,例如在半导体的一端通过光生电子的方法。假定电子浓度只能在 x 方向改变,以便使电子的扩散简化成如图 5.29(a)所示的一维问题。我们知道,没有电场的情况下,电子运动是无规则的,而且包含来自晶格振动与杂质的散射。假定 l 为 x 方向的平均自由程,τ 是两次散射之间的平均自由时间。电子在 $+x$ 或 $-x$ 方向移动了

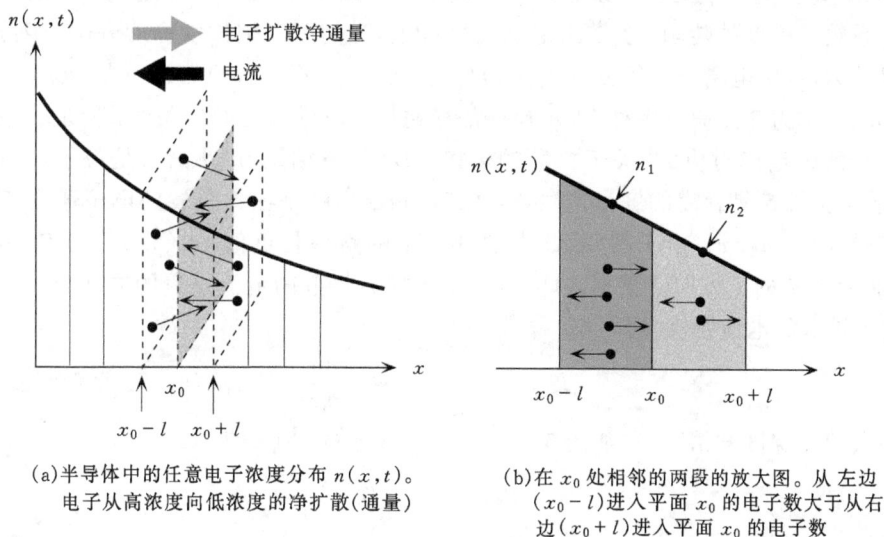

(a)半导体中的任意电子浓度分布 $n(x,t)$。
电子从高浓度向低浓度的净扩散(通量)

(b)在 x_0 处相邻的两段的放大图。从 左边
($x_0 - l$)进入平面 x_0 的电子数大于从右
边($x_0 + l$)进入平面 x_0 的电子数

图 5.29

平均距离为 l，然后被散射并改变方向，则它沿 x 方向的平均速度为 $v_x = l/\tau$，让我们估算在 $+x$ 和 $-x$ 方向通过 x_0 平面的电子流，并得到在 $+x$ 方向的净电子流。

可以把 x 轴分成长度为 l 的许多假想的分段，使每段均与平均自由程相对应。电子通过一段就经历一次散射。在一个平均自由时间的期间（电子通过左边或右边的一段），电子将发生什么情况？处于 $(x_0 - l)$ 的电子，一半朝 x_0 运动，另一半将离开 x_0，即在 τ 时间内，有一半的电子将到达并通过 x_0，如图 5.29(b) 所示。如果 n_1 是在 $x_0 - l/2$ 处的电子浓度，则向右运动并通过 x_0 的电子数为 $\frac{1}{2} n_1 A l$，其中 A 是横截面积，Al 是一段的体积。同样，处于 $(x_0 + l)$ 的电子，有一半会向左运动，在 τ 时间内将到达 x_0，它们的数目是 $\frac{1}{2} n_2 A l$，其中 n_2 是在 $x_0 + \frac{l}{2}$ 处的电子浓度。单位时间内，在 $+x$ 方向通过 x_0 的单位面积的净电子数就是电子通量 Γ_e，其值为

$$\Gamma_e = \frac{\frac{1}{2} n_1 A l - \frac{1}{2} n_2 A l}{A\tau}$$

上式可简写为

$$\Gamma_e = -\frac{l}{2\tau}(n_2 - n_1) \tag{5.33}$$

就变分法而言，平均自由程 l 很小，因此我们可以用浓度梯度来计算 $n_2 - n_1$，即

$$n_2 - n_1 \approx \left(\frac{\mathrm{d}n}{\mathrm{d}x}\right)\Delta x = \left(\frac{\mathrm{d}n}{\mathrm{d}x}\right)l$$

现在可以根据浓度梯度写出式(5.33)中的通量为

$$\Gamma_e = -\frac{l^2}{2\tau}\left(\frac{\mathrm{d}n}{\mathrm{d}x}\right)$$

或者写成

$$\Gamma_e = -D_e \frac{\mathrm{d}n}{\mathrm{d}x} \tag{5.34 菲克第一定律}$$

其中，$(l^2/2\tau)$ 定义为电子的扩散系数，以 D_e 表示。因此，x 处的电子净通量 Γ_e 正比于浓度梯度和扩散系数。梯度越陡峭，通量 Γ_e 越大。实际上，我们可以把浓度梯度 $\mathrm{d}n/\mathrm{d}x$ 看成为扩散通量的驱动力，就像电场 $-(\mathrm{d}V/\mathrm{d}x)$ 是电流（$J = \sigma E = -\sigma(\mathrm{d}V/\mathrm{d}x)$）的驱动力一样。

式(5.34)称为菲克第一定律，表示粒子的净通量与驱动力之间的关系，驱动力就是浓度梯度。这是与欧姆定律对应的、关于扩散的定律。D_e 的量纲是 $\mathrm{m}^2 \cdot \mathrm{s}^{-1}$，是粒子（在这里是电子）在介质中扩散难易程度的度量。注意，式(5.34)给出的是在 x 位置的电子通量 Γ_e，该处的电子浓度梯度是 $\mathrm{d}n/\mathrm{d}x$。由于图 5.29 中的 $\mathrm{d}n/\mathrm{d}x$ 的斜率是负值，式(5.34)的 Γ_e 出现正值。这表明，通量是 x 的正方向。根据式(5.34)，电子向右扩散的电流是负的方向（传统的流向）。以 $J_{D,e}$ 表示扩散的电流密度，可写出

$$J_{D,e} = -e\Gamma_e = eD_e \frac{\mathrm{d}n}{\mathrm{d}x} \tag{5.35 电子扩散电流密度}$$

在空穴浓度梯度的情况下，如图 5.30 所示，空穴通量 $\Gamma_h(x)$ 为

$$\Gamma_h = -D_h \frac{\mathrm{d}p}{\mathrm{d}x}$$

其中 D_h 为空穴扩散系数。如图 5.30 所示,令斜率 dp/dx 为负数,结果产生正的空穴通量(x 的正方向),表示扩散流密度的方向向右。空穴扩散引起的电流密度为

$$J_{D,h} = e\Gamma_h = -eD_h \frac{dp}{dx} \qquad (5.36)\ \text{空穴扩散电流密度}$$

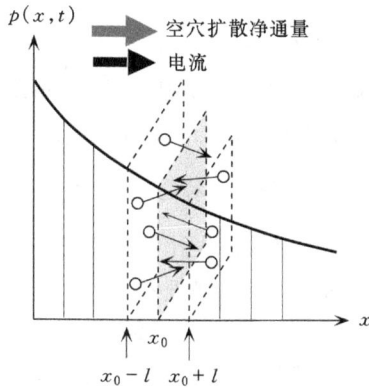

图 5.30　半导体中的任意空穴浓度分布 $p(x,t)$
只要存在从高浓度向低浓度的空穴净扩散(通量),就存在更多的空穴通过
x_0,来自左边(x_0-l)的空穴多于来自右边(x_0+l)的

在图 5.29 和图 5.30 中,假定沿 $+x$ 方向同时还存在正的电场 E_x,实际的示例如图 5.31 所示。图中,半导体被夹在两个电极之间,其中左边的电极是半透明的。通过电池对电极的连接,半导体中沿 $+x$ 就建立了所加的电场 E_x。左边的电极被连续地光照,则过剩的 EHP 在半导体表面产生,并产生 n 和 p 的浓度梯度。所加的电场对这些电荷施加电力,使它们力图漂移——空穴向右漂移;电子向左漂移。电荷的运动包括漂移与扩散。由于 E_x 引起的电子漂移以及由于 dn/dx 引起的电子扩散所产生的总电流密度为式(5.35)的部分加上通常电子漂移的电流密度,即

$$J_e = en\mu_e E_x + eD_e \frac{dn}{dx} \qquad (5.37)\ \text{漂移和扩散引起的总的电子电流}$$

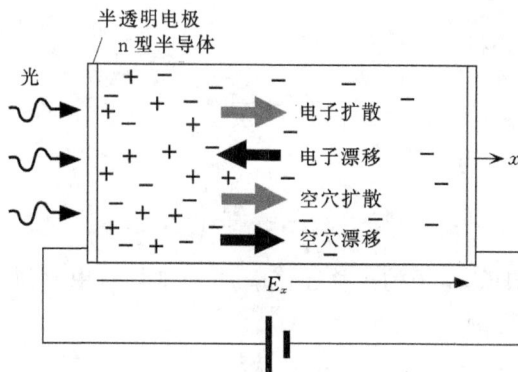

图 5.31　同时存在电场与浓度梯度时,载流子通过扩散与漂移两种方式进行运动

我们注意到,由于 E_x 沿 x 方向,漂移电流(式中第 1 项)也沿 x 方向,但扩散电流(第 2 项)由于 dn/dx 为负值实际上是相反方向。

同样,对于空穴的漂移与扩散所产生的空穴电流,从(5.36)可得

$$J_h = ep\mu_h E_x - eD_h \frac{dp}{dx} \qquad (5.38)$$

漂移和扩散引起的总的空穴电流

在这种情况下,漂移与扩散具有相同的方向。

我们曾提到,扩散系数是扩散的载流子在介质中运动的难易程度的度量。但是,漂移迁移率也是载流子在介质中运动难易程度的度量。这两者的关系满足以下的**爱因斯坦**关系式:

$$\frac{D_e}{\mu_e} = \frac{kT}{e} \quad 和 \quad \frac{D_h}{\mu_h} = \frac{kT}{e} \qquad (5.39)$$ **爱因斯坦关系**

换句话说,扩散系数与温度、迁移率均成正比。这正是所预料的、也是合理的,因为温度的升高将增加平均速度,因而加快了扩散;由晶格振动、杂质等引起的对载流子的散射则产生了无规则的效果,它的作用与某特定方向扩散是相反的,因此两次散射之间的平均自由程越长,扩散系数也越大。这将在例 5.12 中进行分析。

在式(5.34)中,我们把扩散系数 D 等同于 $l^2/2\tau$,如图 5.29 中所做的分析,是过于简化了,因为我们曾简单地假设:散射之前所有的电子均移动距离 l,在 τ 内它们都是自由的。我们基本上做了这样的假定:在距 x_0 的一段距离 l 内的所有电子均向 x_0 运动,并在 τ 内穿过该平面。这种假定不完全正确,因为散射是随机过程,处在厚度为 l 内的电子,不是所有向 x_0 运动的都穿过该平面。更严格的统计分析表明,这扩散系数为

$$D = \frac{l^2}{\tau} \qquad (5.40)$$ **扩散系数**

例 5.12 爱因斯坦关系　利用漂移迁移率与两次散射之间的平均自由时间 τ 的关系以及扩散系数的表达式 $D_e = l^2/\tau$,推导电子的爱因斯坦关系。

解:一维的情况下,例如沿 x 方向,电子的扩散系数为 $D_e = l^2/\tau$,其中 l 是 x 方向的平均自由程,τ 是电子在两次散射之间的平均自由时间。平均自由程 $l = v_x\tau$,其中 v_x 是电子在 x 方向上的平均(或有效)速度,因此,

$$D_e = v_x^2\tau$$

在一维的导带情况下,电子的平均动能(KE)是 $(1/2)kT$,则 $\frac{1}{2}kT = \frac{1}{2}m_e^* v_x^2$,$m_e^*$ 是电子在导带中的有效质量。于是得到

$$v_x^2 = \frac{kT}{m_e^*}$$

在 D_e 的等式中代入 v_x,得到

$$D_e = \frac{kT\tau}{m_e^*} = \frac{kT}{e}\left(\frac{e\tau}{m_e^*}\right)$$

进一步地,从第 2 章知道,电子的漂移迁移率 μ_e 与平均自由时间 τ 的关系为 $\mu_e = e\tau/m_e^*$,所以,替代上式的 τ 之后,得到

$$D_e = \frac{kT}{e}\mu_e$$

这就是爱因斯坦关系式。我们曾假定,玻耳兹曼统计(即 $v_x^2 = kT/m_e^*$)是适用的,当然,这对半导体的导带电子是正确的,但对金属中的导带电子却不正确。因此,爱因斯坦关系仅仅对非简并半导体中的电子与空穴是有效的,而对金属中的电子当然是无效的。

例 5.13　硅中电子的扩散系数　对于以 10^{15} cm^{-3} 砷原子掺杂的 n 型硅,计算 27℃条件下电子的扩散系数。

解: 从 μ_e 相对于掺杂浓度的图表可得,以 10^{15} cm^{-3} 掺杂的电子漂移迁移率为 1300 cm$^2 \cdot$ V$^{-1} \cdot$ s^{-1},因此,

$$D_e = \frac{\mu_e kT}{e} = (1\,300 \text{ cm}^2 \cdot \text{V}^{-1} \cdot \text{s}^{-1})(0.0259\text{V}) = 33.7 \text{ cm}^2 \cdot \text{s}^{-1}$$

例 5.14　因掺杂变化所产生的内建电势　假设半导体中由于施主掺杂数量的变化,电子浓度沿半导体是不均匀的,即 $n = n(x)$。如果该半导体中的两个点,其电子浓度分别为 n_1 与 n_2,则这两点间的电位差是多少?如果在 n 型半导体中施主的分布为 $N(x) = N_0 \exp(-x/b)$,其中 b 是指数掺杂分布的特性参数,计算内建电场 E_x。计算后的结论是什么?

解: 考虑非均匀掺杂的 n 型半导体,它刚掺杂后的施主浓度以及因此得到的电子浓度都是向右方向减少。最初,样品到处都呈现电中性。电子将立即从高浓度区向低浓度区扩散。但是,扩散将在右边区域积累过剩的电子,同时在左边区域裸露正电荷的施主,如图 5.32 所示。积累的负电荷与裸露的施主之间的电场将阻止进一步的积累。当向右扩散的电子数恰好与向左漂移的电子数相等时,系统达到平衡。样品中的总电流必须为零(样品处于开路),即

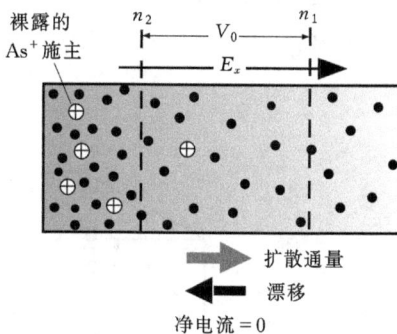

图 5.32　非均匀掺杂的分布引起电子向较低的浓度区扩散

因裸露出正电荷施主而建立起内建电场 E_x。稳态时,电子向右的扩散与电子向左的漂移达到平衡

$$J_e = en\mu_e E_x + eD_e \frac{\mathrm{d}n}{\mathrm{d}x} = 0$$

但电场与电位差 $E_x = -(\mathrm{d}V/\mathrm{d}x)$,有关 E_x 的值代入上式得

$$-en\mu_e \frac{\mathrm{d}V}{\mathrm{d}x} + eD_e \frac{\mathrm{d}n}{\mathrm{d}x} = 0$$

我们现在可以利用爱因斯坦关系 $D_e/\mu_e = kT/e$ 来消去 D_e 和 μ_e。然后消去 $\mathrm{d}x$,并对方程积分,可以得到

$$\int_{V_1}^{V_2} \mathrm{d}V = \frac{kT}{e} \int_{n_1}^{n_2} \frac{\mathrm{d}n}{n}$$

积分的结果,得到了两个点 1 和 2 之间的电位差,

$$V_2 - V_1 = \frac{kT}{e} \ln\left(\frac{n_2}{n_1}\right) \qquad (5.41) \text{ 内建电势和浓度}$$

为了得到内建电场,假设(这是合理的假设):电子向右的扩散不会激烈地扰动原来的变化 $n(x) = N_d(x)$,原因是为了达到平衡,电场建立得非常快。因此可得

$$n(x) \approx N_d(x) = N_0 \exp\left(-\frac{x}{b}\right)$$

把上式代入 $J_e = 0$ 的等式,并再一次应用爱因斯坦关系,便可得

$$E_x = \frac{kT}{be} \qquad (5.42) \quad \text{内建电场}$$

注意,在半导体制造工艺中,双极晶体管的基区是非均匀掺杂的,可用指数函数 $N_d(x)$ 来近似。式(5.42)产生的电场 E_x 所起的作用是:使少子漂移得更快,如第 6 章将讨论的,因而加速晶体管的工作。

5.6 连续方程①

5.6.1 与时间有关的连续方程

许多半导体器件的工作原理是,通过外部的方式(诸如光照或施加电压)对半导体注入过剩载流子。这种注入会改变平衡的浓度。为了确定任何时刻、任何一点的载流子浓度,我们需要求解**连续方程**,该方程的基本出发点是:说明半导体中某处的总电荷。考虑如图 5.33 所示的半导体厚片样品,其中,沿 x 轴的空穴浓度通过某种外部方式已经被扰乱,偏离了它的平衡数值 p_{n0}。

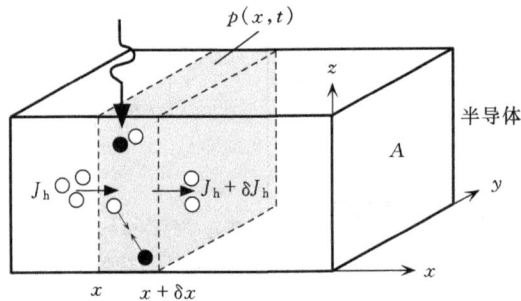

图 5.33　考虑单元体积 $A\delta x$,其中的空穴浓度为 $p(x,t)$

考虑体积为 $A\delta x$ 的一个无穷小薄单元,如图 5.33 所示,单元内的空穴浓度为 $p_n(x,t)$。x 处流入单元的电流密度为 J_h;$x+\delta x$ 处流出单元的电流密度为 $J_h + \delta J_h$。空穴电流密度 J_h 存在变化,即沿 x 方向 $J_h(x,t)$ 不是均匀的。(我们记得,总电流还包括电子的电流部分)。我们假定,$J_h(x,t)$ 和 $p_n(x,t)$ 在横截面上沿 y 或 z 方向均不发生变化。如果 δJ_h 为负值,则表示这个体积中流出的电流小于进入的电流,这将导致 $A\delta x$ 中空穴浓度的增加,即

$$\frac{1}{A\delta x}\left(\frac{-A\delta J_h}{e}\right) = J_h \text{ 的改变引起的空穴浓度的增加率} \qquad (5.43)$$

式中负的符号保证了负的 δJ_h 导致 p_n 的一个增量。在 $A\delta x$ 中发生的复合将消除该体积中的空穴。此外,在时间 t,在 x 处还可能存在光生情况。因此

在 $A\delta x$ 中的空穴浓度 p_n 的净增加率 = J_h 的减小引起的增加率 - 复合率 + 光产生率

$$\frac{\partial p_n}{\partial t} = -\frac{1}{e}\left(\frac{\partial J_h}{\partial x}\right) - \frac{p_n - p_{n0}}{\tau_h} + G_{ph} \qquad (5.44) \quad \text{空穴的连续方程}$$

---

① 这部分可以跳过而不影响内容的连续性(并非故意的双关语)。

其中 τ_h 是复合时间(寿命),G_{ph} 是 x 处、t 时刻的光生率,对 $\delta J_h/\delta x$ 使用 $\partial J_h/\partial x$ 是因为 J_h 取决于 x 和 t。

式(5.44)称为空穴的**连续方程**。电流密度由扩散部分与漂移部分组成,它们分别对应式(5.37)和式(5.38)。对于电子,表达式与此类似,但负号与 $\partial J_e/\partial x$ 相乘变成正值(电荷 e 对电子是负值)。

连续方程的求解取决于初始条件与边界条件。为了表征器件的性能,许多器件科学家与工程师针对各种各样的半导体问题已经对方程(5.44)进行了求解。大多数情况下要求数值解,因为分析解在数学上不容易处理。作为一个简单的例子,在图 5.28 中考虑半导体表面被均匀光照的情况,半导体的一端有适当的电极。光生电荷与电流密度在样品的长度方向不随距离变化,即 $\partial J_h/\partial x=0$。如果 Δp_n 是过剩浓度,$\Delta p_n=p_n-p_{n0}$,则式(5.44)中 p_n 对时间的导数变为 Δp_n 对时间的导数。于是,连续方程变为

$$\frac{\partial \Delta p_n}{\partial t}=-\frac{\Delta p_n}{\tau_h}+G_{ph} \qquad (5.45) \text{ 均匀光生电荷的连续方程}$$

上式与半定量推导的式(5.27)是相同的,它的光电导率已在例 5.11 中进行了计算。

5.6.2 稳态连续方程

对于确定的问题,连续方程可以被进一步简化。例如,n 型半导体样品的一端被光持续地照射,吸收光的区域是半导体表面非常薄的薄层 x_0,如图 5.34(a)所示。这里不存在体光生电荷的情况,因此 $G_{ph}=0$。假定我们只对稳态行为感兴趣,则在式(5.44)中对时间的导数为零,式(5.44)简化为

$$\frac{1}{e}\left(\frac{\partial J_h}{\partial x}\right)=-\frac{p_n-p_{n0}}{\tau_h} \qquad (5.46) \text{ 空穴的稳态连续方程}$$

空穴的电流密度 J_h 包括扩散与漂移两部分。如果我们假定电场非常小,则在上式中可以利用式(5.38)(式中 $E\approx 0$)。而且,由于过剩浓度为 $\Delta p_n(x)=p_n(x)-p_{n0}$,我们得到

$$\frac{\mathrm{d}^2 \Delta p_n}{\mathrm{d}x^2}=\frac{\Delta p_n}{L_h^2} \qquad (5.47) \text{ } E=0 \text{ 时的稳态连续方程}$$

其中,定义 $L_h=\sqrt{D_h\tau_h}$,称为**空穴扩散长度**。式(5.47)描述了激励不随时间变化的条件下,半导体中少子浓度的**稳态行为**。如果计入适当的边界条件,该式的解将给出过剩少子浓度 $\Delta p_n(x)$ 与空间位置的关系。

图 5.34(a)中,处于表面的过剩电子与空穴都是由光照产生的,但空穴浓度所增加的百分数却大得惊人,因为 $p_{n0}\ll n_{n0}$。我们假定弱注入,即 $\Delta p_n\ll n_{n0}$。假如 $x=0$ 处光照所产生的过剩空穴的浓度为 $\Delta p_n(0)$。空穴在向右扩散的同时,与电子相遇并复合,结果是:空穴浓度 $p_n(x)$ 沿 x 方向衰减。如果样品很长,则离注入端较远处的 p_n 将等于热平衡浓度 p_{n0}。这种边界条件下,方程(5.47)的解表明:$\Delta p_n(x)$ 随 x 指数性地衰减,即表示为

$$\Delta p_n(x)=\Delta p_n(0)\exp\left(-\frac{x}{L_h}\right) \qquad (5.48) \text{ 少子浓度(长样品)}$$

这个空穴浓度的衰减引起具有相同空间函数关系的扩散电流 $I_{D,h}(x)$,如果横截面积为 A,空穴电流就是

$$I_h\approx I_{D,h}=-AeD_h\frac{\mathrm{d}p_n(x)}{\mathrm{d}x}=\frac{AeD_h}{L_h}\Delta p_n(0)\exp\left(-\frac{x}{L_h}\right)$$

$$(5.49) \text{ 空穴扩散电流}$$

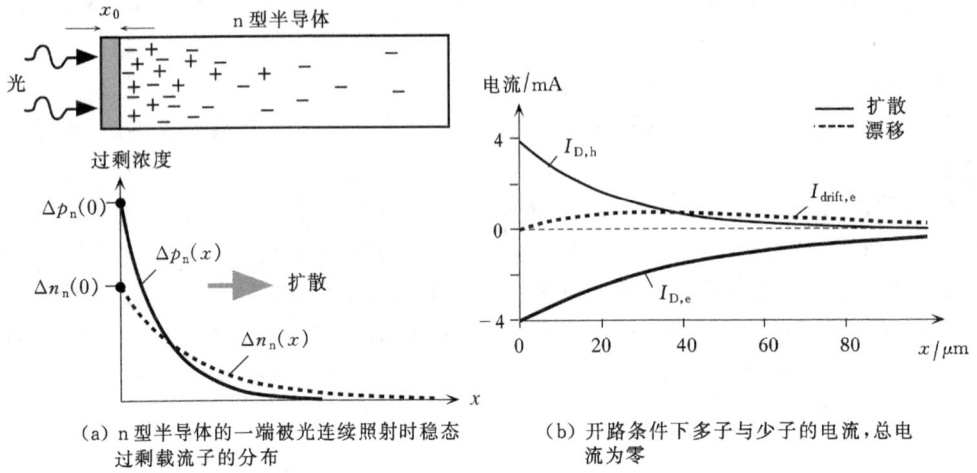

(a) n型半导体的一端被光连续照射时稳态
过剩载流子的分布

(b) 开路条件下多子与少子的电流,总电
流为零

图 5.34

下面我们确定 $\Delta p_n(0)$。稳态下,在 x_0 的地方,单位时间产生的空穴必须被空穴电流($x=0$ 处)以相同的速率移走,因此,

$$Ax_0 G_{ph} = \frac{1}{e} I_{D,h}(0) = \frac{AD_h}{L_h}\Delta p_n(0)$$

或者为

$$\Delta p_n(0) = x_0 G_{ph}\left(\frac{\tau_h}{D_h}\right)^{1/2} \tag{5.50}$$

类似的情况,x_0 处的光生电子也向体内扩散,但它们的扩散系数 D_e 与扩散长度 L_e 均比空穴的大。过剩的电子浓度衰减为

$$\Delta n_n(x) = \Delta n_n(0)\exp\left(-\frac{x}{L_e}\right) \qquad (5.51)\ \text{少子浓度(长样品)}$$

其中,$L_e = \sqrt{D_e \tau_h}$,由于 $L_e > L_h$,故 $\Delta n_n(x)$ 的衰减比 $\Delta p_n(x)$ 慢得多(注意 $\tau_e = \tau_h$)。电子的扩散电流为

$$I_{D,e} = AeD_e\frac{dn_n(x)}{dx} = -\frac{AeD_e}{L_e}\Delta n_n(0)\exp\left(-\frac{x}{L_e}\right) \qquad (5.52)\ \text{电子扩散电流}$$

表面处的电场为零。稳态下,x_0 处单位时间产生的电子必须被电子电流以相同的速率移走。因此,类似于式(5.50),对电子,下式成立。

$$\Delta n_n(0) = x_0 G_{ph}\left(\frac{\tau_h}{D_e}\right)^{1/2} \tag{5.53}$$

由此可得

$$\frac{\Delta p_n(0)}{\Delta n_n(0)} = \left(\frac{D_e}{D_h}\right)^{1/2} \tag{5.54}$$

对于 Si,上式的结果大于 1。

电子与空穴的扩散电流,其方向显然是相反的。在表面,电子与空穴的扩散电流大小相等、方向相反,因此总电流为零。由式(5.49)和式(5.52),空穴扩散电流比电子扩散电流衰减得更快,所以必定存在电子的漂移,以保持总电流为零。电子是多子,这表示:即使很小的电场,也可以引起显著的多子漂移电流。如果 $I_{\text{drift,e}}$ 是电子漂移电流,则在开路条件下,总电流 $I = I_{\text{D,h}} + I_{\text{D,e}} + I_{\text{drift,e}} = 0$,可得

$$I_{\text{drift,e}} = -I_{\text{D,h}} - I_{\text{D,e}} \qquad (5.55)\ \text{电子漂移电流}$$

电子漂移电流随距离增大而增加,所以每个地方的总电流为零。必须强调,样品中必定存在小的电场 E,以提供所需的漂移来平衡电流,使总电流为零。因为 n_{n0} 变化不大(弱注入),该电场可从此式 $I_{\text{drift,e}} \approx A e n_{n0} \mu_e E$ 中得到,其值为

$$E = \frac{I_{\text{drift,e}}}{A e n_{n0} \mu_e} \qquad (5.56)\ \text{电场}$$

由这个电场所引起的空穴漂移电流为

$$I_{\text{drift,h}} = A e \mu_h P_n(x) E_e \qquad (5.57)\ \text{空穴漂移电流}$$

当 $p_n \ll n_{n0}$ 时,该电流很小,可以忽略。

我们用实际的数值来估算它们的大小。假如 $A = 1\ \text{mm}^2$, $N_d = 10^{16}\ \text{cm}^{-3}$,因此,$n_{n0} = N_d = 10^{16}\ \text{cm}^{-3}$, $p_{n0} = n_i^2 / N_d = 1 \times 10^4\ \text{cm}^{-3}$。调整光的强度,以产生 $\Delta p_n(0) = 0.05 n_{n0} = 5 \times 10^{14}\ \text{cm}^{-3}$,即弱注入情况。对这种 N_d 掺杂的 n 型硅的材料性质,300 K 温度时的典型值为: $\tau_h = 450\ \text{ns}$, $\mu_e = 1350\ \text{cm}^2 \cdot \text{V}^{-1} \cdot \text{s}^{-1}$, $D_e = 34.9\ \text{cm}^2 \cdot \text{s}^{-1}$, $L_e = 0.0041\ \text{cm} = 41\ \mu\text{m}$, $\mu_h = 450\ \text{cm}^2 \cdot \text{V}^{-1} \cdot \text{s}^{-1}$, $D_h = 11.6\ \text{cm}^2 \cdot \text{s}^{-1}$, $L_h = 0.0024\ \text{cm} = 24\ \mu\text{m}$。利用式(5.49),式(5.52),式(5.55)和式(5.57),如图 5.34(b)所示,可以计算各电流项。在位置为 $x = 0$ 和 $x = L_e = 41\ \text{mm}$ 的实际数值如表 5.3 所示[①]。

表 5.3　对于极大的厚片样品,其一端被光照的弱注入条件下的电流

X 处的电流	少子扩散 $I_{\text{D,h}}$(mA)	少子漂移 $I_{\text{drift,h}}$(mA)	多子扩散 $I_{\text{D,e}}$(mA)	电子漂移 $I_{\text{drift,e}}$(mA)	电场 E (V·cm^{-1})
$X = 0$	3.94	0	-3.94	0	0
$X = L_e$	0.70	0.0022	-1.45	0.75	0.035

例 5.15　一端被光照的足够长半导体　求足够长的 n 型半导体中的少子浓度分布 $p_n(x)$。该材料的一端被连续光照,如图 5.34 所示。假定光生载流子发生在表面处。请说明,复合之前少子扩散的平均距离为 L_h。

解:连续光照意味着具有稳态的条件,可以应用式(5.47),该二阶微分方程的通解是

$$\Delta p_n(x) = A \exp\left(-\frac{x}{L_h}\right) + B \exp\left(\frac{x}{L_h}\right) \qquad (5.58)$$

其中 A 与 B 是必须从边界条件求得的常数。对足够长的样品,当 $x = \infty$ 时,$\Delta p_n(\infty) = 0$,由此可得 $B = 0$。当 $x = 0$ 时,$\Delta p_n = \Delta p_n(0)$,可得 $A = \Delta p_n(0)$。因此,在 x 处光注入的过剩空穴浓度为

$$\Delta p_n(x) = \Delta p_n(0) \exp\left(-\frac{x}{L_h}\right) \qquad (5.59)$$

这种分布如图 5.34(a)所示。要找出光注入空穴的平均位置,我们利用"平均"的定义,即

---

① 读者可以看到,表 5.3 中的电流相加不是精确地等于零。这里的分析只是近似的,而且是基于忽略空穴漂移电流以及在推导载流子浓度分布时,在式(5.47)中我们把电场近似为零。注意,空穴漂移电流远小于其它的各部分电流。

$$\bar{x} = \frac{\int_0^\infty x\Delta p_n(x)\,\mathrm{d}x}{\int_0^\infty \Delta p_n(x)\,\mathrm{d}x}$$

以式(5.59)代入上式中的 $\Delta p_n(x)$ 并进行积分,得到 $\bar{x}=L_h$。我们得到结论:**扩散长度** L_h 是复合前少子扩散的平均距离。作为推论,我们可以得到:$1/L_h$ 表示单位距离中一个空穴与电子复合的平均几率。

5.7 光吸收

我们已经看到,能量 $h\nu$ 大于 E_g 的一个光子可以被半导体吸收,结果产生一个电子从价带到导带的激发,如图 5.35 所示。导带中电子的平均能量是 E_c 之上的 $(3/2)kT$(即平均动能是 $(3/2)kT$),这表示非常接近 E_c。如果光子能量比带隙能量 E_g 大得多,则被激发的电子不在 E_c 附近,必须损失多余的能量 $(h\nu-E_g)$,以便达到热平衡。伴随着电子与各个原子振动的散射,多余的能量 $(h\nu-E_g)$ 作为热的形式耗散在晶格振动中。这个过程称为**热能化**。另一方面,假如带隙中不存在能量状态,如果光子能量 $h\nu$ 小于带隙能量,光子将不被吸收,我们可以说:半导体对波长大于 hc/E_g 的光子是透明的(译者注:c 为光速)。当然,在空气与半导体的界面,由于折射率的改变将发生光反射。

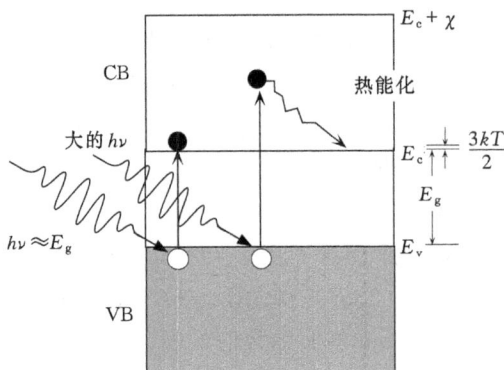

图 5.35　光吸收产生电子-空穴对

高能电子必须向晶格振动耗散过剩的能量,直到它们在导带的平均能量变为 $(3/2)kT$

假设 I_0 为在半导体材料上的入射光束的强度,即单位时间内、单位面积上入射的能量为 I_0,如果 Γ_{ph} 是光通量,则 I_0 为

$$I_0 = h\nu\Gamma_{ph}$$

如果光子的能量大于 E_g,入射的光子将被半导体吸收。光子的吸收要求价带电子的激发,而且单位体积中价带被激发的所有电子的总能量是适当的。其结果是,吸收取决于半导体的厚度。假设 $I(x)$ 是 x 处的光强,δI 是在 x 位置、厚度为 δx 的小体积元中由于光吸收引起的光强的变化,如图 5.36 所示。δI 取决于到达这个体积元的光子数 $I(x)$ 和厚度 δx,δI 为

$$\delta I = -\alpha I\delta x$$

其中 α 是取决于光子能量、因而也是取决于波长的比例常数,即 $\alpha=\alpha(\lambda)$。式中的负号保证 δI 是减小的。该式所定义的常数 α 称为半导

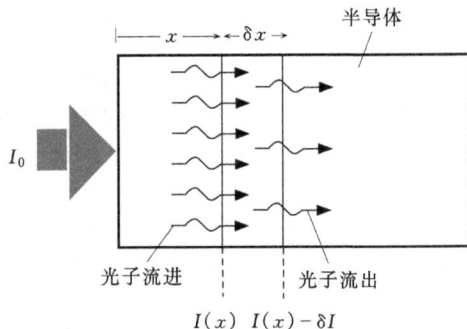

图 5.36　宽度为 $\mathrm{d}x$ 的小体积元中的光吸收

体的**吸收系数**。因此,它定义为

$$\alpha = -\frac{\delta I}{I\delta x}$$ (5.60) 吸收系数定义

α 的量纲是(长度)$^{-1}$(例如 m^{-1})。

对于照射光为固定波长的情况,我们对式(5.60)积分可得到**比尔-朗伯定律**,透射光强度随着厚度的增加按指数规律减小,

$$I(x) = I_0 \exp(-\alpha x)$$ (5.61) 比尔-朗伯定律

上式明显地表明,入射光在穿过一段距离 $x=1/\alpha$ 后,其强度下降至 $0.37I_0$ 即强度降低了63%。63%的光子被吸收的距离称为**穿透深度**,以 $\delta = 1/\alpha$ 表示。

吸收系数取决于半导体中发生的光吸收过程。在**带-带(带间)吸收**的情况下,α 随光子能量($h\nu - E_g$)的增加迅速增大,如图 5.37 所示。对 Si,$E_g = 1.1\text{eV}$;对 GaAs,$E_g = 1.42\text{eV}$,请注意:图中的 α 按对数定标。α 相对于 $h\nu$ 的关系特性的总趋势可以从图中的状态密度分布得到直观的理解。

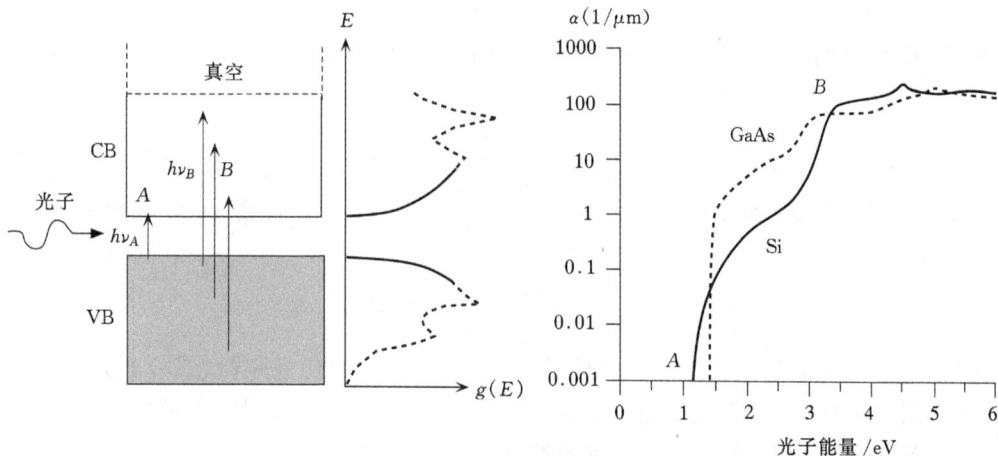

图 5.37 吸收系数 α 取决于光子的能量 $h\nu$,因此取决于光的波长
态密度从带边开始增加,通常出现峰与谷。α 一般随光子的高出 E_g 的那部分能量增加而增大,因为更高能量的光子能够把电子从 VB 的填充区激发到 CB 中的大量空状态

状态密度 $g(E)$ 表示单位体积、单位能量的状态数。我们假定,VB 中的状态已被填满,CB 中的状态是空的,因为 CB 中的电子数远小于这个带中的状态数($n \ll N_c$)。当可利用的 VB 态较多时,光吸收过程将增加,因为较多的电子可以被激发。我们还需要可用的 CB 态,以便让被激发的电子进入,否则电子找不到将被填充的空状态。吸收光子的几率同时取决于 VB 和 CB 的状态密度。对于能量 $h\nu_A = E_g$ 的光子,吸收仅发生在从 E_v 到 E_c 的激发,如图 5.37 中表示的 A 情况,此时的 VB 和 CB 的状态密度均很低,因此吸收系数很小。对于能量 $h\nu_B$ 的光子,电子的激发可从 VB 的中部到 CB 的中部,由于它们的状态密度均很大,α 也很大,如图 5.37 中表示的 B 情况。此外,对于 $h\nu_B$ 的光子存在多种激发的选择,如图中 3 个箭头所示。对于更高的光子能量,光子吸收的过程当然可以把电子从 VB 激发到真空。实际上,真实晶体半

导体的状态密度 $g(E)$ 是很复杂的,这个函数具有不同的急剧变化的峰值和谷值,如图 5.37 中 $g(E)$ 的虚线所示,在远离带边的地方更是如此。而且,吸收过程必须满足动量守恒和量子力学跃迁规则,后者意味着,从 CB 到 VB 的某种跃迁比其它的跃迁更为有利。例如,GaAs 是一种**直接带隙**半导体,对于能量稍高于 E_g 的光子,吸收可以直接导致电子从 CB 到 VB 的激发,这很像电子与空穴的直接复合而产生光子发射。Si 是**间接带隙**半导体,其中的电子与空穴直接复合是不可能的。电子从 E_v 附近的状态激发到 E_c 附近的状态必定伴随着晶格振动的发射或吸收,因此吸收不是很有效。在图 5.37 的 $\alpha - h\nu$ 的关系曲线中,GaAs 的曲线比 Si 的曲线上升得更陡。在光子的能量足够高的条件下,Si 中也可以发生电子从 VB 到 CB 的直接激发,并且在 $\alpha - h\nu$ 特性图中急剧上升,如图中 B 点之前的一段曲线所示(关于带-带吸收的内容将在第 9 章进一步讨论)。

　　例 5.16　薄板的光电导　请修改下列的光电导表达式

$$\Delta\sigma = \frac{e\eta I_0 \lambda\tau(\mu_e + \mu_h)}{hcD}$$

该式是图 5.28 中从直接带隙半导体的推导中得到的。对该式的修改中,请考虑:部分光强在通过材料时已产生透射。

　　解: 如果我们假设所有的光子均被吸收(即不存在任何透射光强),则光电导表达式为

$$\Delta\sigma = \frac{e\eta I_0 \lambda\tau(\mu_e + \mu_h)}{hcD}$$

但是,实际上在光通过厚度为 D 的样品时,透射的光强为 $I_0\exp(-\alpha D)$,因此被吸收的部分由材料中损失的光强确定,即被吸收的光强为 $I_0[1 - \exp(-\alpha D)]$。这表示 $\Delta\sigma$ 必须按比例缩小为

$$\Delta\sigma = \frac{e\eta I_0[1 - \exp(-\alpha D)]\lambda\tau(\mu_e + \mu_h)}{hcD}$$

　　例 5.17　GaAs 中的光生效应与热能化　假设以 50 mW 的氦氖(HeNe)激光束(波长为 632.8 nm)照射在 GaAs 样品的表面上。请计算在热能化过程中,以热的方式所消耗的功率是多少(以 mW 为单位给出答案)?砷化镓的带隙为 $E_g = 1.42\text{eV}$。

　　解: 假设 P_L 是激光束的功率,则 $P_L = IA$,其中 I 是光束的强度,A 是入射光的面积。光通量,即单位时间内单位面积到达的光子数为

$$\Gamma_{ph} = \frac{I}{h\nu} = \frac{P_L}{Ah\nu}$$

单位时间所产生的电子-空穴对(EHP)的数量为

$$\frac{dN}{dt} = \Gamma_{ph}A = \frac{P_L}{h\nu}$$

　　这些载流子的热能化,即它们通过与晶格的碰撞以晶格振动(热)的形式损失过剩的能量,使它们的平均动量最终变为 E_g 之上的 $(3/2)kT$,如图 5.35 所示。我们曾假定,CB 中的电子几乎是自由的,因此必须服从分子运动论,平均动能为 $(3/2)kT$。所以,电子的平均能量是 $E_g + (3/2)kT \approx 1.46\text{eV}$。过剩能量为

$$\Delta E = h\nu - \left(E_g + \frac{3}{2}kT\right)$$

该能量作为热（即晶格振动）耗散在晶格中。因为每个电子以热的形式损失的能量为 ΔE，则产生的热功率为

$$P_{\mathrm{H}} = \left(\frac{\mathrm{d}N}{\mathrm{d}t}\right)\Delta E = \left(\frac{P_{\mathrm{L}}}{h\nu}\right)(\Delta E)$$

入射光子的能量为 $h\nu = hc/\lambda = 1.96\,\mathrm{eV}$，所以热功率为

$$P_{\mathrm{H}} = \frac{(50\ \mathrm{mW})(1.96\mathrm{eV} - 1.46\mathrm{eV})}{1.96\mathrm{eV}} = 12.76\ \mathrm{mW}$$

注意，在这个例题和图 5.35 中，我们把过剩能量（$\Delta E = h\nu - E_{\mathrm{g}} - (3/2)kT$）分配给电子，而不是分配给光生的电子与空穴，供它们共享。这个假设取决于电子与空穴的有效质量的比值，因而取决于半导体材料。该假设在 GaAs 材料中是近似正确的，因为电子比空穴轻得多，几乎是后者的 1/10。因此，被吸收的光子能够把更高的动能给予电子而不是空穴。$h\nu - E_{\mathrm{g}}$ 的能量用于光生效应，剩余的部分赋予光生电子-空穴对，作为它们的动能。

5.8　压阻性

当对半导体样品施加机械应力时，如图 5.38(a) 所示，半导体的电阻率将根据应力的大小发生变化[①]。**压阻性**就是由于施加应力使半导体（实际上是任何材料）的电阻率发生变化。**弹性电阻效应**（elastoresistivity）是由于材料的诱导应变引起材料电阻率变化的现象。由于施加不变的应力而导致应变，则压电电阻效应与弹性电阻效应指的是相同的现象。压阻性在各种传感器应用中被利用，例如测量力和压力的仪器、应变仪、加速度计和麦克风等。

引起电阻率变化的原因可以是载流子浓度的变化，也可以是载流子漂移迁移率的变化，它们均可因晶体中的应变而改变。非本征（或掺杂）半导体中，典型的情况是，载流子浓度的变化不如漂移迁移率的变化那么有影响；因而压阻性与迁移率的变化有关。例如，n 型硅中，电子迁移率 μ_{e} 相对于机械应变 ε_{m} 的变化（$\mathrm{d}\mu_{\mathrm{e}}/\mathrm{d}\varepsilon_{\mathrm{m}}$）的数量级为 $10^{5}\ \mathrm{cm}^{2} \cdot \mathrm{V}^{-1} \cdot \mathrm{s}^{-1}$，因此 0.015% 的应变会产生迁移率约 1% 的变化，电阻率也产生类似的变化，并很容易测量。既然如此，迁移率 μ_{e} 的变化是由于诱导应变改变了能调节迁移率的有效质量 m_{e}^{*}（$\mu_{\mathrm{e}} = e\tau/m_{\mathrm{e}}^{*}$，$\tau$ 是平均散射时间）。

电阻率的变化 $\delta\rho$ 与晶体中的诱导应变成比例，因此也与施加的应力 σ_{m} 成比例。相对变化 $\delta\rho/\rho$ 可以写成

$$\frac{\delta\rho}{\rho} = \pi\sigma_{\mathrm{m}} \qquad\qquad (5.62)\ \boxed{\text{压阻率}}$$

其中 π 是常数，称为**压阻系数**。π 的单位是（1/应力），例如 $\mathrm{m}^{2}/\mathrm{N}$ 或 $1/\mathrm{Pa}$。压阻系数取决于掺杂类型（n 型或 p 型）、掺杂浓度、温度和晶向。例如，晶体中沿晶体长度的一定方向的应力将改变相同方向的电阻率，还将改变横向的电阻率。从基础力学可知，一个方向上的应变总伴随着其横向的应变，正如泊松比所表示的。因此，一个方向的应力还将改变横向的电阻率。于是，半导体纵向（取其为电流的方向）电阻率的变化是由于纵向与横向的应力引起的。如果 σ_{L} 是纵向（电流的方向）的应力，σ_{T} 是横向的应力，如图 5.38(b) 所示，则电阻率在电流流动方向

---

① 机械应力定义为单位面积上所施加的力：$\sigma_{\mathrm{m}} = F/A$。因此发生的应变 ε_{m} 定义为由 σ_{m} 产生的样品长度的相对变化：$\varepsilon_{\mathrm{m}} = \delta L/L$，其中 L 是样品的长度。这两者的数量关系由弹性模量 Y 进行关联，即 $\sigma_{\mathrm{m}} = Y\varepsilon_{\mathrm{m}}$。下标 m 用来区分应力 σ_{m}、应变 ε_{m} 与电导率 σ、电容率 ε。

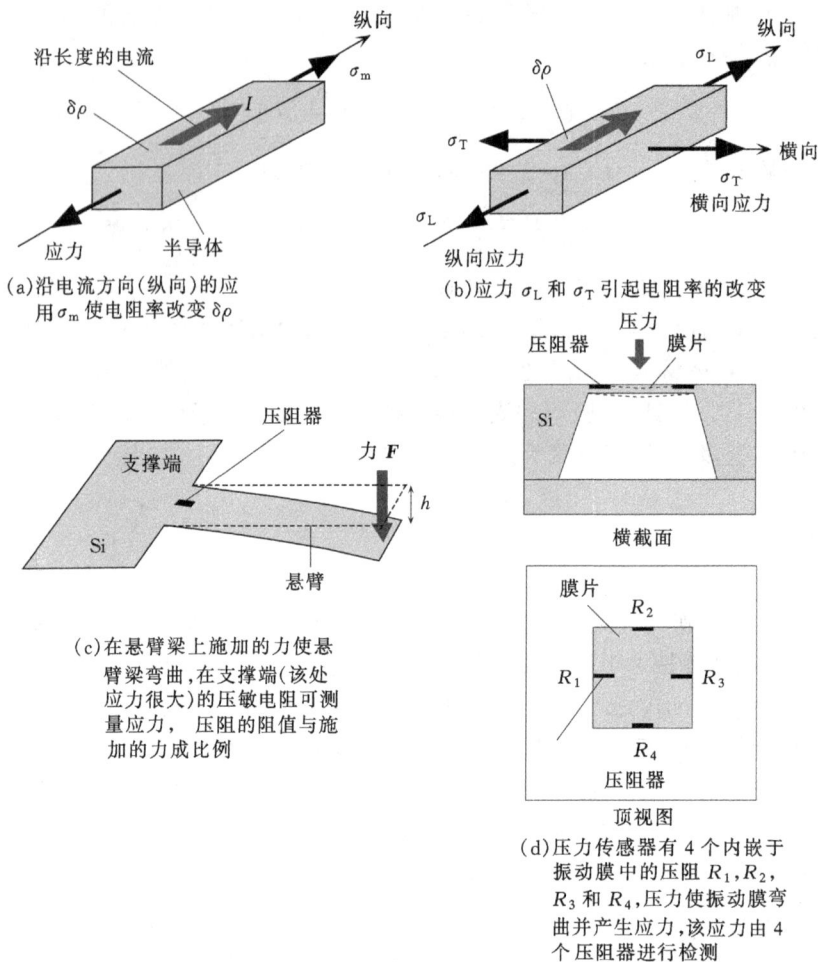

(a)沿电流方向(纵向)的应
用σ_m使电阻率改变$\delta\rho$

(b)应力σ_L和σ_T引起电阻率的改变

(c)在悬臂梁上施加的力使悬
臂梁弯曲,在支撑端(该处
应力很大)的压敏电阻可测
量应力, 压阻的阻值与施
加的力成比例

(d)压力传感器有4个内嵌于
振动膜中的压阻R_1,R_2,
R_3和R_4,压力使振动膜弯
曲并产生应力,该应力由4
个压阻器进行检测

图 5.38   压阻性及其应用

(纵向)上的相对变化通常可表达为

$$\frac{\delta\rho}{\rho} = \pi_L\sigma_L + \pi_T\sigma_T \qquad (5.63) \quad \text{压阻率}$$

其中,π_L 是沿纵向(n 型与 p 型的硅不同)的压阻系数,π_T 是横向的压阻系数。

　　压阻效应实际上比我们以上所叙述的内容更加复杂。事实上,我们必须考虑 6 种应力:3
个沿 x,y 和 z 方向的单轴向应力(例如沿 3 个独立的方向拉晶体)和 3 个切应力(例如以 3 种
独立的方式剪切晶体)。简单地说,沿某个特殊的方向 i(一个任意的方向)电阻率的改变
$(\delta\rho/\rho)_i$可以通过沿另一个方向 j(可以与 i 相同,也可以不同)的应力 σ_j 来实现。$(\delta\rho/\rho)_i$ 与 σ_j
两者通过压阻系数 π_{ij} 进行关联。因此,压阻性的完整叙述应包含张量、压阻系数组成张量元
等内容,有关的处理超出了本书的范围。虽然如此,可以不学习张量,但从各种列表的压阻系
数中计算 π_L 和 π_T 还是非常有用的。在立方晶体中描述压阻效应的 3 个主要的压阻系数是
π_{11},π_{12} 和 π_{44},我们能识别这 3 个就够了。对于所关注的晶向,我们很容易地由这 3 个主要的
压阻系数计算出 π_L 和 π_T。有关的公式可以在其它教科书中找到。

　　现在,硅制造技术与微机械(制造微机械结构的能力)的进步已经能够开发各种压阻硅的

微传感器,这些传感器已得到广泛的应用。图 5.38(c)表示了非常简单的硅微型悬臂梁,施加在自由端的压力 F 使悬臂梁弯曲,悬臂梁的末端将偏离一段距离 h。根据基础力学,该偏离将在悬臂梁支撑端的表面产生最大的应力 σ_m,在该端适当放置的压阻器可用来测量这个应力 σ_m,因而可测量偏离量(形变量)和施加的压力。通过选择性扩散掺杂把压阻器植入到悬臂梁的支撑端。显然,我们需要悬臂梁末端的形变量 h 与应力之间的关系,该内容在力学中有很好的叙述。而且,h 的数值由悬臂梁的弹性模量和几何结构确定,根据这个事实可以得到:h 与施加的压力 F 成比例,因而我们可以同时测量位移(h)与压力(F)。

另一个有效的应用是商用的压力传感器。它也是用硅制造的。通过适当的掺杂扩散,在非常薄的弹性膜(称为振动膜)的表面嵌入 4 个压敏电阻器,如图 5.38(d)所示。受压力的情况下,Si 振动膜弹性变形,变形所产生的应力引起压阻器的电阻值变化。为实现更好的信号检测,4 个压阻器按照惠斯登(Wheatstone)电桥的接法进行连接。振动膜面积的典型值为 1 mm×1 mm,厚度为 20 μm。微机械加工的新发展已经使压阻性成了各种各样传感器应用的重要课题。

例 5.18　压阻应变计　假定沿 p 型硅单晶样品的长度(取为[110]晶向)施加应力 σ_L。根据沿长度方向通过的电流值和两个固定点之间的电压降来测量这个方向上的电阻率,如图 5.38(a)所示。沿长度的应力 σ_L 将产生同一方向的应变 ε_L,而且 $\varepsilon_L = \sigma_L/Y$,其中 Y 是弹性模量。由式(5.63)得到电阻率的变化为

$$\frac{\Delta\rho}{\rho} = \pi_L\sigma_L + \pi_T\sigma_T = \pi_L Y\varepsilon_L$$

这里忽略了存在的横向应力;$\sigma_T \approx 0$。这些横向应力取决于压敏电阻如何使用,即是否允许它横向缩小。如果电阻器不能缩小,则它必定经受横向应力。在任何情况下,对于感兴趣的[110]特殊方向,泊松比非常小(小于 0.1),可以完全忽略 σ_T。很明显,可以通过测量 $\Delta\rho/\rho$ 求出应变 ε_L,这是应变计的原理。根据单位应变中电阻值的相对变化量,应变计的**量规因子** G 可用每单位应变的电阻率相对变化来度量应变计的灵敏度,即

$$G = \frac{\left(\dfrac{\Delta R}{R}\right)}{\left(\dfrac{\Delta L}{L}\right)} \approx \frac{\left(\dfrac{\Delta\rho}{\rho}\right)}{\varepsilon_L} \approx Y\pi_L \qquad \boxed{\text{半导体应变计}}$$

其中,我们已假定:$\Delta\rho$ 对 ΔR 起支配作用,因为在半导体中,样品形状的几何变化所产生的对电阻率的影响,与压阻效应相比较可以忽略。p 型 Si 压敏电阻沿[110]晶向(长度方向)的典型数值是:$Y \approx 170\text{GPa}$,$\pi_L \approx 72\times10^{-11}$ Pa^{-1},由此得到 $G \approx 122$。对基于金属电阻的应变计,$G \approx 1.7$,可见压阻应变计的量规因子大得多。电阻值的相对改变量 $\Delta R/R$,在大多数金属中是由于几何结构的影响,因而样品变得又窄又长;但在半导体中,它是由于压阻效应产生的。

5.9　肖特基结

5.9.1　肖特基二极管

当一块金属与一块 n 型半导体结合在一起时,将发生什么? 实际上,这种工艺的实现通常是在真空中把金属蒸发到半导体晶体的表面上。

照片说明:约翰·巴丁(John Bardeen),沃尔特·肖特基(Walter Schottky)和沃尔特·布拉顿(Walter Brattain)。
沃尔特·肖特基(1886—1976)于 1912 年在柏林大学获得博士学位。他对物理电子学做出了许多独特的贡献。他在 1915 年发明了屏栅极电子管,于 1919 年在西门子期间发明了真空四极管。肖特基结的理论于 1938 年以公式表示。他还在器件中的热噪声和散粒噪声方面做出了独特的贡献。他写的《热力学》一书于 1929 年出版,书中有关于肖特基缺陷解释的内容(第 1 章)

照片来源:美国物理学会塞格雷图像档案馆,布拉顿收藏

　　金属与半导体的能带图由图 5.39 所示。功函数是真空能级与费密能级的能量差,以 Φ 表示。真空能级的能量定义为,在那里电子不受任何固体影响,而且动能为零。

　　对于金属,功函数 Φ_m 是把一个电子从固体中移走的最小能量。金属中,在费密能级 E_{Fm} 中有电子;但在半导体中费密能级 E_{Fn} 没有电子。尽管如此,半导体功函数 Φ_n 仍然表示从半导体移走一个电子所需的能量。或许会认为,从半导体移走一个电子所需的最小能量是电子亲和能 χ,但实际上这是不对的。热平衡要求的是,在给定的温度下半导体中只有全部电子的某一小部分处于 CB。当从导带移走一个电子时,只有当一个电子从 VB 到 CB 被激发(包括从环境中吸收热或能量)热平衡才可以维持,因此与 χ 相比,这将花费更大的能量。我们不推导移走一个电子所需的能量,但指出:它等于 Φ_n,尽管在 E_{Fn} 没有电子。实际上,从受热的半导体中进行的热电子发射仍然由理查森-杜什曼方程(4.37)所描述,但对于 n 型半导体的情况,功函数 Φ 用 Φ_n 表示(与此相反,在绝对零度之上,从半导体移走一个电子所需的最小光子能量是电子的亲和能)。

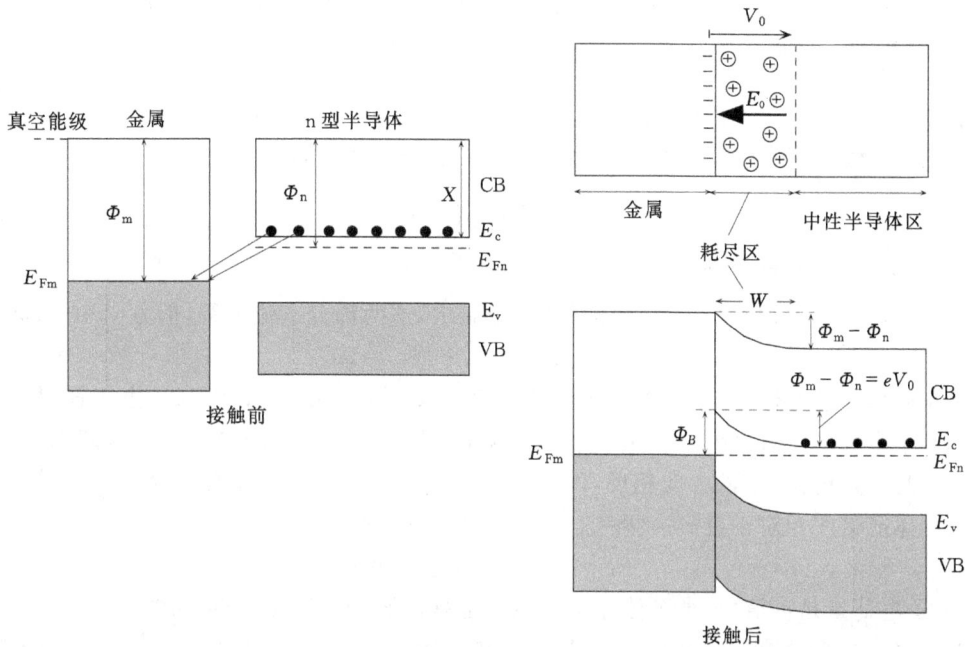

图 5.39 一块金属与一块 n 型半导体之间的肖特基结的形成($\Phi_m > \Phi_n$)

假定 $\Phi_m > \Phi_n$，金属的功函数大于半导体的功函数。当两个固体接触时，半导体的 CB 中较高能量的电子很容易隧穿到金属中较低的空能级（恰好在 E_{Fm} 之上）并积累在金属的表面附近，如图 5.39 所示。半导体中，在电子隧穿之后出现宽度为 W 的电子耗尽区，该区有带正电荷的裸露的施主，即净正空间电荷。因而，接触电势（称为**内建电势** V_0）就在金属与半导体之间建立起来了。很明显，同时也存在着从正电荷到金属表面负电荷的**内建电场** E_0。内建电势最终达到某个数值，并阻止电子在金属表面的进一步积累，于是系统达到平衡。内建电压的数值 V_0 与第 4 章中的金属-金属结一样，即为 $(\Phi_m - \Phi_n)/e$。**耗尽区**中的自由载流子（电子）已被耗尽，因此只包含裸露的正施主。这个区构成了**空间电荷层**（SCL），在该层中存在非均匀的、由半导体指向金属表面的内部电场。该内建电场的最大值以 E_0 表示，恰好出现在金属-半导体结（该接触处具有从正电荷到负电荷的电场线的最大数量）。

在平衡条件下，金属和半导体组成的整个固体的费密能级必须相同，否则，费密能级从一端到另一端的变化 ΔE_F 将可用来对外做电功。于是，E_{Fm} 与 E_{Fn} 对齐。然而，宽度为 W 的区域已耗尽了电子，因此在该区 $E_c - E_{Fn}$ 必须增大，以便使电子减少。为增大 $E_c - E_{Fn}$，如图 5.39 所示，在朝向结的方向上能带必须弯曲，在远离结的地方，它仍然是 n 型半导体。弯曲的程度对真空能级而言恰好是连续的，从半导体到金属的变化量为 $\Phi_m - \Phi_n$。该能量也是把一个电子从半导体输送到金属所需的能量。对于电子从金属移动到半导体必需跨越的 PE 势垒，称为**肖特基势垒高度** Φ_B，其值为

$$\Phi_B = \Phi_m - \chi = eV_0 + (E_c - E_{Fn}) \qquad (5.64) \text{ 肖特基势垒}$$

该值大于 eV_0。

开路条件下，没有净电流通过金属-半导体结。跨过 PE 势垒 Φ_B 从金属到半导体的热发射的电子数等于跨过 eV_0 从半导体到金属的热发射的电子数。发射几率通过玻耳兹曼因子依

赖于该发射的 PE 势垒。通过结流动的电子产生的电流有两个部分。电子从金属到半导体 CB 的热发射产生的电流为

$$J_1 = C_1 \exp\left(-\frac{\Phi_B}{kT}\right) \tag{5.65}$$

其中 C_1 是常数。电子从半导体 CB 到金属的热发射产生的电流为

$$J_2 = C_2 \exp\left(-\frac{eV_0}{kT}\right) \tag{5.66}$$

其中 C_2 是不同于 C_1 的常数。

平衡时,也就是断开的电路,使样品处于黑暗中,这两部分电流相等,但方向相反,即

$$J_{\text{open, circuit}} = J_2 - J_1 = 0$$

在正向偏置的条件下,半导体一边与负电极连接,如图 5.40(a) 所示。由于耗尽区 W 的电阻远大于中性的 n 区(W 之外)和金属的电阻,几乎所有的电压降均在耗尽区两端。外加的偏置电压与内建电压 V_0 的方向相反,因此 V_0 减小为 $V_0 - V$。Φ_B 没有改变。所以,耗尽区外侧的半导体能带图相对于金属一侧将上移 eV,因为势能为

$$PE = \text{电子电荷量} \times \text{电压}$$

其中,电子电荷量是负值,与半导体连接的电压也是负值,能带图的变化如图 5.40 所示。

对于电子从半导体到金属的热发射,PE 势垒变为 $e(V_0 - V)$,CB 中的电子现在能很容易地克服 PE 势垒到达金属。

从半导体到金属的电子发射所产生的电流 J_2^{for} 为

$$J_2^{\text{for}} = C_2 \exp\left[-\frac{e(V_0 - V)}{kT}\right] \tag{5.67}$$

由于 Φ_B 没有变化,J_1 保持不变,净电流为

$$J = J_2^{\text{for}} - J_1 = C_2 \exp\left[-\frac{e(V_0 - V)}{kT}\right] - C_2 \exp\left(-\frac{eV_0}{kT}\right)$$

或者为

$$J = C_2 \exp\left(-\frac{eV_0}{kT}\right)\left[\exp\left(\frac{eV}{kT}\right) - 1\right]$$

结果为

$$J = J_0\left[\exp\left(\frac{eV}{kT}\right) - 1\right] \tag{5.68} \quad \textbf{肖特基结}$$

其中 J_0 是取决于两个固体的材料与表面性质的常数。实际上,上述的讨论表明,J_0 也是式 (5.65) 中的 J_1。

当肖特基结反向偏置时,电压的正极与半导体连接,如图 5.40(b) 所示。外加的电压 V_r 降落在耗尽区两端,因为该区载流子很少,具有高电阻。内建电压上升至 $V_0 + V_r$。实际上,半导体能带图相对于金属一侧将下移,因为电子电荷是负值,但电压是正值,而 $PE = \text{电子电荷} \times \text{电压}$。对于电子从半导体到金属的热发射,$PE$ 势垒变为 $e(V_0 + V_r)$,这表明相应的那部分电流变为

$$J_2^{\text{rev}} = C_2 \exp\left[-\frac{e(V_0 + V_r)}{kT}\right] \ll J_1 \tag{5.69}$$

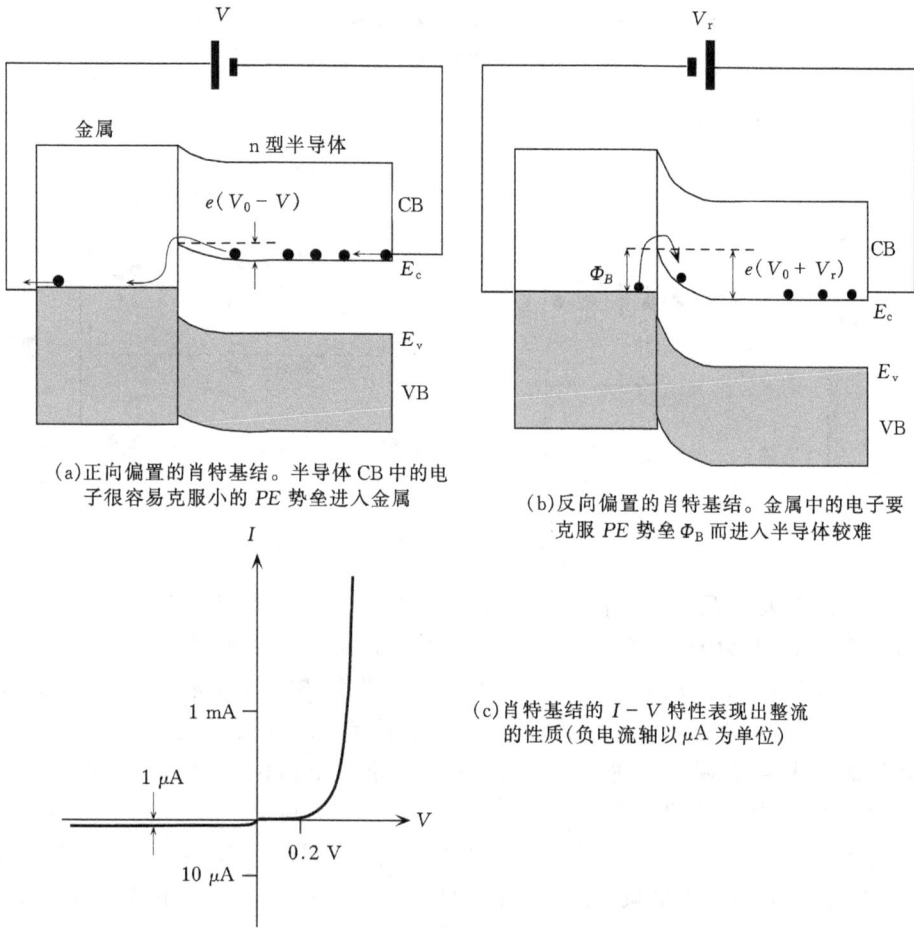

(a)正向偏置的肖特基结。半导体 CB 中的电
子很容易克服小的 PE 势垒进入金属

(b)反向偏置的肖特基结。金属中的电子要
克服 PE 势垒 Φ_B 而进入半导体较难

(c)肖特基结的 $I-V$ 特性表现出整流
的性质(负电流轴以 μA 为单位)

图 5.40　肖特基结

由于 V_0 通常小于 1 伏,而反向偏置电压大于几伏,所以 $J_2^{rev} \ll J_1$,反向偏置电流基本上只由 J_1 限定,而且非常小。在反向偏置条件下,电流基本上是由于电子克服势垒 Φ_B、从金属到半导体 CB 的热发射,由式(5.65)所确定。图 5.40(c)表示了典型的肖特基结的 $I-V$ 特性,该 $I-V$ 特性表现出整流的性质,这种器件称为**肖特基二极管**。

方程式(5.68)是为正向偏置推导出来的,通过 $V=-V_r$,对反向偏置也是正确的。而且,它不仅可应用到肖特基类型的金属-半导体结,还可应用到 p 型半导体和 n 型半导体之间的结,即 pn 结,这在第 6 章将会说明。在正向偏置电压为 V_f 的条件下(室温下,V_f 大于 25 mV),正向电流很简单,J_f 为

$$J_f = J_0 \exp\left(\frac{eV_f}{kT}\right) \qquad V_f > \frac{kT}{e} \qquad (5.70)$$

正向偏压下的肖特基

应该提到的是,也可以得到金属与 p 型半导体之间的肖特基结。但它出现在 $\Phi_m < \Phi_p$ 的条件下,其中 Φ_p 是 p 型半导体的功函数。

5.9.2　肖特基结太阳能电池

肖特基结的耗尽区中的电场允许这类器件用作光电器件,也可用作光探测器。我们考虑

一个肖特基器件,该器件有淀积到 n 型半导体上的薄金属膜(通常是金),金属膜足够薄
(10 nA),以便让光到达半导体。器件的能带图如图 5.41 所示。

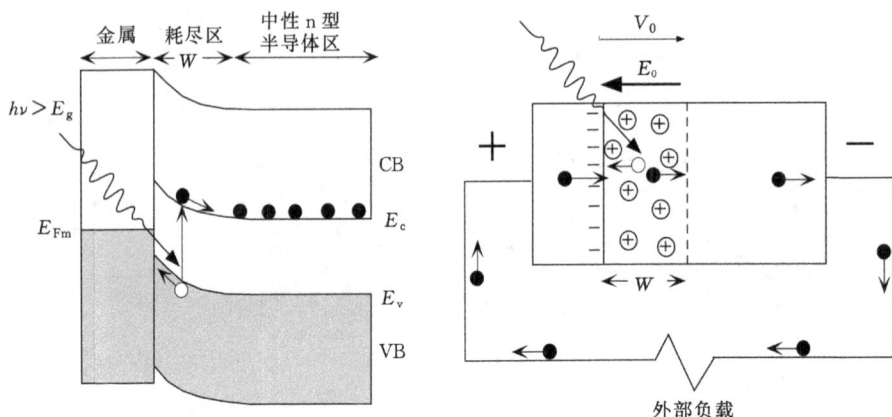

图 5.41　肖特基结太阳能电池的原理

如果光子能量大于 E_g,半导体的耗尽区中将产生电子-空穴对(EHP),如图 5.41 所示。
该区的电场将把 EHP 分开,并使电子向半导体漂移,使空穴向金属漂移。当一个电子到达中
性 n 区,则该处存在一个过剩电子而增加了负电荷。因此,相对于暗箱(或平衡)的情况,这端
变得更负。同时,当一个空穴到达金属时,它与电子复合,因而减小了那里的一个电子的电荷,
相对于暗箱的情况金属端变得更正。因此,在开路条件下,肖特基结器件的两端将建立电
压——金属端为正;半导体端为负。

用能带图解释这种光电效应变得非常简单。在光生 EHP 的地方,电子的能量处于 PE 的
斜坡,因为 E_c 向半导体方向是减小的,如图 5.41 所示。该电子别无选择,只能沿斜坡向下滚,
就像斜坡上的球沿斜坡向下滚动以减小它的重力 PE。我们知道,CB 中存在远多于电子的空
状态。因此,电子为寻找更低的能量而滚降到 CB 的过程没有任何阻碍。当电子到达中性区
(平坦的 E_c 区),它就搅乱了那里的平衡。现在,CB 中存在额外的一个电子,器件的这边获得
负电荷。我们记得,对于能带图中向下的方向,空穴的能量是增大的,类似的讨论可以用于
VB 中的光生空穴。空穴为降低自己的 PE 能量而到达金属,并与那里的电子复合。

如果器件与外部负载连接,中性 n 区中的额外电子将通过导线和负载传导到金属一边,以
补充金属失掉的电子。只要光子产生 EHP,环绕外电路的电子流就将继续,并存在着光能向
电能的转换。有时,把中性的 n 型半导体区看成导体(外部导线的延长)是有用的,只可惜它具
有较高的电阻率。光生电子一旦跨过耗尽区,便到达了这个导体,并绕着外电路传导到金属,
以补充丧失的电子。

对于光子能量小于 E_g 的情况,假如 $h\nu$ 可以激发电子,使它从金属的 E_{Fm} 越过 PE 势垒 Φ_B 而
进入 CB,然后电子向中性 n 区滚降,则该器件仍能做出响应。在这种情况下,$h\nu$ 必定大于 Φ_B。

如果肖特基结二极管被反向偏置,如图 5.42 所示,则反向偏置电压 V_r 将把内建电势由
V_0 提高到 V_0+V_r(其中 $V_r \gg V_0$)。内部电场也增加到相当高的数值。这具有提高耗尽区
EHP 的漂移速度($v_d = \mu_d E$)的优点,并因此缩短了它们越过耗尽区宽度所需的渡越时间。这
器件的响应更快,因此对光探测器非常有用。外电路中的光电流 i_{photo} 起源于耗尽区的光生载
流子的漂移,因而很容易对它进行测量。

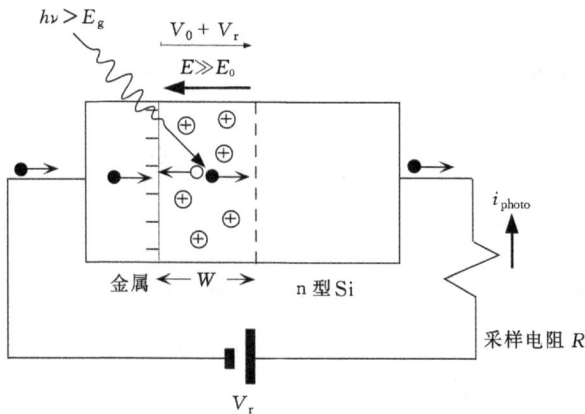

图 5.42　反向偏置的肖特基光电二极管常用来作为快速的光探测器

例 5.19　肖特基二极管　肖特基结的反向饱和电流 J_0，如同式（5.60）所表示的电流，它们是相同的电流。通过理查森-杜什曼方程对越过势垒 $\Phi(=\Phi_B)$ 进行热发射的推导可以得到该电流（见第 4 章），J_0 为

$$J_0 = B_e T^2 \exp\left(-\frac{\Phi_B}{kT}\right)$$　　　肖特基结的反向饱和电流

其中，B_e 是有效理查森常数，它由金属-半导体结的特性确定。金属-半导体结中的 B_e，跟其它因子一道，取决于半导体中与热发射载流子的有效质量有关的状态密度。例如，对于金属与 n 型 Si 的结，B_e 约为 110 A · cm^{-2} · K^{-2}；对金属与 p 型 Si 的结，它包含空穴的贡献，B_e 约为 30 A · cm^{-2} · K^{-2}。

a. 考虑 W（钨）与 n - Si（施主掺杂浓度为 10^{16} cm^{-3}）组成的肖特基结二极管，其横截面积为 1 mm^2，硅的电子亲和能 χ 为 4.01eV，钨的功函数为 4.55eV。从金属到半导体的理论势垒高度 Φ_B 是多少？

b. 未加偏置的内建电压 V_0 为何值？

c. 实验得到的势垒高度 Φ_B 约为 0.66eV。求反向饱和电流，以及当二极管两端加 0.2V 的正偏压时的电流。

解：a. 从图 5.39 可知，势垒高度 Φ_B 很显然是

$$\Phi_B = \Phi_m - \chi = 4.55\text{eV} - 4.01\text{eV} = 0.54\text{eV}$$

实验数值约为 0.66eV，它大于理论值，这是由于在金属-半导体界面还存在悬挂键、缺陷等引起的各种影响。例如，在半导体带隙中，悬挂键导致的表面态可以捕获电子，并改变肖特基能带图（图 5.39 中的能带图表示无表面态时的理想能带图）。此外，在某些情况下，例如 n 型硅与铂（Pt）形成的势垒高度，实验值可能小于理论值。

b. 参考图 5.39，由下列等式可以求出 $E_c - E_{Fn}$：

$$n = N_d = N_c \exp\left(-\frac{E_c - E_{Fn}}{kT}\right)$$

$$10^{16}\text{cm}^{-3} = (2.8 \times 10^{19}\text{cm}^{-3})\exp\left(-\frac{E_c - E_{Fn}}{0.026\text{eV}}\right)$$

由上式得到：$\Delta E = E_c - E_{Fn} = 0.206\text{eV}$。因此，内建势 V_0 为

$$V_0 = \frac{\Phi_B}{e} - \frac{E_c - E_{Fn}}{e} = 0.54V - 0.206V = 0.33V$$

c. 如果 A 为横截面积，$A = 0.01 \text{ cm}^2$，取 B_e 为 110 A·K^{-2}·cm^{-2}，对势垒高度 Φ_B 使用实验值，则饱和电流为

$$I_0 = AB_e T^2 \exp\left(-\frac{\Phi_B}{kT}\right) = (0.01)(110)(300^2)\exp\left(-\frac{0.66\text{eV}}{0.026\text{eV}}\right) = 9.36 \times 10^{-7} \text{ A} = 0.94 \text{ }\mu A$$

当施加电压为 V_f，正向电流 I_f 为

$$I_f = I_0\left[\exp\frac{eV_f}{kT} - 1\right]^{①} = (0.94\mu A)\left[\exp\left(\frac{0.2}{0.026}\right) - 1\right] = 2.0 \text{ mA}$$

5.10　欧姆接触与热电制冷机

欧姆接触是不限制电流的金属与半导体之间的一种结。限制电流的因素，基本上是接触区外的半导体电阻，而不是载流子横跨接触处的势垒时的热发射率。在肖特基二极管中，$I-V$ 特性由横跨接触的载流子的热发射率确定。应该提到的是，当我们谈论欧姆接触的时候，与直觉相反，我们通常不暗示欧姆接触本身的线性 $I-V$ 特性，而仅含有：这种接触不限制电流的意思。

图 5.43 表示了金属与 n 型半导体之间一种欧姆接触的形成过程。金属的功函数 Φ_m 小于半导体的功函数 Φ_n，与 CB 相比，金属中存在更多的高能电子。这意味着，能量约为 E_{Fn} 的电子会隧穿到半导体，以便在 E_c 附近寻找更低的能级，如图 5.43 所示。因此，许多电子挤进结附近的半导体 CB 中。当 CB 中积累的电子阻止更多的电子向金属隧穿时，该结达到了平衡。更严格地说，整个系统的费密能级从一端到另一端均匀时，系统达到了平衡。

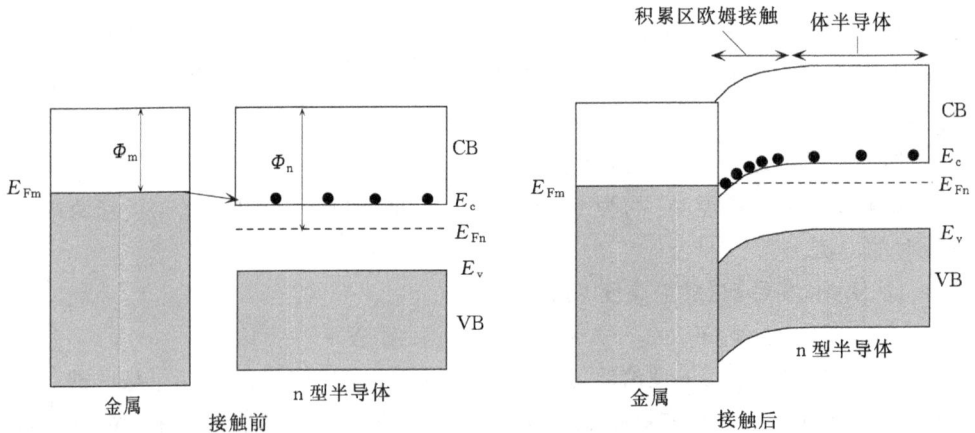

图 5.43　功函数较小的金属与功函数较大的 n 型半导体进行接触，产生不限制电流意义上的欧姆接触

在结附近存在过剩电子的半导体区称为**积累区**。为表示 n 的增加，我们把半导体能带图画成弯曲的——朝（$E_c - E_{Fn}$）减小的方向弯曲，因为在该方向 n 增加。从金属的远端到半导体的远端总是存在导电的电子。与此明显相反，肖特基结的耗尽区却把金属的导电电子与半导

---

① 原书式中的 V_f 前面少了一个 e——译者注。

体中的导电电子隔开。从图 5.43 中可以看出,结的两边(在 E_{Fm} 和 E_c)具有相同的能量,因此在外加电场的影响下,对于两个方向通过结的导电电子,都不存在势垒。

很明显,积累区的过剩电子提高了半导体在该区的电导率。当对该结构施加电压时,电压降落在高阻区,即体半导体区[①]。与半导体的体区比较,金属和积累区均具有较高的电子浓度,因此电流由体区电阻确定。电流密度为 $J = \sigma E$,其中 σ 是半导体的体区部分的电导率,E 是在该部分所加的电场。

半导体引人注意的重要的应用之一是**热电器件**或**珀耳帖(Peltier)器件**。这些器件可以通过直流使小体积变冷。只要直流电流通过两种不同材料之间的接触处,该接触区域就会释放热或吸收热。释放热还是吸收热取决于电流的方向。假设有直流电流通过欧姆接触区,从 n 型半导体流到金属,如图 5.44(a)所示,则电子从金属流到半导体的 CB。我们只考虑发生珀耳帖效应的接触区。电流是由金属中费密能级 E_{Fm} 附近的电子运载的,这些电子进入半导体的 CB,然后到达接触区的末端,它们的能量是 E_c 与平均动能 KE(该值为 $\frac{3}{2}kT$)之和。因而在接触区每个电子的平均能量均增加了 $(PE+KE)$。因此,当一个电子通过结而漂移时,它必须从周围环境(晶格振动)吸收热量以增加能量。于是,一个电子从金属到 n 型半导体的 CB 的过程包含着在结处对热量的吸收。

当电流的方向是从金属到 n 型半导体时,电子从半导体的 CB 流到金属的费密能级,同时伴随着通过接触处。由于 E_{Fm} 比 E_c 低,通过结的电子必须损失能量,该能量以热的形式传给晶格振动。于是,一个电子从 n 型半导体的 CB 到金属的过程包含着在结处对热量的释放,如图 5.44(b)所示。

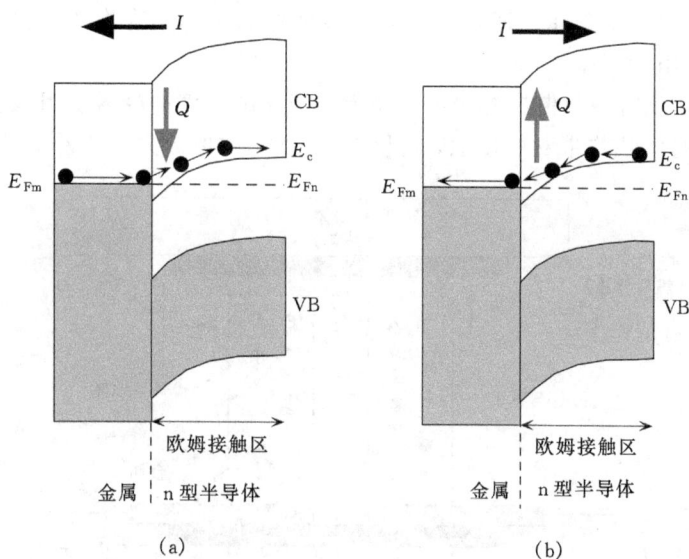

图 5.44

很明显,取决于电流通过金属与 n 型半导体之间结的方向,热就在该结处被释放或吸收。尽管以上考虑的是通过一种欧姆接触的这两种特定材料的结,但这种热电效应是普遍的现象,

---

① 即除积累区外的大块区域,简称体区——译者注。

它在任何两种不同的材料之间的结中均会发生。以该现象的发现者命名,这称为**珀耳帖效应**。在金属–p 型半导体结的情况下,对于电流从金属到 p 型半导体的流动,热被吸收;对于另一个方向,热被释放。图 5.45 总结了金属–半导体结中发生的热电效应。重要的是,不能把珀耳帖效应与金属、半导体中的焦耳热相互混淆;焦耳热产生于材料的有限电阻率,我们简单地称之为 I^2R(或 $J^2\rho$)热;珀耳帖效应的热起因于导电电子把电场中得到的能量耗费在晶格振动中(当电子被晶格振动散射的时候),这如同第 2 章所讨论的情况。

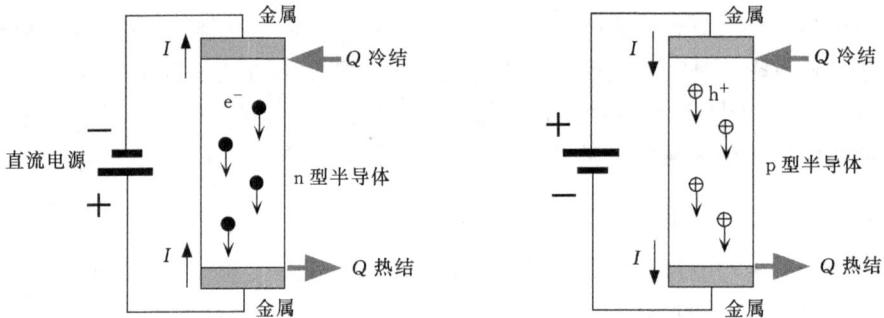

图 5.45　当电流通过两端均有金属接触的半导体样品时,一个结吸收热而冷却(冷结);
另一个结释放热而变暖(热结)

　　如图 5.45 所示,当电流通过两端均有金属接触的半导体样品时,不言而喻,一个接触处总是吸热,另一个接触处总是放热。吸热的接触处将会变冷,称为冷结;另一个接触处将变暖,称为热结。假如热结所产生的热量能够快速移去,以减少通过半导体把热传导到冷结,则人们可以利用冷结来冷却另一个物体。而且在整个半导体样品中总是存在焦耳热(I^2R),因为样品总是存在有限的电阻。

　　图 5.46 表示了实际热电制冷器中一个单元的简化图。该制冷器使用两块半导体(一个 n 型,另一个 p 型),每一块均带欧姆接触,因此它们在所示的电流方向条件下具有相反的热电效

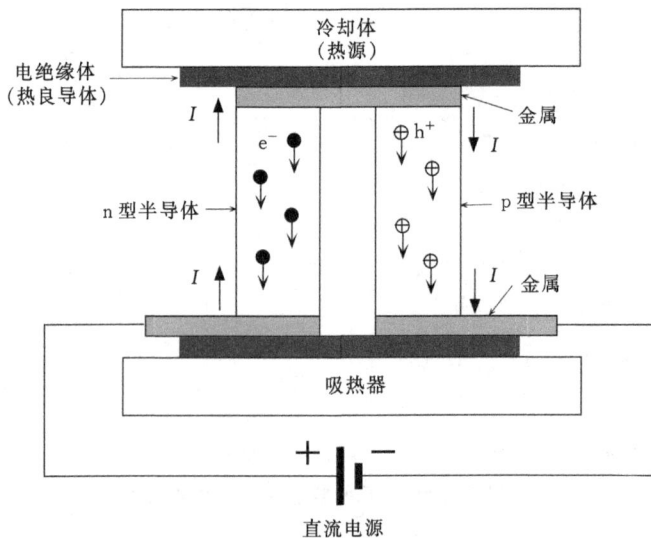

图 5.46　典型的一个热电制冷器的截面图

应。在一边,半导体公用一个金属电极。实际上,这种结构是 n 型和 p 型半导体通过公用金属电极以串联方式连接的。典型的结构是,使用 Bi_2Te_3, Bi_2Se_3 或 Sb_2Te_3 作为半导体材料,通常使用铜作为金属电极。

从 n 型半导体到公共金属电极流动的电流引起热吸收,使这个结和金属变冷。同样的电流进入 p 型半导体也引起这个结吸收热,使同一个金属电极变冷。于是这公共金属的两端均变冷。两块半导体的另一端是热结,被连接到大的吸热器以移去热量、阻止热量通过半导体传导到冷结。公共金属电极的另一面通过一块薄陶瓷板(对电是绝缘体,但对热是导体)与将被冷却的物体连接。商用的珀耳帖设备中,用许多这样的单元进行串联来提高制冷的效率,如图 5.47 所示。

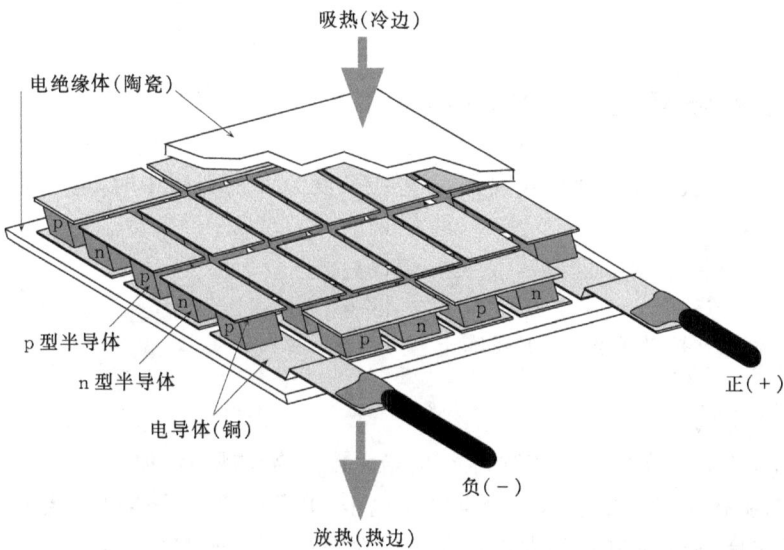

图 5.47　商用热电制冷器的典型结构

例 5.20　珀耳帖系数　研究电子越过金属与 n 型半导体之间的欧姆接触的运动,并把接触处的热量产生率 Q' 近似地表示为

$$Q' = \pm \Pi I$$

其中,Π 称为两种材料之间的**珀耳帖系数**,它的值是

$$\Pi = \frac{1}{e}\left[(E_c - E_{Fn}) + \frac{3}{2}kT\right]$$

其中 $E_c - E_{Fn}$ 是 n 型半导体中 E_c 与费密能级的间隔。Π 的符号取决于习惯,用来表示吸热还是放热。

解:让我们考虑图 5.44(a),这里只表示有电流通过时金属与 n 型半导体之间的欧姆接触区的情况。所加的电压大部分都降落在体半导体区,因为接触区(即积累区)有 CB 的电子积累,电流由半导体的体电阻限制。于是,我们可以认为,在接触区的费密能级几乎是未受干扰的,因而是均匀的,即 $E_{Fm} \approx E_{Fn}$。金属的体区中,传导电子处于 E_{Fm} 附近(与 E_{Fn} 是相同的)。然而,在半导体的接触区边界一个电子的能量是 E_c 与电子的平均动能($\frac{3}{2}kT$)之和。这能量差就是每个电子通过接触区被吸收的热量。由于 I/e 是电子通过接触处时的流量,因此

$$\text{能量吸收率} = \left[\left(E_c + \frac{3}{2}kT\right) - E_{Fm}\right]\left(\frac{I}{e}\right)$$

或者写成

$$Q' = \left[\frac{(E_c - E_{Fn}) + \frac{3}{2}kT}{e}\right] I = \Pi I$$

所以,珀耳帖系数近似地由上式的方括号给出。更严格的分析所给出的 Π 值是

$$\Pi = \frac{1}{e}\left[(E_c - E_{Fn}) + 2kT\right]$$

附加的专题

5.11　直接带隙与间接带隙的半导体

E - k 图　我们从量子力学可知,当电子处在长度为 L 的势阱中时,电子的能量是量子化的,可表示成

$$E_n = \frac{(\hbar k_n)^2}{2m_e}$$

其中,波矢 k_n 本质上是量子数,由下式确定

$$k_n = \frac{n\pi}{L}$$

其中,$n=1,2,3,\cdots$。电子的能量随波矢 k_n 的增大按抛物线规律增加。我们还知道,电子的动量为 $\hbar k_n$。这种描述可以用来表示一种金属中电子(电子的平均势能可以认为是零)的行为。换句话说,在金属晶体内部我们取 $V(x)=0$,在金属外部取 $V(x)$ 为一个大的数值[例如 $V(x)=V_0$],因而使电子被包含在金属内。这是金属的**近自由电子模型**,该模型在解释许多特性时非常成功。的确,在基于三维势阱问题中可以计算状态密度 $g(E)$。很明显,这种模型过于简单,它没有考虑晶体中电子势能的实际变化。

晶体内电子的势能取决于电子的位置,而且由于原子的规则排列,它是周期性的。周期性势能如何影响 E 与 k 之间的关系?它将不再简单地是 $E_n=(\hbar k_n)^2/(2m_e)$。

要得到晶体中电子的能量,必须求解三维周期势能函数的薛定谔方程。首先考虑如图 5.48 所示的理想的一维晶体。对电子在每个原子中的势能函数进行叠加便可得到总的电子势能函数 $V(x)$,它是周期性的,而且以晶格常数 a 为周期,可表示为

$$V(x) = V(x+a) = V(x+2a) = \cdots \tag{5.71}$$ **周期势能**

因此,我们的任务是求解下列薛定谔方程

$$\frac{d^2\psi}{dx^2} + \frac{2m_e}{\hbar^2}[E - V(x)]\psi = 0 \tag{5.72}$$ **薛定谔方程**

势能 $V(x)$ 服从周期性条件,即

$$V(x) = V(x+ma) \qquad m=1,2,3,\cdots \tag{5.73}$$ **周期势**

方程(5.72)的解将给出晶体中电子的波函数,因而给出电子的能量。由于 $V(x)$ 是周期性的,根据直觉,该方程的解 $\psi(x)$ 至少应该是周期性的。结果是,方程(5.72)的解具有如下的形式,并称为**布洛赫波函数**

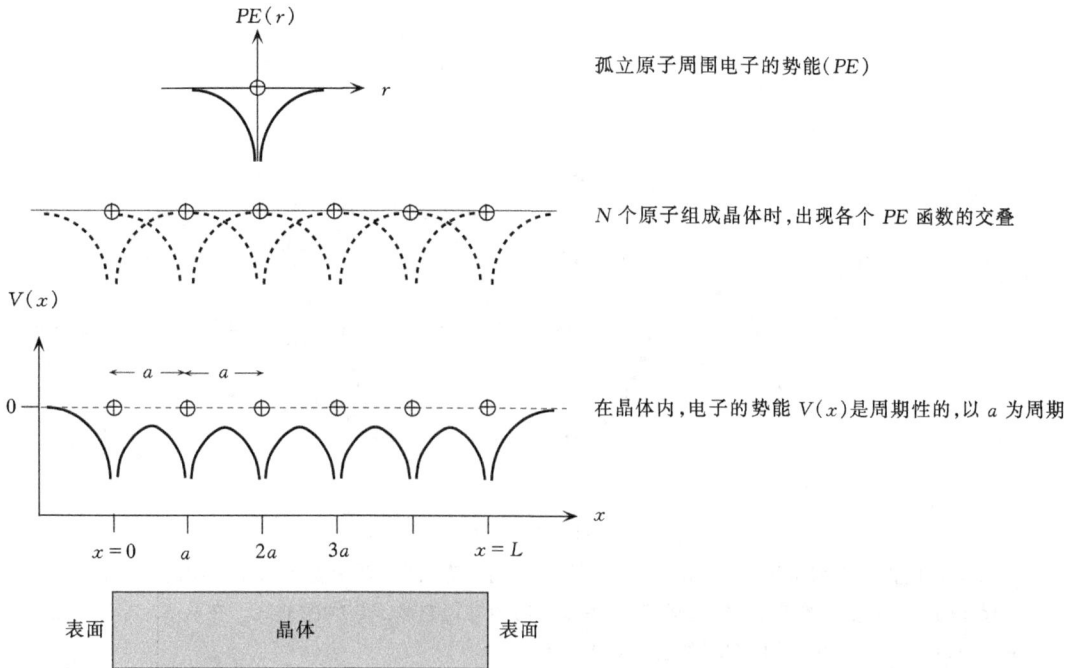

孤立原子周围电子的势能(PE)

N 个原子组成晶体时,出现各个 PE 函数的交叠

在晶体内,电子的势能 $V(x)$ 是周期性的,以 a 为周期

$x=0$　a　$2a$　$3a$　$x=L$

表面　　　　晶体　　　　表面

图 5.48　在晶体内部,电子的势能 $V(x)$ 是周期性的,与晶体的原子具有相同的周期;在晶体外部,电子的
　　　　　势能可以选择,例如 $V=0$(电子是自由的,$PE=0$)

$$\psi_k(x) = U_k(x)\exp(\mathrm{j}kx) \qquad (5.74)\ \textbf{布洛赫波函数}$$

其中,$U_k(x)$ 是取决于 $V(x)$ 的周期函数,它与 $V(x)$ 具有相同的周期 a。另一项 $\exp(\mathrm{j}kx)$ 代表
行波,要得到总的波函数 $\Psi(x,t)$,必须把这一项乘以 $\exp(-\mathrm{j}Et/h)$,其中 E 是电子的能量。
因此,晶体中的波函数是被 $U_k(x)$ 调制的行波。

　　对一维晶体,存在许多布洛赫波函数的解,它们中的每一个以特殊的 k 值(即 k_n)来识别,
k_n 作为一种量子数。每一个解 $\psi_k(x)$ 对应一个特定的 k_n,代表具有能量 E_n 的一个状态。能量
E_k 与波矢 k 的关系称为 $E-k$ 图。图 5.49 表示了假设的一维固体的典型的 $E-k$ 图,k 值的
范围是从 $-\pi/a$ 到 $+\pi/a$。正像 hk 是自由电子的动量,对布洛赫电子,hk 是包含了电子与外
场相互作用的动量,例如光子吸收过程中所包含的动量。实际上,hk 的变化率就是外部对电
子所加的力 F_{ext},例如电场力($F_{\mathrm{ext}}=eE$)。因此,对于晶体内的电子,下式成立:

$$\frac{\mathrm{d}(hk)}{\mathrm{d}t} = F_{\mathrm{ext}}$$

因此把 hk 称为电子的晶体动量[1]。

---

　　[1]　但是,电子的实际动量不是 hk,因为

$$\frac{\mathrm{d}(hk)}{\mathrm{d}t} \neq F_{\mathrm{external}} + F_{\mathrm{internal}}$$

其中,$F_{\mathrm{external}} + F_{\mathrm{internal}}$ 是作用在电子上的所有的力。真正的动量 P_e 满足下式:

$$\frac{\mathrm{d}P_e}{\mathrm{d}t} = F_{\mathrm{external}} + F_{\mathrm{internal}}$$

然而,由于我们关注的是与外力(例如所加的电场)的相互作用,我们把 hk 看成是晶体中电子的动量,因此命名为**晶体动量**。

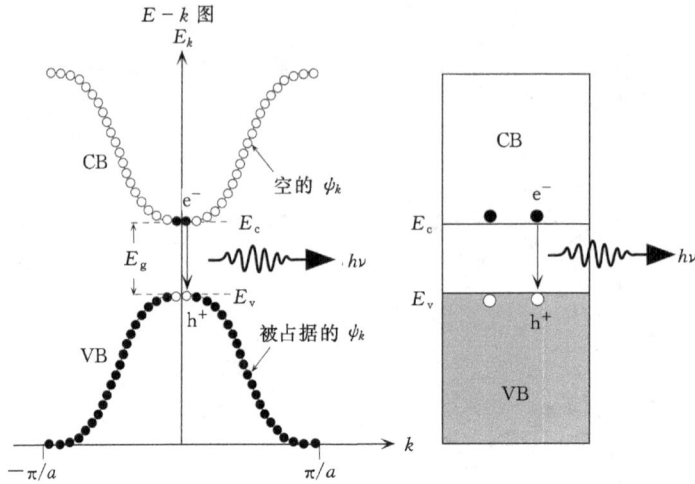

图 5.49　一种直接带隙半导体(例如 GaAs)的 E-k 图

E-k 曲线由许多离散点组成,每个点对应一个可能的状态,波函数为 $\psi_k(x)$,这些状态是晶体中允许存在的。这些点非常靠近,我们画 E-k 关系图时通常把它画成连续的曲线。在从 E_v 到 E_c 的能量范围,不存在任何的点[即方程的解 $\psi_k(x)$]

　　由于晶体中的电子在 x 方向的动量用 $\hbar k$ 表示,则 E-k 图就是**能量相对于晶体动量的图**。较低的 E-k 曲线中的这些状态 $\psi_k(x)$ 构成了价电子的波函数,与 VB 中的状态相对应。另一方面,较高的 E-k 曲线的状态与导带(CB)中的状态对应,因为它们具有更高的能量。绝对零度下,所有的价电子填满了较低的 E-k 图中的特定 k_n 值的状态。

　　应该强调的是,E-k 曲线由许多离散点组成,每个点对应一个可能的状态,波函数为 $\psi_k(x)$,这些状态是晶体中允许存在的。这些点非常靠近,使得画 E-k 关系图时通常把它画成连续的曲线。从 E-k 图中很明显地看到,有一个能量范围,从 E_v 到 E_c,对其不存在薛定谔方程的解,因而不存在具有能量从 E_v 到 E_c 的波函数 $\psi_k(x)$。而且,我们还注意到,除了 CB 的底部和 VB 的顶部之外,E-k 特性不是简单的抛物线关系。

　　在绝对零度之上,由于热激发,一些电子从价带顶被激发到导带底。根据图 5.49 的能带图,当一个电子与一个空穴复合时,电子从导带底落到价带顶而不改变它的 k 值,所以,符合动量守恒的要求,这种跃迁是容许的。我们还记得,与电子的动量相比,被发射的光子的动量可以忽略。因此,图 5.49 中的 E-k 图适合于**直接带隙半导体**。

　　图 5.49 中 E-k 图是针对理想的一维晶体画的,其中的每个原子只简单地与邻近两个原子结合。实际的晶体中,原子按三维排列,$V(x,y,z)$ 呈现出 3 个方向的周期性。E-k 曲线也不像图 5.49 中的那么简单,通常表现出不同的特性。GaAs 的 E-k 图如图 5.50(a)所示,该图的主要特征与图 5.49 十分相似。因此,GaAs 是直接带隙半导体,其电子-空穴对可以直接复合并发射一个光子。很明显,发光器件利用了直接复合特性,使用的晶体是直接带隙半导体。

　　对于硅的情况,金刚石晶体结构产生的 E-k 图具有如图 5.50(b)所示的基本特点。我们注意到,CB 的最小值不是在 VB 的最大值的上方。因此,处于 CB 底部的电子不能直接与 VB

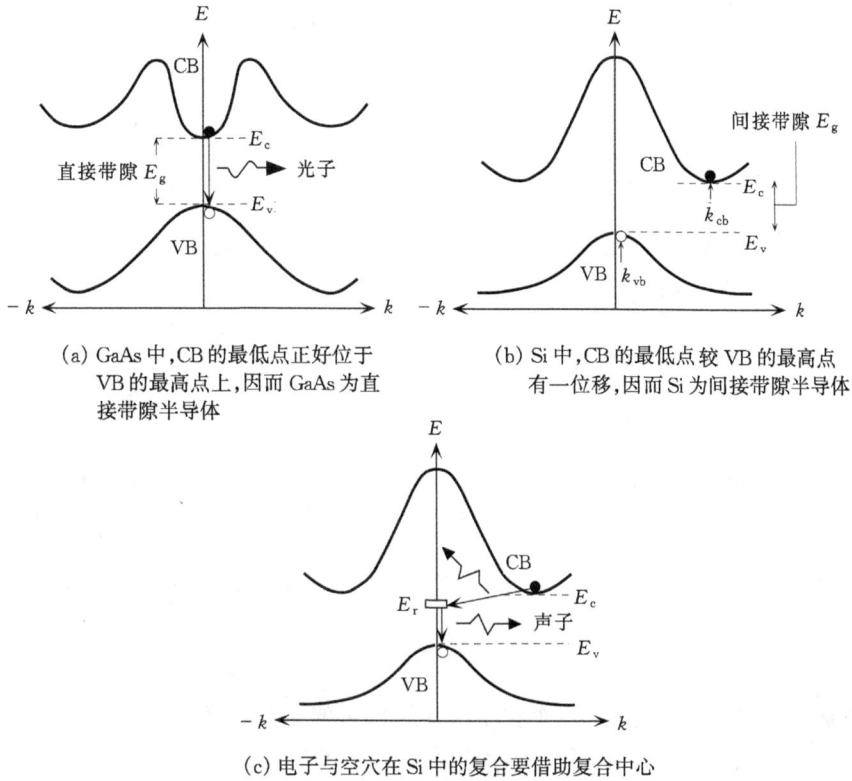

(a) GaAs 中, CB 的最低点正好位于
VB 的最高点上, 因而 GaAs 为直
接带隙半导体

(b) Si 中, CB 的最低点较 VB 的最高点
有一位移, 因而 Si 为间接带隙半导体

(c) 电子与空穴在 Si 中的复合要借助复合中心

图 5.50

顶部的一个空穴复合, 因为电子的动量必须从 k_{cb} 变为 k_{vb}, 按照动量守恒定律, 这是不允许的。因此, 在 Si 和 Ge 中, 电子-空穴的直接复合不会发生。在这些元素半导体中的复合过程必须通过能级为 E_r 的复合中心才能进行。电子被处于 E_r 的缺陷俘获, 从 E_r 可以落入 VB 的顶部。这种间接复合的过程由图 5.50(c) 所示。电子的能量通过声子的发射 (即晶格振动) 而损耗。图 5.50(b) 所表示的、关于 Si 的 $E-k$ 图是间接带隙半导体的一个例子。

在一些间接带隙半导体中, 例如 GaP, 电子与空穴在确定的复合中心中复合而导致光子发射。它的 $E-k$ 图与图 5.50(c) 相似, 但在 E_r 的复合中心是通过在 GaP 中有目的地掺杂氮 (nitrogen) 来产生的。电子从 E_r 到 E_v 的跃迁伴随着发光。

电子运动与漂移　在施加外力 (例如施加电场) 的情况下, 通过对 $E-k$ 图的分析, 可以了解导带电子的响应。为简化问题, 我们考虑一维晶体。由于晶格振动的散射, 电子在晶体中做无规则的、随机的运动 (漫游)。如果一个电子以确定的 k 值在 $+x$ 方向运动, 设为 k_+, 如图 5.51(a) 的 $E-k$ 图所示。当它被晶格振动散射时, k 值将变化, 假设变为 k_-, 如图 5.51(a) 中所示。从一个散射到另一个散射的过程中, k 值随机地发生变化, 这种过程连续不断。因此, 经过长时间后 k 的平均值为 0, 也就是说, k_+ 和 k_- 的平均值是相同的。

当外加电场时, 例如电场沿 $-x$ 方向, 则电子由于受电场力 eE_x, 它的动量沿 $+x$ 方向增加。在电子不被散射的一段时间内, 电子在 $E-k$ 图中向上运动: 从 k_{1+} 到 k_{2+}, 再到 k_{3+}, 等等。当电子被晶格振动随机地散射时, 它的动量变为 k_{1-} (或者其它的随机 k 值), 如图 5.51(b) 所示。经过一段长时间后, 所有 k_+ 的平均值与所有 k_- 的平均值不再相等, 将产生 $+x$ 方向的净动量, 该净动量与相同方向的漂移是等价的。

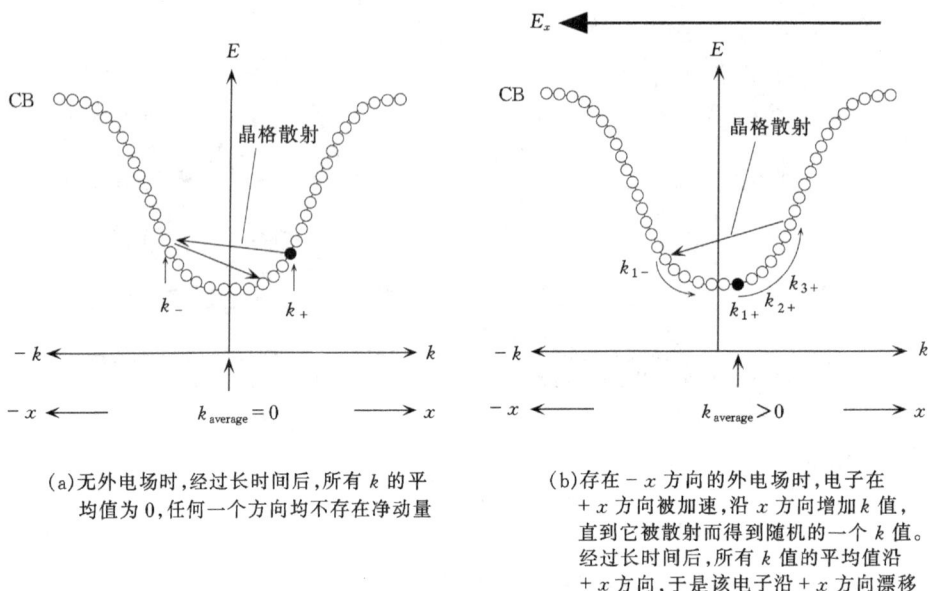

(a)无外电场时,经过长时间后,所有 k 的平均值为 0,任何一个方向均不存在净动量

(b)存在 $-x$ 方向的外电场时,电子在 $+x$ 方向被加速,沿 x 方向增加 k 值,直到它被散射而得到随机的一个 k 值。经过长时间后,所有 k 值的平均值沿 $+x$ 方向,于是该电子沿 $+x$ 方向漂移

图 5.51

有效质量　在经典物理学中,一个粒子的惯性质量的通常定义为

$$力 = 质量 \times 加速度$$
$$F = ma$$

在半导体晶体内部,当把电子作为波进行处理时,必须确定:对于外力作用下电子运动的描述,是否仍然可以使用经典关系 $F=ma$(通过某种方式)。如果允许,晶体中电子的表观质量是什么。

我们将计算在沿 $-x$ 方向的电场作用下 CB 中电子的速度与加速度。对电子所加的外力沿 $+x$ 方向,数值为 $F_{ext}=eE_x$,如图 5.51(b)所示。我们的处理将使用量子力学的 E-k 图。

由于我们以波来处理电子,必须计算群速度 v_g,由定义,$v_g=\mathrm{d}\omega/\mathrm{d}k$。我们知道,波函数与时间的关系是 $\exp(-jEt/\hbar)$,其中能量 $E=\hbar\omega$(ω 是与电子的波动相联系的角频率)。E 和 ω 均取决于 k,因此,群速度为

$$v_g = \frac{1}{\hbar}\frac{\mathrm{d}E}{\mathrm{d}k} \qquad (5.75)\ \text{电子群速度}$$

因此,群速度由 E-k 曲线的**梯度**确定。存在电场时,电子受到电场力 $F_{ext}=eE_x$,并从中得到能量而在 E-k 图中向上运动,直到与晶格振动碰撞,如图 5.51(b)所示。在两次碰撞之间的很小的时间间隔 δt 中,电子运动了一段距离 $v_g\delta t$,得到了能量 δE,其值为

$$\delta E = F_{ext}v_g\delta t \qquad (5.76)$$

为得到电子的加速度和有效质量,必须以某种方式把这个方程式变成类似于 $F_{ext}=m_ea$,其中 a 是加速度。从式(5.76)可得,外力与能量的关系为

$$F_{ext} = \frac{1}{v_g}\frac{\mathrm{d}E}{\mathrm{d}t} = \hbar\frac{\mathrm{d}k}{\mathrm{d}t} \qquad (5.77)$$

其中,对于式(5.76),用到了式(5.75)的 v_g。式(5.77)是把 $\hbar k$ 解释为**晶体动量**的原因,因为 $\hbar k$ 的变化率就是外部施加的力。

加速度定义 a 为 $\mathrm{d}v_g/\mathrm{d}t$，利用式(5.75)得到

$$a = \frac{\mathrm{d}v_g}{\mathrm{d}t} = \frac{\mathrm{d}\left[\dfrac{1}{\hbar}\dfrac{\mathrm{d}E}{\mathrm{d}k}\right]}{\mathrm{d}t} = \frac{1}{\hbar}\frac{\mathrm{d}^2E}{\mathrm{d}k^2}\frac{\mathrm{d}k}{\mathrm{d}t} \qquad (5.78)$$

根据式(5.78)，我们可以代入式(5.77)中的 $\mathrm{d}k/\mathrm{d}t$，得到 F_{ext} 与 a 的关系为

$$F_{ext} = \frac{\hbar^2}{\left[\dfrac{\mathrm{d}^2E}{\mathrm{d}k^2}\right]}a \qquad (5.79)\ \textbf{外力和加速度}$$

我们知道，自由电子对外力的响应是 $F_{ext}=m_e a$，其中 m_e 是它在真空中的质量。因此，从上式很明显地得到，晶体中电子的有效质量为

$$m_e^* = \hbar^2\left[\frac{\mathrm{d}^2E}{\mathrm{d}k^2}\right]^{-1} \qquad (5.80)\ \textbf{有效质量}$$

因而，电子对外力的响应和电子的运动，就好像它具有式(5.80)所表示的质量。有效质量明显地取决于 E-k 关系，因而取决于晶体的对称性和原子之间价键的特性。电子处于 CB 和 VB 时，它的数值是不同的，此外，它的数值还取决于电子的能量，因为它与 E-k 特性的曲率 $(\mathrm{d}^2E/\mathrm{d}k^2)$ 有关。另外，从式(5.80)可以很明显地看到，有效质量是量子力学中的量，因为 E-k 行为是量子力学(薛定谔方程)应用到晶体中电子的直接结果。

有意义的是，当 E-k 曲线在这个能带的顶部向下凹的情况下(例如图 5.49 的价带顶部)，根据式(5.28)，处于这些能量状态的电子，其有效质量是负的数值。负的有效质量意味着什么？当电子从电场得到能量而沿 E-k 曲线向上运动时，它实际上是减速，即运动减慢，它的加速度与电子处于导带底时的加速度方向是相反的。CB 带中的电子处于能带底部，因此它们的有效质量是正值。然而在价带顶，存在大量的电子。这些电子具有负的有效质量，在电场的作用下它们减速，或者说，它们在与施加的外力 F_{ext} 的相反方向上加速。其结果是，我们可以考虑具有正质量的少量空穴的运动来描述带顶附近这些大量电子的集体运动。

值得提到的是，方程式(5.80)从量子力学的角度定义了有效质量的意义。作为一种概念，它的有效性在于这样的事实：我们可以通过实验对它进行测量，例如，通过回旋共振的实验，可以得到它的实际数值。这表示，我们在描述外力对半导体中电子传输的作用时，可以简单地用有效质量 m_e^* 代替 m_e。

空穴 为理解空穴的概念，我们考虑 VB 中 E-k 曲线对能量的响应，如图 5.52(a)所示。如果所有的状态均被填满，则对电子的运动不存在空状态，其结果是，电子不能从电场得到能量。对每一个具有动量 $\hbar k_+$ 的、在正 x 方向运动的电子，存在对应的具有相同数值，但相反的动量 $\hbar k_-$ 的电子，因此不存在净运动。例如，在 b 处的电子以 k_{+b} 向右运动，但它的作用被 b' 处以 $k_{-b'}$ 向左运动的电子消除了。由于假定 VB 是满的，电子对(b 处与 b' 处的电子)的动量抵消可以应用到所有的电子，因而满的 VB 对电流没有贡献。

假定这些状态中的一个状态，它位于价带顶的附

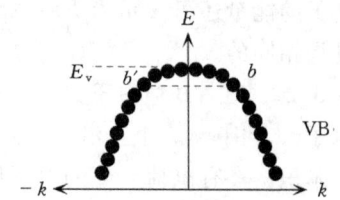

(a)满的价带中不存在对电流的净贡献

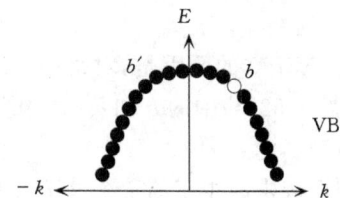

(b)带顶部的 b 处如果有一个空状态(空穴)，则 b' 处的电子对电流有贡献

图 5.52

近,在图 5.52(b)中标记为 b,该状态失掉了电子(即出现空穴),其原因通常是由于某种激发而使 b 处的电子进入了导带。这种情况下,b' 处的电子的向左运动(即 $k_{-b'}$)不能被抵消,这表示,这个电子可以对电流有贡献。我们认识到,一个空穴的存在可以对电流有贡献的原因是:除了 b' 处的电子之外,VB 中所有电子的动量均被抵消了。在得到这个结论的时候,我们必须考虑价带中的所有电子。

让我们保持严格的符号规则,诸如电场(E_x)、群速度(v_g)和加速度(a)等物理量,沿 $+x$ 方向为正的,$-x$ 方向为负的。一个自由电子来自力和质量的加速度是 $[(-e)(E_x)]/m_e$,它是负的,正如我们所预料的,它沿 $-x$ 方向运动。与此类似,CB 底部的电子具有正的有效质量和负的加速度。在第 2 章,我们对电子在金属中传导所做的假定是,电子沿着所加电场的相反方向被加速,即具有正的有效质量。

然而,VB 顶部的电子具有负的有效质量,我们写成 $-|m_e^*|$,位于 b' 的电子对电流有贡献的加速度 a 为

$$a = \frac{-eE_x}{-|m_e^*|} = \frac{+eE_x}{+|m_e^*|}$$

该值是正的,a 沿着 E_x 方向。这表示,在 VB 的顶部具有负有效质量的一个电子的加速度等效于具有有效质量为 $|m_e^*|$ 的一个正电荷 $+e$ 的加速度。换句话说,我们可以通过具有正有效质量的正电荷来等效地描述空穴运动的电流传导。

例 5.21　有效质量　请说明,一个自由电子的有效质量与它在真空中的质量是相同的。

解:一个自由电子的能量表达式为

$$E = \frac{(\hbar k)^2}{2m_e}$$

根据定义,它的有效质量为

$$m_e^* = \hbar^2 \left[\frac{d^2 E}{dk^2} \right]^{-1}$$

以 $E = (\hbar k)^2/(2m_e)$ 代入上式,得到 $m_e^* = m_e$。金属内的电子近似为自由电子模型,一个导带电子的能量还可表示为 $E = (\hbar k)^2/(2m_e)$,因此,一个自由电子的有效质量与它在真空中的质量是相同的。

例 5.22　在 VB 中由于失去一个电子产生的电流　首先考虑全满的价带,例如它包含了 N 个电子。其中 $N/2$ 个正沿 $+x$ 方向运动,另外的 $N/2$ 个沿 $-x$ 方向运动。假定晶体的大小是单位体积。具有电荷 $-e$ 的电子以群速度 v_{gi} 提供电流 $-ev_{gi}$。由于能带中的所有电子的运动,我们可以确定,其电流密度为

$$J_N = -e \sum_{i=1}^{N} v_{gi} = 0$$

J_N 等于 0 的原因是,对每一个 v_{gi},总是存在着相应的、数值相等而方向相反的另一个速度(如图 5.52(a)中的 b 和 b')。由此得到的结论是,满价带对电流强度的贡献为零。这正是我们所预料的。

现在假定缺少了第 j 个电子(图 5.22(b)中的 b 处),由能带中 $N-1$ 个电子产生的净电流强度为

$$J_{N-1} = -e \sum_{i=1, i \neq j}^{N} v_{gi} \tag{5.81}$$

其中的求和是从 $i=1$ 到 N,但 $i \neq j$(缺少了第 j 个电子)。我们把它写成,先对 N 个电子求和,然后再减去第 j 个电子的贡献,即

$$J_{N-1} = -e \sum_{i=1}^{N} v_{gi} - (-e v_{gj})$$

该结果为

$$J_{N-1} = +e v_{gi} \tag{5.82}$$

其中我们应用了 $J_N = 0$。我们看到,当失去一个电子时,净电流来源于空态(第 j 个),该电流表现为:电荷 $+e$ 以 v_{gj} 运动(v_{gj} 是失去那个电子的群速度)。换句话说,这电流是由于丢失电子的位置上的正电荷 $+e$ 以 k_j 运动。我们称它为空穴。我们应当注意,式(5.81)所描述的电流是考虑 $N-1$ 个电子的运动,而描述同样的电流的式(5.82)是基于这样的简单考虑:把失掉的电子看成是以失去的电子的速度运动的一个正电荷($+e$)粒子。式(5.82)是一种方便的描述,它被普遍地用于失掉电子的价带。

5.12　间接复合

对非本征间接带隙半导体,例如 Si 和 Ge,考虑少数载流子(少子)的复合问题。作为一个示例,考虑 p 型半导体中电子的复合。间接带隙半导体中,复合机制包括复合过程中符合动量守恒要求的复合中心和缺陷、杂质等第三者。可以把复合看成是下列的过程。当电子被处于能级 E_r 的复合中心俘获时,便发生了复合。电子一旦被俘获,便会与空穴复合,因为在 p 型半导体中有大量的空穴。换句话说,由于存在多数载流子(多子),复合率的限制是少子被中心的实际俘获。于是,如果 τ_e 是电子的复合时间,由于电子必将被中心俘获,τ_e 为

$$\tau_e = \frac{1}{S_r N_r v_{th}} \tag{5.83}$$

其中,S_r 是中心的俘获(或复合)截面,N_r 是中心的浓度,v_{th} 是电子的平均速度,可以看成是有效的热速度。

在小注入的条件下,即 $P_{p0} \gg n_p$,式(5.83)是有效的。对间接复合更普遍的处理称为间接复合和产生的肖克利-理德统计(Shockley-Read statistics),在较好的半导体物理教科书中可以找到这种处理。该理论最终得到低水平注入条件下的式(5.83),我们是从纯物理的推理得到该式的。

常常在硅中添加金来增加复合。人们发现,少子的复合时间与金的浓度成反比,服从式(5.83)的关系。

5.13　非晶态半导体

至此我们已经讨论了晶体半导体,这些具有理想周期性的晶体,除了器件应用中有目的地进行掺杂外,事实上是无瑕疵的。它们被应用在大量的固体器件中,包括用于大面积的太阳能电池。现代的微处理器使用硅单晶体制造,包含了数百万个晶体管,我们正向包含 10 亿个晶体管的芯片目标前进。然而,电子学中有各种各样的应用——某些应用要求制造便宜的、大面积的器件,因而需要能大面积制作这些器件的半导体材料;某些应用中,要求把半导体材料以

薄膜的形式沉积在柔性的衬底上,用作传感器。人所共知的一些例子是,基于薄膜晶体管
(TFT)的平板显示器,便宜的太阳能电池,光电导体鼓(用于打印和复印),摄像传感器和新开
发的X光图像检测器。在这些应用中,许多应用采用典型的非晶半导体材料:氢化非晶硅
a-Si:H。

结晶固体中电子的独特特性在于电子的波函数是行波,如式(5.74)所表示的布洛赫波
ψ_k。布洛赫波函数是电子在晶体内的势能$V(x)$的周期性的一种结果。人们可以把电子的运
动看成在周期性势垒中的隧穿。波函数ψ_k形成扩展态,因为这些波函数伸展到整个晶体。电
子属于整个晶体,在任一个晶胞中找到它的几率相等。行波ψ_k中的波矢k起量子数的作用,
有许多离散的k_n值,这些值形成了几乎连续的一组k值(参见图5.49)。我们可以通过对电子
赋予动量$\hbar k$来描述电子与外力(或光子、声子)的相互作用,该动量称为电子的晶体动量。电
子的波函数ψ_k经常受到晶格振动(或缺陷,杂质)的散射,因而其k值从一个变成另一个,例如
从ψ_k变为$\psi_{k'}$。波函数的散射对电子的运动产生了平均自由程,即波的传播不被散射的距离
的平均值。在该距离l之内波函数是相干的,也就是说,作为一种传播的布洛赫波被明确地定
义和可以预计,l也是通常所说的波函数的相干长度。迁移率由平均自由程l确定,室温下l
的典型值约为平均原子间隔的几百倍。晶体的周期性和晶胞的结构支配着各种布洛赫波解
(从薛定谔方程得到的波函数的解)的类型。这些解允许电子的能量E被分析成k(或动量
$\hbar k$)的函数,而且按照这些$E-k$图可以把结晶半导体分成两类:直接带隙半导体(GaAs类型)
和间接带隙半导体(Si类型)。

氢化非晶硅(a-Si:H)是硅的非晶态形式,它的结构不是长程有序,而是短程有序。也
就是说,我们只能把最邻近的原子视为是相同的。在这种晶体中,每个硅原子有4个邻近原
子,但不存在周期性或长程有序,这正如图1.59所示的。假如没有氢,则纯a-Si将具有悬挂
键,在这种结构中,一个硅原子有时不能得到与之结合的邻近的4个硅原子,因而留下了如图
1.59(b)所示的悬挂键。结构中的氢(约10%)使非晶结构所固有的悬挂键钝化(也就是失
效),因此减少了悬挂键(或缺陷)的密度。a-Si:H属于一类固体,称为**非晶半导体**,它不遵
循典型的晶体的概念,例如布洛赫波函数。由于缺乏周期性,我们不能把电子描述成布洛赫
波,因而不能利用波矢k和动量$\hbar k$来描述电子的运动。然而,这些半导体确实具有短程有序,
而且具有把导带与价带分开的带隙。窗玻璃具有非晶结构,但有带隙并使玻璃成为透明的。
能量小于带隙能量的光子可以通过窗玻璃。

在图1.59(c)中,对a-Si:H结构的分析可以很明显地看到:这种非晶结构中,电子的势
能$V(x)$是从一个格点到另一个格点随机变化的,某些情况下,$V(x)$的局部变化很大,形成局
部的PE阱(显然是有限高度的势阱),固体内PE的这种涨落变化可以陷落或捕获电子,也就
是说,使电子定域在某个空间位置。局域电子将具有类似氢原子的波函数,找到这个电子的概
率被定位于相应的位置。这些特定区域可以俘获(陷入)电子,并给出这些电子的波函数,被称
为**局域态**。非晶态结构还具有另一类型的电子,这些电子具有扩展的波函数,即它们属于整个
固体。这些扩展的波函数与晶体中的波函数有明显的区别:由于随机的势能涨落,它们的相干
长度非常短;电子从一个格点到另一个格点而被散射,因此平均自由程约为几个原子间距。扩
展的波函数存在随机的相位涨落,图5.53对非晶半导体中的局域波函数与扩展波函数进行了
比较。

　　所有非晶半导体的电特性可以通过它们的状态密度（DOS）函数 $g(E)$ 的能量分布进行解释。DOS 函数有明确定义的能量 E_v 和 E_c，这两个能量由于局域态而把扩展态分开，如图5.53 所示。局域态的能量分布称为**尾状态**，它位于 E_c 之下和 E_v 之上。通常的**带隙** $E_c - E_v$ 在这里称为**迁移率隙**，因为从 E_c 之上的广延态到 E_c 之下的局域态，电荷的传输特性会产生改变，因而载流子的迁移率也发生变化。

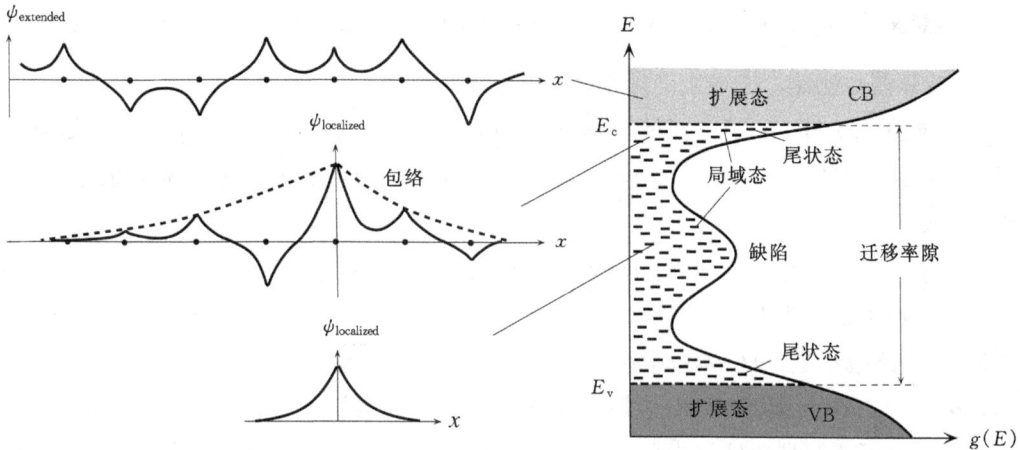

图 5.53　一种非晶态半导体中，能量 E 作为状态密度 $g(E)$ 的函数的示意图
电子处于扩展态和局域态时所对应的电子波函数

　　导带中，E_c 之上的电子传输由随机势能涨落引起的散射支配，而势能涨落来源于结构的无序特性。电子非常频繁地受到散射，使它们的有效迁移率远小于在晶体 Si 中的迁移率：在 a - Si：H 中的 μ_e 的典型值是 $5 \sim 10\ \mathrm{cm^2 \cdot V^{-1} \cdot s^{-1}}$，而在单晶硅中是 $1400\ \mathrm{cm^2 \cdot V^{-1} \cdot s^{-1}}$。另一方面，低于 E_c 的电子的传输需要通过晶格热振动的帮助，并要求电子从一个局域态向另一个局域态跳跃，这种传输方式类似于晶体中杂质间隙原子的扩散。从第 1 章我们知道，杂质的跳跃或扩散是热激活的过程，因为该过程依赖于所有晶体原子的热振动，正是这种热振动偶然地给予杂质足够的能量，并使其跳跃。在局域态之中，与跳跃运动相联系的电子的迁移率被激活，但其值很小。因此，在 E_c 的两边迁移率存在变化，这称为导带**迁移率边**。

　　在 E_v 和 E_c 之间的局域态（经常简单地称为陷阱）对整个电性能有重要的影响。尾局域态是结构无序的直接结果，结构无序在非晶态固体中是固有的，而非晶态固体在价键之间的夹角和价键长度方面是变化的。在迁移率隙内，状态密度（DOS）的不同主峰和特征与可能的结构缺陷互相关联，结构缺陷包括结构中低于或高于配价的原子、悬挂键和掺杂剂。在导带中漂移的电子可以落入局域态，并暂时固定不动（被俘获），于是，在 a - Si：H 中通过多次地陷入浅局域态的方式电子发生了传输。所以，a - Si：H 中的有效电子漂移迁移率减小为约 $1\ \mathrm{cm^2 \cdot V^{-1} \cdot s^{-1}}$。显然，低的漂移迁移率妨碍了非晶材料在高速或高增益电性能方面的应用。尽管如此，在某些应用中，例如平板显示器、太阳能电池和图像传感器，低速电子产品（像高速电子产品一样）在电子市场也是重要的。利用氢化非晶硅（a - Si：H）制造的低速平板显示器 TFTs 与高速 CPU 运行的单晶硅微芯片相比较，价格相差不大。

术语解释

受主原子(acceptor atoms)   是化合价比主体原子少 1 的掺杂原子。因此它们从 VB 接受电子而在 VB 中产生空穴,导致 $p > n$,而成为 p 型半导体。

平均能量(average energy)   CB 中的一个电子的平均能量为 $\frac{3}{2}kT$,就像这些电子服从麦克斯韦-玻耳兹曼统计。这结论仅对非简并半导体是正确的。

布洛赫波(Bloch wave)   指的是具有 $\psi_k(x) = U_k(x)\exp(jkx)$ 形式的电子的波函数。这是受 $U_k(x)$ 函数调制的行波,$U_k(x)$ 具有晶体的周期性。布洛赫波函数是晶体内电子势能周期性的结果。

补偿半导体(compensated semiconductor)   在晶体的同一个区域包含了受主与施主,它们的彼此作用可以互相抵消。例如,如果施主比受主多,$N_d > N_a$,则施主释放的一些电子将被受主捕获,最终效果是,单位体积中有 $(N_d - N_a)$ 数量的电子留在 CB 中。

导带(conduction band, CB)   是半导体内从施加的电场中获得能量,产生漂移,从而有助于电导的电子的能带。导带中的电子的行为就像一个有效质量为 m_e^* 的"自由"粒子的行为。

简并半导体(degenerate semiconductor)   具有高掺杂,使 CB 中的电子浓度或 VB 中的空穴浓度可以与能带的状态密度相比拟。因此,泡利不相容原理有效,我们必须使用费密-狄拉克统计。对于 n^+ 型和 p^+ 型的简并半导体,费密能级分别处于 CB 中和 VB 中。这里的上标"+"表示重掺杂半导体。

扩散(diffusion)   是粒子从高浓度区向低浓度区运动的随机过程。

施主原子(donor atoms)   是化合价比主体原子多 1 的掺杂原子。因此它们对 CB 贡献电子,因而在 CB 中产生电子,导致 $n > p$,而成为 n 型半导体。

CB 边的有效状态密度(effective density of states at the CB edge, N_c)   是代表单位体积中导带的所有状态的数量,就像它们全部都处在 E_c 一样。同样地,VB 边的 N_v 是代表单位体积中价带的所有状态的数量,就像它们全部都处在 E_v 一样。

有效质量(effective mass, m_e^*)   电子的有效质量 m_e^* 是量子力学的量,其作用就像经典力学中的惯性质量一样。经典力学的公式 $F = ma$ 中,m 计量加速度的惯性阻力。有效质量通过 $F_{ext} = m_e^* a$ 把晶体中电子的加速度 a 与施加的外力 F_{ext} 联系起来。其中的外力 F_{ext} 通常是电场力 eE,而不包括晶体内的一切内力。

爱因斯坦关系(Einstein relation)   通过 $(D/\mu) = (kT/e)$ 公式把给定种类的载流子的扩散系数与漂移迁移率联系起来。

电子亲和能(electron affinity, χ) 是把一个电子从 E_c 移动到真空能级所需的能量。

能量(energy)   无论在导带还是价带,晶体中电子的能量均通过 $E - k$ 特性由它的动量确定,而 $E - k$ 特性由薛定谔方程确定。$E - k$ 特性通过 $E - k$ 图得到最方便的表示。例如,处于

CB 带底的一个电子,它的能量 E 以 $(\hbar k)^2/m_e^*$ 的方式增加,其中 $\hbar k$ 是电子的动量,m_e^* 是电子的有效质量,而能量的这种变化由 $E-k$ 特性确定。

过剩载流子浓度（excess carrier concentration）　是高出热平衡值的过量的浓度[①]。过剩载流子由外部的激发产生,例如光生载流子。

扩展态（extended state）　指的是电子的波函数 ψ_k,该波函数的幅度不随距离而衰减,也就是说,它在晶体中扩展。晶体中电子的波函数就是**布洛赫波**,即 $\psi_k(x)=U_k(x)\exp(jkx)$,这是被函数 $U_k(x)$ 调制的行波,$U_k(x)$ 具有晶体的周期性。在晶体的任一个晶胞中找到某个电子的几率相等。晶体中电子受到晶格振动或杂质等的散射,对应于电子从 ψ_k 变为 $\psi_{k'}$ 的散射,即波矢从 k 值变成 k' 值的变化。晶体中的价带和导带具有扩展态。

非本征半导体（extrinsic semiconductor）　是已经被掺杂的、而且一种载流子远多于另一种的半导体。掺杂的施主杂质释放电子,这些电子进入 CB,使 n 远大于 p,因此变成 n 型半导体。

费密能量或能级（Fermi energy or level, E_F）　的定义可以有若干种方式。费密能级对应于把一个电子从半导体移去所需的能量,而在这个能级不需要存在任何实际的电子。把一个电子移去所需能量定义为功函数 Φ,我们可以定义费密能级为真空能级下方的 Φ。E_F 还可以定义为这样的能量值,绝对零度的条件下,在这个能量值以下的所有状态是满的,在这个能量值以上的所有状态是空的。E_F 还可以通过一个差数的值进行定义,系统中费密能级之差 ΔE_F 是每个电子做的外电功(外部对系统所做的或系统对外所做的),例如,当一个电荷 e 通过静电势之差所做的电功是 $e\Delta V$。费密能级也可以看成是一种基本的材料特性。

本征载流子浓度（intrinsic carrier concerntration, n_i）　是一种本征半导体的 **CB** 中的电子浓度,在 **VB** 中的空穴浓度等于电子浓度。

本征半导体（intrinsic semiconductor）　由于跨越带隙的热激发而具有相等数量的电子与空穴。它是没有杂质和缺陷的纯半导体晶体。

电离能（ionization energy）　是电离一个原子,例如移去一个电子,所需要的能量。

电离杂质散射限制的迁移率（ionized impurity scattering limited mobility）　是当电子的运动受到半导体中的电离杂质(例如施主与受主)散射时所限制的电子迁移率。

k 是电子波函数的波矢,晶体中电子的波函数是被调制的行波,其形式为

$$\psi_k(x) = U_k(x)\exp(jkx)$$

其中 k 是波矢,$U_k(x)$ 是由电子与晶格原子相互作用的 PE 所决定的周期函数。k 对晶体中允许存在的所有状态 $\psi_k(x)$ 进行标记。由于的变化率等于对电子所施加的外力,$d(\hbar k)/dt = F_{\text{external}}$,所以称为电子的晶体动量。

晶格散射限制的迁移率（lattice-scattering-limited mobility）　是当电子的运动受到晶格原子的热振动散射时所限制的电子迁移率。

局域态（localized state）　指的是电子波函数 $\psi_{\text{localized}}$,该波函数的幅度(或包络)随距离衰减,它把电子局限在半导体的一个空间区域。例如,1s 形式的波函数为 $\psi_{\text{localized}} \propto \exp(-\alpha r)$,该式中 r 是从某个 $r=0$ 的中心开始计量的距离,α 是符号为正的常数。它表示了以 $r=0$ 为中心的局域波函数。

---

①　也可称为非平衡载流子浓度——译者注。

多数载流子(简称多子)(majority carriers) 在 n 型半导体中,多子是电子;在 p 型半导体中,它是空穴。

质量(浓度)作用定律(mass action law) 在半导体科学中是指 $np = n_i^2$ 定律。该定律在热平衡条件下、没有外部偏置和光照的条件下是正确的。

少子扩散长度(minority carrier diffusion length,L) 是少子在复合之前扩散的平均距离,$L = \sqrt{D\tau}$,其中 D 是扩散系数,τ 是少子寿命。

少子寿命(minority carrier lifetime,τ) 是少子由于复合而消失的平均时间。$1/\tau$ 是单位时间内一个少子与一个多子复合的几率。

少数载流子(简称少子)(minority carriers) 在 p 型半导体中是电子;在 n 型半导体中是空穴。

非简并半导体(nondegenerate semiconductor) 所具有的 CB 中的电子和 VB 中的空穴均服从玻耳兹曼统计。换句话说,CB 中的电子浓度 n 远小于有效状态密度 N_c,同时类似地,$p \ll N_v$。非简并半导体是指非重掺杂的半导体,以便保持所叙述的较低载流子浓度的条件。通常掺杂浓度低于 10^{18} cm^{-3}。

欧姆接触(ohmic contact) 是能够以这样的速率向半导体供给载流子的接触,该速率是电荷在半导体中传输所确定的速率,而不是由接触性质所确定的速率。因而通过欧姆接触的电流由半导体的电导率决定,而与接触无关。

珀耳帖效应(Peltier effect) 是当直流电流通过两种不同材料组成的结时,在接触处产生的吸热或放热的现象。热产生率 Q' 与通过该结的直流电流成正比:$Q' = +\Pi I$,其中 Π 称为珀耳帖系数,符号由吸热还是放热确定。

声子(phonon) 是一个能量量子,它与晶体中原子的振动相关联,与光子类似。一个声子具有的能量是 $\hbar\omega$,其中 ω 是晶格振动的频率。

光电导性(photoconductivity) 是从暗箱到光照时电导率的变化,即 $\sigma_{light} - \sigma_{dark}$。

光生效应(photogeneration) 是由于吸收光子而使电子进入 CB 的激发现象。如果光子被 VB 中的电子吸收,则电子向 CB 的激发将产生电子-空穴对(EHP)。

光注入(photoinjection) 是通过光照而在半导体中产生载流子的现象。这种光生效应可以是 VB 到 CB 的激发,此时电子与空穴成对产生。

压阻性(piezoresistivity) (压电电阻效应)是由于对半导体施加机械应力 σ_m 而使其电阻率产生变化的现象。

弹性电阻效应(elastoresistivity) 是由于材料的诱导应变引起材料电阻率变化的现象。对材料施加应力通常会导致应变,所以,压电电阻效应与弹性电阻效应指的是相同的现象。简单地说,电阻率的变化可以是载流子浓度的变化,也可以是载流子漂移迁移率的变化。电阻率的相对变化 $\delta\rho/\rho$ 与施加的应力 σ_m 成正比例,比例常数 π(单位是 1/Pa,即 1/帕斯卡)称为**压阻系数**。π 是张量,因为晶体中一个方向的应力可以改变另一个方向的电阻率。

电子空穴对的复合(recombination of an electron-hole pair) 包含 CB 中的电子降低能量而进入并占据 VB 空状态(空穴),其结果是 EHP 湮灭。GaAs 中,电子直接落入 VB 中的空状态,这种复合是直接复合。如果电子首先被附近的缺陷或杂质(称为复合中心)俘获,然后再从复合中心降低能量而进入 VB 的空状态(空穴),例如在 Si 和 Ge 中所发生的过程,则这种复合是间接复合。

　　肖特基结（Schottky junction）　是具有整流特性的金属与半导体之间的接触。对于金属与 n 型半导体接触的结,处于金属一侧的电子必须克服势垒 Φ_B 才能进入半导体的导带,而半导体中的导带电子也要克服较低的势垒 eV_0 才能进入金属。正向偏置使 eV_0 降低,因而极大地促进了半导体中的电子跨越势垒 $e(V_0-V)$ 而到达金属的发射。反偏条件下,要实现从金属到半导体 CB 的热发射,电子必须克服势垒 Φ_B,因而电流非常小。

　　热平衡载流子浓度（thermal equilibrium carrier concentrations）　是单独由载流子统计和能带的状态密度决定的电子和空穴的浓度。热平衡浓度服从浓度(质量)作用定律:$np=n_i^2$。

　　热速度（thermal velocity，v_{th}）　当电子在晶体中作无规则运动时,导带中电子的热速度就是它在半导体中的平均(或有效)速度。对于非简并半导体,它的数值可以从关系式得到:
$\frac{1}{2}m_e^* v_{th}^2=\frac{3}{2}kT$。

　　真空能级（vacuum level）　电子处于该能级时,电子的 PE 和 KE 均为零。它定义了电子摆脱固体束缚的能级。

　　价带（valence band，VB）　是半导体内价键中电子的能带。晶体中的原子以价键结合,构成这些价键的所有状态(波函数)组成价带。绝对零度下,VB 中填满了原子的价电子。当一个电子被激发到 CB,则 VB 中出现一个空状态,称为空穴。空穴携带正电荷,表现出具有有效质量为 m_h^* 的、自由的正电荷实体。它在 VB 的运动是通过邻近的电子隧穿进入未占据的状态。

　　功函数（work function，Φ）　是把一个电子从固体中移动到真空能级所需的能量。

习　题

5.1　带隙与光电探测

a. 作为光电导体的半导体,如果它对黄光(600 nm)敏感,请确定该半导体能隙的最大值。

b. 一个面积为 5×10^{-2} cm^2 的光电探测器被黄光照射,光强为 2mW·cm^{-2}。假设每个光子产生一个电子-空穴对,请计算每秒产生电子-空穴对的数目。

c. 已知 GaAs 半导体的能隙为 $E_g=1.42$eV,计算由于电子-空穴复合从该晶体发射光子的波长。

d. 该波长的光是可见光吗?

e. 一个 Si 光电探测器对于来自 GaAs 激光器的辐射敏感吗?为什么?

5.2　本征锗　利用表 5.1 中状态密度的有效质量 m_e^* 和 m_h^* 的数值,计算锗的本征浓度。如果采用表 5.1 中的 N_c 和 N_v 进行计算,n_i 的结果如何?计算 300 K 温度下的本征电阻率。

5.3　本征半导体中的费密能级　利用表 5.1 中状态密度的有效质量 m_e^* 和 m_h^* 的数值,计算 Ge,Si 和 GaAs 的费密能级的位置(以带隙的中央 $E_g/2$ 为参考)。

5.4　非本征硅　Si 晶体用磷(P)进行了掺杂,施主浓度为 10^{15} cm^{-3},求该晶体的电导率和电阻率。

5.5 非本征硅 要使 p 型[①] Si 具有 $1\Omega \cdot cm$ 的电阻率,求所需受主的浓度。

5.6 最小电导率

a. 考虑半导体的电导率 $\sigma = en\mu_e + ep\mu_h$。掺杂总是能提高电导率吗?

b. 请说明:当 Si 的 p 型掺杂而使空穴浓度为下式所表示的值时,可以得到最小的电导率。

$$p_m = n_i \sqrt{\frac{\mu_e}{\mu_h}}$$

与该式对应的最小电导率(最大电阻率)为

$$\sigma_{min} = 2en_i \sqrt{\mu_e \mu_h}$$

c. 对 Si 计算 p_m 和 σ_{min},并与本征值进行比较。

5.7 非本征 p 型硅 用 B 受主对 Si 晶体进行了 p 型掺杂。空穴的漂移迁移率 μ_h 取决于电离掺杂剂的总浓度 N_{dopant},在只有受主杂质的情况下,可以表示为

$$\mu_h \approx 54.3 + \frac{407}{1 + 3.745 \times 10^{-18} N_{dopant}} cm^2 \cdot V^{-1} \cdot s^{-1}$$

其中 N_{dopant} 的单位是 cm^{-3}。要使电阻率为 $0.1\Omega \cdot cm$,请计算所需 B 掺杂的浓度。

5.8 在 GaAs 中的热速度与平均自由程 已知 GaAS 中电子的有效质量 m_e^* 是 $0.067m_e$,计算导带(CB)电子的热速度。电子的漂移迁移率 μ_e 取决于两次电子散射之间(电子与晶格振动之间)的平均自由时间 τ_e。已知 $\mu_e = e\tau_e/m_e^*$,GaAs 的 $\mu_e = 8500\ cm^2 \cdot V^{-1} \cdot s^{-1}$,计算 τ_e 以及导带电子的平均自由程 l。如果 GaAs 的晶格常数 a 为 $0.565\ nm$,则 l 相当于多少个晶胞?如果外加电场 E 为 $10^4\ V \cdot m^{-1}$,计算导带电子的漂移速度 $v_d = \mu_e E$。你得到的结论是什么?

5.9 硅中的补偿掺杂

a. Si 晶片已经用 $10^{17}\ cm^{-3}$ 砷原子进行了 n 型掺杂。

　　1. 计算该样品 27℃ 条件下的电导率。

　　2. 27℃ 条件下,计算该样品的费密能级相对于本征 Si 的费密能级(E_{Fi})的位置。

　　3. 计算该样品 127℃ 条件下的电导率。

b. 上述 n 型 Si 样品用 $9 \times 10^{16}\ cm^{-3}$ 硼原子进一步进行 p 型掺杂。

　　1. 计算该样品 27℃ 条件下的电导率。

　　2. 27℃ 条件下,计算该样品的费密能级相对于(a)中样品的费密能级的位置。是 n 型还是 p 型?

5.10 电导率与温度的关系 n 型 Si 样品已经用 $10^{15}\ cm^{-3}$ 磷原子进行了掺杂。Si 中磷的施主能级是导带边能量之下 $0.045eV$。

a. 计算该样品室温条件下的电导率。

b. 在某温度以上该样品的性质就像本征半导体,估算该温度值。

c. 判断 20% 的施主被电离的最低温度,在这个温度之上所有的施主将被电离。

d. 以 $\log(n) - 1/T$ 坐标示意性地画出导带电子浓度与温度关系的草图,标注不同的重要

---

① 原文误写成 n 型——译者注。

区间与临界温度。对每个区间都画出一个能带图,并在图中说明电子被激发进入导带的地方。

e. 以 $\log(\sigma)-1/T$ 坐标示意性地画出电导率与温度关系的草图,标注不同的临界温度和其它有关的信息。

*5.11　掺杂半导体中低温下的电离　考虑 n 型半导体,施主能级 E_d 被一个电子占据的几率为

$$f_d = \frac{1}{1 + \dfrac{1}{g}\exp\left(\dfrac{E_d - E_F}{kT}\right)} \qquad (5.84)\ \text{施主占据几率}$$

其中,k 为玻耳兹曼常数,T 是绝对温度,E_F 是费密能量,g 是被称为简并度因子的常数。在 Si 中,对于施主 $g=2$,对于受主的占据统计 $g=4$。证明

$$n^2 + \frac{nN_c}{g\exp\left(\dfrac{\Delta E}{kT}\right)} - \frac{N_d N_c}{g\exp\left(\dfrac{\Delta E}{kT}\right)} = 0 \qquad (5.85)\ \begin{matrix}\text{本征半导体}\\\text{的电子浓度}\end{matrix}$$

其中,n 是导带的电子浓度,N_c 是导带边的有效状态密度,N_d 是施主浓度,$\Delta E = E_c - E_d$ 是施主的电离能。说明在低温下的式(5.85)与式(5.19)是等效的。考虑用 $10^{15}\,\text{cm}^{-3}$ 镓(Ga)原子进行掺杂的 p 型 Si 样品,在 Si 中 Ga 的受主能级是 E_v 之上 0.065eV。假设简并度因子 $g=4$,估算 90% 的受主被电离的最低温度(℃)。

5.12　n 型 Si 中的补偿掺杂　n 型 Si 样品已经用 $1\times10^{17}\,\text{cm}^{-3}$ 磷(P)原子进行了掺杂。在 300 K 的条件下,空穴与电子的漂移迁移率取决于掺杂的总浓度 $N_{dopant}(\text{cm}^{-3})$,它们的表达式如下

$$\mu_e \approx 88 + \frac{1252}{1 + 6.984\times10^{-18}N_{dopant}}\quad \text{cm}^2\cdot\text{V}^{-1}\cdot\text{s}^{-1}\qquad \text{电子迁移率}$$

$$\mu_h \approx 54.3 + \frac{407}{1 + 3.745\times10^{-18}N_{dopant}}\quad \text{cm}^2\cdot\text{V}^{-1}\cdot\text{s}^{-1}\qquad \text{空穴迁移率}$$

a. 计算该样品室温条件下的电导率。

b. 如果要使该样品变成具有相同的电导率的 p 型样品,计算所需的受主掺杂浓度(即 N_a)。

5.13　砷化镓　Ga 具有的化合价是 3,而 As 具有的化合价是 5。当 Ga 和 As 原子一起形成 GaAs 单晶体时,如图 5.54 所示,一个 Ga 的 3 个价电子与一个 As 的 5 个价电子均共享,结果形成 4 个共价键。在具有大约 $10^{23}\,\text{cm}^{-3}$ Ga 原子和 As 原子(数量几乎相等)的 GaAs 晶体中,无论是 Ga 还是 As,每个原子平均具有 4 个价电子。因此我们可以认为:其价键的结合与 Si 晶体中的相似,每个原子 4 个键。然而,它的晶体结构却不是金刚石结构,而是闪锌矿结构。

a. 对于每对 Ga 和 As 原子,以及在 GaAs 晶体中,每个原子的平均价电子数是多少?

b. 如果在 GaAs 晶体中以Ⅵ族元素硒(Se)或碲(Te)代替 As 原子,情况如何?

c. 如果在 GaAs 晶体中以Ⅱ族元素锌(Zn)或镉(Cd)代替 Ga 原子,情况如何?

d. 如果在 GaAs 晶体中以Ⅳ族元素硅(Si)代替 As 原子,情况如何?

e. 如果在 GaAs 晶体中以Ⅳ族元素硅(Si)代替 Ga 原子,情况如何?两性掺杂表示什么?

f. 基于以上对 GaAs 的讨论,你认为Ⅲ-Ⅴ族化合物半导体 AlAs, GaP, InAs, InP, 和 InSb 的晶体结构是什么?

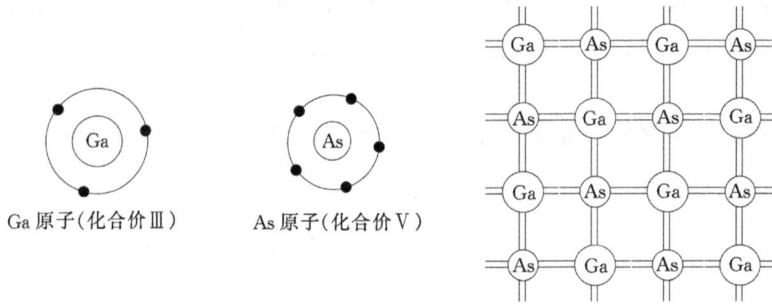

图 5.54 以二维表示的 GaAs 晶体结构

每个原子平均的价电子数是 4。每个 Ga 原子以共价键的形式与 4 个邻近的
As 原子结合,反之亦然

5.14 掺杂的 GaAs 考虑 300 K 温度下的 GaAs 晶体。

a. 计算本征电导率和本征电阻率。

b. 如果样品只包含 10^{15} cm^{-3} 电离施主,费密能级的位置在哪里? 样品的电导率为何值?

c. 如果样品只包含 10^{15} cm^{-3} 电离施主和 9×10^{14} cm^{-3} 电离受主,自由空穴的浓度是多少?

5.15 瓦斯尼方程与带隙随温度的变化 瓦斯尼方程(即下式)描述了半导体的能隙 E_g 随温度的变化

$$E_g = E_{g0} - \frac{AT^2}{B+T} \qquad \textbf{瓦斯尼方程}$$

其中,E_{g0} 是 $T=0$ K 的带隙,A 和 B 是与材料特性有关的常数。例如对于 GaAs,$E_{g0} = 1.519$ eV,$A = 5.405 \times 10^{-4}$ eV $\cdot$ K^{-1},$B = 204$ K,因此 $T = 300$ K 时,$E_g = 1.42$ eV。dE_g/dT 如下式

$$\frac{dE_g}{dT} = -\frac{AT(T+2B)}{(B+T)^2} = -\frac{(E_{g0}-E_g)}{T}\left(\frac{T+2B}{T+B}\right) \qquad \textbf{带隙随温度移动}$$

对于 GaAs,请说明 dE_g/dT 的意义。瓦斯尼方程可以用于计算发光二极管(LED)峰值发射波长随温度的移动或探测器的截止波长。如果由于电子与空穴复合发射的光子能量是 $h\nu \approx E_g + kT$,请求出从 27℃下降至 -30℃ 时 GaAs LED 发射波长的移动。

5.16 简并半导体 考虑 CB 中电子浓度的普遍指数表达式

$$n = N_c \exp\left[-\frac{(E_c - E_F)}{kT}\right]$$

和浓度作用定律 $np = n_i^2$。当掺杂的程度使 n 接近以至超过 N_c 时,将发生什么情况? 对于 n 和 p,还能采用这些表达式吗?

考虑已经被重掺杂了的 n 型 Si,其 CB 中的电子浓度为 10^{20} cm^{-3},费密能级的位置在何处? 还能采用 $np = n_i^2$ 来得到空穴浓度吗? 它的电阻率是多少? 能与典型的金属相比较吗? 这样的半导体有什么用途?

5.17　光电导率与感光速率　考虑两个均以 $10^{15}\,cm^{-3}$ 硼原子掺杂的 p 型 Si 样品,它们具有相同的尺寸:长 $L=1\,mm$,宽 $W=1\,mm$ 和厚度 $D=0.1\,mm$。样品 A 中电子的寿命为 $1\,\mu s$,而样品 B 中电子的寿命为 $5\,\mu s$。

a. 在 $t=0$ 时刻,波长为 750 nm 的激光照射在两个样品的表面($L\times W$),入射激光的强度均为 $10\,mW\cdot cm^{-2}$。当 $t=50\,ms$ 时,激光被撤除。要求在相同的坐标轴上画出这两个样品中少数载流子浓度随时间变化的草图。

b. 如果每个样品均与 1 V 的电池相连接,它们的光电流(单独由于光照产生的电流)各是多少?

＊5.18　半导体中的霍尔效应　半导体样品中的霍尔效应不仅包含电子和空穴的浓度 n 与 p,还包含电子和空穴的漂移迁移率 μ_e 与 μ_h。半导体的霍尔系数(参见第 2 章)为

$$R_H = \frac{p - nb^2}{e(p + nb)^2} \qquad (5.86)\ \text{半导体的霍尔系数}$$

其中,$b=\mu_e/\mu_h$。

a. 已知浓度作用定律 $np=n_i^2$,求出对应于 $|R_H|$(正和负的 R_H)最大值的 n。假定,对于 n 的变化(由于掺杂)漂移迁移率相对不受影响,Si 中电子与空穴的漂移迁移率分别为 $\mu_e=1\,350\,cm^2\cdot V^{-1}\cdot s^{-1}$,$\mu_h=450\,cm^2\cdot V^{-1}\cdot s^{-1}$,对于 $|R_H|$ 的最大值,确定 n 的数值(以 n_i 为单位)。

b. 令 $b=3$,请画出 R_H 与 n/n_i 的函数关系(n/n_i 从 0.01 到 10 变化)。

c. 说明以下关系:当 $n\gg n_i$,$R_H=-1/(en)$;当 $n\ll n_i$,$R_H=+1/(ep)$。

5.19　半导体的霍尔效应　大多数高灵敏度的霍尔传感器通常采用Ⅲ-Ⅴ族半导体,例如,砷化镓(GaAs),砷化铟(InAs),锑化铟(InSb)。另一方面,具有集成放大器的霍尔效应集成电路却采用 Si 半导体。考虑接近本征的几个样品,$n\approx p\approx n_i$,采用表 5.4 中的数据计算该表中几个样品的 R_H。你的结论是什么?哪种传感器表现出最差的温度漂移特性(考虑带隙与 n_i 的漂移)?

表 5.4　某些半导体的霍尔效应

	$E_g(eV)$	$n_i(cm^{-3})$	$\mu_e(cm^2\cdot V^{-1}\cdot s^{-1})$	$\mu_h(cm^2\cdot V^{-1}\cdot s^{-1})$	b	$R_H(m^3\cdot A^{-1}\cdot s^{-1})$
Si	1.10	1×10^{10}	1 350	450	3	−312
GaAs	1.42	2×10^6	8 500	400	?	?
InAs	0.36	1×10^{15}	33 000	460	?	?
InSb	0.17	2×10^{16}	78 000	850	?	?

5.20　化合物半导体器件　硅和锗晶体半导体称为Ⅳ族元素半导体。由Ⅲ族和Ⅴ族的原子可以构成化合物半导体。例如,砷化镓(GaAs)是由Ⅲ族的镓(Ga)和 Ⅴ族的砷(As)构成的化合物半导体,在其晶体结构中,每个原子具有"有效"或"平均"的化合价为 4,因此该固体表现出半导体的特性。类似地,锑化镓(GaSb)也是Ⅲ-Ⅴ类型的半导体。如果锑化镓是固定比例(理想配比)的,则该化合物是理想的本征半导体。然而,如果在 GaSb 固体中 Sb 原子过量,则它是非定比性的,该半导体将是非本征半导体,此时过量的 Sb 原子在 GaSb 结构中起施主

的作用。存在许多有用的化合物半导体,其中最重要的是 GaAs。某些化合物半导体可以被掺杂成 n 型和 p 型;但大多数只能是一种类型。例如,氧化锌(ZnO)是一种 Ⅱ-Ⅵ族化合物半导体,其直接带隙为 3.2eV,但由于过量 Zn 的存在,它只能是 n 型,不能掺杂成 p 型。

a. 碲化镓(GaSb)是引人注意的直接带隙半导体,其能带隙 $E_g = 0.67$eV,几乎与锗的相等。它可以作为发光二极管(LED)或激光二极管材料。从 GaSb LED 发射的光波长是多少?是否为可见光?

b. 计算 GaSb 室温条件下的本征电导率,其中 $N_c = 2.3 \times 10^{19}$ cm^{-3}, $N_v = 6.1 \times 10^{19}$ cm^{-3},$\mu_e = 5000$ cm$^2 \cdot$ V$^{-1} \cdot$ s^{-1},$\mu_h = 1000$ cm$^2 \cdot$ V$^{-1} \cdot$ s^{-1}。并与 Ge 的本征电导率进行比较。

c. 过量的 Sb 原子将使 GaSb 成为非定比性的,即 GaSb$_{1+\delta}$ 这将导致非本征半导体。已知 GaSb 的密度为 5.4g $\cdot$ cm^{-3},要使 GaSb 具有电导率为 100$\Omega^{-1} \cdot$ cm^{-1},请计算 δ(过量 Sb)。该半导体是 n 型,还是 p 型?计算中可以假定漂移迁移率不受掺杂的影响。

5.21 过剩少数载流子浓度 考虑 n 型半导体与弱注入的条件。假定少数载流子复合时间 τ_h 是常数(与注入无关,因而是弱注入)。由于复合,空穴瞬时浓度的变化率为

$$\frac{\partial p_n}{\partial t} = -\frac{p_n}{\tau_h} \qquad (5.87) \text{复合率}$$

p_n 的净增加(变化)率是总的产生率 G 与复合引起的变化率之和,即

$$\frac{dp_n}{dt} = G - \frac{p_n}{\tau_h} \qquad (5.88) \text{均匀光生和复合下的过剩载流子}$$

把产生率的一项 G 可以分成两部分:热产生 G_0 和光产生 G_{ph}。作为一种可能的解,可以考虑暗箱条件。证明

$$\frac{d\Delta p_n}{dt} = G_{ph} - \frac{\Delta p_n}{\tau_h} \qquad (5.89)$$

你的推导怎样与式(5.27)进行比较?方程式(5.89)中固有的假设是什么?

*5.22 直接复合与 GaAs 讨论直接带隙 p 型半导体中的复合,例如以受主浓度 N_a 掺杂的 GaAs。这种复合包括电子-空穴对的直接相遇,如图 5.22 所示。假设过剩的电子与空穴已经注入(例如通过光激发),Δn_p 是过剩电子浓度,Δp_p 是过剩空穴浓度。假设 Δn_p 只由复合与热产生控制,即复合是平衡存储机构。复合率将与 $n_p p_p$ 成比例;热产生率将与 $n_{p0} p_{p0}$ 成比例。在暗箱中的平衡条件下,热产生率等于复合率,而后者与 $n_{p0} p_{p0}$ 成比例。因此,Δn_p 的变化率为

$$\frac{\partial \Delta n_p}{\partial t} = -B[n_p p_p - n_{p0} p_{p0}] \qquad (5.90) \text{复合率}$$

其中 B 是比例常数,称为**直接复合捕获系数**。复合寿命 τ_r 定义为

$$\frac{\partial \Delta n_p}{\partial t} = -\frac{\Delta n_p}{\tau_r} \qquad (5.91) \text{复合寿命定义}$$

a. 对于低水平的注入:$n_{p0} \ll \Delta n_p \ll p_{p0}$,请说明 τ_r 是常数,而且可表示为

$$\tau_r = \frac{1}{B p_{p0}} = \frac{1}{B N_a} \qquad (5.92) \text{低注入复合时间}$$

b. 请说明:在高水平注入条件下,$\Delta n_p \gg p_{p0}$,

$$\frac{\partial \Delta n_p}{\partial t} \approx - B\Delta p_p \Delta n_p = - B(\Delta n_p)^2 \qquad (5.93) \text{ 高注入}$$

因而复合寿命 τ_r 现在由下式表示:

$$\tau_r = \frac{1}{B\Delta p_p} = \frac{1}{B\Delta n_p} \qquad (5.94) \text{ 高注入复合时间}$$

也就是说,τ_r 与注入的载流子浓度成反比。

c. 讨论存在光生率 G_{ph}(单位时间、单位体积的电子-空穴对的数量)时所发生的情况。当光生率与复合率变成相等时,便达到了稳态,即

$$G_{ph} = \left(\frac{\partial \Delta n_p}{\partial t}\right)_{\text{复合}} = B[n_p p_p - n_{p0} p_{p0}] \qquad \text{稳态光生率}$$

以 10^{13} cm^{-3} 的施主掺杂的 n 型 GaAS 光电导膜的尺寸为:2 mm 长(L);1 mm 宽(W)和 5 μm 厚(D)。该样品的两端连接电极(因此电极面积为 1 mm$\times$5 μm),串联电流表后与 1 V 的电源相连。该 GaAs 光电导体的表面(面积为 2 mm$\times$1 mm)被均匀地光照,激光照射的强度为 1 mW,波长为 $\lambda = 840$ nm(红外线)。GaAs 的复合系数 B 为 7.21×10^{-16} m$^3 \cdot$ s^{-1}。在 $\lambda = 840$ nm 时,吸收系数约为 5×10^3 cm^{-1}。请计算光电流 I_{photo} 和样品中焦耳热的电功率消耗。在开路条件下,$I = 0$,则样品中的热功耗是什么?

5.23　形变中压阻性的应用与压力的测量　考虑图 5.38(c)中的悬臂。假定对自由端施加的力为 F,结果使末端偏离水平的平衡位置的距离(即挠度)为 h,悬臂支撑端产生的最大应力为 σ_m。为测量应力,支撑端的表面嵌入了压敏电阻器。当悬臂弯曲时,在表面存在张力或纵向应力 σ_L,因为上表面被拉长,下表面被压缩。如果 L,W 和 D 分别为悬臂的长、宽和厚,则力 F 与挠度 h 之间、以及最大应力与形变量之间的关系为

$$\sigma_L(\max) = \frac{3YDh}{2L^2} \quad \text{和} \quad F = \frac{WD^3Y}{4L^3}h \qquad \text{悬臂梁方程}$$

其中 Y 是弹性(杨氏)模量。现有一个特殊的硅悬臂梁:长 $L = 500$ μm,宽 $W = 100$ μm 和厚 $D = 10$ μm。已知 $Y = 170$ GPa,悬臂中内嵌的压敏电阻器沿[110]方向,而且 $\pi_L \approx 72$ Pa^{-1}。当形变量为 0.1 μm 时,求压阻器中电阻变化的百分比 $\Delta R/R$;产生这个挠度的力是多少(忽略压阻器中的横向应力)? 设计中,如何根据人们关注的、所测量的挠度 h 或力 F 来选择悬臂的长度 L?(注意:σ_L 取决于离开支撑端的距离 x:随着 x 的增大,σ_L 减小。题中还假定,与 L 相比较,压阻器的长度非常短,因此在它的长度方向 σ_L 几乎不变。)

5.24　肖特基结

a. 考虑一个金(Au)与 n 型硅(施主浓度为 10^{16} cm^{-3})之间的肖特基二极管,它的横截面积为 1 mm^2。已知 Au 的功函数为 5.1 eV,从金属到半导体的理论势垒高度 Φ_B 是多少?

b. 如果实验势垒高度 Φ_B 是 0.8 eV,反向饱和电流是多少?如果该二极管的两端加 0.3 V 的正向偏压,电流为何值?(利用式(4.37)。)

5.25　肖特基结　考虑一个铝(Al)与 n 型硅(施主浓度为 5×10^{16} cm^{-3})之间的肖特基二极管,它的横截面积为 1 mm^2。已知 Si 的电子亲和能 χ 是 4.01eV,Al 的功函数为 4.28eV,从金属到半导体的理论势垒高度 Φ_B 是多少? 内建电压是多少? 如果实验势垒高度 Φ_B 约为

0.6eV,反向饱和电流是多少？ 如果该二极管的两端加 0.2 V 的正向偏压,电流为何值？ 假定 $B_e = 110$ A·cm^{-2}·K^{-2}。

5.26 肖特基接触与欧姆接触 考虑一个以施主浓度 10^{16} cm^{-3} 掺杂的 n 型 Si 样品,其长度为 100 μm,横截面积 A 为 10 μm×10 μm。样品的两端标记为 B 和 C。Si 的电子亲和能 χ 是 4.01eV,在 B 和 C 接触的 4 种可能的金属的功函数如表 5.5 所示。

表 5.5　功函数(eV)

Cs	Li	Al	Au
1.8	2.5	4.25	5.0

a. 理想情况下,哪些金属将产生肖特基接触？

b. 理想情况下,哪些金属将产生欧姆接触？

c. 如果 B 和 C 均为欧姆接触,请画出 I-V 特性的草图；I 与 V 之间是什么关系？

d. 如果 B 为欧姆接触,C 为肖特基接触,请画出 I-V 特性的草图；I 与 V 之间是什么关系？

e. 如果 B 和 C 均为肖特基接触,请画出 I-V 特性的草图；I 与 V 之间是什么关系？

5.27 珀耳帖效应与电接触 考虑金属与 n 型半导体之间的肖特基结和欧姆接触,如图 5.39 和 5.43 所示。

a. 这两种接触与珀耳帖效应相似吗？

b. 对这两种接触,$Q' = \pm \Pi I$ 式中的符号相同吗？

c. 对于热电制冷器,应该选哪个结？ 说明理由。

*5.28 珀耳帖制冷器与品质因子 考虑图 5.45 中所示的热电效应。图中,半导体的两端均产生接触,而且传导电流 I。我们假设:冷结的温度为 T_h；热结的温度为 T_h；半导体两端的温度差为 $\Delta T = T_h - T_c$。电流通过冷结时以 Q'_p 吸收珀耳帖热

$$Q'_P = \Pi I \tag{5.95}$$

其中 Π 是金属与半导体之间结的珀耳帖系数。由于焦耳加热,流过半导体的电流 I 将产生热,通过半导体内产生焦耳热的速率为

$$Q'_J = \left(\frac{L}{\sigma A}\right) I^2 \tag{5.96}$$

我们假定,这些热中的一半流向冷结。

此外,还存在从热结通过半导体流向冷结的热流,这由热传导方程表示为

$$Q'_{TC} = \left(\frac{A\kappa}{L}\right) \Delta T \tag{5.97}$$

在冷结处的净的热吸收率(制冷速率)为

$$Q'_{net, cool} = Q'_P - \frac{1}{2} Q'_J - Q'_{TC} \tag{5.98}$$

通过把式(5.95)~式(5.97)代入式(5.98),得到由于电流 I 的净制冷速率。然后,通过 $Q'_{net, cool}$ 对电流求微分证明当电流为下式时,可以得到最快的制冷,

$$I_{\mathrm{m}} = \left(\frac{A}{L}\right)\Pi\sigma \tag{5.99}$$

此时,最大的制冷速率为

$$Q'_{\mathrm{max,cool}} = \frac{A}{L}\left[\frac{1}{2}\Pi^2\sigma - \kappa\Delta T\right] \tag{5.100} \text{最大制冷速率}$$

表 5.6

材料	$\Pi(\mathrm{V})$	$\rho(\Omega\cdot\mathrm{m})$	$\kappa(\mathrm{W}\cdot\mathrm{m}^{-1}\cdot\mathrm{K}^{-1})$	FOM
n – $\mathrm{Bi_2\,Te_3}$	6.0×10^{-2}	10^{-5}	1.70	
p – $\mathrm{Bi_2\,Te_3}$	7.0×10^{-2}	10^{-5}	1.45	
Cu	5.5×10^{-4}	1.7×10^{-8}	390	
W	3.3×10^{-4}	5.5×10^{-8}	167	

在稳态工作的条件下,温度差 ΔT 达到不变的值,在结处的净制冷速率为零(ΔT 是常数)。式(5.100)表示,能达到的最大温差为

$$\Delta T_{\mathrm{max}} = \frac{1}{2}\frac{\Pi^2\sigma}{\kappa} \tag{5.101} \text{最大温差}$$

数量 $\Pi^2\sigma/\kappa$ 被定义为半导体的**品质因子**(figure of merit,FOM),因为它确定了能够达到的 ΔT 的最大值。相同的表达式也可用于金属,这里我们不进行推导。

利用表 5.6 确定表中所列材料的 FOM,并讨论计算结果的意义。请推荐基于金属-金属结的一种热电制冷器。

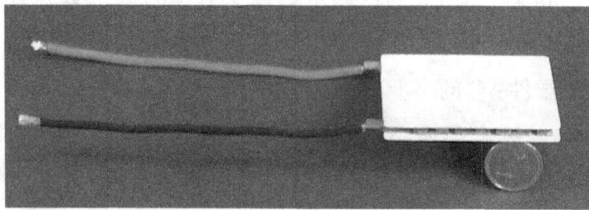

商用的热电制冷器(由 Melcor 提供),这是珀耳帖效应的实例。器件面积为 $5.5\ \mathrm{cm}\times5.5\ \mathrm{cm}$(约 2.2 英寸×2.2 英寸)。它的最大电流为 14 A;最大的吸热能力是 67 W;热表面与冷表面之间的最大温差为 67℃

*5.29 半导体的塞贝克系数(热电系数)与半导体器件的热漂移 考虑两端存在温度梯度的 n 型半导体,右边是热端,左边是冷端,如图 5.55 所示。热的区域比冷的区域有更多的高能电子。因而出现从热区向冷区的电子扩散,并立即在热区产生裸露的正电荷[1]施主,结果产生了内建电场与内建电压,如图 5.55 所示。当电子的扩散与内建电场引起的漂移互相平衡时,最终达到平衡状态,净电流必须为零。塞贝克系数(或热电功率)S 借助于外加的温度梯度

---

① 原文误写为负电荷——译者注。

所产生的电压来度量这个效应,S 为

$$S = \frac{dV}{dT} \tag{5.102}$$

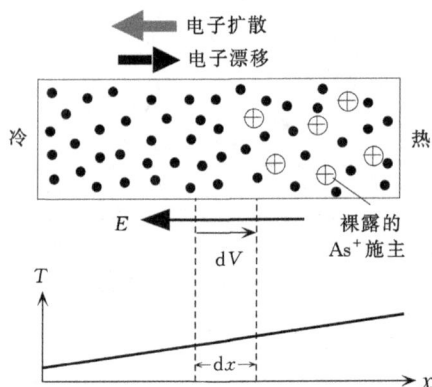

图 5.55　存在温度梯度的条件下,将出现内部电场和电压差。塞贝克系
数定义为 dV/dT,即单位温差的电位差

a. 如图 5.55 所示,在样品两端施加相同的温度梯度,但样品替换成 p 型半导体,塞贝克效应有什么不同? 回顾以前的内容,塞贝克系数的符号就是冷端相对于热端的极性(参见4.8.2节)。

b. 对于 n 型半导体,S_n 为

$$S_n = -\frac{k}{e}\left[2 + \frac{(E_c - E_F)}{kT}\right] \tag{5.103}$$

n 型半导体的塞贝克系数

在以施主浓度 10^{14} cm^{-3} 和 10^{16} cm^{-3} 进行掺杂的硅中,S_n 的典型数值是多少? 在半导体器件中,S_n 的意义是什么?

c. 考虑 pn 结的 Si 器件:它的 p 区的受主掺杂浓度为 10^{18} cm^{-3};n 区的施主掺杂浓度为 10^{14} cm^{-3}。假设该 pn 结是一个高增益(例如为 100)运放的输入级,如果小的热波动引起 pn 结两端产生 1℃ 的温差,则该热波动产生的输出信号是多少?

5.30　光生效应与载流子的动能　如果具有能量 $h\nu > E_g$ 的一个光子被 GaAs 吸收而产生电子与空穴,图 5.35 表示了那时所发生的情形。图中,电子比空穴具有更高的动能(KE),因为电子在 E_c 之上有多余的能量,而空穴总是处在 E_v。其原因是:GaAs 中电子的有效质量总是空穴有效质量的 1/10。因此光生电子具有高得多的动能(KE)。当直接带隙半导体中光生电子与空穴时,电子与空穴具有相同的 k 矢量。能量守恒要求:光子能量按照下式进行分配,

$$h\nu = E_g + \frac{(\hbar k)^2}{2m_e^*} + \frac{(\hbar k)^2}{2m_h^*}$$

光生

其中 k 是电子与空穴的波矢,m_e^* 和 m_h^* 分别是电子和空穴的有效质量。

a. 正好在光生发生后,电子动能与空穴的动能的比值是多少?

b. 如果入射光子的能量为 2.0eV,GaAs 的 $E_g = 1.42$eV,请计算电子和空穴的动能(以 eV 为单位),计算它们被激发时所在的能级(以它们的能带边作参考)。

c. 恰好在光生发生后,电子与空穴的波矢必须几乎相同,请解释其原因。考虑光子的 k_{photon} 和动量守恒。

1956 年威廉·肖克利(William Shockley)与他的研究小组共同庆祝他获得诺贝尔奖。坐着的左边第一位是摩尔(G. E. Moore,英特尔名誉主席),站着的右起第 4 位是诺伊斯(R. N. Noyce),他是集成电路的发明者。站着的最右边的是拉斯特(J. T. Last)

照片来源:P. K. Bondyopadhyay. "W. Shockly, the Transistor Pioneer-Portrait of an Inventive Genius", *Proceedings IEEE*,vol. 86, no. 1, January 1998, p. 202,图 16 (IEEE 提供)

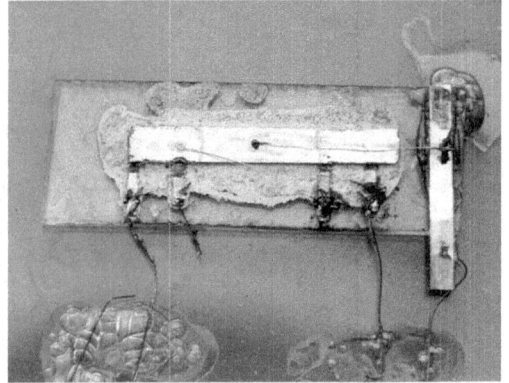

第一块单片集成电路,像指尖那么大小,是 1958 年杰克·基尔比(Jack Kilby)在德州仪器公司(Texas Instruments)提出并开发出来的。因为开发出第一块集成电路这个巨大贡献,他获得了 2000 年的诺贝尔物理学奖。这个集成电路是在一个单晶 Ge 上制作了一个晶体管、一个电容和一个电阻的芯片。左:杰克·基尔比拿着他的芯片(摄于 1998 年)。右:芯片的照片

照片来源:德州仪器公司

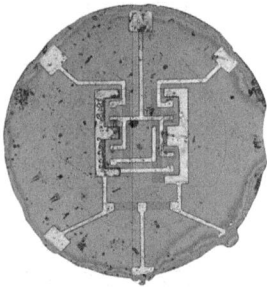

罗伯特·诺伊斯(Robert Noyce)和吉恩·赫尔米(Jean Hoermi,瑞士科学家)在仙童半导体公司(Fairchild)发明了第一个平面工艺集成电路,平面制造工艺是他们的集成电路制作成功的关键。图为仙童的第一块逻辑芯片的照片

照片来源:仙童半导体公司

从左至右:安德鲁·格鲁夫(Andrew Grove),罗伯特·诺伊斯(Robert Noyce,1927—1990)和戈登·摩尔(Gordon Moore),戈登·摩尔在 1968 年建立了英特尔(Intel)公司。安德鲁·格鲁夫的书《半导体器件的物理和技术》(Wiley 公司 1967 年出版)是 20 世纪 60 年代和 70 年代关于器件的经典课本。从 1965 年开始,"摩尔定律"描述了芯片上晶体管数量每 18 个月翻一番的发展规律;1995年,摩尔将其更新为每 2 年

照片来源:英特尔公司

第6章 半导体器件

大部分二极管本质上是 pn 结,即通过形成 p 型和 n 型半导体的接触制作而成。pn 结具有整流特性,也就是电流沿一个方向可以十分容易地通过,而在相反的方向上一般只产生很小的漏电流。晶体管是一种三端固态器件,电流从其中两个电极之间流过,该电流受到第三端和其它一个端电极之间电压的控制。晶体管能够提供电流和电压增益,因而可以将弱小的信号放大。晶体管也可作为像电磁继电器那样做开关使用。实际上,整个微型计算机工业的基础就是晶体管开关。微电子学中晶体管主要包括两种类型:**双极型晶体管**(bipolar junction transistors,BJTs)和**场效应晶体管**(field effect transistors,FETs)。了解 pn 结的基本原理,对于理解双极型晶体管及其各种相关器件的工作原理都是十分关键的。正如威廉·肖克利(William Shockley)在他对晶体管原理的解释中所提到的,最核心的基本概念是**少子注入**(minority carrier injection)。场效应晶体管的工作原理与 BJT 相比则完全不同,其器件特征主要起源于两个端电极之间导电沟道在外加电场作用下的效应。我们现在必须承认,在过去的 20 多年里光电子和光子器件得到了巨大的发展,最突出的例子包括**发光二极管**(light emitting diodes,LEDs),**半导体激光器**(semiconductor lasers,LDs),**光探测器**(photodetectors)和**太阳能电池**(solar cells)。几乎所有的这类器件都是基于 pn 结原理的。本章将第 5 章中所介绍的半导体概念应用到各种器件中,从基本的 pn 结到异质结激光二极管。

6.1 理想 pn 结

6.1.1 无偏压:开路

考虑当硅半导体样品一边掺杂为 n 型,另一边为 p 型的情况,如图 6.1(a)所示,会发生什么呢?这里假定 n 区和 p 区之间是一个不连续的突变,称为**冶金结**(metallurgical junction)并在图 6.1(a)中标示为 M,在 n 区中包括固定的电离施主(不移动)和自由电子(在 CB 中),在 p 区中包括固定的电离受主和空穴(在 VB 中),也如 6.1(a)图所示。

由于从 p 边($p = p_{p0}$)到 n 边($p = p_{n0}$)的空穴浓度梯度,空穴向右扩散。同理,电子浓度梯度驱动电子向左扩散。空穴扩散进入 n 边并且与在结附近 n 边的电子复合。同理,电子扩散进入 p 边并且与在结附近 p 边的空穴复合。因此,和远离结的 n 区和 p 区相比,结区域的自由载流子耗尽了。注意,在平衡条件下(例如无偏压或者光激发情况),半导体内必须满足 $pn = n_i^2$。在结附近 n 区一侧,电子离开后留下了带正电荷的施主离子,比如说 As$^+$,浓度为 N_d。同样,在结附近 p 区一侧,空穴离开后留下了带负电荷受主离子,比如说 B$^-$,浓度为 N_a。因此在 M 结附近形成了一个**空间电荷层**(spacer charge layer,SCL)。图 6.1(b)表示出了该空间电荷层,也称为**耗尽区**(depletion region)。图 6.1(c)给出了耗尽区中电子和空穴的浓度曲线,图中的垂直坐标是对数的。耗尽区也被称为渡越区。

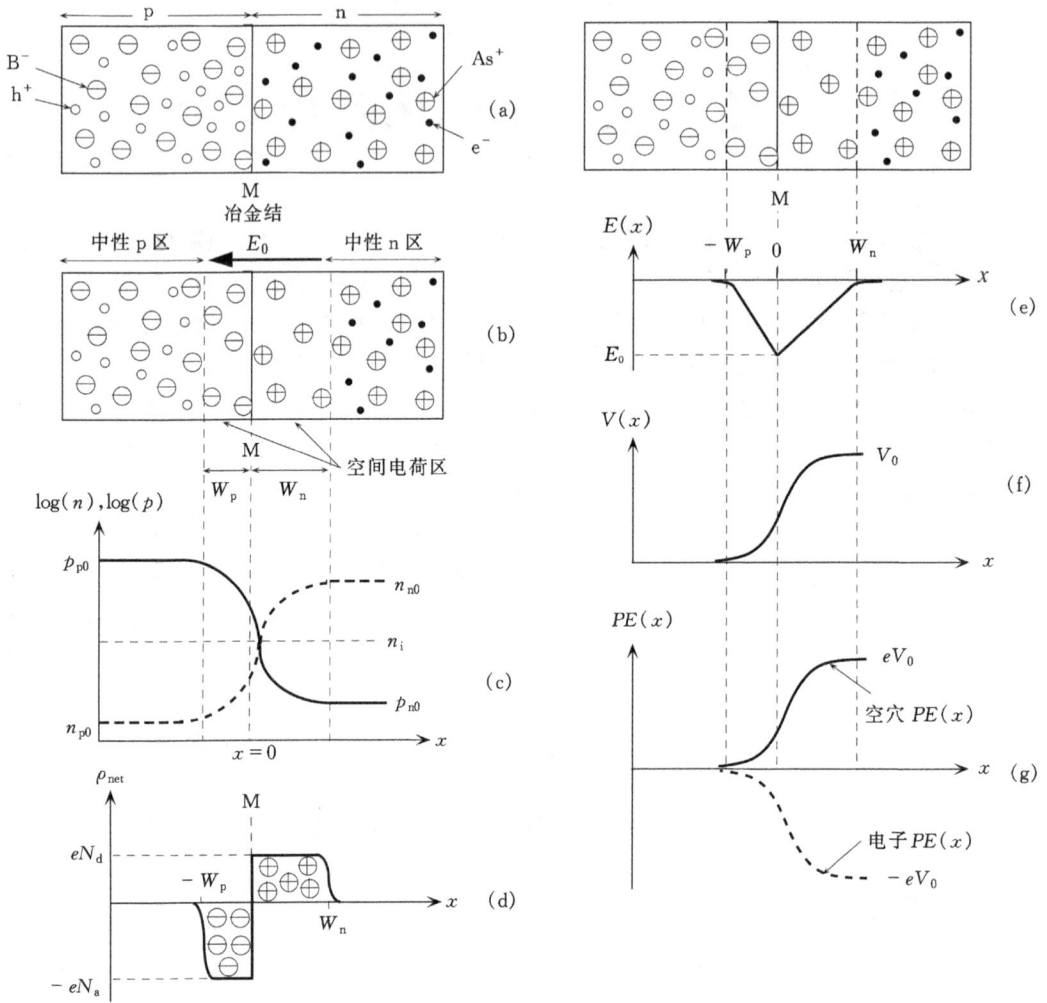

图 6.1 pn 结的性质

很明显,沿着 $-x$ 方向存在一个从正离子到负离子的电场 E_0,该电场试图使空穴漂移并回到 p 区和使电子漂移并回到 n 区。电场驱动空穴沿着其相反的方向进行扩散。如图 6.1(b)所示,E_0 在 $-x$ 方向对空穴施加了一个漂移力,但是空穴扩散流的方向是沿着 $+x$ 方向。对于电子也存在类似情形,电场使得电子试图逆着从 n 区到 p 区的扩散方向漂移。很显然,当越来越多的空穴向右扩散和电子向左扩散,结 M 附近的内场将不断增强并最终达到平衡,这时候空穴向右扩散的速率恰好被电场 E_0 驱动下空穴向左漂移回来的速率所平衡。扩散电流和漂移电流同样也达到了平衡。

对于均匀掺杂的 n 区和 p 区,横跨半导体的净空间电荷浓度 $\rho_{net}(x)$ 如图 6.1(d)所示。(为什么在边界是圆滑过渡?)令 M 处的横坐标为 $x=0$,当 $-W_p \leqslant x \leqslant 0$,净空间电荷密度 $\rho_{net}(x) = -eN_a$;当 $0 \leqslant x \leqslant W_n$,净空间电荷密度 $\rho_{net}(x) = eN_d$。因为整个半导体为电中性,左侧的总电荷量必须与右侧的总电荷量相等,于是

$$N_a W_p = N_d W_n \qquad (6.1) \text{ 耗尽区宽度}$$

在图 6.1 中,我们假定施主浓度小于受主浓度,即 $N_d < N_a$。根据式(6.1),可见 $W_n > W_p$;也就是耗尽区更多地深入到轻掺杂一侧的半导体。事实上,如果 $N_a \gg N_d$,那么耗尽区几乎完全在 n 边一侧。通常利用上角标加号来表示重掺杂区,即 p^+。

电场 $E(x)$ 和净空间电荷密度 $\rho_{\text{net}}(x)$ 在某点按照静电学[①]的相互关系表示为

$$\frac{\mathrm{d}E}{\mathrm{d}x} = \frac{\rho_{\text{net}}(x)}{\varepsilon} \qquad \text{电场和净电荷密度}$$

其中 $\varepsilon = \varepsilon_0 \varepsilon_r$ 是介质的介电常数,ε_0 是绝对介电常数,ε_r 是半导体材料的相对介电常数。我们横跨二极管对 $\rho_{\text{net}}(x)$ 进行积分,从而求得电场 $E(x)$,即

$$E(x) = \frac{1}{\varepsilon} \int_{-W_p}^{x} \rho_{\text{net}}(x)\mathrm{d}x \qquad (6.2) \text{ 耗尽区中的电场}$$

沿着 pn 结的电场变化如图 6.1(e)所示。负的电场意味着电场是在 $-x$ 方向。注意在冶金结 M 处,$E(x)$ 达到了最大值 E_0。

根据 $E = -\mathrm{d}V/\mathrm{d}x$,可以通过对电场的积分得到任意点 x 处的电势 $V(x)$。取远离 M 处的在 p 边的电势为 0(我们没有施加电压),这是一个人为定义的参考点,于是朝向 n 边,耗尽区的电势 $V(x)$ 增加,正如 6.1(f)中所示。其函数形式可由对式(6.2)的积分来确定,当然,它是一条抛物线。大家可以注意到在 n 边,电势达到了 V_0,该电势被称为**内建电势**(built-in potential)。

实际上我们考虑一个突变的 pn 结,这意味着可以利用阶跃函数简单地表达净电荷密度 $\rho_{\text{net}}(x)$,正如图 6.1(d)中所示。在式(6.2)的积分中采用图 6.1(d)中的 $\rho_{\text{net}}(x)$ 形式,可以得到 M 处的电场为

$$E_0 = -\frac{eN_d W_n}{\varepsilon} = -\frac{eN_a W_p}{\varepsilon} \qquad (6.3) \text{ 内建电场}$$

其中 $\varepsilon = \varepsilon_0 \varepsilon_r$。为了计算电势 $V(x)$,我们对图 6.1(e)中所示电场 $E(x)$ 进行积分,令 $x = W_n$ 从而得内建电势 V_0。从图 6.1(e)到 6.1(f)即表明了这个积分过程。求得的内建电势结果为

$$V_0 = -\frac{1}{2}E_0 W_0 = \frac{eN_a N_d W_0^2}{2\varepsilon(N_a + N_d)} \qquad (6.4) \text{ 内建电势}$$

其中 $W_0 = W_n + W_p$ 是在零施加电压下总的耗尽区宽度。如果我们已知 W_0,那么就可以根据式(6.1)容易地得到 W_n 和 W_p。式(6.4)表明了内建电势 V_0 与耗尽区宽度 W_0 之间的关系。如果已知 V_0,那么就能够求出 W_0。

求得内建电势和掺杂参数之间依赖关系的最简单办法是利用下面的事实,即在由 p 型半导体和 n 型半导体相连所构成的系统中,在随遇平衡条件下,玻耳兹曼统计[②]要求在势能分别为 E_1 和 E_2 处的载流子浓度 n_1 和 n_2 之间有如下关系,

$$\frac{n_2}{n_1} = \exp\left[-\frac{(E_2 - E_1)}{kT}\right]$$

其中 $E = qV$,q 是载流子电荷。对电子电荷($q = -e$),从图 6.1(g)中看到,在远离 M 处的 p 边的 $E = 0$,($n = n_{p0}$),而在远离 M 处 n 边的 $E = -eV_0(n = n_{n0})$。因此得到

$$\frac{n_{p0}}{n_{n0}} = \exp\left[-\frac{eV_0}{kT}\right] \qquad (6.5a) \text{ 电子的玻耳兹曼统计}$$

[①]　这被称为点形式的高斯定律,从静电学的高斯定律得来。7.5 节中讨论高斯定律。

[②]　我们应用了玻耳兹曼统计,即 $n(E) \propto \exp(-E/kT)$,原因是无论 n 边或者 p 边导带上的电子浓度不可能大到使泡利不相容原理变得很重要的程度。只要导带上的载流子浓度比 N_c 小得多,我们就可以应用玻耳兹曼分布。

这表明 V_0 依赖于 n_{n0} 和 n_{p0}，因而依赖于 N_d 和 N_a。对空穴浓度，对应的方程为

$$\frac{p_{p0}}{p_{n0}} = \exp\left[-\frac{eV_0}{kT}\right] \tag{6.5b}$$

这样我们就可以从式(6.5a)和 (6.5b)推导得到

$$V_0 = \frac{kT}{e}\ln\frac{n_{n0}}{n_{p0}} \quad 和 \quad V_0 = \frac{kT}{e}\ln\frac{p_{p0}}{p_{n0}}$$

由于掺杂浓度 $p_{p0} = N_a$ 的缘故，现在我们可以通过掺杂浓度来写出 p_{p0} 和 p_{n0} 的表达式。鉴于 $p_{p0} = N_a$ 和 $p_{n0} = \dfrac{n_i^2}{n_{n0}} = \dfrac{n_i^2}{N_d}$，于是 V_0 成为

$$V_0 = \frac{kT}{e}\ln\frac{N_a N_d}{n_i^2} \tag{6.6} \;\; 内建电势$$

很显然，通过 N_a，N_d 和 n_i^2 方便地表明了内建电势 V_0 与掺杂物和材料性质的关系。内建电势 V_0 是开路条件下横跨一个 pn 结的电压（从 p 型到 n 型半导体）。它不横跨二极管的电压，二极管的电压由 V_0 还有电极上金属-半导体结的接触电势组成。如果我们将 V_0 和电极端的接触电势相加，则为零。

一旦根据公式(6.6)得到了内建电势，我们就可以根据公式(6.4)计算耗尽区宽度，即

$$W_0 = \left[\frac{2\varepsilon(N_a + N_d)V_0}{eN_a N_d}\right]^{1/2} \tag{6.7} \;\; 耗尽区宽度$$

注意耗尽区宽度 $W_0 \propto V_0^{1/2}$。这个结果导致耗尽区电容依赖于电压，我们将在在后面6.3节中认识这种现象。

例 6.1　Ge, Si 和 GaAs pn 结的内建电势　一个 pn 结二极管的 p 边受主原子浓度是 10^{16} cm^{-3}，n 边施主原子浓度是 10^{17} cm^{-3}。那么对于半导体材料 Ge，Si 和 GaAs 所构成的 pn 结二极管，它们的内建电势各是多少？

解：根据公式(6.6)求出内建电势，还要求知道每种半导体的本征浓度。从第5章，我们列出 300 K 下的相关参数

半导体	$E_g(\mathrm{eV})$	$n_i(\mathrm{cm}^{-3})$	$V_0(\mathrm{V})$
Ge	0.7	2.40×10^{13}	0.37
Si	1.1	1.0×10^{10}	0.78
GaAs	1.4	2.1×10^6	1.21

利用

$$V_0 = \frac{kT}{e}\ln\frac{N_a N_d}{n_i^2}$$

对 Si 半导体，当 $N_a = 10^{16}$ cm^{-3} 和 $N_d = 10^{17}$ cm^{-3}，且在 300 K 条件下 $kT/e = 0.0259$ V，$n_i = 1.0 \times 10^{10}$ cm^{-3}，得到，

$$V_0 = (0.0259 \text{ V})\ln\frac{(10^{17})(10^{16})}{(1.0 \times 10)^2} = 0.775 \text{ V}$$

所有三种半导体的计算结果列在上表中的最后一列。

例 6.2　p$^+$n 结　对于 p$^+$n 结而言，具有一个相对于 n 边的重掺杂 p 边，也就是 $N_a \gg N_d$。既然在冶金结两边的电荷量 Q 相等，也就是结整体上是电中性的，即

$$Q = eN_aW_p = eN_dW_n$$

显然耗尽区主要向 n 边扩展。当 $N_d \ll N_a$ 时,根据公式(6.7)耗尽区宽度为:

$$W_0 = \left[\frac{2\varepsilon V_0}{eN_d}\right]^{1/2}$$

对于一个 pn 结硅二极管,其 p 边受主原子浓度是 10^{18} cm^{-3},而 n 边施主原子浓度是 10^{16} cm^{-3}。那么二极管的耗尽区宽度是多少?

解:为了利用上面给出的 W_0 公式,还要求已知内建电势,内建电势为:

$$V_0 = \frac{kT}{e}\ln\frac{N_dN_a}{n_i^2} = (0.0259\ \text{V})\ln\frac{(10^{16})(10^{18})}{(1.0 \times 10^{10})^2} = 0.835\ \text{V}$$

将 $N_d = 10^{16}$ cm^{-3}(即 10^{22} m^{-3}),$V_0 = 0.835$ V,和 $\varepsilon_r = 11.9$ 代入 W_0 的公式,得到

$$W_0 = \left[\frac{2\varepsilon V_0}{eN_d}\right]^{1/2} = \left[\frac{2(11.9)(8.85 \times 10^{-12})(0.835)}{(1.6 \times 10^{-9})(10^{22})}\right]^{1/2} = 3.32 \times 10^{-7}\ \text{m}\quad \text{或者}\quad 0.33\ \mu\text{m}$$

几乎全部的耗尽区(99%)都在 n 边。

例 6.3　内建电势　这是一个关于跨 pn 结内建电势的严格推导过程。因为平衡态条件下没有净电流流过 pn 结,所以内建电场 $E(x)$ 引起的空穴漂移过程一定会和浓度梯度 dp/dx 引起的扩散过程达到平衡。于是我们设定流过耗尽区的电子和空穴总电流密度(漂移+扩散)为零。单独考虑空穴,从式(5.38)中得到,

$$J_{\text{hole}}(x) = ep(x)\mu_hE(x) - eD_h\frac{dp}{dx} = 0$$

电场定义为 $E = -dV/dx$,代入上面的公式得到,

$$-ep\mu_h dV - eD_h dp = 0$$

现在可利用爱因斯坦关系式 $D_h/\mu_h = kT/e$ 得到

$$-ep\,dV - kT\,dp = 0$$

对上面这个公式进行积分。根据图 6.1,在 p 边,$p = p_{p0}$,$V = 0$,在 n 边,$p = p_{n0}$,$V = V_0$,因此,

$$\int_V^{V_0} dV + \frac{kT}{e}\int_{p_{p0}}^{p_{n0}} \frac{dp}{p} = 0$$

即,

$$V_0 + \frac{kT}{e}\left[\ln(p_{n0}) - \ln(p_{p0})\right] = 0$$

给出 $V_0 = \frac{kT}{e}\ln\left(\frac{p_{p0}}{p_{n0}}\right)$

这与式(6.5b)相同,因而可以得到式(6.6)。

6.1.2　正偏:扩散电流

当一个电池跨接到一个 pn 结上,而且电池的正极与 p 边相接,负极与 n 边相接,这时会发生什么呢? 假如施加电压为 V。显然电源负的极性使得 V_0 势垒降低了 V,如图 6.2(a)所示。之所以这样是因为与由固定不动的离子构成的耗尽区相比,耗尽区宽度之外的大部分区域中有大量的多数载流子具有高电导。因此外加电压主要降落在耗尽区 W 上。V 与 V_0 方向相反,阻碍载流子扩散的势垒降到 $V_0 - V$,如图 6.2(b)所示。这导致了重大的变化,因为一个空穴越过这个势垒扩散到右侧的概率现在与 $\exp[-e(V_0 - V)/(kT)]$ 成正比例。换句话说,外加电压有效地减小

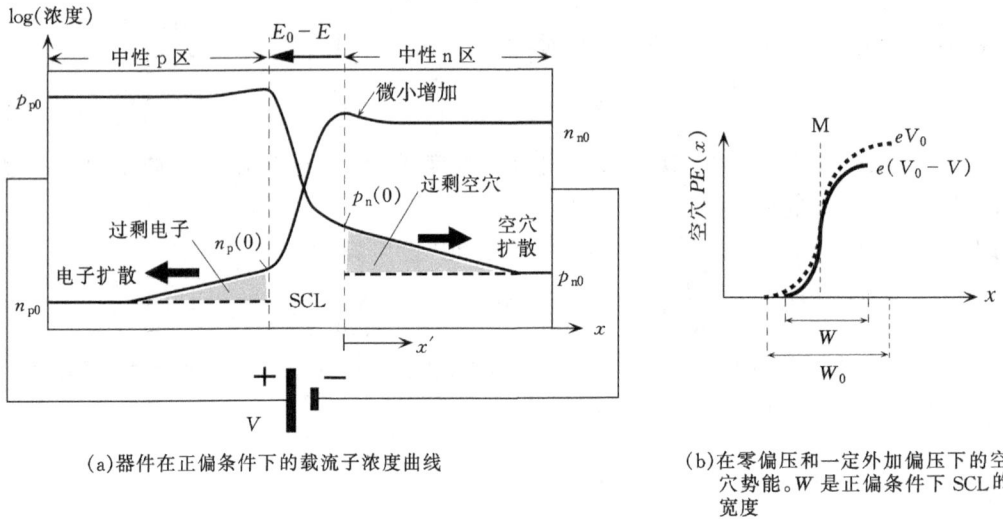

(a)器件在正偏条件下的载流子浓度曲线

(b)在零偏压和一定外加偏压下的空穴势能。W 是正偏条件下 SCL 的宽度

图 6.2　正偏 pn 结和少数载流子注入

了内建电势,从而使阻碍扩散过程的内建电场变小。因而许多空穴现在可以扩散越过耗尽区进入 n 边。这导致了**过剩少数载流子注入**(injection of excess ninority carriers)即空穴注入到 n 边。类似地,过剩电子现在也可向 p 边扩散并进入到 p 边,从而成为注入的少数载流子。

内建势垒减小的结果引起过剩空穴的扩散,从而引起 $x' = 0$ 处即耗尽区边界的空穴浓度为 $p_n(0) = p_n(x' = 0)$。这个浓度值决定于空穴越过新势垒 $e(V_0 - V)$ 的概率,即

$$p_n(0) = p_{p0} \exp\left[-\frac{e(V_0 - V)}{kT}\right] \qquad (6.8)$$

式(6.8)可以直接从玻耳兹曼公式推导出来,由于空穴势能从 $x = -W_p$ 到 $x = W_n$ 上升了 $e(V_0 - V)$,如图 6.2(b)所示,同时空穴浓度从 p_{p0} 下降到 $p_n(0)$。用式(6.8)除以式(6.5b),我们直接获得了外加电压所产生的影响,即电压 V 怎样决定扩散并到达 n 边的过剩空穴的数量。式(6.8)除以式(6.5b)为

$$p_n(0) = p_{n0} \exp\left[\frac{eV}{kT}\right] \qquad (6.9) \ \text{结定律}$$

这被称为**结定律**(law of the junction)。式(6.9)是我们将再次用来处理 pn 结器件的一个重要公式。它描述了外加电压 V 对耗尽区边界注入少数载流子浓度 $p_n(0)$ 的影响。很明显,如果没有外加电压,即 $V = 0$,那么 $p_n(0) = p_{n0}$,这正是我们希望看到的结果。

因为在 n 边有大量的电子,扩散到 n 区的注入空穴最后与该区的电子复合。由于复合而失去的电子立刻从连接到 n 边的电池负极得到补充。因为 p 区可以不断提供更多的空穴(p 区空穴则通过电池正极来补充),使扩散到 n 区所形成的空穴电流得以维持。

与上面的分析类似,电子从 n 边注入到 p 边。耗尽区边界 $x = -W_p$ 处的电子浓度 $n_p(0)$ 根据式(6.9)的等价式给出,即

$$n_p(0) = n_{p0} \exp\left[\frac{eV}{kT}\right] \qquad (6.10) \ \text{结定律}$$

在 p 区,注入的电子向正极扩散像是被其收集。它们在扩散过程中和 p 区大量空穴中的一些复合。由于复合而失去的空穴可容易从连接到 p 区的电池正极得到补充。因为 n 区可以不断提供电子——它可由电池负极来补充,使扩散到 p 区所形成的电子电流得以维持。很显然 pn 结在正偏条件下维持一个电子电流,令人奇怪的是,电流似乎是由于**少子的扩散**引起的。其实,还包括了多数载流子的漂移。

如果 p 区和 n 区的长度比少数载流子的扩散长度更长,那么我们可以判断在 n 边空穴浓度 $p_n(x')$ 将指数下降为热平衡值 p_{n0},也就是,

$$\Delta p_n(x') = \Delta p_n(0)\exp\left[-\frac{x'}{L_h}\right] \qquad (6.11) \ \text{过剩少数载流子分布}$$

其中,

$$\Delta p_n(x') = p_n(x') - p_{n0} \qquad\qquad\qquad \text{过剩少数载流子浓度}$$

是过剩少数载流子浓度且 L_h 是**空穴扩散长度**,$L_h = \sqrt{D_h\tau_h}$,这里 τ_h 是 n 区平均空穴复合寿命(少数载流子寿命)。式(6.11)是以我们在第 5 章[①]中关于少数载流子注入的实验为基础的。

因此,**空穴扩散电流密度**(diffusion current density)$J_{D,hole}$ 为,

$$J_{D,hole} = -eD_h\frac{dp_n(x')}{dx'} = -eD_h\frac{d\Delta p_n(x')}{dx'}$$

即

$$J_{D,hole} = -\frac{eD_h}{L_h}\Delta p_n(0)\exp\left(-\frac{x'}{L_h}\right)$$

虽然这个方程表明空穴扩散电流与其位置相关,但任意位置的总电流却包含空穴和电子贡献的总和并且与位置 x 无关,如图 6.3 所示。图 6.3 中表明,少数载流子扩散电流随着 x' 减小的值刚好由多数载流子漂移电流随之增加的值所补偿。在中性区的电场不是完全为零,而是一个小的值,刚好足以驱动该区中大量多数载流子。

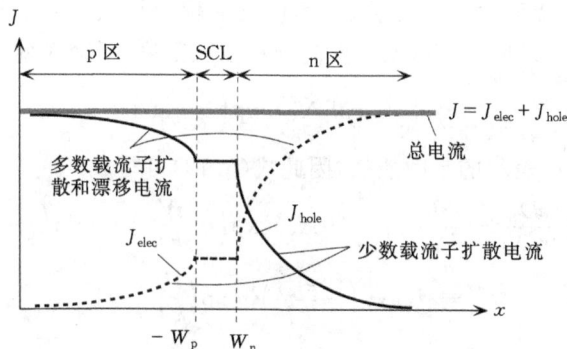

图 6.3　器件中任意一处的总电流是一个常数。仅仅是在
耗尽区边界处电流由少数载流子的扩散所引起

在 $x' = 0$ 处,也就是耗尽区边界,空穴扩散电流是

$$J_{D,hole} = \frac{eD_h}{L_h}\Delta p_n(0)$$

利用结定律代替上式中 $\Delta p_n(0)$。写出

---

① 这是无外电场条件下的连续方程的简解,第 5 章中对此进行了讨论。式(6.11)与式(5.48)是相同的。

$$\Delta p_{\mathrm{n}}(0) = p_{\mathrm{n}}(0) - p_{\mathrm{n}0} = p_{\mathrm{n}0}\left[\exp\left(\frac{eV}{kT}\right) - 1\right]$$

代入空穴扩散电流公式 $J_{\mathrm{D,hole}}$,得到

$$J_{\mathrm{D,hole}} = \frac{eD_{\mathrm{h}}p_{\mathrm{n}0}}{L_{\mathrm{h}}}\left[\exp\left(\frac{eV}{kT}\right) - 1\right]$$

热平衡空穴浓度 $p_{\mathrm{n}0}$ 与施主掺杂浓度相关,即

$$p_{\mathrm{n}0} = \frac{n_{\mathrm{i}}^2}{n_{\mathrm{n}0}} = \frac{n_{\mathrm{i}}^2}{N_{\mathrm{d}}}$$

因此,

$$J_{\mathrm{D,hole}} = \frac{eD_{\mathrm{h}}n_{\mathrm{i}}^2}{L_{\mathrm{h}}N_{\mathrm{d}}}\left[\exp\left(\frac{eV}{kT}\right) - 1\right]$$

对于 p 区的电子扩散电流也有一个相似的表达式。我们将假定(十分合理)电子和空穴电流在横跨耗尽区时没有变化,这是因为耗尽区的宽度通常很窄(不像在图 6.2 和图 6.3 中示意得那么夸张)。在 $x' = -W_{\mathrm{p}}$ 和 $x' = W_{\mathrm{n}}$ 处的电子电流是相同的。因而总的电流密度由 $J_{\mathrm{D,hole}} + J_{\mathrm{D,elec}}$ 简单地给出,即

$$J = \left(\frac{eD_{\mathrm{h}}}{L_{\mathrm{h}}N_{\mathrm{d}}} + \frac{eD_{\mathrm{e}}}{L_{\mathrm{e}}N_{\mathrm{a}}}\right)n_{\mathrm{i}}^2\left[\exp\left(\frac{eV}{kT}\right) - 1\right]$$

或者

$$J = J_{\mathrm{s}0}\left[\exp\left(\frac{eV}{kT}\right) - 1\right] \qquad (6.12) \qquad \text{理想二极管(肖克利)公式}$$

这就是熟悉的二极管公式,且

$$J_{\mathrm{s}0} = \left(\frac{eD_{\mathrm{h}}}{L_{\mathrm{h}}N_{\mathrm{d}}} + \frac{eD_{\mathrm{e}}}{L_{\mathrm{e}}N_{\mathrm{a}}}\right)n_{\mathrm{i}}^2 \qquad \qquad \textbf{\textit{反向饱和电流}}$$

式(6.12)常常被称为**肖克利公式**。常量 $J_{\mathrm{s}0}$ 不仅仅依赖于掺杂 N_{d} 和 N_{a},而且也与材料参数 $n_{\mathrm{i}}, D_{\mathrm{h}}, D_{\mathrm{e}}, L_{\mathrm{h}}, L_{\mathrm{e}}$ 有关。它是通常所说的**反向饱和电流密度**,下面对此进行解释。写出

$$n_{\mathrm{i}}^2 = (N_{\mathrm{c}}N_{\mathrm{v}})\exp\left(-\frac{eV_{\mathrm{g}}}{kT}\right)$$

其中 $V_{\mathrm{g}} = E_{\mathrm{g}}/e$ 是以电压表示的带隙能量,因此式(6.12)可写成

$$J = \left(\frac{eD_{\mathrm{h}}}{L_{\mathrm{h}}N_{\mathrm{d}}} + \frac{eD_{\mathrm{e}}}{L_{\mathrm{e}}N_{\mathrm{a}}}\right)\left[(N_{\mathrm{c}}N_{\mathrm{v}})\exp\left(-\frac{eV_{\mathrm{g}}}{kT}\right)\right]\left[\exp\left(\frac{eV}{kT}\right) - 1\right]$$

即

$$J = J_1\exp\left(-\frac{eV_{\mathrm{g}}}{kT}\right)\left[\exp\left(\frac{eV}{kT}\right) - 1\right]$$

或在 $\frac{eV}{kT} \gg 1$ 条件下,得到

$$J = J_1\exp\left[\frac{e(V - V_{\mathrm{g}})}{kT}\right] \qquad (6.13)$$

其中 $J_1 = \left(\frac{eD_{\mathrm{h}}}{L_{\mathrm{h}}N_{\mathrm{d}}} + \frac{eD_{\mathrm{e}}}{L_{\mathrm{e}}N_{\mathrm{a}}}\right)(N_{\mathrm{c}}N_{\mathrm{v}})$ 是一个新的常数。

式(6.13)的意义在于它反映了 $I - V$ 特性对带隙(这里表示为 V_{g})的依赖关系。图 6.4 给出了三种重要的半导体 Ge,Si,GaAs 的 pn 结的 $I - V$ 特性,注意对于约 0.1 mA 的电流,Ge 半导体 pn 结上的电压降约为 0.2V,Si 半导体 pn 结上的电压降约为 0.6V,GaAs 半导体 pn 结上的电压降约为 0.9V。

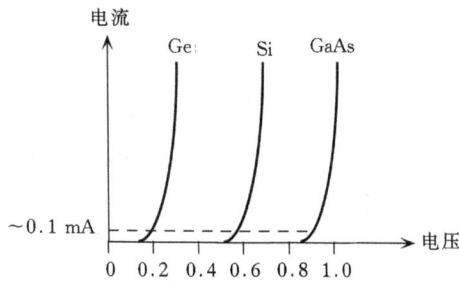

图 6.4　Ge,Si,GaAs pn 结的 $I-V$ 特性示意图

　　二极管方程(6.12)是通过假定耗尽区外的 p 区长度和 n 区长度分别比扩散长度 L_h 和 L_e 更长的条件下得到的。假设耗尽区外的 p 区长度 l_p 和耗尽区外的 n 区长度 l_n 分别比扩散长度 L_h 和 L_e 还短,这就是所谓的短二极管,从而少数载流子分布曲线随着离开耗尽区的距离线性下降,如图 6.5 所示。这个结果可以通过解连续性方程很容易地得出来,这里我们只进行定性的解释。在 $x'=0$ 处,少数载流子浓度根据结定律来确定,但是,由于电池会收集过剩载流子因而在电池电极处将不存在过剩载流子。既然中性区长度比扩散长度短,实际上没有空穴因为复合而消失,因此空穴电流在流经 l_n 的时候保持不变。对于扩散电流,仅仅当扩散驱动力——浓度梯度是线性分布时才能够成立。

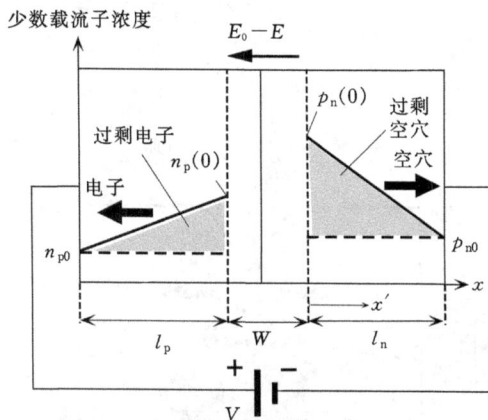

图 6.5　短二极管少数载流子注入和扩散

过剩少数载流子浓度梯度是

$$\frac{\mathrm{d}\Delta p_n(x')}{\mathrm{d}x'} = \frac{[p_n(0)-p_{n0}]}{l_n}$$

正向偏压条件下,由于在 n 区中的空穴注入和扩散所引起的电流密度 $J_{D,hole}$ 如下,

$$J_{D,hole} = -eD_h\frac{\mathrm{d}\Delta p_n(x')}{\mathrm{d}x'} = eD_h\frac{[p_n(0)-p_{n0}]}{l_n}$$

现在应用结定律

$$p_n(0) = p_{n0}\exp\left[\frac{eV}{kT}\right]$$

对于上面方程的 $p_n(0)$，在 p 区对于电子扩散电流也可以得到类似的公式，将空穴扩散电流和电子扩散电流相加得到总电流 J，即

$$J = \left(\frac{eD_h}{l_n N_d} + \frac{eD_e}{l_p N_a}\right) n_i^2 \left[\exp\left(\frac{eV}{kT}\right) - 1\right] \qquad (6.14) \quad \text{短二极管}$$

显然，这个表达式与一个长二极管的电流式(6.12)相同，也就是将式(6.12)中的扩散长度 L_h 和 L_e 分别用耗尽区外的 p 区长度 l_p 和耗尽区外的 n 区长度 l_n 来代替就可以得到短二极管的电流公式。

6.1.3　正偏：复合和总电流

迄今，我们一直假设，在正向偏压下，少数载流子在中性区的扩散和复合，是由外部电流补给的。然而，一部分少数载流子将在耗尽区内复合。因此外电流也必须补充在耗尽区复合过程中失去的载流子。考虑如图 6.6 中一个正向偏压下的对称结构 pn 结的简化模型。在中心 C 的冶金结处，空穴和电子的浓度分别为 p_M 和 n_M，而且二者相等。我们可以通过分别考虑如图 6.6 中阴影区域 ABC 和 BCD 所示的 p 边在 W_p 内的电子复合和 n 边在 W_n 内的空穴复合来获得耗尽区复合电流。假设 W_n 中的**平均空穴复合寿命**是 τ_h，W_p 中的**平均电子复合寿命**是 τ_e。在 ABC 的面积上电子的复合速率是用 ABC 面积(几乎是所有注入电子)除以 τ_e。电子通过二极管电流补给。类似地，可以给出 BCD 面积上空穴的复合速率是 BCD 面积除以 τ_h。从而得到复合电流密度为，

$$J_{recom} = \frac{eABC}{\tau_e} + \frac{eBCD}{\tau_h}$$

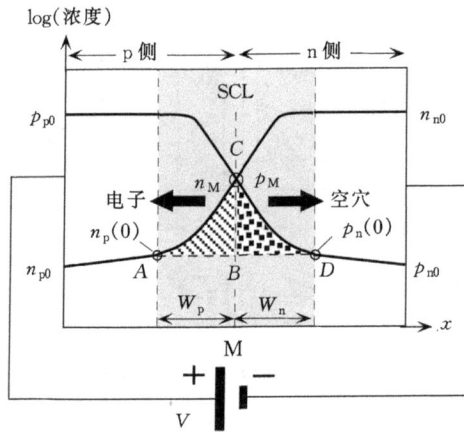

图 6.6　正向偏压下的 pn 结，载流子注入及其在空间电荷区的复合

按照三角形来近似地估算 ABC 和 BCD 的面积，即 $ABC \approx \frac{1}{2} W_p n_M$ 和 $BCD \approx \frac{1}{2} W_n p_M$，于是得到

$$J_{recom} \approx \frac{e \frac{1}{2} W_p n_M}{\tau_e} + \frac{e \frac{1}{2} W_n p_M}{\tau_h}$$

在稳态和热平衡条件下，对于一个非简并半导体，我们可以利用波耳兹曼统计建立载流子浓度和势能的联系。在 A 点，势能为零，在 M 点，势能为 $\frac{1}{2} e(V_0 - V)$，因此

$$\frac{p_{\mathrm{M}}}{p_{\mathrm{p0}}} = \exp\left[-\frac{e(V_0 - V)}{2kT}\right]$$

既然根据公式(6.6)，V_0 依赖于掺杂浓度和本征浓度 n_i，并且 $p_{\mathrm{p0}} = N_a$，我们可以简化这个公式为

$$p_{\mathrm{M}} = n_i \exp\left[\frac{eV}{2kT}\right]$$

当 $V > kT/e$，给出复合电流如下，

$$J_{\mathrm{recom}} = \frac{en_i}{2}\left(\frac{W_p}{\tau_e} + \frac{W_n}{\tau_h}\right)\exp\left[\frac{eV}{2kT}\right] \qquad (6.15)\ \boxed{\text{复合电流}}$$

有人提出了一个更好的量化分析的复合电流表达式[①]，

$$J_{\mathrm{recom}} = J_{r0}\left[\exp\left(\frac{eV}{2kT}\right) - 1\right] \qquad (6.16)\ \boxed{\text{复合电流}}$$

其中 J_{r0} 是式(6.15)中指数项前面的常量。

式(6.15)是提供耗尽区中载流子复合的电源电流。二极管的总电流将为中性区少数载流子扩散过程和空间电荷层中复合过程提供载流子，因此它是式(6.12)和式(6.15)的总和，即

$$J = J_{s0}\exp\left[\frac{eV}{kT}\right] + J_{r0}\exp\left[\frac{eV}{2kT}\right], \quad \left(V > \frac{kT}{e}\right)$$

$$\boxed{\text{二极管总电流 ＝ 扩散＋复合}}$$

这个表达式经常被近似为一个单指数形式

$$J = J_0\exp\left[\frac{eV}{\eta kT}\right], \quad \left(V > \frac{kT}{e}\right) \qquad (6.17)\ \boxed{\text{二极管方程}}$$

其中 J_0 是一个新的常量，η 是一个**理想因子**，当电流主要由中性区的少数载流子扩散引起时 $\eta=1$；当电流主要由空间电荷层中的复合引起时 $\eta=2$。图 6.7 是 Ge，Si，GaAs pn 结的典型 I-V 特性。在最大电流时中性区的体电阻常常限制电流(为什么?)。对于 Ge 二极管，典型地 $\eta=1$，整个 I-V 曲线特征是由于少数载流子扩散。对于 GaAs 二极管，$\eta \approx 2$，电流受到了空间电荷区复合过程的限制。对于 Si，很典型，η 随着电流的增加从 2 渐变到 1，这表明两个过程均扮演着重要角色。在重掺杂 Si 二极管中，由于重掺杂导致了较短的少数载流子复合时间，电流受到了空间电荷层复合的控制，$\eta=2$ 的区域一直延伸，直到体电阻开始限制电流。

6.1.4　反向偏压

如图 6.8(a)所示，当一个 pn 结反向偏置时，如前所述，外加电压主要压降集中在耗尽区也就是空间电荷层上，空间电荷层变得更宽了。负极将吸引 p 边中的空穴离开空间电荷层，这将形成更多的负受主离子，因此空间电荷层变宽了。类似地，正极将吸引 n 边中的电子离开空间电荷层，形成更多的正施主离子，因此 n 边的耗尽区宽度也加宽。因为没有电子提供到 n 边，n 区中电子向电池正极的移动难以持续。p 边也无法给 n 边提供电子，因为它几乎没有电子。不过，仍然有一个较小的反向电流，这主要基于下面的两个原因。

如图 6.8(b)所示，外加电压提高了内建电势势垒。空间电荷层中的电场大于内建电场 E_0。在空间电荷层附近的 n 边中的少量空穴被抽走，并被空间电荷层中的电场扫荡到 p 边。

---

① 该公式的证明通常在高级教程中。

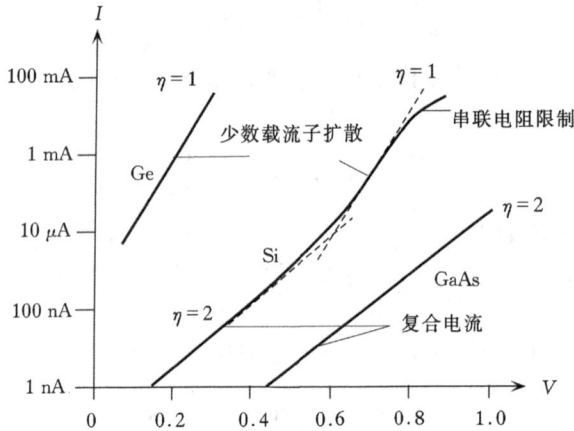

图 6.7 Ge,Si,GaAs pn 结的 I-V 特性($\log(I)$-V)示意图

(斜率为 $e/(\eta kT)$)

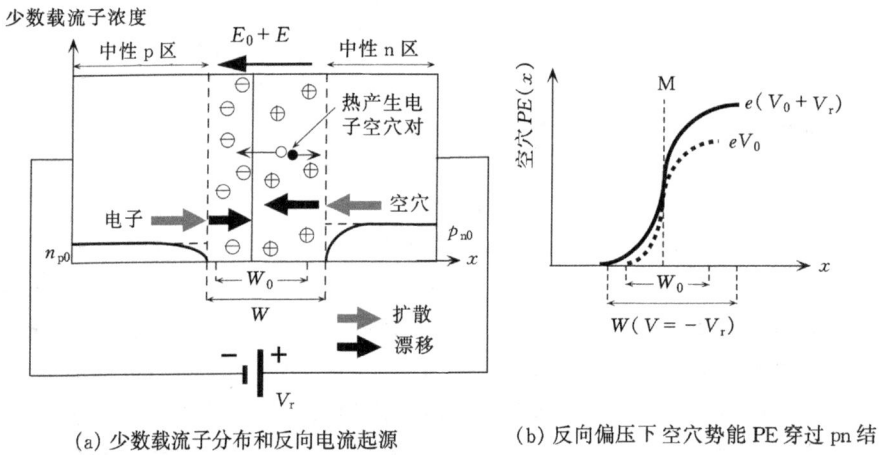

(a) 少数载流子分布和反向电流起源 (b) 反向偏压下空穴势能 PE 穿过 pn 结

图 6.8 反偏 pn 结

通过从 n 边区域向空间电荷层边界的空穴扩散,这个小的反向电流得以维持。

假设反向偏压 $V_r > kT/e = 25$ mV。根据式(6.9)的结定律,在近空间电荷层边界外的空穴浓度 $p_n(0)$ 几乎为零,相反在靠近负极附近的大部分区域内空穴浓度是平衡浓度 p_{n0}(比较小)。因此这里存在一个小的浓度梯度,从而产生了图 6.8(a)中所示的一个流向空间电荷层的较小的空穴扩散电流。类似地,也存在一个从 p 边大部分到空间电荷层的较小的电子扩散电流。在空间电荷层内,这些载流子在电场驱动下发生漂移。这个少数载流子扩散电流基本上是肖克利模型。反向电流由式(6.12)给出,电压取负值,它导致二极管的电流密度—J_{s0} 称为**反向饱和电流密度**。J_{s0} 的值不仅依赖于材料参数如 n_i,μ_h,μ_e,掺杂浓度,也依赖于外加电压($V_r > kT/e$)。而且,因为 J_{s0} 与 n_i^2 相关,因此它受到温度的影响很大。在有些书中阐述了反向电流的起因是在中性区靠近空间电荷层的扩散长度内的少数载流子引起的,这些热生载流子向空间电荷层扩散,接着漂移过空间电荷层。从本质上来说,这与我们所讲述的肖克利模型是相同的。

如图 6.8(a)所示,在空间电荷层内的热生电子-空穴对(electron-hole pairs,EHPs)也对反向电流有贡献,其原因是空间电荷层内的电场将使得电子和空穴分离并且向中性区漂移。这个漂移过程将引起外部电流附加于因少子扩散产生的反向电流上。空间电荷层热产生电流的理论分析涉及到对通过复合中心的电荷载流子产生过程的深入理解,这方面的知识前面已经讨论过。假设 τ_g 是由于晶格热振动而**产生一个电子-空穴对的平均时间**;τ_g 也称为**平均热产生**时间。给出 τ_g,单位体积内的热产生速率就是 n_i/τ_g,即在平均的 τ_g 时间内,单位体积内产生 n_i 个电子-空穴对。如果横截面面积为 A,则耗尽区体积为 WA,那么 EHP 的热产生速率为 $(AWn_i)/\tau_g$。空间电荷层的空穴和电子的漂移对电流的贡献是相等的。可观察到的电流密度必然是 $e(Wn_i)/\tau_g$,因此由于空间电荷层内的 EHPs 的热产生的反向电流密度分量为

$$J_{gen} = \frac{eWn_i}{\tau_g} \qquad (6.18)$$

空间电荷层中的热产生电流

反向偏压使耗尽区的宽度 W 增加因而 J_{gen} 增大了。总的反向电流密度 J_{rev} 是扩散分量和热产生分量的总和,即

$$J_{rev} = \left(\frac{eD_h}{L_h N_d} + \frac{eD_e}{L_e N_a}\right)n_i^2 + \frac{eWn_i}{\tau_g} \qquad (6.19)$$

图 6.9(a)给出总反向电流的图解。由于空间电荷层宽度 W 随着反偏电压 V_r 的增大而加宽,因此式(6.19)中热产生电流分量 J_{gen} 随着反偏电压的增大而增大。

按照式(6.19),反向电流主要决定于 n_i^2 和 n_i。由于 $n_i \propto \exp[E_g/(2kT)]$,使它们的相对重要性不仅依赖于半导体性质,也依赖于温度。为了进一步说明公式(6.19)中两个不同过程,

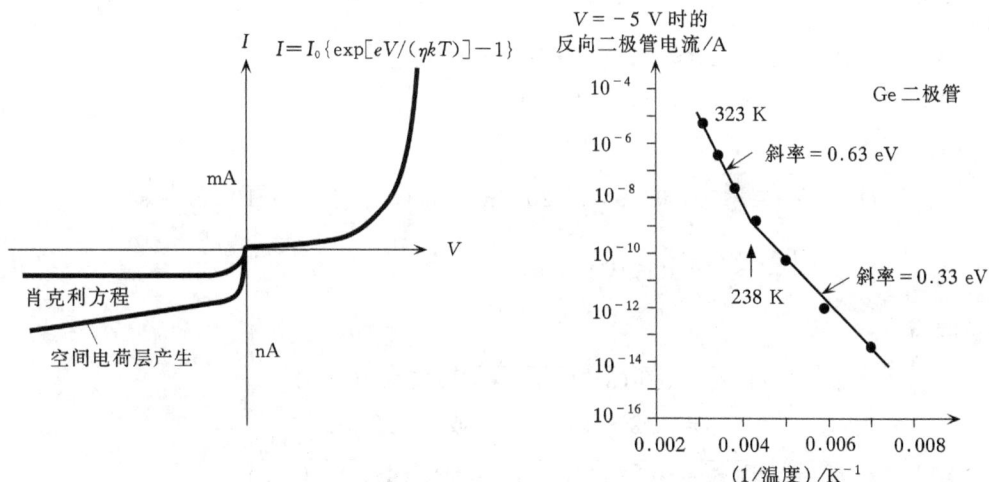

(a)pn 结的正偏和反偏 $I-V$ 特性(由于正电流和负电流的轴坐标比例不同,因此在原点处产生了不连续)

(b)Ge pn 结的反偏二极管电流对温度的 $\ln(I_{rev})-(1/T)$ 关系曲线。在 238 K 以上,I_{rev} 受 n_i^2 支配,在 238 K 以下,I_{rev} 受 n_i 支配。竖坐标是实际电流的对数值

图 6.9

来源:(b) D. Scansen, S. O. Kasap, *Cnd. J. Physics*, 70, 1070, 1992

在图 6.9(b)中给出了 Ge pn 结二极管(光电二极管)在暗场下的反偏电流的对数值 $\ln(I_{rev})$ 和 $1/T$ 的关系图。在图 6.9(b)中测量表明,在 238 K 以上,I_{rev} 受 n_i^2 控制,因为 $\ln(I_{rev})$ 对 $1/T$ 的曲线斜率约为 $E_g(0.63eV)$,这个值接近于 Ge 的预期的 $E_g(0.66eV)$。在 238 K 以下,I_{rev} 受 n_i 支配,$\ln(I_{rev})$ 对 $1/T$ 的曲线斜率等于 $E_g/2$,约为 0.33eV。在这个范围,反偏电流来源于空间电荷层内通过缺陷和杂质(复合中心)所产生的电子-空穴对。

例 6.4 正偏和反偏 Si 二极管 一个突变 Si p^+n 结二极管的横截面面积是 1 mm^2,在 p 边的硼原子受主浓度是 5.0×10^{18} cm^{-3},在 n 区的砷原子施主浓度是 1.0×10^{16} cm^{-3},n 区的空穴寿命是 417 ns,而在 p 区由于具有更大的杂质(复合中心)浓度,电子寿命仅仅是 5 ns。平均热产生寿命 τ_g 约为 1μs。p 区和 n 区的长度分别是 5 μm 和 100 μm。

a. 计算少数载流子扩散长度,判定二极管是什么类型。

b. 结的内建电势是多少?

c. 假设电流决定于少数载流子扩散过程,那么在 27℃,pn 结外加正向偏压 0.6V 条件下,电流是多少?

d. 假设 n_i 受到温度的影响比 D, L, μ 大得多,在 100℃ pn 结外加正向偏压 0.6V 条件下,计算正向电流。

e. 当二极管反向偏置,反偏电压 $V_r = 5$ V,反向电流是多少?

解:扩散长度的通用表达式是 $L = \sqrt{D\tau}$,其中 D 是扩散系数,τ 是载流子寿命。D 与迁移率 μ 的关系遵循爱因斯坦关系 $D/\mu = kT/e$。因此我们可以根据 μ 计算 D,然后再计算 L。电子扩散到 p 区,空穴扩散到 n 区,所以需要知道受主浓度 N_a 条件下的 p 区中的电子迁移率 μ_e 和施主浓度 N_d 条件下 n 区中的空穴迁移率 μ_h。根据图 5.19 中迁移率 μ 和掺杂浓度的关系得到,

当 $N_a = 5 \times 10^{18}$ cm^{-3}, $\mu_e \approx 120$ cm$^2 \cdot$ V$^{-1} \cdot$ s^{-1}

当 $N_d = 10^{16}$ cm^{-3}, $\mu_h \approx 440$ cm$^2 \cdot$ V$^{-1} \cdot$ s^{-1}

因此

$$D_e = \frac{kT\mu_e}{e} \approx (0.0259\text{V})(120 \text{ cm}^2 \cdot \text{V}^{-1} \cdot \text{s}^{-1}) = 3.10 \text{ cm}^2 \cdot \text{s}^{-1}$$

$$D_h = \frac{kT\mu_h}{e} \approx (0.0259\text{V})(440 \text{ cm}^2 \cdot \text{V}^{-1} \cdot \text{s}^{-1}) = 11.39 \text{ cm}^2 \cdot \text{s}^{-1}$$

扩散长度为

$$L_e = \sqrt{D_e\tau_e} = \sqrt{[(3.10 \text{ cm}^2 \cdot \text{s}^{-1})(5 \times 10^{-9} \text{ s})]}$$
$$= 1.2 \times 10^{-4} \text{ cm} \quad \text{或} \quad 1.2 \text{ μm} < 5 \text{ μm}$$

$$L_h = \sqrt{D_h\tau_h} = \sqrt{[(11.39 \text{ cm}^2 \cdot \text{s}^{-1})(417 \times 10^{-9} \text{ s})]}$$
$$= 21.8 \times 10^{-4} \text{cm} \quad \text{或者} \quad 21.8 \text{ μm} < 100 \text{ μm}$$

因此这是一个长二极管,内建电势为

$$V_0 = \left(\frac{kT}{e}\right)\ln\left(\frac{N_aN_d}{n_i^2}\right) = (0.0259\text{V})\ln\left[\frac{(5 \times 10^{18})(10^{16})}{(1.0 \times 10^{10})^2}\right] = 0.877 \text{ V}$$

为了计算 $V = 0.6$V 条件下 pn 结的正向电流,必须计算电流的扩散分量和复合分量。在正偏条件下,扩散电流分量很可能会大于复合电流分量,这很容易证明。假设在中性区,正向电流由少数载流子的扩散过程所引起,

$$V \gg \frac{kT}{e} \quad (= 0.0259\text{V}) \quad I = I_{s0}\left[\exp\left(\frac{eV}{kT}\right) - 1\right] \approx I_{s0}\exp\left(\frac{eV}{kT}\right)$$

其中

$$I_{s0} = AJ_{s0} = Aen_i^2\left(\frac{D_h}{L_h N_d} + \frac{D_e}{L_e N_a}\right) \approx \frac{Aen_i^2 D_h}{L_h N_d} \quad (N_a \gg N_d)$$

换句话说,电流主要是由于 n 区中空穴的扩散,因此

$$I_{s0} = \frac{(0.01\ \text{cm}^2)(1.6 \times 10^{-19}\text{C})(1.0 \times 10^{10}\ \text{cm}^{-3})^2(11.39\ \text{cm}^2 \cdot \text{s}^{-1})}{(21.8 \times 10^{-4}\ \text{cm})(10^{16}\ \text{cm}^{-3})}$$

$$= 8.36 \times 10^{-14}\ \text{A} \quad \text{或} \quad 0.084\ \text{pA}$$

因此,二极管电流为

$$I \approx I_{s0}\exp\left(\frac{eV}{kT}\right) = (8.36 \times 10^{-14}\text{A})\exp\left[\frac{(0.6\text{V})}{(0.0259\text{V})}\right]$$

$$= 0.96 \times 10^{-3}\ \text{A} \quad \text{或} \quad 0.9\ \text{mA}$$

我们注意到,当外加正向偏压为 0.6V,内建电势将从 0.887V 减小到 0.256V,这有利于少数载流子注入过程,也就是说,空穴从 p 边到 n 边的扩散,电子从 n 边到 p 边的扩散。为了得到 100℃ pn 结的电流,我们首先假设 $I_{s0} \propto n_i^2$。那么在 $T = 273 + 100 = 373$ K,$n_i \approx 1.0 \times 10^{12}$ cm^{-3}(近似地根据图 5.16 的 $n_i - 1/T$ 关系图),于是

$$J_{s0}(373\ \text{K}) \approx I_{s0}(300\ \text{K})\left[\frac{n_i(373\ \text{K})}{n_i(300\ \text{K})}\right]^2$$

$$\approx (8.36 \times 10^{-14})\left(\frac{1.0 \times 10^{12}}{1.0 \times 10^{10}}\right)^2 = 8.36 \times 10^{-10}\ \text{A} \quad \text{或} \quad 0.836\ \text{nA}$$

在 100℃,外加正向偏压 0.6V,pn 结的正向电流是

$$I = I_{s0}\exp\left(\frac{eV}{kT}\right) = (8.36 \times 10^{-10}\ \text{A})\exp\left[\frac{(0.6\text{V})(300\ \text{K})}{(0.0259\ \text{V})(373\ \text{K})}\right] = 0.1\ \text{A}$$

在外加反偏电压 V_r 条件下,耗尽区的电压降成为 $V_0 + V_r$,耗尽宽度为,

$$W = \left[\frac{2\varepsilon(V_0 + V_r)}{eN_d}\right]^{1/2} = \left[\frac{2(11.9)(8.85 \times 10^{-12})(0.877 + 5)}{(1.6 \times 10^{-19})(10^{22})}\right]^{1/2}$$

$$= 0.88 \times 10^{-6}\ \text{m} \quad \text{或} \quad 0.88\ \mu\text{m}$$

在 $V_r = 5\text{V}$ 条件下,热产生电流为

$$I_{gen} = \frac{eAWn_i}{\tau_g} = \frac{(1.6 \times 10^{-19}\ \text{C})(0.01\ \text{cm}^2)(0.88 \times 10^{-4}\ \text{cm})(1.0 \times 10^{10}\ \text{cm}^{-3})}{10^{-6}\ \text{s}}$$

$$= 1.41 \times 10^{-9}\ \text{A} \quad \text{或} \quad 1.4\ \text{nA}$$

这个热产生电流远大于反向饱和电流 I_{s0}(=0.084pA)。反向电流因此主要决定于热产生电流 $I_{gen} = 1.4$ nA。

6.2　pn 结能带图

6.2.1　开路

图 6.10(a)给出了具有相同材料(相同 E_g 的 p 型半导体和 n 型半导体彼此隔离时的能带图。在 p 型半导体中它的费密能级 E_{Fp} 比真空能级低 Φ_p,并靠近价带顶(E_v)。在 n 型半导体

中它的费密能级 E_{Fn} 比真空能级低 Φ_n，并靠近导带底(E_c)。在热平衡条件下，间隙 $E_c - E_{Fn}$ 决定了 n 型半导体中的电子浓度 n_{n0}，$E_{Fp} - E_v$ 决定 p 型半导体中的空穴浓度 p_{p0}。

　　费密能级 E_F 有一个重要性质，即对于一个热平衡系统来说，费密能级必须是空间上连续的。费密能级的差 ΔE_F 等价于电功 eV，不是对系统做功，就是从系统抽取了电能。当两个半导体像图 6.10(b)所示的聚集一起，整个两种材料和 M 处的结，其费密能级必须是一致的，M 表示冶金结的位置。在远离 M 的 n 型半导体体区中仍旧保持 n 型半导体的特性，$E_c - E_{Fn}$ 与前面一样的；同样，在远离 M 的 p 型半导体体区中仍旧保持 p 型半导体的特性，$E_{Fp} - E_v$ 与前面一样的。图 6.10(b)中已经给出了这些特征，贯穿整个系统 E_{Fn} 和 E_{Fp} 保持一致，当然，带隙 $E_c - E_v$ 也保持不变。显然，为了画出能带图，必须在结 M 附近将 E_c 和 E_v 弯曲，因为 E_c 在 n 型半导体一侧靠近 E_{Fn} 但在 p 型半导体一侧则远离 E_{Fp}。能带如何弯曲，它意味着什么？

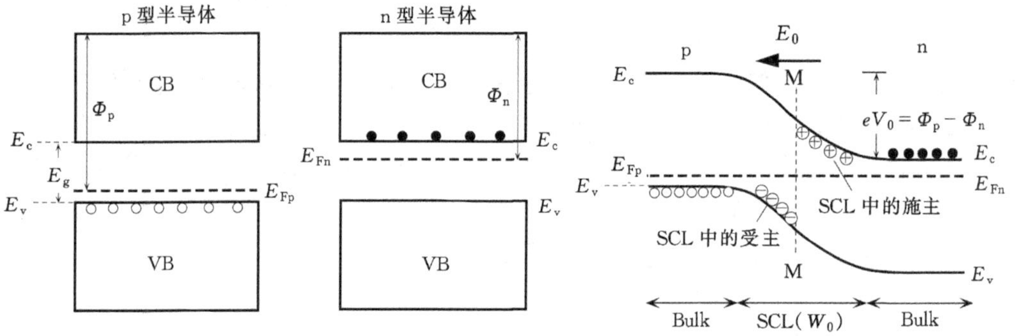

(a)两个相互分离的 p 型半导体和 n 型半导体(材料相同)　　(b)当两个半导体相互接触形成的 pn 结能带图。在平衡态，费米能级必须保持一致。冶金结在 M 点。M 周围是空间电荷层(SCL)。在 M 的 n 边空间电荷层是带正电荷的电离施主，相反在 M 的 p 边是带负电荷的电离受主

图 6.10

　　一旦两个半导体连接在一起形成结，电子就从 n 边向 p 边扩散，而且一旦扩散过程发生，就要耗尽结 M 附近的 n 区载流子。因此越趋近结 M，E_c 必须远离 E_{Fn}，图 6.10(b)已经表明了这一点。空穴从 p 边向 n 边的扩散也会让结 M 附近的 p 区失去空穴，因此越趋近结 M，E_v 越远离 E_{Fp}，图中也表明了这个变化。

　　而且，由于电子和空穴的彼此相向扩散，它们中的大部分将复合并在结 M 附近消失，从而导致了耗尽区或者空间电荷层的形成，正如我们在图 6.1(a)中所见。如图 6.1(g)所示，电子的静电势能(PE)从 p 区内的 0 减小为 n 区内的 $-eV_0$。因此从 p 区到 n 区，电子的总能量减小了 eV_0。换句话说，n 边中导带(E_c)上的电子必须越过电子的能量势垒才可以转到 p 边的导带上。这个势垒为 eV_0，其中 V_0 是我们在 6.1 节中给出的内建电势。因此在结 M 附近的能带弯曲不仅可以说明这个区域电子浓度和空穴浓度的变化，也可以说明内建电势的效应(因为电场和电势相关，所以也可以说明内建电场效应)。

　　为了强调结 M 附近的电离电荷，在图 6.10(b)中的结 M 附近也示意出了耗尽区中的正施主离子和负受主离子。这些电荷当然是固定不动的，通常它们并不出现在能带图中。应该注意到，与半导体体区相比，在用 W_0 表示的空间电荷层区域，费密能级既不靠近 E_c，也不靠近 E_v。这意味着在空间电荷层区的 n 和 p 要比半导体体区中的 n_{n0} 和 p_{p0} 小得多。与半导体体区

相比,冶金结区域的载流子被耗尽。因此,任何外加电压一定会降落在空间电荷层区域。

6.2.2　正偏和反偏

开路条件下的 pn 结能带图如图 6.11(a)所示。不存在净电流,所以从 n 到 p 边的电子扩散电流被内建电场 E_0 驱动的从 p 到 n 边的电子漂移电流所平衡。类似的论点对空穴也是适用的。一个电子从 n 边中的导带(E_c)扩散到 p 边导带的概率决定了扩散电流密度 J_{diff}。越过 PE 势垒的概率与 $\exp(-eV_0/kT)$ 成比例。因此,在零偏压下,

$$J_{\mathrm{diff}}(0) = B\exp\left(-\frac{eV_0}{kT}\right) \tag{6.20}$$

$$J_{\mathrm{net}}(0) = J_{\mathrm{diff}}(0) + J_{\mathrm{drift}}(0) = 0 \tag{6.21}$$

其中 B 是一个比例常数,$J_{\mathrm{drift}}(0)$ 是内建电场 E_0 驱动下的漂移电流。显然 $J_{\mathrm{drift}}(0) = -J_{\mathrm{diff}}(0)$,也就是漂移与扩散方向相反。

当 pn 结正向偏置时,外加电压主要降落在耗尽区,所以外加电压与内建电势 V_0 是相反方向。图 6.11(b)给出了正偏所产生的结果,那就是将 PE 势垒从 eV_0 减小到 $e(V_0-V)$。现在,n 边中导带上的电子能够容易地越过 PE 势垒并扩散到 p 边。从 n 边扩散的电子很容易从接在这一边的电池负极端得到补充。同样,空穴现在能够从 p 边扩散到 n 边。电池正极也能够填充那些从 p 边扩散并离开空穴。因此形成了一个流过 pn 结并环绕电路的电流。

一个电子从 n 边中的导带克服新的势垒并扩散到 p 边导带的概率现在与 $\exp[-e(V_0-V)/kT]$ 成比例。甚至在一个小的正偏电压下,这个指数项也会显著地增加。由于从 n 到 p 边的电子扩散形成的新的扩散电流是

$$J_{\mathrm{diff}}(V) = B\exp\left[-\frac{e(V_0-V)}{kT}\right]$$

在空间电荷层中还有一个由新的电场 E_0-E(E 是外加电场)驱动的电子漂移电流。这个漂移电流的值是 $J_{\mathrm{drift}}(V)$。在正偏压下,这个净电流是二极管电流

$$J = J_{\mathrm{diff}}(V) + J_{\mathrm{drift}}(V)$$

计算 $J_{\mathrm{drift}}(V)$ 是困难的。作为初步近似我们可假设,虽然电场强度从 E_0 减小为 E_0-E,但是,由于扩散过程却导致空间电荷层中的电子浓度增加了,所以可以近似认为 $J_{\mathrm{drift}}(V)$ 与 $J_{\mathrm{drift}}(0)$ 相同。从而得到

$$J \approx J_{\mathrm{diff}}(V) + J_{\mathrm{drift}}(0) = B\exp\left[-\frac{e(V_0-V)}{kT}\right] - B\exp\left(-\frac{eV_0}{kT}\right)$$

进一步化简得到

$$J \approx B\exp\left(-\frac{eV_0}{kT}\right)\left[\exp\left(\frac{eV}{kT}\right) - 1\right]$$

我们还应该加入空穴对电流的贡献,其公式的形式相同但是常数 B 不同。因此二极管的电流-电压关系变成了熟悉的二极管方程(the diode equation),即

$$J = J_0\left[\exp\left(\frac{eV}{kT}\right) - 1\right]$$ 　　　**pn 结 I-V 特征**

其中 J_0 是与温度有关的常数[①]。

---

① 　该推导过程与肖特基二极管的相似,但是这里有更多的假设。

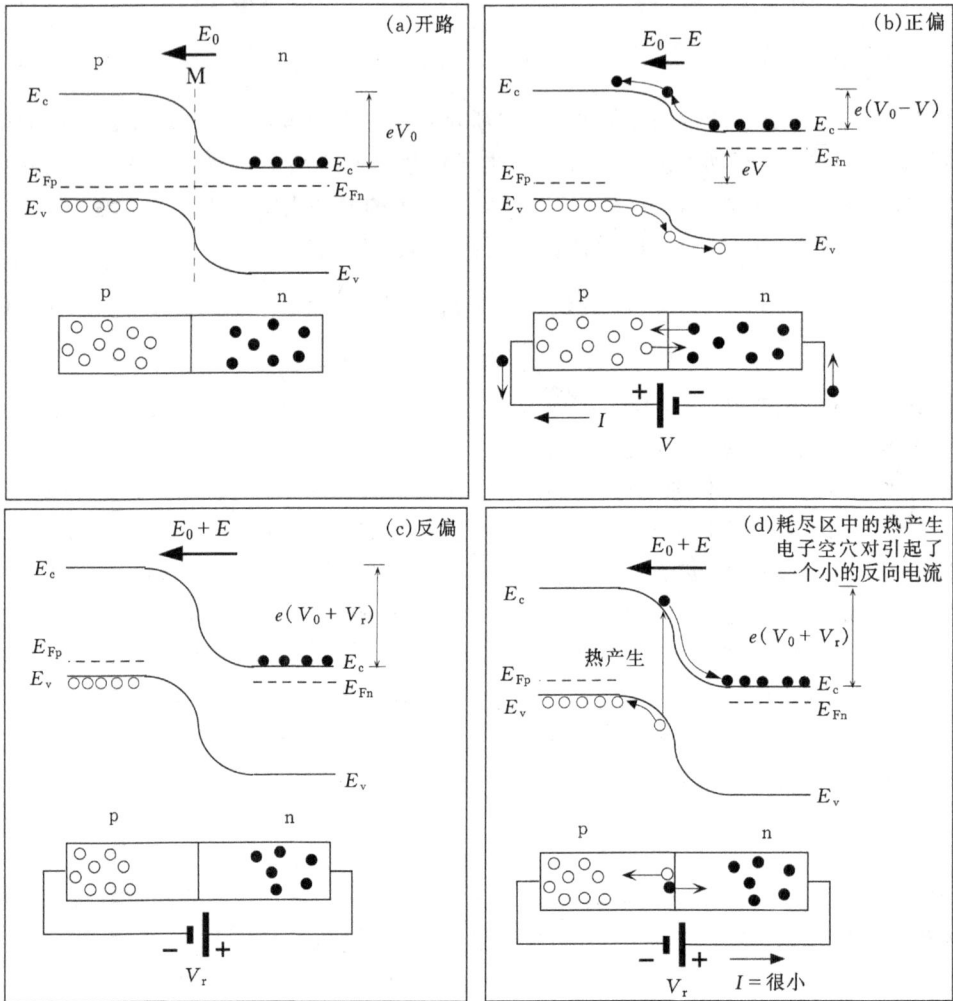

图 6.11 pn 结能带图

当 pn 结施加一个反偏电压 $V=-V_r$,在空间电荷层区域电压再次降低。但是在这种情况下,V_r 附加在内建电势 V_0 上,PE 势垒成为 $e(V_0+V_r)$,如图 6.11(c)所示。空间电荷层 M 处的电场增加到 E_0+E,这里 E 是外加电场。

由电子从 n 边中的导带扩散到 p 边导带而产生的扩散电流现在几乎可以忽略,这是因为电流与 $\exp[-e(V_0+V_r)/(kT)]$ 成比例,这个指数项随着 V_r 变得很小。但是,仍然存在一个漂移分量引起的小的反向电流。如图 6.11(d)中所示,在空间电荷层中的热产生电子-空穴对在电场作用下分离,电子沿着电子势能坡下降到 n 边的导带(E_c)上,被电池所收集。同样空穴则下降到它自己的势能坡下(对于空穴,能量增加),使空穴到 p 边。在反偏电压条件下,因此有一个小的反向电流取决于空间电荷层中电子-空穴对的热产生的速率。在 p 边靠近空间电荷层边界的一个扩散长度 L_e 区域内的热产生电子能够扩散到空间电荷层,随后在电场驱动下漂移,即沿着弯曲的能带向下运动(图 6.11(d))。这些在中性区热产生的少数载流子也对反向电流有贡献。

例 6.5　**能带图中的内建电势 V_0**　根据能带图能够采用更简单的方法来计算内建电势 V_0。有一个如图 6.10 中所示的从图(a)到(b)而形成的 pn 结，E_{Fn} 和 E_{Fp} 必须移动排成一条线。利用该能带图和 n 型及 p 型半导体公式根据材料和掺杂特性 N_d, N_a, n_i 推导内建电势 V_0 的表达式。

解　很清楚，E_{Fn} 和 E_{Fp} 的移动量为 $\Phi_p - \Phi_n$，即功函数之差。这样势垒 eV_0 就是 $\Phi_p - \Phi_n$。从图 6.10 中可以得到

$$eV_0 = \Phi_p - \Phi_n = (E_c - E_{Fp}) - (E_c - E_{Fn})$$

热平衡条件下，p 边和 n 边的电子浓度分别由下面的公式给出：

$$n_{p0} = N_c \exp\left[-\frac{(E_c - E_{Fp})}{kT}\right]$$

$$n_{n0} = N_c \exp\left[-\frac{(E_c - E_{Fn})}{kT}\right]$$

将这两个公式代入前面 eV_0 的公式，N_c 被消去，可以得到

$$eV_0 = kT\ln\left(\frac{n_{n0}}{n_{p0}}\right)$$

由于 $n_{p0} = n_i^2/N_a$，$n_{n0} = N_d$，那么可以得到内建电势 V_0 为

$$V_0 = \frac{kT}{e}\ln\left(\frac{N_a N_d}{n_i^2}\right) \qquad \text{内建电压}$$

6.3　pn 结的耗尽层电容

显而易见，一个 pn 结的耗尽区在 W 的宽度上拥有相互分离的正电荷和负电荷，这与一个平板电容器很类似。但是耗尽区储存的电荷却和平板电容器的情况不同，它并不与电压呈线性关系。定义一个增量电容，它是 pn 结上所存储的增量电荷与增量电压变化的依赖关系。

耗尽区宽度由下式给出：

$$W = \left[\frac{2\varepsilon(N_a + N_d)(V_0 - V)}{eN_a N_d}\right]^{1/2} \qquad (6.22)\ \text{耗尽区宽度}$$

其中，在正偏条件下，V 取正值，V_0 被减小；在反偏条件下，V 是负值，V_0 增加。我们感兴趣的是如何得到动态条件下(即 V 是时间的函数)的耗尽区电容。当外加电压 V 变化 dV 到 $V+dV$，按照公式(6.22)W 也发生变化，耗尽区的电荷量因此变为 $Q+dQ$，图 6.12(a)中给出了反偏条件 $V = -V_r$ 和 $dV = -dV_r$ 的耗尽区电荷变化的情况。**耗尽层电容**(depletion layer capacitance)C_{dep} 定义如下：

$$C_{dep} = \left|\frac{dQ}{dV}\right| \qquad (6.23)\ \text{耗尽层电容定义}$$

其中电荷量(耗尽层任意一边)是

$$|Q| = eN_d W_n A = eN_a W_p A$$

而且 $W = W_n + W_p$。将公式(6.22)中的 W 用 Q 代替，并微分得到 dQ/dV，耗尽层电荷的最后结果是

$$C_{dep} = \frac{\varepsilon A}{W} = \frac{A}{(V_0 - V)^{1/2}}\left[\frac{e\varepsilon N_a N_d}{2(N_a + N_d)}\right]^{1/2} \qquad (6.24)\ \text{耗尽层电容}$$

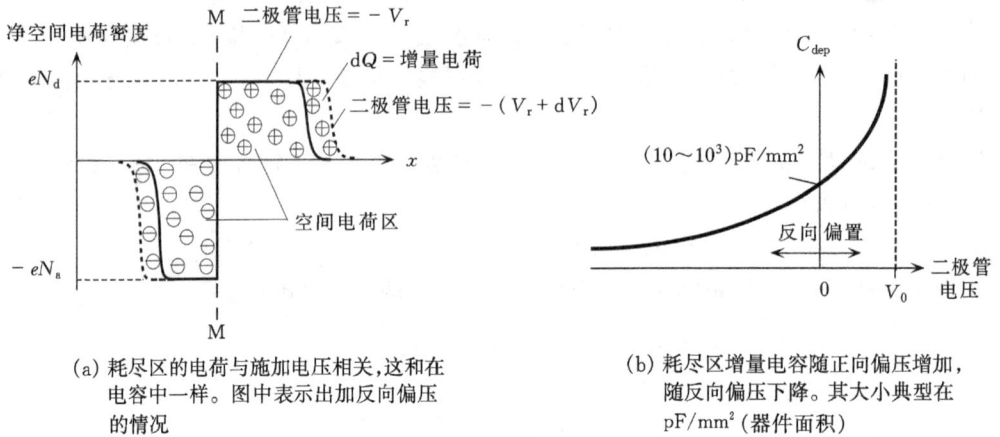

(a) 耗尽区的电荷与施加电压相关,这和在
电容中一样。图中表示出加反向偏压
的情况

(b) 耗尽区增量电容随正向偏压增加,
随反向偏压下降。其大小典型在
pF/mm²(器件面积)

图 6.12

其实,这里的 C_{dep} 和平板电容器电容公式相同,即 $\dfrac{\varepsilon A}{W}$,但是 W 按照公式(6.22)随外加电压而变化。C_{dep} 相对 V 的关系如图 6.12(b)所示。留意 C_{dep} 随着反偏电压的增大而减小,这是可以预料的,因为电荷分离程度依 $W \propto |(V_0 + V_r)|^{1/2}$ 加大。电容 C_{dep} 在正偏和反偏条件下都存在。

耗尽层电容对电压的依赖关系在**变容二极管**(varactor diodes—varicaps)中得到了应用,变容二极管常在调谐电路中用作压控电容器。变容二极管反向偏置以制止电导,它的耗尽层电容通过调节反向偏压而变化。

6.4 扩散(存储)电容和动态电阻

扩散或者存储电容只在正偏下产生。如图 6.2(a)所示,当 p^+n 结正向偏置,n 边会通过少数载流子的连续注入和扩散来存储正电荷。同样,负电荷通过电子的注入存储到 p^+ 边,但对于 p^+n 结,这个负电荷电量较小。如图 6.13 所示,当外加电压从 V 增加到 $V+dV$,$p_n(0)$ 将从 $p_n(0)$ 变化到 $p'_n(0)$。如果由于电压 V 增加了微小量 dV 而引起附加的少数载流子电荷 dQ 注入到 n 边,那么增量存储电容或者**扩散电容** C_{diff} 被定义为 $C_{diff} = dQ/dV$。在电压 V 条件下,n 边注入的电荷 Q 通过复合而消失,复合速率为 Q/τ_h,τ_h 是少数载流子寿命。从而得到二极管的电流 $I = Q/\tau_h$,于是,

$$Q = \tau_h I = \tau_h I_0 \left[\exp\left(\frac{eV}{kT}\right) - 1 \right] \qquad (6.25)$$

注入的少数载流子电荷量

因此,

$$C_{diff} = \frac{dQ}{dV} = \frac{\tau_h e I}{kT} = \frac{\tau_h I(\text{mA})}{25} \qquad (6.26)$$

扩散电容

这里应用了室温条件下 $e/(kT) \approx 1/0.025$。通常典型的扩散电容值在纳法(nF)范围,这是远远大于耗尽层电容的。

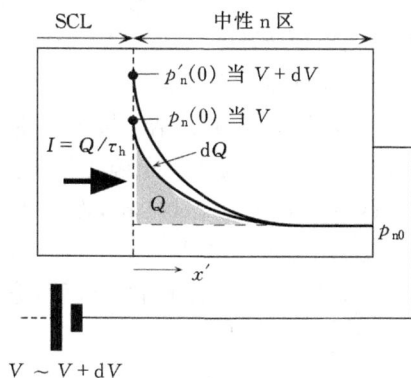

图 6.13　正偏条件下空穴注入到 n 区一侧

当二极管外加电压从 V 增加到 $V+dV$,更多的载流子注入到 n 区,更多的少数载流子电荷被存储在这里

假如跨二极管的电压 V 增加一个无限小量 dV,图 6.14 中给出了比较夸张的示意。这将使得二极管电流增加 dI。我们定义二极管的**动态电阻**或者**增量电阻** r_d 为 dV/dI,那么

$$r_d = \frac{dV}{dI} = \frac{kT}{eI} = \frac{25}{I(\text{mA})} \qquad (6.27)\quad \boxed{\text{动态／增量电阻}}$$

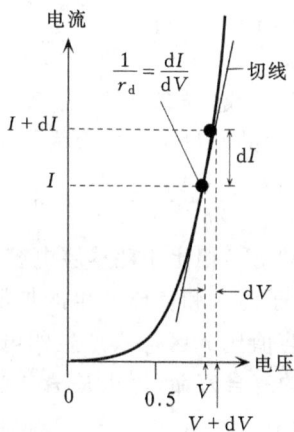

图 6.14　二极管的动态电阻被定义为 dV/dI,动态电阻是在电流 I 处正切的倒数

动态电阻是 I-V 特征曲线某点的斜率的倒数,因此依赖于电流 I。动态电阻将二极管独自作用所产生的电流和电压变化关联起来,通过动态电阻,我们可以通过二极管电压来调节少数载流子扩散的速率。我们还可以等效地定义一个动态电导,即

$$g_d = \frac{dI}{dV} = \frac{1}{r_d} \qquad\qquad \boxed{\text{动态电导}}$$

从式(6.26)和式(6.27)可以得到

$$r_d C_{\text{diff}} = \tau_h \qquad\qquad\qquad (6.28)$$

二极管的动态电阻 r_d 和扩散电容 C_{diff} 决定了正偏条件下它对交流小信号的响应。这里的"小"通常是指在室温下电压小于热电压 kT/e 或 25 mV。对于交流小信号,我们可以简单地认为一个正偏二极管是电阻 r_d 和电容 C_{diff} 的并联。

例 6.6 增量电阻和电容 一个突变 Si p^+n 结二极管的横截面面积是 1 mm^2,在 p 边的硼原子受主浓度是 5.0×10^{18} cm^{-3},在 n 边的砷原子施主浓度是 1.0×10^{16} cm^{-3}。二极管正向偏置承载电流为 5 mA。在 n 区的空穴寿命是 417 ns,而在 p 区的电子寿命是 5 ns。二极管的小信号交流电阻、增量存储和耗尽层电容是多少?

解: 这个二极管就是例 6.4 中我们所考虑的那个二极管,它的内建电势是 0.877V,$I_{s0} = 0.0836$ pA。二极管流过的电流为 5 mA。因此,

根据 $I = I_{s0} \exp\left(\dfrac{eV}{kT}\right)$ 得到

$$V = \left(\frac{kT}{e}\right)\ln\left(\frac{I}{I_{s0}}\right) = 0.0259\ln\left(\frac{5 \times 10^{-3}}{0.0836 \times 10^{-12}}\right) = 0.643 \text{ V}$$

动态电阻为

$$r_d = \frac{25}{I(\text{mA})} = \frac{25}{5} = 5 \ \Omega$$

当 $N_a \gg N_d$,单位面积耗尽层电容是

$$C_{dep} = A\left[\frac{e\varepsilon N_a N_d}{2(N_a + N_d)(V_0 - V)}\right]^{1/2} \approx A\left[\frac{e\varepsilon N_d}{2(V_0 - V)}\right]^{1/2}$$

将 $V = 0.643$ V,$N_d = 10^{22}$ m^{-3},$V_0 = 0.877$ V,$\varepsilon_r = 11.9$,$A = 10^{-6}$ m^2 代入上式,得到

$$C_{dep} = 10^{-6}\left[\frac{(1.6 \times 10^{-19}) \times 11.9 \times (8.85 \times 10^{-12}) \times 10^{22}}{2 \times (0.877 - 0.643)}\right]^{1/2}$$
$$= 6.0 \times 10^{-10} \text{ F} \quad \text{或} \quad 600 \text{ pF}$$

因在 n 区的空穴注入和存储产生的增量扩散电容为

$$C_{diff} = \frac{\tau_h I(\text{mA})}{25} = \frac{(417 \times 10^{-9}) \times 5}{25} = 8.3 \times 10^{-8} \text{ F} \quad \text{或} \quad 83 \text{ nF}$$

显然正向偏压下产生的扩散电容(83 nF)相比于耗尽层电容(600 pF)具有完全压倒性优势。

我们应该注意还有一个 p 区电子注入和存储产生的扩散电容。但是,在 p 区的电子寿命非常短(这里是 5 ns),所以这个电容值比 n 区空穴产生的电容要小得多。在计算扩散电容的时候,我们考虑少数载流子有最长的复合寿命,这里是 τ_h。当外加电压突然关断,存在载流子必然花费很长时间才能够复合而消失。

6.5 反向击穿:雪崩击穿和齐纳击穿

横跨一个 pn 结的反向电压不能无限制地增加。pn 结最终或者因为雪崩机制或者因为齐纳(Zener)机制而发生击穿,如图 6.15 所示,击穿会导致大的反向电流。在 $V = V_{br}$ 区域,反向电流在反偏下剧烈增大。如果没有限制,反向电流将增大功耗,功耗反过来又升高了器件温度,又导致反向电流进一步增

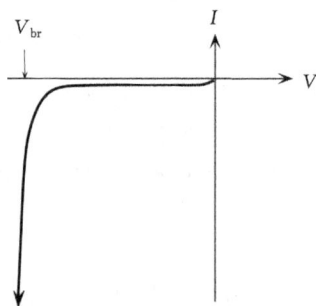

图 6.15 一个 pn 结的特性——反向 I-V

大。如果温度并没有烧毁器件,例如通过接触电极熔化,那么击穿是可恢复的。如果电流通过外部电阻被限制在功耗规格的范围内,那么器件没有理由在击穿条件下不能工作。

6.5.1　雪崩击穿

随着反偏电压的升高,在空间电荷区中的电场变得如此之大,以至于一个在该区域做漂移运动的电子能够获得足够的动能去撞击 Si 原子并且使它电离,或者说使 Si—Si 键断裂。一个漂移电子从电场获得足够能量并轰击宿主晶体原子使其发生电离的现象称为**碰撞电离**(impact ionization)。随着碰撞电离打断一个 Si—Si 键,被加速的电子必须至少得到一个等于禁带宽度 E_g 的能量,这个能量与将一个电子从价带激发到导带的能量相等。这样,一个额外的电子-空穴对就从碰撞电离过程中产生了。

当一个在空间电荷层 p 边的热产生电子被电场加速的时候,会发生什么事情呢? 如图 6.16 所示,电子加速并得到足够的能量与宿主 Si 原子相撞,通过碰撞电离释放出一个电子空穴对。电子失去至少 E_g 的能量,但是它能够加速并进一步沿着耗尽区经历下一个碰撞电离,直到它到达中性 n 区。碰撞电离所产生的电子空穴对自身也可能电场加速并发生碰撞电离,如此等等,导致了**雪崩效应**(avalanche effect)。一个初始的载流子通过碰撞电离的雪崩过程在空间电荷层内产生了很多载流子。

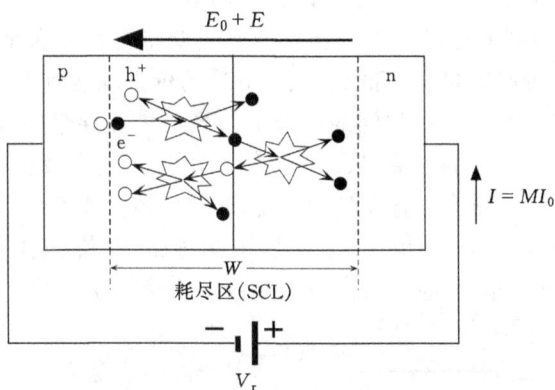

图 6.16　碰撞电离引起雪崩击穿

如果在没有碰撞电离的条件下,空间电荷层中的反向电流是 I_0,那么由于空间电荷层中的电离碰撞雪崩过程,反向电流变成了 MI_0,M 是倍增因子。它是空间电荷区中每个载流子通过雪崩效应所产生的净载流子数目。碰撞电离强烈的依赖于电场。反偏电压增加一点点,也能够导致倍增过程的剧烈增加。典型地,

$$M = \frac{1}{1 - \left(\frac{V_r}{V_{br}}\right)^n} \tag{6.29}$$

其中 V_r 是反偏电压,V_{br} 是击穿电压,n 是一个取值范围 3~5 的指数。显然,如图 6.15 所示,随着 V_r 接近 V_{br},反向电流锐增。事实上,反向击穿条件下,电流变化很大(可以达到几个数量级),跨二极管的电压却保持在 V_{br} 近旁。如图 6.17 所示,如果通过一个适当的外部电阻 R 对击穿时反向电流进行限制来阻止二极管内达到破坏性功耗,那么二极管上的电压就大约保持

在 V_{br}。因此，只要 $V_r>V_{br}$，A,B 之间的二极管电压被箝制在大约 V_{br}。于是，电路中的反向电流就是 $(V_r-V_{br})/R$。

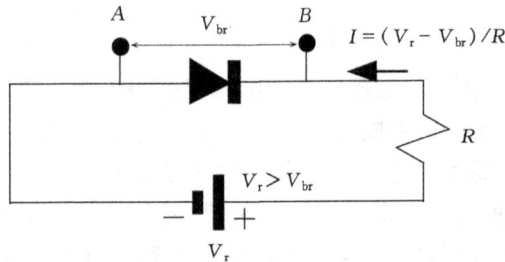

图 6.17　如果 $V_r>V_{br}$ 时的反向电流受到一个外部电阻限制以阻止破坏性功耗，那么该二极管能够箝制 AB 之间的电压，电压约保持在 V_{br}

既然在空间电荷层中的电场依赖于耗尽区宽度 W，W 又依赖于掺杂参数，那么 V_{br} 也依赖于掺杂，例题 6.7 中将对此进行讨论。

6.5.2　齐纳击穿

重掺杂 pn 结的耗尽区宽度很窄，导致该区域内电场强度很大。如图 6.18 所示，当一个 pn 结被反向偏置，可以看到 n 边的能带图相对于 p 边变得更低。在足够的反偏电压下（典型值小于 10 V），n 边的导带底能量 E_c 可能会低于 p 边的价带顶能量 E_v。这意味着 p 边价带顶的电子现在与 n 边导带上的空态在相同的能级上。当价带和导带间隔 $a(<W)$ 很窄，电子很容易从 p 边的价带隧穿到 n 边的导带，从而产生一个电流。这个过程被叫做"**齐纳效应**"。由于在价带上有大量的电子和导带上有大量的空态，隧穿电流变得显著了。很清楚，开始产生隧穿电流并随后发生齐纳击穿的反向电压 V_r，使得 n 边导带 E_c 降低到 p 边价带 E_v 之下，从而产生了一个容易产生有利于隧穿的带隙。应用非量子力学术语，也许可以直觉地认为齐纳效

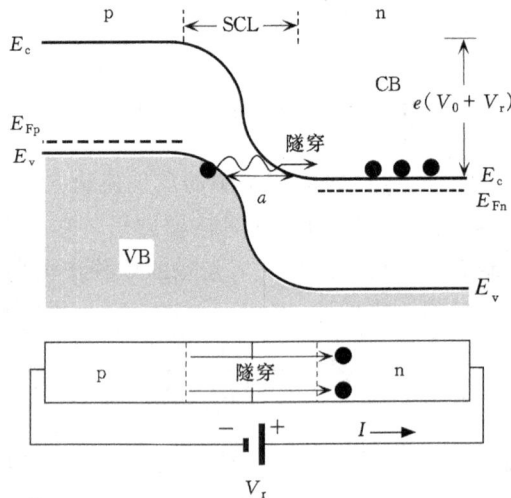

图 6.18　齐纳击穿和反向偏压使 E_c 和 E_v 对齐时从 p 边价带到 n 边导带的电子隧穿过程相关

应是耗尽区强电场拉出了 Si—Si 键中的一些电子,并把它们释放到导带。

图 6.19 表明了在一个单边(p^+n 或者 pn^+)突变结中,耗尽区内开始发生雪崩击穿或者齐纳击穿的击穿电场 E_{br} 对轻掺杂一边的杂质浓度 N_d 的依赖关系。在高电场条件下,隧穿成为主要的反向击穿机制。

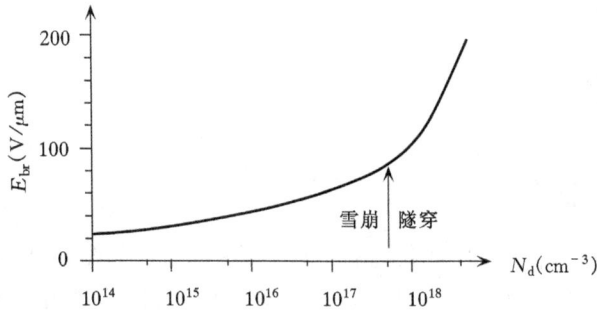

图 6.19　单边轻掺杂突变(p^+n 或 pn^+)pn 结的耗尽层反向击穿场强 E_{br} 与掺杂浓度 N_d 的关系。雪崩和隧穿机理用箭头分开

来源:选自 M. Sze and G. Gibbons,Solid state Electronics,9,no. 831,1966

例 6.7　雪崩击穿　考虑一个均匀掺杂的突变 p^+n 结($N_a \gg N_d$),反向偏置电压为 $V = -V_r$。

a. 耗尽区宽度 W 和耗尽区上的电势差 $V_0 + V_r$ 的关系是什么?

b. 如果当耗尽区中的最大电场 E_0 达到击穿场强 E_{br} 时雪崩击穿发生了,那么证明击穿电压 $V_{br}(V_{br} \gg V_0)$ 可以表示为 $V_{br} = \dfrac{\epsilon E_{br}^2}{2eN_d}$。

c. 一个突变 Si p^+n 结二极管,它的 p 区的硼原子掺杂浓度是 10^{19} cm^{-3},n 区的磷原子掺杂浓度是 10^{16} cm^{-3}。雪崩击穿电场对杂质浓度的依赖关系如图 6.19 所示。

1. 这个 Si 二极管的反向击穿电压是多少?

2. 当磷掺杂浓度提高到 10^{17} cm^{-3},计算反向击穿电压。

解:假设全部反偏电压施加在耗尽层上,则耗尽区 W 上的电压为 $V_0 + V_r$. 为了得到耗尽区的最大电场。需要对 $dE/dx = \rho_{net}/\epsilon$ 进行积分。这里最重要的是一定要记住,与 W、E_0、V_0、N_0、N_d 等参数相关的 pn 结方程保持不变,但是由于反偏电压从 V_0 增大到 $V_0 + V_r$,所以需要用 $V_0 + V_r$ 代替 V_0。那么根据 $N_a \gg N_d$,从式(6.4)中得到

$$W^2 = \frac{2\epsilon(N_a^{-1} + N_d^{-1})(V_0 + V_r)}{e} \approx \frac{2\epsilon(V_0 + V_r)}{eN_d}$$

与击穿强 E_{br} 对应的最大电场由下式给出:

$$E_0 = -\frac{2(V_0 + V_r)}{W}$$

因此,根据以上两个公式我们可以消去 W,得到 $V_{br} = V_r$,则

$$V_{br} = \frac{\epsilon E_{br}^2}{2eN_d}$$

已知 $N_a \gg N_d$,那么得到 p^+n 结的 $N_d = 10^{16}$ cm^{-3}。由于耗尽层延伸到 n 区中,所以最大

电场实际上出现在 n 区。这里击穿电场依赖于掺杂浓度,图 6.19 中给出了击穿场强 E_{br} 处对应临界电场和掺杂浓度的关系曲线图。在 $N_d = 10^{16}$ cm^{-3} 的条件下,取 $E_{br} \approx 40$ V/μm 或 4.0×10^5 V·cm^{-1},并应用上面关于 V_{br} 的公式,得到 $V_{br} = 53$ V。

当 $N_d = 10^{17}$ cm^{-3},从图中可以得到 $E_{br} \approx 6 \times 10^5$ V·cm^{-1},对应的反向击穿电压 $V_{br} = 11.8$ V。

6.6 双极晶体管

6.6.1 共基极直流特性

本节以 pnp 双极晶体管(BJT)为例进行说明,其基本结构如图 6.20(a)所示。pnp 晶体管有 3 个掺杂浓度不同的半导体区。这些不同掺杂的区是在制造过程中对同一块单晶体内掺入不同的施主和受主浓度来产生的。其中,掺杂最重的 p 区(p$^+$)被称为**发射极**,和这个区接触的是轻掺杂的 n 区,被称为**基极**,另一个区是 p 型掺杂,叫做**集电极**。基极区的宽度最窄,下面会谈到它的成因。尽管图 6.20(a)中这 3 个区横截面积相同,但实际上由于制造工艺的缘故,从发射极到集电极的横截面积是递增的而且集电极区宽度也有所延展。为简化起见,我们将假设这 3 个区的横截面积是一致的,如图 6.20(a)所示。

图 6.20 中所示是 pnp 型双极晶体管工作在有源状态,也就是基极-发射极(BE)结处于正向偏置,基极-集电极(BC)结处于反向偏置。图 6.20(b)中的电路,其基极相对于集电极和发

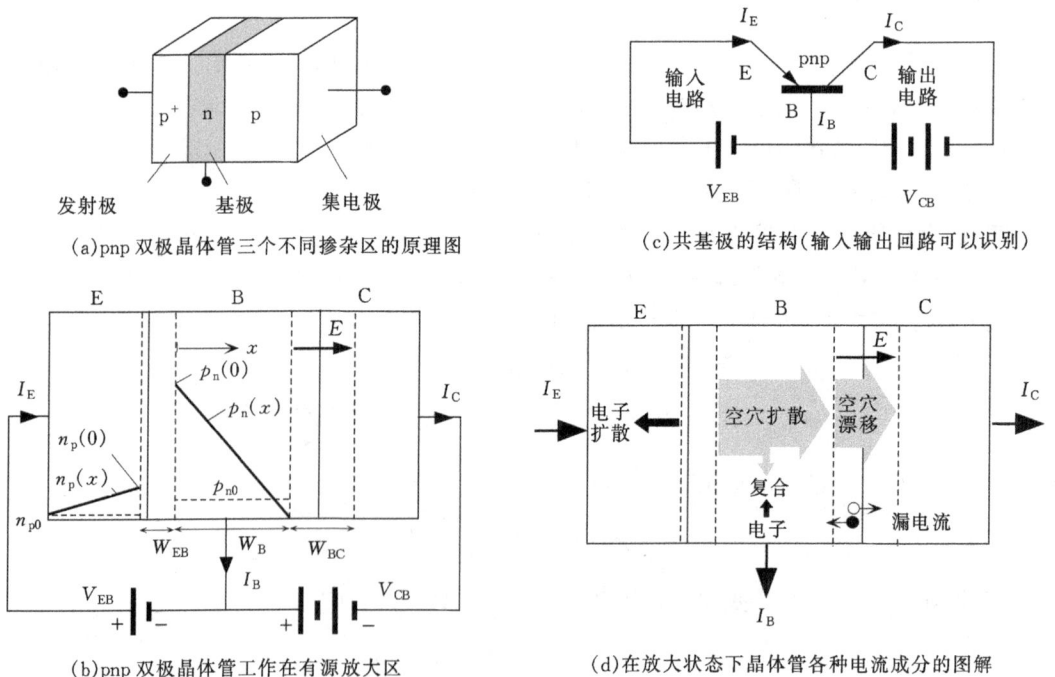

(a)pnp 双极晶体管三个不同掺杂区的原理图

(c)共基极的结构(输入输出回路可以识别)

(b)pnp 双极晶体管工作在有源放大区

(d)在放大状态下晶体管各种电流成分的图解

图 6.20

射极的偏置电压是公共的,通称为共基极(CB)电路[①]。图 6.20(c)所示是 BJT 晶体管用电路符号表示的共基极(CB)晶体管电路。电路的箭头符号指出了发射结并标示了在 EB 结正偏时电流的流向。图 6.20(c)还画出了发射极电路,连接了偏置电压 V_{EB},作为输入回路。集电极电路连接了偏置电压 V_{CB} 作为输出回路。

基极-发射极结简称为**发射结**,而基极-集电极结称为**集电结**。因为发射极是重掺杂的,发射结的耗尽区的宽度 W_{EB} 几乎全延伸到基极内。一般地,基极区和集电极区掺杂相差不大,所以集电结的耗尽区 W_{BC} 向基极和集电极两侧延伸。耗尽区外的中性基极区宽度用 W_B 来表示。上面所有的参数都在图 6.20(b)中定义和表明了。

我们应该注意到所有外加电压降落在耗尽区宽度上。加在集电极-基极上的电压 V_{CB} 使 BC 结反向偏置,从而增强了集电结的耗尽区的电场。

因为 EB 结是正向偏置的,少数载流子就被注入到发射极和基极,十分像一个正向偏置的二极管。如图 6.20(d)所示,空穴被注入到基极,远超过电子数量被注入到发射极。因为发射极是重掺杂的。于是我们可以假定,发射极电流几乎全是由空穴从发射极注入到基极而形成的。因此,在正向偏置时,发射极的确在"发射",即把空穴发射入基极。

因为基极空穴浓度梯度的存在,注入进基极的空穴必向集电极结扩散。集电极结耗尽区边上的空穴浓度 $p_n(W_B)$ 小到可以忽略不计,这主要是因为增大的场强近乎将耗尽区内所有空穴驱赶到了集电极(集电结是反向偏置)。

发射极结耗尽区在基极一侧边上的空穴浓度 $p_n(0)$ 由结定律给出。从这一点计量 x(如图 6.20(b)):

$$p_n(0) = p_{n0} \exp\left(\frac{eV_{EB}}{kT}\right) \tag{6.30}$$

而在集电极边缘,$x=W_B$,$p_n(W_B) \approx 0$。

如果基极的空穴没有复合消失,那么所有注入空穴都将扩散到集电极结。基极没有电场使空穴漂移,空穴基本靠扩散来运动。当空穴运动到集电极结时,它们受结 W_{BC} 内的电场 E 的作用很快漂移到集电极。很明显,从发射极注入的所有空穴都被集电极收集了,于是集电极的电流和发射极的一样大。唯一不同的是较小的电压差 V_{EB},使发射极电流流动,而较大的电压差 V_{CB} 使集电极电流流动。这意味着从发射极电路到集电极电路产生了功率净增益。

因为基极电流是依靠扩散运动,所以为了求得发射极和集电极电流,我们必须知道 $x=0$ 处和 $x=W_B$ 处的空穴浓度梯度,因而我们必须知道横跨基极的空穴浓度分布 $p_n(x)$[②]。首先,我们将 $p_n(x)$ 在基极的分布曲线近似为从 $p_n(0)$ 到 $p_n(W_B)$ 的直线,如图 6.20(b)。这仅在基极没有任何载流子复合的情况下成立,就像短二极管那样。那么发射极电流可写成

$$I_E = -eAD_h\left(\frac{dp_n}{dx}\right)_{x=0} = eAD_h\frac{p_n(0)}{W_B}$$

将 $p_n(0)$ 用式(6.30)替换可以得到

发射极电流　　　　　　　$$I_E = \frac{eAD_h p_{n0}}{W_B}\exp\left(\frac{eV_{EB}}{kT}\right) \tag{6.31}$$

显然 I_E 是由加在 EB 结上的正向偏置 V_{EB} 和基极宽度 W_B 来决定。不考虑复合,集电极

---

① 这里的 CB 不要与导带的缩写混淆。

② 实际的浓度分布可以通过求解稳态连续方程得到,计算过程可以在高级教程中找到。

电流与发射极电流是相同的,$I_C = I_E$。输入(发射极)电路的 V_{EB} 对输出(集电极)电路的集电极电流 I_C 进行控制,这就是**晶体管特性**的本质。共基极电路能获得**功率增益**,这是因为图 6.20(c)中输出电路的 I_C 流过的是较大电压 V_{CB} 而输入电路的 I_E 流过的是较小电压 V_{EB}(大约0.6V)。

集电极电流 I_C 与发射极电流 I_E 之比被定义为**共基极电路电流增益**,或者晶体管的**电流转换率** α,

$$\alpha = \frac{I_C}{I_E} \qquad (6.32) \ \text{共基极电流增益定义}$$

α 的典型值小于1,在 $0.99 \sim 0.999$ 范围内。这是由于两个原因。首先是由于发射极注入效率的限制。当 BE 结正向偏置时,空穴被从发射极注入到基极,产生发射极电流 $I_{E(hole)}$;电子被从基极注入到发射极,形成发射极电流 $I_{E(electron)}$。因此,总电流为

$$I_E = I_{E(hole)} + I_{E(electron)} \qquad\qquad \text{发射极总电流}$$

因为只有空穴才可以到达集电极,所以只有注入到基极的空穴对集电极电流有贡献。定义发射极注入效率为

$$\gamma = \frac{I_{E(hole)}}{I_{E(hole)} + I_{E(electron)}} = \frac{1}{1 + \dfrac{I_{E(electron)}}{I_{E(hole)}}} \qquad (6.33) \ \text{发射极注入效率}$$

必然地,集电极电流只取决于 $I_{E(hole)}$,它小于发射极电流。我们希望 γ 尽可能地接近于1;$I_{E(hole)} \gg I_{E(electron)}$。根据例 6.9 中所示的正向偏置 pn 结电流方程,γ 可容易地计算出来。

第二,扩散空穴在窄基极区中遇到大量存在的电子时,其中一小部分必然要发生复合,如图 6.20(d)所示。因此,由于复合作用 $I_{E(hole)}$ 损失一小部分,进而减小了集电极电流。我们定义**基极传输因子** α_T 为

$$\alpha_T = \frac{I_C}{I_{E(hole)}} = \frac{I_C}{\gamma I_E} \qquad (6.34) \ \text{基极传输因子}$$

如果发射极能理想注入,即 $I_E = I_{E(hole)}$,那么电流增益 α 就等于 α_T。如果 τ_h 是空穴(少数载流子)在基极中的寿命,那么 $1/\tau_h$ 就是单位时间一个空穴发生复合而消失的概率。我们还可以根据 $x = \sqrt{2Dt}$ 知道在时间 t 内一个粒子扩散的距离 x,D 是扩散系数。空穴扩散一个 W_B 所用的时间 τ_t 为

$$\tau_t = \frac{W_B^2}{2D_h} \qquad (6.35) \ \text{基极少数载流子渡越时间}$$

这个扩散时间被叫做少数载流子穿过基极的**渡越时间**。

τ_t 时间内的复合概率为 τ_t/τ_h。没有发生复合且扩散穿过基极的概率为 $(1 - \tau_t/\tau_h)$。因为 $I_{E(hole)}$ 代表单位时间内进入基极的空穴,所以 $I_{E(hole)}(1 - \tau_t/\tau_h)$ 就代表了单位时间内离开基极的空穴数量(无复合),它就是集电极电流 I_C。将式(6.34)中的 I_C 和 $I_{E(hole)}$ 代换得到基极传输因子 α_T,

$$\alpha_T = \frac{I_C}{I_{E(hole)}} = 1 - \frac{\tau_t}{\tau_h} \qquad (6.36) \ \text{基极传输因子}$$

用式(6.32),(6.34)和(6.36),我们可以得到**共基极电流增益** α:

$$\alpha = \alpha_T \gamma = \left(1 - \frac{\tau_t}{\tau_h}\right)\gamma \qquad (6.37) \ \text{共基极电流增益}$$

空穴与电子在基极复合意味着基极必须要得到电子的补充,如图 6.20(d)所示,它是由外部电源以很小的基极电流 I_B 的形式来向基极提供电子。再者,基极电流也必须提供电子从基极注入到发射极,也就是 $I_{E(electron)}$,如图 6.20(d)所示表明发射极的电子扩散。单位时间内进入基极的空穴数用表示 $I_{E(hole)}$,所以单位时间内复合的空穴数就是 $I_{E(hole)}(\tau_t/\tau_h)$。于是 I_B 就是

$$I_B = \left(\frac{\tau_t}{\tau_h}\right)I_{E(hole)} + I_{E(electron)} = \gamma\left(\frac{\tau_t}{\tau_h}\right)I_E + (1-\gamma)I_E \quad (6.38) \text{基极电流}$$

进一步简化就是 $I_E - I_C$;发射极电流和集电极电流之间的差就是基极电流。(这一点我们也可以根据基尔霍夫电流定律得到。)

集电极电流与基极电流之比被定义为晶体管的电流增益 β[①]。通过式(6.32),(6.37)和(6.38),我们可以得到 β 与 α 间的关系式:

$$\beta = \frac{I_C}{I_B} = \frac{\alpha}{1-\alpha} \approx \frac{\gamma\tau_h}{\tau_t} \quad (6.39) \text{基极到集电极的电流增益}$$

图 6.20(b)中的基极-集电极结是反向偏置的,这将导致即使在没有发射极电流的情况下集电极上也会产生漏泄电流到集电极端。这个漏泄电流是耗尽区 W_{BC} 内因热激发产生的电子空穴对在内部电场的作用下漂移而形成的,正如图 6.20(d)中所画的那样。假设我们让发射极开路($I_E=0$)。那么集电极电流就仅仅是漏泄电流,用 I_{CB0} 表示。基极电流是 $-I_{CB0}$(从基极端流出)。当发射极电流 I_E 存在时,我们有

$$I_C = \alpha I_E + I_{CB0} \quad (6.40) \text{有源区集电极电流}$$
$$I_B = (1-\alpha)I_E - I_{CB0} \quad (6.41) \text{有源区基极电流}$$

依据输入电流 I_E,式(6.40)和(6.41)给出了集电极和基极电流,而 I_E 也取决于 V_{EB}。它们只有在集电结反偏和发射结正偏时才成立,这种状态叫做晶体管的**放大区**。应该强调的是,成为晶体管作用的本质是 I_E 的控制作用,因而,I_C 是受 V_{EB} 控制的。

在图 6.20(b)中,共基极连接的 BJT 的直流特性,通常可以用在发射极电流固定在不同值条件下画出 I_C-V_{CB} 关系曲线来表示。图 6.21 给出了一个 pnp 晶体管的这种直流特性的典型例子。如下特性是显而易见的。当 $I_E=0$ 时,集电极电流就是集电结漏泄电流 I_{CB0},典型值

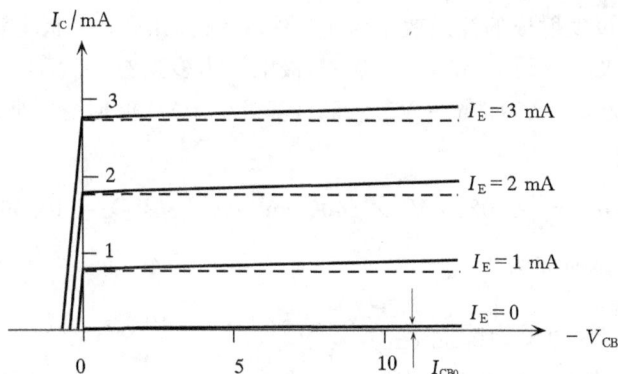

图 6.21　pnp 晶体管的直流特性(有的细节特意夸大以强调各种特性)

①　β 是晶体管在共射极(CE)连接时一个非常有用的参数,共射极连接时输入电流是流入晶体管基极,集电极电流作为输出电流。

不到 1 mA。只要集电极相对于基极是负偏压的,CB 结就处于反偏且给出的集电极电流为 $I_C = \alpha I_E + I_{CB0}$,当 $I_E \gg I_{CB0}$ 时 I_C 与发射极电流 I_E 非常接近。当 V_{CB} 极性改变,CB 结变为正向偏置。集电极结就像一个正向偏置的二极管,集电极电流就是正向偏置的 CB 结电流和正向偏置的 EB 结电流之差。因为它们方向相反,所以相减。

我们注意到 I_C 甚至在 I_E 保持恒定时也是随着 V_{CB} 变大而微弱增长。在我们的讨论中 I_C 并不直接取决于 V_{CB},V_{CB} 简单地反向偏置,集电极结来收集扩散的空穴。在我们的讨论中假定基极宽度 W_B 并不取决于外加电压。这仅是大致上正确。假设我们增大反向偏压 V_{CB}(比如从 -5 V 到 -10 V),那么基极-集电极耗尽区宽度 W_{BC} 将有所增加,就像图 6.22 中所示的那样。必然地,基极宽度 W_B 就会稍稍变窄,这将导致基区渡越时间 τ_t 稍微变短。式(6.36)中的基极传输因子 α_T 和 α 于是略微变大,从而导致 I_C 的略微增长。V_{CB} 对基极宽度 W_B 的调制作用并不是很强,这意味着 I_E 固定条件下,I_C-V_{CB} 特性曲线的斜率很小,如图 6.21 所示。V_{CB} 的基极宽度调制效应被称为**厄尔利效应**(Early effect)。

例 6.8　pnp 晶体管　考虑一个拥有如下特性的 pnp 型硅双极晶体管。发射极区平均受主掺杂浓度为 2×10^{18} cm^{-3},基极区平均施主掺杂浓度为 1×10^{16} cm^{-3},集电极区平均受主掺杂浓度为 1×10^{16} cm^{-3}。基极空穴迁移率为 400 cm$^2 \cdot$ V$^{-1} \cdot$ s^{-1},发射极电子迁移率为 200 cm$^2 \cdot$ V$^{-1} \cdot$ s^{-1}。当晶体管在正常工作状态下(EB 结正向偏置,BC 结反向偏置)时,晶体管发射极和基极中性区的宽度大约都为 2 μm。器件有效横截面积为 0.02 mm^2。基极空穴的寿命约为 400 ns。假设发射极的注入效率为 100%,$\gamma = 1$。计算共基极电流的传输因子 α 和电流增益 β。如果发射极电流是 1 mA,发射极-基极电压为多少?

解:空穴迁移率为 $\mu_h = 400$ cm$^2 \cdot$ V$^{-1} \cdot$ s^{-1}(基极少子)。根据爱因斯坦关系,容易得到空穴扩散系数

$$D_h = \left(\frac{kT}{e}\right)\mu_h = (0.0259 \text{ V}) \times (400 \text{ cm}^2 \cdot \text{V}^{-1} \cdot \text{s}^{-1}) = 10.36 \text{ cm}^2 \cdot \text{s}^{-1}$$

少子跨基极的渡越时间为

$$\tau_t = \frac{W_B^2}{2D_h} = \frac{(2 \times 10^{-4} \text{ cm})^2}{2 \times (10.36 \text{ cm}^2 \cdot \text{s}^{-1})} = 1.93 \times 10^{-9} \text{ s} \quad \text{或} \quad 1.93 \text{ ns}$$

基极传输因子和共基极电流增益为

$$\alpha = \gamma \alpha_B = 1 - \frac{\tau_t}{\tau_h} = 1 - \frac{1.93 \times 10^{-9} \text{ s}}{400 \times 10^{-9} \text{ s}} = 0.99517$$

晶体管电流增益 β 为

$$\beta = \frac{\alpha}{1-\alpha} = \frac{0.99517}{1-0.99517} = 206.2$$

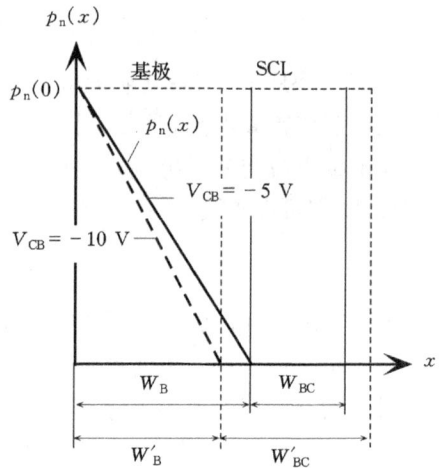

图 6.22　厄尔利效应

当 BC 结反向偏压增加时,耗尽层宽度 W_{BC} 变大为 W'_{BC},从而使 W_B 减小成 W'_B。因为 $p_n(0)$ 是常量(V_{EB} 等于常量),所以少数载流子浓度梯度变大,集电极电流 I_C 上升

发射极电流是由于空穴在基极扩散产生的（$\gamma=1$），

$$I_E = I_{E0} \exp\left(\frac{eV_{EB}}{kT}\right)$$

其中，

$$I_{E0} = \frac{eAD_h p_{n0}}{W_B} = \frac{eAD_h n_i^2}{N_d W_B}$$

$$= \frac{(1.6\times10^{-19}\ \text{C})\times(0.02\times10^{-2}\ \text{cm}^2)\times(10.36\ \text{cm}\cdot\text{s}^{-1})\times(1.0\times10^{10}\ \text{cm}^{-3})^2}{(1\times10^{16}\ \text{cm}^{-3})\times(2\times10^{-4}\ \text{cm})}$$

$$= 1.66\times10^{-14}\ \text{A}$$

因此，

$$V_{EB} = \frac{kT}{e}\ln\left(\frac{I_E}{I_{E0}}\right) = (0.0259\,\text{V})\ln\left(\frac{1\times10^{-3}\ \text{A}}{1.66\times10^{-14}\ \text{A}}\right) = 0.64\ \text{V}$$

主要的假设是 $\gamma=1$，总的说来这是不正确的，参见例 6.9。由于发射极的发射效率小于 100%，实际的 α 和由此得到的 β 要比计算的小一些。还要注意 W_B 是中性区的宽度，也就是在耗尽区以外的基极区部分。不难计算基极内耗尽层的宽度，它在发射极一侧约为 0.2 μm，在集电极一侧粗略地约为 0.7 μm，所以结与结之间总的基极宽度是 $2+0.2+0.7=2.9\ \mu$m。

少子穿过基极的渡越时间是 τ_t。如果输入信号在少子扩散过基极之前就发生变化，那么集电极电流就不能响应输入的变化。因此，如果输入信号的频率大于 $1/\tau_t$，少子就没有时间穿越基极，集电极电流就不受输入信号的调制而保持不变。我们可以把最高频率限制在 $1/\tau_t$，大约在 518 MHz。

例 6.9　发射极注入效率 γ

a. 考虑一个 pnp 型晶体管，其参数在图 6.20 中定义出了。图中示意了**发射极注入效率**被定义为

$$\gamma = \frac{\text{基区的少子注入引起的发射极电流}}{\text{总发射极电流}}$$

可由下式给出

$$\gamma = \frac{1}{1 + \dfrac{N_d W_B \mu_{e(\text{emitter})}}{N_a W_E \mu_{h(\text{base})}}}$$

b. 怎样才能通过对共基极电流增益 α 的修改来把发射极注入效率包括进去？

c. 计算例 6.8 里面的 pnp 型晶体管的发射极注入效率，其发射极的受主掺杂浓度为 $2\times10^{18}\ \text{cm}^{-3}$，基极的施主掺杂浓度为 $1\times10^{16}\ \text{cm}^{-3}$，发射极和基极的中性区宽度都是 2 μm，基极内少子寿命为 400 ns。考虑到发射极注入效率，计算 α 和 β。

解：当 BE 结正向偏置时，空穴被注入到基极，产生发射极电流 $I_{E(\text{hole})}$，电子被注入到发射极，产生发射极电流 $I_{E(\text{electron})}$。因此总的发射极电流就是

$$I_E = I_{E(\text{hole})} + I_{E(\text{electron})}$$

只有注入基极的空穴才对集电极电流有贡献，因为只有这些空穴才可以到达集电极。注入效率被定义为

$$\gamma = \frac{I_{E(\text{hole})}}{I_{E(\text{hole})} + I_{E(\text{electron})}} = \frac{1}{1 + \dfrac{I_{E(\text{electron})}}{I_{E(\text{hole})}}}$$　　**发射极注入效率定义**

但是,假定 W_E 和 W_B 比少子扩散距离短,则

$$I_{E(hole)} = \frac{eAD_{h(base)}n_i^2}{N_dW_B}\exp\left(\frac{eV_{EB}}{kT}\right) \text{ 和 } I_{E(electron)} = \frac{eAD_{h(emitter)}n_i^2}{N_aW_E}\exp\left(\frac{eV_{EB}}{kT}\right)$$

将上式代入 γ 定义式,并用 $D=\mu kT/e$,则得到

$$\gamma = \frac{1}{1+\dfrac{N_dW_B\mu_{e(emitter)}}{N_aW_E\mu_{h(base)}}}$$ **发射极注入效率**

发射极电流中的空穴部分就是 γI_E。根据 $\alpha_T=(1-\tau_t/\tau_h)$ 可以得到集电极电流。因此,考虑到发射极注入效率,这个发射极-集电极电流转移系数 α 为

$$\alpha = \alpha_T\gamma\left(1-\frac{\tau_t}{\tau_h}\right)$$ **发射极-集电极 电流转移率**

在发射极, $N_{a(emitter)}=2\times10^{18}$ cm^{-3}, $\mu_{e(emitter)}=200$ cm$^2\cdot$V$^{-1}\cdot$s^{-1};在基极, $N_{d(base)}=1\times10^{16}$ cm^{-3}, $\mu_{h(base)}=400$ cm$^2\cdot$V$^{-1}\cdot$s^{-1}。发射极注入效率为

$$\gamma = \frac{1}{1+\dfrac{(1\times10^{16})\times2\times200}{(2\times10^{18})\times2\times400}} = 0.99751$$

渡越时间 $\tau_t=W_B^2/2D_h=1.93\times10^{-9}$ s(如前所述),所以总的 α 为

$$\alpha = 0.99751\left(1-\frac{1.93\times10^{-9}}{400\times10^{-9}}\right) = 0.99269$$

总的 β 为

$$\beta = \frac{\alpha}{1-\alpha} = 135.8$$

例 6.8 中具有发射极注入效率为 100% 的同样的晶体管,它的 β 值为 206。可以清楚地看出发射极注入效率 γ 和基极传输因子 α_T 都对例子中的总增益起到控制作用。我们忽略了 EB 耗尽区内电子与空穴的复合。事实上,我们把这种复合因素考虑进的话,发射极电流 $I_{E(hole)}$ 就会在总的 I_E 中占得更少,而这会使 γ 和 β 更小。

6.6.2 共基极放大器

根据式(6.31),发射极电流与 V_{EB} 呈指数关系:

$$I_E = I_{E0}\exp\left(\frac{eV_{EB}}{kT}\right) \tag{6.42}$$

显而易见, V_{EB} 发生的一个小变化就会导致 I_E 发生很大的改变。因为 $I_C\approx I_E$,我们看到 V_{EB} 的小变化造成集电极电路中 I_C 的大变化。这一点可以非常有效地用于实现电压放大,如图6.23 所示。跨在 R_C 上的电压源 V_{CC} 对基极-集电极结提供了一个反向偏置。直流电压 V_{EE} 对 EB 结提供正向偏置,这意味着它提供了一个直流电流 I_E。输入信号是交流电压 v_{eb} 和直流电压 V_{EE} 串联加在 EB 结上。外加的信号 v_{eb} 调制跨在 EB 结上的总电压 V_{EB},根据式(6.30),它也调制了被注入的空穴浓度 $p_n(0)$,使之在直流电压 V_{EE} 确定的空穴浓度上下变化,如图6.23所示。 $p_n(0)$ 的这个变化改变了浓度梯度并因此使 I_E 发生改变,进而使 I_C 发生几乎同样的改变。集电极电流的变化可以通过集电极电路中的电阻 R_C 转换成电压的变化,参见图6.23。然而,输出是接在集电极和基极之间,电压 V_{CB} 就是

$$V_{CB} = -V_{CC} + R_CI_C$$

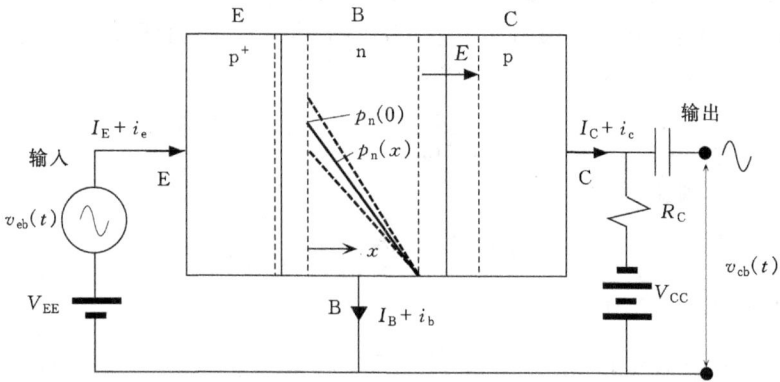

图 6.23　这是一个共基极放大器电路,其中 pnp 晶体管工作在放大区

施加的(输入)信号 v_{eb} 调制跨在 EB 结上的直流电压,因而也调制注入的空穴浓度围绕直流值 $p_n(0)$ 上下波动。实线显示的是只有直流偏置 V_{EE} 存在时的 $p_n(x)$。虚线显示的是通过信号 v_{eb} 叠加在 V_{EE} 上,$p_n(x)$ 是如何被调制的

　　借增加 v_{eb} 来增大 EB 上电压 V_{EB} 会使 I_C 变大,从而使 V_{CB} 变大。因为我们只关心交流信号,所以 CB 上的电压变化通过一个直流隔断电容器把直流成分过滤掉,参见图 6.23。

　　为简化起见,我们假定 V_{EB} 和 I_E 的直流值的改变量 δV_{EB} 和 δI_E 都很小,这意味着可以通过对式(6.42)进行微分来建立 δV_{EB} 和 δI_E 的关系。一般我们默认它工作在小信号下。进一步,可以用这些变量来代表交流信号值,$v_{eb}=\delta V_{EB}$,$i_e=\delta I_E$,$i_c=\delta I_C\approx\delta I_E\approx i_e$,$v_{cb}=\delta V_{CB}$。

　　输出信号电压 v_{cb} 对应着 V_{CB} 的变化,

$$v_{cb} = \delta V_{CB} = R_C\delta I_C = R_C\delta I_E$$

发射极电流的变化量 δI_E 取决于 V_{EB} 的变化量 δV_{EB},而它可以由式(6.42)的微分得到,

$$\frac{\delta I_E}{\delta V_{EB}} = \frac{e}{kT}I_E$$

　　根据定义,δV_{EB} 是输入信号 v_{eb}。I_E 的变化 δI_E 是由于 δV_{EB} 而产生的流进发射极的输入信号电流(i_e)。因此 $\delta V_{EB}/\delta I_E$ 的值可以代表从电源 v_{eb} 看进去的输入电阻 r_e:

$$r_e = \frac{\delta V_{EB}}{\delta I_E} = \frac{kT}{eI_E} = \frac{25}{I_E(\mathrm{mA})}$$

(6.43) 输入电阻

输出信号就是

$$v_{cb} = R_C\delta I_E = R_C\frac{v_{eb}}{r_e}$$

所以电压放大倍数为

$$A_V = \frac{v_{cb}}{v_{eb}} = \frac{R_C}{r_e}$$

(6.44) CB 电压增益

显然要获得电压增益需要使 $R_C>r_e$,通常是借选择合适的 I_E,进而选 r_e 和 R_C。举个例子,当 BJT 管在偏置状态下,I_E 为 10mA,r_e 为 2.5Ω,如果选择 50Ω 的 R_C,那么增益就是 20。

　　例 6.10 共基极放大器　考虑一个 pnp 型硅双极晶体管如图 6.23 那样进行连接。该 BJT 管的 $\beta=135$ 并被偏置,集电极电流为 5 mA。小信号输入电阻是多少?为了使电压增益为

20,要求 R_C 为多少？基极电流为多大？图 6.23 中的 V_{CC} 是多少？假设 $V_{CC}=-6V$,那么当输入信号围绕偏置点 $V_{EE}=0.65V$ 变化时,输出电压图 6.23 中 V_{CB} 的最大振幅是多少？

解:发射极和集电极电流大致相等。根据式(6.43),

$$r_e = \frac{25}{I_E(mA)} = \frac{25}{5} = 5\ \Omega$$

根据式(6.44),电压增益 A_V 为

$$A_V = \frac{R_C}{r_e} \quad 或 \quad 20 = \frac{R_C}{5\Omega}$$

所以增益 20 要求 $R_C=100\Omega$。

$$基极电流\ I_B = \frac{I_C}{\beta} = \frac{5mA}{135} = 0.037\ mA \quad 或 \quad 37\ \mu A$$

跨 R_C 有一个直流电压 $I_C R_C = (0.005A)(100\Omega) = 0.5V$。$V_{CC}$ 要提供 R_C 上的电压还要有足够的电压保证 BC 结在正常工作下一直反偏。设 $V_{CC}=-6V$。在没有输入信号 v_{eb} 的情况下,V_{CB} 被设定为 $-6V+0.5V=-5.5V$。随着我们增加信号 v_{eb},V_{EB} 和 I_C 也逐渐变大直到 C 点接近于零[①],也就是 $V_{CB}=0$,这只有在 I_C 达到最大值 $I_{C,max}=|V_{CC}|/R_C=60\ mA$ 时才发生。随着 v_{eb} 减小,V_{EB} 和 I_C 也逐渐减小。最后 I_C 变为零,C 点将会处于 $-6\ V$,所以 $V_{CB}=V_{CC}$。因此 V_{CB} 将从 $-5.5V$ 增至 $0V$(对应输入增加直到 $I_C=I_{C,max}$ 这一段),或者从 $-5.5V$ 减至 $-6V$(对应输入减小至 $I_C=0$ 这一段)。

6.6.3　共射极直流特性

npn 型双极晶体管在共射极(CE)电路结构中,发射极属于输入和输出电路的公共部分,如图 6.24(a)所示。直流电压 V_{BE} 正向偏置 BE 结,因此把少数载流子电子注入进基区。这些电子通过扩散作用向集电极结运动,集电极区的电场 E 把它们拉进集电极区,从而形成了集电极电流 I_C。V_{BE} 控制电流 I_E,从而控制 I_B 和 I_C。共射极结构的优势在于输入电流是流动于交流源和基极,也就是基极电流 I_B。该电流远远小于发射极电流,约为它的 $1/\beta$。输出电流在 V_{CE} 和集电极间流动,即集电极电流 I_C。在 CE 结构中,直流电压 V_{CE} 必须大于 V_{BE} 以使集电结反偏并得以收集基区的扩散电子。

共射极结构的晶体管直流特性可以用固定 I_B 在不同的值下的 I_C 和 V_{CE} 的关系来给出,如图 6.24(b)所示。根据式(6.40)和(6.41)不难理解这些特性。应该注意到实际上我们是通过调整 V_{BE} 来得到需要的 I_B,因为根据式(6.41),有

$$I_B = (1-\alpha)I_E - I_{CB0}$$

而 I_E 通过式(6.42)是取决于 V_{BE} 的。

增加 I_B 需要增加 V_{BE},而这会引起 I_C 的增加。利用式(6.40)和(6.41),我们可以只用 I_B 得到 I_C,

$$I_C = \beta I_B + \frac{1}{(1-\alpha)} I_{CB0}$$

或者

$$I_C = \beta I_B + I_{CE0} \qquad\qquad (6.45) \text{ 有源区集电极电流}$$

---

① 在近似过程中各种饱和效应被忽略了。

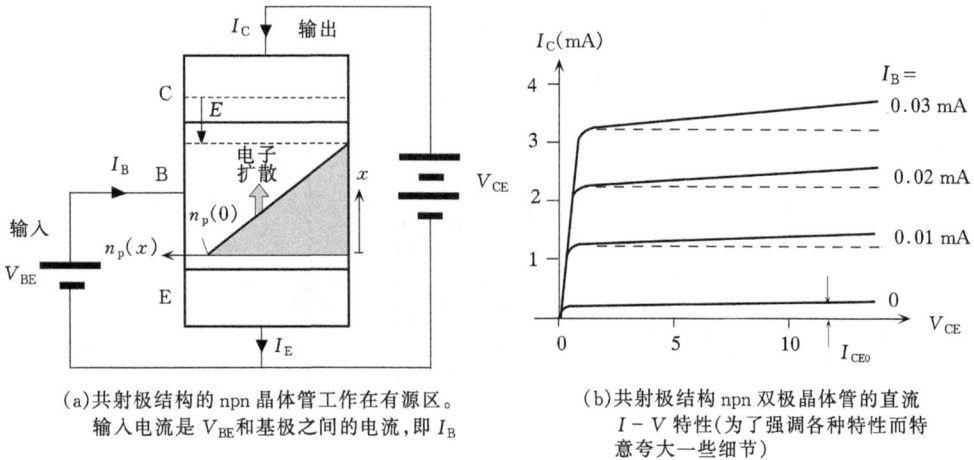

(a)共射极结构的 npn 晶体管工作在有源区。
输入电流是 V_{BE} 和基极之间的电流,即 I_B

(b)共射极结构 npn 双极晶体管的直流
$I-V$ 特性(为了强调各种特性而特
意夸大一些细节)

图 6.24

其中
$$I_{CE0} = \frac{I_{CB0}}{(1-\alpha)} \approx \beta I_{CB0}$$

是基极开路时流进集电极的漏电流。共射极电路中的漏电流要远比共基极电路的大。

　　其至 I_B 不变时,I_C 仍随 V_{CE} 的增长有小幅增长,根据式(6.45),指示电流增益 β 随 V_{CE} 的增加。这是由于厄尔利效应或者 V_{CB} 的基区调宽效应,如图 6.22 所示。V_{CE} 的增加会使 V_{CB} 变大,这使 W_{BC} 变大,W_B 变小,从而使 τ_t 减小。最终结果使 $\beta(\approx \tau_h/\tau_t)$ 变大。

　　当 V_{CE} 小于 V_{BE} 时,集电结变为正向偏置因式(6.45)失效。那么集电极电流就成为正向的发射结电流和集电结电流之差。工作在这个区的晶体管被称为处于饱和。

6.6.4　低频小信号模型

　　图 6.25 所示为一个共射极(CE)放大器结构中的 npn 双极晶体管。输入电路中有一个直流偏置电压 V_{BB} 使 BE 结正向偏置,输出电路有直流电压 V_{CC}(比 V_{BB} 大)使 BC 结(基极-集电极结)反偏,V_{CC} 与集电极电阻 R_C 串接。实际上 BC 结上的反偏电压为 $V_{CE} - V_{BE}$,其中 V_{CE} 为
$$V_{CE} = V_{CC} - I_C R_C$$

　　交流小信号形式的输入信号 v_{be} 与偏置电压 V_{BB} 串联施加并调节 BE 结上的电压 V_{BE} 在其直流值 V_{BB} 附近变化。BE 结上变化的电压使 $n_p(0)$ 在它的直流值附近上下变化,它导致发射极电流的变化因而使输出电路的集电极电流产生几乎同样的变化。集电极电流的变化通过集电极电阻转换成输出电压信号。注意 V_{BE} 变大使 I_C 变大,它导致 V_{CE} 减小。因此输出电压与输入电压相位相差 180°。

　　由于 BE 结是正偏的,所以 I_E 与 V_{BE} 呈指数关系,
$$I_E = I_{E0} \exp\left(\frac{eV_{BE}}{kT}\right) \qquad (6.46) \text{ 发射极电流和 } V_{BE}$$

其中 I_{E0} 为常量。我们可以对该式进行微分来建立有小信号叠加在直流值上的情况下 I_E 和 V_{BE} 的小变化量的关系。对于小信号,有 $v_{be} = \delta V_{BE}$,$i_b = \delta I_B$,$i_e = \delta I_E$,$i_c = \delta I_C$,。根据式(6.45)我们看到 $\delta I_C = \beta \delta I_B$,所以 $i_c = \beta i_b$。因为 $\alpha \approx 1$,故 $i_e \approx i_c$。

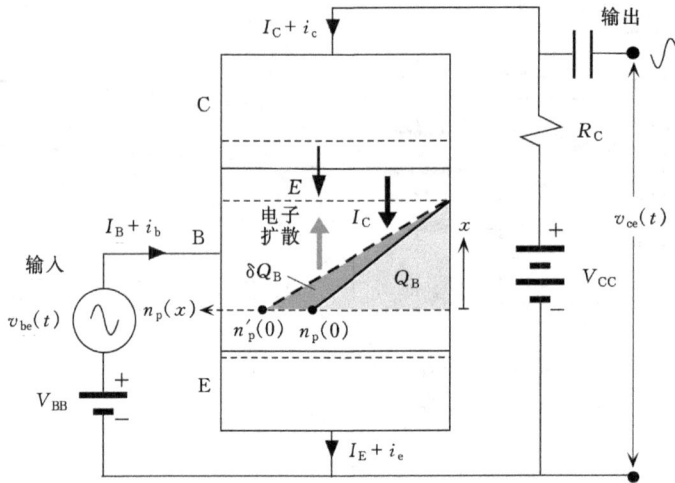

图 6.25 共射极放大器结构中工作在有源区的 npn 晶体管

所加信号 v_{be} 调制 BE 结上的直流电压,因而调制注入电子浓度围绕直流下电子浓度 $n_p(0)$ 上下波动。实线表示当直流偏压 V_{BB} 施加时的 $n_p(x)$。虚线表示 $n_p(x)$ 如何被叠加到 V_{BB} 上的正向小信号 v_{be} 调制。

与共基极(CB)结构相比,共射极(CE)结构有什么优势呢?首先,输入电流是基极电流,约为发射极电流的 $1/\beta$,于是 CE 电路的交流输入电阻是 CB 电路的 β 倍。这意味着放大器不作为交流源的负载;放大器的输入电阻远大于输入端的交流源的内阻。小信号输入电阻 r_{be} 为

$$r_{be} = \frac{v_{be}}{i_b} = \frac{\delta V_{BE}}{\delta I_B} \approx \beta \frac{\delta V_{BE}}{\delta I_E} = \frac{\beta kT}{eI_E} \approx \frac{\beta 25}{I_C(\text{mA})} \qquad (6.47) \text{ 输入电阻}$$

在这里我们对式(6.46)求了微分。

输出交流信号 v_{ce} 跨 CE 端产生并通过一个电容器输出。因为 $V_{CE} = V_{CC} - I_C R_C$,$V_{CE}$ 随着 I_C 的增加而减小,因此

$$v_{ce} = \delta V_{CE} = -R_C \delta I_C = -R_C i_c$$

电压增益就是

$$A_V = \frac{v_{ce}}{v_{be}} = \frac{-R_C i_c}{r_{be} i_b} = \frac{-R_C \beta}{r_{be}} \approx -\frac{R_C I_C(\text{mA})}{25} \qquad (6.48) \text{ 电压增益}$$

这与共基极结构的增益相同。然而,在共射极结构中输出电流与输入电流之比为 $i_c/i_b = \beta$,而在共基极电路中电流增益接近于 1。所以,共射极电路能提供更大的功率放大倍数,这是 CE 电路的第二个优点。

输入信号 v_{be} 引起了输出电流 i_c。这个输入电压到输出电流的转换定义成一个参数叫做**跨导**或**互导**,记为 g_m。

$$g_m = \frac{i_c}{v_{be}} \approx \frac{\delta I_E}{\delta V_{BE}} = \frac{I_E(\text{mA})}{25} = \frac{1}{r_e} \qquad (6.49) \text{ 跨导}$$

共射极放大器的电压放大倍数就是

$$A_V = -g_m R_C \qquad (6.50) \text{ 电压增益}$$

我们渐渐发现在研究共射极双极型晶体管低频特性时使用小信号等效电路是比较方便的。正如图 6.26 所示,在基极和发射极之间施加的交流电压源 v_s 只看到一个输入电阻 r_{be}。为了强调晶体管输入电阻的重要性,交流电压源的输出电阻(或内阻)R_S 也在图中画出。在输出电路中有一个压控电流源 i_c,产生了一个 $g_m v_{be}$ 大的电流。电流 i_c 通过负载(或集电极)电阻 R_C 时产生电压信号。因为我们只关心交流信号,电池相对于交流信号来说是短路的,这意味着电池的内阻被看作为零。当然,这种模型仅适用于正常和有源运行条件以及相对于直流低频直流小信号。

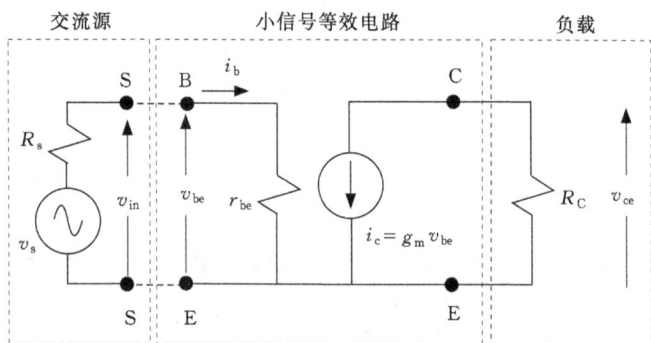

图 6.26 共射极双极晶体管低频小信号简化等效电路图,集电极回路带有负载 R_C

双极晶体管总的直流电流等式是 $I_C = \beta I_B$,其中 $\beta \approx \tau_h / \tau_t$ 是一个由材料给定的常量,这个式子暗示小信号集电极电流为

$$\delta I_C = \beta \delta I_B \qquad \text{或} \qquad i_c = \beta i_b$$

所以共射极直流和交流小信号电路的电流增益是相同的。在低频条件下这是一个合理的近似,特别是在频率低于 $1/\tau_h$ 时。把 β,g_m 和 r_{be} 联系起来很有意义,利用式(6.47)和(6.49),有

$$\beta = g_m r_{be} \qquad\qquad (6.51) \text{ 低频下的 } \beta$$

在晶体管数据手册中,直流电流增益 I_C/I_B 被表示成 h_{FE},而交流小信号电流增益 i_c/i_b 用 h_{fe} 表示。频率不处在高频时,有 $h_{fe} \approx h_{FE}$。

例 6.11　共射极低频小信号等效电路　考虑一个 β 为 100 的双极型晶体管,把它用在一个共射极放大电路中,电路的集电极电流为 2.5 mA,R_C 为 1 kΩ。如果交流源电压有效值是 1 mV,输出电阻 R_S 是 50 Ω,请问输出电压的有效值是多少? 输入和输出功率以及功率放大倍数是多少?

解:因为集电极电流是 2.5 mA,输入电阻和跨导为

$$r_{be} = \frac{\beta 25}{I_C(mA)} = \frac{100 \times 25}{2.5} = 1000 \ \Omega$$

$$g_m = \frac{I_C(mA)}{25} = \frac{2.5}{25} = 0.1 \ A/V$$

BJT 小信号等效电路的电压增益大小为

$$A_V = \frac{v_{ce}}{v_{be}} = g_m R_C = 0.1 \times 1000 = 100$$

当交流源连到 B 和 E 端子上时(图 6.26),BJT 的输入电阻 r_{be} 作为交流源的负载,所以 BE 上的 v_{be} 是

$$v_{be} = v_s \frac{r_{be}}{r_{be} + R_s} = (1 \ mV) \frac{1000\Omega}{1000\Omega + 50\Omega} = 0.952 \ mV$$

输出电压(有效值)就是

$$v_{ce} = A_v v_{be} = 100 \times 0.952 mV = 95.2 \ mV$$

负载效应使得输出小于 100 mV。为了降低交流源的负载,我们需要增加 r_{be},亦即减小集电极电流,但这也减小了增益。所以为了保持增益不变,我们需要减小 I_C 和增大 R_C。然而 R_C 不能无限增大,因为它自身也是下一级电路的输入,另外,集电极和发射极端子之间也有一个增大的电阻(一般在 100 kΩ 左右),它对 R_C 进行分流(没有在图 6.26 中画出)。

共射极 BJT 电路本身的功率放大倍数为

$$A_P = \frac{i_c v_{ce}}{i_b v_{be}} = \beta A_V = 100 \times 100 = 10000$$

BE 端的输入功率是

$$P_{in} = v_{be} i_b = \frac{v_{be}^2}{r_{be}} = \frac{(0.952 \times 10^{-3} \ V)^2}{1000\Omega} = 9.06 \times 10^{-10} \ W \quad 或者 \quad 0.906 \ nW$$

输出功率为

$$P_{out} = P_{in} A_P = 9.06 \times 10^{-10} \times 10000 = 9.06 \times 10^{-6} \ W \quad 或者 \quad 9.06 \ \mu W$$

6.7　结型场效应晶体管(JFET)

6.7.1　基本原理

图 6.27(a)画的是结型场效应晶体管(JFET)的基本结构,它有一个 n 型沟道(n 沟道)。n 型半导体片与两端接触形成导电通道。沟道的两个端分别叫做**源**(S)和**漏**(D)。n 型半导体两个相对的面上重掺杂进 p 型杂质,掺杂的厚度较浅以便在源和漏之间形成 n 沟道,正如图

6.27(a)所示。两个 p^+ 区通常电连接在一起,被称为栅(G)。因为栅区是重掺杂的,耗尽区几乎都是延伸进 n 沟道,见图 6.27。为了简化,我们假设两个栅区是一样的(两个 p^+ 型),而且 n 型半导体的掺杂是均匀的。我们定义 n 沟道为夹在两个耗尽层之间的 n 型导电材料。

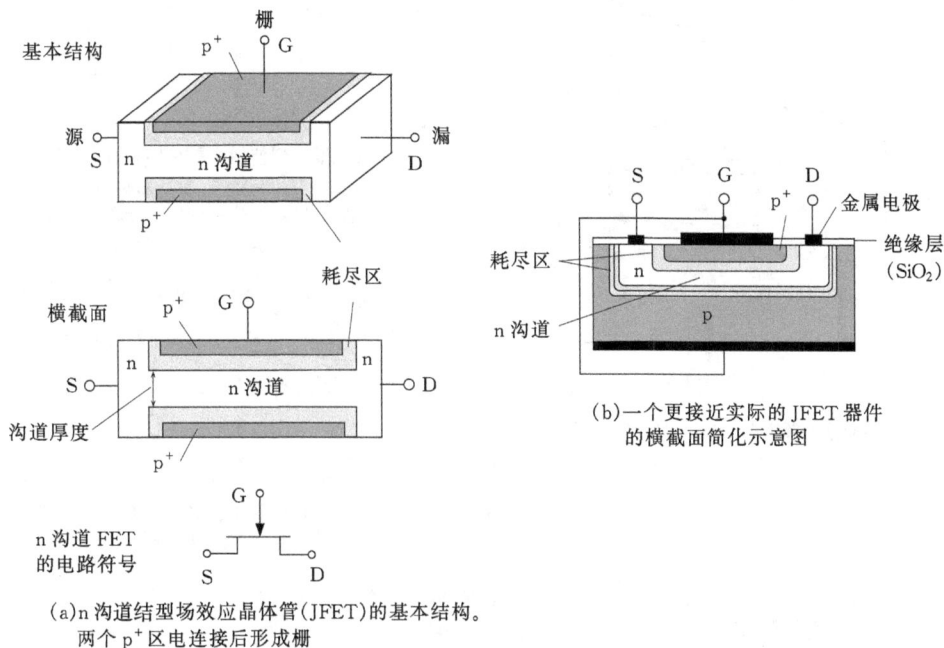

图 6.27

图 6.27(a)画出的是 JFET 的基本的理想的对称结构,这有助于解释之后将要讨论的器件的工作原理,但并不真实代表实际上的器件结构。图 6.27(b)所示为一更为实际的器件(比如采用平坦化技术制造出来的器件)的横截面简化原理草图,其中可以清楚地看到两个栅区的掺杂并不相同,而且除了一个栅外,所有的接触都做在一个平面上。

我们先讨论一下栅源短路($V_{GS}=0$)条件下 JFET 的行为,如图 6.28(a)所示。S 和 D 之间的电阻本质上就是 A 与 B 之间 n 型导电沟道的电阻 R_{AB} 。当给 D 端加上相对于 S 的正电压($V_{DS}>0$),有电流从 D 流进 S,我们称之为**漏极电流** I_D 。沿 A 和 B 间沟道方向电压发生下降,如图 6.28(a)所示。在 n 沟道在 A 点电压为零,在 B 点为 V_{DS} 。因为沿 n 沟道的电压是正电压,所以栅和 n 沟道之间的 p^+n 结的反偏从 A 到 B 逐渐增强。因此,从 A 到 B 耗尽层更加延伸进沟道因而导电沟道的厚度逐渐变小。

增大 V_{DS} 会增大耗尽层的厚度,从而侵占更多的沟道,最终导致漏端沟道变得越来越窄。因此 n 沟道的电阻 R_{AB} 随着 V_{DS} 的增长而变大。漏极电流不是随 V_{DS} 线性增长而是小于它,这是因为 $I_D=\dfrac{V_{DS}}{R_{AB}}$,而 R_{AB} 随 V_{DS} 增长。I_D 相对于 V_{DS} 在 $V_{DS}<5V$ 的区域的特性曲线是凸的,如图 6.29 所示。

随着 V_{DS} 进一步增大,耗尽层就越向沟道延伸,最终当 $V_{DS}=V_P(=5V)$ 时,两个耗尽层在沟道漏端附近的 P 点连到一起,如图 6.28(b)所示。这时称沟道被两个耗尽层夹断。电压 V_P 叫做**夹断电压**。恰好使两个 p^+n 结在漏端相遇所需的反偏电压大小与 V_P 相等。因为漏端 B

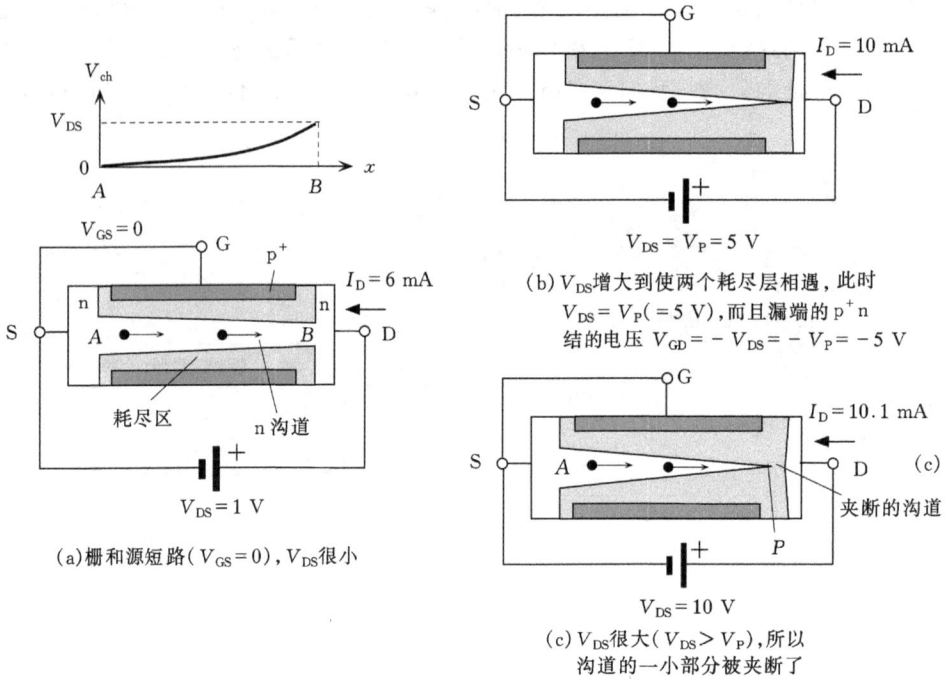

(a)栅和源短路($V_{GS}=0$),V_{DS}很小

(b)V_{DS}增大到使两个耗尽层相遇,此时
$V_{DS}=V_P(=5 \text{ V})$,而且漏端的p^+n
结的电压 $V_{GD}=-V_{DS}=-V_P=-5 \text{ V}$

(c)V_{DS}很大($V_{DS}>V_P$),所以
沟道的一小部分被夹断了

图 6.28

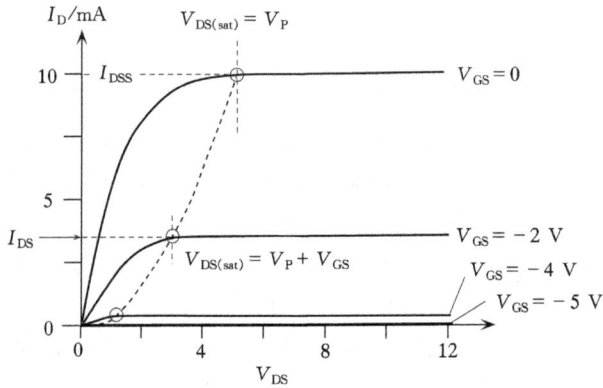

图 6.29 JFET 的栅电压 V_{GS} 固定在不同值下的 I_D 与 V_{DS} 典型的特性曲线

加在 p^+n 结上的实际偏置电压为 V_{GD},所以夹断发生时一定有

$$V_{GD}=-V_P \qquad (6.52) \ \textbf{夹断条件}$$

在当前情况下,栅与源是短路的,$V_{GS}=0$,所以 $V_{GD}=-V_{DS}$,夹断发生在 $V_{DS}=V_P(5\text{V})$。在夹断发生后,如图 6.29 所示,漏极电流并不随 V_{DS} 上升而显著增长,主要有以下原因。在越过 $V_{DS}=V_P$ 后,会产生长为 l_{po} 的短夹断沟道。

夹断沟道是反偏的耗尽区,它隔开了漏与 n 沟道,如图 6.30 所示。在夹断区 D 到 S 的方向有一个很强的电场 E。该电场是沟道耗尽区和漏一侧的栅区对带正电的施主与带负电的受主的电场作用的矢量和。n 沟道内的电子向 P 点漂移,当到达 P 后,它们将在电场 E 的作用下渡过夹断区。这个过程就类似于 BJT 基极内的少子到达集电结的耗尽区时会在内电场作用下渡过耗尽区进入集电极区。从而漏极电流实际上是图 6.30 由 A 到 P 长为 L_{ch} 的导电沟道的电阻决定的,而非夹断沟道。

随着 V_{DS} 变大,绝大部分附加的电压仅仅是在 l_{po} 上发生压降,因为这个区域载流子已经耗尽并因此具有很高阻抗。耗尽层最先相遇的 P 点,稍向 A 移动,因此使沟道长度 L_{ch} 减小一点。P 点必须保持在电势 V_P,

图 6.30　当 $V_{DS} > V_P (=5\ V)$ 时,沟道夹断

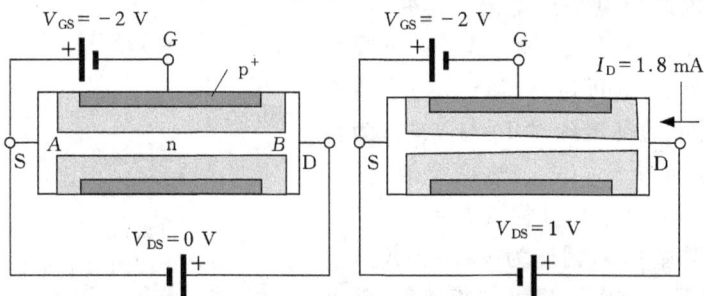

正是这个电势使得两个耗尽层接触。因此沿 L_{ch} 的压降保持为 V_P。形成夹断后有

$$I_D = \frac{V_P}{R_{AP}} \quad (V_{DS} > V_P)$$

因为 R_{AP} 是由 L_{ch} 决定的,而 L_{ch} 会随 V_{DS} 变大减小一些,所以 I_D 会随着 V_{DS} 增加变大一些。在很多情况中,当 $V_{DS} > V_P$ 时,I_D 被认为达到饱和,$I_D = I_{DSS}$。I_D 与 V_{DS} 的行为特性曲线见图 6.29。

现在我们考虑一下这个问题,就是当一个负电压,比如 $V_{GS} = -2V$ 加在栅源上会发生什么情况? 见图 6.31(a),其中 $V_{DS} = 0$。$p^+ n$ 结现在一开始就是反偏,沟道变窄,沟道电阻现在

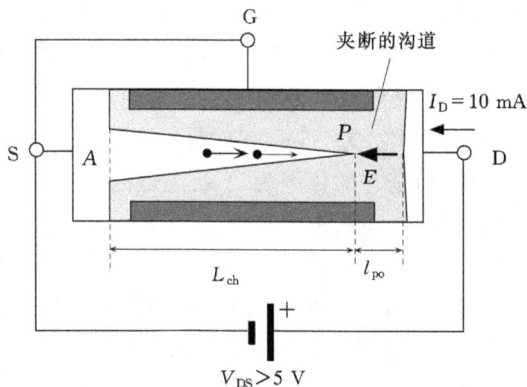

(a) V_{GS} 为负的 JFET 在起点有较窄的沟道

(b) 与 $V_{GS} = 0$ 的情况相比,同样大的 V_{DS} 产生的 I_D 变小了,因为沟道变得更窄了

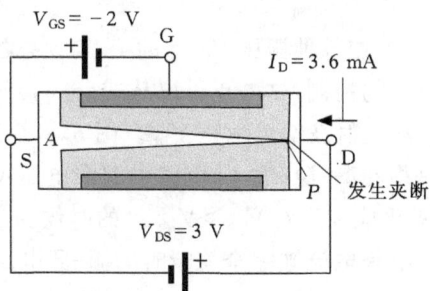

(c) 与 $V_{GS} = 0$ 的例子相比,沟道在 $V_{DS} = 3\ V$ 时就发生了夹断,而不是先前的 $V_{DS} = 5\ V$

图 6.31

比图 6.29 所示的 $V_{GS}=0$ 的情况大。较小的 V_{DS} 时产生的漏极电流(如图 6.31(b))很显然比 $V_{GS}=0$ 时(如图 6.29)的大。从源端的 V_{GS} 到漏端的 $V_{GD}=V_{GS}-V_{DS}$,p^+n 结越来越被反偏。因此需要有较小的 $V_{DS}(=3V)$ 使沟道夹断,如图 6.31(c)。当 $V_{DS}=3V$ 时,漏端 p^+n 结上 G 到 D 的电压 V_{GD} 为 $-5V$,它就是 $-V_P$,所以沟道被夹断。发生夹断后,I_D 接近饱和就像 $V_{GS}=0$ 时一样,但是它的值因为 A 处沟道的厚度变小而明显变小了,可以比较图 6.28 和 6.31。由于 V_{GS} 的存在,夹断发生在 $V_{DS}=V_{DS(sat)}$,并且根据式(6.52),有

$$V_{DS(sat)} = V_P + V_{GS} \qquad\qquad (6.53) \boxed{\text{夹断条件}}$$

其中 V_{GS} 为负电压(减小 V_P)。达到夹断点后,当 $V_{DS}>V_{DS(sat)}$ 时,P 点处沟道恰被夹断,电势仍然为 $V_{DS(sat)}$,这可以根据式(6.53)得出。

　　当 $V_{DS}>V_{DS(sat)}$ 时,I_D 变得接近饱和值 I_{DS},在图 6.29 中已经标出。当 G 和 S 被短路 ($V_{GS}=0$),I_{DS} 被叫做 I_{DSS}(它代表栅源短路时的 I_{DS})。达到夹断且 V_{GS} 为负值后,I_{DS} 为

$$I_D \approx I_{DS} \approx \frac{V_{DS(sat)}}{R_{AP}(V_{GS})} = \frac{V_P+V_{GS}}{R_{AP}(V_{GS})} \qquad V_{DS} > V_{DS(sat)} \qquad (6.54)$$

其中 $R_{AP}(V_{GS})$ 是导电 n 沟道从 A 到 P 的有效电阻(图 6.31(b)),它取决于沟道的厚度因此也取决于 V_{GS}。当栅压变得更负时电阻将变得更大,因为更负的栅压使得 p^+n 结反偏更其从而导致沟道变得更窄。比如,当 $V_{GS}=-4V$,A 处沟道的厚度就比 $V_{GS}=-2V$ 时要窄,因此导电沟道电阻 R_{AP} 变大,电流 I_{DS} 变小。进一步,由于 $V_{DS(sat)}$ 随着 V_{GS} 的下降而减小导致漏极电流变小,这可以从式(6.54)中清楚地看出。图 6.29 展示的是栅压对 I_D 与 V_{DS} 行为特性的影响。$V_{DS(sat)}$ 饱和与 $R_{AP}(V_{GS})$ 这两个效应(见式6.54)导致 I_{DS} 随 $-V_{GS}$ 几乎呈抛物线下降。

　　当源和漏短路($V_{DS}=0$),栅压为 $V_{GS}=-V_P(=-5V)$ 时,两个耗尽层在整个沟道上都相接触,整个沟道被闭合,如图 6.32 所示。我们称沟道被切断。

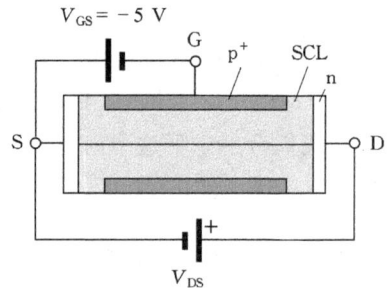

图 6.32　当 $V_{GS}=-5V$,$V_{DS}=0$ 时,耗尽层使整个沟道完全关闭。随着 V_{DS} 增大,会产生一个很小的漏电流,它是由于耗尽层中热激发生成的载流子形成的小的反向漏电流

此时加上 V_{DS} 产生的漏极电流是仅由于耗尽层内热激发产生的载流子的运动生成的。这个电流非常小。

　　图 6.29 总结了 n 沟道 JFET 在各种栅压 V_{GS} 下的 I_D 与 V_{DS} 之间的特性关系。很显然 I_{DS} 相对独立于 V_{DS},而受栅电压 V_{GS} 的控制,这一点可以从式(6.54)看出。这就类似于 BJT 晶体管中集电极电流 I_C 受控于基极-发射极偏置电压 V_{BE}。图 6.33(a)展示的是 I_{DS} 对栅电压 V_{GS} 的依赖关系。晶体管效应就是指在漏-源(输出)电路中栅源电压 V_{GS} 对漏极电流 I_{DS} 的控制作用,如图 6.33(b)。这种控制只可能发生在 $V_{DS}>V_{DS(sat)}$ 的时候。当 $V_{GS}=-V_P$,漏极电流由于沟道被完全夹断而接近于零。漏极电流被完全关断时的栅-源电压用 $V_{GS(off)}$ 来表示。进一步,我们应该注意到 V_{GS} 使 p^+n 结反偏,流进栅的电流 I_G 就是这些结的反偏漏电流,它通常非常小。在一些 JFET 中,I_G 小到不足 1 nA。我们还应该注意图 6.27(a)中 JFET 的电路符号中有一个箭头指出了栅极和 pn 结方向。

　　I_{DS} 和 V_{GS} 之间有没有简便的关系式呢?如果计算 n 沟道在 A 与 P 之间的有效电阻 R_{AP},

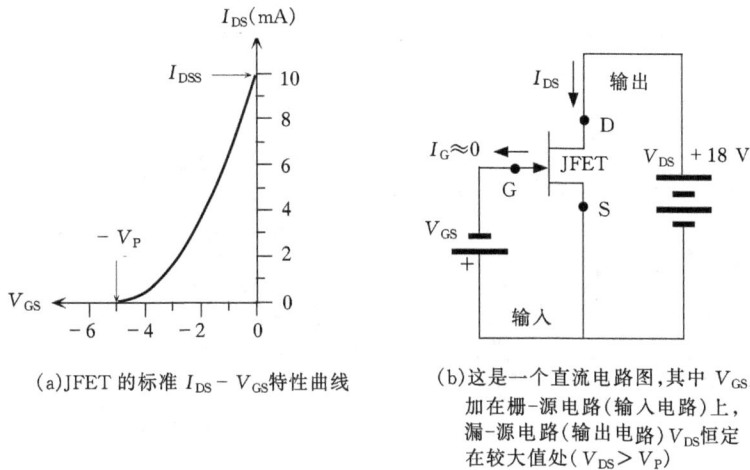

(a)JFET 的标准 $I_{DS} - V_{GS}$ 特性曲线

(b)这是一个直流电路图,其中 V_{GS}
加在栅-源电路(输入电路)上,
漏-源电路(输出电路)V_{DS} 恒定
在较大值处($V_{DS} > V_P$)

图 6.33

我们可以获知它取决于沟道的厚度,从而依赖于耗尽层的宽度进而也依赖于 V_{GS}。我们可以根据式(6.54)得到 I_{DS}。结果发现 I_{DS} 和 V_{GS} 的抛物线关系曲线与实际数据拟合得很好。

$$I_{DS} = I_{DSS} \left[1 - \left(\frac{V_{GS}}{V_{GS(off)}} \right) \right]^2 \qquad (6.55) \text{ 夹断后}$$

其中 I_{DSS} 是漏电流在 $V_{GS} = 0$ 时的值(图 6.33),$V_{GS(off)}$ 被定义为 $-V_P$,也就是恰好使沟道发生夹断的栅-源电压。夹断电压 V_P 因为是通过 $V_{DS(sat)}$ 而引入的,所以在此是一个正值。然而 $V_{GS(off)}$ 是一个负值,$-V_P$。我们应该注意关于 JFET 的两个重要点。它的名称来源于在反偏的耗尽层中通过变化 V_{GS} 来调节电场而改变耗尽层向沟道内的延伸进而改变沟道电阻的这个效应。晶体管的作用可被认为是基于**场效应**。因为在栅和沟道之间有个 p^+n 结,所以命名它为 JFET。这个反偏的结对栅和沟道起到隔离作用。

　　第二点是,在发生夹断的区域,式(6.54)和(6.55)成立时,我们通常称这个区为**电流饱和区**,也叫**恒电流区**或者叫**五极真空管区**。术语饱和不要与双极晶体管的饱和效应相混淆。饱和的双极晶体管不能用做放大器,但 JFET 却可以在饱和电流区作为放大器。

6.7.2　JFET 放大器

　　JFET 的晶体管效应是指 V_{GS} 对 I_{DS} 的控制作用,如图 6.33 所示。因此输入电路是包含 V_{GS} 的栅-源电路,输出电路是漏极电流流过的漏-源电路。JFET 几乎从不在栅沟 pn 结正偏时 ($V_{GS} > 0$)工作,因为这会产生很大的栅电流并使栅-源电压接近短路。V_{GS} 限定为负电压,所以输出电路中的最大电流只能为 I_{DSS},如图 6.33(a)所示。因此最大输入电压 V_{GS} 应该保证 I_{DS} 小于 I_{DSS}。

　　图 6.34(a)展示的是一个典型 JFET 电压放大器的简化图解。因为该电路的源端是输入和输出电路的公共部分,所以叫它**共源(CS)放大器**。输入信号是交流源 v_{gs},它与负直流偏置电压源 V_{GG}($-1.5V$)串联,共同连接在 GS 回路中。先来研究一下电路中不加交流信号($v_{gs} = 0$)会有什么情况发生。输入电路中所加的直流电压源($-1.5V$)给栅提供了一个负直流电压,因此使输出电路产生了直流电流 I_{DS}(小于 I_{DSS})。图 6.34(b)所示的为当 $V_{GS} = -1.5V$ 时,在

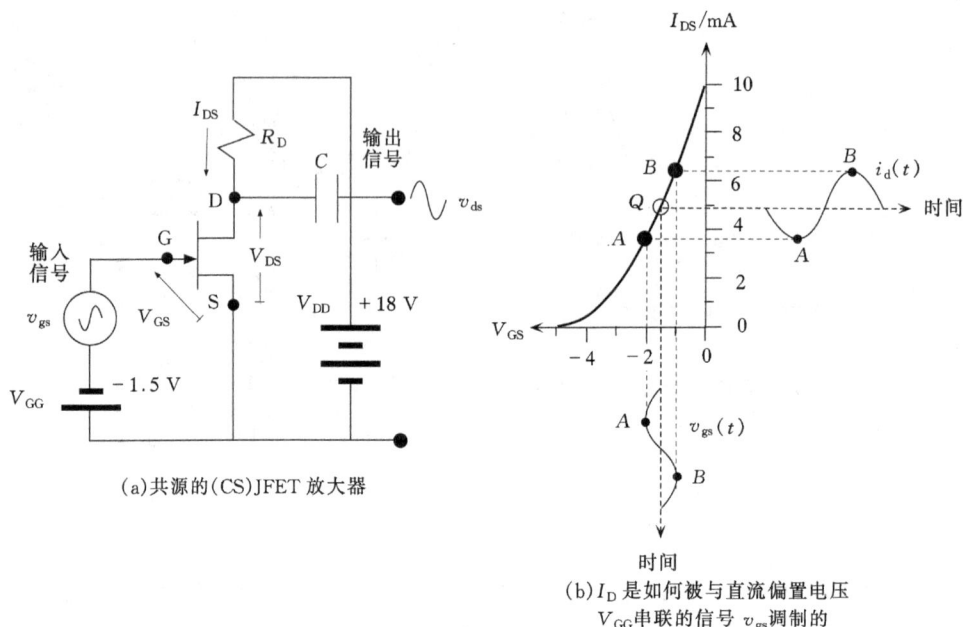

(a)共源的(CS)JFET放大器

(b) I_D 是如何被与直流偏置电压 V_{GG} 串联的信号 v_{gs} 调制的

图 6.34

I_{DS} 对于 V_{GS} 的特性曲线上的点 Q,电流 $I_{DS}=4.9$ mA。点 Q 决定了直流工作状态,它被叫做**静态工作点**。

交流源 v_{gs} 与负的直流偏压 V_{GS} 串联。因此 v_{gs} 调制栅源电压 V_{GS} 随时间在 -1.5V 上下波动,如图 6.34(b)所示。假设 v_{gs} 在 -0.5V 和 $+0.5$V 之间按正弦方式变化。那么如图 6.34(b)所示,当 $v_{gs}=-0.5$V(A 点)时,$V_{GS}=-2.0$V,漏极电流可以由 I_{DS}-V_{GS} 曲线上的 A 点得到,大约为 3.6 mA。当 $v_{gs}=+0.5$V(B 点)时,$V_{GS}=-1.0$V,漏极电流同样可以在 I_{DS}-V_{GS} 曲线上的 B 点找到,大约为 6.4mA。输入从 -0.5V 变化到 $+0.5$V 使得漏极电流从 3.6mA 变化到 6.4mA,如图 6.34(b)所示。由式(6.55),我们容易算出漏极电流的大小。表 6.1 总结了交流输入电压在零上下变化时漏极电流的变化情况。

表 6.1　图 6.34(a)的共源放大器的电压和电流

v_{gs} (V)	V_{GS} (V)	I_{DS} (mA)	i_d (mA)	$V_{DS}=V_{DD}-I_{DS}R_D$	v_{ds} (V)	电压增益	备注
0	-1.5	4.9	0	8.2	0		直流状态,点 Q
-0.5	-2.0	3.6	-1.3	10.8	$+2.6$	-5.2	点 A
$+0.5$	-1.0	6.4	$+1.5$	5.2	-3.0	-6	点 B

我们把漏极电流相对于它的直流值的变化量是输出信号电流,记作 i_d。在 A 点,$i_d=3.6-4.9=-1.3$mA。在 B 点,$i_d=6.4-4.9=1.5$mA。输出电流的变化不像输入信号 v_{gs} 那样十分对称,这是因为 I_{DS}-V_{GS} 的关系(见式(6.55))并不是线性的。

漏-源电路中的漏极电流的变化通过电阻 R_D 转变为电压的变化。漏-源上的电压为

$$V_{DS} = V_{DD} - I_{DS}R_D \tag{6.56}$$

其中 V_{DD} 为漏-源电路的偏置电池电压。因此 I_{DS} 的变化导致了 V_{DS} 的变化,它们的方向相反或相角相差 180°。D 与 S 间的交流输出电压通过电容 C 来取出,如图 6.34(a)。电容 C 简单地隔离了直流量。假设 $R_D = 2000\,\Omega$,$V_{DD} = 18V$,应用(6.56)式可以计算出 V_{DS} 的直流值,以及 V_{DS} 的最大最小值,见表 6.1。

可以清楚地看到,v_{gs} 从 A 点的 $-0.5V$ 变化到 B 点的 $+0.5V$,对应的 V_{DS} 从 $10.8V$ 变化到 $5.2V$。V_{DS} 相对于直流值的变化量 v_{ds} 为输出信号,因为只有交流值才可以输出。由式(6.56)我们可以建立 V_{DS} 的变化量与 I_{DS} 的变化量之间的关系:

$$v_{ds} = -R_D i_d \tag{6.57}$$

因此输出 v_{ds} 从 $-3.0V$ 变到 $2.6V$。电压峰峰值的放大率为

$$A_{V(pk\text{-}pk)} = \frac{\Delta V_{DS}}{\Delta V_{GS}} = \frac{v_{ds(pk\text{-}pk)}}{v_{gs(pk\text{-}pk)}} = \frac{-3V - (2.6V)}{0.5V - (-0.5V)} = -5.6$$

负号表示输出和输入电压相位差 180°。这一点也可以从表 6.1 中看出,负的 v_{gs} 导致了一个正的 v_{ds}。尽管交流输入信号 v_{gs} 是关于零点对称的 $\pm 0.5V$,但是交流输出信号 v_{ds} 并不对称,这是由于 I_{DS}-V_{GS} 的曲线是非线性的,因而 v_{ds} 的变化从 $-3.0V$ 到 $2.6V$。当输入交流信号最负时,计算得到的电压放大率为 -5.2,而当它最正时,电压放大率为 -6。峰峰值电压放大率 -5.6 代表了考虑到正的和负的输入信号后的平均增益。

当然电压放大率可以靠增大 R_D 来增加,但是必须要维持 V_{DS} 始终大于 $V_{DS(sat)}$(夹断以后)来确保输出电路中的漏极电流 I_{DS} 仅受输入电路的 V_{GS} 的控制。

当信号相对于直流值是小信号时,我们可以用微分代表小信号。比如,$v_{gs} = \delta V_{GS}$,$i_d = \delta I_{DS}$,$v_{ds} = \delta V_{DS}$ 等等。在直流值附近的变化 δV_{GS} 而产生的 δI_{DS} 可以定义为 JFET 的跨导 g_m(有时也写成 g_{fs}),

$$g_m = \frac{dI_{DS}}{dV_{GS}} \approx \frac{\delta I_{DS}}{\delta V_{GS}} = \frac{i_d}{v_{gs}} \qquad \text{JFET 跨导的定义}$$

跨导可以通过对式(6.55)进行微分来得到:

$$g_m = \frac{dI_{DS}}{dV_{GS}} = -\frac{2I_{DSS}}{V_{GS(off)}}\left[1 - \left(\frac{V_{GS}}{V_{GS(off)}}\right)\right] = -\frac{2[I_{DSS}I_{DS}]^{1/2}}{V_{GS(off)}}$$

$$\tag{6.58} \text{JFET 的跨导}$$

输出电流为 $i_d = g_m v_{gs}$,所以应用式(6.57),小信号电压放大率为

$$A_V = \frac{v_{ds}}{v_{gs}} = \frac{-R_D(g_m v_{gs})}{v_{gs}} = -g_m R_D \qquad (6.59) \text{ 小信号电压增益}$$

式(6.59)只在小信号的条件下才成立。小信号是指直流值的变化量相对于直流值本身小得多。负号表示 v_{ds} 和 v_{gs} 的相位差 180°。

例 6.12　JFET 放大器　考虑图 6.34(a)中的 n 沟道 JFET 共源放大器。JFET 的 I_{DSS} 为 10 mA,夹断电压 V_P 为 5V,如图 6.34(b)所示。假设栅的直流偏置电压 $V_{GG} = -1.5V$,漏端电路的电压源 $V_{DD} = 18V$,$R_D = 2000\,\Omega$。问小信号的电压放大率是多少?它与输入信号峰峰值为 1V 的峰峰放大率 -5.6 相比谁大谁小?

解:我们先计算没有交流信号时的工作点。这对应于图 6.34(b)中的 Q 点。跨在栅-源上的直流偏置电压 V_{GS} 为 $-1.5V$。由此产生的直流漏极电流 I_{DS} 可以根据式(6.55)计算出来,其中 $V_{GS(off)} = -V_P = -5V$。

$$I_{DS} = I_{DSS}\left[1 - \left(\frac{V_{GS}}{V_{GS(off)}}\right)\right]^2 = (10 \text{ mA}) \times \left[1 - \left(\frac{-1.5}{-5}\right)\right]^2 = 4.9 \text{ mA}$$

直流点 Q 处的跨导可以根据式(6.58)进行计算:

$$g_m = -\frac{2(I_{DSS}I_{DS})^{1/2}}{V_{GS(off)}} = -\frac{2 \times [(10 \times 10^{-3}) \times (4.9 \times 10^{-3})]^{1/2}}{-5} = 2.8 \times 10^{-3} \text{ A/V}$$

在 Q 点小信号的电压放大率为

$$A_V = -g_m R_D = -(2.8 \times 10^{-3}) \times 2000 = -5.6$$

结果这与在表 6.1 中计算的峰峰值电压放大率相同。当输入交流小信号 v_{gs} 按表 6.1 中那样在 -0.5 V 和 $+0.5$ V 之间变化时,输出信号是不对称的,是在 -3 V 和 2.8 V 之间变化,所以电压增益取决于输入信号。所以我们称放大器的特性是非线性的。

6.8 金属氧化物半导体场效应晶体管(MOSFET)

6.8.1 场效应和反型

金属氧化物半导体场效应晶体管是基于一个渗透到半导体中的场的效应。它的工作原理可以初步通过一个由金属电极和其间的绝缘真空组成的平板电容器来理解,如图 6.35 所示。当在两个平板之间施加一个电压 V,平板上将出现 $+Q$ 和 $-Q(Q=CV)$ 的电荷量,并存在一个大小 $E=V/L$ 的电场。其中的负电荷 $-Q$ 来源于导带电子,正电荷 $+Q$ 来源于带正电的金属离子。所有价电子形成了导带电子海并弥漫在固定在晶格点上的金属离子之间的空间中,成为形成金属键的基础。由于电子是可移动的,它们很容易因电场而迁移。因此下极板电场 E 使得部分导带电子迁移到表面形成 $-Q$。在上极板 E 使得表面的部分电子进入体内而将带正电荷的金属离子留在表面形成 $+Q$。

假设该极板的面积为 1 cm^2,极板间距为 $0.1 \text{ }\mu\text{m}$,并在其两端施加 2 V 的电压。电容器的电容为 8.85nF,每个极板的电荷量为 1.77×10^{-2} C,对应于 1.1×10^{11} 个电子。对于像铜这样的典型金属,在它的表面上每平方厘米大概分布有 1.9×10^{15} 个原子。因此,将有同样数量的金属阳离子和电子位于表面(假设一个原子贡献一个导带电子)。电荷 $+Q$ 和 $-Q$ 仅仅由表面上的电子和金属离子产生。例如,如果表面上每 1.7×10^4 个电子中有一个电子进入体内一个原子的距离(约 0.3nm),这时表面留下的金属阳离子会产生 $+Q$ 的电荷。很显然,实际上电场不能进入到金属中而只能终止于金属表面。

当其中一个电极为半导体,如图 6.35(b)所示,即电容器结构为金属-绝缘层-半导体结构时,情况将发生改变。假设将图 6.35(a)中的下金属极板替换为受主浓度为 10^{15} cm^{-3} 的 p 型半导体。表面受主原子的面密度为 $1 \times 10^{10} \text{ cm}^{-2}$[①]。我们可以假设室温下受主原子全部发生电离而带负电。显然在表面没有足够带负电的受主离子来产生 $-Q$ 的电荷量。因此我们必须使得体内也产生带负电的受主离子,这意味着电场必须穿透进半导体体内。半导体表面区域的空穴被排斥到体内,由此产生更多的带负电的受主。既然总的负电荷量 $eAWN_a$ 一定等于

---

① 原子表面浓度(单位面积原子)可根据公式 $n_{surf} \approx (n_{bulk})^{2/3}$ 求得。

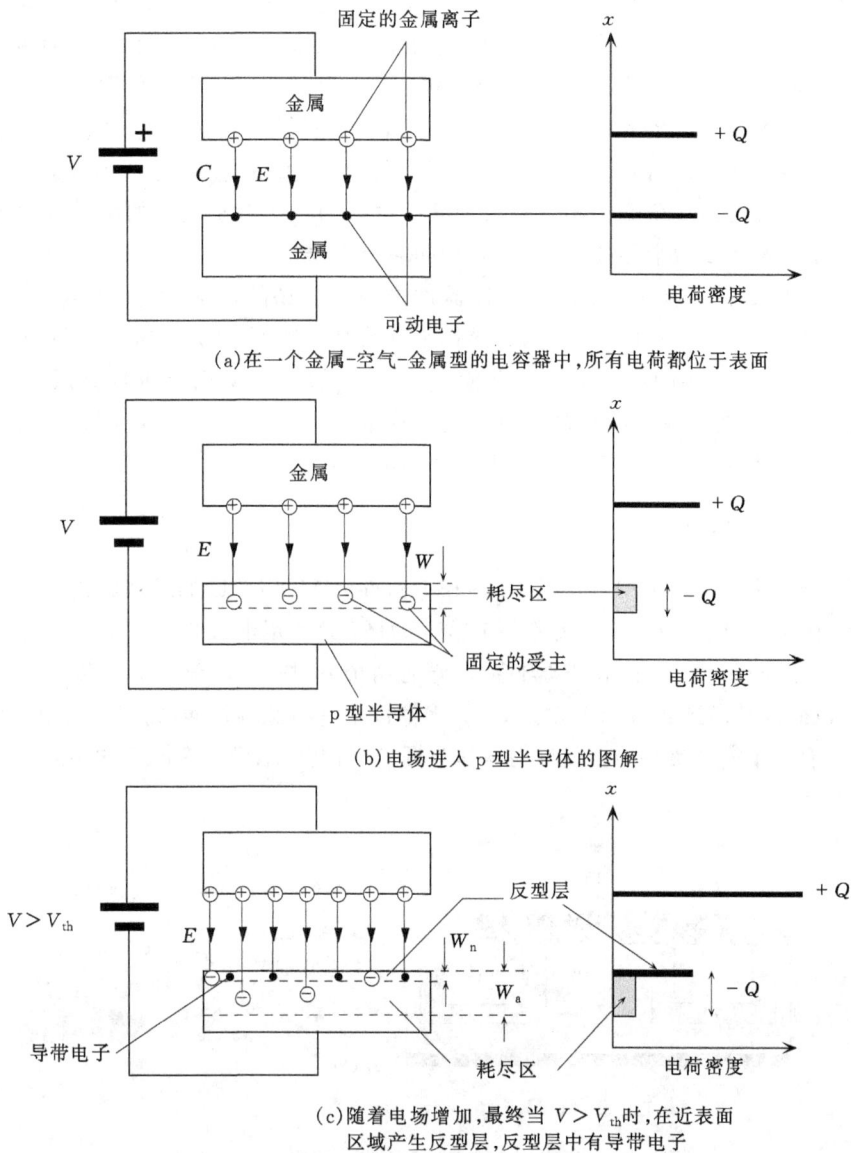

（a）在一个金属-空气-金属型的电容器中，所有电荷都位于表面

（b）电场进入 p 型半导体的图解

（c）随着电场增加，最终当 $V > V_{th}$ 时，在近表面
区域产生反型层，反型层中有导带电子

图 6.35　场效应

Q，那么我们可以大概估算出电场穿透的深度 W。我们发现 W 是微米数量级，大致相当于 4000 层原子的厚度。从而得出结论，电场穿透到半导体的深度取决于半导体掺杂的浓度。

　　进入半导体内部的电场移开了所在区域的大多数空穴，留下带负电的受主形成电荷量 $-Q$。电场穿透半导体的区域内失去了空穴，使平衡态空穴浓度耗尽。我们称这个区域为**耗尽层**。只要该区域的 $p > n$，即使 $p \ll N_a$ 时，该半导体的空穴仍为多子，它仍然表现为 p 型半导体的特性。

　　如果电压继续增加，$-Q$ 电荷量也随之增加，电场变得更强且穿入半导体内的深度越深，但是最终仅靠增加耗尽层的宽度 W 以维持形成 $-Q$ 变得更困难。这种情况下，有可能（更偏向于）吸引自由电子进入耗尽层并在表面附近形成一个宽度为 W_n 的薄电子层。如图 6.35（c）

所示,这时候的$-Q$由W_a上的固定带负电受主与W_n上的薄层导电电子构成。更高的电压不会改变耗尽层宽度W_a,但是的确增加了W_n中的电子浓度。问题在于此半导体是p型掺杂,这些电子从何而来?一些是从半导体体区吸引而来的少子。但是大部分则是耗尽层中使硅-硅键断裂的热产生过程产生的(也就是越过禁带)。在耗尽层中,热产生的电子空穴对被电场分离,电场使空穴向体内漂移,而电子则向表面漂移。因为耗尽层几乎没有载流子,所以由热产生的电子和空穴与其它载流子的复合大大减少。因为在该电子层中的电子浓度大于空穴浓度而且此层处于正常p型半导体中,所以我们叫它**反型层**。

现在显而易见,在金属-氧化物-半导体器件中随着电场的增加,首先产生了一个耗尽层,随后,随着电压超过某一阈值电压V_{th},半导体表面形成一个反型层。这是场效应器件的基本原理。只要$V > V_{th}$,电场的任何增加都会使$-Q$电荷量增加,从而导致反型层中拥有更多的电子,但是耗尽层的宽度W_a以及固定的负电荷数量却保持不变。对应于图6.35中的真空,金属与半导体之间的绝缘体在许多器件中是典型的二氧化硅。

6.8.2　增强型 MOSFET

图6.36给出了一个增强型n沟道MOSFET器件(NMOSFET)的基本结构,一个金属-绝缘体-半导体结构是形成于p型Si衬底和一个被称为栅(G)的铝电极之间。绝缘体是在制造过程中生长的二氧化硅氧化物。在MOS器件的两端有两个n^+掺杂区,分别形成源(S)和漏(D)。一个金属接点也同样被做到p型Si衬底上,在许多器件中它与源端相连,如图6.36所示。此外,许多MOSFET有一个简并掺杂的多晶硅材料作为栅,它与金属电极具有同样的功能。

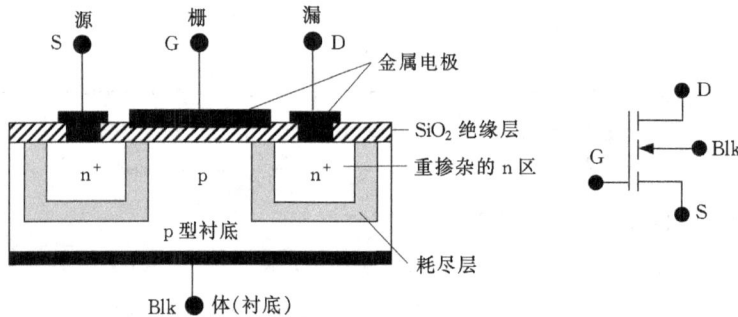

图 6.36　增强型 MOSFET 的基本结构和电路符号

当栅上不施加电压,无论源到漏的电压极性如何,S到D始终是一个反偏n^+pn^+结构。但是如果衬底接于源,一个负的V_{DS}将使漏与衬底之间n^+p结正偏。因为n沟MOSFET器件在正常情况下不使用负的V_{DS},我们将不考虑这种情况。

如图6.37(a)所示,当一个低于V_{th}的正电压加到栅上时,即$V_{GS} < V_{th}$,由于使空穴排斥到体内,栅下的p型半导体将形成一个耗尽层,正如图6.35(b)所示。因为S和D被一个低导电率的p型掺杂区域所隔离,此区有一个从S到D的耗尽层,所以对于任何正的V_{DS},都没有电流流过。

当$V_{DS} = 0$,只要V_{GS}增加到高于阈值电压V_{th},在栅下的耗尽层中并且就在半导体表面下,形成一个n沟反型层,如图6.37(b)所示。这个n型沟道连接源漏两个n^+区域。于是,在源

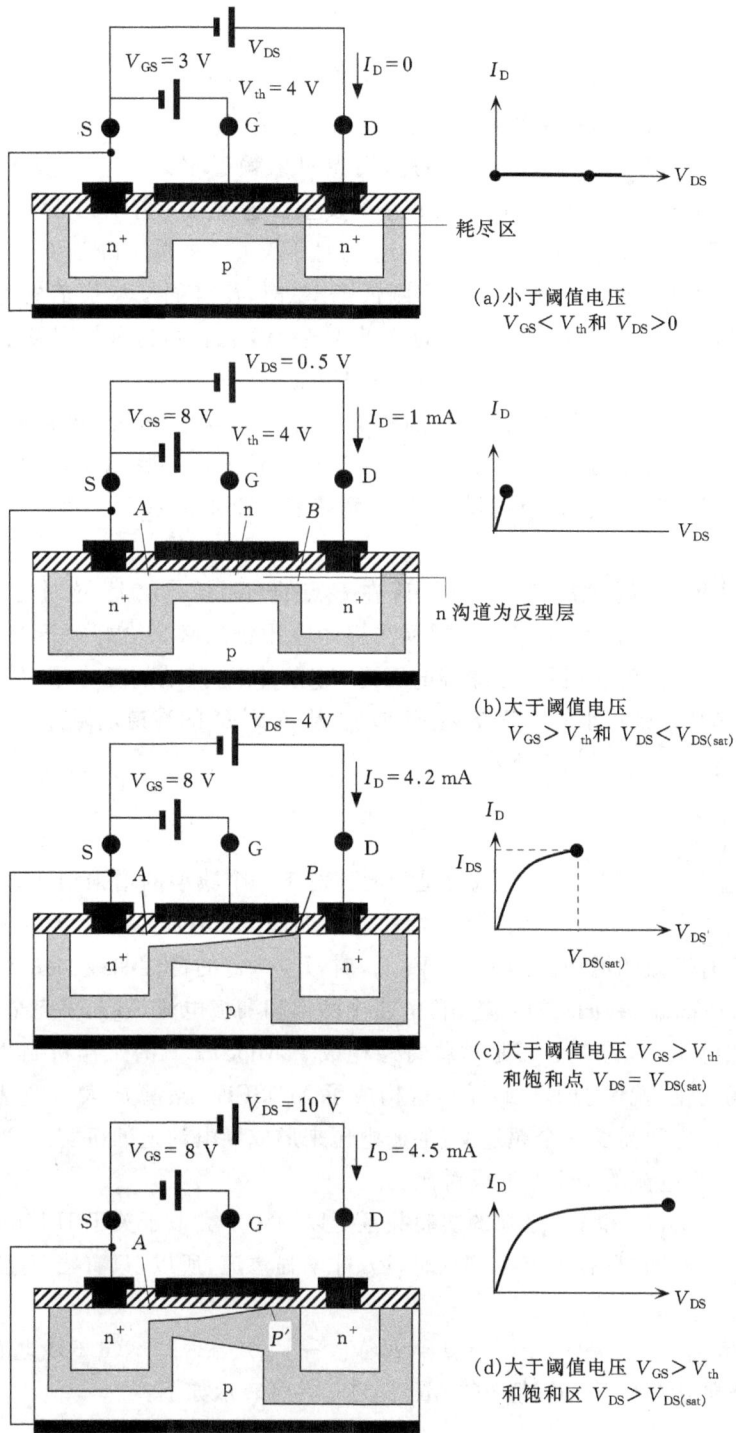

图 6.37 MOSFET 的 I_D-V_{DS} 特性曲线

和漏之间,我们有了一个以电子作为可移动载流子的连续的 n 型材料。当施加一个较小的 V_{DS},一个受限于 n 型沟道电阻 $R_{n\text{-}ch}$ 的漏极电流 I_D 流过,即:

$$I_D = \frac{V_{DS}}{R_{n-ch}} \tag{6.60}$$

因此，I_D 最初随 V_{DS} 的增加几乎是线性的，正如图 6.37(b) 所示。

电压沿沟道变化是从 A（源端）的 0V 到 B（漏端）的 V_{DS}。然后，栅对 n 沟道的电压，在 A 点是 V_{GS}，在 B 点是 $V_{GD} = V_{GS} - V_{DS}$。因此，A 点只依赖于 V_{GS}，并且不受 V_{DS} 的影响。随着 V_{DS} 的增加，B 处电压 V_{GD} 下降，因此造成较小的反型。这就意味着从 A 到 B，沟道变得越来越窄，并且其电阻 R_{n-ch} 随 V_{DS} 的增加而增加。I_D 相对于 V_{DS} 越来越下降到低于 $I_D \propto V_{DS}$ 的直线。最后，当栅到 n 沟道 B 点的电压下降到刚刚低于 V_{th} 时，B 点的反型层消失，只留下一个耗尽层，如图 6.37(c) 所示。n 沟道在 P 点夹断。当 $V_{DS} = V_{DS(sat)}$ 时，这种情况发生，同时满足

$$V_{GD} = V_{GS} - V_{DS(sat)} = V_{th} \tag{6.61}$$

很明显，n 沟道变窄以及它最终夹断的整个过程，与 n 沟 JFET 的作用相似。当在 n 沟道中的漂移电子到达 P 点，在非常窄的耗尽层中 P 点的较大电场将电子扫到 n^+ 漏端。电流受限于电子从 n 沟道到耗尽层 P 点的供应，这就意味着电流受 A 和 P 之间的 n 沟道有效电阻的限制。

当 V_{DS} 超过 $V_{DS(sat)}$ 时，增加的 V_{DS} 主要降在 P 点的高阻耗尽层上，这时的 P 点向 A 稍微延伸至 P'，如图 6.37(d) 所示。在 P' 点，栅到沟道的电压仍然必须恰好等于 V_{th}，这样的电压正好使沟道夹断，反型消失。但是，在漏端电压为 V_{DS} 条件下，漏端的耗尽层（从 B 到 P'）宽度相对于沟道长度 AB 是比较小的。随着 V_{DS} 的增加，从 A 到 P' 的沟道电阻并没有显著的变化，这就意味着漏极电流 I_{DS} 几乎趋于饱和：

$$I_D \approx I_{DS} \approx \frac{V_{DS(sat)}}{R_{AP'n-ch}} \qquad V_{DS} > V_{DS(sat)} \tag{6.62}$$

既然 $V_{DS(sat)}$ 依赖于 V_{GS}，那么 I_{DS} 也是如此。对于一个典型的增强型 MOSFET，在不同的固定栅电压 V_{GS} 条件下，所有的 I_{DS}-V_{DS} 特性曲线如图 6.38(a) 所示。能够看出，当 V_{DS} 超过 $V_{DS(sat)}$ 时，I_{DS} 只有轻微的增加。当 $V_{DS} > V_{DS(sat)}$ 时，I_{DS}-V_{GS} 的特性曲线如图 6.38(b) 所示。很明显只要 $V_{DS} > V_{DS(sat)}$，在漏-源（或输出）电路中的饱和漏极电流 I_{DS} 几乎完全由在栅-源（或输入）电路上的栅电压 V_{GS} 控制。正是这些特性构成了 MOSFET 的工作机制。V_{GS} 的变化引起漏极电流 I_{DS} 的变化（就像 JFET 那样），这构成了 MOSFET 运算放大器的基础。术语"增强型"是指在漏和源之间需要一个超过 V_{th} 的栅电压来形成导电沟道的事实。这与需要栅电压耗尽沟道并降低漏极电流的 JFET 形成对比。

当 $V_{DS} > V_{DS(sat)}$，I_{DS} 和 V_{GS} 之间的实验关系可以用一个类似于关于 JFET 的抛物线公式来描述，这里有一点不同，只有当 $V_{GS} > V_{th}$ 时，V_{GS} 才增强沟道，所以，只有当 $V_{GS} > V_{th}$ 时，I_{DS} 才存在，从而得到

$$I_{DS} = K(V_{GS} - V_{th})^2 \qquad (6.63) \quad \text{增强型 NMOSFET}$$

其中 K 是一个常数。对于一个理想的 MOSFET，它可表示如下：

$$K = \frac{Z \mu_e \varepsilon}{2L t_{ox}} \qquad \text{增强型 NMOSFET 常数}$$

其中 μ_e 是沟道中的电子迁移率，L 和 Z 分别表示栅控沟道的长和宽，ε 和 t_{ox} 分别是介电常数（$\varepsilon_r \varepsilon_0$）和栅下氧化物绝缘层的厚度。按照公式 (6.63)，I_{DS} 与 V_{DS} 无关。在图 6.38(a) 中，超过 $V_{DS(sat)}$ 之后，I_{DS} 相对 V_{DS} 的直线微小倾斜可通过写出公式 (6.63) 说明：

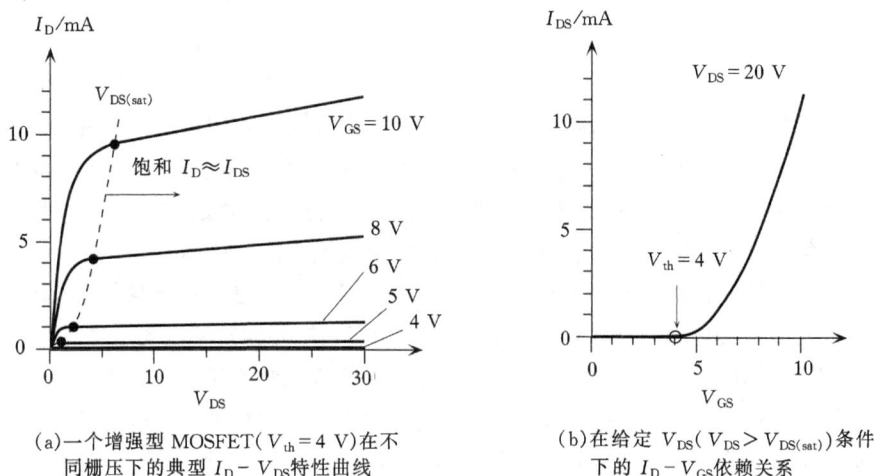

(a) 一个增强型 MOSFET($V_{th}=4$ V) 在不同栅压下的典型 I_D-V_{DS} 特性曲线

(b) 在给定 V_{DS}($V_{DS} > V_{DS(sat)}$) 条件下的 I_D-V_{GS} 依赖关系

图 6.38

$$I_{DS} = K(V_{GS} - V_{th})^2(1 + \lambda V_{DS}) \qquad (6.64)$$ 增强型 NMOSFET

其中 λ 是一个常数,典型值为 $0.01\mathrm{V}^{-1}$。如果我们延长 I_{DS}-V_{DS} 的直线,它们在 $1/\lambda$ 处与 $-V_{DS}$ 轴相交,它被称为**厄尔利电压**(Early voltage)。非常明显,I_{DDS} 是在栅和源短接时($V_{GS}=0$)的 I_{DS},其值为零,在描述增强型 MOSFET 的特性时,不是一个有用的量。

例 6.13　增强型 NMOSFET　一个特定的增强型 NMOS 晶体管,栅宽 Z 为 50 μm,长 L 为 10 μm,二氧化硅的厚度为 450Å。二氧化硅的相对介电常数为 3.9。p 型衬底的受主掺杂浓度为 10^{16} cm^{-3}。它的阈值电压为 4V。当 $V_{GS}=8$V 和 $V_{DS}=20$V 时,给定 $\lambda=0.01$,请估算漏极电流。由于近晶体表面较强的电子散射,假设电子在沟道中的电子迁移率 μ_e 是体中的一半。

解:因为 $V_{DS} > V_{th}$,我们可以假设漏极电流饱和,我们可以利用的 I_{DS} 与 V_{GS} 的关系式,即公式(6.64):

$$I_{DS} = K(V_{GS} - V_{th})^2(1 + \lambda V_{DS})$$

在这里 $K = \dfrac{Z\mu_e\varepsilon}{2Lt_{ox}}$。当 $N_a = 10^{16}$ cm^{-3} 时,体内的电子迁移率为 1300 cm$^2 \cdot$ V$^{-1} \cdot$ s^{-1}(第 5 章),所以,

$$K = \frac{Z\mu_e\varepsilon}{2Lt_{ox}} = \frac{(50 \times 10^{-6})(\frac{1}{2} \times 1300 \times 10^{-4})(3.9 \times 8.85 \times 10^{-12})}{2 \times (10 \times 10^{-6})(450 \times 10^{-10})} = 0.000125$$

当 $V_{GS}=8$V,$V_{DS}=20$V 以及 $\lambda=0.01$ 时,我们得到

$$I_{DS} = 0.000125 \times (8-4)^2 \times (1 + 0.01 \times 20) = 0.0024 \text{ A} \qquad 或者 \qquad 24 \text{ mA}$$

6.8.3　阈值电压

在 MOSFET 器件中,阈值电压是一个重要的参数。因此在器件制造中对它的控制是极为必要的。图 6.39(a) 显示了一个理想的 MOS 结构,其中所有的电力线从金属穿过氧化物并穿透到 p 型半导体中。如图 6.39(a) 中所示,电荷$-Q$ 由半导体表面区域 W_a 上的固定带负电

受主与表面反型层中的导带电子构成。但是,MOS 结构上的压降不是均匀的。因为电场穿透到半导体,根据 $E=-dV/dx$,在半导体的电场穿透区域上有一个压降 V_{sc}。电场终结于反型层中的电子和 W_a 上的受主,那么在半导体内电场是不均匀的,因此电压降也不是常数。但是因为我们假定了氧化物内没有电荷,所以在氧化物上的电场是均匀的。这个电压是常数,记为 V_{ox},如图 6.39(a)所示。既然外加电压为 V_1,那么必然有 $V_{sc}+V_{ox}=V_1$。半导体上实际的电压降决定了反型的条件。下面对此进行说明。如果受主掺杂浓度是 10^{16} cm^{-3},那么体 p 型半导体中的费密能级 E_F 必定比本征硅半导体中的费密能级 E_{Fi} 低 0.347eV。为了使半导体表面成为 n 型,我们需要改变表面的费密能级,使其恰恰高于 E_{Fi}。因此从半导体体区到表面,费密能级需要改变至少 0.347eV。我们必须在表面将能带弯曲 0.347eV。既然半导体上的压降是 V_{sc} 而且对应的静电势能改变为 eV_{sc},该值一定是 0.347eV,或者 $V_{sc}=0.347$V。于是,反型开始的栅压就是 $V_{ox}+0.347$V。然而,反型一般是指表面的电子浓度与体区中的空穴浓度相当。这意味着实际上表面的费密能级 E_F 必须再向上移动 0.347eV,于是栅阈值电压 V_{th} 必须是 $V_{ox}+0.694$V。

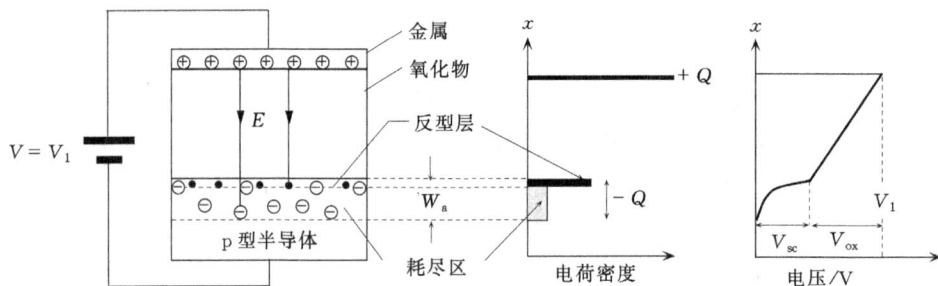

(a)阈值电压和理想 MOS 结构

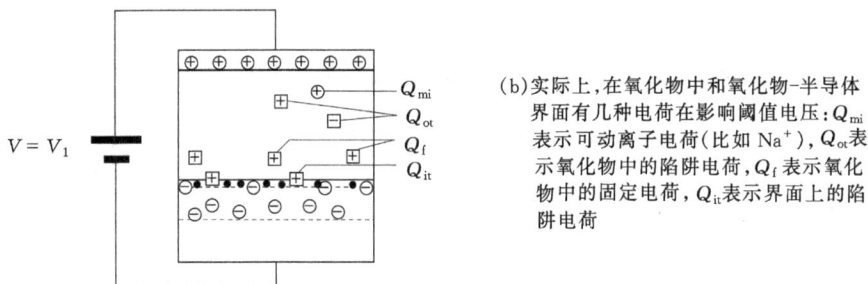

(b)实际上,在氧化物中和氧化物-半导体界面有几种电荷在影响阈值电压:Q_{mi} 表示可动离子电荷(比如 Na$^+$),Q_{ot} 表示氧化物中的陷阱电荷,Q_f 表示氧化物中的固定电荷,Q_{it} 表示界面上的陷阱电荷

图 6.39

实际上,在估算阈值电压的时候,还有其它一些重要因素必须考虑。在氧化物中和氧化物-半导体界面总是有电荷存在,这会改变穿透到半导体中的电场因而改变栅极上造成反型所需的阈值电压。这些已经在图 6.39(b)中表示出来并且可以定性地分析如下。

在 SiO$_2$ 中可能存在一些可动离子,例如 Na$^+$,K$^+$ 等碱金属离子,在图 6.39(b)中标记为 Q_{mi}。这些离子或许是无意中引入的,例如在清洗和刻蚀的制造工艺中。另外,由于结构缺陷,例如间隙 Si$^+$,可能在氧化物中存在各种成为陷阱的(固定的)电荷 Q_{ot}。这些氧化物陷阱电荷常常是辐照损坏的结果(X 射线或者其它高能束辐照)。它们可以通过器件的退火处理来减少。

在氧化物区域靠近界面的地方存在数目可观的固定正电荷 Q_f。人们认为,这些电荷起因于氧化物-半导体界面上氧化物的非理想配比。它们通常被认为是带正电荷的 Si^+ 离子。在氧化工艺中,一个硅原子与从氧化物扩散进来的氧发生反应从而在硅表面被去除掉。当氧化过程突然停止,在这个区域中会有一些还没有来得及反应的硅离子。Q_f 依赖于晶向以及氧化和退火处理工艺。从半导体到氧化物自身的界面是一个从晶体硅到无定性氧化物的结构突变。我们在第 1 章已经讨论过,半导体表面自身会有各种缺陷。在界面上,两种结构之间不可避免地存在一些失配,因此有断裂键、悬挂键以及像空位和 Si^+ 这样的点缺陷,还有界面上的陷阱电荷(如空穴)等其它缺陷。在图 6.39(b)中所有这些界面电荷被标记为 Q_{it}。Q_{it} 不仅依赖于晶向,而且依赖于界面的化学成分。Q_f 和 Q_{it} 一起代表了使反型出现所需的栅电压有效地减小的正电荷量。(100)表面上的正电荷少于(111)表面的正电荷,所以(100)硅是 Si MOS器件的优化表面。

另外,除了图 6.39(b)所示的氧化物中和界面上的各种电荷,即使没有外加电压的条件下,在半导体表面和金属表面之间还有一个电势差,标记为 V_{FB}。V_{FB} 产生于金属和 p 型半导体之间的功函数差,这在第 4 章讨论过。金属功函数一般比半导体功函数小,这意味着半导体表面将有电子积累而金属表面将存在正电荷(暴露的金属离子)。因此反型所必需的栅压将也依赖于 V_{FB}。既然正常条件下 V_{FB} 是正的,Q_f 和 Q_{it} 也是正的,那么甚至在无正栅压的条件下,也许在半导体表面早已形成了一个反型层。为了获得一个正的和可预知的阈值电压 V_{th},一个增强型的 MOSFET 是需要专门的制作步骤的,例如离子注入。

控制阈值栅电压最简单的办法是给增强型 MOSFET 体区提供一个分离的电极,就像图3.36 那样,为了得到所需的栅源之间的阈值电压 V_{th},可以对体区施加一个相对于源端的偏压。该技术的缺点是需要额外提供体区的偏压电源,对于每一个 MOSFET 都要单独调节体源之间的电压。

6.8.4 离子注入 MOS 晶体管和多晶硅栅

控制阈值电压最精确的方法是利用离子注入,因为注入器件的离子的数量和位置都能够精密地控制。而且,离子注入也能够提供栅电极边缘与源区和漏区的自对准。以一个加强型n 沟道 MOSFET 为例,为了防止低 V_{DS} 条件下漏极和衬底的反向击穿(见图 6.36),通常希望衬底的 p 型掺杂较低。因而,实际上正如图 6.39(b)所展示的那样,由于残留在氧化层和界面处的固定正电荷(正的 Q_f,Q_{it} 和 V_{FB}),表面已经有了一个反型层(不是由于栅电压而产生)。因此,向栅下表层注入硼受主杂质以除去电子使这个区域恢复 p 型变得必要。

离子注入在真空环境下进行,在真空室中,产生所需要的杂质离子并使其朝着这器件加速。入射离子的能量容易控制,所以注入器件的深度也能得到很好的控制。如图 6.40 所示,在栅氧化物下面注入硼受主杂质。注入受主离子分布是器件中离开氧化物表面的距离(注入深度)的函数。峰点的位置取决于注入离子的能量,也即取决于加速电压。注入离子浓度的峰点位置可以恰好出现在半导体的表层以下。由于离子注入涉及到高能离子和晶体结构的碰撞,不可避免地会在注入区域产生各种缺陷。通过提高退火温度,缺陷几乎可以全部消除掉。退火同样会引起注入离子的扩散过程从而使注入区变宽。

离子注入的优势还表现在源和漏与栅极边界的自对准工艺上面。对于一个 MOS 晶体管,栅必须特地延伸到从源到漏的所有区域,这是很重要的,只有如此所形成的沟道在栅下才

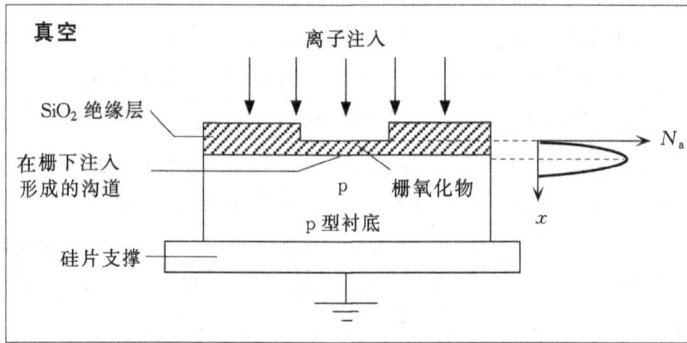

图 6.40 控制 V_{th} 的离子注入示意图

能够连接以上两个区域;否则,形成的沟道将不完整。如图 6.41(a)所示,为避免形成不完整的沟道,且由于在制作 MOSFET 的传统掩模和扩散工艺总存在一定的公差,有必要允许栅与源和漏有适当的重叠。然而,这种重叠会在栅与源和栅与漏之间产生附加电容进而影响器件的高频(瞬态)响应。这就需要源和漏分别与栅的边缘对齐。假设栅电极做得较窄,没有特地扩展到源区和漏之间,就像图 6.41(b)所显示的那样。如果此时进行施主的离子注入,那么穿过薄氧化层的施主离子将会把 n^+ 区域扩展到栅极的边缘,从而使漏和源与栅的边缘对准。施主离子实际上是不能穿过厚金属栅的。

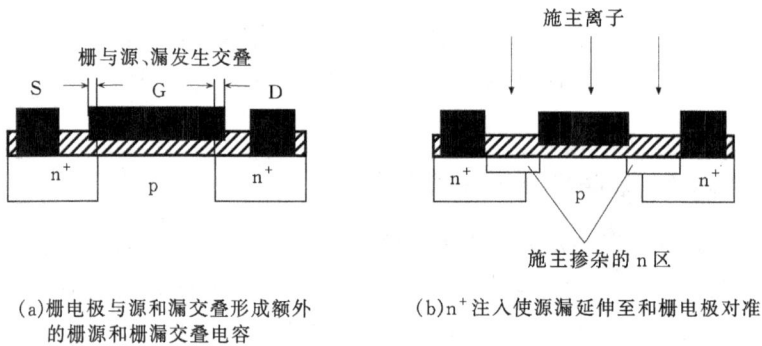

(a)栅电极与源和漏交叠形成额外
的栅源和栅漏交叠电容

(b)n^+ 注入使源漏延伸至和栅电极对准

图 6.41

另一种控制 V_{th} 的方法是用硅栅代替铝栅。这种工艺称为**硅栅工艺**(silicon gate technology)。通常,如图 6.42 所示,硅栅是真空淀积(例如,用硅烷的化学气相淀积)到氧化层上的。由于氧化层是非晶体,而硅栅由多晶(而不是单晶)构成,因此我们称栅为**多晶硅栅**。通常情况下多晶栅会通过重掺杂来降低电阻以减少在交流和瞬态分析中栅电容的充放电 RC 的时间延时。多晶栅的优势源于其功函数依赖掺杂(包括掺杂的类型和浓度),能够被控制得很好,从而 V_{FB} 和 V_{th} 也能够得到控制。应用多晶硅栅还有其它的优势,例如,它允许被加热到很高的温度(Al 金属的熔点为 660 ℃),栅在源和漏的形成过程中还充当半导体栅极上面的掩模板的角色。如图 6.42 所示,如果离子注入用于沉积施主于半导体,则 n^+ 型源区和漏区会与多晶硅栅自对准。

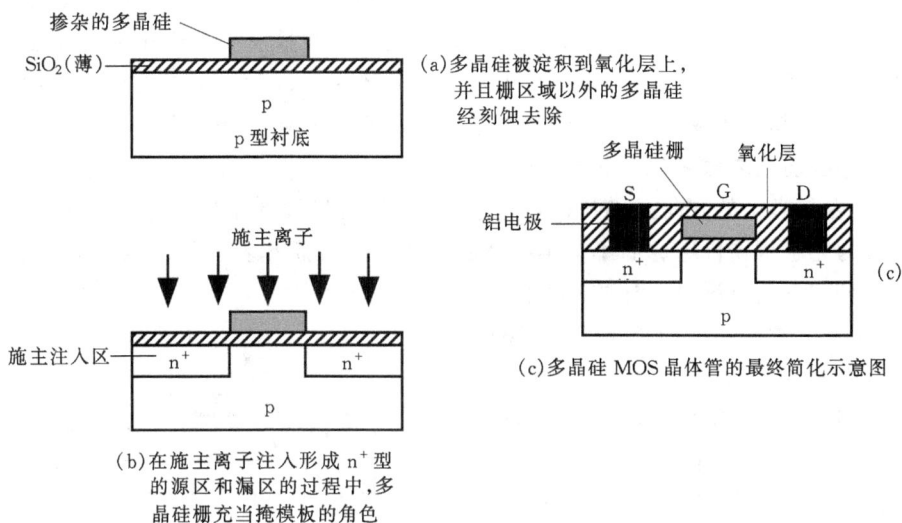

(a)多晶硅被淀积到氧化层上,
并且栅区域以外的多晶硅
经刻蚀去除

(c)多晶硅 MOS 晶体管的最终简化示意图

(b)在施主离子注入形成 n^+ 型
的源区和漏区的过程中,多
晶硅栅充当掩模板的角色

图 6.42 多晶硅栅工艺

6.9 光发射二极管(LED)

6.9.1 LED 原理

一个**光发射二极管**(LED)本质上是一个利用直接禁带半导体,例如 GaAs,制作而成的 pn 结二极管,这种直接禁带半导体中,电子空穴对(EHP)的复合导致光子发射。所发射光子的能量 $h\nu$ 约等于禁带宽度 E_g。图 6.43(a)中给出了一个零偏压 pn^+ 结器件的能带图,其中 n 区掺杂浓度远大于 p 区。在零偏压下,热平衡条件要求费密能级 E_F 在整个器件中是统一的。耗尽区主要向 p 区扩展。从 n 一侧的导带 E_c 到 p 一侧的导带 E_c 存在一个 PE 势垒 eV_0,其中 V_0 是内建电势。正是 PE 势垒 eV 阻碍了电子从 n 侧到 p 侧的扩散过程。

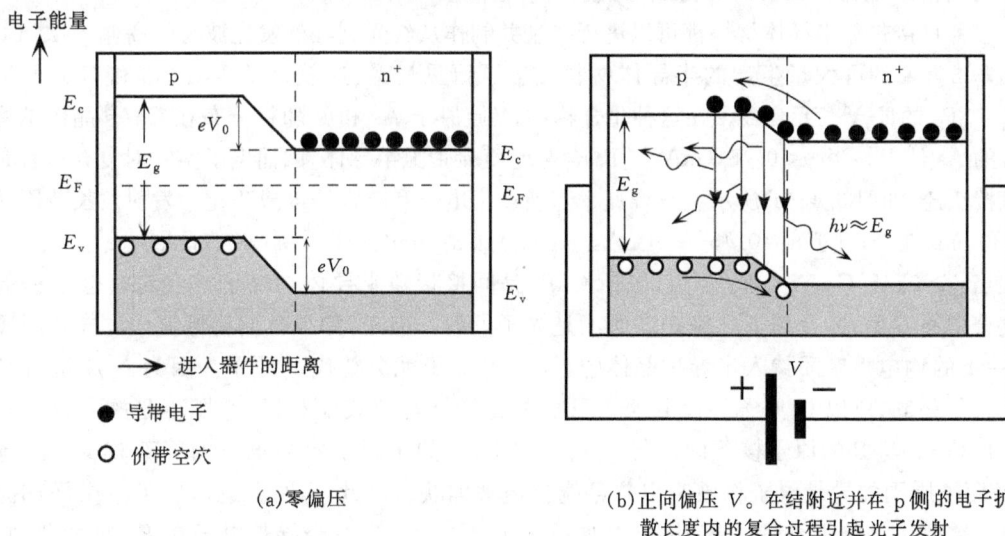

(a)零偏压

(b)正向偏压 V。在结附近并在 p 侧的电子扩散长度内的复合过程引起光子发射

图 6.43 pn 结(n 区重掺杂)的能带图

　　如图 6.43(b)所示,当施加一个正偏电压 V,内建电势 V_0 减小到 V_0-V,这样电子能够从 n^+ 侧开始扩散并注入到 p 区。从 p 区注入到 n^+ 区的空穴数量远小于从 n^+ 区注入到 p 区的电子数量。注入电子在耗尽区复合,复合过程发生的区域在 p 区可以扩展到电子扩散长度相应的体积内,并且引起光子发射。作为少数载流子注入的一个结果,来源于电子空穴对复合的光发射现象被称为**注入电致发光**(injection electroluminescence)。由于电子与空穴复合过程的统计特性,所发射光子的方向是随机的,这是由自然发射过程产生的结果。LED 结构是必须使得所发射的光子从器件逃逸而不被半导体材料吸收。这意味着 p 区的禁带要足够窄,或者我们不得不采用下面所讨论的异质结器件。

　　图 6.44 给出了一个很简单的 LED 结构。首先一个掺杂的半导体层生长在适当的衬底上(GaAs 或者 GaP)。这个新生长的晶体层是采用**外延**方式即接着衬底晶体结构生长。**衬底**实质上是一块足够厚的晶体,它作为 pn 结器件(掺杂层)的机械支撑并且可以是不同的晶体。通过生长出另一层 p 型掺杂的外延层就形成了 pn^+ 结。发射到 n 区的光子或者被吸收或者被衬底界面反射回去,这取决于衬底的厚度和 LED 的精细结构。如果外延层和衬底晶体的晶格参数不同,则在两个晶体结构之间有晶格错配。这将引起 LED 层中的晶格应变,从而产生晶格缺陷。这种晶格缺陷促进了

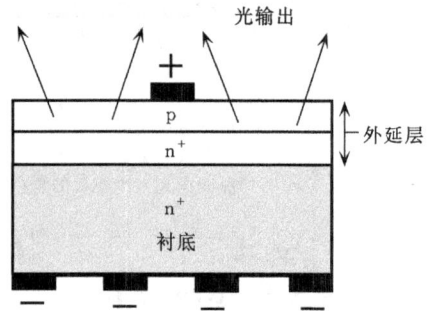

图 6.44　一种 LED 器件结构原理示意图。首先一个 n^+ 层外延生长在衬底上,然后在第一层继续外延生长一个薄的 p 层

无辐射 EHP 复合过程,也就是说缺陷扮演了复合中心的角色。这样的缺陷可以通过与衬底晶格匹配的 LED 外延层来减小。因此实现 LED 外延层和衬底晶体之间的晶格匹配是非常重要的。例如 AlGaAs 合金是带隙落在红光发射区域的直接禁带半导体。它可以生长在具有非常好的晶格匹配特性的 GaAs 衬底上,制作高效率的 LED 器件。

　　多种直接带隙半导体材料都可以进行掺杂并制作从红光到红外发光波长的商业 pn 结 LED。一族非常重要的可大量生产的半导体材料覆盖了可见光谱,这就是基于 GaAs 和 GaP 并记为 $GaAs_{1-y}P_y$ 的Ⅲ-Ⅴ三元合金。在这种化合物中,Ⅴ族原子 As 和 P 随机分布在 GaAs 晶体结构中正常的 As 位上。当 $y<0.45$,$GaAs_{1-y}P_y$ 合金是直接带隙半导体,因而电子空穴对复合过程是带间直接跃迁,如图 6.45(a)所示。复合速率与所产生电子和空穴浓度成正比。发射波长范围从大约 630 nm(红光,对于 $y=0.45$——$GaAs_{0.55}P_{0.45}$)到 870nm(对于 $y=0$——GaAs)。

　　当 $y>0.45$,$GaAs_{1-y}P_y$ 合金(包括 GaP)是间接带隙半导体。电子空穴对复合过程借助于复合中心发生,涉及到了晶格振动而不是光子发射。但是,如果我们将像氮(N,与 P 同属Ⅴ族)一类的**均电性杂质**掺入半导体晶体中,一些 N 原子就会替代 P 原子。因为 N 原子与 P 原子化合价相同,所以 N 原子替代 P 原子形成的化学键与替代前相同,它既不是施主也不是受主。但是,N 与 P 的原子核不同。与 P 原子相比,N 的正原子核被电子的屏蔽较少。这意味着 N 原子周围的导带电子将被吸引并可能就地被捕获。因此 N 原子就形成了一个局部能级或电子陷阱 E_N,接近导带(CB)边缘,如图 6.45(b)所示。当一个导带电子在 E_N 被捕获,它可以借库仑引力吸引邻近价带中的空穴并与其直接复合发射一个光子。因为 E_N 非常接近导带

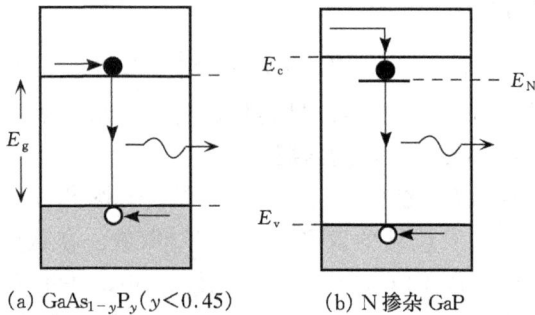

(a) GaAs$_{1-y}$P$_y$($y<0.45$)　　　　(b) N 掺杂 GaP

图 6.45

(a)直接带隙中的光子发射;(b)Gap 是间接带隙半导体。当它用 N 掺杂时,在 E_N 有一个电子
复合中心。一个在 E_N 捕获的电子和一个空穴发生直接复合释放出一个光子

E_c,所以发射的光子能量略小于禁带宽度 E_g。因为这种复合取决于 N 原子掺杂,所以没有直
接掺杂那么有效。因此 N 掺杂型间接带隙 GaAs$_{1-y}$P$_y$ 半导体 LED 的发光效率低于那些直接
带隙半导体制成的 LED。N 掺杂间接带隙 GaAs$_{1-y}$P$_y$ 半导体广泛应用于廉价的绿色、黄色和
橙色 LED 中。

LED 的外部效率 $\eta_{external}$ 表示其将电能转化为外部光能的效率。它将内部发射复合过程的
效率与随后的从器件提取光子的效率结合起来。LED 工作时的输入电功就是简单的二极管
电流与电压的乘积(IV)。设 P_{out} 是器件发出的光能,则

$$\eta_{external} = \frac{P_{out}(光)}{IV} \times 100\% \qquad (6.65) \text{ 外部效率}$$

表 6.2 列出了一些 LED 的 $\eta_{external}$ 值。对于间接带隙的半导体,$\eta_{external}$ 一般小于 1%,而对于器
件结构较为理想的直接带隙半导体,$\eta_{external}$ 会非常大。

表 6.2　可选择的 LED 半导体材料

半导体有源层	结构	D 或 I	λ(nm)	$\eta_{external}$(%)	备注
GaAs	DH	D	870~900	10	红外(IR)
Al$_x$Ga$_{1-x}$As (0<x<0.4)	DH	D	640~870	3~20	红光到 IR
In$_{1-x}$Ga$_x$As$_y$P$_{1-y}$ ($y\approx2.20x$, 0<x<0.47)	DH	D	1~1.6μm	>10	通信 LED
In$_{0.49}$Al$_x$Ga$_{0.51-x}$P	DH	D	590~630	>10	黄色,绿光,红光;高亮度
InGaN/GaN 量子阱	QW	D	450~530	5~20	蓝光到绿光
GaAs$_{1-y}$P$_y$($y<0.45$)	HJ	D	630~870	<1	红光到 IR
GaAs$_{1-y}$P$_y$($y>0.45$) (N 或 Zn,O 掺杂)	HJ	I	560~700	<1	红光,橘光,黄光
SiC	HJ	I	460~470	0.02	蓝光,低效率
GaP(Zn)	HJ	I	700	2~3	红光
GaP(N)	HJ	I	565	<1	绿光

注:光通信频道在 850nm(局域网)以及 1.3 和 1.5 μm(长距离)。D=直接带隙,I=间接带隙。η 外部是
典型值,可能随器件结构变化。DH=双异质结,HJ=同质结,QW=量子阱。

6.9.2　异质结高亮度 LED

　　由两个材料相同,也就是带隙 E_g 相同,但掺杂不同的半导体构成的 pn 结称为**同质结**(homojunction)。而由两个带隙不同的半导体材料构成的 pn 结称为**异质结**(heterojunctions)。具有异质结的半导体器件结构被称为**异质结器件**。

　　为了增加输出光的强度,LED 结构采用双异质结结构。图 6.46(a)给出了一个基于两个具有不同带隙的不同半导体的异质结的**双异质结**(DH)器件。在这个例子中,采用 $E_g \approx 2\text{eV}$ 的 AlGaAs 半导体和 $E_g \approx 1.4\text{eV}$ 的 GaAs 半导体。图 6.46(a)中的双异质结具有一个在 n^+-AlGaAs 和 p-GaAs 之间的 n^+p 异质结。在 p-GaAs 和 p-AlGaAs 之间有另一个异质结。p-GaAs 区是一个典型厚度为几分之一微米的轻掺杂薄层。

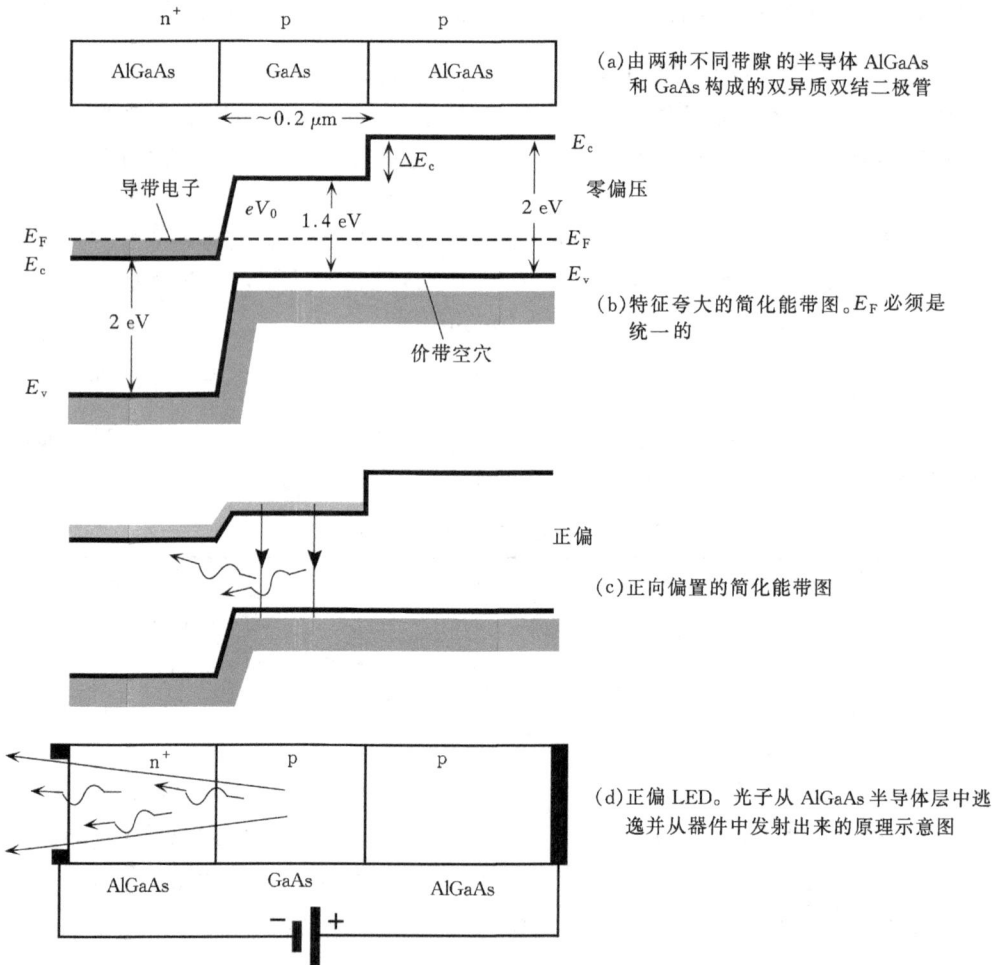

(a) 由两种不同带隙的半导体 AlGaAs 和 GaAs 构成的双异质双结二极管

(b) 特征夸大的简化能带图。E_F 必须是统一的

(c) 正向偏置的简化能带图

(d) 正偏 LED。光子从 AlGaAs 半导体层中逃逸并从器件中发射出来的原理示意图

图 6.46

　　在无外加偏压条件下,整个器件的简化能带图如图 6.46(b)所示。费密能级 E_F 在整个器件结构中是连续的。对于 n^+-AlGaAs 导带上的电子有一个能量势垒 eV_0 阻止它们向 p-GaAs 中扩散。在 p-GaAs 和 p-AlGaAs 间的结上存在带隙的变化,从而在两种半导体的导带之间产生一个带阶 ΔE_c。这个台阶 ΔE_c 是阻止 p-GaAs 导带上的电子向 p-AlGaAs 导带上迁移的有效

的能量势垒。(还有一个价带 E_v 上的带阶 ΔE_v，但是这个台阶较小，图中没有表示出来。)

当施加一个正偏压条件时，大部分电压降在 n^+ – AlGaAs 和 p – GaAs 之间，和平常的 pn 结一样，这个电压降减小了能量势垒 eV_0。因此，如图 6.46(c)所示，在 n^+ – AlGaAs 导带上的电子得以注入到 p – GaAs 的导带上。然而，由于在 p – GaAs 和 p – AlGaAs 之间存在势垒 ΔE_c，所以这些电子被限制在 p – GaAs 的导带上。因此宽禁带的 AlGaAs 层扮演了将所注入电子限制在 p – GaAs 层的**限制层**的角色。注入电子和 p – GaAs 层中原有的空穴复合引起了自发的光子发射。因为 AlGaAs 的带隙 E_g 大于 GaAs 的带隙，故所发射的光子逃逸有源区时不会被吸收，光子能够到达器件的表面，如图 6.46(d)中所示。因为光也不会被 p –AlGaAs 所吸收而是被反射回去，从而增加了光输出。

6.9.3　LED 特性

一个 LED 所发射光子的能量不是简单地等于带隙能量 E_g，这是因为导带上的电子是按能量分布的，价带(VB)上的空穴也是如此。图 6.47(a)和(b)给出了能带图以及导带上的电子和价带上的空穴各自按能量的分布。导带上电子浓度是能量的函数，即 $g(E)f(E)$，这里 $g(E)$ 是态密度，$f(E)$ 是费密–狄拉克函数(在能量为 E 的能态上发现电子的几率)。$g(E)$ $f(E)$ 的乘积表示单位能量的电子浓度或者浓度按能量的分布，并且沿图 6.47(b)的水平轴画出。对于价带上的空穴也有类似的能量分布。

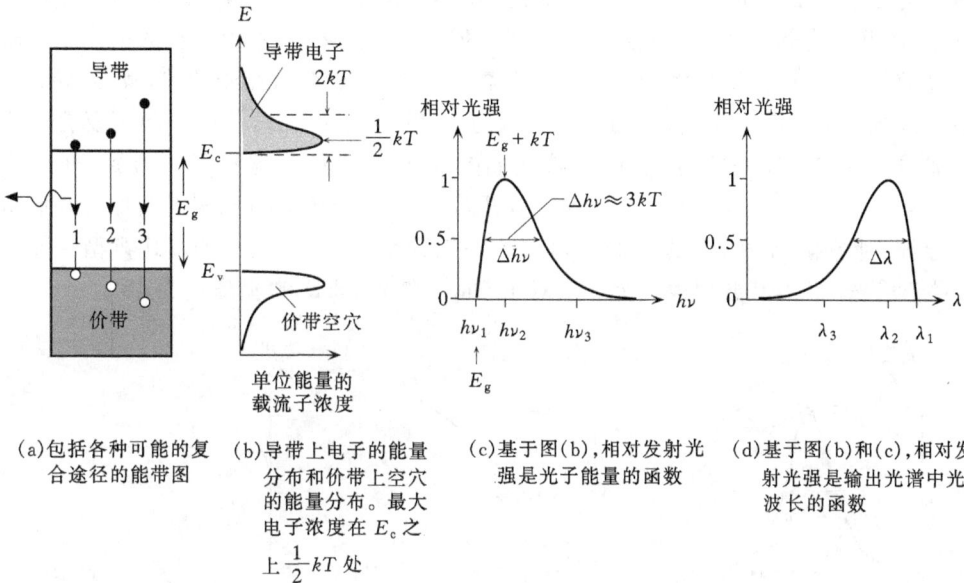

(a)包括各种可能的复　(b)导带上电子的能量　(c)基于图(b)，相对发射光　(d)基于图(b)和(c)，相对发
合途径的能带图　　　分布和价带上空穴　　强是光子能量的函数　　射光强是输出光谱中光
的能量分布。最大　　　　　　　　　　　　波长的函数
电子浓度在 E_c 之
上 $\frac{1}{2}kT$ 处

图 6.47

导带上的电子浓度作为能量的函数是不对称的，在 E_c 之上 $kT/2$ 处有一个峰值。如图 6.47(b)所示，这些电子的能量扩展到 E_c 之上约 $2kT$ 的范围。空穴浓度在价带也从 E_v 有类似的扩展。回想直接复合的速率与对应能级上电子和空穴二者浓度成正比。图 6.47(a)中标示为 1 的跃迁是能量为 E_c 的电子和能量为 E_v 的空穴之间的直接复合。但是近带边的载流子浓度很小，因而这样的复合不会经常发生。如图 6.47(c)所示，能量 $h\nu_1$ 的光子发射的相对强度较小。

而和最大电子浓度和空穴浓度相关的跃迁很频繁。例如,图 6.47(a)中的跃迁 2 几率最大,就是因为在 6.47(b)中对应能量的电子和空穴浓度最大。从图 6.47(c)中可以看出,和跃迁能量 $h\nu_2$ 相对应的光发射相对强度最大,或者接近最大[①]。图 6.47(a)中标记为 3 的跃迁发射相当高能量的光子 $h\nu_3$,从图 6.47(b)中显然可以看到,这些高能电子和空穴的浓度很小,这样这些高能量光子的光强就小。图 6.47(c)表明随着光子能量的增加而光强减弱。图 6.47(c)给出了一个重要的 LED 特性,即输出光谱的相对光强对于光子能量的特性。因为 $\lambda=c/v$,根据图 6.47(c)给出的光谱,我们也可以得到相对光强与波长间的特性,如图 6.47(d)。输出光谱的**线宽**,$\triangle v$ 或者 $\triangle \lambda$,定义为图 6.47(c)和 6.47(d)中半强度点所对应的两个点之间的宽度。

发射光谱的峰值强度的波长和线宽 $\triangle \lambda$ 显然与电子和空穴在导带和价带上的分布相关,因此必然和这些带上的态密度相关。发射峰所对应的光子能量近似等于 E_g+kT,因为它恰好对应于图 6.47(b)中电子和空穴按能量分布的峰-峰跃迁。图 6.47(c)表明,在发射强度半高点之间的线宽 $\triangle(h\nu)$ 约等于 $3kT$。根据波长计算相应光谱的线宽 $\triangle \lambda$ 比较直截了当,见例 6.14。

LED 的输出谱,或者所谓的相对光强-波长特性,不仅依赖于半导体材料,也与 pn 结二极管的结构,包括杂质浓度的数量级有关系。图 6.47(d)代表了排除掉重掺杂对能带影响以及部分光子被吸收的理想光谱。

作为例子,一个红光 LED(655nm)的典型特性如图 6.48(a)~(c)所示。和图 6.47(d)中的理想化光谱相比,图 6.48(a)中的输出光谱显现出轻微的不对称。谱的宽度约为 24nm,它对应于发射光子能量分布中约 $2.7kT$ 的宽度。随着 LED 电流增加,注入的少数载流子浓度也增加了,因此复合速率和发射光强都增加了。但是,图 6.48(b)中很明显的一点是光输出功率并不是随着 LED 电流增加而线性增长。在高电流水平,少数载流子的较强注入导致了复合时间对注入载流子浓度的依赖。因此复合时间也依赖于电流自身,从而引起了复合速率随着电流的非线性变化。典型的电流-电压特性如图 6.48(c)所示,这里可以看到,开启或关断(turn-on 或 cut-in)电压约为 1.5V,从这一点开始,电流仅仅随着电压缓慢增加。开启电压依赖于半导体,通常随带隙 E_g 的增加而增加。举例来说,对于蓝光 LED,其典型值是 3.5~4.5V,对于黄光 LED,其典型值约为 2V,对于 GaAs 红外 LED,典型值约为 1V。

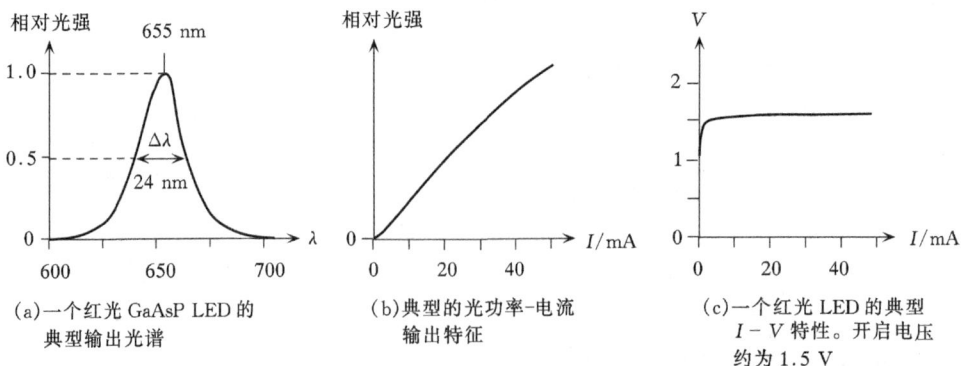

(a)一个红光 GaAsP LED 的　　(b)典型的光功率-电流　　(c)一个红光 LED 的典型
典型输出光谱　　　　　　　　输出特征　　　　　　　　　$I-V$ 特性。开启电压
　　　　　　　　　　　　　　　　　　　　　　　　　　　　约为 1.5 V

图 6.48

---

① 当电子浓度和空穴浓度最大的时候,发光强度不一定最大,但是会接近最大值。

例 6.14 LED 的光谱线宽 我们知道,输出波长的展宽与图 6.47 中的发射光子能量的展宽相关。发射光子能量 $E_{ph}=hc/\lambda$ 和图 6.47(c)中半高强度点之间的光子能量展宽 $\Delta E_{ph}=\Delta(h\nu)\approx 3kT$。证明在输出光谱中半高强度点之间的对应线宽 $\Delta\lambda$ 是

$$\Delta\lambda = \lambda^2 \frac{3kT}{hc} \tag{6.66}$$

并计算 300 K 条件下,在 1550 nm 工作的光通信 LED 的光谱线宽是多少?

解: 首先考虑光子频率 ν 和波长 λ 之间的关系:

$$\lambda = \frac{c}{\nu} = \frac{hc}{h\nu}$$

这里 $h\nu$ 是光子能量,微分得到

$$\frac{d\lambda}{d(h\nu)} = -\frac{hc}{(h\nu)^2} = -\frac{\lambda^2}{hc}$$

负号代表随着光子能量增加而波长减小。我们只对变化或者说展宽有兴趣,因此 $\Delta\lambda/\Delta(h\nu)\approx|d\lambda/d(h\nu)|$,得到线宽

$$\Delta\lambda = \frac{\lambda^2}{hc}\Delta(h\nu) = \frac{\lambda^2}{hc}3kT$$

这里,我们利用 $\Delta(h\nu)=3kT$ 得到式(6.66)。代入 $\lambda=1550$ nm 和 $T=300$ K,计算 1550 nm LED 的线宽:

$$\Delta\lambda = \lambda^2 \frac{3kT}{hc} = (1550\times10^{-9})^2 \frac{3\times(1.38\times10^{-23})\times300}{(6.626\times10^{-34})\times(3\times10^8)} = 1.57\times10^{-7} \text{ m} \quad \text{或} \quad 150 \text{ nm}$$

LED 输出的光谱线宽归因于光子能量的展宽,基本上约为 $3kT$。对于给定波长要减小 $\Delta\lambda$,唯一的选择是降低温度。另一方面,一个激光器的输出谱却具有很窄的线宽。一个单模激光器的输出线宽可小于 1 nm。

6.10 太阳能电池

6.10.1 光伏器件原理

一个典型的太阳能电池的简化原理图如图 6.49 所示。考虑一个具有很窄且重掺杂 n 区的 pn 结。光照通过薄的 n 区。耗尽区 W 或者空间电荷区(SCL)主要延伸到 p 区一侧。这个耗尽区中存在一个内建电场 E_0。电极附着于 n 区一侧必须允许光照进入器件,同时产生了一个小串连电阻。它们沉积在 n 区在器件表面形成了**指状电极**,如图 6.50 所示。在表面上有一薄的**减反射涂层**(图中没有表示出来)以减小光反射从而让更强的光进入器件中。

因为 n 区很窄,大部分光子在耗尽区(W)内和中性 p 区(l_p)内被吸收,并且在这些区域内产生了光生电子空穴对。在耗尽区中的电子空穴对立刻在内建电场 E_0 的驱动下分离和漂移,电子漂移到中型 n^+ 侧,使得这个区域带上一定量的负电荷。空穴漂移到中性 p 侧,使得这个区域带上一定量的正电荷。因此,在器件两端形成了一个**开路电压**,p 侧相对 n 侧为正。如果连接一个外部负载,那么在 n 侧的过剩电子沿着外部电路流动、做功并到达 p 侧与这里的过剩空穴复合。有一点对于理解是重要的,即如果没有内建电场 E_0,光生电子空穴对就不可能被分离并漂移到 n 侧积累过剩的电子和在 p 侧积累过剩的空穴。

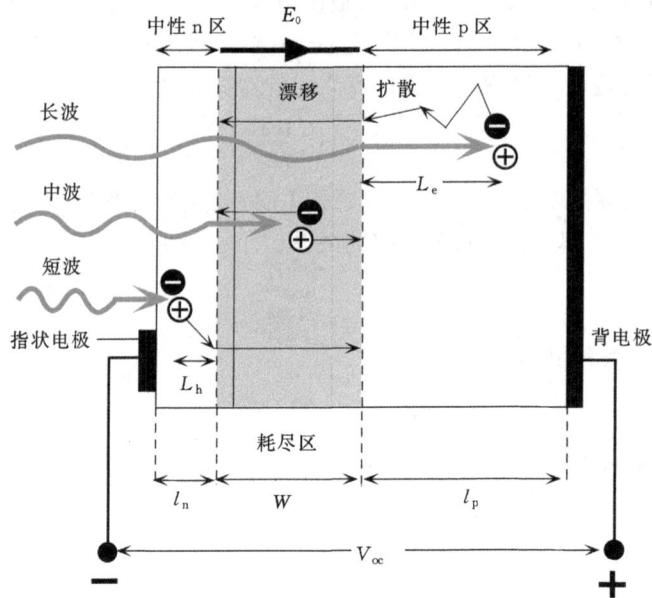

图 6.49 太阳能电池的工作原理(为了强调原理而对其特征有所夸大)

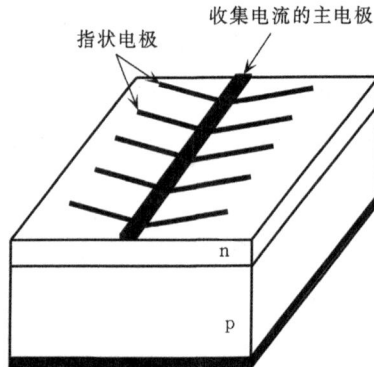

图 6.50 太阳能电池上的指状电极减小了串联电阻

因为没有电场,在中性 p 区借吸收长波光子所产生的光生电子空穴对在这个区域内扩散。如果电子的复合寿命是 τ_e,那么它扩散一个平均距离 $L_e = \sqrt{2D_e\tau_e}$,这里 D_e 是 p 侧电子的扩散系数。距耗尽区 L_e 以内的电子能够毫不勉强地扩散到达耗尽区,于是变成在电场 E_0 驱动下向 n 侧的漂移(图 6.49)。因而,仅仅是在距耗尽区少子扩散长度 L_e 以内的那些光生电子空穴对可对光伏效应有贡献,这又一次证明了内建电场 E_0 的重要意义。一旦电子漂移到耗尽区,它将被电场 E_0 扫到 n 侧,增加那里的负电荷。留在 p 侧的空穴在这个区域形成了净正电荷。那些 L_e 之外远离耗尽区的光生电子空穴对通过复合而消失。因此使得少数载流子扩散长度尽可能长是很重要的。正是这个原因而选择了硅 pn 结的这一侧为 p 型,即电子成为少数载流子;在硅半导体中,电子的扩散长度大于空穴的扩散长度。同样的想法也适合于 n 侧吸收短波长光子所产生的光生电子空穴对。那些在空穴扩散长度内的光生空穴能够到达耗尽区并被横扫过 p 侧。因此对光伏效应有贡献的光生电子空穴对发生在 $L_h + W + L_e$ 长度上的器件体积内。如果器件两端短路,如图 6.51 所示,则 n 侧的过剩电子可以流过外部电路去中和 p 侧的过剩空穴。这个由于光生载流子的流动而形成的电流被称为**光电流**。

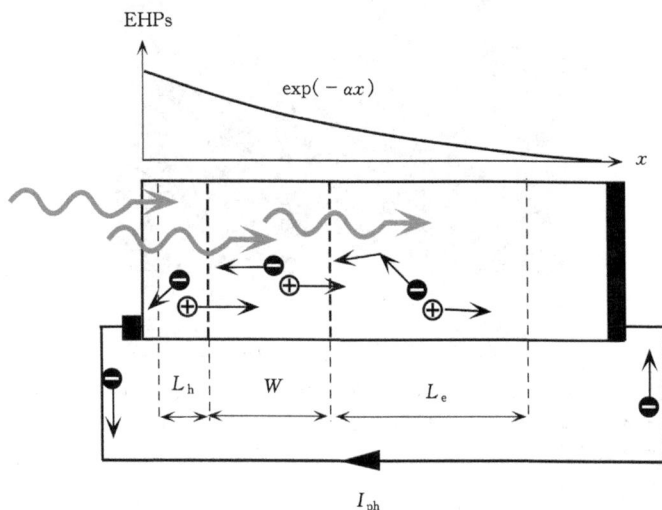

图 6.51　在 $L_h + W + L_e$ 体积内的光生载流子产生了一个光电流 I_{ph}。图中还给出了光生电子空穴对浓度随距离的变化,这里 α 是所对应波长的光吸收系数

在稳态工作条件下,不可能有净电流流过一个开路太阳能电池。这表明器件内由于光生载流子流动的光电流必须被相反方向载流子的流动所平衡。后者是跨 pn 结的光伏电压出现后而形成注入的少数载流子。在图 6.49 中没有给出这一点。

在 n 侧接近器件表面的区域,或者离开耗尽区 L_h 之外的区域,吸收高能光子所产生的光生电子空穴对通过复合而消失,这是因为 n 区中的载流子寿命通常很短(源于重掺杂)。n 侧因此被制作得很薄,通常小于 0.2 微米。实际上,n 侧长度 l_n 或许要小于空穴扩散长度 L_h。然而,n 侧很靠近表面区域中的光生电子空穴对通过复合而消失,这主要是因为各种表面缺陷扮演了复合中心的缘故。下面将对此进行讨论。

对于长波,$1 \sim 1.2 \mu m$ 的光子,Si 的吸收系数 α 很小,吸收深度($1/\alpha$)常常大于 $100 \mu m$。因此为了俘获这些长波光子,需要一个厚的 p 区以及长的少数载流子扩散长度 L_e。p 区一般是 $200 \sim 500 \mu m$,L_e 要小于这个范围。

硅晶体的带隙 1.1eV,对应的阈值波长是 $1.1 \mu m$。波长大于 $1.1 \mu m$ 的入射光能量被浪费了,这是一个不可忽视的量(约 25%)。然而,限制效率的最恶劣的影响因素是高能光子在晶体表面附近被吸收并且在表面因复合而消失。晶体表面和界面包含了高浓度的复合中心,促进了表面区域的光生电子空穴对的复合。由于近表面或表面的光生电子空穴对复合所损失的能量可高达 40%。这些效应使得器件效率低至 45%。另外,减反射膜也不是完美的,因此使得所收集的光子数减小的因子为 0.8~0.9。加上考虑到光伏作用自身的限制(下面将讨论),单晶硅制作的光伏器件效率的上限在室温下约为 24%~26%。

贝尔实验室太阳能电池的发明人（从左到右）：葛鲁德·皮尔森（Gerald Pearson），达瑞·钱皮（Daryl Chapin）和开尔文·富勒（Calvin Fuller）。他们正在检验一个硅太阳能电池样品所产生的电压量（1954）

照片来源：朗讯科技贝尔实验室

Helios 是一个太阳能电池驱动的遥控飞机。在白天它的飞行高度已经达到 30km。它的翼展 9m。夜间飞行时使用燃料电池

照片来源：NASA Dryden 飞行中心

pn 结 Si 太阳能电池在工作中。本田双座 Dream 轿车利用光伏效应提供动力。本田 Dream 轿车在 1996 世界太阳能挑战中 4 天内第一个完成了 3010km 行程

照片来源：澳大利亚新南威尔士大学光伏工程中心

　　考虑图 6.52 中的一个理想的 pn 结光伏器件连接到一个电阻负载上。注意图中的 I 和 V 定义了关于正电压和正电流的习惯方向。如果负载为短路，电路中唯一的电流就是入射光所产生的光电流。这正是图 6.52(b)中给出的光电流 I_{ph}，它依赖于图 6.51 中耗尽区及其相连扩散长度范围的器件体积内所产生的光生电子空穴对。光强越强，光产生率越高，光电流 I_{ph} 越大。如果 $\mathscr{I}$ 是光强，那么**短路电流**如下，

$$I_{sc} = -I_{ph} = -K\mathscr{I} \qquad (6.67)$$

光照条件下太阳能电池短路电流

这里 K 是依赖于特定器件的常数。因为总是存在一个内电场来使光生电子空穴对漂移，所以光电流不取决于 pn 结上的电压。我们没有考虑电压调制耗尽区宽度的二次效应。因此甚至在器件上没有电压时，依然有光电流 I_{ph} 流过器件。

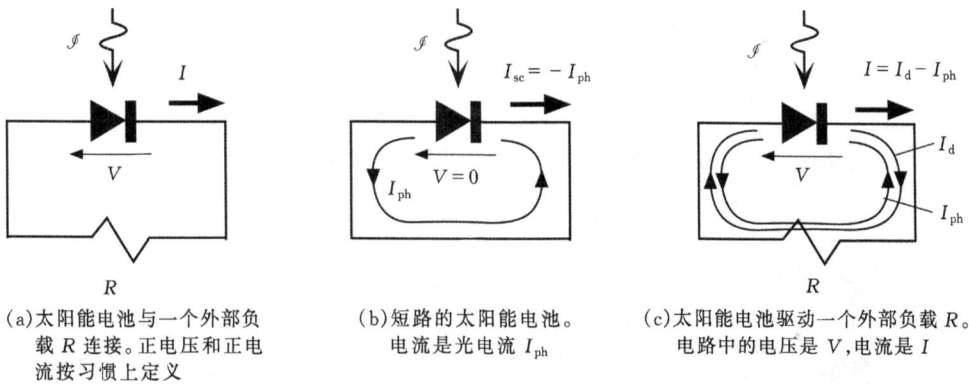

(a)太阳能电池与一个外部负载 R 连接。正电压和正电流按习惯上定义

(b)短路的太阳能电池。电流是光电流 I_{ph}

(c)太阳能电池驱动一个外部负载 R。电路中的电压是 V，电流是 I

图 6.52

　　如果 R 不是短路，就像图 6.52(c)中那样，则由于电流流过器件，pn 结上出现了一个正电压 V。这个电压降减小了 pn 结的内建电势，因而像在正常二极管中那样，引起了少数载流子的注入和扩散。因此，除光电流 I_{ph} 以外，在电路中还存在一个起因于 R 上电压的二极管正向电流 I_d（图 6.52(c)）。既然 I_d 是由于正常的 pn 结行为，那么根据二极管特性得到

$$I_d = I_0\left[\exp\left(\frac{eV}{\eta kT}\right) - 1\right]$$

I_0 是反向饱和电流，η 是理想因子（$\eta = 1\sim2$）。在开路条件下，净电流为零。这意味着光电流 I_{ph} 产生了足够大的光伏电压 V_{oc} 足以产生一个二极管电流 $I_d = I_{ph}$。

　　因此，通过太阳能电池的**总电流**，如图 6.52(c)所示是

$$I = -I_{ph} + I_0\left[\exp\left(\frac{eV}{\eta kT}\right) - 1\right] \qquad (6.68)$$

太阳能电池 $I-V$

　　一个典型的硅太阳能电池的 $I-V$ 特性如图 6.53 所示。能够看出，它相应于标准的暗场特性下移了光电流 I_{ph}，I_{ph} 依赖于光强 $\mathscr{I}$。太阳能电池的开路输出电压 V_{oc} 根据 $I-V$ 曲线与 V 轴的交点（$I=0$）得到。显而易见，虽然它依赖于光强，但它取值的典型范围在 $0.5\sim0.7V$。

　　式(6.68)给出了太阳能电池的 $I-V$ 特性。当太阳能电池和一个负载相连，如图 6.54(a)所示，负载电压和太阳能电池电压相同，电流相同。但是流经负载 R 的电流现在和习惯上的电流方向（从高电势到低电势）相反。因此，如图 6.54(a)所示，有

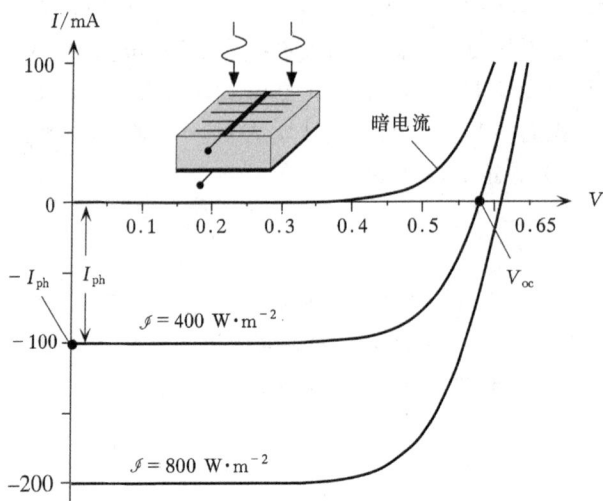

图 6.53 硅太阳能电池的典型 $I-V$ 特性。短路电流为 I_{ph}，开路电压为 V_{oc}。$I-V$ 曲线的正电流需要外加偏压产生。光伏作用位于负电流区域

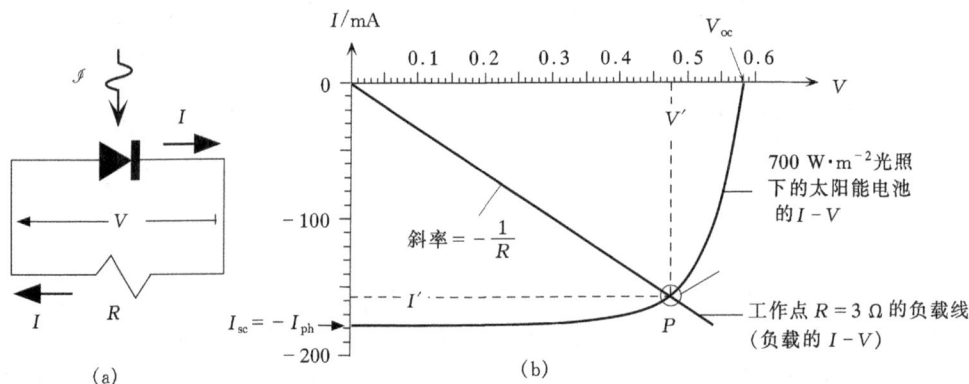

图 6.54

(a)当太阳能电池驱动负载 R 时，R 与太阳能电池具有同样的电压但通过它的电流方向与常规电流从高到低的方向相反。(b)图(a)中电路的电流 I' 和电压 V' 能从负载线上找到。点 P 为工作点 (I',V')。负载线对应的 R 为 3Ω

$$I = -\frac{V}{R} \qquad\qquad (6.69) \text{ 负载线}$$

　　电路中实际的电流 I' 和电压 V' 必须满足式(6.68)给出的太阳能电池的 $I-V$ 特性和式(6.69)给出的负载 $I-V$ 特性。同时解这两个公式或者用图解法可以得到 I' 和 V'。最容易找到 I' 和 V' 的方法是利用**负载线图**。在式(6.69)中的负载 $I-V$ 特性是一条斜率为 $-1/R$ 的直线，它被称为**负载线**，和给定光强条件下太阳能电池的 $I-V$ 特性一起画在图 6.54(b)中。负载线和太阳能电池特性曲线在 P 点相交，在 P 点，负载和电池有相同的电流和电压 I' 和 V'。P 点对式(6.68)和式(6.69)是同时满足的，因此代表了电路的**工作点**。

　　交付给负载的**输出功率**是 $P_{out}=I'V'$，即就是图 6.54(b)中的虚线和 I 轴及 V 轴包括的长方形面积。当长方形面积最大(借改变 R 或者光强)时，即 $I'=I_m$ 和 $V'=V_m$ 时，交付给负载的功率最大。因为最大可获得的电流是 I_{sc}，最大可获得的电压是 V_{oc}，所以对于一个给定的太

阳能电池,$I_{sc}V_{oc}$代表了交付功率的期望目标。因此将最大输出功率 I_mV_m 和 $I_{sc}V_{oc}$ 相比较有很重要的意义。**填充因子** FF 是太阳能电池的优值,被定义为

$$FF = \frac{I_mV_m}{I_{sc}V_{oc}} \qquad\qquad (6.70)\text{填充因子}$$

FF 用于衡量太阳能电池 I-V 曲线与长方形(理想形状)的接近程度。显然,FF 尽可能接近于 1 是比较有利的,但是指数变化的 pn 结特性阻止了这一点。典型的 FF 值在 70%~85%之间,取决于器件材料和结构。

例 6.15　驱动电阻负载的太阳能电池　考虑图 6.54 中的太阳能电池,所驱动的负载电阻为 3Ω。这个电池的面积是 $3cm \times 3cm$,辐照光强是 $700W \cdot m^{-2}$。计算电路中的电流和电压。计算电路传送给负载的功率,太阳能电池的效率以及太阳能电池的填充系数。

解:图 6.54(a)中负载的 I-V 特性就是式(6.69)中的负载线,即 $I=-V/3\Omega$。在图6.54(b)中画一条斜率为 $1/(3\Omega)$ 的负载线。负载线与太阳能电池的 I-V 特性曲线的交点是 $I'=157\ mA$,$V'=0.475\ V$,这正是图 6.54(a)中光伏电路的电流和电压。因此交付给负载的功率是

$$P_{out} = I'V' = (157 \times 10^{-3}) \times (0.475V) = 0.0746W \quad 或 \quad 74.6\ mW$$

太阳光的输入功率为

$$P_{in} = 光强 \times 表面积 = (700\ W \cdot m^{-2}) \times (0.03\ m)^2 = 0.63\ W$$

效率为

$$\eta_{photovoltaic} = (100\%)\frac{P_{out}}{P_{in}} = (100\%)\frac{0.0746W}{0.63W} = 11.8\%$$

如果调节负载以从太阳能电池提取最大功率,上述效率将会增加。但是,因为图 6.54(b)中的长方形面积 $I'V'$ 已经十分接近最大值,因此效率的增加是有限的。

既然图 6.54(b)中的 P 点已经接近最佳工作点,最大输出功率,长方形面积 $I'V'$ 为最大,因此可以得到填充系数

$$FF = \frac{I_mV_m}{I_{sc}V_{oc}} \approx \frac{I'V'}{I_{sc}V_{oc}} = \frac{(157\ mA) \times (0.475\ V)}{(178\ mA) \times (0.58\ V)} = 0.722 \quad 或 \quad 72.2\%$$

例 6.16　开路电压和光照　一个太阳能电池在 $500\ W \cdot m^{-2}$ 光照条件下的短路电流 I_{sc} 是 $150\ mA$,开路输出电压 V_{oc} 是 $0.530\ V$。当光照强度增大一倍时,短路电流和开路电压各是多少?假定 $\eta=1.5$,这是各种硅 pn 结的典型值。

解:光照条件下太阳能电池的 I-V 特性由式(6.68)给出。开路条件下,令 $I=0$:

$$I = -I_{ph} + I_0\left[\exp\left(\frac{eV_{oc}}{\eta kT}\right) - 1\right] = 0 \qquad\qquad 开路条件$$

假如 $V_{oc} \gg \eta kT/e$,重新整理上面的公式可以得到

$$V_{oc} = \frac{\eta kT}{e}\ln\left(\frac{I_{ph}}{I_0}\right) \qquad\qquad 开路输出电压$$

光电流 I_{ph} 依赖于光强 $\mathscr{I}$,即 $I_{ph}=K\mathscr{I}$,K 是一个常数。因此在给定温度下,V_{oc} 的变化表示为

$$V_{oc2} - V_{oc1} = \frac{\eta kT}{e}\ln\left(\frac{I_{ph2}}{I_{ph1}}\right) = \frac{\eta kT}{e}\ln\left(\frac{\mathscr{I}_2}{\mathscr{I}_1}\right) \qquad 开路电压和光强$$

短路电流即光电流,光强增加一倍,短路电流为

$$I_{sc2} = I_{sc1}\left(\frac{\mathscr{I}_2}{\mathscr{I}_1}\right) = 150\ mA \times 2 = 300\ mA$$

假设 $\eta = 1.5$，新的开路电压为，

$$V_{oc2} = V_{oc1} + \frac{\eta kT}{e}\ln\left(\frac{\mathscr{I}_2}{\mathscr{I}_1}\right) = 0.530\text{V} + 1.5 \times 0.026 \times \ln 2 = 0.557\text{V}$$

与光照和短路电流增加了 100% 相比，开路电压仅仅增加了 5%。

6.10.2　串联和分流电阻

由于若干原因，实际的太阳能电池可能实质上违背图 6.53 中给出的理想 pn 结太阳能电池的特性。考虑一个光照 pn 结驱动一个负载电阻 R_L，并假定光生效应出现在耗尽区。如图 6.55 所示，光生电子必须越过半导体表面到达最近的指状电极。在 n 型表面层的所有这些电子到达指状电极的路径在光伏电池的电路中引入了一个**有效串联电阻 R_s**。如果指状电极很薄，那么电极自身的电阻也会进一步使 R_s 增加。由于中性 p 区的存在也引入了一个串联电阻，但是与电子到达指状电极的路径电阻相比，这个串联电阻通常很小。

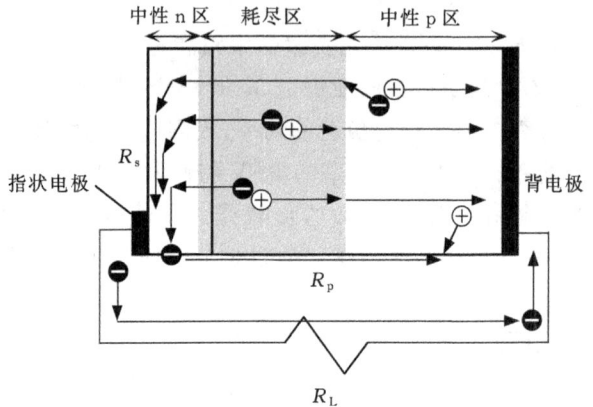

图 6.55　串联电阻和分流电阻以及光生电子-空穴对的几种结局

图 6.56(a) 给出了一个理想 pn 结太阳能电池的等效电路。光产生过程用常数电流发生器 I_{ph} 来代表，它产生一个与光照强度成比例的电流。光生载流子跨 pn 结的流动在结上产生了一个光伏电压差，这个电压导致正的二极管电流 $I_D = I_0\{\exp[(eV)/(\eta kT)] - 1\}$。该二极管电流 I_D 在图 6.56(a) 的电路中用一个理想的 pn 结二极管代表。显然，I_{ph} 和 I_D 的方向是相反的（I_{ph}"向上"，I_D"向下"），所以在开路条件下，光伏电压是使得 I_{ph} 和 I_D 大小相等相互抵消。习惯上，在输出端的正向电流是取流进端电极，用式(6.68)表达。（实际上，太阳能电池电流是负的，如图 6.53 所示，它表示流出后流入负载的电流。）

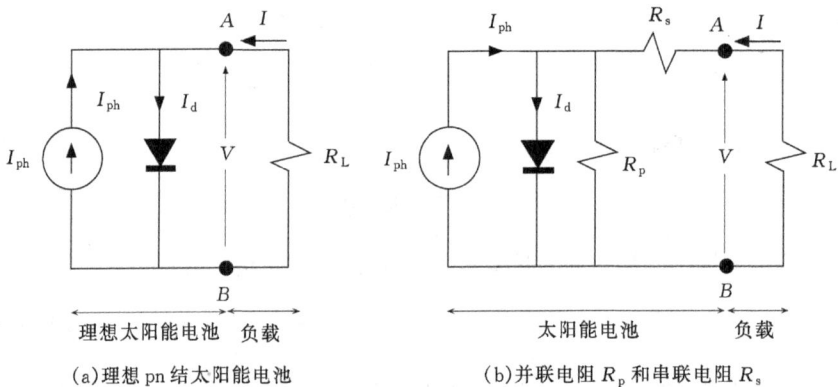

(a)理想 pn 结太阳能电池　　　　　　(b)并联电阻 R_p 和串联电阻 R_s

图 6.56　太阳能电池的等效电路

图 6.56(b)给出了一个更实际的太阳能电池的等效电路。当抽取电流的时候,图中的**串联电阻** R_s 产生了一个电压降,这个电压降阻碍了在 A 和 B 输出端形成理想的光伏电压。一部分(通常很小)光产生载流子也可以流经晶体表面(器件边缘),或者流经多晶器件中的晶界,而不是经过外部电路负载 R_L,这些阻止光产生载流子从外部电路流过的因素可以用一个有效内部**分流**或者**并联电阻** R_p 来代表,它从负载 R_L 上分流了一部分光电流。从整个器件特性来讲,一般情况下 R_p 没有 R_s 那样重要,除非器件是高度地多晶的,流过晶界的电流不能够被忽略。

串联电阻 R_s 会显著地恶化太阳能电池的特性,如图6.57所示, $R_s = 0$ 时是最好的太阳能电池。显然,可获得的最大输出功率随着串联电阻而减小,因而降低了电池的效率。注意当 R_s 足够大,就限制了短路电流。类似地,由于材料中范围广泛的缺陷所引起的低分流电阻也降低了器件效率。不同之处在于,虽然 R_s 不影响开路电压 V_{oc},但是低的 R_p 引起了开路电压 V_{oc} 减小。

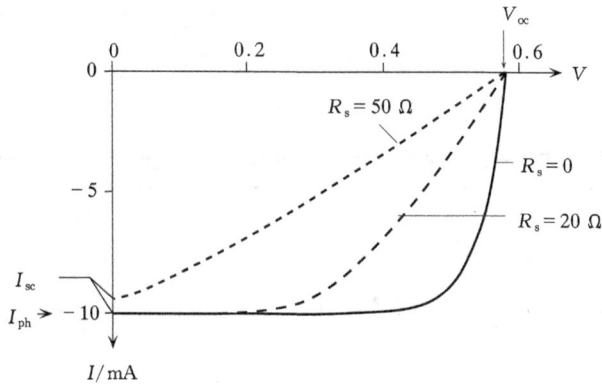

图 6.57　串联电阻加宽了 I-V 曲线,减小了最大可获得功率,因此降低了整个太阳能电池的效率。例如一个 Si 太阳能电池 $\eta \approx 1.5$, $I_o \approx 3 \times 10^{-6}$ mA,光生电流 $I_{ph} = 10$ mA

6.10.3　太阳能电池材料、器件和效率

大部分太阳能电池应用晶体硅,这是因为硅基半导体制造现在是一个成熟技术,可以使节省成本的器件制造成为可能。具有有代表性的 Si 基太阳能电池效率从多晶硅的大约18%到高效率单晶硅器件的22%～24%,单晶硅太阳能电池具有专门的结构用来吸收尽可能多的入射光子。用做在相同晶体内的 pn 结制造的太阳能电池被称为同质结。对于昂贵的单晶 PERL(钝化发射区、背面扩散,passivated emitter rear locally dffused)这种最好的硅同质结太阳能电池的效率可以达到24%[①]。PERL 及其类似结构的电池具有一个刻蚀成倒金字塔阵列的特殊结构的表面以俘获更多的入射光,如图 6.58 所示。平面晶体表面的正常反射损失了部分光照,而在金字塔内的光反射提供了二次甚至第三次被吸收的可能。另外,反射后的光子以一定的倾斜角进入半导体,这意味着光被光产生区域,也就是在耗尽层的电子扩散长度内所吸收,如图 6.58 所示。

---

① 高效 PERL 太阳能电池的首创工作是新南威尔士大学的马丁·格林(Martin Green)和他的合作者们完成的。

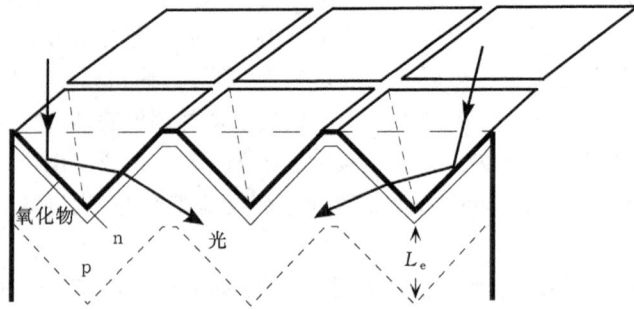

图 6.58　Si 太阳能电池的倒金字塔结构表面充分地减小了反射损失,增加了光吸收

　　表 6.3 总结了各种太阳能电池的一些典型特性。虽然从理论上 GaAs 因具有较宽的带隙而预料应有更高的效率,但事实上 GaAs 和 Si 太阳能电池的效率相当。降低 Si 太阳能电池效率的主要因素是那些 $h\nu<E_g$ 的不被吸收的光子和表面附近被吸收的短波长光子。如果采用串联的电池结构或者异质结结构,那么上述影响可以得到改善。

表 6.3　各种太阳能电池的典型特性(处于室温,空气质量 1.5,光照 1000 W·m^{-2})

半导体	E_g(eV)	V_{oc}(V)	J_{sc}(mA·cm^{-2})	FF	η(%)	备注
Si,单晶	1.1	0.5~0.7	42	0.7~0.8	16~24	单晶,PERL
Si,多晶	1.1	0.5~0.65	38	0.7~0.8	12~19	
非晶态 a- Si:Ge:H 膜					8~13	串联结构非晶态薄膜, 方便大面积制备
GaAs,单晶	1.42	1.02	28	0.85	24~25	不同禁带的材料串联 起来增加吸收效率
GaAlAs/GaAs,串联		1.03	27.9	0.864	24.8	不同禁带的材料串联 起来增加吸收效率
GaInP/GaAs,串联		2.5	14	0.86	25~30	
CdTe,薄膜	1.5	0.84	26	0.75	15~16	
InP,单晶	1.34	0.87	29	0.85	21~22	
CuInSe$_2$	1.0				12~13	

　　注:AM1.5 指"空气质量 1.5"的太阳光照,这表示照到地球表面的太阳光强(或辐照度)为 1000 W·m^{-2}。AM1.5 条件被广泛用于比较太阳能电池特性。

　　一些 Ⅲ-Ⅴ 族半导体合金可以特别处理过,使它们带隙不同。但是保持相同晶格常数。这些半导体制备的异质结(不同材料间的结),其界面缺陷几乎可以忽略。AlGaAs 具有比 GaAs 更宽的带隙,允许更多太阳光子透过。如果我们在 GaAs pn 结上加一个薄AlGaAs层,如图 6.59 所示,那么这个薄层可以钝化正常情况下出现在 GaAs 同质结电池中的表面缺陷。因而 AlGaAs 窗口层克服了表面复合限制提高了电池效率(这样的电池具有大约 24% 的效率)。

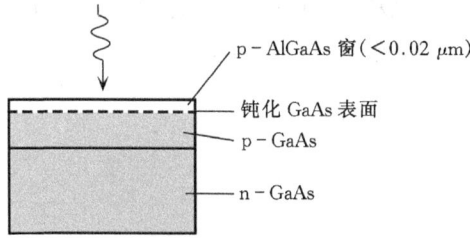

图 6.59　GaAs 上的 AlGaAs 窗口层钝化了表面态,因此提高了光产生效率

在不同带隙的Ⅲ-Ⅴ半导体间构成的异质结,它们晶格匹配因而提供了开发高效率太阳能电池的潜力。以图 6.60 所示的最简单的单异质结为例,它利用具有更宽禁带的 n-AlGaAs 和 p-GaAs 构成。高能光子($h\nu$>2eV)在 AlGaAs 层中被吸收,而那些光子能量小于 2eV 但是大于 1.4eV 的光子被 GaAs 层吸收。在更复杂的电池中,通过 AlGaAs 层成分的改变,Al-GaAs 的带隙从表面开始渐变。

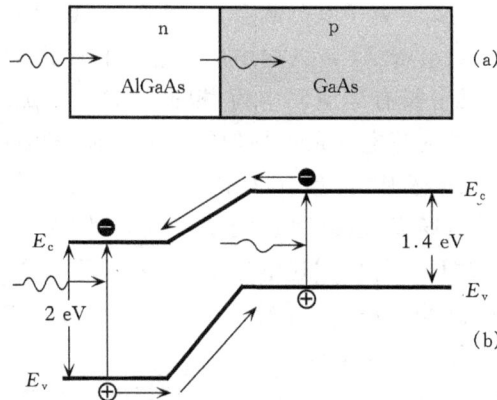

图 6.60　两个不同带隙半导体间的异质结太阳能电池(GaAs 和 AlGaAs)

如图 6.61 所示,串联或者层叠的电池将两个或者更多的电池串联或者层叠起来以增加对入射光的吸收。第一个电池用更宽带隙(E_{g1})的材料制作,仅仅吸收那些 $h\nu$>E_{g1} 的入射光子。第二个电池带隙为 E_{g2},吸收那些透过第一个电池而且 $h\nu$>E_{g2} 的入射光子。整个结构可以在一个单晶体上利用晶格匹配层形成一个单块串联电池。另外,如果还利用光集中器,电池效率可以进一步得到提高。例如一个 GaAs-GaSb 串联电池工作在 100-sun 条件下,也就是平常日光照射的 100 倍,它的效率已经能够达到 34%。层叠电池已经被应用到薄膜 a-Si:H 氢化

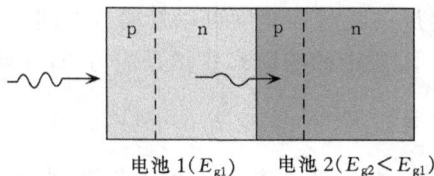

图 6.61　一个层叠电池

电池 1 具有更宽的带隙,吸收 $h\nu$>E_{g1} 的入射光子。电池 2 吸收那些透过电池 1 而且 $h\nu$>E_{g2} 的入射光子

非晶性硅 pin(p 型,本征和 n 型结构)太阳能电池,效率可以达到大约 12%。这些层叠电池有 a‑Si:H 和 a‑Si:Ge:H 电池,容易大面积地制作。

附加的专题

6.11　pin 二极管、光电二极管和太阳能电池

如图 6.62(a)所示,pin 二极管由三个不同的层构成:一个重掺杂 p+ 薄层,一个相对较厚的本征层(i‑Si)和一个重掺杂 n+ 薄层。为了简化起见,我们假定 i 层是真正的本征的或者至少与 n+ 和 p+ 区相比是轻掺杂以致其特性几乎是本征的。本征层比 n+ 层和 p+ 层厚得多,典型宽度为 5~50 μm,该值依赖于特定的应用场合。当 pin 结构初形成,空穴从 p+ 层,电子从 n+ 层分别向 i‑Si 层扩散,在那里它们复合、消失。这样在 p+ 侧留下了一个负受主离子电荷薄层,而在 n+ 侧留下了一个正施主离子电荷薄层,如图 6.22(b)所示。两种电荷被厚度为 W 的 i‑Si 层分隔开。如图 6.62(c)所示,i‑Si 层中从暴露的正离子到负离子之间有一个均匀的内建电场 E_0。(因为 i‑Si 层中没有净空间电荷,根据 $\mathrm{d}E/\mathrm{d}x = \rho/\varepsilon_0\varepsilon_r = 0$,电场必须是均匀的)。相反地,pn 结耗尽区中的内建电场是不均匀的。无外加偏压时,通过内建电场 E_0 来保持平衡,内建电场阻止多数载流子从 n+ 和 p+ 区向 i‑Si 层中进一步扩散。一个空穴设法从 p+ 侧向 i‑Si 层中扩散,又被电场 E_0 漂移回去,于是净电流为零。正如在 pn 结中,也有一个从 p 侧耗尽区边界到 n 侧耗尽区边界的内建电势 V_0,V_0(像 E_0 一样)提供了一个势垒不利于电子和空穴向 i 层的净扩散,像 pn 结那样,维持了一个开路平衡(静电流为零)。从图 6.62(c)中显而易见,无外加电压时,$E_0 = V_0/W$。

pin 二极管的显著优点之一是耗尽区电容很小并且与电压无关。两个负电荷和正电荷薄层被固定的距离——i‑Si 层的宽度 W 分隔开,这和平行平板电容器的情况相同。pin 二极管**的结或者耗尽层电容**由下面的公式给出:

$$C_{\mathrm{dep}} = \frac{\varepsilon_0\varepsilon_r A}{W} \qquad (6.71)\ \text{pin 的结电容}$$

这里,A 是半导体(Si)的横截面积和 $\varepsilon_0\varepsilon_r$ 介电系数。进一步地,因为 i‑Si 层的宽度 W 是由器件结构决定的,故和 pn 结相比,pin 结电容与外加电压无关。在一个快 pin 光二极管中,C_{dep} 的典型值在 pF 量级,那么对于一个 50Ω 的电阻,RC_{dep} 时间常数约为 50ps。

当一个反偏电压 V_r 施加到 pin 器件上,它几乎全部降落在 i‑Si 层上。与 W 相比,p+ 侧和 n+ 侧的受主和施主电荷薄层的耗尽区宽度可以忽略。如图 6.62(d)所示,反偏电压 V_r 将内建电势增加到 $V_r + V_0$。i‑Si 层中的电场 E 仍然是均匀的,并且增加到

$$E = E_0 + \frac{V_r}{W} \approx \frac{V_r}{W} \qquad (V_r \gg V_0) \qquad (6.72)\ \text{反偏 pin}$$

既然一个 pin 器件的 i 层比常规的 pn 结耗尽区宽度大得多,那么 pin 器件通常具有更高的击穿电压,这使得它们在需要高击穿电压的场合非常有用。

在 pin 光检测器中,pin 的结构设计使得光子吸收主要发生在 i‑Si 层中。i‑Si 层中的光产生电子空穴对被电场 E 分离,电子空穴分别向 n+ 侧和 p+ 侧漂移,如图 6.62(d)中所示。光

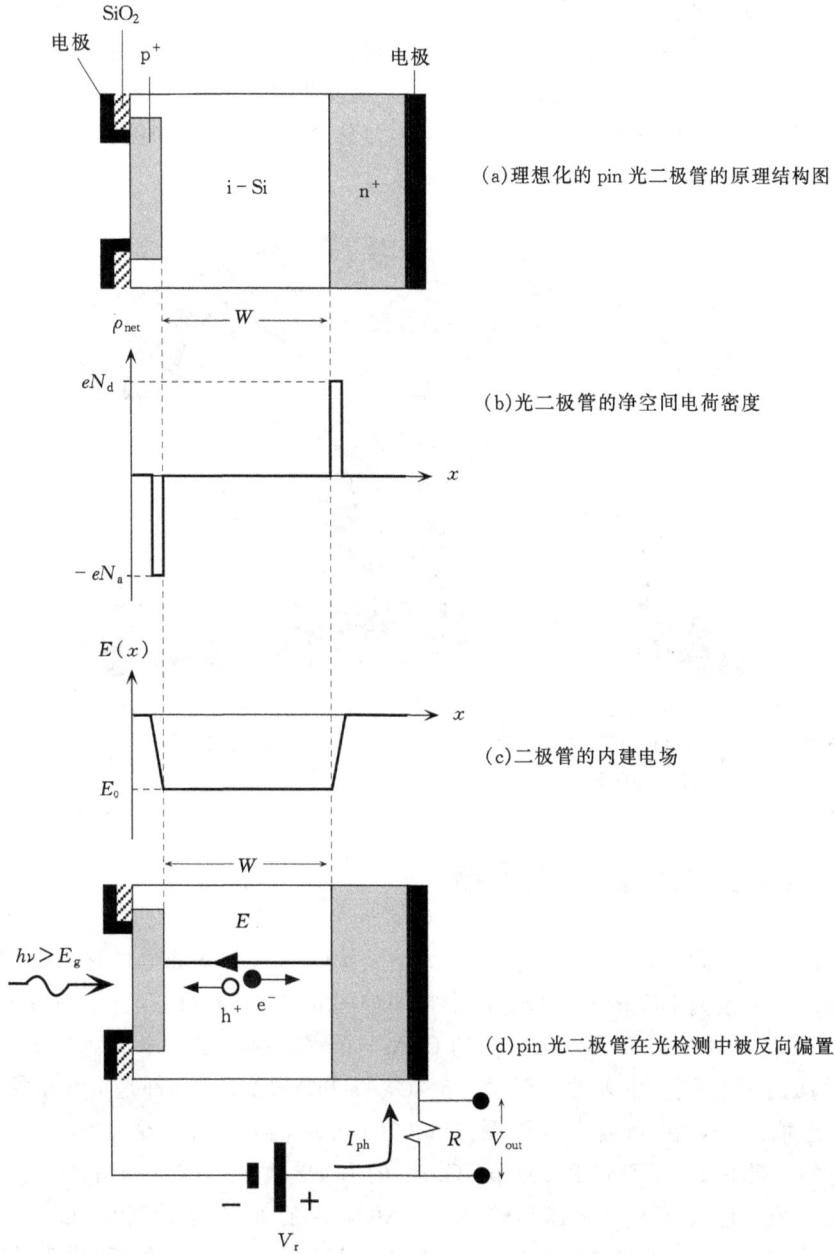

(a)理想化的 pin 光二极管的原理结构图

(b)光二极管的净空间电荷密度

(c)二极管的内建电场

(d)pin 光二极管在光检测中被反向偏置

图 6.62

产生载流子漂移过 i-Si 层,它们产生外部电路光电流,该光电流很容易利用图 6.62(d)中的取样电阻上的电压信号检测到(或者利用一个电流-电压转换器检测)。pin 光二极管的响应时间决定于光生载流子通过 i-Si 层的宽度 W 的渡越时间。增加 i-Si 层的 W,可以使更多的光子被吸收,从而增加单位输入光强的输出信号,但是因为渡越时间变长从而减慢了响应速度。

普通的 pn 结光二极管有两个缺点。首先,它的结或者耗尽区电容不够小,因而无法实现在高调制频率下的检测。这是一个时间常数 RC 极限。第二,它的耗尽层至多不过几个微米,这意味着对于吸收深度大于耗尽层宽度的长波段,多数光子在耗尽区外被吸收,耗尽区外不存在将光生载流子分离并漂移的电场。在这些长波波段相应的光检测器效率很低。在 pin 光二极管中,这些问题都很大程度上被减小了[①]。与光检测器的情况类似,pin 光伏器件,例如 a-Si∶H 太阳能电池,被设计有光产生发生在 i 层。显然,没有外部施加的偏压,内建电场 E_0 使电子-空穴对分离且驱动其形成光电流。

林严雄(Izuo Hayashi)和莫尔顿·帕尼什(Morton Panish)1971 年在贝尔实验室设计了第一个可以在室温下连续工作的半导体激光器。(注意黑板上的能带图和图 6.63 中的能带图的相似之处)

照片来源:朗讯科技贝尔实验室

6.12　半导体光放大器和激光器

所有实用的半导体激光二极管都是双异质结结构(DH),其能带图与图 6.46 中的 LED 的能带图相似。一个正偏 DH 激光二极管的能带图如图 6.63(a)和(b)所示。在这种情况下,半导体是 $E_g \approx 2\text{eV}$ 的 AlGaAs 和 $E_g \approx 1.4\text{eV}$ 的 GaAs。p-GaAs 区是一个典型厚度 $0.1 \sim 0.2\ \mu\text{m}$ 的薄层,且构成了产生受激发射的有源层。p-GaAs 和 p-AlGaAs 都是重 p 型掺杂而且是简并掺杂,费密能级 E_{Fp} 在价带上。如图 6.63(b)所示,当施加一个足够大的正向偏压,n-AlGaAs 的导带底 E_c 移到非常接近 p-GaAs 的 E_c,导数 n-AlGaAs 导带的大量电子注入 p-GaAs 中。事实上,如果外加偏压足够大,n-AlGaAs 的 E_c 会移动到 p-GaAs 的 E_c 之上,这将引起从 n-AlGaAs 的导带到 p-GaAs 的导带巨量的电子注入。然而,由于禁带变化使得 p-GaAs 和 p-AlGaAs 之间存在一个势垒 ΔE_c,这些注入的电子被限制在 p-GaAs 的导带上。

p-GaAs 层是简并掺杂。它的价带顶充满了空穴,或者说在这个层里它拥有费密能级 E_{Fp} 之上的所有电子空态。大的正向偏置导致从 n-AlGaAs 到 p-GaAs 的导带注入了很大浓度的电子。结果如图 6.63(c)所示,在导带上有大的电子浓度,而在价带顶具有全部空态,这意味着粒子数反转。一个能量 $h\nu_0$ 恰在 E_g 以上的入射光子能够激发 p-GaAs 层内的导带电子从导带落到价带,并因受激发射而发射出一个光子,这个过程也表示在图 6.63(c)中。这

[①]　1995 年,日本的西泽润一(J. Nishizawa)和他的研究小组发明了 pin 光二极管。

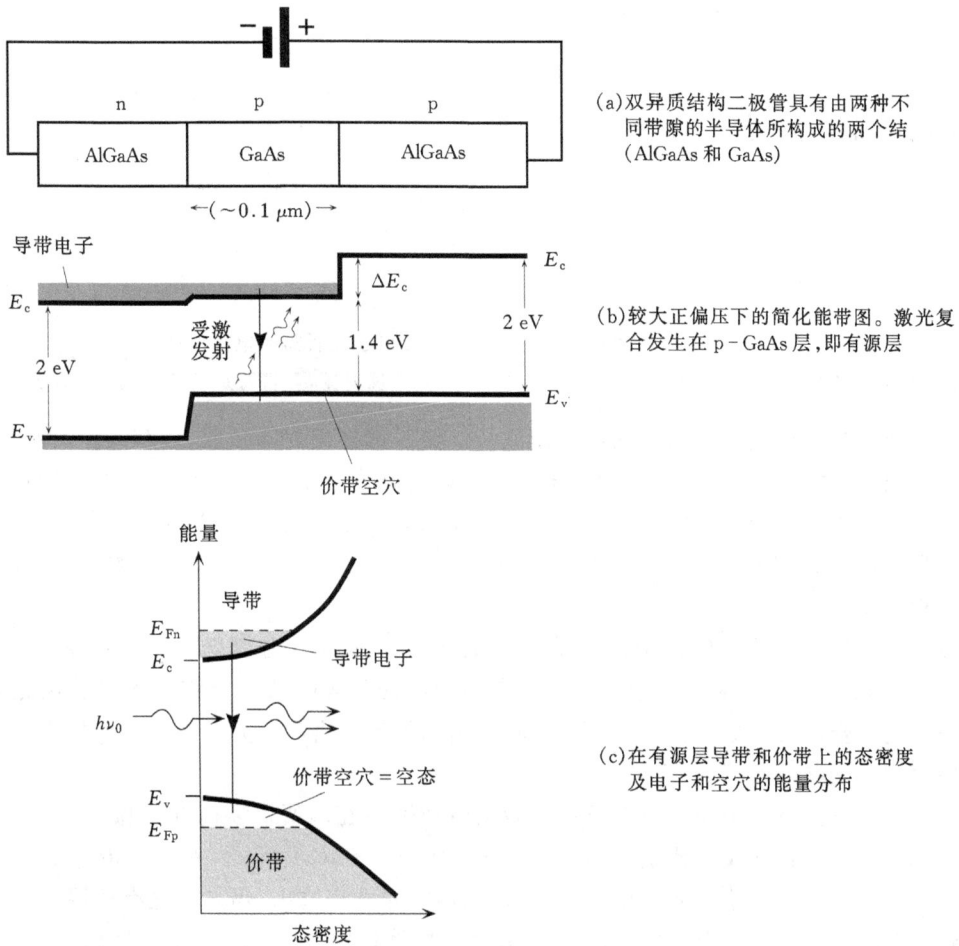

(a)双异质结构二极管具有由两种不同带隙的半导体所构成的两个结（AlGaAs 和 GaAs）

(b)较大正偏压下的简化能带图。激光复合发生在 p-GaAs 层，即有源层

(c)在有源层导带和价带上的态密度及电子和空穴的能量分布

图 6.63

样的跃迁就是光子受激电子-空穴复合，或者说是激光复合。因此，在有源层的雪崩受激发射过程提供了这一层里带有 $h\nu_0$ 的光子的**光放大**。放大依赖于粒子数反转的程度，因而依赖于二极管的正向电流。器件作为一个**半导体光放大器**对一个通过有源层的光信号进行放大。存在一个阈值电流，小于它就没有受激发射和光放大。

为了构建一个具有自持续激光发射的**半导体激光器**，我们必须将有源层与光学腔结合起来，正如第 3 章中的 HeNe 激光器那样。如图 6.64 所描述，具有反射端的光学腔可以来回反射相干的光子，增强了腔内的相长干涉。这引起了腔内的高能电磁振荡。腔内的部分电磁能在一个腔端被输出，另一部分则被反射回去。举个例子，图 6.64 中所示的一种光学腔，具有一个专门的反射器，被称为**布喇格分布反射器**（Bragg distributed reflector，BDR），即在一端仅仅将特定波长的光反射回光学腔内[①]。BDR 是一个在半导体上刻蚀的周期波纹结构，就像一个反射栅，它仅反射和波纹周期相关的特定波长。这个布喇格反射器所具有的波纹周期使得

---

① 从 BDR 内的波纹上波的部分反射能够产生相长干涉，从而构成一个特定波长的反射波，称为布喇格波。布喇格波长与波纹周期有关。一个 BDR 就像光学中的反射栅。

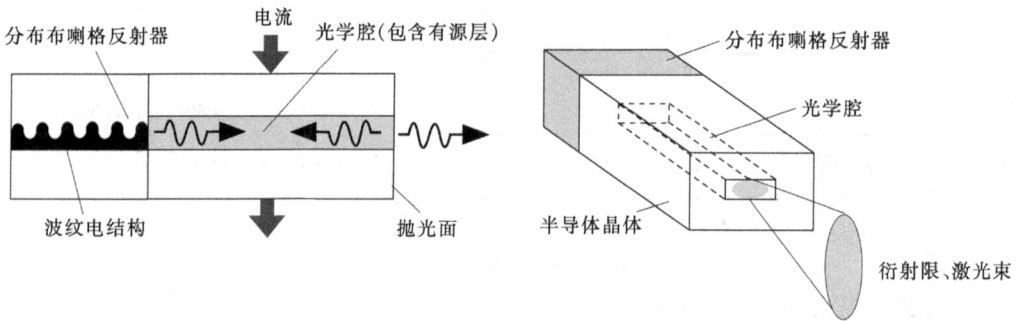

图 6.64　半导体激光器有一个光学腔以建立所需的电磁振荡

在此例中，腔的一端是一个布喇格分布式反射器——一个反射栅，只将特定波长的光反射回光腔内

它只反射落在有源区的光学增益内的特定波长。波长选择反射导致腔内仅存在一种可能的电磁辐射，这样就产生了一个非常窄的输出光谱：单模输出，也就是图 3.44 输出光谱中仅有的一个峰。仅仅工作在一个辐射输出模式下的半导体激光器被称为单模或者单频激光器；一个单模激光器输出的光谱线宽典型值约为 0.1 nm，可与工作在 1550 nm 的 LED 的 150 nm 的光谱宽相比拟。

　　双异质结构构有更多的优势。带隙更宽的半导体通常具有更低的反射指数，这意味着 AlGaAs 具有比 GaAs 更低的反射指数。反射指数的变化规定了一个将光子限制在光学腔有源区内的光学介质波导层，因而减小了光损耗，增加了光子密度。光子密度的增加提高了受激发射速率和激光器的效率。

　　为了从激光二极管中获得所需要的受激发射和构建腔内所需的光学振荡（为了克服所有的光损耗），电流必须大于特定的阈值电流 I_{th}，如图 6.65(a) 所示。对应电流 I 的光功率输出大致与 $I - I_{th}$ 成正比例。低于 I_{th}，仍然存在微弱的光功率输出，但是这是有源层内所注入的电子和空穴的自发复合所引起的；低于 I_{th}，激光二极管就像一个"差"LED。然而一个 LED 的光输出几乎与二极管的电流成比例地增加。图 6.65(b) 对两种器件的输出光谱进行了比较。请记住激光二极管的光输出是相干辐射，而 LED 输出的是非相干光子流。

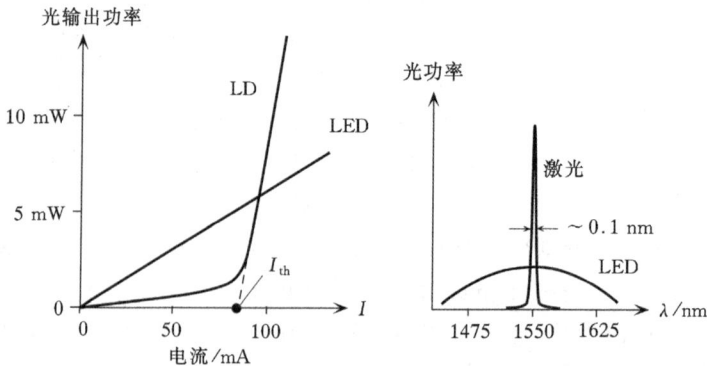

(a) 一个激光二极管 LD 和一个发光二极管 LED 的典型光输出功率–正向电流曲线

(b) 输出谱特征的比较

图 6.65

术语解释

积累（accumulation）　对一个 MOS 器件的栅极（或金属电极）施加特定偏压，造成氧化物层下的半导体多数载流子数大于平衡值，称为积累。多子积累在氧化层下半导体的表面。

有源器件（active device）　是表现出增益（电流或者电压，或二者兼有）并且具有定向的电子功能的器件。晶体管是有源器件，而电阻、电容和电感是无源器件。

逆反射膜（antireflection coating）　利用一个表面来减小光反射。

雪崩击穿（avalance breakdown） 是当 pn 结的反偏电压足够高以至于在空间电荷区通过碰撞电离产生了大量电子-空穴对，从而引起反向电流剧增的现象。

基极宽度调制（base width modulation）　也就是**厄尔利效应（the Early effect）** BC 结电压对基区宽度的调制。基极-集电极电压的增加引起集电极耗尽区宽度的增加，从而导致基区宽度变窄。

双极结型晶体管（bipolar junction transistor，BJT）　这种晶体管的工作原理是这样的，载流子从发射极注入基区成为该区的少数载流子，随后这些少子扩散到集电极产生集电极电流。加在基极和发射极之间的电压控制着集电极电流。

内建电场（built-in field）　是一个 pn 结耗尽区的内部电场，它在冶金结处达到最大值。它是由结的 p 侧暴露出的负受主电荷和 n 侧的正施主电荷产生的。

内建电势（built-in voltage，V_0）　是开路条件下跨 **pn** 结从 **p** 型到 **n** 型半导体的电压。

沟道（channel） 是 MOSFET 器件源区和漏区之间的导电通道。

芯片（chip） 是一个包含许多集成的有源和无源组件以实现一个电路的半导体晶体片（或体）。

集电结（collector junction）　是双极晶体管中基极和集电极之间的冶金结。

临界电场（critical electric field）　反向击穿（雪崩或者齐纳）时空间电荷区（或耗尽区）的电场。

耗尽层（depletion layer） 或者**空间电荷区（space charge layer，SCL）**　冶金结附近的一个区域，在那里由于电子和空穴的复合使得该区域大量平衡态多数载流子被用尽。

耗尽层（或者空间电荷区）电容（depletion layer capacitance）　是耗尽区中掺杂物电荷由于 pn 结上电压的变化而变化，从而产生的一个增量电容（dQ/dt）。

扩散（diffusion）　一种粒子通过随机热运动从高浓度区向低浓度区的流动。

扩散（存储）电容[diffusion（storage）capacttance] 在正偏条件下，在中性区中由于少子的扩散和存储而存在的 pn 结电容。

动态（增量）电阻[dynamic（incremental）resistance]　一个二极管的动态电阻 r_d 是通过二极管的每单位电流变化所引起的结上的电压变化，$r_d = dV/dI$，它是二极管的低频交流电阻。动态电导（dynamic conductance）g_d 是动态电阻的倒数，$g_d = 1/r_d$。

发射结（emitter junction）　发射极和基极之间的冶金结。

增强 MOSFET（enhancement MOSFET） 是一个 MOSFET 器件，它需要一个大于阈值电压的栅源电压才能够形成源漏间的导电沟道。没有栅电压时，源漏间没有电导。在它的通常工作模式下，栅电压增强了源漏间反型层的电导并且增加了漏电流。

外延层（epitaxial layer） 是生长在另一个晶体表面上的晶体薄层，后者通常是衬底，它提供这个新晶体层的机械支撑。外延层的原子依照衬底的晶格键合,故外延层晶体结构需和衬底的晶体结构相匹配。

外量子效率(external quantum efficiency)是光发射器件每单位输入电功率所发射的光功率。

场效应晶体管(field effect transistor,FET)是通过外部电场控制两个电极之间的沟道电导而正常工作的晶体管。外加电场的作用是控制载流子的流动。电流是由多数载流子从源漂移到漏极并且受施加于栅的电压控制。

填充因子(fill factor,FF)是一个关于太阳能电池的灵敏值,它是一个外部负载从一个太阳能电池所能得到的最大输出功率 $I_\mathrm{m}V_\mathrm{m}$ 占太阳能电池的理想理论功率的百分比。后者由短路电流 I_sc 和开路电压 V_oc 的乘积决定:

$$FF = (I_\mathrm{m}V_\mathrm{m})/(I_\mathrm{sc}V_\mathrm{oc})$$

正向偏置(forward bias)是对一个 pn 结施加一个外部电压,正端与 p 型半导体相连,负端与 n 型半导体相连。外加电压减小了内建电势。

异质结(heterojunction)是两个不同半导体材料之间的结,例如在 GaAs 和 AlGaAs 三元合金之间。结的两边可以有也可以没有掺杂变化。

同质结(homojunction)是同一半导体材料但是掺杂不同的两个区域之间构成的结,例如同一个硅晶体中的 pn 结;禁带能量 E_g 没有发生变化。

碰撞电离(impact ionization)是高电场下被加速的自由电荷载流子(导电中的电子)碰撞一个 Si—Si 键并产生了电子-空穴对的过程。碰撞将一个电子从价带激发到导带。

集成电路(intergrated circuit,IC)是一个半导体芯片,其上有许多有源和无源元件通过微型化集成在一起形成一个复杂电路。

反型(inversion)是指 MOS 器件在一定栅压下在氧化物下面的半导体表面形成了一个导电层(或沟道)。这个导电层具有与体半导体极性相反的载流子,因此被称为反型层。

离子注入(ion implantation)是真空条件下用给定种类原子的离子轰击样品的过程。首先,掺杂原子在真空中电离,然后在电压差下加速撞击到被掺杂的样品上。样品接地以中和注入的离子。

均电杂质(isoelectronic impurity)和宿主原子具有相同价位的杂质原子。

结定律(law of the junction)显示了耗尽区界外注入的少数载流子浓度与外加电压的关系。对于 n 区中的空穴,结定律是 $p_\mathrm{n}(0) = p_\mathrm{n0}\exp\left(\dfrac{eV}{kT}\right)$,其中 $p_\mathrm{n}(0)$ 是耗尽区边界的空穴浓度。

线宽(linewidth)是一个光发射器件的光强对波长输出光谱的宽度,通常定义为从光反射器件发射的半强度点之间的距离。

长二极管(long diode)是中性区长于少数载流子扩散长度的 pn 结。

冶金结(metallurgical junction)是晶体中 p 型掺杂区和 n 型掺杂区之间的一个有效结。在冶金结处施主和受主浓度相等或者有一个从 n 型掺杂到 p 型掺杂的转变。

MOS 晶体管(metal-oxide-semiconductor transistor,MOST)是一个场效应晶体管,它的源漏间电导由栅极上施加的电压来控制,栅极和沟道之间利用氧化物层来绝缘。

少数载流子注入(minority carrier injection)是当施加一个电压降低 pn 结上的内建电势时电子进入 pn 结的 p 区和空穴进入 pn 结的 n 区的流动。

MOS 是 metal-oxide-semiconductor structure 的缩写,这个结构中的氧化物是具有代表性的是二氧化硅。它也可以是另外的介质材料;例如可以采用 Si_3N_4。

　　NMOS 是增强型 n 沟 MOSFET。

　　无源器件(passive device) 或者元件是一个没有增益和没有定向功能的器件。电阻、电容和电感是无源元件。

　　光电流(photocurrent) 是一个光接收器件在光照条件下所产生的电流。

　　夹断电压(pinch-off voltage) 是在源漏间没有偏压的条件下,栅极与源极间所需施加的刚好夹断源漏间导电沟道的电压。它也是当栅源极间短路时,沟道刚好夹断的源漏电压。过了夹断点,漏极电流是受栅源电压 V_{GS} 控制的常数。

　　PMOS 是一个增强型 p 沟 MOSFET。

　　多晶硅栅(poly-Si gate) 是多晶高掺杂硅栅的缩写。

　　复合电流(recombination current) 在正向偏置下空间电荷(耗尽)层中载流子复合而消失的电流。一般可以用 $I = I_{r0}\{\exp[(eV)/(2kT)]-1\}$ 来表述。

　　反向偏置(reverse bias) 是对一个 pn 结施加一个外部电压,正端与 n 型区相连,负端与 p 型区相连。外加电压提高了内建电势。

　　反向饱和电流(reverse saturation current) 是符合肖克利公式的反向偏置理想 pn 结的反向电流。

　　肖克利二极管方程(shockley diode equation) 显示了二极管电流和二极管电压之间的关系: $I = I_0\{\exp[(eV)/(kT)]-1\}$。它基于加正向偏置时注入的少数载流子的注入和扩散运动。

　　短二极管(short diode) 是一个中性区小于少数载流子扩散长度的 pn 结。

　　小信号等效电路(small-signal equivalent circuit) 是由电阻、电容及相关的电源(电流源或者电压源)构成的等效电路以代替晶体管。等效电路代表小信号交流条件下的晶体管行为。电池用短路(或其内阻)来代替。小信号表明相对直流值的微小变化。

　　衬底(substrate) 是承载有源和无源器件的单个机械支撑物。例如,在集成电路技术中,很多集成电路制作在一个作为衬底的硅单晶片上。

　　热产生电流(thermal generation current) 是由于在耗尽层中因热产生而得的电子-空穴对被内建电场分离并扫过耗尽区的结果而流经反偏 pn 结的电流。

　　阈值电压(threshold voltage) 是在一个增强型 MOST(金属氧化物晶体管)的源漏之间建立一个导电沟道所必需的栅压。

　　晶体管(transistor) 是一个三端固态器件,其内流经某两个电极之间的电流受第三端电极和其中一个电极之间的电压控制,或者说受流入第三端电极的电流的控制。

　　二极管的开启(turn-on),或关断(cut-in)电压,是超过它就引起电流实质性增加的电压。硅二极管的开启电压大约为 0.6V,而 GaAs LED 的开启电压大约为 1V。pn 结二极管的开启电压取决于半导体的带隙和器件结构。

　　齐纳击穿(Zener breakdown) 是当外加电压足以引起从 p 侧价带到 n 侧导带的电子隧穿而导致的 pn 结反向电流的急剧增加。齐纳击穿发生在两个区域都重掺杂 因而耗尽层宽度很窄的 pn 结中。

习　题

　　6.1　pn 结　考虑一个突变的 Si pn$^+$ 结,p 区受主浓度为 $10^{15}\,cm^{-3}$,n 区施主浓度为

10^{19} cm^{-3}。少数载流子复合时间，对于 p 区中的电子是 $\tau_e = 490$ ns；对于 n 区中的空穴是 $\tau_h = 2.5$ ns。结横截面积是 1 mm^2。假定是一个长二极管，计算室温及外加偏压 0.6V 条件下二极管的电流。二极管的 V/I 和增量电阻(r_d)各是多少？它们为什么不一样？

*6.2　Si pn 结　考虑一个长 pn 结二极管，其 p 区的受主掺杂浓度为 $N_a = 10^{18}$ cm^{-3}，n 区的施主掺杂浓度为 N_d。二极管正向偏置，外加偏压 0.6 V。结横截面是 1 mm^2。少数载流子复合时间 τ 取决于掺杂浓度 N_{dopant}（cm^{-3}）并遵守下列近似关系：

$$\tau = \frac{5 \times 10^{-7}}{(1 + 2 \times 10^{-17} N_{dopant})}$$

a. 假如 $N_d = 10^{15}$ cm^{-3}，那么耗尽层基本上扩展到 n 区，我们不得不考虑这个区域的少数载流子复合时间 τ_h。计算扩散和复合对总的二极管电流的贡献。你的结论是什么？

b. 假如 $N_d = N_a = 10^{18}$ cm^{-3}，那么耗尽区宽度 W 向两边扩展等宽，而且 $\tau_h = \tau_e$。计算扩散和复合对总的二极管电流的贡献。你的结论又是什么？

6.3　pn 结的结电容　一个反偏突变 Si p$^+$n 结的电容(C)经测试是反偏电压 V_r 的函数，见表 6.4。pn 结横截面积是 500 μm×500 μm。画 $1/C^2 - V_r$ 图求内建电势 V_0 以及 n 区的施主浓度 N_d。N_a 又是多少？

表 6.4　在不同反偏电压(V_r)下的电容

V_r(V)	1	2	3	5	10	15	20
C(pF)	38.3	30.7	26.4	21.3	15.6	12.9	11.3

6.4　二极管的温度特性

a. 考虑 pn 结的反向电流，证明

$$\frac{\delta I_{rev}}{I_{rev}} \approx \left(\frac{E_g}{\eta k T}\right)\frac{\delta T}{T}$$

对于 Si 和 GaAs，$\eta = 2$，而且耗尽区中的热产生过程支配着反向电流；对于 Ge，$\eta = 1$，反向电流是少数载流子向耗尽区中的扩散。假定室温下 $E_g \gg kT$，根据反偏电流对温度的敏感度，排列半导体 Si，GaAs 和 Ge 的顺序。

b. 考虑一个传导恒定电流 I 的正偏 pn 结。证明每单位温度变化引起 pn 结上电压的变化为

$$\frac{dV}{dT} = -\left(\frac{V_g - V}{T}\right)$$

其中 $V_g = E_g/e$ 是能隙的伏特表示。假定 Ge 的 $V = 0.2$V，Si 的 $V = 0.6$V，GaAs 的 $V = 0.9$ V，分别计算这几种半导体 dV/dT 的一些典型值。你的结论是什么？是否可以认为，这些二极管具有典型的 $dV/dT \approx -2$m V · ℃$^{-1}$？

6.5　雪崩击穿　考虑一个 Si p$^+$n 结二极管，要求它的雪崩击穿电压为 25 V。给出图 6.19 中的击穿电场 E_{br}，施主掺杂浓度应该是多少？

6.6　一个 pn 结二极管的设计　设计一个突变型 Si pn$^+$ 结二极管，它的击穿电压达到 100 V，结上正向电压达到 0.6 V 时它可以提供 10 mA 的电流。如果 N_{dopant} 的单位取 cm^{-3}，那么少数载流子复合时间是

$$\tau = \frac{5 \times 10^{-7}}{(1 + 2 \times 10^{-17} N_{dopant})}$$

设计中需提及所作的假设。

6.7　少数载流子分布(双曲函数)　考虑一个 pnp BJT,在线性放大工作区,EB 结正偏,BC 结反偏。耗尽区外中性基区场,假定小到可以忽略。在 n 型基区空穴浓度 $p_n(x)$ 的连续方程是

$$D_h \frac{d^2 p_n}{dx^2} - \frac{p_n - p_{n0}}{\tau_h} = 0 \tag{6.73}$$

其中 $p_n(x)$ 是离开耗尽区边界 x 处的空穴浓度,p_{n0} 和 τ_h 分别是平衡空穴浓度和基区的空穴复合寿命。

a. 集电区耗尽层外 $x=0$ 和 $x=W_B$ 处的边界条件是什么?(考虑结定律)

b. 证明下面 $p_n(x)$ 的表达式是上面的连续方程的解:

$$p_n(x) = p_{n0}\left[\exp\left(\frac{eV}{kT}\right) - 1\right]\left[\frac{\sinh\left(\frac{W_B - x}{L_h}\right)}{\sinh\left(\frac{W_B}{L_h}\right)}\right] + p_{n0}\left[1 - \frac{\sinh\left(\frac{x}{L_h}\right)}{\sinh\left(\frac{W_B}{L_h}\right)}\right] \tag{6.74}$$

这里,$V = V_{EB}$,$L_h = \sqrt{D_h \tau_h}$。

c. 证明式(6.74)满足边界条件。

*6.8　pnp 双极晶体管　考虑一个共基极的 pnp 晶体管在线性放大工作区。EB 结正偏,BC 结反偏。发射极、基极和集电极掺杂浓度分别是 $N_{a(E)}$,$N_{d(B)}$ 和 $N_{a(C)}$,且 $N_{a(E)} \geqslant N_{d(B)} \geqslant N_{a(C)}$。为简化起见,假定所有区域内的掺杂都是均匀的。基极和发射极宽度分别是 W_B 和 W_E,而且都比少数载流子扩散长度 L_h 和 L_e 小得多。在基极的少数载流子寿命是空穴复合时间 τ_h。基极和发射极的少数载流子迁移率分别用 μ_h 和 μ_e 表示。

基区的少数载流子浓度分布按照式(6.74)。

a. 假定发射结的注入效率是 1,证明

1. $I_E \approx \dfrac{eAD_h n_i^2 \coth\left(\dfrac{W_B}{L_h}\right)}{L_h N_{d(B)}} \exp\left(\dfrac{eV_{EB}}{kT}\right)$

2. $I_C \approx \dfrac{eAD_h n_i^2 \operatorname{cosech}\left(\dfrac{W_B}{L_h}\right)}{L_h N_{d(B)}} \exp\left(\dfrac{eV_{EB}}{kT}\right)$

3. $\alpha \approx \operatorname{sech}\left(\dfrac{W_B}{L_h}\right)$

4. $\beta \approx \dfrac{\tau_h}{\tau_t}$,其中 $\tau_t = \dfrac{W_B^2}{2D_h}$ 是基区渡越时间。

b. 考虑流经 EB 结的总发射极电流,它包括扩散电流和复合电流,如下式所示:

$$I_E = I_{E(so)} \exp\left(\frac{eV_{EB}}{kT}\right) + I_{E(ro)} \exp\left(\frac{eV_{EB}}{2kT}\right)$$

仅有空穴扩散电流(第一项)对集电极电流有贡献,证明当 $N_{a(E)} \gg N_{d(B)}$,发射极注入效率 γ 由下式给出:

$$\gamma \approx \left[1 + \frac{I_{E(ro)}}{I_{E(so)}} \exp\left(-\frac{eV_{EB}}{2kT}\right)\right]^{-1}$$

$\gamma < 1$ 时对从(a)中推导出来的公式做何修改?你的结论是什么?(考虑小发射极电流和大发射极电流的情况,或者是 $V_{EB} = 0.4$ V 和 $V_{EB} = 0.7$ V 时的情况)

6.9　npn Si BJT 的特征　考虑一个理想的 Si npn 双极晶体管,其特性如表 6.5 中所写。假

设每一个区中都是均匀掺杂。发射极宽度和基极宽度是冶金结之间(不是中性区)。横截面积是 $100~\mu m \times 100~\mu m$。晶体管工作在放大激活模式。BE 正偏电压是 $0.6~V$,BC 的反偏电压是 $18~V$。

表 6.5 一个 npn BJT 的特性

发射极宽度	发射极掺杂浓度	发射极空穴寿命	基极宽度	基极掺杂浓度	基极电子寿命	集电极掺杂浓度
$10\mu m$	$1 \times 10^{18}~cm^{-3}$	10 ns	$5~\mu m$	$1 \times 10^{16}~cm^{-3}$	200 ns	$1 \times 10^{16}~cm^{-3}$

a. 计算从集电极扩展到基区的耗尽层宽度以及从发射极扩展到基区的耗尽层宽度。中性基区的宽度是多少?

b. 假设发射极注入效率为 1,计算这个晶体管的 α 和 β。随着 V_{CB} 的变化,α 和 β 如何变化?

c. 什么是发射极注入效率? 如果发射结注入效率不是 1,α 和 β 各是多少?

d. 发射极、基极和集电极的电流各是多少?

e. 当 $V_{CB} = 19~V$ 但 $V_{EB} = 0.6~V$ 时,集电极电流是多少? 由 $\Delta V_{CB}/\Delta I_{C}$ 定义的集电极增量输出电阻是多少?

*6.10 带隙变窄和发射极注入效率 半导体中的重掺杂会导致所谓带隙变窄的效应。如果带隙的减小量为 ΔE_{g},那么对于一个 n 型半导体,根据 Lanyon 和 Tuft(1979),得到

$$\Delta E_{g}(meV) = 22.5 \left(\frac{n}{10^{18}}\right)^{1/2} \qquad \text{带隙变窄}$$

这里 $n(cm^{-3})$ 是多数载流子浓度,在施主完全电离条件下,它的值等于掺杂浓度(例如在室温下)。由于带隙减小,新的有效的本征浓度 $n_{i,eff}$ 表示为

$$n_{i,eff}^{2} = N_{c}N_{v}\exp\left[-\frac{(E_{g} - \Delta E_{g})}{kT}\right] = n_{i}^{2}\exp\left[\frac{\Delta E_{g}}{kT}\right] \qquad \text{带隙变窄}$$

这里 n_{i} 是没有发射极带隙变窄效应时的本征浓度。

平衡电子浓度和空穴浓度分别用 n_{n0} 和 p_{n0} 表示,它们服从

$$n_{n0}p_{n0} = n_{i,eff}^{2} \qquad \text{带隙变窄时的质量作用定律}$$

既然几乎所有的施主在室温下都电离化了,那么 $n_{no} = N_{d}$。

考虑一个 Si npn 双极晶体管工作在 BE 正偏和 BC 反偏条件下。晶体管发射极和基区很窄。发射极中性区宽度 W_{E} 为 $1~\mu m$,施主掺杂浓度为 $10^{19}~cm^{-3}$。中性基区宽度 W_{B} 是 $1~\mu m$,受主掺杂浓度是 $10^{17}~cm^{-3}$。假设 W_{E} 和 W_{B} 小于发射极和基区的少数载流子扩散长度。

a. 考虑上面的发射极带隙变窄效应,推导一个发射极注入效率的表达式。

b. 分别计算考虑发射极带隙变窄效应及不考虑该效应时的发射极注入效率。

c. 在给定一个理想的基极输运系数 $\alpha_{T} = 1$ 条件下,分别计算考虑发射极带隙变窄效应及不考虑该效应条件下的共射极电流增益 β。

6.11 JFET 夹断电压 考虑图 6.66 中所给出的对称 n 沟 JFET。每个延伸到 n 沟的耗尽区宽度为 W。沟道的厚度(或者深度)限定在两个冶金结之间,是 $2a$。假定为一个突变的 $p^{+}n$

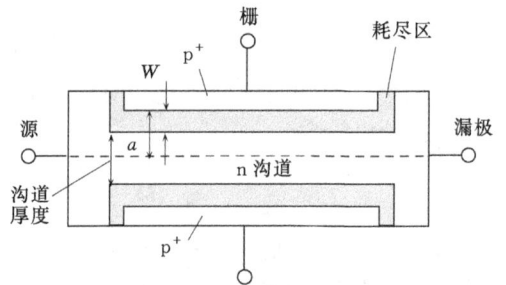

图 6.66 一个对称的 JFET

结且 $V_{DS}=0$,证明当栅源电压是 $-V_P$ 时沟道被夹断,这里

$$V_P = \frac{a^2 eN_d}{2\varepsilon} - V_0$$

公式中 V_0 是 p⁺n 结的内建电势,N_d 是沟道的施主浓度。

计算 JFET 的夹断电压,其 p⁺ 栅的受主浓度为 10^{19} cm⁻³,沟道施主掺杂浓度为 10^{16} cm⁻³ 以及沟道厚度(深度)$2a$ 等于 2 μm。

6.12 JFET 考虑一个具有如图 6.27(a) 和 6.66 所示的对称 p⁺n 栅-沟结构的 n 沟 JFET。设 L 是栅长,Z 是栅宽,$2a$ 是沟道厚度。夹断电压已经在习题 6.11 中给出。漏极饱和电流 I_{DSS} 是当 $V_{GS}=0$ 时的漏极电流,这种饱和状态发生在图 6.29 所示的情况下,即 $V_{DS}=V_{DS(sat)}=V_P$,那么 $I_{DSS}=V_P G_{ch}$,G_{ch} 是源和夹断点之间的沟道电导(图 6.30)。考虑夹断时沟道的形状,如果 G_{ch} 是自由或者未经调制的(矩形)沟道电导的 1/3,请证明

$$I_{DSS} = V_P\left[\frac{1}{3}\frac{(e\mu_e N_d)(2a)Z}{L}\right]$$

一个夹断电压 3.9V 和 I_{DSS} 为 5.5mA 的对称 p⁺n 栅-沟结构的 n 沟 JFET。如果栅和沟道掺杂浓度分别是 $N_a=10^{19}$ cm⁻³ 和 $N_d=10^{15}$ cm⁻³,计算沟道厚度 $2a$ 和 Z/L。如果 $L=10$ μm,那么 Z 是多少? 当 JFET 未接外加电压时,其栅源电容是多少?

6.13 JFET 放大器 考虑一个夹断电压 $V_P=5$ V 和 $I_{DSS}=10$ mA 的 n 沟 JFET。它用于图 6.34(a) 中所示的共源结构,其中栅源偏压 $V_{GS}=-1.5$ V。假定 $V_{DD}=25$ V

a. 如果需要达到小信号电压增益 10,漏极电阻 R_D 应该是多少? V_{DS} 是多少?

b. 如果峰峰 3 V 的交流信号施加到栅极与直流偏压串联,那么交流输出的峰峰电压是多少? 对于正输入信号和负输入信号的电压增益是多少? 你的结论如何?

6.14 增强型 NMOSFET 放大器 考虑一个 n 沟 Si 增强型 NMOS 晶体管,栅宽(Z)是 150 μm,沟道长度(L)是 10 μm,氧化物厚度(t_{ox})是 500Å。沟道的 $\mu_e=700$ cm² · V⁻¹ · s⁻¹,阈值电压(V_{th})为 2 V,SiO₂ 的 $\varepsilon_r=3.9$。

a. 当 $V_{GS}=5$ V 和 $V_{DS}=5$ V 且设 $\lambda=0.01$,计算漏极电流。

b. 如果 NMOSFET 作为一个共源放大器,如图 6.67 所示,漏极电阻 R_D 是 2.2 kΩ,栅对源偏压是 5 V($V_{GG}=5$ V),并且 V_{DD} 使 $V_{DS}=5$ V,那么它的小信号电压增益是多少? V_{DD} 是多少? 如果漏电源更小的情况下会发生什么?

c. 如果 V_{DD} 被固定在(b)中求得的值,估计可被放大的最大正负输入信号电压。

d. 什么因素将导致更高的电压增益?

*6.15 器件性能的极限

a. 考虑一个 n 沟 FET 型器件的运行速度。一个电子从源到漏的渡越时间是 $\tau_t=L/v_d$,L 是沟道长度,v_d 是漂移速度。渡越时间

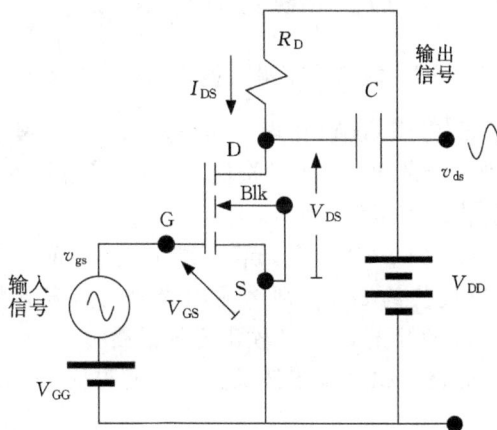

图 6.67 NMOSFET 放大器

可以通过缩短 L 和增加 v_d 来缩小。随着电场强度增加,漂移速度最终会达到饱和值 $v_{d,sat}=$

10^5 m·s^{-1},这时沟道上的电场 $E_c \approx 10^6$ V·m^{-1}。短的渡越时间 τ_t 要求电场至少为 E_c。

  1. 如果源漏电压差是 V_{DS},那么电子从源极到漏极渡越沟道长度 L 后,它的势能变化是多少?

  2. 这个势能必须大于热起伏能,热起伏能的量级是 kT。否则,由于热起伏效应将引起电子从漏极进出。给定最小的电场强度和 V_{DS},那么最小的沟道长度还有最小的渡越时间各是多少?

  b. 海森伯测不准原理把能量和能量所保持的时间这二者通过 $\Delta E \Delta t > h$(第 3 章)联系在一起。给定电子从源到漏的渡越过程中的能量变化为 eV_{DS},那么满足海森伯测不准原理的最短渡越时间是多少? 将其与(a)中渡越时间比较,结论如何?

  c. 在一个 MOSFET 中,电子隧穿是如何限制栅氧化物厚度和沟道长度的? 隧穿有效的典型距离是多少?(考虑例 3.10)

6.16 电子在半导体导带上的能量分布和 LED 发射谱

  a. 考虑电子在导带上的能量分布 $n_E(E)$。假定态密度 $g_{cb}(E) \propto (E-E_c)^{1/2}$,且应用玻耳兹曼统计 $f(E) \approx \exp[-(E-E_F)/(kT)]$。证明电子在导带上的能量分布可以写成

$$n_x(x) = Cx^{1/2}\exp(-x)$$

其中 $x=(E-E_c)/(kT)$ 是电子能量,它用从 E_c 开始测量的 kT 表示,C 是与温度有关的常数(与 E 无关)。

  b. 任意设 $C=1$,画出 $n_x(x)$ 曲线。最大值在哪里? 两半最大点之间全宽是多少?

  c. 应用平均值的定义:

$$x_{average} = \frac{\int_0^\infty x n_x \, dx}{\int_0^\infty n_x \, dx}$$

这里积分可以从 $x=0(E_c)$ 积到比如说 $x=10$(已经远离 E_c,那里 $n_x \to 0$),证明导带内的平均电子能量是 $\frac{3}{2}kT$。你需要进行数值积分。

  d. 证明能量分布最大值在 $x=\frac{1}{2}$ 或者在 E_c 之上的 $E_{max}=\frac{1}{2}kT$ 处。

  e. 考虑 GaAs 中电子和空穴的复合。复合涉及到光子发射。给定电子浓度和空穴浓度分别在价带和导带上的按能量分布,示意性给出电子与空穴复合所发射光强对光子能量的关系。你得到了什么结论?

6.17 LED 输出光谱

给定一个 LED 的半强度点间相对光强宽度与光子能量谱的关系,典型值约 $3kT$。那么输出光谱对应发射峰波长的线宽 $\Delta\lambda$ 是多少? 计算 300 K 下发射 570 nm 的绿光 LED 的输出光的谱线宽。

6.18 LED 输出波长变化

证明从一个 LED 中发射光的波长 λ 随着温度的变化大约为

$$\frac{d\lambda}{dT} \approx -\frac{hc}{E_g^2}\left(\frac{dE_g}{dT}\right)$$

这里 E_g 是带隙。考虑一个 GaAs LED。GaAs 在 300 K 温度下的带隙是 1.42 eV,它随着温度按照 $dE_g/dT = -4.5 \times 10^{-4}$ eV·K^{-1} 变化。如果温度变化 10℃,那么 LED 发射波长变化是多少?

6.19　直接复合 LED 的线宽　表 6.6 中给出了各种直接带隙半导体 LED 的输出光谱线宽(半强度点间)实验值。因为波长 $\lambda = hc/E_{ph}$，其中 $E_{ph} = h\nu$ 是光子能量，我们得到了波长展宽和光子能量展宽有如下关系：

$$\Delta\lambda \approx \frac{hc}{E_{ph}^2}\Delta E_{ph}$$

假定我们写出 $E_{ph} = hc/\lambda$ 和 $\Delta E_{ph} = \Delta(h\nu) \approx nkT$，$n$ 是一个常数，证明

$$\Delta\lambda = \frac{nkT}{hc}\lambda^2 \qquad\qquad \boxed{\text{LED 输出光谱线宽}}$$

并且用表 6.6 中的数据近似地画图求 n。

表 6.6　GaAs 和 AlGaAs LED 的输出谱(强度与波长的关系)中半点间的线宽 $\Delta\lambda_{1/2}$

	发射峰波长 λ(nm)							
	650	810	820	890	950	1150	1270	1500
$\Delta\lambda_{1/2}$	22	36	40	50	55	90	110	150
材料(直接 E_g)	AlGaAs	AlGaAs	AlGaAs	GaAs	GaAs	InGaAsP	InGaAsP	InGaAsP

6.20　AlGaAs LED 发射器　应用在局域光纤网络中的 AlGaAs LED 发射器的输出谱如图 6.68 所示。它在 25℃ 的峰发射设计波长是 820 nm。

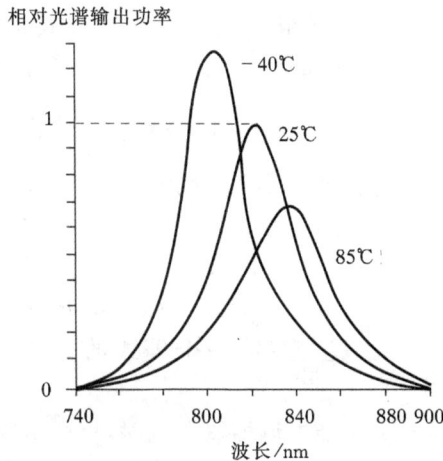

图 6.68　一个 AlGaAs LED 的输出光谱。曲线数值根据 25℃ 的发射峰强度进行了归一化

a. 在温度为 −40℃，25℃ 和 85℃ 的半功率点之间的线宽 $\Delta\lambda$ 各是多少？给定这些温度，画出 $\Delta\lambda - T(K)$ 关系图，找出 $\Delta\lambda$ 和 T 之间的经验关系。怎样将此关系与 $\Delta(h\nu) \approx 2.5kT$ 到 $3kT$ 对照？

b. 为什么发射峰波长随着温度增加而增大？

c. 在这个 LED 中，AlGaAs 的带隙是多少？

d. 三元合金 $Al_xGa_{1-x}As$ 的带隙 E_g 遵循下面的关系式：

$$E_g(eV) = 1.424 + 1.266x + 0.266x^2$$

这个 LED 中 AlGaAs 的成分是什么样的？

6.21 带负载的太阳能电池

a. 一个面积 2.5 cm×2.5 cm 的 Si 太阳能电池如图 6.54(a)中那样连接并驱动一个负载电阻 R。它的 I-V 特性如图 6.53 所示。假设负载是 2Ω,光照强度 800 W·m^{-2}。电路中的电流和电压各是多少?交付给负载的功率是多少?该电路中太阳能电池的效率是多少?

b. 在光照强度 800 W·m^{-2} 的条件下,为了获得从太阳能电池传送到负载的最大功率,负载电阻应该是多少?在光照强度 500 W·m^{-2} 的条件下,负载电阻又应该选择多大?

c. 考虑应用一定数量的太阳能电池驱动一个计算器,该计算器需要最小 3 V 的电压和在 3～4 V 时的工作电流是 50 mA。电池在光强约为 400 W·m^{-2} 下应用。那么你需要多少个太阳能电池并将如何连接它们?

6.22 开路电压 一个工作在 1000 W·m^{-2} 光照条件下的太阳能电池,它的短路电流 I_{sc} 是 50 mA,开路输出电压 V_{oc} 约为 0.65 V。如果光照强度减半,那么该太阳能电池的短路电流和开路电压各是多少?

6.23 太阳能电池的最大输出功率 假设当 $I=I_m$,$V=V_m$ 时,一个太阳能电池传送的功率 $P=IV$ 最大。我们定义最大功率的归一化电压和电流分别如下:

$$v = \frac{V_m}{\eta V_T}, \quad i = \frac{I_m}{I_{sc}} \qquad \text{归一化太阳能电池的电压和电流}$$

其中 η 是理想因子,$V_T=kT/e$ 被称为热电压(300 K 下为 0.026 V),$I_{sc}=-I_{ph}$。假设 $v_{oc}=V_{oc}/(\eta V_T)$ 是归一化的开路电压。在光照条件下,当 $V>\eta V_T$,太阳能电池输出功率

$$P = IV = \left[-I_{ph} + I_0 \exp\left(\frac{V}{\eta V_T}\right)\right]V \qquad \text{太阳能电池输出功率}$$

功率 $P=IV$ 对 V 求微分,并令其等于零而得到最大功率值,并得到最大功率对应的 I_m 和 V_m。因此可利用开路条件($I=0$)得到 V_{oc} 和 I_0 的关系。证明最大功率发生在

$$v = v_{oc} - \ln(v+1) \quad \text{和} \quad i = 1 - \exp[-(v_{oc}-v)] \qquad \text{最大输出功率}$$

时考虑一个 $\eta=1.5$,$V_{oc}=0.6$ V,$I_{ph}=35$ mA,面积为 1 cm^2 的太阳能电池。计算 i 和 v,然后计算最大功率对应的 I_m 和 V_m。(注意:第一个等式的数值解法或者图解法可以得到 $v\approx12.76$)。占空因子是多少?

6.24 串联电阻 当电路从太阳能电池抽取电流时,串联电阻将产生一个电压降。习惯上,正电流被认为是流进器件。(如果计算产生了一个负值,这意味着实际上电流是流出来的,光照情况下正好是这样的。)如果太阳能电池上的实际电压是 V(用户接受的),那么二极管上的电压是 $V-IR_s$。太阳能电池的公式变成了下面的式子:

$$I = -I_{ph} + I_d = -I_{ph} + I_0 \exp\left[\frac{e(V-IR_s)}{\eta kT}\right] \qquad \text{带串联电阻的太阳能电池}$$

一个 $\eta=1.5$ 和 $I_0=3\times10^{-6}$ mA 的硅太阳能电池在光照条件下达到 $I_{ph}=10$ mA,分别画出 $R_s=0,20,50$ Ω时的 I-V 曲线图。你得到了什么结论?

6.25 分流电阻 考虑一个 Si 太阳能电池分流电阻 R_p。任何时候太阳能电池的两端有一个电压 V,分流电阻都将抽取电流 V/R_p,因此在太阳能电池两端的总电流(按照习惯)是

$$I = -I_{ph} + I_d + \frac{V}{R_p} = -I_{ph} + I_0 \exp\left(\frac{eV}{\eta kT}\right) + \frac{V}{R_p} = 0 \qquad \text{带分流电阻的太阳能电池}$$

一个 $\eta=1.5$ 和 $I_0=3\times10^{-6}$ mA 的多晶硅太阳能电池达到 $I_{ph}=10$ mA,分别画出 $R_p=\infty$,

$1000,100\ \Omega$ 的 I - V 曲线图。你得到了什么结论?

* 6.26　串联的太阳能电池　考虑两个相同的太阳能电池串联起来。将有两个串联的 R_s 和两个串联的 pn 结。如果 I 是通过器件的总电流,那么一个 pn 结上的电压是 $V_d = \frac{1}{2}[V - I(2R_s)]$,那么流进这个组合太阳能电池的电流 I 是

$$I \approx -I_{ph} + I_0 \exp\left[\frac{V - I(2R_s)}{2\eta V_T}\right] \qquad V_d > \eta\left(\frac{kT}{e}\right)$$

两个太阳能电池串联

其中 $V_T = kT/e$ 被称为热电压。对于两个电池串联,变换上面的公式得到

$$V = 2\eta V_T \ln\left(\frac{I + I_{ph}}{I_0}\right) + 2R_s I$$

两个太阳能电池串联

而对于一个太阳能电池,有

$$V = \eta V_T \ln\left(\frac{I + I_{ph}}{I_0}\right) + R_s I$$

一个太阳能电池

假设电池 $I_0 = 25 \times 10^{-6}$ mA, $\eta = 1.5$, $R_s = 20\ \Omega$,两个太阳能电池的光照强度也相同, $I_{ph} = 10$ mA。画出单个的太阳能电池的 I - V 特性曲线图和两个太阳能电池串联的 I - V 特性曲线图。求出一个电池和两电池串联时可交付的最大功率。求出最大功率点所对应的电压和电流。

6.27　应用在爱斯基摩(Eskimo)点的太阳能电池　到达地球上某一点(其太阳纬度为 α)的光强可以近似用 Meinel 公式表示:

$$I = 1.353 \times 0.7^{(\mathrm{cosec}\alpha)^{0.678}}\ \mathrm{kW \cdot m^{-2}}$$

其中 $\mathrm{cosec}\alpha = 1/\sin\alpha$。太阳纬度 α 是太阳光和地平线的夹角。在 9 月 23 日和 3 月 22 日,太阳光线平行于赤道平面。如果一个面积为 1 m^2 的光伏器件平板,其转换效率是 10%,那么最大可用功率是多少?

制造商的鉴定对一个 Si pn 结太阳能电池在 27℃下进行,指定辐照光强 1 kW · m^{-2} 条件下的开路电压 0.45 V,短路电流 400 mA。太阳能电池的占空因子是 0.73。这种太阳能电池用于便携式设备应用在爱斯基摩点附近(加拿大),这个点的地理纬度(ϕ)是 63°。当太阳能电池在 9 月 23 日中午应用时,温度约为 -10 ℃,计算它的开路输出电压和最大可获得功率是多少?这个太阳能电池可以提供给一个电子设备的最大电流是多少?你的结论如何?(注: $\alpha + \phi = \pi/2$。假设 $\eta = 1$, I_0 正比为 n_i^2。)

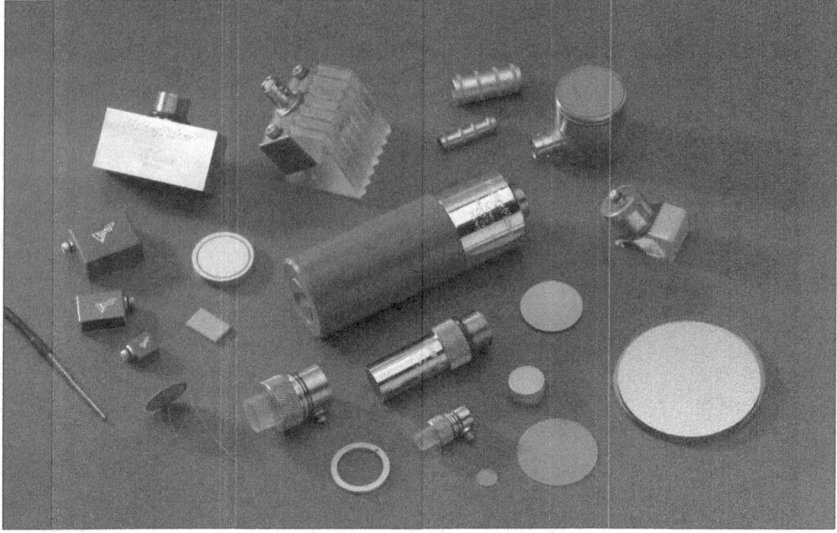

超声换能器(压电效应器件)
照片来源:Valpey Fisher

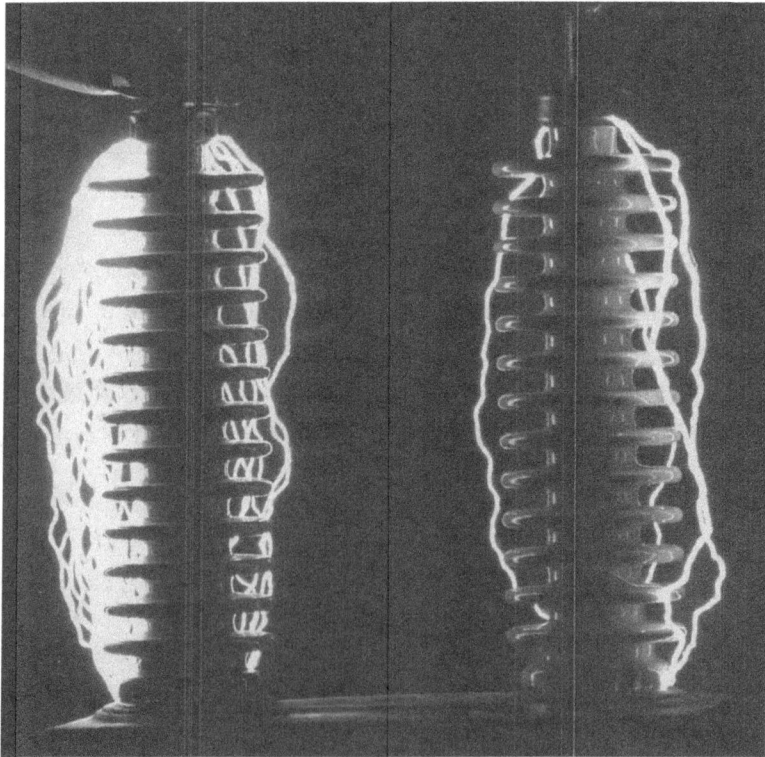

高压电容套管工频击穿多次闪络照片
照片来源:Dr. Simon Rowland,UMIST,England

第7章 电介质材料和绝缘

众所周知,自由空间平行板电容的公式为

$$C = \frac{\varepsilon_0 A}{d}$$

其中 ε_0 是真空介电常数,A 是平板面积,d 是平板间隔。如果平行板间填充有某种介质材料,则电容量——单位电压的电荷储存能力增加 ε_r 倍,ε_r 称为**介电常数**或者**相对电容率**。电容量的增加源于介质中正负电荷相对于平衡位置位移所形成的**极化**。电介质相对的两个表面具有异号的面电荷密度,其数值取决于介质极化。介电理论中一个重要的概念是**电偶极矩** p,它是一对距离 a 的异号电荷对($+Q$ 和 $-Q$)所具有的静电效应的量度,定义为

$$p = Qa$$

虽然净电荷为零,但偶极仍能在空间产生电场并与其它电场发生相互作用。相对电容率是一种频率依赖的材料性能,一些电容被设计工作于低频,而另一些具有较宽的工作频率范围。进一步而言,虽然电容器被看作是储能器件,但是所有的实际电容都存在损耗。这种损耗同电流在电阻上产生的 I^2R 热损耗没有区别。实际电容中的能量损耗是频率相关的,在某些应用中这是一个重要的影响因素。电介质的主要作用不仅是增加电容量,而且同等重要地,还包括其绝缘性能或低电导率,这能阻止电荷从一个极板穿越介质到达另一个极板。介电材料经常用来隔离携带电流的或具有不同电压的导体。为什么我们不能简单地用空气作为高压导体的绝缘体?当绝缘体内部电场超过一个临界**击穿场强**时,介质遭到电介质击穿并产生大的放电电流。发电机大约 40% 的故障与绝缘故障有关。介质击穿可能是最古老的电气工程问题之一,人们进行了最广泛的研究却从来没有得到全面的解释。

7.1 物质极化和相对电容率

7.1.1 相对电容率:定义

如图 7.1(a),我们首先考虑以真空作为电介质的平行板电容器,板间具有稳态电压 V。假定携带电荷为 Q_0,这个电荷可以很容易地进行测量。自由空间平行板电容的容量定义为

$$C_0 = \frac{Q_0}{V} \qquad\qquad (7.1)\ \boxed{\text{电容的定义}}$$

电场是电位的梯度,定义为

$$E = -\frac{dV}{dx}$$

方向从高电位指向低电位。因此板间电场 E 就是 V/d,式中 d 是平行板的间距。

如图 7.1(b)和(c)所示,保持 V 不变,考虑当介质板(非导电材料平板)插入平行板电容中会发生什么情况。在插入介质板的过程中,外电路中有电流流过,表明极板上会存储额外的电

荷,电极上的电荷从 Q_0 增加到 Q。如图 7.1(b)所示,我们可以通过对插入过程中外电路电流的积分,方便地测量从电池到极板流过的电荷量变化 $Q-Q_0$。因为存储了更多的电荷,图 7.1(c)情况下的电容比图 7.1(a)的大了 Q/Q_0 倍。**相对电容率**(或者**介电常数**)ε_r 的定义用来反映由于介质存在,电容或者电荷存储能力的增加。如果 C 是有介质情况下的电容,则根据定义有

$$\varepsilon_r = \frac{Q}{Q_0} = \frac{C}{C_0} \qquad (7.2)$$

相对介电常数的定义

存储电荷的增加源于电场产生的介质极化。要提醒的是,如图 7.1(c)所示当介质插入时,倘若绝缘体充填了板间的全部空间,电压 V 和电位梯度 V/d 不变,则 E 保持不变。

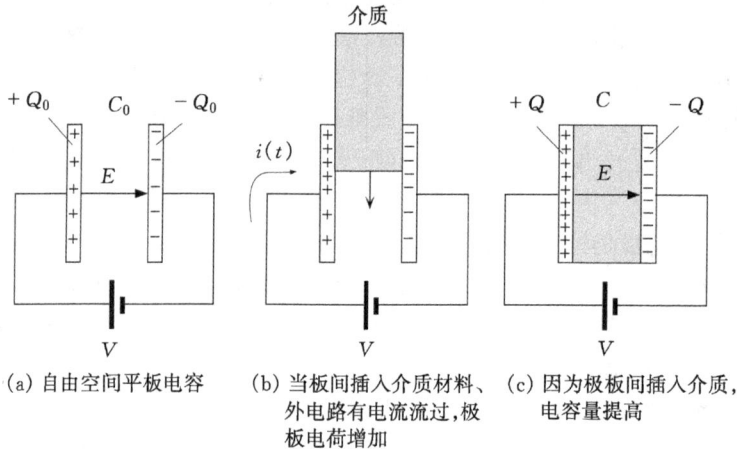

(a) 自由空间平板电容　(b) 当板间插入介质材料、外电路有电流流过,极板电荷增加　(c) 因为极板间插入介质,电容量提高

图 7.1

7.1.2　电偶极矩和电子极化

如图 7.2 所示,电偶极子可以简单定义为发生相对位移的等量正负电荷对。如果 a 是从负电荷指向正电荷的矢量,**电偶极矩**可以定义为

$$p = Qa \qquad (7.3)$$

偶极矩的定义

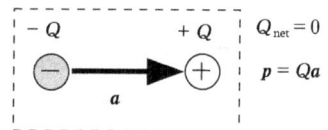

图 7.2　电偶极矩定义

包含 $+Q$ 和 $-Q$ 电荷的区域净电荷为零,若正负电荷中心不重合,按照式(7.3)定义,这个区域会呈现电偶极矩。

一个中性原子的净电荷为零。从平均意义上说,电子负电荷中心与原子核正电荷中心重合,这表示原子没有净的偶极矩,如图 7.3(a)所示。然而,当这个原子置于外电场中,将会产生感生偶极矩。比原子核轻许多的电子,更易于被电场移动,这导致负电荷中心相对于正电荷中心产生位移,如图 7.3(b)所示。这种正负电荷位移并导致感生偶极矩的现象被称为**极化**,一个原子**被极化**也即意味着存在有效电偶极矩,即正负电荷分布中心的相对位移。

感生偶极矩的大小依赖于诱导电场,定义偶极矩和电场之间的比例系数为极化率

$$p_{induced} = \alpha E \qquad (7.4)$$

极化率的定义

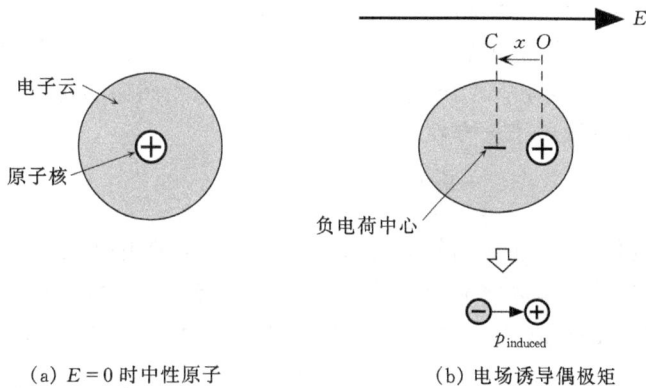

（a）$E=0$ 时中性原子　　　　（b）电场诱导偶极矩

图 7.3　电子极化的根源

式中 α 是原子极化率,其数值与极化机理有关。中性原子的极化与电子位移有关,α 表示**电子极化率**,记作 α_e。因为电子在原子中的位置不是绝对地固定,所有的原子都具有一定的电子极化率。

　　在无电场的情况下,电子轨道运动的质量中心同带正电荷的原子核重合,偶极矩为零。假定原子中绕核运动的电子数目为 Z,所有电子均处在一定半径的球状区域内。当电场 E 加上后,质量较轻的电子向电场的反方向移动,所以其质心 C 关于原子核 O 发生位移 x,如图 7.3（b）所示。当电子被电场推开时,电子和核电荷之间的库仑引力吸引电子。电场 E 产生的使电子与核分离的力为 ZeE。电子与核之间的库仑引力回复力 F_r,在位移很小时可认为与位移 x 成正比[①]。当 C 和 O 重合时,回复力为零。回复力可以写成

$$F_r = -\beta x \qquad \text{回复力}$$

式中 β 是一个常数,负号表示回复力总朝向原子核 O（如图 7.3（b））。在平衡时,电子受到的合力为零,或者 $ZeE = \beta x$,这样就可以确定 x。所以诱导电偶极矩 p_e 为

$$p_e = (Ze)x = \left(\frac{Z^2 e^2}{\beta}\right)E \qquad (7.5) \ \text{电子极化}$$

　　如所预期,p_e 正比于施加的电场。公式（7.5）中的电偶极矩在静态条件下是适用的。假定我们突然移去使原子极化的电场,则只有回复力 F_r 在起作用,它将电子推向核 O。此时负电荷中心的运动方程是（力＝质量×加速度）

$$-\beta x = Zm_e \frac{\mathrm{d}^2 x}{\mathrm{d}t^2} \qquad \begin{matrix}\text{简谐运}\\\text{动方程}\end{matrix}$$

　　因此在任意时刻电子的位移为

$$x(t) = x_0 \cos(\omega_0 t)$$

式中

$$\omega_0 = \left(\frac{\beta}{Zm_e}\right)^{1/2} \qquad (7.6) \ \begin{matrix}\text{电子极化}\\\text{共振频率}\end{matrix}$$

---

　　① 即使 F_r 是 x 的复杂函数,它仍可展开为 x 的幂级数,即 x, x^2, x^3 等。当 x 很小时,仅有线性项起作用,$F_r = -\beta x$。

是电子云质量中心相对原子核运动的振荡频率，x_0 是电场移去前的位移。电场移去后，电子云相对原子核以公式(7.6)决定的特征频率做简谐运动。ω_0 叫做**电子极化共振频率**。[①] 这如同连在弹簧上的质量块被拉伸后放开，会做简谐运动一样，当然振动随时间减弱。在原子的情况下，正弦形式的位移表示电子云存在加速度

$$\frac{\mathrm{d}^2 x}{\mathrm{d}t^2} = - x_0 \omega_0^2 \cos(\omega_0 t)$$

经典电磁理论告诉我们，做加速运动的电荷如天线一样会辐射电磁能量。这导致振动的电子云将损失能量，并且它的振幅因之减少。（注意平均能量与位移幅度的平方成正比。）

根据公式(7.5)推出的 p_e 表达式，我们可以从公式(7.4)得到电子极化率 α_e 为

$$\alpha_e = \frac{Ze^2}{m_e \omega_0^2} \tag{7.7}$$

静态电子极化率

例 7.1　电子极化率　考虑惰性气体原子的电子极化率。这些原子具有封闭的壳层。它们的电子极化率在表 7.1 列出。计算每种原子的电子极化谐振频率 $f_0 = \omega_0 / 2\pi$，绘出 α_e 和 f_0 与原子中电子数量 Z 的关系。能得到什么结论？

解：我们可以用公式(7.7)计算共振频率 $f_0 = \omega_0 / (2\pi)$。

以 Ar 为例

$$\omega_0 = \left(\frac{Ze^2}{\alpha_e m_e} \right)^{1/2} = \left[\frac{(18)(1.6 \times 10^{-19})^2}{(1.7 \times 10^{-40})(9.1 \times 10^{-31})} \right]^{1/2} = 5.46 \times 10^{16}\,\mathrm{rad \cdot s^{-1}}$$

因此有

$$f_0 = \frac{\omega_0}{2\pi} = 8.69 \times 10^{15}\,\mathrm{Hz}$$

表 7.1　惰性气体元素电子极化率与电子数量 Z 之间的关系

	原子					
	He	Ne	Ar	Kr	Xe	Rn
Z	2	10	18	36	56	
$\alpha_e \times 10^{-40}\,(\mathrm{F \cdot m^2})$	0.18	0.45	1.7	2.7	4.4	5.9
$f_0 \times 10^{15}\,(\mathrm{Hz})$	8.90	12.6	8.69	9.76	9.36	10.2

此数据在表 7.1 列出，其它原子的数据也在表中列出。这些频率位于紫外光波段。对所有的实际应用而言，电子极化在 $1/f_0$ 或者 $10^{-15}\,\mathrm{s}$ 的时间尺度上非常迅速地发生，我们可以认为静态极化率 α_e 在光学频率以下一直保持不变[②]。

图 7.4 显示 α_e 和 f_0 对电子数量的依赖性。明显地 α_e 几乎与 Z 呈线性关系，而 f_0 是大致恒定的。我们把研究 β 随 Z 增加的关系留作习题，这个假定看起来是合理的，因为回复力被定

---

① 特征频率指系统被激发时的特征振荡频率。与弹簧相连的质量块按照某个特定的特征振荡频率 ω_0 做简谐运动。如果我们外加驱动力使该质量块振动，当驱动力的频率与 ω_0 相同时转换的能量最大，系统处于共振状态，共振频率为 ω_0。严格地讲，$\omega = 2\pi f$ 是角频率，f 是频率。通常简单地把 ω 叫做频率，因为文献中都使用 ω，其含义结合上下文应该是清楚的。

② 光学频率的电子极化率决定折射率等光学性能，详见第 9 章。

义为所有电子和核之间当电子发生位移时的作用力。

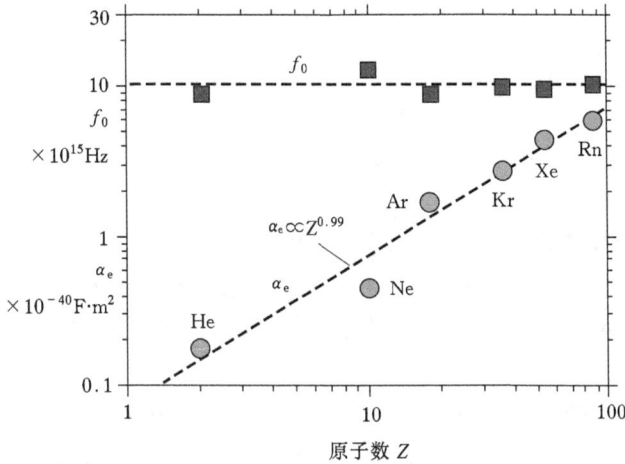

图 7.4 电子极化率和谐振频率与电子数目的关系(原子数 Z),虚线是最佳拟合线

7.1.3 极化矢量 P

当材料放置在电场中时,材料的原子和分子被极化,因此在材料中建立了电偶极矩的分布。图 7.5(a)可以形象化地表示这个效应,当电介质平板插入平行板电容器中,电场使介质平板中的分子极化,诱发的偶极矩均沿电场方向排列。如图 7.5(b)所示,在材料内部偶极首尾相连,每个正电荷均紧邻一个负电荷,反之亦然。因此介质在整体上净电荷为零。但在右侧表面上偶极中的正电荷没有被负电荷中和,因此在右侧表面存在表面电荷＋Q_P——这起因于介质极化。同样,左侧表面存在同样数值的负表面电荷－Q_P。我们可看到当材料被电场极化时,电荷＋Q_P 和－Q_P 出现在材料的相对表面上,如图 7.5(c)所示。这些**束缚**电荷是分子极化导致的直接结果。它们被称为**表面极化电荷**。图 7.5(c)仅显示了介质和极化电荷,用来强调电场作用下介质这方面的介电行为。

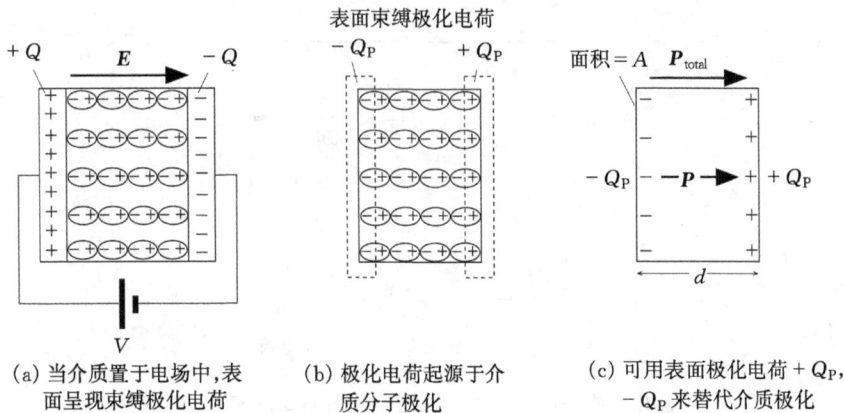

(a) 当介质置于电场中,表面呈现束缚极化电荷

(b) 极化电荷起源于介质分子极化

(c) 可用表面极化电荷＋Q_P,－Q_P 来替代介质极化

图 7.5

我们用极化强度 P 来定量表示介质中的**极化**,定义为单位体积中的电偶极矩

$$P = \frac{1}{\text{体积}}\left[p_1 + p_2 + \cdots + p_N\right] \qquad (7.8a)$$

极化矢量
的定义

式中 $p_1, p_2, \cdots, p_N$ 是体积中第 N 个分子的偶极矩。如果 p_{av} 是每个分子平均的偶极矩,P 的等效定义为

$$P = Np_{av} \qquad (7.8b)$$

极化矢量
的定义

式中 N 是单位体积的分子数。接下来给出一个 P 和表面电荷 Q_P 的重要关系式。需要指出,在将来的讨论中,如图 7.5(a),如果极化由电场诱导产生(通常是这样的),p_{av} 指沿着电场方向单个分子的平均偶极矩。在这种情况下,我们经常也把 p_{av} 称为每个分子的诱导平均偶极矩 $p_{induced}$。

要计算图 7.5(b)中的极化介质的极化强度 P,我们需要对介质中所有偶极矩求和并除以体积 Ad,如式(7.8a)。然而,极化介质可以简单地用图 7.5(c)中的表面电荷 $+Q_P$ 和 $-Q_P$ 表示,其厚度方向距离为 d。我们可以把这个分布系统看作一个从 $-Q_P$ 指向 $+Q_P$ 的大偶极矩 p_{total},因而 $p_{total} = Q_P d$。因为极化定义为单位体积的偶极矩,P 的数值为

$$P = \frac{p_{total}}{\text{体积}} = \frac{Q_P d}{Ad} = \frac{Q_P}{A}$$

但 Q_P/A 是**表面极化电荷密度** σ_P,所以

$$P = \sigma_P \qquad (7.9a)$$

极化和束缚表
面电荷密度

极化是一个矢量,公式(7.9a)只给出它的大小。对图 7.5(c)中的块状介质,P 的方向垂直于表面。右侧表面的 $+\sigma_P$ 指向面外,而左侧的 $-\sigma_P$ 则指向面内。虽然公式(7.9a)是针对特定的块状介质推出的,它也可以普适化。极化介质表面单位面积的电荷等于极化矢量垂直于表面的分量。如图 7.6 所示,如果 P_{normal} 是 P 对表面的法线分量,极化电荷密度是 σ_P,则有

$$P_{normal} = \sigma_P \qquad (7.9b)$$

极化和束缚表
面电荷密度

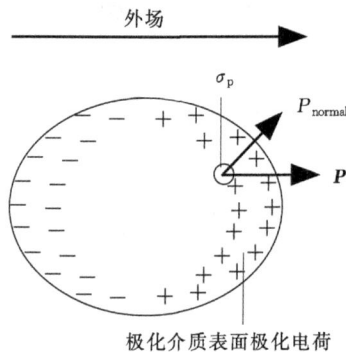

图 7.6　极化介质表面极化电荷密度与极化矢量在表面法线分量有关

放置在电场中的介质诱导产生的极化强度取决于电场的强度,单个分子的诱导偶极矩由式(7.4)决定。为了表示 P 对电场的关系,定义**电极化率** χ_e 为

$$P = \chi_e \varepsilon_0 E \qquad (7.10)$$

式(7.10)表示电场 E 与其效应 P 之间的数量关系，χ_e 为比例常数。对于非线性介质的情况，它可以是电场依赖的。进一步地，电子极化定义为

$$p_{induced} = \alpha_e E$$

所以

$$P = N p_{induced} = N \alpha_e E$$

式中 N 是单位体积分子数目。根据式(7.10)，χ_e 和 α_e 关系为

$$\chi_e = \frac{1}{\varepsilon_0} N \alpha_e \qquad (7.11)$$ 电极化率和极化

区分自由电荷和极化(或束缚)电荷是很重要的。图 7.5(a)中金属极板上的电荷是自由电荷，因为它们来源于金属中自由电子的移动。例如在图 7.1 中的 Q_0 和 Q，是在电介质插入前后从电池到达极板的自由电荷。相反，极化电荷 $+Q_P$ 和 $-Q_P$ 束缚在分子上，他们不可能在电介质内部或表面移动。

图 7.1(a)中电介质插入前的电场 E 是

$$E = \frac{V}{d} = \frac{Q_0}{C_0 d} = \frac{Q_0}{\varepsilon_0 A} = \frac{\sigma_0}{\varepsilon_0} \qquad (7.12)$$

式中 $\sigma_0 = Q_0/A$ 是极板间没有介质时的自由表面电荷密度。

在介质插入后电场保持不变，但极板上的自由电荷发生变化，电荷变为 Q。而且靠近极板的介质表面产生束缚电荷，如图 7.5(a)所示。显而易见，在电介质插入过程中，如图 7.1(b)所示，为了中和介质表面的异号极化电荷 Q_P，极板上需要添加自由电荷 $Q-Q_0$，因此在电路中产生电流。总电荷(图 7.5(a))$Q-Q_P$ 包含了极板自由电荷和介质表面的束缚电荷，必须保持不变为 Q_0，所以由公式(7.12)决定的电场保持不变，即

$$Q - Q_P = Q_0$$

或

$$Q = Q_0 + Q_P$$

除以 A，定义 $\sigma = Q/A$ 为介质存在时极板上的表面自由电荷密度，从公式(7.12)得到

$$\sigma = \varepsilon_0 E + \sigma_P$$

因为 $\sigma_P = P$ 和 $P = \chi_e \varepsilon_0 E$，以及公式(7.9)和(7.10)，我们可以消去 σ_P，得到

$$\sigma = \varepsilon_0 (1 + \chi_e) E$$

从公式(7.2)相对介电常数的定义，有

$$\varepsilon_r = \frac{Q}{Q_0} = \frac{\sigma}{\sigma_0}$$

代入 σ，并根据公式(7.12)，得到

$$\varepsilon_r = 1 + \chi_e \qquad (7.13)$$ 相对介电常数和电极化率

对于电子极化，根据公式(7.11)，得到

$$\varepsilon_r = 1 + \frac{N \alpha_e}{\varepsilon_0} \qquad (7.14)$$ 相对介电常数和极化率

上式的重要性在于它建立了微观极化机理 α_e 同宏观性能 ε_r 之间的联系。

7.1.4　局域场和克劳休斯-莫索提方程

公式(7.14)表示了 ε_r 与电子极化率 α_e 之间的近似关系,因为它假定作用在一个单独原子或分子上的场就是宏观场 E,该电场在介质内处处一致。换句话说,诱导极化为 $p_{induced} \propto E$,然而,诱导极化取决于分子附近的局域电场。从图 7.5(a)可以看出,由于介质内存在分离的正电荷与负电荷,在原子尺度上局域电场不是恒定的。图 7.7 表示单个分子所处的局域电场与介质中的平均场 E 不同。当介质被极化时,在任意点的电场不仅取决于极板上的电荷(Q),而且与附近所有其它偶极的取向有关。如图 7.7 所示,如在包含几千个分子的某一范围内取平均时,该场为 E。

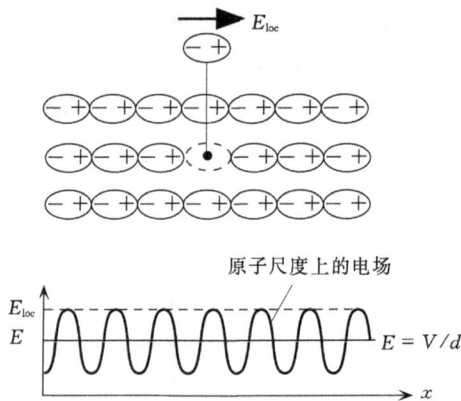

图 7.7　介质内部原子尺度上的电场不均匀,局域场是实际作用在分子上的电场,可在移
去分子后,考虑极板电荷和周围偶极对该点的作用确定

一个分子所受的实际电场定义称为**局域场** E_{loc},它不仅取决于极板上的自由电荷,而且与其周围被极化分子的排列有关。如图 7.7,我们简单地把被考察的分子去除,计算所有电荷源在该点产生的电场,这其中也包括与其近邻的极化分子。E_{loc} 与材料极化的程度有关,极化程度越高电场越强,因为近邻的偶极也越强。E_{loc} 依赖于近邻的极化分子,也与晶体结构有关。对于最简单的情况,如立方晶体材料,或者液体(非晶体结构),作用在分子上的局域场 E_{loc} 随极化而增强,如[1]

$$E_{loc} = E + \frac{1}{3\varepsilon_0}P \qquad (7.15)$$

电介质中的洛伦兹局域场

公式(7.15)称为**洛伦兹场**。现在,分子的诱导偶极由洛伦兹场 E_{loc} 而不是平均场 E 决定。因此 $p_{induced} = \alpha_e E_{loc}$。电极化率的表达式 $P = \chi_e \varepsilon_0 E$ 没有改变,这意味着 $\varepsilon_r = 1 + \chi_e$ [公式(7.13)]保持不变。极化强度为 $P = N p_{induced}$,并且 $p_{induced}$ 与 E_{loc} 和 E 及 P 有关,则

$$P = (\varepsilon_r - 1)\varepsilon_0 E$$

可以用来消去 E 和 P,得到 ε_r 和 α_e 的关系,所得到的公式称为**克劳休斯-莫索提方程:**

---

[1]　该场称为洛伦兹场,其表达式的证明并不繁琐,在此介绍中从略。在 7.3.2 节偶极介质的讨论中没有采用此表达式。

$$\frac{\varepsilon_r - 1}{\varepsilon_r + 2} = \frac{N\alpha_e}{3\varepsilon_0}$$
(7.16) **克劳休斯-莫索提方程**

该式允许我们从微观极化现象,即 α_e 来计算宏观性能 ε_r。

例 7.2　范德瓦尔斯固体的电子极化率　Ar 原子的电子极化率是 $1.7 \times 10^{-40} \mathrm{F \cdot m^2}$,那么固态 Ar(84 K 以下),密度为 $1.8 \mathrm{\,g \cdot cm^{-3}}$,其静态介电常数是多少?

解:要计算 ε_r,我们需要从密度 d 求出单位体积 Ar 原子的个数,如果 $M_{at} = 39.95$ 是 Ar 的原子质量数, N_A 是阿伏加德罗常数,那么

$$N = \frac{N_A d}{M_{at}} = \frac{(6.02 \times 10^{23} \mathrm{mol^{-1}})(1.8 \mathrm{g \cdot cm^{-3}})}{39.95 \mathrm{g \cdot mol^{-1}}} = 2.71 \times 10^{22} \mathrm{cm^{-3}}$$

根据 $N = 2.71 \times 10^{28} \mathrm{m^{-3}}$ 和 $\alpha_e = 1.7 \times 10^{-40} \mathrm{F \cdot m^2}$,得到

$$\varepsilon_r = 1 + \frac{N\alpha_e}{\varepsilon_0} = 1 + \frac{(2.71 \times 10^{28})(1.7 \times 10^{-40})}{8.85 \times 10^{-12}} = 1.52$$

如果采用克劳休斯-莫索提方程,可得

$$\varepsilon_r = \frac{1 + \frac{2N\alpha_e}{3\varepsilon_0}}{1 - \frac{N\alpha_e}{3\varepsilon_0}} = 1.63$$

这两个结果有 7% 的差异,简单关系公式(7.14)低估了相对介电常数。

7.2　电子极化:共价固体

在图 7.5(a)中,当施加电场时,组成物质的原子和分子被极化。原子的电子云在电场作用下发生位移,产生**电子极化**。这种原子内部的电子极化与共价键固体中共价电子的极化相比要弱很多。例如,如图 7.8(a)所示在硅晶体中,相邻 Si 原子共享共价键中的电子,这些电子与其宿主原子之间较为松散地联系在一起。在范德瓦尔斯固体中,原子通过次级键连接(例如 Ar 在 83.8 K 以下)。因此在共价固体中,共价电子不是被留在 Si 原子中的离子核紧密地束缚。虽然我们常常直觉地认为这些价电子处在 Si 离子核之间的共价键上,实际上它们属于整个晶体,因为它们可以在共价键之间隧穿互换位置。我们指的是它们的波函数不是局域化的,即不属于某个特定 Si 原子。当施加电场时,如图 7.8(b)所示,共价电子负电荷的分布容易相

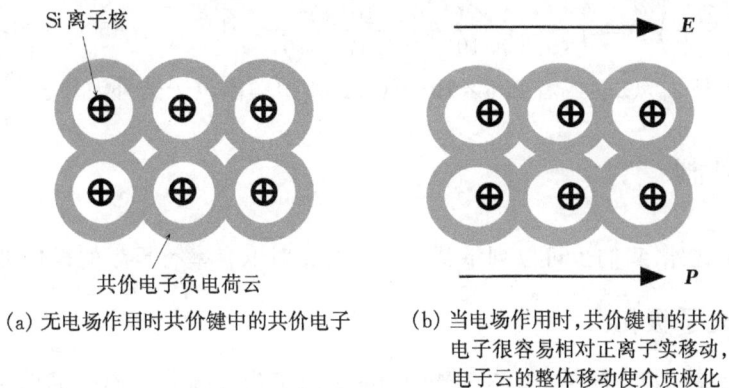

Si 离子核

共价电子负电荷云

(a) 无电场作用时共价键中的共价电子

(b) 当电场作用时,共价键中的共价电子很容易相对正离子实移动,电子云的整体移动使介质极化

图 7.8

对于正电荷的 Si 离子实发生偏移,晶体呈现极化而产生极化矢量。与单个离子实相比较,使共价键中电子脱离所需要的能量要低很多。使共价电子脱离共价键成为自由价电子约需 1～2 eV,但从单个离子实中成为自由电子该数据为 10 eV 以上。因此,共价键中的电子容易对外场响应。共价电子位移产生电子极化是共价晶体具有较大的介电常数的原因,如 Si 晶体 $\varepsilon_r=11.9$ 和 Ge 晶体 $\varepsilon_r=16$。

例 7.3　共价固体的电子极化率　考虑纯 Si 晶体,$\varepsilon_r=11.9$

a. 单个 Si 原子价电子的电子极化率是多少（如果我们可以将观察到的晶体极化分解到单个原子）?

b. 假定 Si 晶体样品相对表面涂有电极并施加有电压,则局域场比平均场大多少?

c. 相应于 ω_0 的共振频率 f_0 是多少?

从 Si 晶体的密度,单位体积 Si 原子数 N 为 5×10^{28} m^{-3}。

解:a. 给定 Si 原子数,我们可以用克劳休斯-莫索提方程算出 α_e:

$$\alpha_e = \frac{3\varepsilon_0}{N}\frac{\varepsilon_r-1}{\varepsilon_r+2} = \frac{3\times(8.85\times10^{-12})}{5\times10^{28}}\frac{11.9-1}{11.9+2} = 4.17\times10^{-40} \text{ F}\cdot\text{m}^2$$

这大于具有更多电子的独立 Ar 原子的电子极化率。如果我们把 Si 原子的内层电子粗略看作 Ne,我们可以认为总的电子极化率大致与 Ne 原子的相当,为 0.45×10^{-40} F·m^2。

b. 局域场为

$$E_{loc} = E + \frac{1}{3\varepsilon_0}P$$

但根据定义

$$P = \chi_e\varepsilon_0 E = (\varepsilon_r-1)\varepsilon_0 E$$

将 P 代入,得

$$E_{loc} = E + \frac{1}{3}(\varepsilon_r-1)E$$

所以局域场关于施加场的比例为

$$\frac{E_{loc}}{E} = \frac{1}{3}(\varepsilon_r+2) = 4.63$$

比例因子为 4.63。

c. 因为极化来源于共价电子,每个原子有四个共价电子,用公式(7.7),有

$$\omega_0 = \left(\frac{Ze^2}{m_e\alpha_e}\right)^{1/2} = \left[\frac{4\times(1.6\times10^{-19})^2}{(9.1\times10^{-31})(4.17\times10^{-40})}\right]^{1/2} = 1.65\times10^{16} \text{ rad}\cdot\text{s}^{-1}$$

相应的共振频率是 $\omega_0/(2\pi)$ 或者 2.6×10^{15} Hz,其典型频率位于紫外波段。

7.3　极化机制

除电子极化之外,我们也可以列举其它一些对相对电容率有贡献的极化机制。

7.3.1　离子极化

这种类型的极化存在于 NaCl,KCl 和 LiBr 等离子型晶体中。离子晶体中正负离子分别位于确定的格点上,如 Na$^+$ 和 Cl$^-$,相邻的异号离子构成偶极。图 7.9(a)以一维 NaCl 晶体为

例，Na^+ 和 Cl^- 离子链状排列。无电场时，因为偶极矩之和为零，固体没有净极化，沿正 x 方向的偶极 p_+ 和沿负 x 方向的偶极 p_- 大小相等，因此净偶极矩为 $p_{net} = p_+ - p_- = 0$。[①]

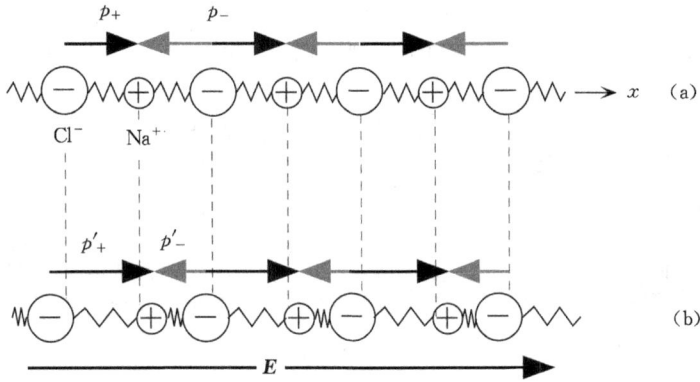

(a) 无电场作用时 NaCl 晶体中的 NaCl 链，每离子平均或净偶极矩为 0

(b) 在电场作用下，离子轻微移动，导致每离子平均偶极矩不为零

图 7.9

当沿 x 方向施加电场 E 时，Cl^- 离子向 $-x$ 方向移动，而 Na^+ 离子向 $+x$ 方向移动。因此，如图 7.9 所示，沿着 $+x$ 方向的偶极矩 p_+ 增加到 p'_+，而 p_- 减小到 p'_-。净偶极矩不再是零，每个原子对的平均偶极矩成为 $p'_+ - p'_-$，这个值依赖于电场。所以平均的诱导偶极矩 p_{av} 依赖于局域电场。离子极化率 α_i 依据离子所感受的局域电场来确定

$$p_{av} = \alpha_i E_{loc} \qquad (7.17) \quad \text{离子极化率}$$

离子极化率 α_i 越大，诱导偶极矩就越大。通常 α_i 比电子极化率 α_e 大 10 倍或者更高，这使得离子晶体具有大的介电常数。离子晶体的极化强度 P 为

$$P = N_i p_{av} = N_i \alpha_i E_{loc}$$

式中 N_i 是单位体积离子对的个数。考虑局域场和 E 的关系并利用 $p = (\varepsilon_r - 1)\varepsilon_0 E$，我们可以再次得到克劳休斯-莫索提方程，但现在是由于离子极化，

$$\frac{\varepsilon_r - 1}{\varepsilon_r + 2} = \frac{1}{3\varepsilon_0} N_i \alpha_i \qquad (7.18) \quad \text{离子极化的克劳休斯-莫索提方程}$$

每个离子的电子云的核心在有外加电场作用的情况下也会偏离它们的正的原子核，对固体的极化产生贡献。这种电子极化与离子极化共同作用，但其数量相比而言小得多。

7.3.2 偶极取向极化

某些分子具有永久偶极矩，如图 7.10(a) 所示 HCl 分子具有从 Cl^- 指向 H^+ 离子的永久偶极 p_0。在液相或者气相中，当没有电场作用时，这些分子在热激发的作用下随机地取向，如图 7.10(b) 所示。当施加电场 E 时，电场有使偶极与其平行排列的趋势，如图 7.10(c)。Cl^- 和 H^+ 离子电荷受到相反方向的作用力。但由于离子间的化学键使它们难以分开，因此电场力

---

① 此处的 p_+、p_- 大小应为电荷与电荷间距乘积的一半——译者注。

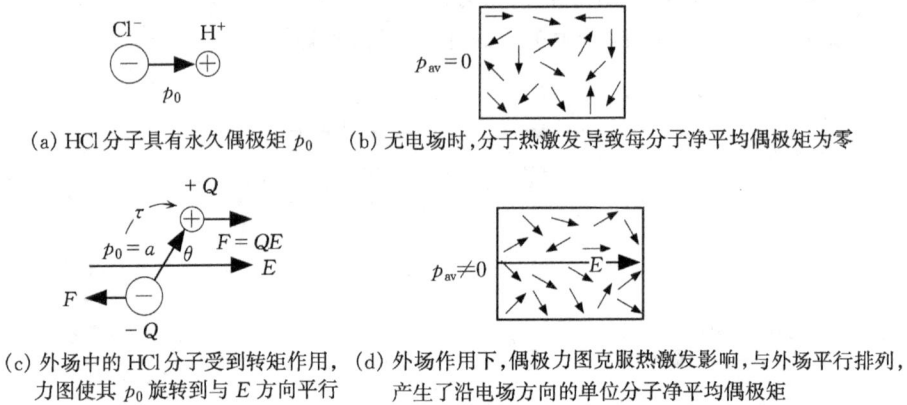

(a) HCl 分子具有永久偶极矩 p_0　　　(b) 无电场时,分子热激发导致每分子净平均偶极矩为零

(c) 外场中的 HCl 分子受到转矩作用,　　(d) 外场作用下,偶极力图克服热激发影响,与外场平行排列,
　　力使其 p_0 旋转到与 E 方向平行　　　产生了沿电场方向的单位分子净平均偶极矩

图 7.10

提供了一个对其质量中心的扭矩 τ[①],使 p_0 转向电场方向。如果所有分子仅反转向沿电场方向排列,则固体的极化强度应为

$$P = Np_0$$

式中 N 是单位体积分子数。然而,由于它们的热能,分子做无规则运动,彼此之间或者同器壁发生碰撞。这些碰撞破坏偶极的有序排列,因此热运动使偶极趋向无序化。图 7.10(d) 描绘了在电场作用下材料中偶极虽具有不同取向,然而在沿着电场方向仍存在净的单位分子的平均偶极矩 p_{av}。材料存在净极化,并导致由此**取向极化**确定的介电常数。

　　要确定沿 E 的诱导平均偶极矩 p_{av},我们需要知道在电场 E 中偶极的平均势能 E_{dip},以及如何将其与在五个自由度情况下的分子平均热运动能量 $\frac{5}{2}kT$ 相比。E_{dip} 代表电场使偶极排列过程中外场所做的平均功。如果 $\frac{5}{2}kT$ 比 E_{dip} 大许多,则碰撞的平均热能将阻止偶极沿电场方向排列。但如果 E_{dip} 比 $\frac{5}{2}kT$ 大许多,则热能量不足以破坏偶极的有序排列。

　　一个与电场成 θ 夹角的偶极受到扭矩 τ 的作用,如图 7.10(c) 所示。电场在使偶极旋转 $d\theta$ 角度的过程中做功 $dW = \tau d\theta$。此处 dW 代表偶极势能 dE 的微小变化。如果偶极已经沿电场方向取向,则电场不会再做功,当 $\theta = 0$,对应于偶极势能取最小值。另一方面,当偶极从 $\theta = 180°$ 翻转到 $\theta = 0°$ 时(无论顺时针或者逆时针),电场做功达到最大值。偶极所受扭矩,根据图 7.10(c) 为

$$\tau = (F\sin\theta)a \quad 或 \quad Ep_0\sin\theta \qquad \text{偶极扭矩}$$

式中 $p_0 = aQ$。如果取在 $\theta = 0$,$PE = 0$,则 PE 的最大值在 $\theta = 180°$ 时是

$$E_{max} = \int_0^\pi p_0 E\sin\theta d\theta = 2p_0 E$$

　　平均偶极势能是 $\frac{1}{2}E_{max}$ 或者 $p_0 E$。只有该能量大于平均热运动能量,取向极化才会有效。沿着 E 方向的平均偶极矩 p_{av} 同 p_0 直接成正比,也同平均偶极能量与平均热运动能量之比成

---

① 反向作用力也使离子键 $Cl^- \text{—} H^+$ 轻微拉伸,但此处忽略该效应。

正比,即

$$p_{av} \propto p_0 \frac{p_0 E}{\frac{5}{2}kT}$$

如果用玻耳兹曼统计来计算在分子中间偶极能量的分布,能量为 E 的偶极存在概率正比于 $\exp\left(-\frac{E}{kT}\right)$,那么当 $p_0 E < kT$ 时(通常是这样),可以得到

$$p_{av} = \frac{1}{3}\frac{p_0^2 E}{kT} \qquad (7.19)$$ 平均偶极取向极化率

p_{av} 的直观表达式同公式(7.19)大体相同。当然,严格地讲,应该用作用在每个分子上的局域场来计算,用 E_{loc} 代替 E。从公式(7.19)可以确定每分子**偶极取向极化率**为

$$\alpha_d = \frac{1}{3}\frac{p_0^2}{kT} \qquad (7.20)$$ 偶极取向极化率

很明显,同电子和离子极化相比,偶极取向极化强烈地依赖于温度。α_d 随温度而减小,这意味着相对介电常数也随温度而减小。偶极液体(如水、酒精、丙酮及许多电解液)以及偶极气体(如气态 HCl 和水蒸汽)呈现偶极取向极化。如果在固体结构内存在永久偶极,取向极化也可以发生在固体中,在一些玻璃中,偶极转向要通过离子在格点之间不连续地跃迁实现。

7.3.3　界面极化

在异种材料或者同种材料两个不同区域之间的界面上有电荷积累时发生界面极化,最简单的情况如图 7.11(a)和 7.11(b)所示,在电介质与电极的界面上因电荷积累而存在界面极化。实际材料不可避免地总是包含晶体缺陷、杂质以及各种可移动的电荷载流子如电子(施主掺杂)、空穴、离子空位或者杂质离子。在图 7.11(a)的例子中,材料中有等量的正负离子,但假定正离子易于移动。如同在陶瓷和玻璃中那样,H^+ 和 Li^+ 因为体积小而容易移动,在电场作用下,这些正离子向负电极迁移。然而由于这些正离子不能离开电介质进入金属电极的晶体结构,它们在靠近电极的地方积累形成正的空间电荷层。这些界面上的正电荷吸引了更多

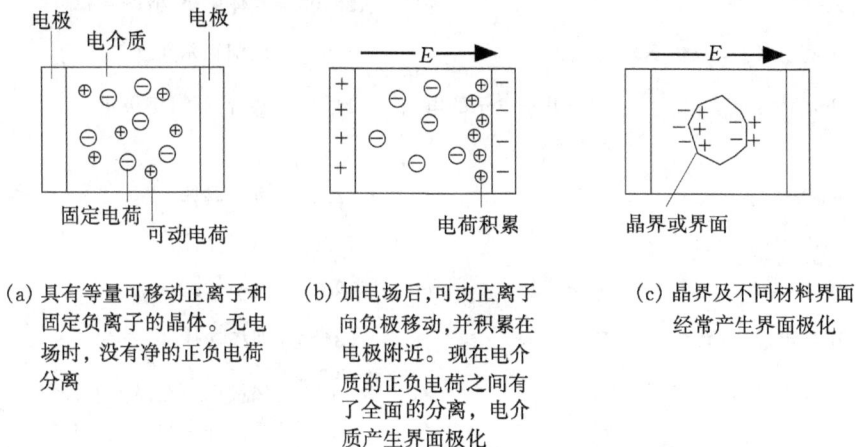

(a) 具有等量可移动正离子和固定负离子的晶体。无电场时,没有净的正负电荷分离

(b) 加电场后,可动正离子向负极移动,并积累在电极附近。现在电介质的正负电荷之间有了全面的分离,电介质产生界面极化

(c) 晶界及不同材料界面经常产生界面极化

图 7.11

的电子到负极。这些电极上电荷的增加导致了介电常数的增加。因为积累在界面上的正电荷同材料中剩余负电荷一起构成电偶极矩,它出现在极化强度矢量 **P** 中(**P** 包含了单位体积材料中所有偶极的贡献),这才有了**界面极化**这个术语。

　　另一种典型的界面极化机理是在晶体表面以及晶体与电极间界面上的缺陷处电子或者空穴的捕获。在此情况下我们可将图 7.11(a) 中的正电荷视为空穴,负电荷视为不可移动的离子化受主。假定电极为阻塞电极,这意味着不允许电子或空穴注入,即不能在电介质和电极间发生交换。在电场的作用下,空穴移向负电极并被界面处的缺陷捕获,如图 7.11(b) 所示。

　　如图 7.11(c) 所示,在电场作用下,晶界由于捕获电荷常常导致界面极化,捕获电荷构成的偶极增加极化矢量。不同电介质材料之间的界面,如连续相中的分散相,也可能产生界面极化,其原理亦可用图 7.11(c) 说明。

7.3.4　总极化

　　当存在电子、离子和偶极极化机理时,每分子的平均诱导偶极将取决于在局域场作用下各种机理贡献之和,

$$p_{av} = \alpha_e E_{loc} + \alpha_i E_{loc} + \alpha_d E_{loc} \qquad \text{总诱导偶极矩}$$

实验证明每种效应的贡献可以线性加和。界面极化不能简单地以 $\alpha_{if} E_{loc}$ 计入上述公式,因为它仅在界面发生,难以平均到每个分子计算。同时界面上的电场也不能很好定义。此外,洛伦兹局域场的定义也不适用于偶极介质。也就是说,克劳休斯-莫索提方程不再适用于偶极电介质并且局域场的计算相当复杂。不过,**电子**和**离子极化**的介电常数可以从下式得到。

$$\frac{\varepsilon_r - 1}{\varepsilon_r + 2} = \frac{1}{3\varepsilon_0}(N_e\alpha_e + N_i\alpha_i) \qquad (7.21) \quad \text{克劳体斯-莫索提方程}$$

　　表 7.2 总结了不同极化机理和相应的静态(或者极低频率)介电常数。也列出了由一种机理主导的典型例子。

表 7.2　极化机制的典型例子

例子	极化	静态 ε_r	备注
Ar 气	电子	1.0005	气体中 N 小;$\varepsilon_r \approx 1$
液态 Ar($T < 87.3$ K)	电子	1.53	范德瓦尔斯键
Si 晶体	由于共价电子的电子极化	11.9	共价固体;键极化
NaCl 晶体	离子	5.90	离子晶体
CsCl 晶体	离子	7.20	离子晶体
水	取向	80	偶极液体
硝基甲烷(27℃)	取向	34	偶极液体
聚氯乙烯	取向	7	偶极取向在固体中被部分限制

例 7.4　离子和电子极化率　CsCl 晶体每晶格单元含有一个 $Cs^+ - Cl^-$ 离子对,晶格常数 a

为 0.412 nm,Cs^+ 和 Cl^- 离子的电子极化率分别为 3.35×10^{-40} F·m^2 和 3.40×10^{-40} F·m^2,每离子对的平均离子极化率为 6×10^{-40} F·m^2,求其低频和光频介电常数是多少?

解:CsCl 晶体每晶格单元含有一个 Cs^+-Cl^- 离子对,已知晶格常数为 $a=0.412\times10^{-9}$ m,则单位体积离子对数目 N_i 为

$$\frac{1}{a^3}=\frac{1}{(0.412\times10^{-9}\,\text{m})^3}=1.43\times10^{28}\,\text{m}^{-3}$$

N_i 也各自地是阳离子和阴离子的单位体积个数。从克劳休斯-莫索提方程,得到

$$\frac{\varepsilon_r-1}{\varepsilon_r+2}=\frac{1}{3\varepsilon_0}[N_i\alpha_e(Cs^+)+N_i\alpha_e(Cl^-)+N_i\alpha_i]$$

即

$$\frac{\varepsilon_r-1}{\varepsilon_r+2}=\frac{(1.43\times10^{28}\,\text{m}^{-3})(3.35\times10^{-40}+3.40\times10^{-40}+6\times10^{-40}\,\text{F·m}^2)}{3\times(8.85\times10^{-12}\,\text{F·m}^{-1})}$$

解 ε_r,可知 $\varepsilon_r=7.56$。

在靠近光波频率时,离子极化因过于迟缓而不及发生,所以光频介电常数 $\varepsilon_{r,op}$ 为

$$\frac{\varepsilon_{r,op}-1}{\varepsilon_{r,op}+2}=\frac{1}{3\varepsilon_0}[N_i\alpha_e(Cs^+)+N_i\alpha_e(Cl^-)]$$

即

$$\frac{\varepsilon_{r,op}-1}{\varepsilon_{r,op}+2}=\frac{(1.43\times10^{28}\,\text{m}^{-3})(3.35\times10^{-40}+3.40\times10^{-40}\,\text{F·m}^2)}{3\times(8.85\times10^{-12}\,\text{F·m}^{-1})}$$

解 $\varepsilon_{r,op}$,可得 $\varepsilon_{r,op}=2.71$。注意到实验测量值为低频 $\varepsilon_r=7.20$ 和高频 $\varepsilon_{r,op}=2.62$,同计算值非常接近。

7.4　频率依赖性:介电常数和介电损耗

7.4.1　介电损耗

静态介电常数代表直流条件下的极化效应。当跨平行板电容器电压是一个正弦交变信号时,介质在交变条件下的极化导致的交流介电常数将与静态的不同。以偶极分子取向极化为例,正弦电场的幅度和方向不断变化,力图使偶极先沿一个方向排列,然后再沿另一个方向排列。如果每分子的瞬时诱导偶极矩 p 能瞬态地随电场变化,则在任意时刻

$$p=\alpha_d E \tag{7.22}$$

极化率 α_d 达到直流条件下预期的最大值,即

$$\alpha_d=\frac{p_0^2}{3kT} \tag{7.23}$$

有两个因素妨碍偶极在电场作用下立即有序排列。其一是热激发作用,它使偶极随机取向。如在气相中的碰撞,液相和固相中晶格振动的随机摇晃,均助长偶极的随机取向;其二,在粘性介质中,分子借助于分子间的偶极相互作用而旋转——这在液态和固态下尤其强烈,意味着偶极不能立即响应外电场的改变。如果电场改变得太快,偶极跟不上电场变化,结果仍为随机取向。因此在高频下,α_d 将为零,电场无法诱导产生偶极矩。当然,在低频下,偶极能响应外场,α_d 达到其最大值。显然 α_d 从公式(7.23)中的最大值随电场频率增加下降到零。我们需

要找到 α_d 与频率 ω 的函数关系,以便能从克劳休斯-莫索提方程确定 ε_r。

假定在直流条件下长时间施加电场后,加在偶极气体介质上的电场在我们定义的时间零点突然从 E_0 降到 E,如图 7.12 所示。电场 E 小于 E_0,所以直流诱导的分子偶极矩变小为 $\alpha_d(0)E$,其中 $\alpha_d(0)$ 是 α_d 在 $\omega=0$ 即直流状态时的离子极化率。因此诱导分子偶极矩减小,或者从 $\alpha_d(0)E_0$ 到 $\alpha_d(0)E$ 弛豫。在气体介质中,分子随机运动着,它们彼此之间或者和器壁的碰撞使分子诱导偶极随机化。所以诱导偶极矩的减小或者**弛豫过程**以随机碰撞的方式实现。设 τ 是分子两次碰撞间的平均时间,称为**弛豫时间**,那么这就是分子诱导偶极随机化的平均时间。如果 p 是瞬态诱导偶极矩,那么 $p-\alpha_d(0)E$ 是过剩偶极矩,它将在随机碰撞过程中随 $t\to\infty$ 而消失为零。过剩偶极矩应在平均时间 τ 秒消失。诱导偶极的变化速率是 $-[p-\alpha_d(0)E]/\tau$,负号代表减小。所以,

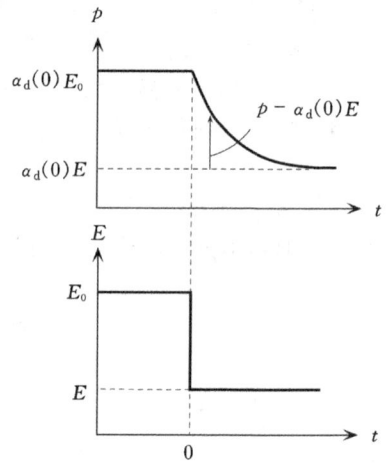

图 7.12　施加直流电场在时刻 $t=0$ 突然从 E_0 变为 E,诱导偶极 p 不得不从 $\alpha_d(0)E_0$ 最终下降到 $\alpha_d(0)E$。下降过程通过全体气体分子的随机碰撞来实现

$$\frac{dp}{dt}=\frac{p-\alpha_d(0)E}{\tau}\qquad\text{(7.24) 偶极弛豫方程}$$

虽然我们没有严格推导公式(7.24),它仍然是关于偶极介质中分子诱导偶极矩行为的好的一阶描述,可以用来得到交流电场条件下的偶极极化率。对交流电场我们应写为

$$E=E_0\sin(\omega t)$$

并解方程(7.24),但在工程中,我们更愿意采用电场的指数形式

$$E=E_0\exp(j\omega t)\qquad\qquad\text{应用场}$$

在此情况下电容器 C 和电感 L 的阻抗成为 $1/(j\omega C)$ 和 $j\omega L$,其中的 j 代表 90°相移。从方程(7.24)中的 $E=E_0\exp(j\omega t)$,得到

$$\frac{dp}{dt}=-\frac{p}{\tau}+\frac{\alpha_d(0)}{\tau}E_0\exp(j\omega t)\qquad\text{(7.25) 偶极弛豫方程}$$

解之得诱导偶极矩是

$$p=\alpha_d(\omega)E_0\exp(j\omega t)$$

式中 $\alpha_d(\omega)$ 由下式确定,

$$\alpha_d(\omega)=\frac{\alpha_d(0)}{1+j\omega\tau}\qquad\text{(7.26) 取向极化率和频率}$$

它代表交流条件下的取向极化率。极化率 $\alpha_d(\omega)$ 是一个复数量,这表示 p 和 E 位相是不同的[①]。不同地,如果 N 是单位体积的分子数,如图 7.13(a) 所示 $P=Np$ 和 E 位相是不同的。在低频下 $\omega\tau\ll1$,$\alpha_d(\omega)$ 几乎就是 $\alpha_d(0)$,p 与 E 位相相同。弛豫速率 $1/\tau$ 比电场频率或者极化改变速率快得多,p 紧随 E 变化。在非常高的频率下,$\omega\tau\gg1$,弛豫速率 $1/\tau$ 比场频率慢得多,p

---

① 如图 7.13 和公式(7.26),极化 p 相对于 E 滞后相角为 ϕ。

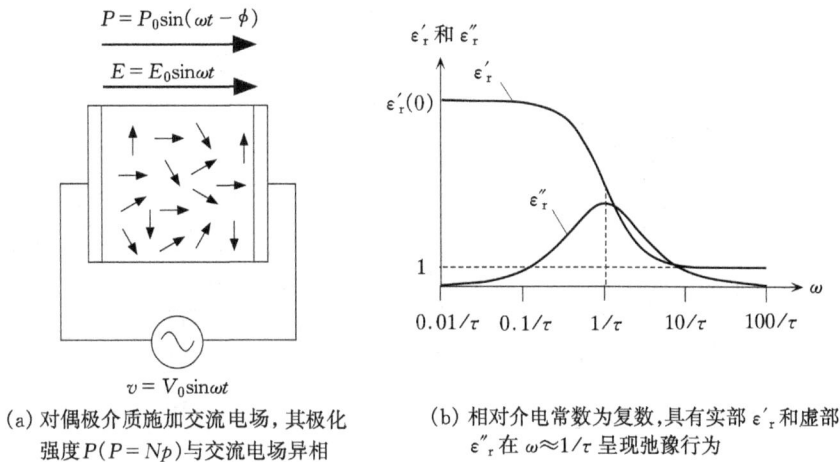

(a) 对偶极介质施加交流电场,其极化
强度 $P(P = Np)$ 与交流电场异相

(b) 相对介电常数为复数,具有实部 ε'_r 和虚部
ε''_r 在 $\omega \approx 1/\tau$ 呈现弛豫行为

图 7.13

不再能跟上电场的变化了。

利用公式(7.14),易于从 $\alpha_d(\omega)$ 得到介电常数 ε_r,因为 $\alpha_d(\omega)$ 本身是复数,使 ε_r 亦为复数。按照惯例,通常将**复介电常数**写为

$$\varepsilon_r = \varepsilon'_r - j\varepsilon''_r \qquad (7.27) \text{ 复介电常数}$$

式中 ε'_r 是实部,ε''_r 是虚部,他们都是频率依赖的,如图 7.13(b)。实部 ε'_r 从其最大值 $\varepsilon'_r(0)$ 减小到高频条件下的 1,如公式(7.26),在 $\omega \to \infty$ 时,$\alpha_d = 0$。虚部 ε''_r 在低频和高频为零,但在 $\omega\tau = 1$ 或者 $\omega = 1/\tau$ 时呈现峰值。实部 ε'_r 代表相对介电常数,可用来计算电容,例如 $C = \varepsilon_r \varepsilon_0 A/d$。虚部 $\varepsilon''_r(\omega)$ 代表电介质中偶极在电场作用下克服随机碰撞的干扰,沿着不同方向来回取向时发生的能量消耗。考虑图 7.14 中具有这种电介质的平板电容器,导纳 Y,即阻抗的倒数,当 ε_r 在公式(7.27)中给定时,为

$$Y = \frac{j\omega A \varepsilon_0 \varepsilon_r(\omega)}{d} = \frac{j\omega A \varepsilon_0 \varepsilon'_r(\omega)}{d} + \frac{\omega A \varepsilon_0 \varepsilon''_r(\omega)}{d}$$

可改写为

$$Y = j\omega C + G_P \qquad (7.28) \text{ 平板电容器的导纳}$$

其中

$$C = \frac{A \varepsilon_0 \varepsilon'_r}{d} \qquad (7.29) \text{ 等效理想电容}$$

$$G_P = \frac{\omega A \varepsilon_0 \varepsilon''_r}{d} \qquad (7.30) \text{ 等效平行电导}$$

G_P 是实数,如同我们有导电体具有电导 G_P 或者电阻 $1/G_P$。根据公式(7.28),介质的导纳是理想无损电容 C 和电阻 $R_P = 1/G_P$ 的并联,如图 7.14。所以电介质的行为如 C_0 和 R_P 并联一样。电容 C 中没有能量消耗,但是 R_P 中有能量消耗,因为

$$输入功率 = IV = YV^2 = j\omega C V^2 + \frac{V^2}{R_P}$$

第二项是实数。所以电介质中的功率消耗与 ε''_r 有关且当 $\omega = 1/\tau$ 时呈现峰值。

场存储能量的速率由 ω 决定,而转换为分子碰撞能量的速率由 $1/\tau$ 决定。当 $\omega = 1/\tau$,两

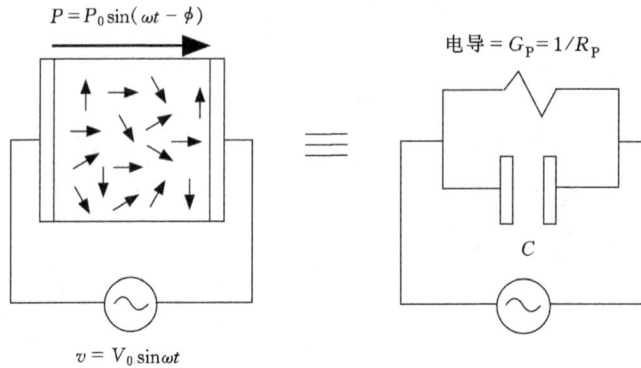

图 7.14 电介质表现为理想的(无损的)容量为 C 的电容,与电导 G_P 并联

个过程具有同样的速率,能量最有效地转换为热。$\varepsilon_r''(\omega)$ 的峰称为**弛豫峰**,它处在某个频率,偶极弛豫以恰好的速率产生最大的功率消耗。这个过程就是通常所说的**介电谐振**[①]。

根据公式(7.28),G_P 的幅度进而能量损耗由 ε_r'' 决定。在电容器中电介质的工程应用中,希望在给定 ε_r' 的条件下 ε_r'' 最小。我们定义**损耗角正切**(或者**损耗因子**)为 ε_r'' 与 ε_r' 的相对幅度比 $\tan\delta$,如

$$\tan\delta = \frac{\varepsilon_r''}{\varepsilon_r'} \qquad (7.31)\ \text{损耗角正切}$$

它是频率依赖的且峰值在略高于 $\omega=1/\tau$ 的频率。$1/\tau$ 的实际值取决于材料,但对于液态和固态介质,其典型值是在 GHz 范围,即微波频段。可以容易地确定介质单位时间的能量损耗(功率)。电阻 R_P 表现了电介质损耗,所以

$$W_{\text{vol}} = \frac{\text{能量损耗}}{\text{体积}} = \frac{V^2}{R_P} \times \frac{1}{dA} = \frac{V^2}{\dfrac{d}{\omega A \varepsilon_0 \varepsilon_r''}} \times \frac{1}{dA} = \frac{V^2}{d^2}\omega\varepsilon_0\varepsilon_r''$$

利用公式(7.31)和 $E=V/d$,得到

$$W_{\text{vol}} = \omega E^2 \varepsilon_0 \varepsilon_r' \tan\delta \qquad (7.32)\ \text{每单位体积的介电损耗}$$

公式(7.32)代表了在极化机制中单位体积的功率散失——由于随机的分子碰撞发热而单位时间内消耗的能量。显然,介电损耗受三个因素的影响:ω,E 和 $\tan\delta$。

虽然我们只考虑了取向极化,实际上电介质也会具有其它极化机制,其中肯定包括电子极化,因为原子总有电子云或者共价键电子。如果考虑离子晶体中的离子极化率,也应发现 α_I 是频率依赖的复数量。在这种情况下,晶体晶格振动(频率 ω_I 处于电磁波谱的红外段)将消耗存储在诱导偶极矩中的能量,如同气体偶极介质中分子碰撞消耗能量一样。当极化场频率与晶格振动频率相同($\omega=\omega_I$)时——后者企图打乱极化,能量损耗最大。

在图 7.15 中表示了介电常数实部和虚部的一般频率特性。虽然图中显示了明显的 ε_r'' 峰和 ε_r' 的过渡区,但实际中这些峰和过渡区更加宽化。因为首先,不存在单个的明确的晶格振动频率,取而代之的是特定的频率带,就像固体中的电子能带一样。况且,极化效应与晶体取向有关。对多晶材料而言,不同方向不同的介电峰重叠成为宽化的介电峰。低频下界面的或

---

① 由于弛豫损耗与介电谐振在物理机制上不同,此处提法欠妥——译者注。

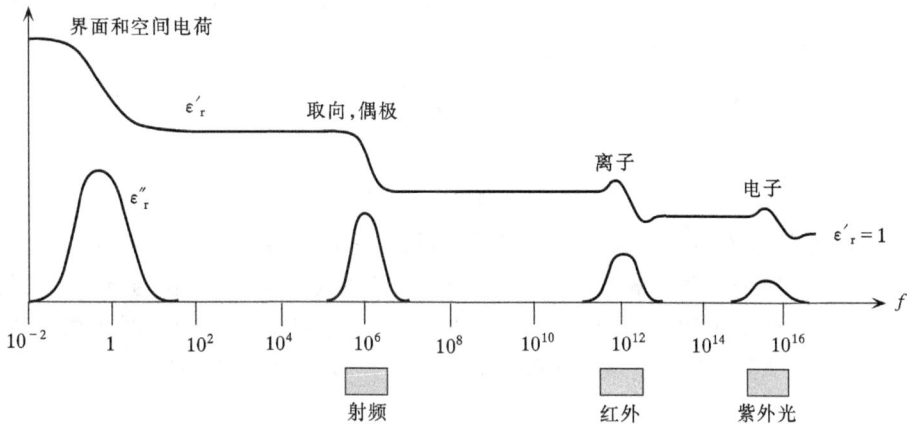

图 7.15　介电常数实部、虚部的频率依赖性,涉及界面、取向、离子和电子极化机制

者空间电荷极化的特点是峰和过渡区变得更宽,因为可能有多种导电机制(不同的载流子和不同的迁移率)使电荷在界面积累,每种有其自己的速率。取向极化,尤其是在室温下许多液体电介质中,典型频率为射频到微波段。在某些聚合物材料中,这种极化涉及到连接在长链上的极性侧位基团的受限旋转,它与温度相关并在非常低的频率下发生。图 7.16 表示了两种典型的电介质行为的例子,聚合物(PET)和离子晶体(KCl),它们的 ε'_r 和 ε''_r 是频率的函数。两个样品的 ε''_r 对频率曲线都有损耗峰,但其起因不同。PET(一种聚酯)因具有极性侧位基团而表现出取向极化,而 KCl 因 K^+ 离子和 Li^- 离子的位移表现出离子极化。取向极化情况下的损耗峰的频率强烈地依赖于温度。对图 7.16 的 PET 样品而言,在 115℃,峰值大约出现在 400 Hz,在射频频率以下。

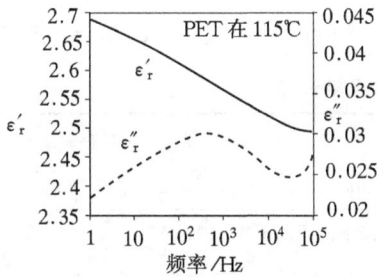

(a) 聚合物 DET,处于 115℃

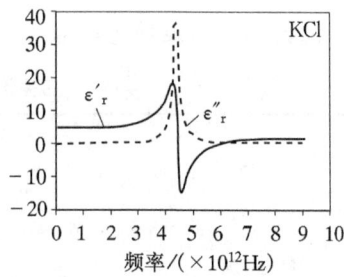

(b) 离子晶体 KCl 于室温下。(a)(b)都有弛豫峰,但成因不同
[译者:(b)中不是弛豫峰,而是谐振峰]

图 7.16　介电常数实部虚部与频率的关系

来源:(a)数据来自作者自己的实验,使用了介电分析仪(DEA);(b) 引自:D H Martin. The Study of Vibration of Crystal Lattices by Far Infra-Red Spectroscopy. Advances in Physics,1965,14(53~56):39~100. In: C Smart, G R Wikinson, A M Karo, and J R Hardy. International Conference on Lattice Dynamics. 1963

例 7.5　单位电容介电损耗和损耗角　从损耗角推导单位电容介电损耗;推导流过电容和 R_P 电流的相位差;δ 的意义是什么?

解:考虑图 7.14 的等效电路,电容的功率损耗来源于 R_P,如果 V 是电容电压的均方根值,则单位电容的能量损耗 W_{cap} 是

$$W_{cap} = \frac{V^2}{R_P} \times \frac{1}{C} = V^2 \frac{\omega \varepsilon_0 \varepsilon''_r A}{d} \times \frac{d}{\varepsilon_0 \varepsilon'_r A} = V^2 \frac{\omega \varepsilon''_r}{\varepsilon'_r}$$

或者

$$W_{cap} = V^2 \omega \tan\delta$$

因为 $\tan\delta$ 是频率依赖并在某频率呈现峰值,故每单位电容的功率损耗 W_{cap} 也是这样的。保持 W_{cap} 尽可能小是一个明确的设计目标。而且,对于给定的电压,该量与电介质几何形状无关。因此对于给定的电压和电容,我们不能简单地通过改变电介质尺寸来减小功率消耗。

分别考虑流过 R_P 和 C 的电流均方根值,I_{loss} 和 I_{cap},以及它们的比值[①]

$$\frac{I_{loss}}{I_{cap}} = \frac{V}{R_P} \times \frac{\frac{1}{j\omega C}}{V} = \frac{\omega \varepsilon_0 \varepsilon''_r A}{d} \times \frac{d}{j\omega \varepsilon_0 \varepsilon'_r A} = -j\tan\delta$$

如同预想的那样,这两者有 $90°$ 的相差($-j$),而且损耗电流(流过 R_P)是容性电流(流过 C)的 $\tan\delta$ 倍。I_{cap} 同总电流 $I_{total} = I_{cap} + I_{loss}$ 之比是

$$\frac{I_{cap}}{I_{total}} = \frac{I_{cap}}{I_{cap} + I_{loss}} = \frac{1}{1 + \frac{I_{loss}}{I_{cap}}} = \frac{1}{1 - j\tan\delta}$$

I_{cap} 和 I_{total} 间的相角由分母项($1 - j\tan\delta$)相位的相反数决定,所以 I_{cap} 领先 I_{total} 的相角为 δ。δ 也称为损耗角。当损耗角为零时,I_{cap} 等于 I_{total},电介质无损耗。

例 7.6 单位电容介电损耗 考虑表 7.3 中的三种电介质材料的介电常数 ε'_r 和损耗因子 $\tan\delta$。在给定电压时,哪种电介质在 60 Hz 具有最低的单位电容功率消耗?1 MHz 时结果相同吗?

解:在给定电压下,单位电容的功率损耗仅由 $\omega\tan\delta$ 决定,所以不需要考虑 ε'_r。计算 $\omega\tan\delta$ 或者 $2\pi f\tan\delta$,得到的结果列在表中,60 Hz 时,聚碳酸酯最低,在 1 MHz 硅橡胶最低。

表 7.3 三种绝缘体的介电性能

材料	$f=60$ Hz			$f=1$ MHz		
	ε'_r	$\tan\delta$	$\omega\tan\delta$	ε'_r	$\tan\delta$	$\omega\tan\delta$
聚碳酸酯	3.17	9×10^{-4}	0.34	2.96	1×10^{-2}	6.2×10^4
硅橡胶	3.7	2.25×10^{-2}	8.48	3.4	4×10^{-3}	2.5×10^4
矿物填料环氧树脂	5	4.7×10^{-2}	17.7	3.4	3×10^{-2}	18×10^4

例 7.7 介电损耗和频率 计算交联聚乙烯,即 XLPE(电缆线的典型绝缘材料)和氧化铝(薄膜、厚膜电子学的典型基底)由于介电损耗每立方厘米每秒钟产生的热量,频率为 60 Hz 和 1 MHz,电场为 100 kV/cm。其性能列在表 7.4,你的结论是什么?

---

① 电流是相量,具有 rms 幅值和相角。

表 7.4　两种绝缘体单位体积介电损耗（κ 是热导率）

材料	$f=60\ \text{Hz}$			$f=1\ \text{MHz}$			κ
	ε'_r	$\tan\delta$	损耗 $(\text{mW}\cdot\text{cm}^{-3})$	ε'_r	$\tan\delta$	损耗 $(\text{mW}\cdot\text{cm}^{-3})$	$(\text{W}\cdot\text{cm}^{-1}\cdot\text{K}^{-1})$
XLPE	2.3	3×10^{-4}	0.230	2.3	4×10^{-4}	5.12	0.005
氧化铝	8.5	1×10^{-3}	2.84	8.5	1×10^{-3}	47.3	0.33

解：单位体积功率损耗为

$$W_{\text{vol}} = (2\pi f)E^2\varepsilon_0\varepsilon'_r\tan\delta$$

可以分别代入电介质性能和给定频率计算 W_{vol}。例如，对 XLPE 在 60 Hz，

$$W_{\text{vol}} = (2\pi 60\ \text{Hz})(100\times10^3\times10^2\,\text{V}\cdot\text{m}^{-1})^2(8.85\times10^{-12}\text{F}\cdot\text{m}^{-1})(2.3)(3\times10^{-4})$$
$$= 230\ \text{W}\cdot\text{m}^{-3}$$

转换到每立方厘米

$$W'_{\text{vol}} = \frac{W_{\text{vol}}}{10^6} = 0.230\ \text{mW}\cdot\text{cm}^{-3}$$

它被列在表 7.4 中。

以类似的计算，可以得到像表 7.4 所示的每立方厘米每秒钟产生的热量。在 60 Hz 时发热很小。绝缘体及相连接的电极的热传导性可以消除热量而不会引起绝缘体温度的升高。在 1 MHz 时，发热就不是轻微的。从 1 cm³ 体积的 XLPE 须消除热量 5.12 W；从 1 cm³ 氧化铝必须移走 47.3 W。XLPE 的热导率 κ 约为 0.005 W·cm⁻¹·K⁻¹，而氧化铝的热导率要高近 100 倍，为 0.33 cm⁻¹·K⁻¹。聚乙烯很小的热导率意味着不能将 5.12 W 热量有效地消除，它将使绝缘体温度升高直至发生电介质击穿。对氧化铝而言，47.3 W 的热量将使温度明显提高。介电损耗是微波炉加热食物的物理机制。高频下的介电加热在工业界也用来加热塑料和烘干木头。

7.4.2　德拜方程，科尔-科尔图和串联等效电路

考虑同时具有取向极化和电子极化的偶极电介质，α_d 和 α_e 分别对总极化率做出贡献。电子极化率在整个偶极电介质工作频率范围（远低于光频）是频率无关的。在高频下，取向极化将太缓慢以至不能响应，$\alpha_d=0$，并且 ε_r 成为 $\varepsilon_{r,\infty}$。（下标"∞"表示处在取向极化可以忽略的高频下。）介电常数和极化率的关系通常为[①]，

$$\varepsilon_r = 1 + \frac{N}{\varepsilon_0}\alpha_e + \frac{N}{\varepsilon_0}\alpha_d(\omega) = \varepsilon_{r,\infty} + \frac{N}{\varepsilon_0}\alpha_d(\omega)$$

偶极材料的
介电常数

式中加入 1 和 α_e 项表示高频 ε_r 如 $\varepsilon_{r,\infty}$。进而 $\dfrac{N\alpha_d(0)}{\varepsilon_0}$ 确定取向极化对静态介电常数 $\varepsilon_{r,dc}$ 的贡献，所以 $\dfrac{N\alpha_d(0)}{\varepsilon_0}$ 简单地是 $(\varepsilon_{r,dc}-\varepsilon_{r,\infty})$。根据公式（7.26）代入 $\alpha_d(\omega)$ 的频率依赖关系，并且将 ε_r 写成实部和虚部形式：

---

① 因为偶极介质中洛伦兹场不适用，其局域场问题非常复杂，因此采用此简单公式。

$$\epsilon'_r - j\epsilon''_r = \epsilon_{r,\infty} + \frac{N}{\epsilon_0}\frac{\alpha_d(0)}{1+j\omega\tau} = \epsilon_{r,\infty} + \frac{(\epsilon_{r,dc} - \epsilon_{r,\infty})}{1+j\omega\tau}$$

(7.33) 偶极介电常数

通过对方程右侧分子分母同乘以 $1-j\omega\tau$，可以消去复数分母，列出实部和虚部得到通常所称的**德拜方程**

$$\epsilon'_r = \epsilon_{r,\infty} + \frac{\epsilon_{r,dc} - \epsilon_{r,\infty}}{1+(\omega\tau)^2} \qquad (7.34a)\ \text{德拜方程的实部}$$

和

$$\epsilon''_r = \frac{(\epsilon_{r,dc} - \epsilon_{r,\infty})(\omega\tau)}{1+(\omega\tau)^2} \qquad (7.34b)\ \text{德拜方程的虚部}$$

公式(7.34a 和 b)表示 ϵ'_r 和 ϵ''_r 为频率的函数，如图 7.13(b)所示。虚部 ϵ''_r 代表介电损耗，它在 $\omega=1/\tau$ 呈现峰值，称为**德拜损耗峰**。许多偶极玻璃和一些具有偶极分子的液体具有这种行为。在固体中，这个峰要宽得多，因为很难用单个明确的弛豫时间 τ 来描述损耗；通常是用弛豫时间的分布来描述。进一步地，公式(7.25)所描述的简单弛豫过程假定了偶极间不相互影响，既不会通过它们的电场，也不通过与晶格发生作用，即它们是非耦合的。在固体中，偶极也可能是耦合的，这使弛豫过程复杂化。尽管如此，仍有许多固体其介电弛豫可以用近德拜弛豫或者改进的公式(7.33)来近似。

在材料的介电研究中，常将介电虚部 ϵ''_r 对实部 ϵ'_r 作为频率 ω 的函数来画图，这种图形以发明人的名字命名为**科尔-科尔图**。对于仅有单一弛豫时间 τ 的简单偶极弛豫机理，德拜方程(7.34a 和 b)显然提供了对于 ϵ''_r 和 ϵ'_r 作图所必需的值。实际上，简单地置 $\tau=1\ \text{s}$，可以计算和画出从 $\omega=0(dc)$ 到 $\omega\to\infty$，ϵ''_r 对 ϵ'_r 的关系图，如图 7.17。其结果是一个半圆。对某些物质，例如气体和某些液体，科尔-科尔图确实是半圆，对许多其它电介质，曲线不再是半圆，而是变平或者变得不对称[①]。

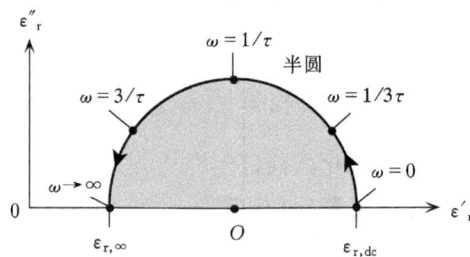

图 7.17　科尔-科尔图是作为频率 ω 的函数的 ϵ''_r 对 ϵ'_r 的关系图，频率从低频
　　　　　到高频，曲线构成一个半圆

德拜方程引入一个非常实用的描述电介质材料的特殊的 RC 电路。假定有一个电阻 R_s 和电容 C_s 串联，再和一个电容 C_∞ 并联，如图 7.18。写下该电路的等效导纳，会发现它同公式(7.33)，即德拜方程相当(电路表达式很简单，此处不列出)。读者可能疑惑为什么此处的电路

---

① 单一弛豫时间的弛豫过程不能精确地描述介质行为，这导致科尔-科尔图偏离半圆。(关于非德拜弛豫的综述见 Andrew Jonscher 的 J,PhysD,32,R57,1999)。

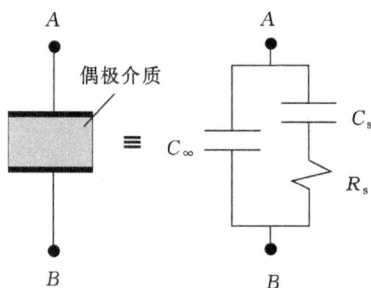

图 7.18　具有偶极电介质的电容，其等效电路呈理想的德拜弛豫

与图 7.14 的不同。根据电路理论，任何串联的 R_s 和 C_s 电路可以等效转化为一个并联 R_P 和 C_P 电路（或者图 7.14 中 G_P 和 C）；元件间的关系与频率有关。许多电解电容经常表示为等效串联 R_s 和 C_s 电路，如图7-18。如果 A 是具有偶极电介质的平行板电容器的面积，d 是厚度，那么

$$C_\infty = \frac{\varepsilon_0 \varepsilon_{r,\infty} A}{d} \quad C_s = \frac{\varepsilon_0 (\varepsilon_{r,dc} - \varepsilon_{r,\infty}) A}{d} \quad 和 \quad R_s = \frac{\tau}{C_s}$$

(7.35)　德拜介质的等效电路

注意在这个电路模型中，R_s，C_s 和 C_∞ 与频率无关，这只对理想德拜电介质成立，它具有单一弛豫时间 τ。

例 7.8　近德拜弛豫　有一些固体电介质具有近德拜弛豫。一个例子是 $La_{0.7}Sr_{0.3}MnO_3$ 陶瓷，它的弛豫峰和科尔-科尔图与图 7.13(b) 和图 7.17 相似[①]，特别在高于谐振频率的高频区。$La_{0.7}Sr_{0.3}MnO_3$ 的低频($\varepsilon_{r,dc}$)和高频($\varepsilon_{r,\infty}$)介电常数分别是 3.6 和 2.58，这里低频与高频分别指远低于和远高于德拜弛豫峰，即 $\varepsilon_{r,dc}$ 和 $\varepsilon_{r,\infty}$ 特征频率的频率。德拜损耗峰位于 6 kHz。计算 29 kHz 的 ε_r' 和介电损耗因子 $\tan\delta$。

解：损耗峰在 $\omega_0 = 1/\tau$ 出现，所以

$$\tau = \frac{1}{\omega_0} = \frac{1}{2\pi 6000} = 26.5 \ \mu s$$

现在我们可以计算在 29 kHz 下 ε_r 的实部和虚部

$$\varepsilon_r' = \varepsilon_{r,\infty} + \frac{\varepsilon_{r,dc} - \varepsilon_{r,\infty}}{1 + (\omega\tau)^2} = 2.58 + \frac{3.6 - 2.58}{1 + [(2\pi)(29 \times 10^3)(26.5 \times 10^{-6})]^2} = 2.62$$

$$\varepsilon_r'' = \frac{(\varepsilon_{r,dc} - \varepsilon_{r,\infty})(\omega\tau)}{1 + (\omega\tau)^2} = \frac{(3.6 - 2.58)[(2\pi)(29 \times 10^3)(26.5 \times 10^{-6})]}{1 + [(2\pi)(29 \times 10^3)(26.5 \times 10^{-6})]^2} = 0.202$$

及

$$\tan\delta = \frac{\varepsilon_r''}{\varepsilon_r'} = \frac{0.202}{2.62} = 0.077$$

这与实验值 0.084 接近。

这个例子是近德拜弛豫的一个特殊情况。多年来改进的德拜方程被用于描述在聚合物电介质中观察到的宽化弛豫峰，它是将复数 ε_r 写为

---

① Z. C. Xia, et. al. , *J. Phys. Cond. Matter.* , 13, 4359, 2001, 该种陶瓷中偶极起源非常复杂，与电子在 Mn^{3+} 和 Mn^{4+} 之间的跃迁有关，此处不涉及其具体物理过程。

$$\varepsilon_r = \varepsilon_{r,\infty} + \frac{\varepsilon_{r,dc} - \varepsilon_{r,\infty}}{[1 + (j\omega\tau)^\alpha]^\beta} \qquad (7.36) \text{ 非德拜弛豫}$$

式中 α 和 β 是常数,一般小于 1(设 $\alpha = \beta = 1$ 就成为德拜方程)。就像在这个简单的近德拜例子中,这些公式在工程上适用于从已知的几个频率点的值预测任意频率的 ε_r。而且,如果 τ 的温度依赖性已知(通常 τ 是热激活的),则可以预测在任意 ω 和 T 下的 ε_r。

7.5　高斯定律和边界条件

高斯定律是电介质中的一个基本理论,表述封闭表面电场积分与其所包含电荷的关系。它可从库仑定律推出,或者说库仑定律可从高斯定律推出。设 E_n 是垂直作用在封闭平面上一小块表面积 dA 上的电场,如图 7.19,将 $E_n dA$ 乘积对整个表面求和,可得到封闭平面所包含的净电荷 Q_{total}

$$\oint_{surface} E_n dA = \frac{Q_{total}}{\varepsilon_0} \qquad (7.37) \text{ 高斯定律}$$

积分号上的圆形符号代表对图 7.19 中的整个闭合曲面积分。总电荷 Q_{total} 包括自由电荷和束缚的极化电荷。高斯定律是静电学中计算电场最有用的公式之一,甚至超过读者可能更熟悉的库仑定律。积分表面可以是任何形状,只要它包含了电荷。我们通常选取使公式(7.37)更易于计算的简单形状,称其为高斯面。从图 7.19 中应当注意到电场 E_n 指向表面以外。

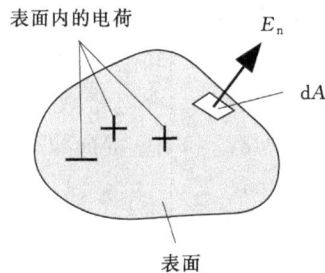

图 7.19　高斯定律

电场在表面法向分量的表面积分等于包围的总电荷量。如果电场
指向外侧为正,指向内侧为负

作为一个例子,我们可以计算图 7.20(a)中无电介质平行板电容器中的电场。设高斯面为仅包围正极的薄矩形面,它包含平板上的自由电荷 $+Q_0$。电场 E_0 与高斯面的内部面积 A 垂直。进一步,可假定 E_0 在极板上处处均匀,这意味着式(7.37)中 $E_n dA$ 的面积分可简单地等于 $E_0 A$。矩形高斯面的其它面没有电场,那么根据公式(7.37),有

$$E_0 A = \frac{Q_0}{\varepsilon_0}$$

得到

$$E_0 = \frac{\sigma_0}{\varepsilon_0} \qquad (7.38)$$

式中

$$\sigma_0 = \frac{Q_0}{A}$$

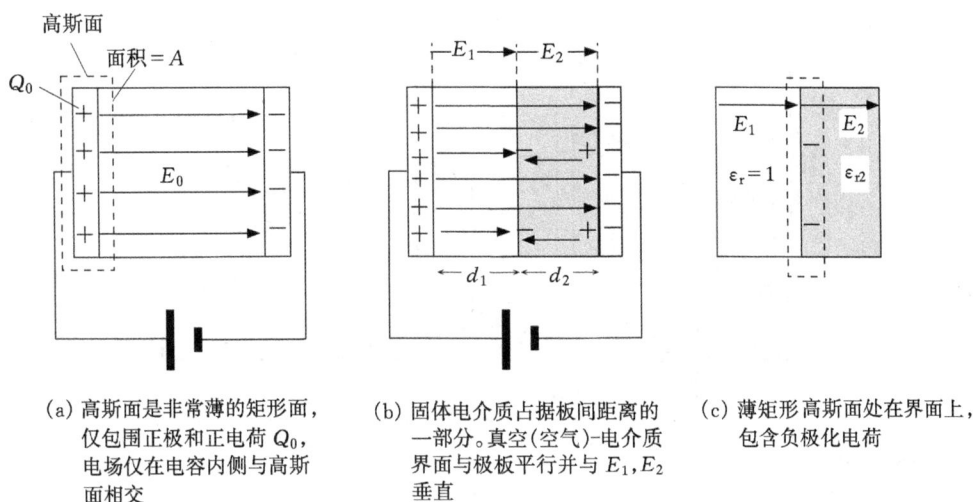

(a) 高斯面是非常薄的矩形面，仅包围正极和正电荷 Q_0，电场仅在电容内侧与高斯面相交
(b) 固体电介质占据板间距离的一部分。真空(空气)-电介质界面与极板平行并与 E_1,E_2 垂直
(c) 薄矩形高斯面处在界面上，包含负极化电荷

图 7.20

是自由表面电荷密度。这同从 $E_0 = V/d$ 和 $Q_0 = CV$ 计算的结果相同。

　　高斯定律的一个重要应用是确定电介质材料之间边界的情况。最简单的例子是插入电介质平板，仅部分填充平行板间的距离，如图 7.20(b) 所示。施加电压不变，但电场在板间不再处处一致。出现空气-电介质边界，在空气和电介质中电场是不同的。假定空气区电场为 E_1，电介质区电场为 E_2，根据电介质形状的选择（表面平行于极板），它们都与边界垂直。如图 7.20(b)，由于极化的结果，电介质板表面的边界表面电荷为 $+A\sigma_P$ 和 $-A\sigma_P$，其中 $\sigma_P = P$ 为电介质中的极化强度。如图 7.20(c)，取非常窄的矩形高斯面包围空气-介质界面从而包含表面极化电荷 $-A\sigma_P$。进入左侧空气表面的电场为 E_1（取为负值），穿出右侧电介质表面的电场为 E_2。表面积分 $E_n dA$ 和高斯定律为

$$E_2 A - E_1 A = \frac{-(A\sigma_P)}{\varepsilon_0}$$

或

$$E_1 = E_2 + \frac{P}{\varepsilon_0}$$

电介质中极化 P 和电场 E_2 关系为

$$P = \varepsilon_0 \chi_{e2} E_2$$

或者

$$P = \varepsilon_0 (\varepsilon_{r2} - 1) E_2$$

式中 χ_{e2} 是电极化率，ε_{r2} 是插入的电介质的相对介电常数。代入 P，可以得到 E_1 和 E_2 的关系

$$E_1 = E_2 + (\varepsilon_{r2} - 1) E_2$$

或者

$$E_1 = \varepsilon_{r2} E_2$$

　　空气部分的电场为 E_1，且相对介电常数为 1。图 7.20(b) 中例子涉及空气(真空)同电介质固体的表面，该表面与平板平行，因而与电场 E_1 和 E_2 垂直。如图 7.21(a)，更一般的表达

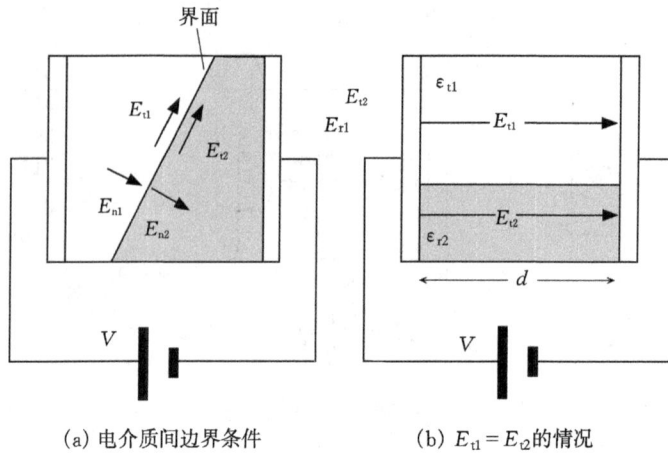

(a) 电介质间边界条件　　　　　(b) $E_{t1} = E_{t2}$ 的情况

图 7.21

式描述界面两侧电场法向分量 E_{n1} 和 E_{n2} 的关系：

$$\varepsilon_{r1} E_{n1} = \varepsilon_{r2} E_{n2} \qquad (7.39) \text{ 一般边界条件}$$

还有一个辅助性的边界条件，即图 7.21(a) 中的界面两侧电场切向分量必须相等

$$E_{t1} = E_{t2} \qquad (7.40) \text{ 一般边界条件}$$

通过检验有两种电介质纵向地填充板间空间且其边界平行于电场的平行板电容内的电场（见图 7.21(b)），可以容易地估计这个边界条件。电场 E_{t1} 和 E_{t2} 都平行于边界。跨每个纵向电介质板的电压相同，且因为 $E = \mathrm{d}V/\mathrm{d}x$，它们的电场也相同，$E_{t1} = E_{t2} = V/d$。

上述边界条件广泛用于涉及边界的介电研究。例如，考虑两极之间的固体电介质中存在小的圆盘形空腔的情况，如图 7.22。电场与圆盘空腔表面垂直。假定电介质长 d 为 1 cm，空腔尺寸为微米量级。介质中的平均场仍接近于 V/d，因为将电场 $E(x)$ 积分可以得到介质上的电压，几个微米的极小距离对电压积分的贡献同 1 cm 的贡献相比可以忽略。但是在空腔内部的电场与介质内平均电场 E_1 不同。如果电介质的 $\varepsilon_{r1} = 5$，空腔内为空气，则在空腔表面上有

$$\varepsilon_{r2} E_2 = \varepsilon_{r1} E_1$$

得

$$E_2 = 5 \left(\frac{V}{d} \right)$$

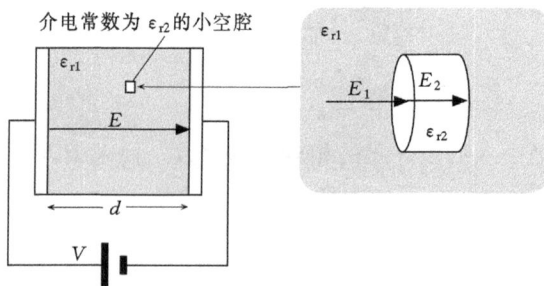

图 7.22　空腔中电场强于固体中电场

在 100 微米厚的空腔中的空气绝缘被击穿的电场 E_2 典型值为 100 kV·cm^{-1}。根据 $E_2 =$ 5(V/d)，施加电压 20 kV 时，将会导致空腔中空气发生击穿产生放电。这称为**部分放电**，因为只有空腔内的部分绝缘体被击穿，在两极间被发现。在交流电压的作用下，空腔放电在周围介质容性电流的维持下可以持续发生。如果没有空腔，该电介质通常可以承受大于 100 kV 的电压。

例 7.9　嵌在异种介质中薄介质的电场　当电介质填充电容极板间的整个空间，电介质内净电场为 $E = V/d$（与填充前相同）。如图 7.23，将厚度为 $t \ll d$ 的电介质片置于极板间介质的中央，介质中电场如何计算？

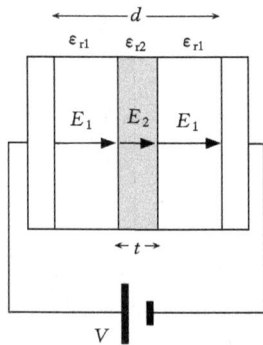

图 7.23　平行板电容器中央放入电介质薄板薄板内电场为 E_2

解：图 7.23 的问题中，介质两表面的电场强度是对称的，为 E_1，边界条件为

$$\varepsilon_{r1} E_1 = \varepsilon_{r2} E_2$$

更进一步，电场从一个平板到另一平板的积分必须为 V，因为 $\mathrm{d}V/\mathrm{d}x = E$。考察图 7.23，可见积分为

$$E_1(d - t) + E_2 t = V$$

从前两个方程中消去 E_1，得到 E_2，经代数运算，结果为

$$E_2 = \frac{\varepsilon_{r1}}{\varepsilon_{r2} - \dfrac{t}{d}(\varepsilon_{r2} - \varepsilon_{r1})} \left(\frac{V}{d} \right) \tag{7.41}$$

如果 $t \ll d$，近似式为

$$E_2 = \frac{\varepsilon_{r1}}{\varepsilon_{r2}} \left(\frac{V}{d} \right) \quad \text{和} \quad E_1 = \left(\frac{V}{d} \right) \quad (t \ll d) \tag{7.42}$$

明显地空气中 E_1 与施加电场 V/d 相同。因为 $\varepsilon_{r1} = 1$（空气）和 $\varepsilon_{r2} > 1$，薄介质片中电场 E_2 要小于施加电场 V/d。另一方面，如果两块介质片中间夹着空气隙，则气隙电场要强于介质内电场。实际上，如果施加加电压足够大，气隙中的电场可以引发该区域的击穿。

例 7.10　介质中的高斯定律和自由电荷　式（7.37）中的高斯定律包含面内所有电荷 Q_{total}。一般地，这些被包围的电荷有极板上的自由电荷 Q_{free}，介质表面的极化束缚电荷 Q_P。在图 7.24 中的矩形高斯面包含左侧电极和介质表面。证明介质中电场 E 可以仅用自由电荷来表示

$$\oint_{\text{Surface}} E_n \mathrm{d}A = \frac{Q_{\text{free}}}{\varepsilon_0 \varepsilon_r} \tag{7.43}$$

介质中的自由电荷和电场

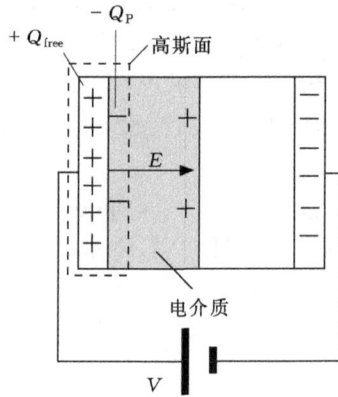

图 7.24　计算介质中电场常取高斯面为非常薄的矩形面包围介质的表面
所包围的总电荷为极板上自由电荷和介质表面的极化电荷

式中 ε_r 是电介质的相对介电常数。

解：我们将高斯定律应用于一个假想的包含左侧电极和介质表面的矩形面，介质中电场 E 垂直穿出高斯面（图 7.24），所以在公式（7.37）的左侧 $E_n = E$。

$$\varepsilon_0 AE = Q_{total} = Q_{free} - Q_P = Q_{free} - AP = Q_{free} - A\varepsilon_0(\varepsilon_r - 1)E$$

采用 $P = \varepsilon_0(\varepsilon_r - 1)E$，得到

$$\varepsilon_0\varepsilon_r AE = Q_{free}$$

因为 AE 实际上是 E_n 的表面积分，上式对应于以自由电荷的方式写出介质中的高斯定律

$$\oint_{Surface} E_n dA = \frac{Q_{free}}{\varepsilon_0\varepsilon_r}$$

以上方程假定极化强度 P 与 E 为线性关系，

$$P = \varepsilon_0(\varepsilon_r - 1)E$$

注意如果仅考虑高斯定律中的自由电荷，则可以简单地用介质介电常数乘以 ε_0。上述证据不是严格的推导。

7.6　击穿场强和绝缘击穿

7.6.1　击穿场强：定义

电介质的特性不仅是增加电容的容量，同等重要的是它的绝缘性或者低电导特性，阻止电荷从电容的一个极板穿过电介质到达另一侧极板。介电材料被广泛用作不同电压下导体间的绝缘介质，防止空气电离而放电。然而电介质材料上的电压其内的电场不能无限制地增加。电压最终达到极限，电极间流过大量的电流而形成短路，导致所谓**电介质击穿**。在气体和许多液体电介质中，击穿通常不会造成材料的永久破坏。这意味着当造成击穿的电压移除后，介质仍能承受电压直到电压足够高而再次击穿。在固体电介质中，击穿总是形成永久的导电通道，造成永久破坏。**击穿场强** E_{br} 是施加于某种绝缘介质又不引起击穿的最大电场。超过 E_{br} 则发生介质击穿。固体的击穿场强取决于一系列因素，除了分子结构以外还有材料中的杂质、微结

构缺陷(微孔)、样品尺寸、电极特性、温度和环境条件(例如湿度),还包括电场的频率和作用时间。击穿场强在直流和交流条件下是不同的。也存在**老化效应**即绝缘性能慢慢退化和击穿强度降低。因此对涉及绝缘的工程师而言,固体的击穿场强是最难解释和使用的参数之一。例如,击穿电场也与绝缘体的厚度有关,因为较厚的绝缘体体积更大,具有微结构缺陷(例如微孔)的可能性就越大,易于形成介电击穿。表 7.5 列出一些电气绝缘中使用的不同电介质典型的击穿场强。无压气体的击穿强度比液体和固体低。

表 7.5 室温常压(1 atm)下,击穿强度的典型值

电介质	击穿强度	说明
大气(1 atm)	31.7 kV·cm^{-1} 在 60 Hz	1 cm 空隙,碰撞电离,电子雪崩引起击穿
SF$_6$ 气体	79.3 kV·cm^{-1} 在 60 Hz	在高压开关中使用,防止放电
聚丁烯	>138 kV·cm^{-1} 在 60 Hz	用作油填料和高压管线的液体介质
变压器油	128 kV·cm^{-1} 在 60 Hz	
MOS 技术中的非晶态 SiO$_2$	10 MV·cm^{-1} 在 dc	非常薄的无损氧化物膜
硼硅酸盐玻璃	10 MV·cm^{-1} 持续 10 μs	本征击穿
	6 MV·cm^{-1} 持续 30 s	热击穿
聚丙烯	295~314 kV·cm^{-1}	易发热击穿或电树枝化

7.6.2 电介质击穿和局部放电:气体

由于宇宙辐射的作用,气体中总存在自由电子。如果电场足够强,这些电子有的就可能被加速到具有足够大的动能,通过碰撞作用使中性气体分子电离,产生附加的自由电子和正气体离子。原先的电子和电离出来的电子在电场的加速下都可以继续碰撞电离中性分子,等等。所以,雪崩式的碰撞电离过程产生了许多自由电子和具有正电荷的气体离子,在两极间产生放电电流。这个过程同反向偏置 pn 结的雪崩击穿过程相似。气体中的击穿与压力有关。压力越大气体分子的浓度就越大,分子间的平均距离,进而自由电子的自由程就越短。电子自由程越短意味着电场无法把自由电子加速到足够的能量以使碰撞电离能够继续,除非增加电场。所以一般地 E_{br} 随气体压力增加而增加。1 cm 空气隙在 60 Hz 室温常压下击穿场强为 31.7 kV·cm^{-1}。而气体六氟化硫(SF$_6$)的击穿场强为(79.3 kV/cm),压力增加时击穿场强更高,因此 SF$_6$ 取代空气在高压电流断路器中使用。

局部放电指仅在电介质的局部区域发生放电的现象,放电不直接接触到两极。例如,对图 7.25(a)中在地以上具有很高电压的柱状导体,在面向地的导体表面电场最强。这个场足够强,引发局部的电子雪崩放电。然而在离开导体的地方,电场较弱,不足以维持雪崩放电,这种高场区的局部放电叫做**电晕放电**。固体电介质中的空洞和裂缝以及介质-电极界面的不连续性也可以引发局部放电,因为在这些局部的电场强于介质中的平均电场,而且空洞中气体(例如空气)的击穿场强比连续固体的要低。图 7.25(b)和(c)图示说明了两个空洞局部放电的例子,一个是固体中的空洞(或许是制备材料过程中形成的空气及气体的气泡),另一个是固体-

电极界面的空洞(或许是裂缝)。实际上,许多因素可以形成固体和界面附近的微孔和微腔。这些空洞上的局部放电以物理和化学作用侵蚀周围的介质区,使得整体击穿场强下降。如果不加以控制,最后会导致宏观击穿。

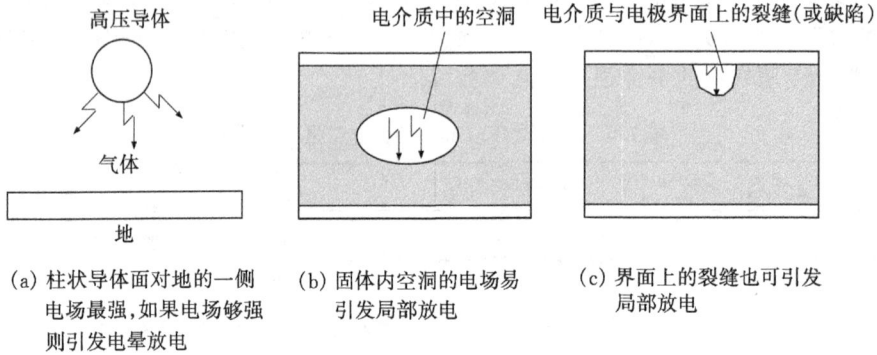

高压导体　　　　　　　电介质中的空洞　　电介质与电极界面上的裂缝(或缺陷)

气体

地

(a) 柱状导体面对地的一侧　　　(b) 固体内空洞的电场易　　(c) 界面上的裂缝也可引发
　　电场最强,如果电场够强　　　引发局部放电　　　　　　局部放电
　　则引发电晕放电

图 7.25

7.6.3　电介质击穿:液体

液体中绝缘击穿的物理过程不像气体中电子雪崩效应那样清楚。在悬浮有小的导电颗粒的不纯液体中,被认为是导电颗粒聚集在一起形成电极间的导电桥而导致的击穿。在某些液体中,放电由液体中气泡的局部放电引发。这些局部放电使局域温度升高,液体气化,气泡体积增大,最终形成一系列的局部放电。吸湿和吸附环境气体使液体击穿场强下降。某些油经长时间氧化,会使液体的酸性增强,局部导电性增强,最终导致击穿。在某些液体中,大量电子在高电场作用下从电极上发射到液体中,导致放电,这是电子发射的放电过程。

7.6.4　电介质击穿:固体

固体的电介质击穿有多种主要机理。最可能的机理取决于介质材料的状况,有时也与外在因素如环境条件、吸湿等情况有关。

本征击穿或电子击穿

最常见的电子击穿是**电子雪崩击穿**。电介质材料导带中的自由电子在强电场的作用下可被加速到具有足够的能量碰撞电离固体中的基质原子。电子在电场 E_{br} 作用下移动 l 距离具有能量 $eE_{br}l$。如果该能量比带隙能量 E_g 大,则电子由于与晶格振动碰撞的结果,可以激发价带电子到导带,破坏化学键。一次的和被释放的电子可以进一步碰撞电离其它基质原子,从而产生电子雪崩效应导致产生大电流。初始的导带电子可以是介质导带中原有的,或者是从电极金属费密能级通过场助热发射注入到导带中的。考虑典型值,$E_g \approx 5 \text{ eV}$,l 是晶格散射的平均自由程,约为 50 nm,则 $E_{br} \approx 1 \text{ MV} \cdot \text{cm}^{-1}$。明显地,$E_{br}$ 取决于 l 的选择,但其电压数量级是非常大的。这种类型的击穿代表击穿强度的理论上限,只在没有缺陷的特定介质中达到。通常,微结构缺陷使击穿场强相比本征击穿极限降低。MOS(金属–氧化物–半导体)电容(如MOSFETs 栅电容)中的二氧化硅(SiO$_2$)薄膜没有结构缺陷,可能产生本征击穿。

　　如果介电击穿不是通过电子雪崩效应发生的(或许由于绝缘体中平均自由程太短),另一种绝缘击穿机理是在非常高的电场下由场助热发射电子注入剧增导致的[①]。有人提出某些聚合物薄膜在短时电场作用下的绝缘击穿是源于隧道注入。

热击穿

　　绝缘体的有限热导率意味着在固体中有焦尔热 σE^2 释放。在高频下,介电损耗 $V^2 \omega \tan\delta$ 的作用变得非常值得注意。例如,随着电场频率增加,外场使偶极翻转所做的功更频繁地转化为分子随机碰撞热。因此,电导和介电损耗均在电介质中发热,如果这些热量不能从固体中通过热传导(或其它方式)足够快地散发出去,电介质温度就会增加。温度增加总是增加绝缘体的电导率,而这导致了更多的焦尔热,又使温度进一步增加,如此循环。如果不能导出热量以限制温度,结果就是热失控,温度和电流增加直到固体处处发生放电。由于样品不均匀,固体局部常常发生热失控形成热点,造成局部熔融或者物理化学侵蚀。热点指局部区或者非均相其 σ 或 ε''_r 大或热导率非常低。许多热点的局部击穿最终导致相对电极间导电通道的连接,直至介电击穿。因为由于热容量的关系电介质温度升高需要时间,这个击穿过程有明显的热滞后,其时间取决于发热因而取决于 E^2。反过来说,这表示击穿场强 E_{br} 依赖于施加电场的时间。例如在 70℃,如果短时间加电场,大约不超过 1 ms,则耐热玻璃的 E_{br} 典型值为 9 MV·cm^{-1}。如果电场保持 30 s,击穿场强就只有 2.5 MV·cm^{-1}。各种陶瓷和玻璃在高频下的击穿场强被直接归因于热击穿。热击穿的特点不光是热滞后和时间依赖,而且是温度依赖的。热击穿在高温下更容易发生,这表示 E_{br} 是随温度升高而降低。

电-机械击穿(electromechanical breakdown)和电应力裂纹(electrofracture)

　　带相反电荷的电极间的电介质受到压力的作用,因为极板上的异号电荷 $+Q$ 和 $-Q$ 互相吸引,如图 7.26。当电压增加时,压力也增加,介质受到挤压,厚度 d 变小。一步步地,压力的增加使绝缘体的弹性变形变大。如果弹性模量足够小,压力得不到与弹性形变恢复力的平衡,就会发生机械失控。具体原因是由于压力导致 d 减小,使得电场增强($E=V/d$),导致更多的极板电荷($Q=cV, C=\varepsilon_0\varepsilon_r A/d$),产生更大的压力,继续减小厚度 d,如此循环,直到绝缘体内的剪切应力使介质塑性变形(例如,粘性变形),最终绝缘击穿。另外,E 随 d 减小而增加导致产生更多的焦尔热(σE^2)和介电损耗发热($\omega E^2 \tan\delta$),这使温度升高,同时降低弹性模量和粘度,进一步

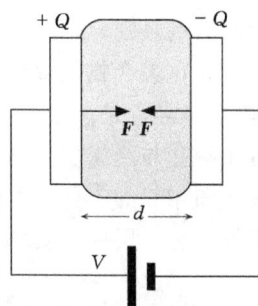

图 7.26　软电介质因外加电压造成的大压缩力作用下变形的夸大示意图

使机械稳定性下降。在电介质机械变形中也可能使电场达到热击穿场强,此时电介质的电学失效不光是一个机械破坏的过程,虽然它是由机械变形引起的。另一种击穿的可能性与内部裂纹(可能是细丝状裂纹)在内应力的作用下在非均匀区的产生和生长有关。例如,非完整区或者微空腔承受剪切力和大的局域电场,它们的混合效应最终导致裂纹扩展和力学及电学的失效。这个过程有时叫**电应力裂纹**。通常认为特定的热塑性聚合物发生电-机械介电击穿,特别是在接近它们的软化温度时,聚乙烯和聚异丁烯就是例子。

---

① 第 4 章福勒-诺德海姆发射讨论了电子在强场下从电极隧道发射的现象。

内部放电

指在介质微结构空洞、裂缝、小孔由于充填气体(通常是空气)具有较低击穿场强而引起的局部放电。例如多孔陶瓷,如果电场足够强,就会发生局部放电。空洞中的放电电流,如图 7.25(b)和(c)所示,在交流条件下容易维持,这解释了交流条件下这种击穿机理的严重程度。最初,空洞尺寸(或者空洞数量)可能很小,局部放电不严重,但随着时间推移,局部放电侵蚀了空洞的内部表面,可以在局部熔化绝缘体引起化学转变,最后通常从局部放电发展到**树枝状放电**,如图 7.27(a)在高压电缆电介质和内导体界面上有一个小的空洞(可能来源于金属电极和聚合物绝缘层之间的热膨胀失配)。介质中局部放电的侵蚀以树枝状扩展,"树枝"就是侵蚀的通道——不同尺寸的细丝空腔,在其中发生气体放电形成导电通道。

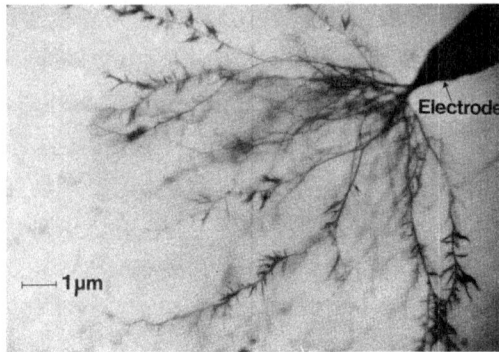

低密度聚乙烯中树枝状击穿(形成放电通道),50 Hz, 20 kV(rms),持续 200 min

在图 7.27(a)高压同轴电缆的情形中,电介质通常是聚合物,聚乙烯(PE)是最常用的。内导体表面电场最强,这是大多数电学树枝从该区域起始的原因。采用包围内导体和绝缘体外表面的半导化聚合物层或者护套可以在很大程度上控制电学树枝化,如图 7.27(b)。为增强柔性,内导体经常是多芯或者绞缠的。在绝缘层的挤制工艺中,半导护套与绝缘层粘在一起,这使得在护套与绝缘层中间没有微孔,而且半导体层具有足够强的导电性使其成为"部分电极",导体和相邻的半导体大体具有相同的电压,这意味着在它们之间的界面上不会有击穿,通常电缆外层有一层保护套(如 PVC)。

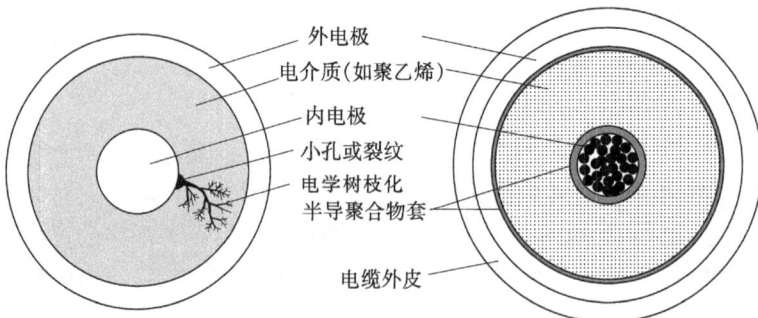

外电极
电介质(如聚乙烯)
内电极
小孔或裂纹
电学树枝化
半导聚合物套

电缆外皮

(a) 高压同轴电缆树枝化击穿示意图,由内导体-介质界面空洞局部放电引起

(b) 高压同轴电缆中使用半导聚合物层的示意图,聚合物护套置于内导体和介质表面附近

图 7.27

绝缘老化

人们认识到,在介质服役期间,材料的绝缘性能逐渐下降,直到在低于新鲜样品击穿场强的电场下击穿。通常,**老化**一词被用来描述这种绝缘的劣化,老化决定了绝缘体的使用时间。有许多因素直接或者间接地影响着服役中的绝缘体的性能。甚至在无电场时,绝缘也会经历物理和化学变化使其性能发生显著变化。温度和应力的变化可使绝缘体出现结构缺陷,如微裂纹,这对材料的击穿场强影响非常大。电离辐射如 X 射线的辐照,以及暴露在严酷的环境条件下如过量的湿度、臭氧和许多其它外部条件,通过各种化学过程,使绝缘体的化学结构和性能劣化,这种情况在聚合物中比陶瓷严重得多,但目前在同轴电缆中使用陶瓷作为绝缘体仍不现实。聚合物绝缘体的经时氧化是另一种化学老化,引起绝缘性能的退化。这是在半晶化聚合物绝缘体中加入各种抗氧化剂的原因。化学老化过程通常随温度加速。在服役中,电场作用下绝缘体也经历电学老化,例如,直流电场可以使不同离子分离和运动,因而缓慢改变绝缘体的结构和性能。电学树枝是电学老化的一种结果,因为在服役中,交流电场在表面或者内部的微孔引起连续的局部放电,侵蚀放电周围区域慢慢形成电学树枝。在制作良好的绝缘系统中,从微孔引发的电学树枝化被极大地抑制或者消除。目前流行研究的一种电学老化是**水树枝化**,它最终导致电学树枝化,在光学显微镜下观察,水树枝化呈弥散的灌木丛状(或者椰菜花状)生长,它由上百万个用显微镜可见的空洞(每立方毫米),其内含有水或者水性电解液,常在潮湿环境中形成,自身非导电,这意味着不是他们自己直接产生放电。

外部放电

在许多例子中绝缘体表面被外界条件如过量的湿度、污染物沉积、污物、灰尘和盐雾所玷污,污染表面电导率较高,使得电极之间在比正常击穿场强低的情况下通过表面发生放电。这种从绝缘体表面放电的击穿现象叫做**沿面放电**。

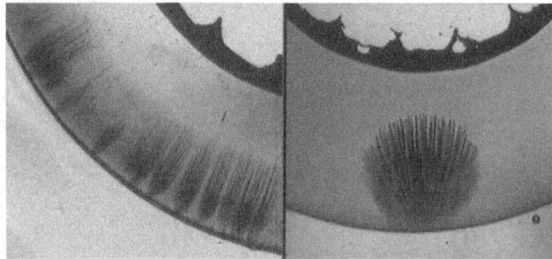

一些典型的水树枝化,见于老化了的电缆中

左:带材和石墨绝缘体电缆中的树枝放电

右:可剥电缆中的电树枝

照片来源:P. Werellius, P. Tharning, R. Eriksson, B. Holmgren. J. Gafvert, "Dielectric Spectroscopy for Diagnosis of Water Tree Deterioration in XLPE Cables," IEEE Transactions on Dielectrics and Electrical Insulation, vol. 8, February 2001, p. 34, figure 10 (© IEEE, 2001).

很明显有许多电介质击穿的机制,最终导致击穿的机制不仅取决于材料的性能和质量,也取决于操作条件,环境因素也很重要。图 7.28 说明了击穿场强和击穿所需时间的关系。在高场下承受非常短时间电场作用的电介质在低场下通过延长作用时间也可以击穿。击穿机理很可能从本征击穿变为热击穿。当绝缘击穿在持续几天后发生,一般同绝缘退化有关,很可能通过电树枝化过程发生。显然,要清楚地知道某种材料的击穿机制是不可能的。

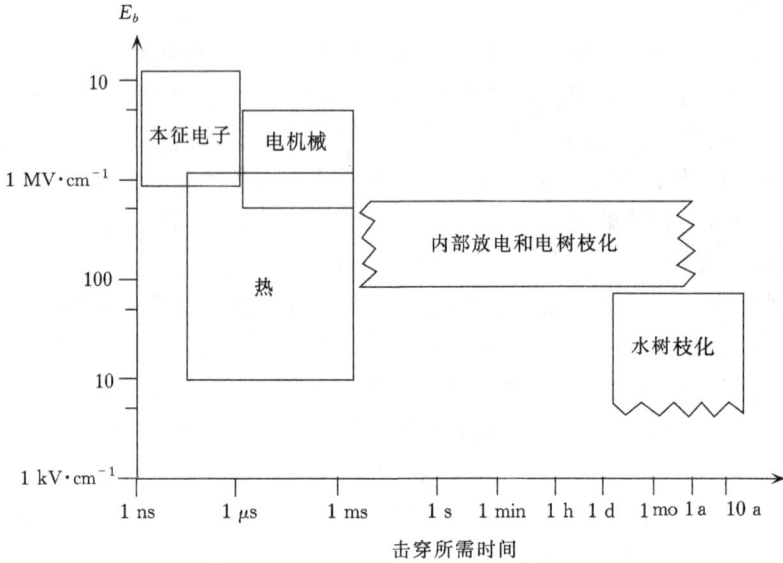

图 7.28　击穿时间和击穿电场与引起绝缘击穿的机理的关系

来源：L. A. Dissado and J. C. Fothergill, *Electrical Degradation and Breakdown in Polymers*, United Kingdom：Peter Peregrinus Ltd. for IEE, 1992, p. 63.

例 7.11　同轴电缆中的介质击穿　考虑图 7.29 中的同轴电缆，a 和 b 分别为内导体和外导体的半径。

a. 采用高斯定律，找出同轴电缆的电容。

b. 距线缆中心距离为 r 处电场为多少？何处电场最强？

c. 考虑两种介电绝缘材料：交联聚乙烯（XLPE）和硅橡胶，设内导体直径为 5 mm，绝缘层厚度为 5 mm，两种绝缘体上击穿电压是多少？

d. 在内导体和绝缘体界面上的小气孔（可能在力和热的作用下形成）引发局部放电的典型电压是多少？假定常压下 0.1 mm 气隙的击穿电场是 100 kV · cm。

解：考虑厚度为 dr 的电介质圆柱壳层，如图 7.29 所示。设加在其上的电压为 dV，则在 r 处电场为 $-\dfrac{\mathrm{d}V}{\mathrm{d}r}$（这是 E 的定义）。设 Q_{free} 是内导体上的自由电荷。采用半径为 r 的柱状高斯面，如图 7.29。该柱的表面积 A 为 $2\pi rL$，其中 L 是电缆长度。在 r 处，电场 E 垂直于 A，指向 A 的外面。则根据公式（7.43）有

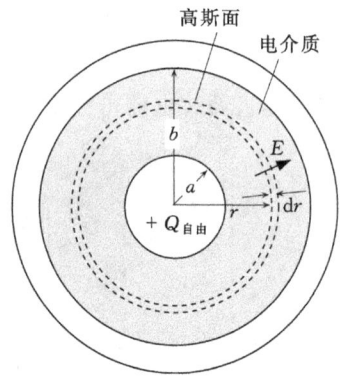

图 7.29　计算同轴电缆的电容和距轴心 r 处的电场的示意图
考虑半径为 r，厚度为 dr 的无限薄圆柱介质壳层，取其外表面为高斯面，电压降为 dV，则电场为 $E = -\mathrm{d}V/\mathrm{d}r$

$$E(2\pi rL) = \frac{Q_{\text{free}}}{\varepsilon_0 \varepsilon_r} \tag{7.44}$$

那么

$$-\frac{\mathrm{d}V}{\mathrm{d}r} = \frac{Q_{\text{free}}}{\varepsilon_0 \varepsilon_r 2\pi rL}$$

这可以从 $r=a$,那里电压是 V,积分到 b,那里电压是 0,则有

$$V = \frac{Q_{\text{free}}}{\varepsilon_0 \varepsilon_r 2\pi L} \ln\left(\frac{b}{a}\right) \tag{7.45}$$

我们可以从 $C_{\text{coax}} = Q_{\text{free}}/V$ 得到同轴缆电容为

$$C_{\text{coax}} = \frac{\varepsilon_0 \varepsilon_r 2\pi L}{\ln\left(\frac{b}{a}\right)} \tag{7.46}$$ 同轴电缆的电容

单位长度的电容可以由 $a=2.5$ mm 和 $b=a+$厚度$=7.5$ mm 以及 XLPE 和硅橡胶的介电常数 ε_r 分别是 2.3 和 3.7 计算得到。其值为每米 $100\sim200$ pF,如表 7.6 中第四列所列。

表 7.6　同轴电缆备选绝缘材料

电介质	ε_r (60 Hz)	强度 (60 Hz) (kV·cm⁻¹)	C(60 Hz) (pF·m⁻¹)	击穿电压 (kV)	在微孔中部分放电电压 (kV)
交联聚乙烯	2.3	217	116	59.6	11.9
硅橡胶	3.7	158	187	43.4	7.4

当把 Q_{free} 从公式(7.45)代入公式(7.44),得到电场 E 为

$$E = \frac{V}{r\ln\left(\frac{b}{a}\right)} \tag{7.47}$$ 同轴电缆的电场

公式(7.47)对于 r 从 a 到 b 都成立(在导体内部无电场),当 $r=a$ 时电场最大

$$E_{\max} = \frac{V}{a\ln\left(\frac{b}{a}\right)} \tag{7.48}$$ 同轴电缆的最大电场

击穿电压 V_{br} 当最大电场 $E_{\max}$ 达到击穿场强时发生

$$V_{\text{br}} = E_{\text{br}} a\ln\left(\frac{b}{a}\right) \tag{7.49}$$ 击穿电压

从公式(7.49)计算出来的击穿电压列在表 7.6 的第五列。虽然值很高,但必须要记住,由于其它因素如绝缘老化,永远不要期待电缆能够承受如此高的电压。

如果在内导体与介质界面存在空腔或者气泡,该气体空间的电场为 $E_{\text{air}} \approx \varepsilon_r E_{\max}$,式中 $E_{\max}$ 是 $r=a$ 时的电场。在常压,25℃,0.1 mm 气隙条件下,空气在 $E_{\max} \approx E_{\text{air-br}}/\varepsilon_r$ 时击穿。

$$E_{\text{air}} = E_{\text{air-br}} = 100 \text{ kV·cm}^{-1}$$

则 $E_{\max} \approx E_{\text{air-br}}/\varepsilon_r$。根据公式(7.48)相应的电压是

$$V_{\text{air-br}} \approx \frac{E_{\text{air-br}}}{\varepsilon_r} a\ln\left(\frac{b}{a}\right)$$

表 7.6 的第六列给出两种同轴电缆引起部分放电的电压。在该电压作用下,仅在微孔中引起局部放电而不是立刻导致绝缘破坏。局部放电侵蚀空腔使聚合物气化积聚在腔体内,腔内的气体含量和压力会随着局部放电的进行而改变,例如积聚的压力会增加击穿场强抬高局部放电的电压。最终形成电树枝化。

我们必须注意到空腔中的实际电场与腔体的形状有关,以上的处理仅仅对垂直于电场的薄片状腔体有效(见 7.9 节)。

7.7　用于电容器的电介质材料

7.7.1　常用电容器结构

　　用于电容器的电介质材料的选择取决于电容量、使用频率、最大容许损耗和最高工作电压,以及电容器的体积和成本等因素。高电压大容量的电容器与集成电路中的小型电容器对电介质材料的要求显然不同。由于界面和偶极子极化等低频极化机制对介电常数有显著的贡献,在低频下,可以很容易获得大的电容量。单位体积的介电损耗为 $\varepsilon_0 \varepsilon'_r \omega E^2 \tan\delta$,所以,在高频下很难获得大的电容,同时又保持可接受的低介电损耗。

　　图 7.30 和图 7.31 分别给出了用于不同电容和不同频率下一些常用电介质的例子。例如,电解质介质通常可以提供 1 到几千微法拉的容量,但它们的频率响应一般在 10 kHz 以下。另一方面,聚合物膜电容器的容量一般小于 10 μF,但频率响应到千兆赫兹频段仍保持平坦。

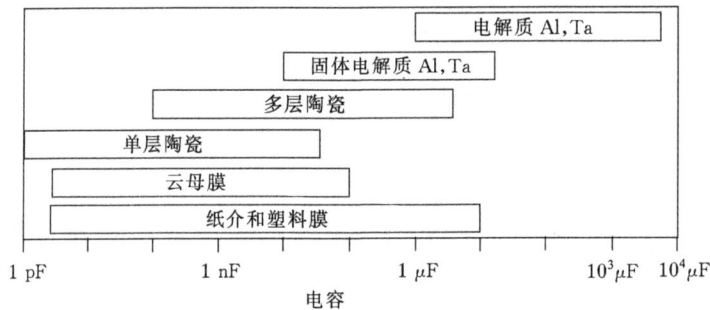

图 7.30　用于各种容量电容器的电介质举例

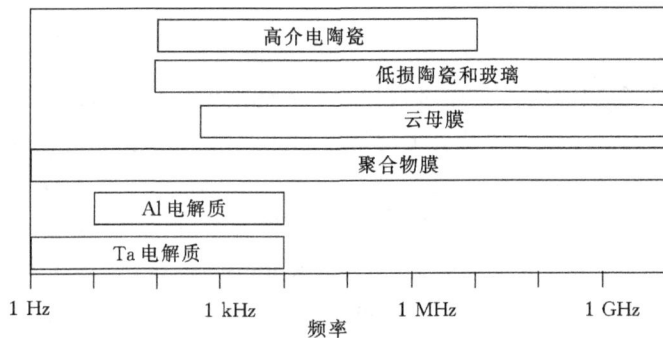

图 7.31　用于各种频率电容器的电介质举例

　　我们以平行板电容器的电容为例,了解电容器设计中使用到的原理

$$C = \frac{\varepsilon_0 \varepsilon_r A}{d} \qquad (7.50)$$

其中 ε_r 是指 ε'_r。通过采用高的 ε_r 和薄的电介质,以及大的面积可以获得大的电容量。各种商用陶瓷一般是不同的氧化物或铁电陶瓷的混合物。它们具有很高的介电常数,可以到数千。这类陶瓷通常称为高 K(或高 κ),其中 K(或 κ)表示相对介电常数。$\varepsilon_r = 10$,d 为 10 μm 和面积

为 1 cm^{-2} 的陶瓷电介质的电容为 885 pF。图 7.32(a)给出了一种常用单层陶瓷电容器的结构。薄陶瓷圆片或板片备有相匹配的金属电极。整个结构通过浸入热固树脂而被包覆在环氧树脂中。环氧层可以防止潮气使陶瓷介电性能下降(ε_r'' 和 tanδ 增大)。一种增大电容量的方法是将 N 个这样的单层陶瓷电容并联在一起,通过采用图 7.32(b)中可以节省空间的多层陶瓷结构实现。在这里,假定多层陶瓷电容器共有 N 层备有电极的介质层。每层陶瓷具有偏置的金属电极。它们在陶瓷片的上下两面,并且与两端的金属端电极相连。这样有 N 个平行板电容。多层陶瓷电容的面积不变,但厚度增加到至少 Nd,由此可以有效利用体积。通过采用多层陶瓷结构,电容已经可以达到几百微法拉。

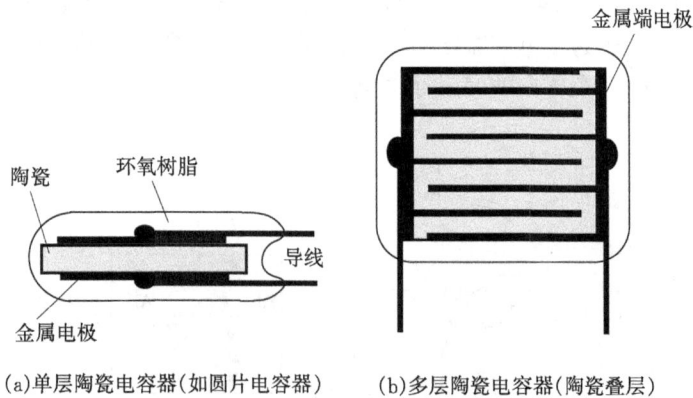

(a)单层陶瓷电容器(如圆片电容器)　　(b)多层陶瓷电容器(陶瓷叠层)

图 7.32　单层和多层介质电容器

许多宽频电容器采用**聚合物薄膜**。尽管它们的 ε_r 通常只有 2~3(小于许多陶瓷的),但在很宽的频率范围内不变。在高频下,介电损耗 $\varepsilon_0\varepsilon_r\omega E^2$ tanδ 显著增大,而聚合物具有低的 tanδ。低的 ε_r 意味着需要寻找一种构造聚合物膜电容器的方法,以有效节省空间。图 7.33(a)和(b)给出了一种用于构造金属化聚合物膜电容器的方法。两条聚合物膜带在各自一个面上备有金属化电极(通常是真空沉积 Al),并在一侧留有空边。这些金属膜电极向相反的方向互相偏置,这样它们与聚合物膜带的相对侧边排齐。两个膜带一起卷起来(像内卷果酱的蛋糕),两侧的电极分别用合适的导电胶或其它方法连起来。除了膜层卷起来形成圆的横截面之外,它的原理类似于多层陶瓷电容器。当然聚合物膜层也可以像多层陶瓷电容结构一样切割和堆叠。

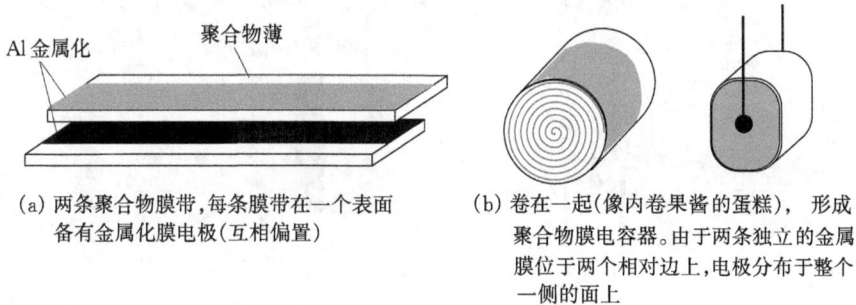

(a) 两条聚合物膜带,每条膜带在一个表面备有金属化膜电极(互相偏置)　(b) 卷在一起(像内卷果酱的蛋糕), 形成聚合物膜电容器。由于两条独立的金属膜位于两个相对边上,电极分布于整个一侧的面上

图 7.33　聚合物膜电容器

　　电解电容器可以提供大的电容量,同时保持较小的体积。电解电容器有许多种类。在铝电解电容器中,金属电极为两条 Al 箔,它们的厚度一般在 $50\sim100~\mu m$。两条 Al 箔被浸入液体电解质的多孔纸介质分开。如图 7.34(a)所示,两条箔片被绕成圆柱形,然后放入圆壳中。与直觉相异,浸有电解质的纸不是电介质。电介质是生长在其中一条 Al 箔的粗糙表面上的氧化铝(Al_2O_3)膜层,如图 7.34(b)所示。这个箔片称为阳极(＋引线端)。两条 Al 箔均经腐蚀而成粗糙表面,以增加表面积。这种电容器之所以称为电解电容器是因为 Al_2O_3 层是通过电解方法生长在其中一个铝箔上的,一般厚度为 $0.1~\mu m$。小的厚度和大的表面积导致了大的电容量。当阳极上施加正偏压时,导电的电解液通过电解反应愈合 Al_2O_3 中较小的局部击穿。电容特性源起于 $Al/Al_2O_3/$ 电解液结构。此外,Al/Al_2O_3 接触类似于金属与 p 型半导体的接触,具有整流特性。电解电容器必须反向偏压,以防电荷注入到 Al_2O_3 中,造成电容器导电。因此,Al 必须连接到正极,成为阳极。当对图 7.34(b)中的 Al 电解电容器加以相反方向的偏压时,电容器导电。

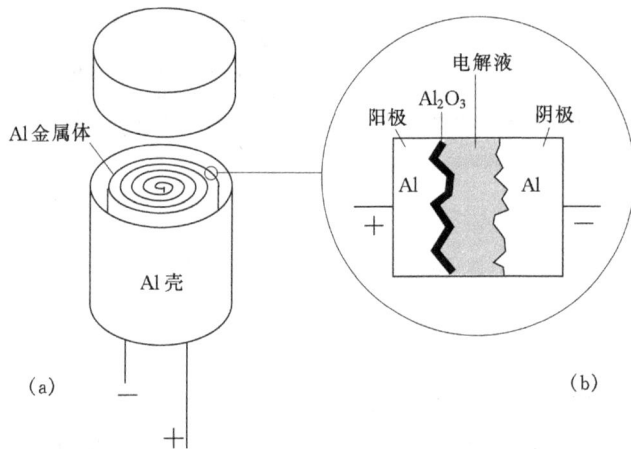

图 7.34　铝电解电容器

　　电解电容器中的液体电解液经过长时间后有可能变干,这是一个不利因素。**钽固体电解电容器**通过采用固体电解质可以克服干化问题。图 7.35(a)和(b)给出了一种常用固体钽容器的结构。阳极(＋电极)是烧结的多孔 Ta 片。其表面通过阳极化后生成一层氧化钽

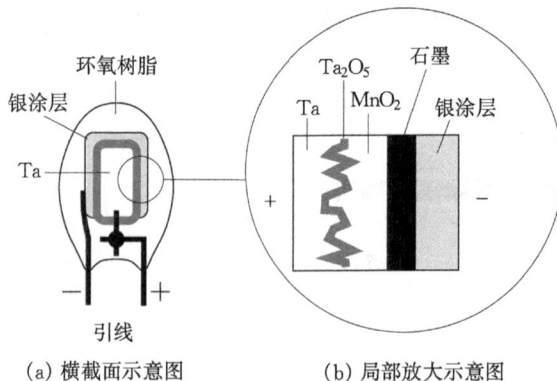

(a) 横截面示意图　　　　　　(b) 局部放大示意图

图 7.35　钽固体电解电容器

（Ta_2O_5）薄层,用作电介质（$\varepsilon_r' = 28$）。生长有 Ta_2O_5 层的 Ta 片外再涂覆一层厚的固体电解质,例如 MnO_2。随后制备石墨和银涂层。连上引线后,用环氧树脂将整个结构包覆。固体钽电容由于体积小、温度和时间稳定性好,以及高可靠性,在各种电子应用中得到广泛使用。

7.7.2　电介质:比较

一个电介质的**体积效率**可以用**单位体积电容** C_{vol}（C 除以 Ad）表示,

$$C_{vol} = \frac{\varepsilon_0 \varepsilon_r}{d^2}$$

（7.51）**单位体积电容**

显而易见,大的电容量要求高的介电常数和薄的电介质。应当注意,d 是以 d^2 形式出现,所以 d 的重要性不能忽视。尽管云母的 ε_r 比聚合物膜要高,但聚合物膜可以做得很薄,到几个微米,使得它的单位体积电容量更大。铝电解电容器之所以有大的单位体积电容是因为 d 在很大表面积范围内可以做得很薄,并且液体电解质可以愈合小的局部介电击穿。表 7.7 列出了用于电容器的电介质材料的性能和基于可以实现最小厚度的"体积效率"C_{vol} 的比较。很明显,与聚合物膜相比,固体钽电解具有很大的体积效率,这是由于陶瓷或者有高的介电常数（高 K 陶瓷）,或者可以做得很薄（Al_2O_3）。

表 7.7　用于电容器的电介质比较

	电容器名称					
	聚丙烯	聚脂	云母	铝电解	固体钽电解	高 K 陶瓷
电介质	聚合物膜	聚合物膜	云母	阳极化 Al_2O_3 膜	阳极化 Ta_2O_5 膜	X7R $BaTiO_3$
ε_r'	2.2～2.3	3.2～3.3	6.9	8.5	27	2000
$\tan\delta$	4×10^{-4}	4×10^{-3}	2×10^{-4}	0.05～0.1	0.01	0.01
E_{br}（kV・mm^{-1}）dc	100～350	100～300	50～300	400～1000	300～600	10
d（常用最小值）（μm）	3～4	1	2～3	0.1	0.1	10
C_{vol}（μF・cm^{-3}）	2	30	15	7500[1]	24000[1]	180
$R_P = 1/G_P$（kΩ） 对 $C=1$ μF, $f=1$ kHz	400	40	800	1.5～3	16	16
E_{vol}（mJ・cm^{-3}）[2]	10	15	8	1000	1200	100
极化	电子	电子和偶极子	离子	离子	离子	大的离子位移

1）准确的体积计算必须考虑使这些电介质工作的电极和电解质的体积,因此这些数值会减小。

2）E_{vol} 取决于 E_{br} 和 η 的选取,因此它的变化很大。

注:这些为典型数值。假定 $\eta = 3$。此表仅用于比较。击穿场强为典型的电流电场值,可能会有至少一个数量级的变化。E_{br} 取决于厚度、材料质量和所加电压持续的时间。聚酯为 PET,或聚对苯二甲酸乙二醇酯。云母为含铝钾硅酸盐,是一种白云母晶体。X7R 是一种特殊的 $BaTiO_3$ 陶瓷基固溶体的名称。（X7R 为 IEC 关于电容器的一个标准。——译者注）

　　从工程角度看,选择电介质时要考虑的另外一个因素是工作电压。尽管通过减小 d 可以获得大的单位体积电容,但它同时也降低了工作电压。一个电容器可以承受的最大电压取决于电介质的击穿场强 E_{br},而 E_{br} 本身是一个变化非常大的量。安全工作电压应有一个安全系数 η,它小于击穿电压 $E_{br}d$。由此,假定 V_m 是最大安全工作电压,单位体积中可以存储的最大能量可以表示为:

$$E_{vol} = \frac{1}{2}CV_m^2 \times \frac{1}{Ad} = \frac{\varepsilon_0\varepsilon_r'}{2\eta^2}E_{br}^2 \qquad (7.52)$$

单位体积中的最大能量

　　很清楚,电介质的 ε_r' 和 E_{br} 决定了电容器的能量存储能力。此外,在最大工作电压下,单位体积的介电损耗为:

$$W_{vol} = \frac{E_{br}^2}{\eta^2}\omega\varepsilon_0\varepsilon_r'\tan\delta \qquad (7.53)$$

单位体积中的介电损耗

　　具有较大 $\tan\delta$ 的材料的介电损耗也较大。尽管介电损耗在低频下可以很小,在高频下,它们就变得非常显著。表 7.7 比较了各种电介质的能量存储效率 E_{vol} 和 $\tan\delta$。可以看出,陶瓷的能量存储效率好于聚合物。高 K 陶瓷的 $\tan\delta$ 较大,使得介电损耗也较大。聚苯乙烯和聚丙烯的极化机制是电子极化,它们的 $\tan\delta$ 非常低,它们的介电损耗也最小。聚苯乙烯和聚丙烯电容器实际上已应用到高端音频电子设备中。由于击穿场强 E_{br} 取决于厚度 d 和包括电介质材料质量等其它一些因素,所以在应用公式(7.52)和(7.53)时应特别注意。例如,绝缘聚丙烯的 E_{br} 的常用引用数值为 $50\,kV\cdot mm^{-1}(500\,kV\cdot cm^{-1})$,而它的薄膜(例如 $25\,\mu m$),在短的持续时间内,E_{br} 可以高达 $200\,kV\cdot mm^{-1}$。此外,在某些场合下,E_{br} 由最大容许漏电流,也就是具有相当导电性的电介质的电场来确定,更为恰当。

　　一个电容器的温度稳定性是由 ε_r' 和 $\tan\delta$ 的温度稳定性决定的。而 ε_r' 和 $\tan\delta$ 的温度稳定性又取决于主要的极化机制。例如,在聚对苯二甲酸乙二醇酯(PET)等极性聚合物中,永久偶极基团被链接到聚合物链上。没有施加电场时,这些偶极子呈随机取向,它们的转动被周围的链所限制,如图 7.36(a)所示。施加直流电场后,如图 7.36(b)所示,一些非常有限的转动产生了部分偶极子(定向)极化。一般来讲,在室温下,由于偶极子的转动受到限制和阻碍,它们很难随交流电场变化,偶极子对 ε_r 贡献也很小。当温度接近聚合物的软化温度时,分子运动变得更加容易。同时,链之间为偶极子提供了更大的转动空间。偶极子侧基团和极化链更容易对电场做出响应,它们可以在电场下排列,并随电场变化,如图 7.36(c)所示。在高频下,偶极子对 ε_r 贡献非常显著。由于 ε_r 和 $\tan\delta$ 随温度增加而增大,极性聚合物表现出 ε_r 和 $\tan\delta$ 的温度依赖性,并反映在电容器性能上。

　　另一方面,聚苯乙烯和聚丙烯这样的非极性聚合物,由于是电子极化,ε_r 和 $\tan\delta$ 变化相对很小。因此与 PET(聚酯)电容器相比,聚苯乙烯和聚丙烯电容器更加稳定。电容随温度的变化可以用**电容温度系数**(TCC)表示,它的定义是单位温度变化引起的电容变化率(或百分数)。温度不仅影响 ε_r,也影响电介质的线膨胀(A 和 d 的尺寸变化)。例如,聚苯乙烯、聚碳酸酯和云母电容器非常稳定,TCC 很小。塑料电容器的一个主要缺点是它们的使用温度一般远低于它们的熔化温度。对于许多陶瓷电容器,它们的规定使用温度,例如从 $-55℃$ 到 $125℃$,是由于电容器的环氧涂层限制决定的,而不是因为陶瓷材料本身的限制。对于许多电容器,在高温和高频下使用时工作电压下降,其原因是由于 E_{br} 随环境温度的升高和所加电场频率的增大而下降。例如,一只 $1000\,V$ 交流电压的聚丙烯电容器在 $10\,kHz$ 下的交流工作电压非常低,只有 $100\,V$。

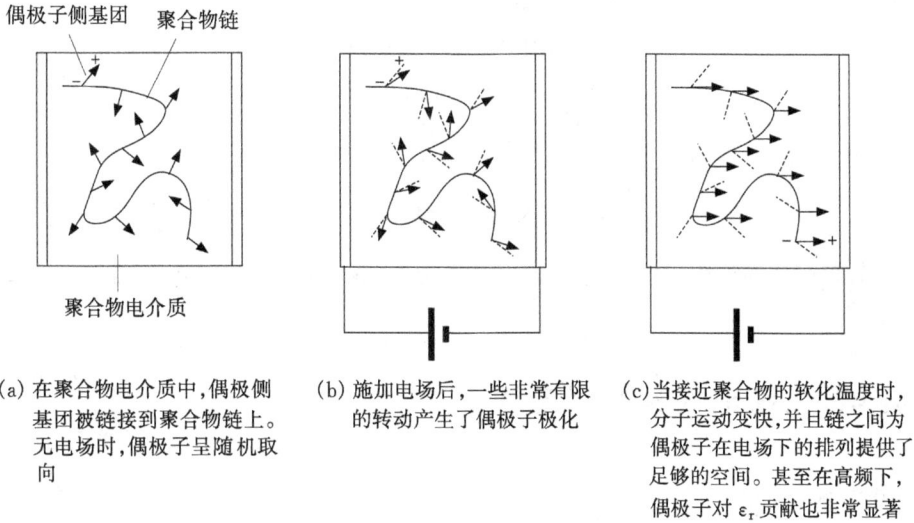

(a) 在聚合物电介质中,偶极侧基团被链接到聚合物链上。无电场时,偶极子呈随机取向

(b) 施加电场后,一些非常有限的转动产生了偶极子极化

(c) 当接近聚合物的软化温度时,分子运动变快,并且链之间为偶极子在电场下的排列提供了足够的空间。甚至在高频下,偶极子对 ε_r 贡献也非常显著

图 7.36　极性聚合物的极化

例 7.12　聚酯电容器在 1 kHz 下的介电损耗和等效电路　图 7.37 给出了聚酯膜的 $\varepsilon_r{}'$ 和 $\tan\delta$ 的温度关系。计算一只 560 pF 的 PET 电容器在 25℃和 1 kHz 下的等效电路,其中聚酯膜的厚度为 0.5 μm。在 100℃下,这些值为多少?

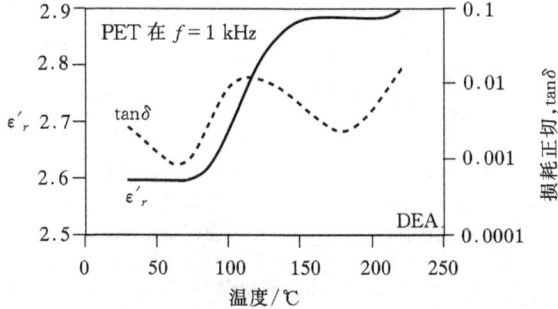

图 7.37　在 1 kHz 下,PET 的介电常数的实部 $\varepsilon_r{}'$ 和损耗正切 $\tan\delta$ 与温度关系
来源:数据来自 Kasap 和 Maeda(1995),使用了介电分析仪(DEA)

解:根据图 7.37,在 25℃下,$\varepsilon_r{}'=2.60$ 和 $\tan\delta\approx0.002$。在 25℃下电容为 560 pF。表示介电损耗的等效并联电导 G_P 由下式给出:

$$G_P = \frac{\omega A\varepsilon_0\varepsilon_r{}'\tan\delta}{d} = \omega C\tan\delta$$

代入

$$\omega = 2\pi f = 2000\pi$$

和 $\tan\delta=0.002$,我们得到

$$G_P = (2000\pi)(560\times10^{-12})(0.002) = 7.04\times10^{-9}\,\frac{1}{\Omega}$$

它相当于一个 142 MΩ 的电阻。等效电路为一个理想的(无损耗的)560 pF 电容与一只

142 MΩ电阻并联(电阻值随频率增大而减小)。

在100℃下,$\varepsilon_r' = 2.69$ 和 $\tan\delta \approx 0.01$,新的电容量为

$$C_{100℃} = C_{25℃} \frac{\varepsilon_r(100℃)}{\varepsilon_r(25℃)} = (560 \text{ pF}) \frac{2.69}{2.60} = 579 \text{ pF}$$

100℃下的等效并联电导为

$$G_P = (2000\pi)(579 \times 10^{-12})(0.01) = 3.64 \times 10^{-8} \frac{1}{\Omega}$$

它等效于27.5 MΩ 的电阻。等效电路为一个理想的(无损耗的)579 pF 电容与一只 27.5 MΩ 电阻并联。

7.8　压电性、铁电性和热释电性

7.8.1　压电性

某些晶体,如石英(结晶 SiO_2)和 $BaTiO_3$,当受到机械压力时可以产生极化,晶体表面出现电荷,如图 7.38(a)和(b)所示。表面电荷的出现使得晶体的两个表面之间产生电压差。在同一晶体上当施加电场时,会出现机械应变或形变,如图 7.38(c)和(d)所示。机械形变(即伸长或压缩)的方向取决于电场的方向,或所加电压的极性。这两种效应是互逆的,称为**压电性**。

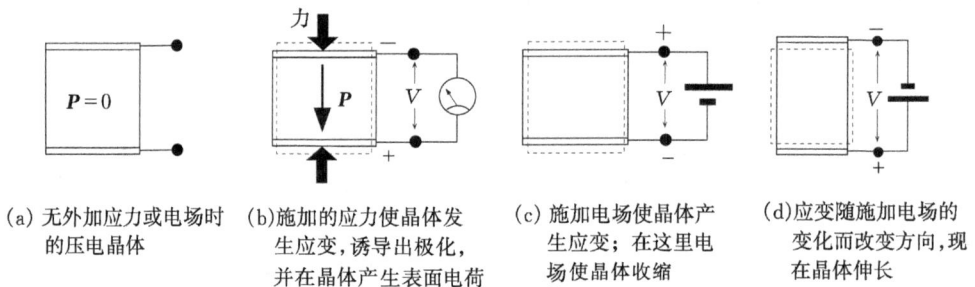

(a) 无外加应力或电场时　　(b)施加的应力使晶体发　　(c)施加电场使晶体产　　(d)应变随施加电场的
　的压电晶体　　　　　　　　生应变,诱导出极化,　　生应变;在这里电　　　变化而改变方向,现
　　　　　　　　　　　　　　并在晶体产生表面电荷　场使晶体收缩　　　　在晶体伸长

图 7.38　压电效应

只有特定的晶体具有压电性,因为这种现象要求晶体结构不具有对称中心。考虑如图 7.39(a)所示的 NaCl 型立方晶胞,我们可以通过考察晶胞的性质来描述整个晶体行为。这个晶胞的**对称中心**在 O 点,因为如果我们从 O 点作一矢量到任意一电荷,再从 O 点作一反向矢量,我们会发现同种电荷。实际上,任何一个电荷上的任一点都是一个对称中心。许多类似的立方晶体(不是全部)拥有对称中心。未受应力时,位于晶胞角上的负电荷的质心与在晶胞中心的正电荷重合,如图 7.39(a)所示。因此在晶胞中没有净极化,$P=0$。受到应力后,晶胞产生应变,如图 7.39(b)所示,但负电荷的质心仍与正电荷重合,所以净极化仍为零。这样,应变晶体仍为 $P=0$。这个结论对所有具有对称中心的晶体适用。当晶体产生应变时,负电荷和正电荷的质心保持重合。

压电晶体没有对称中心。例如,图 7.40(a)中的六方晶胞不具有对称中心。如果我们从 O 点作一矢量到任意一电荷,再作一反向矢量,我们会发现相反的电荷,我们称这个晶胞具有**非对称中心**。无应力时,负电荷的质心与正电荷的质心重合在 O 点,如图 7.40(a)所示。但

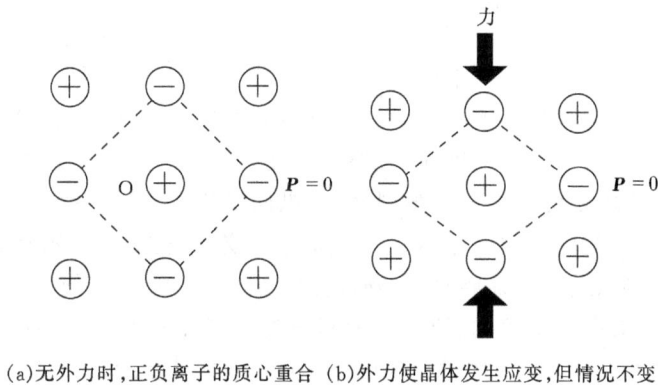

(a)无外力时,正负离子的质心重合　(b)外力使晶体发生应变,但情况不变

图 7.39　NaCl 型的立方晶胞具有对称中心

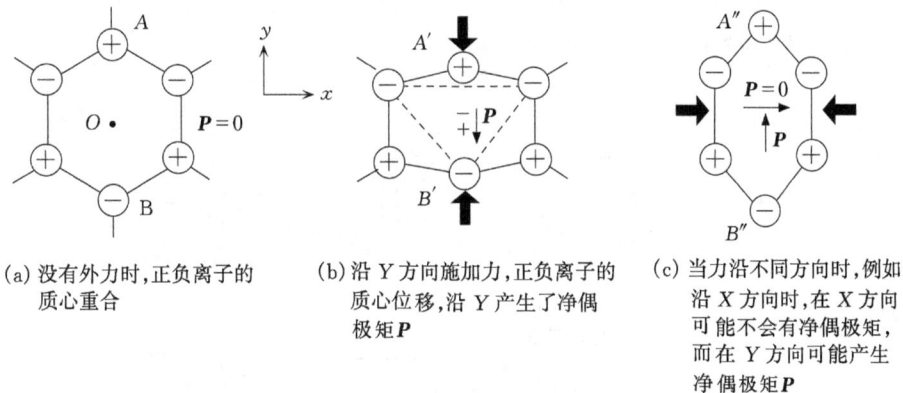

(a) 没有外力时,正负离子的
质心重合

(b) 沿 Y 方向施加力,正负离子的
质心位移,沿 Y 产生了净偶
极矩 P

(c) 当力沿不同方向时,例如
沿 X 方向时,在 X 方向
可能不会有净偶极矩,
而在 Y 方向可能产生
净偶极矩 P

图 7.40　六方晶胞没有对称中心

是,当晶胞受到应力时,在 A 点的正电荷和在 B 点的负电荷分别位移到里边的 A' 点和 B' 点。因此两个质心发生位移,出现净极化 P。由此,在晶胞中,施加应力产生净极化 P,在这里 P 与沿 Y 方向的应力方向相同。

　　诱导极化的方向取决于施加应力的方向。在图 7.40(a)中沿 x 方向加应力时,如图 7.40(c)所示,沿这个方向不会产生诱导偶极矩,因为沿 x 方向质心没有净的位移。但是,应力引起 A 和 B 原子分别向外位移到 A'' 和 B'',导致了质心沿 y 方向彼此远离。这时,沿 x 方向的施加的应力导致了沿 y 方向的诱导极化。一般来讲,沿一个方向施加应力可能引起其它结晶方向的诱导极化。假设 T_j 是沿 j 方向施加的机械应力,P_i 是沿 i 方向的诱导极化,这两个量有线性关系:

$$P_i = d_{ij}T_j \qquad (7.54)\ \text{压电效应}$$

其中 d_{ij} 称为**压电系数**。应力反向引起极化反向。尽管在图 7.40 中我们没有特殊考虑切应力,但是切应力,以及张应力同样可以诱导净极化。所以公式(7.54)中的 T 也可以表示切应力。逆压电效应是由沿 j 方向的诱导应变 S_j 和沿 i 方向的施加电场 E_i 联系起来的:

$$S_j = d_{ij}E_i \qquad (7.55)\ \text{逆压电效应}$$

公式(7.54)和(7.55)中的系数 d_{ij} 是相同的[①]。

从前面的讨论和图 7.38 可以很容易看出,由于压电晶体可以将电信号(电场)转换成机械信号(应变),反之亦然,它们从本质上讲是机电换能器。它们广泛用于超声换能器、麦克风和加速器等涉及到机电转换的许多工程应用。压电换能器广泛用于在固体中产生**超声波**,以及检测机械波,如图 7.41 所示。换能器简单说是一个压电晶体,例如石英,它通过适当的切割和电极制备,可以产生所需的机械振动类型(例如纵向或横向振动)。如图 7.41 所示,左边的换能器被贴在需要检测的固体的 A 表面上。它被一个交流电源激励,产生机械振动。这些振动通过适当的耦合介质(通常是油脂)耦合到固体中,产生机械波或弹性波,从 A 面开始传播。由于这些波的频率一般高于音频,它们被称为**超声波**。当弹性波到达另一端 B 面时,它们以机械振动方式激励贴在 B 面的右边的换能器,此换能器又将振动转换成电信号,并可以很容易地显示在示波器上。在这个简单的例子中,我们可以很容易地测量弹性波在固体中从 A 传播到 B 的时间,由此确定波的超声速度,因为 AB 距离是已知的。根据超声速度,可以确定固体的弹性模量(杨氏模量)。此外,固体中如果有裂缝等内部缺陷,它们会反射或散射超声波。这些反射导致了回波,可以被适当放置的换能器探测出。这些超声测试方法被广泛应用于机械工程中的固体无损检测。

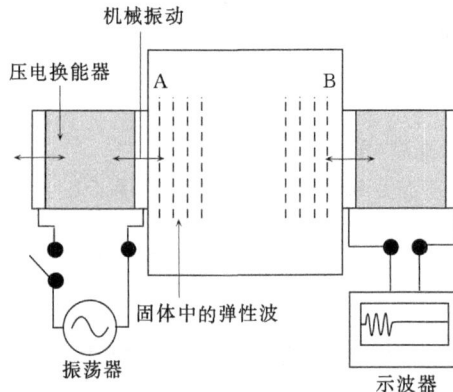

图 7.41 压电换能器被广泛用于在固体中产生超声波,以及检测机械波。图中左边的换能器通过一个交流电源激励产生机械振动。这些振动被耦合到固体中,产生弹性波。当弹性波到达另一端时,它们以机械振动方式激励右边的换能器,此换能器又将振动转换成电信号

很明显,在压电换能器应用中一个重要的工程参数是电能和机械能之间的机电耦合。**机电耦合系数** k 可以根据 k^2 定义给出:

$$k^2 = \frac{由电能转换的机械能}{输入的电能} \qquad (7.56a) \text{ 机电耦合系数}$$

也可以由等效公式给出:

$$k^2 = \frac{由机械能转换的电能}{输入的机械能} \qquad (7.56b) \text{ 机电耦合系数}$$

表 7.8 总结了一些常用压电材料和它们的一些应用。所谓的 PZT 陶瓷在许多压电应用

---

① 式(7.54)和(7.55)中系数的等效性可以通过热力学证明,在本教材中不做考虑。对于严格的压电定义,参见 IEEE 标准 176-1987(*IEEE Trans. on Ultrasonics, Ferroelectrics and Frequency Control*, 1996 年 9 月号)

中得到了广泛使用。PZT 表示锆钛酸铅陶瓷,是锆酸铅($PbZrO_3$)和钛酸铅($PbTiO_3$)的固溶体。它的组成是 $PbZr_xTi_{1-x}O_3$,其中 x 由固溶体的成分决定,通常为 0.5。PZT 压电元件采用典型的陶瓷烧结工艺制备。将 PZT 粉放入模具中在高温下加压成型。在烧结过程中,陶瓷粉通过相互扩散而熔合。最终性能不仅取决于固溶体的成分,而且取决于制备工艺,这是因为制备工艺控制了陶瓷的平均晶粒和多晶结晶性。电极沉积在最终的陶瓷件上,然后通过施加极化电场来极化陶瓷,以获得压电性。极化过程通常是指在升高温度条件下施加一个极化电场,对各种晶粒的极化进行排列,获得压电效应。

表 7.8　压电材料及其 d 和 k 的典型值

晶体	d(m·V^{-1})	k	备 注
石英(SiO₂ 晶体)	2.3×10^{-12}	0.1	晶体振荡器、超声换能器、延迟线、滤波器
罗息盐	350×10^{-12}	0.78	
钛酸钡	190×10^{-12}	0.49	加速度计
PZT,锆钛酸铅	480×10^{-12}	0.72	获得广泛应用,包括耳机、麦克风、火花发生器(气体打火机、汽车点火器)、位移换能器、加速度计
聚偏氟乙稀	18×10^{-12}	—	必须极化;加热后施加电场,然后冷却。大面积和廉价

例 7.13　压电火花发生器　压电火花发生器在打火机和汽车点火器等得到广泛应用。如图 7.42(a)所示,它是通过对压电晶体加应力,产生高电压,在火花隙中放电。考虑图 7.42(a)中的圆柱形压电样品,假设压电系数 $d=250\times10^{-12}$ m·V^{-1} 和 $\varepsilon_r=1000$。压电圆柱体的长度为 10 mm,直径为 3 mm。火花隙是在空气中,击穿电压大约为 3.5 kV。需要多大的力使火花隙放电? 这个力可以实现吗?

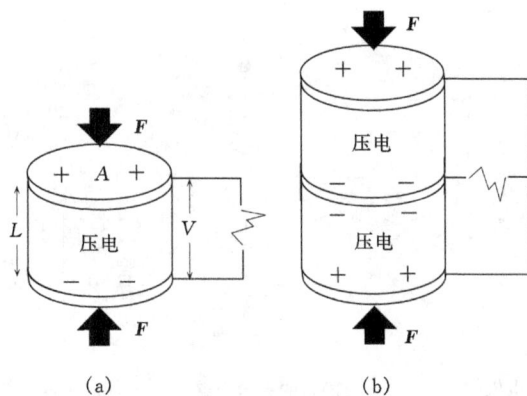

图 7.42　压电火花发生器

解:我们需要推导诱导电压与施加力的表达式。如果施加应力为 T,则诱导极化强度 P 为

$$P = dT = d\frac{F}{A}$$

由诱导极化强度 P 得到诱导表面极化电荷 $Q=AP$。如果 C 是电容,则诱导电压为:

$$V = \frac{Q}{C} = \frac{AP}{\left(\dfrac{\varepsilon_0\varepsilon_r A}{L}\right)} = \frac{LP}{\varepsilon_0\varepsilon_r} = \frac{L\left(d\dfrac{F}{A}\right)}{\varepsilon_0\varepsilon_r} = \frac{dLF}{\varepsilon_0\varepsilon_r A}$$

因此,所需力为:

$$F = \frac{\varepsilon_0\varepsilon_r AV}{dL} = \frac{(8.85\times10^{-12}\times1000)\pi(1.5\times10^{-3})^2(3500)}{(250\times10^{-12})(10\times10^{-3})} = 87.6\,\text{N}$$

这个力可以通过用手挤压恰当的杠杆设计产生,质量为 9 kg。这个力必须很快施加,因为如果电荷产生得太慢,压电电荷会很快泄漏掉(或被中和)。许多火花点火器是利用机械撞击。火花中的能量取决于产生的电荷量,可以通过如图 7.42(b)所示的利用两个压电晶体背靠背来增加,这是一个火花发生器的很实用的设计。单位力下的诱导电压 V/F 与 $d/(\varepsilon_0\varepsilon_r)$ 成正比,后者称为**压电电压系数**。一般来讲,如果在晶体中,施加应力 $T = F/A$ 诱导出电场 $E = V/L$,则这个效应与压电电压系数 g 相关:

$$E = gT \tag{7.57}$$ 压电电压系数

这里留一个作业,证明 $g = d/(\varepsilon_0\varepsilon_r)$。

7.8.2　压电性:石英谐振器和滤波器

压电石英晶体的一个重要应用是用谐振器和滤波器进行频率控制。考虑一个按要求切割的石英薄片,上下两个面备有薄的金电极。假定我们将晶体的电极连接到一个交流电源,激励机械振动,如图 7.43(a)所示。当波长为 λ,波沿长度 l 传播时,如满足下列驻波条件,则有可能产生机械共振或机械驻波:

$$n\left(\frac{1}{2}\lambda\right) = l \tag{7.58}$$ 机械驻波

其中 n 是整数。

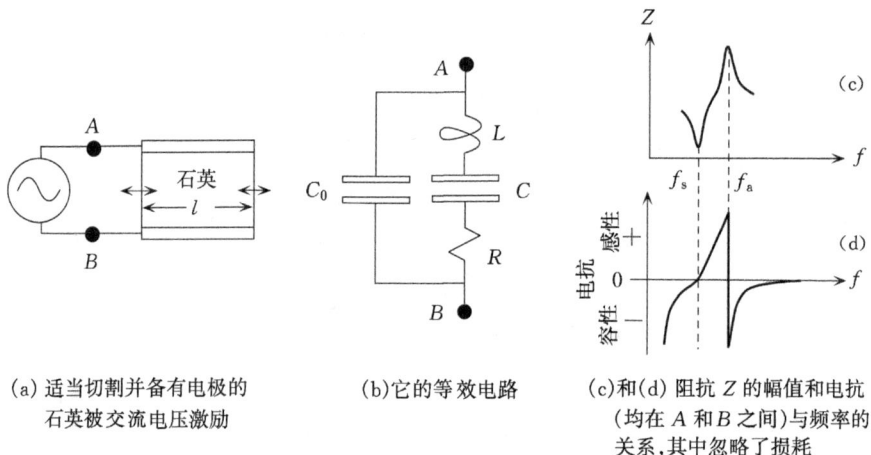

(a) 适当切割并备有电极的　　　(b)它的等效电路　　　(c)和(d)阻抗 Z 的幅值和电抗
　　石英被交流电压激励　　　　　　　　　　　　　　　　　(均在 A 和 B 之间)与频率的
　　　　　　　　　　　　　　　　　　　　　　　　　　　　关系,其中忽略了损耗

图 7.43　石英晶体的谐振

这些机械振动的频率 f_s 由 $f_s = v/\lambda$ 给出,其中 v 是介质中波的速度,λ 是波长。石英中这些机械振动的损耗非常小,因此有很高的品质因子 Q,这意味着当电激励频率接近 f_s 时共振才有可能发生。由于电激励和机械振动的耦合是通过压电效应,在交流电源激励下,机械振动的表现如同一个串联 LCR 电路,如图 7.43(b)所示。这个 LCR 串联电路在由下式给出的**机械谐振频率** f_s 下阻抗最小:

$$f_s = \frac{1}{2\pi \sqrt{LC}}$$

（7.59）机械谐振频率

在这个串联 LCR 电路中,L 表示换能器的质量,C 表示硬度,R 表示损耗或机械阻尼(L:动生电感;C:动生电容;R:机械阻尼电阻。——译者注)。由于石英晶体在两个相对表面上有电极,因此,电极间存在有平行板电容 C_0。这样,整个等效电路为 C_0 与 LCR 并联,如图 7.34(b)所示。从 L 角度看,C_0 和 C 是串联的。由于 L 与串联的 C_0 和 C 谐振,出现第二个高次谐振频率 f_a,称为**反谐振频率**:

$$f_a = \frac{1}{2\pi \sqrt{LC'}}$$

（7.60）反谐振频率

其中

$$\frac{1}{C'} = \frac{1}{C_0} + \frac{1}{C}$$

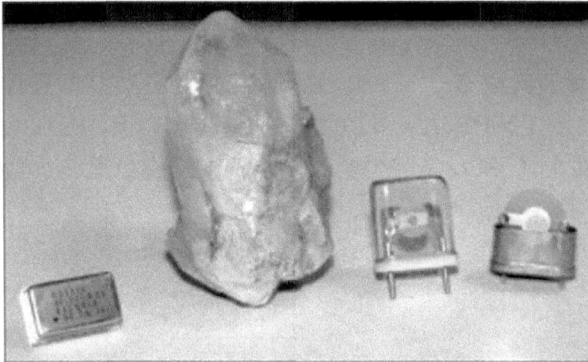

各种石英晶体"谐振器"。从左到右:40 MHz Raltron;天然石英晶体(南达科塔);27 MHz 飞利浦;切掉一部分的典型晶体谐振器

石英晶体两端的阻抗与频率的关系如图 7.43(c)所示。两个频率 f_s 和 f_a 分别称作串联和并联谐振频率。很显然,在 f_a 附近,晶体的表现像一个具有高 Q 值的滤波器。如果我们分析晶体的电抗,不论是电容性的,还是电感性的,我们会发现如图 7.34(d)所示的现象,正的电抗是电感性的,而负的电抗是电容性的。在 f_s 和 f_a 之间,晶体表现为电感性,而在其之外则表现为电容性。实际上,传感器在 f_s 和 f_a 之间的响应是由晶体质量控制的。电气工程师利用这个性质设计石英谐振器。

在石英谐振器中,晶体总是工作在两种模式之一。在第一种情况下,晶体工作在 f_s 下,它表现为一个电阻 R,而没有电抗。设计的电路只有当晶体无电抗或无相移(即在 f_s)时才能发生谐振。在此频率之外,晶体出现电抗或相移,无法维持持续的谐振。在另外一种工作模式下,振荡器电路的设计利用了稍高于 f_s 频率下晶体的**电感**。由于在 f_s 和 f_a 之间,即使大的电感变化所引起的频率变化也很小,所以谐振在接近 f_s 点得以维持。

例 7.14　石英晶体及其等效电路　根据下式可以同样定义耦合系数:

$$k^2 = \frac{\text{储存的机械能}}{\text{储存的总能量}}$$

证明

$$k^2 = 1 - \frac{f_s^2}{f_a^2}$$

有一个典型的 X 切石英晶体,$k=0.1$。当 $f_s=1\,\text{MHz}$ 时,f_a 为多少? 可以得出什么结论?

解:当储存机械能时,C 表示机械质量,当储存电能时用 C_0 表示。如果 V 是施加的电压,则有

$$k^2 = \frac{\text{储存的机械能}}{\text{储存的总能量}} = \frac{\frac{1}{2}CV^2}{\frac{1}{2}CV^2 + \frac{1}{2}C_0V^2} = \frac{C}{C+C_0} = 1 - \frac{f_s^2}{f_a^2}$$

对上式整理,我们得到:

$$f_a = \frac{f_s}{\sqrt{1-k^2}} = \frac{1\,\text{MHz}}{\sqrt{1-(0.1)^2}} = 1.005\,\text{MHz}$$

这样,$f_a - f_s$ 仅为 $5\,\text{kHz}$。图 7.43(d)中的两个频率 f_s 和 f_a 非常接近。一个谐振器设计在 f_s,即在 $1\,\text{MHz}$ 产生谐振,所以不能有很大的漂移(例如,几 kHz),因为它将使电感发生很大变化,破坏谐振条件。

例 7.15　石英晶体及其电感　一个典型的 $1\,\text{MHz}$ 的石英晶体具有下列性质:

$$f_s = 1\,\text{MHz}, f_a = 1.0025\,\text{MHz}, C_0 = 5\,\text{pF}, R = 20\,\Omega$$

在晶体的等效电路中,C 和 L 是多少? 晶体的品质因数 Q 是多少? 已知:

$$Q = \frac{1}{2\pi f_s RC}$$

解:f_s 的表达式为

$$f_s = \frac{1}{2\pi \sqrt{LC}}$$

根据 f_a 的表达式,我们有:

$$f_a = \frac{1}{2\pi \sqrt{LC'}} = \frac{1}{2\pi \sqrt{L\dfrac{CC_0}{C+C_0}}}$$

f_a 除以 f_s,并消去 L,可以得到:

$$\frac{f_a}{f_s} = \sqrt{\frac{C+C_0}{C_0}}$$

所以 C 为

$$C = C_0 \left[\left(\frac{f_a}{f_s} \right)^2 - 1 \right] = (5\,\text{pF})(1.0025^2 - 1) = 0.025\,\text{pF}$$

这样

$$L = \frac{1}{C(2\pi f_s)^2} = \frac{1}{0.025 \times 10^{-12}(2\pi 10^6)^2} = 1.01\,\text{H}$$

这是一个很大的电感,显而易见,在 f_s 以上,感抗急剧增大。品质因数

$$Q = \frac{1}{2\pi f_s RC} = 3.18 \times 10^5$$

它非常大。

7.8.3　铁电和热释电晶体

某些晶体即使在没有电场的情况下也有永久极化。由于晶体中正负电荷的分离,晶体拥有有限的极化矢量。这类晶体被称为**铁电体**[1]。钛酸钡(BaTiO₃)可能是最典型的例子。在大约 130℃ 以上,BaTiO₃ 的晶体结构为立方晶胞,如图 7.44(a)所示。负电荷(O²⁻)与正电荷 Ba²⁺ 和 Ti⁴⁺ 的质心在 Ti⁴⁺ 离子处重合,如图 7.44(b)所示,所以没有净极化,$P=0$。因此,在 130℃ 以上,钛酸钡晶体没有永久极化,不是铁电体。然而,在 130℃ 以下,钛酸钡为四方结构,如图 7.44(c)所示,Ti⁴⁺ 原子不再位于负电荷质心位置。晶体由于负电荷和正电荷质心的分离而产生极化。晶体具有有限极化矢量 P,成为铁电体。在温度超过临界温度以上,丧失了铁电性,这个临界温度称为**居里温度**(T_C),这里为 130℃。在居里温度以下,整个晶体出现自发极化。伴随着自发极化的出现,晶体结构发生畸变。如图 7.44(b)到图 7.44(c)所示的变化。Ti⁴⁺ 离子在居里温度以下的自发位移使得立方结构伸长,变成四方结构。需要强调的是,在这里我们描述的是一种观察,而不是整个晶体自发极化产生的原因。在居里温度以下,永久偶极矩的发展涉及到如图 7.44 中所示简单晶胞外的离子间的长程相互作用。如图 7.44(c)所示,当每个晶胞中 Ti⁴⁺ 离子沿 c 方向进行微小的位移,产生偶极矩时,晶体的能量更低。当这些偶极子沿相同方向排列时,相互作用能低于整个晶体的能量。应该指出,在稍低于 T_C 下发生自发极化时,相对于晶胞尺寸,晶体的畸变非常小。例如在 BaTiO₃ 晶体中,c/a 为 1.01,与 a = 0.4 nm 相比,Ti⁴⁺ 离子偏离中心的位移仅为 0.012 nm。

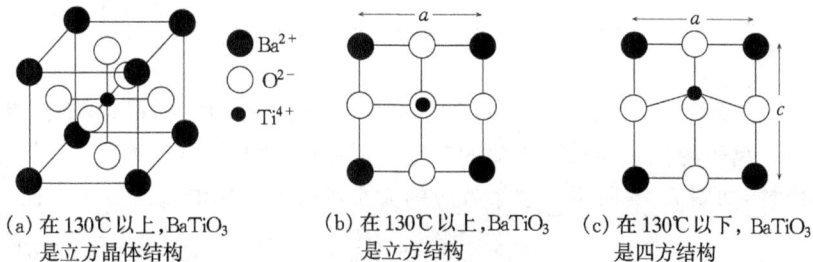

(a) 在 130℃ 以上,BaTiO₃ 　　(b) 在 130℃ 以上,BaTiO₃ 　　(c) 在 130℃ 以下,BaTiO₃
　　是立方晶体结构　　　　　　　　是立方结构　　　　　　　　　是四方结构

图 7.44　在高于和低于 130℃ 时,BaTiO₃ 具有不同的晶体结构,导致了不同的介电性能

铁电晶体的一个重要并且在技术上非常有用的特性是它可以被极化。在 130℃ 以上,晶体中没有永久极化。如果我们施加一个极化电场 E,并将晶体冷却到 130℃ 以下,我们可以沿电场方向诱导出自发极化 P。换句话说,我们通过施加一个极化外场可以定义 c 轴。这个过程被称为极化。c 轴是沿 P 方向的极轴,也称为**铁电轴**。由于在居里温度以下晶体具有永久极化,不可能再用表达式

$$P = \varepsilon_0(\varepsilon_r - 1)E$$

定义相对介电常数。假设我们采用一个铁电晶体作为两个平行板之间的电介质。垂直于板的任何 ΔP 变化可以改变储存的电荷,而对观测者重要的是极化的改变。这一点很容易理解,我

---

[1]　类似于具有磁性的铁磁晶体。

们注意到 $C=Q/V$ 并不是电容很好的定义,因为即便是没有电压[①],在极板上可能已有电荷。因此,我们更倾向于根据 $\Delta Q/\Delta V$ 定义 C,其中 ΔQ 是由于电压的变化 ΔV 引起的储存电荷的变化。同样,我们可以根据电场 E 的 ΔE 诱导 P 的 ΔP 来定义相对电容率 ε_r,

$$\Delta P = \varepsilon_0(\varepsilon_r - 1)\Delta E$$

沿 a 轴施加的电场要比沿 c 轴的电场更加容易移动 Ti^{4+} 离子。实验表明,沿 a 轴,$\varepsilon_r \approx$ 4100,远大于沿 c 轴的 $\varepsilon_r \approx 160$。铁电陶瓷由于具有大的介电常数,在电容器中用作高 K 电介质。

所有的铁电晶体也是压电体,但反之则不成立;并不是所有的压电晶体都是铁电体。当对图 7.45(a) 中的 $BaTiO_3$ 晶体沿 y 轴施加应力时,Ti^{4+} 离子的位移导致了晶体沿 y 伸长,如图 7.45(b) 所示。然而,负电荷的质心没有移动,这意味着沿 y 轴的极化矢量有一变化 ΔP。因此,施加的应力诱导了极化的改变,这就是压电效应。如果应力是沿 x 轴,如图 7.54(c) 所示,那么极化的改变是沿 y 轴。在上述两种情况下,ΔP 正比于应力,这是压电效应的一个特征。

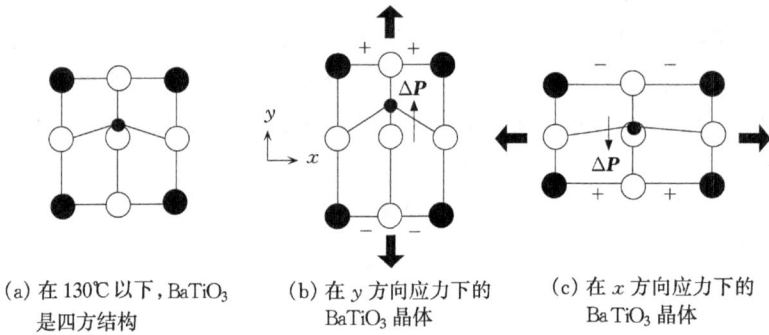

(a) 在 130℃ 以下,$BaTiO_3$ 是四方结构

(b) 在 y 方向应力下的 $BaTiO_3$ 晶体

(c) 在 x 方向应力下的 $BaTiO_3$ 晶体

图 7.45   在居里温度以下 $BaTiO_3$ 的压电性能

图 7.44 中的钛酸钡晶体也是热释电性的。因为当温度增加时,晶体膨胀,离子间的相对距离改变。Ti^{4+} 离子的位移导致了极化的改变。因此,温度变化 δT 诱导了晶体极化变化 δP。这就是**热释电性**,如图 7.46 所示。这个效应的大小可以由热释电系数 p 来表征,它的定义为:

$$p = \frac{dP}{dT} \tag{7.61} \text{热释电系数}$$

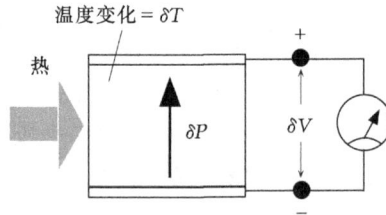

图 7.46   晶体吸收的热量增加了温度 δT,诱导了极化的改变 δP,这就是热释电效应。增量 δP 导致了可测电压的变化 δV

[①]   当 $V=0$ 时,电容极板上的有限 Q 意味着无限大的电容,$C=\infty$。但是,定义 $C=\Delta Q/\Delta V$ 可以避免这种情况。

表 7.9 中列出了几种典型的热释电晶体及其热释电系数。非常小的温度变化,即便是几千分之一度,也可以在材料中产生出很容易测量的电压。以表 7.9 中 PZT 型的热释电陶瓷为例,假定 $\delta T = 10^{-3}$ K 和 $p \approx 380 \times 10^{-6}$,可以得到 $\delta P = 3.8 \times 10^{-7}$ C·m^{-2}。根据

$$\delta P = \varepsilon_0(\varepsilon_r - 1)\delta E$$

由于 $\varepsilon_r = 290$,我们得到

$$\delta E = 148 \text{ V·m}^{-1}$$

如果产生电荷的陶瓷的两个面的间距为 0.1 mm,则有

$$\delta V = 0.0148 \text{ V} \quad \text{或} \quad 15 \text{ mV}$$

这个电压很容易测量。热释电晶体广泛用于红外探测器。任何红外辐射可以升高晶体的温度,即使几千分之一度也可以被探测到。例如,许多入侵报警器采用热释电探测器,因为当人或动物入侵者经过探测器的探测区域时,温暖的身体产生的红外辐射提高了热释电探测器的温度,产生了电压,从而触发了探测器。

表 7.9　部分热释电(也是铁电)晶体及其典型性能

材料	ε'_r	$\tan\delta$	热释电系数 ($\times 10^{-6}$C·m^{-2}·K^{-1})	居里温度 (℃)
BaTiO$_3$	4100⊥极轴 160∥极轴	7×10^{-3}	20	130
LiTaO$_3$	47	5×10^{-3}	230	610
改性热释电 PZT	290	2.7×10^{-3}	380	230
聚合物 PVDF	12	0.01	27	80

图 7.47 给出了热释电辐射探测器的简化电路示意图。标记为 A 的探测单元实际上是一块薄的热释电晶体或陶瓷(甚至聚合物),在其相对表面上备有电极。热释电材料同时也是压电体,所以也对应力敏感。因此由于诸如探测器座或声波等振动引起的应力起伏将干扰探测器对辐射的响应。这可以通过加入第二个参考单元 B 来补偿,它具有反射涂层,经历相同的振动(空气或探测器座),如图 7.47 所示。所以,探测器有两个单元:探测单元 A 具有吸收表面,补偿单元 B 具有反射表面。应力起伏在两个单元中产生相同的压电电压,在放大器的输入端 a 和 b 之间互相抵消。当有辐射入射时,只有探测单元吸收辐射,温度升高,并产生热释电电电压。这个电压出现在 a 和 b 两端。当入射辐射对探测单元加热时,热释电电压随时间增加。最终,温度达到稳态,它是由探测单元的热量损失所决定的。与此同时,我们可以预计热释电电压达到恒定值。然而,因为表面电荷被缓慢中和或泄漏掉,恒定热释电电压无法维持。由此,通常将恒定辐射斩波,使探测器受到周期性脉冲的辐射,图 7.47 所示。因此,热释电电压是时间的函数,很容易测量,并可以与入射辐射的功率联系起来。

很多热释电应用涉及到由于温度升高产生的热释电电流。这是另外一种研究热释电现象的方法,它不同于晶体上产生的感应热释电电压(图 7.46)。在一个很小时间间隔 δt 中,由于温度变化 δT 产生的感应极化 δP 导致了在晶体表面的感应极化电荷密度 δP。这个电荷密度 δP 在时间间隔 δt 中流动,产生了**感应极化电流密度** J_P,即:

$$J_P = \frac{dP}{dt} = p\frac{dT}{dt} \qquad (7.62) \text{ 热释电流密度}$$

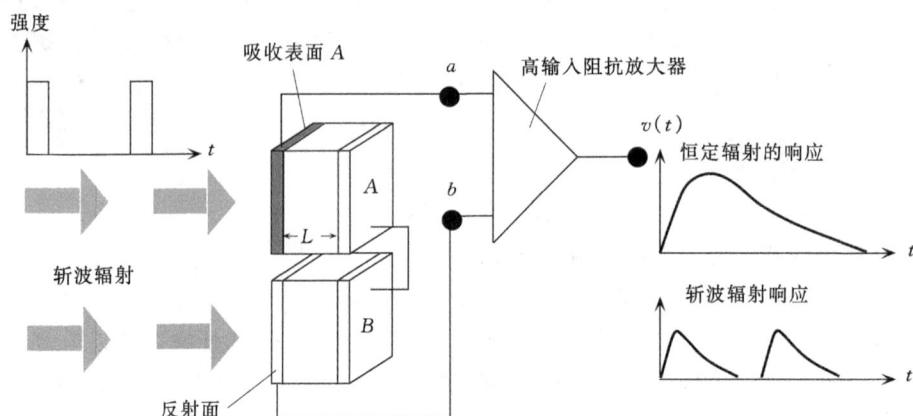

图 7.47 热释电探测器

探测单元 A 吸收了辐射,产生了热释电电压,并由放大器检测。第二个单元 B 由于具有反射电极,不能吸收辐射。它是用于补偿压电效应的参考单元。压电效应在 A 和 B 中产生相同的电压,在放大器的输入端 a 和 b 之间互相抵消。

公式(7.62)中的 J_P 被称为**热释电电流密度**,它取决于吸收辐射后温度变化的速率 dT/dt。

大部分热释电探测器可以用**电流响应** R_I 表征,它定义为单位输入辐射功率产生的热释电电流:

$$R_I = \frac{\text{产生的热释电电流}}{\text{输入的辐射功率}} = \frac{J_P}{I} \qquad (7.63) \text{热释电流响应}$$

其中 I 是辐射强度($\text{W} \cdot \text{m}^{-2}$),$R_I$ 的单位为 $\text{A} \cdot \text{W}^{-1}$。如果晶体产生的热释电电流流经晶体本身的电容(没有外接电阻或电容相连,电压表为理想的仪表),它对自身电容充电,产生可以观测到的电压 δV,如图 7.46 所示。**热释电电压响应** R_V 与公式(7.63)类似,只是输入辐射产生的是电压:

$$R_V = \frac{\text{产生的热释电输出电压}}{\text{输入的辐射功率}} \qquad (7.64) \text{热释电压响应}$$

输出电压不仅取决于热释电晶体的介电性能,而且依赖于放大器的输入阻抗,影响因素很多。市场上的 LiTaO_3 热释电探测器的电流响应一般在 $0.1 \sim 1 \, \mu\text{A/W}$。

例 7.16 **热释电辐射探测器** 考虑图 7.47 中的辐射探测器,这里只有一个单元 A。假设辐射被斩波,在每 τ 秒中有 Δt 时间的辐射到达探测器,这里 $\Delta t \ll \tau$。如果 Δt 足够小,这时温升 ΔT 也小,所以热量损失在时间 Δt 内可以忽略不计。利用热容可以得到时间 Δt 内的温度变化,将电压大小 ΔV 与入射辐射强度 I 联系起来。你的结论是什么?

考虑一种 PZT 型热释电材料,它的密度约为 $7 \, \text{g} \cdot \text{cm}^{-3}$,比热容约为 $380 \, \text{J} \cdot \text{K}^{-1} \cdot \text{kg}^{-1}$。如果 $\Delta t = 0.2 \, \text{s}$,大于背景噪音并可测得的最小电压为 $1 \, \text{mV}$,可测最小辐射强度是多少?

解:假设在时间间隔 Δt 内受到的辐射强度为 I,传递到热释电探测器的能量为 ΔH。在没有任何热量损失的情况下,能量 ΔH 使温度升高 ΔT。如果 c 是比热容(单位质量的热容),ρ 是密度,则

$$\Delta H = (AL\rho)c\Delta T$$

其中 A 是表面积,L 是探测器的厚度。极化变化 ΔP 为

$$\Delta P = p\Delta T = \frac{p\Delta H}{AL\rho c}$$

表面电荷变化 ΔQ 为

$$\Delta Q = A\Delta P = \frac{p\Delta H}{L\rho c}$$

这个表面电荷变化引起了探测器电极之间电压变化 ΔV。如果 $C=\varepsilon_0\varepsilon_r A/L$ 是热释电晶体的电容,有

$$\Delta V = \frac{\Delta Q}{C} = \frac{p\Delta H}{L\rho c} \times \frac{L}{\varepsilon_0\varepsilon_r A} = \frac{p\Delta H}{A\rho c\varepsilon_0\varepsilon_r}$$

在 Δt 内吸收的能量(热能)ΔH 取决于入射辐射的强度。入射强度 I 是单位面积单位时间内传递的能量。在时间 Δt 内,I 传递的能量 $\Delta H=IA\Delta t$。在 ΔV 表达式中取代 ΔH 可以得到

$$\Delta V = \frac{pI\Delta t}{\rho c\varepsilon_r\varepsilon_0} = \left(\frac{p}{\rho c\varepsilon_r\varepsilon_0}\right)I\Delta t \qquad (7.65) \quad \boxed{\text{热释电探测器输出电压}}$$

圆括号内的参数是材料性质,对热释电材料的应用很重要。应当强调,在推导公式(7.65)时,我们没有考虑任何热量损失,以避免温度变化的不确定性。如果 Δt 很短,温度变化将会很小,热量损失可以忽略不计。

考虑一个 PZT 型的热释电体,我们取 $p=380\times10^{-6}$ C·m^{-2}·K^{-1},$\varepsilon_r=290$,$c=380$ J·K^{-1}·kg^{-1},$\rho=7\times10^3$kg·m^{-3},当 $\Delta V=0.001$ V 和 $\Delta t=0.2$ s 时,根据公式(7.65),我们有

$$I= \left(\frac{p}{\rho c\varepsilon_0\varepsilon_r}\right)^{-1}\frac{\Delta V}{\Delta t} = \left(\frac{380\times10^{-6}}{(7000)(380)(290)(8.85\times10^{-12})}\right)^{-1}\frac{0.001}{0.2}$$
$$= 0.090 \text{ W·m}^{-2} \quad 或 \quad 9 \text{ μW·cm}^{-2}$$

我们已经假设所有入射辐射 I 被热释电晶体吸收。在实际中,仅有一部分 η(称为表面吸收率),即 ηI 而不是 I 被吸收。我们也假设过在热释电单元电容上的输出电压 ΔV 可以达到最大,即与热释电晶体相比较,放大器的输入阻抗(输入电容和电阻的并联)可以忽略。如前所述,我们也忽略了热释电晶体上的所有热量损耗,因此,所吸收的辐射完全用于提高晶体的温度。这些简化的假设导致了对于一个给定输入辐射信号 I 所能产生的最大信号电压 ΔV,如公式(7.65)所示。这里留一个练习题,证明公式(7.65)可以很容易地从公式(7.62)推导出,通过热释电电流密度 J_P 对晶体的电容 $C=\varepsilon_0\varepsilon_r A/L$ 进行充电。

附加的专题

7.9　电位移和去极化电场

电位移(D)和自由电荷　考虑如图 7.48(a)所示的一个两极板间为自由空间的平行板电容器。将它与电压为 V_0 的电池相连充电至电压 V_0。如果将电池迅速去掉,则在极板上分别留有正的和负的自由电荷 Q_{free}。所谓自由电荷是因为它们可以传导流走。一个理想的静电计(没有漏电流)可以测量正极板上的总电荷量(或正极板相对于负极板的电压)。极板间的电压

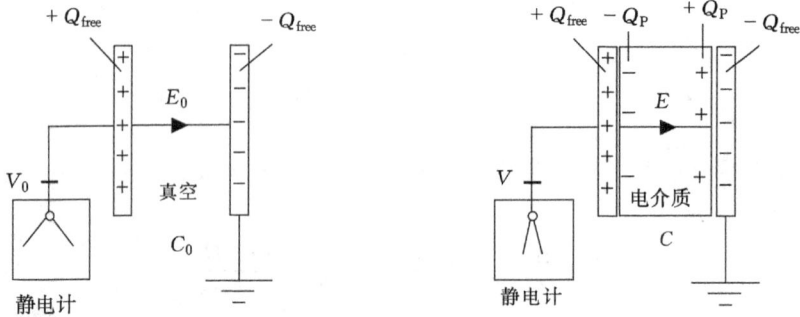

(a) 极板间为自由空间的平行板电容器，它的充电电压为 V_0。没有电池维持的电容两端的电压不变。静电计用于测量极板间的电压差，在理想情况下，不影响测量

(b) 插入电介质后，电压差为 V，小于 V_0。电介质中的电场 E 小于 E_0

图 7.48

为 V_0，电容为 C_0。极板间自由空间中的电场为：

$$E_0 = \frac{Q_{\text{free}}}{\varepsilon_0 A} = \frac{V_0}{d} \qquad (7.66) \quad \text{没有电介质的电场}$$

其中 d 为极板间距。

当在极板间插入一个电介质时，电场使电介质极化，在如图 7.48(b) 所示的电介质的左右表面上出现极化电荷 $-Q_P$ 和 $+Q_P$。由于没有电池提供更多的自由电荷，在左侧极板（正极板）上的净电荷变为 $Q_{\text{free}} - Q_P$。同样在右侧极板上的净的负电荷变为 $-Q_{\text{free}} + Q_P$。介质内部的电场不再是 E_0，而是减小了。原因是感应极化电荷与原有的自由电荷极性相反，在每个极板上的净电荷减小了。新的电场可以根据高斯定律（Gauss's law）推出。考虑如图 7.49 所示的一个高斯表面，它包括了左侧极板和带有负极化电荷的电介质表面。由高斯定律给出：

$$\oint_{\text{Surface}} \varepsilon_0 E dA = Q_{\text{total}} = Q_{\text{free}} - Q_P \qquad (7.67) \quad \text{加入电介质的高斯定律}$$

其中 A 是极板面积（与介质表面积相同）。我们取电场垂直于表面，如图 7.49 所示。如果在介质的一个很小的表面 dA 上的极化电荷为 dQ_P，则在这点的极化电荷密度 σ_P 可以定义为

$$\sigma_P = \frac{dQ_P}{dA}$$

对于均匀极化，电荷分布为 Q_P/A，这在前面已使用过。由于 $\sigma_P = P$，其中 P 是极化矢量，我们可以写成

$$P = \frac{dQ_P}{dA}$$

因此 Q_P 可以表示为

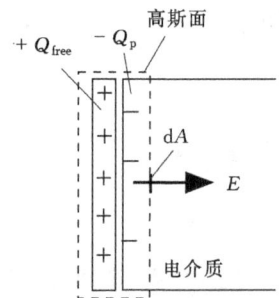

$$Q_P = \oint_{\text{Surface}} P dA \qquad (7.68)$$

图 7.49　位于左侧极板和介质的高斯表面，它包括了 $+Q_{\text{free}}$ 和 $-Q_P$

在公式 (7.67) 中用上式取代 Q_P，并将这项移至左边，两个面积分相加。右边只剩下 Q_{free}

项,即

$$\oint_{\text{surface}} (\varepsilon_0 E + P) \mathrm{d}A = Q_{\text{free}} \tag{7.69}$$

可以看出,$(\varepsilon_0 E + P)$ 的面积分总是等于总的表面自由电荷。不论何种电介质材料,这个积分总是 Q_{free}。由此可以将 $(\varepsilon_0 E + P)$ 定义为**电位移** (electric displacement),用 D 表示:

$$D = \varepsilon_0 E + P \tag{7.70}$$ 电位移定义

于是,根据自由电荷写成的高斯定律为:

$$\oint_{\text{Surface}} D \mathrm{d}A = Q_{\text{free}} \tag{7.71}$$ 自由电荷的高斯定律

在式(7.71)中,我们取 D 垂直于表面 $\mathrm{d}A$,如同高斯定律中 E 一样。式(7.71)提供了一个计算电位移 D 的很方便的方法,由此可以确定电场。但应注意,一般来讲,E 和 P 都是矢量,所以式(7.70)是根据矢量来严格定义的。因为电位移只取决于自由电荷,因此,作为矢量,它起始于负的自由电荷,终止于正的自由电荷。

式(7.71)是根据 E 和 P 定义 D 的。我们也可以只根据电介质中的电场来表示 D。极化 P 和 E 可以由定义相对介电常数 ε_r 联系起来:

$$P = \varepsilon_0 (\varepsilon_r - 1) E$$

取代式(7.70)中的 P,重新整理,我们可以发现 D 可由下式给出:

$$D = \varepsilon_0 \varepsilon_r E \tag{7.72}$$ 电位移和电场

应当注意,上述简单公式只适用于各向同性的电介质,即沿一个方向,如 x 方向的电场不会在不同方向,如 y 方向产生极化。如果出现这种情况,式(7.72)应取张量形式,它的数学处理已超出了本书的范围。

我们现在对环绕左侧极板的高斯表面应用公式(7.71):

$$D = \frac{Q_{\text{free}}}{A} = \varepsilon_0 E_0 \tag{7.73}$$

其中我们用公式(7.66)取代 Q_{free}。这样当我们插入电介质时,D 不会改变,因为极板上的自由电荷不变(它们无法流走到其它地方)。插入电介质后两极板间新的电场 E 为:

$$E = \frac{1}{\varepsilon_0 \varepsilon_r} D = \frac{1}{\varepsilon_r} E_0 \tag{7.74}$$

原来的电场由于电介质的极化而减小。我们可以回忆起,当平行板电容器连接到一个电池时,电池可以提供所需的附加电荷(ΔQ_{free}),以补偿感应的极性相反的极化电荷,维持极板间的电压不变,因此电场也不改变。

式(7.71)给出的高斯定律包含有 D 和所包围的自由电荷 Q_{free}。它也可以写成电场 E 的形式,但其中包括了相对介电常数,因为 D 和 E 由式(7.72)联系起来。利用式(7.72),式(7.71)变成:

$$\oint_{\text{surface}} \varepsilon_0 \varepsilon_r E \mathrm{d}A = Q_{\text{free}}$$ 自由电荷的高斯定律

对于各向同性介质,ε_r 在任何一点均相同

$$\oint_{\text{Surface}} E \mathrm{d}A = \frac{Q_{\text{free}}}{\varepsilon_0 \varepsilon_r} \tag{7.75}$$ 各向同性介质中的高斯定律

如前所述,在表面积分中,E 在任何一点都被认为是垂直于 $\mathrm{d}A$。如果电介质的介电常数

是给定的,则利用式(7.75)可以很方便地由自由电荷计算出电场。

去极化电场 我们考察由两个电场产生的电场 E:由自由电荷产生的电场 E_0 和由极化电荷产生的电场,表示为 E_{dep}。图 7.50 表示出了这两个电场。E_0 被称为**外加电场**(applied field),因为它是由于在极板上的自由电荷产生的。它起始和终止于极板上的自由电荷。由极化电荷产生的电场起始和终止于这些束缚电荷,与 E_0 方向相反。尽管 E_0 使电介质中的分子极化,方向相反的 E_{dep} 却试图使电介质去极化,它被称为**去极化电场**(depolarizing field)。因此电介质中的电场为:

$$E = E_0 - E_{dep} \qquad (7.76)$$

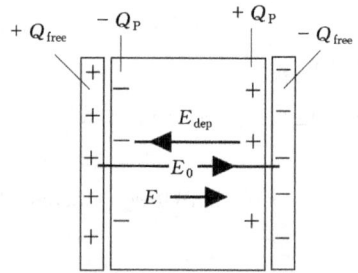

图 7.50　电介质中的电场可以看成是由自由电荷 Q_{free} 产生的电场和由电介质极化产生的去极化电场的总和

去极化场取决于极化程度,因为它由 $+Q_P$ 和 $-Q_P$ 决定。对于图 7.50 中的电介质板,我们知道电场 E 为 E_0/ε_r,因此我们可以消除式(7.76)中的 E_0,将 E_{dep} 直接与 E 联系起来:

$$E_{dep} = E(\varepsilon_r - 1)$$

然而,极化 P 和电场 E 有下列的关系:

$$P = \varepsilon_0(\varepsilon_r - 1)E$$

所以去极化电场为

$$E_{dep} = \frac{1}{\varepsilon_0}P \qquad (7.77)\ \textit{介质板中的去极化场}$$

正如我们预期的,去极化电场与极化 P 成正比。我们应当强调,E_{dep} 与 E 和 P 的方向相反,式(7.77)只是给出了数量关系。如果我们写成矢量方程,我们必须在 E_{dep} 中引入与 P 方向相反的负号。此外,式(7.77)中的关系只适用于图 7.50 中所示的电介质板的几何形状。在一般情况下,如式 7.77 所示,去极化电场仍然与极化成正比,但这时它应由下式给出:

$$E_{dep} = \frac{N_{dep}}{\varepsilon_0}P \qquad (7.78)\ \textit{电介质中的去极化场}$$

其中 N_{dep} 是数值因子,称为**去极化因子**。它考虑了电介质的形状和介质内极化的变化。对于垂直于外场放置的电介质板,$N_{dep}=1$,它变成了式(7.77)。对于图 7.51(a)中的球形电介质,$N_{dep}=1/3$。对于图 7.51(b)中的细长棒,当它的轴沿电场方向时,$N_{dep}\approx 0$。当棒的直径缩为

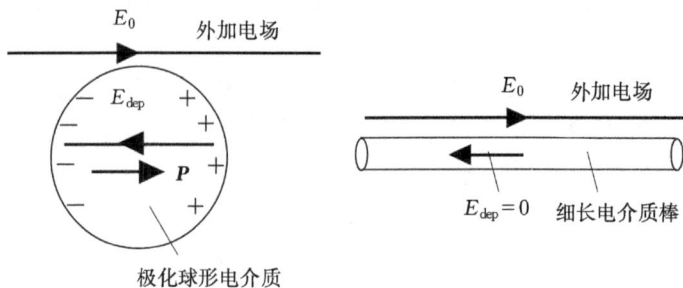

(a) 在外加电场下的球形电介质中　　　　(b) 在外加电场下的细长棒中
　　的极化和去极化电场　　　　　　　　　的去极化场几乎为零

图 7.51　电介质中的去极化场

零时，N_{dep} 为 0。N_{dep} 总是介于 0 和 1 之间。如果我们知道 N_{dep}，我们就可以确定电介质内——例如，在外场作用下的绝缘体中的小球形腔的电场。

7.10 局域电场和洛伦兹方程

当将一个电介质放到一个电场中时，它被极化，在电介质中出现一个宏观或平均场 E。一个原子中的实际场被称为**局域场** E_{loc}，它不同于图 7.7 所示的平均场。

考虑一个电介质板，将其放入一个如图 7.52(a)所示的电容器极板间，使其极化。电介质中的宏观电场 E 是由极板上的自由电荷 Q_{free} 产生的外加电场 E_0 和由 P 或电介质板表面 A 的极化电荷产生的去极化电场给出的。由于这里是板状电介质，去极化电场为 P/ε_0，所以

$$E = E_0 - E_{dep} = E_0 - \frac{1}{\varepsilon_0}P$$

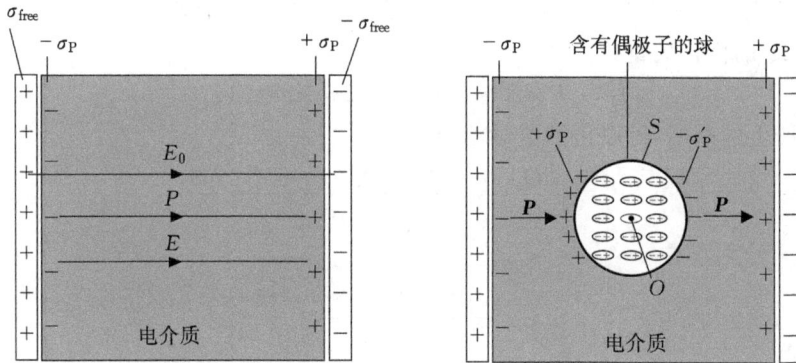

(a) 宏观电场是由外加电场和由 P 产生的去极化电场决定的

(b) 局域场的计算涉及电介质内假定的球形腔 S。它在腔体内表面 S 上产生了表面极化电荷。腔体内偶极子的作用个别地处理

图 7.52 电介质中的去极化场

考虑某一原子位置 O 点的电场，但原子本身被移走。我们来分析除了在 O 点本身的原子以外的其它所有原子对 O 点电场的贡献，这样处理是因为我们要观察这个原子所受到的电场（原子本身无法被自己的电场所极化）。然后，我们切出一个中心位于 O 点的（假设）球形腔体 S，考察腔体内每个原子的极化。换句话说，将腔体内偶极子的作用与球形腔内的其余电介质分开处理。余下的电介质被认为是具有球形腔体的连续介质，它的介电性能可以用极化矢量 P 表示。因为这个腔体，我们现在必须将极化电荷放入腔体的内表面 S 上，如图 7.52(b)所示。这样做似乎有些不合常理，但我们应当记住，我们是单独考虑腔体内每个原子偶极子的作用，从介质中切出一个球形腔体，由此引入一个表面 S。

在 O 点的电场来自四个方面：

(a) 在电极上的自由电荷 Q_{free}，由 E_0 表示；

(b) 在电介质板表面 A 上的极化电荷，由 E_{dep} 表示；

(c) 在球形腔体内表面 S 上的极化电荷，由 E_S 表示；

(d) 腔体内每个偶极子，由 $E_{dipoles}$ 表示。

因此，

$$E_{\text{loc}} = E_0 + E_{\text{dep}} + E_S + E_{\text{dipoles}}$$

由于前两项构成宏观电场，我们可以将上式写成：

$$E_{\text{loc}} = E + E_S + E_{\text{dipoles}} \qquad \text{晶体内的局域电场}$$

O 点周围的每个偶极子产生的电场取决于这些原子偶极子的位置，而所处位置又与晶体结构有关。对于立方晶体、无定形固体（如玻璃）和液体，O 点周围的偶极子的作用相互抵消，结果 $E_{\text{dipoles}}=0$。因此，

$$E_{\text{loc}} = E + E_S \qquad (7.79) \quad \begin{array}{l}\text{立方晶体内或}\\\text{非晶体材料内}\\\text{的局域电场}\end{array}$$

这样，我们现在需要考虑的是腔体内表面 S 上的极化电荷产生的电场。考虑如图 7.53 所示的位于表面 S 的薄球面壳，它与 O 点成 θ 角。这个壳层的半径是 $a\sin\theta$，而它的宽度（或厚度）是 $a\,d\theta$。表面积 dS 则是 $(2\pi a\sin\theta)(a\,d\theta)$。在球形壳表面的极化电荷 dQ_P 为 $P_n dS$，其中 P_n 是垂直于表面 dS 的极化矢量。因此，

$$dQ_P = P_n dS = (P\cos\theta)(2\pi a\sin\theta)(a\,d\theta)$$

dQ_P 为在 O 点产生的电场，可以由静电学给出：

$$d\,E_S = \frac{dQ_P}{4\pi\varepsilon_0 a^2} = \frac{(P\cos\theta)(2\pi a\sin\theta)(a\,d\theta)}{4\pi\varepsilon_0 a^2}$$

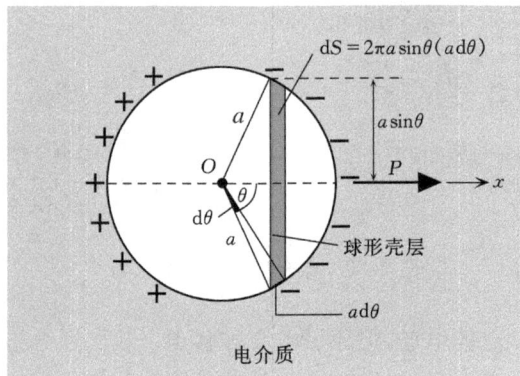

图 7.53　由球形腔体内表面 S 上极化电荷产生电场的计算。考虑一个半径为 a 的球形壳层，
　　　　表面积为 $(2\pi a\sin\theta)(a\,d\theta)$

为了求出整个 S 表面所产生的总电场，我们须对 dE_s 从 $\theta=0$ 到 $\theta=\pi$ 进行积分：

$$E_S = \int_0^\pi \frac{(P\cos\theta)(\sin\theta)}{2\varepsilon_0}d\theta$$

积分后得到：

$$E_S = \frac{1}{3\varepsilon_0}P \qquad (7.80) \quad \text{球形腔的电场}$$

这样，根据式(7.79)，局域电场为

$$E_{\text{loc}} = E + \frac{1}{3\varepsilon_0}P \qquad (7.81) \quad \begin{array}{l}\text{立方晶体内或非晶体}\\\text{材料内的局域电场}\end{array}$$

式(7.81)为**洛伦兹关系**(Lorentz relation)。根据这个关系,可以由介质极化 P 给出局域电场。它只对立方晶体和非晶材料(如玻璃)有效,不适用于局域电场很复杂的偶极子电介质。

7.11　偶极子极化

考虑一个具有永久偶极矩分子的电介质。每个永久偶极矩为 p_0。在电场作用下,偶极子试图沿电场排列。但是,随机热碰撞,即热扰动阻碍了这种完美排列。一个试图转动顺电场排列的分子与另外一个分子碰撞,造成无法排列。我们感兴趣的是在分子的热能和随机碰撞影响下,施加电场后的平均偶极矩。我们假定一个分子具有能量 E 的几率由波耳兹曼因子 $\exp(-E/kT)$ 给出。

考虑在电场下的任意一个偶极分子,如图 7.54 所示。它与电场 E 的夹角为 θ,偶极矩为 p_0。偶极子的转距由 $\tau = (F \sin\theta)a$ 或 $E p_0 \sin\theta$ 给出,其中 $p_0 = aQ$。在 θ 角下的势能 E 可由对 $\tau \, \mathrm{d}\theta$ 积分得到:

$$E = \int_0^\theta p_0 E \sin\theta \mathrm{d}\theta = -p_0 E\cos\theta + p_0 E \quad \boxed{\text{夹角为 }\theta\text{ 的偶极子的势能}}$$

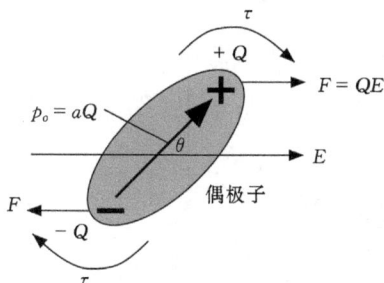

图 7.54　在电场作用下,一个偶极子试图抵抗热扰动的影响,沿电场方向转动排列

由于 PE 取决于定向,偶极子以这个角度定向的几率由波耳兹曼分布决定。分子定向在 θ 角的分数 f 与 $\exp(-E/kT)$ 成正比,

$$f \propto \exp\left(\frac{p_0 E\cos\theta}{kT}\right) \qquad (7.82) \boxed{\text{玻耳兹曼分布}}$$

偶极子的初始定向应该按三维考虑,而不是图 7.54 所画的两维图像。如图 7.55 所示,在三维空间中,我们使用立体角和分数 f 表示沿某一方向的分子的分数,这个方向由小的立体角 $\mathrm{d}\Omega$ 来定义。环绕偶极子的整个球的立体角为 4π。此外,我们需要找出沿 E 的平均偶极矩,因为它是由电场诱导的净偶极矩。沿 E 的偶极矩为 $p_0\cos\theta$。根据平均定义

$$p_{av} = \frac{\int_0^{4\pi} (p_0 \cos\theta) f \mathrm{d}\Omega}{\int_0^{4\pi} f \mathrm{d}\Omega} \qquad (7.83)$$

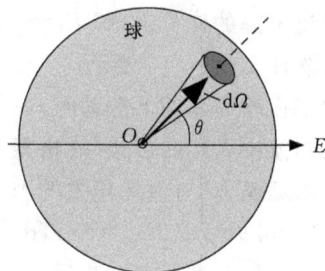

图 7.55　偶极子的立体角为 $\mathrm{d}\Omega$

其中 f 是由式(7.82)给出的波耳兹曼因子,它取决于 E 和 θ。这个积分的最后结果是称为**朗之万函数**(Langevin function)的特殊函数,它可以标记为 $L(x)$,其中 x 是函数变量(不是 x 坐标)。对式(7.83)积分得到:

$$p_{av} = p_0 L(x) \quad 和 \quad x = \frac{E}{kT}$$

$$(7.84) \quad \boxed{平均偶极矩和朗之万函数}$$

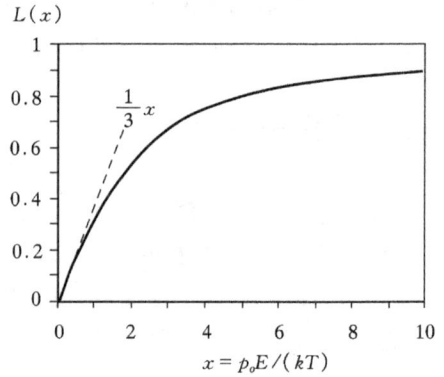

图 7.56 朗之万函数

图 7.56 给出了朗之万函数的特性。在最高电场下,$L(x)$ 趋于饱和,其值为 1。这时 $p_{av} = p_0$,它对应于所有偶极子沿电场排列。这时继续增加电场已无法增加 p_{av}。在低电场下,p_{av} 随电场线性增加。在实际情况中,施加电场的范围正好在这个线性特性区域,朗之万函数 $L(x) \approx x/3$。这样式(7.84)变成

$$p_{av} = \frac{1}{3} \frac{p_0^2 E}{kT} \qquad (7.85) \quad \boxed{取向极化的平均感应偶极矩}$$

因此,**偶极子**或**取向极化率**可以简单地写成

$$\alpha_d = \frac{1}{3} \frac{p_0^2}{kT} \qquad (7.86) \quad \boxed{偶极子或取向极化率}$$

7.12 离子极化和介电响应

在如图 7.9 所示的离子极化中,外加电场将正负离子向相反的方向移动,导致了每个离子的净偶极矩,称为每个离子的感应(诱导)偶极矩 p_i。通过施加一个交流电场 $E = E_0 \exp(j\omega t)$,我们可以计算离子极化率、离子对相对介电常数的贡献,及其与频率的关系。

考虑两个带电相反的相邻离子,例如 Na^+ 和 Cl^-,它们所受到的力为 QE,方向相反,其中 Q 是图 7.57 中每个离子的离子电荷量。离子间的键被拉长,两个离子由平衡距离 r_0 位移到新的距离 $r_0 + x$,如图 7.57 所示。由外电场产生的力 $F = QE$ 是极化力,它引起了相对位移。我们取 F 沿 x 方向。外力受到**恢复力** F_r 的抵制,恢复力是由于键的伸长(胡克定律)引起的,它正比于键的伸长量,即 $F_r = -\beta x$,其中 β 是与离子键相关的**弹簧常数**(可以很容易从键的势能曲线计算出),负号保证了 F_r 与外力的方向相反。因此,作用在离子上的净力为 $QE - \beta x$。当离子在外力作用下振动时,它们将施加电场的部分能量耦合到晶格振动上,然后,这部分能量在晶体中以热的形式(晶格振动)损失掉。类似于经典力学,这种通过耦合机制的能量损失可以用**摩擦力**(与损耗相关的力)F_{loss} 表示。摩擦力的作用是抵制外力,它与离子的速率 dx/dt 成正比,可以写成 $F_{loss} = -\gamma(dx/dt)$,其中 γ 是比例系数,它取决于电场的能量损失机理,负号保证了它与外电场方向相反。在离子上的总(净)力为

$$F_{total} = F + F_r + F_{loss} = QE - \beta x - \gamma \frac{dx}{dt} \qquad 总力$$

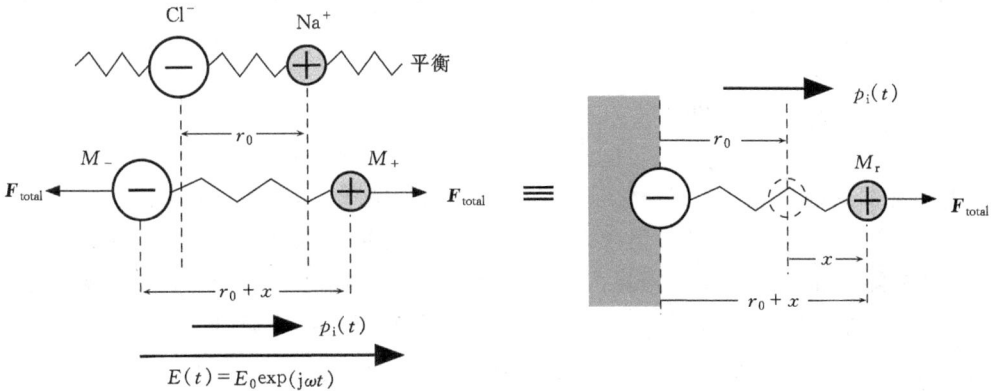

图 7.57　考虑一对带电相反的离子。在沿 x 方向的电场 E 中，Na^+ 和 Cl^- 离子相互位移 x 距离。净平均（或感应）偶极矩为 p_i

通常，我们会分别考察每个离子受迫振动的运动方程（牛顿第二定律），然后利用结果找到总的伸长量 x。等效过程（在力学中已熟知）是保持一个离子静止，使另外一个离子振动，这个振动离子的折算质量 $M_r = (M_+ M_-)/(M_+ + M_-)$，其中 M_+ 和 M_- 分别是 Na^+ 和 Cl^- 离子的质量。例如，我们可以简单地考察一下 Na^+ 离子相对于 Cl^- 离子晶格（保持"静止"）的振动。Na^+ 离子的折算质量为 M_r，如图 7.57 所示。由牛顿第二定律给出：

$$M_r \frac{d^2 x}{dt^2} = QE - \beta x - \gamma \frac{dx}{dt} \qquad (7.87)$$

　$Na^+ - Cl^-$ 离子对的受迫振动

将 M_r 和 β 放在一起，得到一个新的常数 ω_I，它表示离子键的**共振或固有角频率**，或去掉外场后的固有振动。定义 $\omega_I = (\beta/M_r)^{1/2}$，以及 γ_I 为单位折算质量的 γ，即，$\gamma_I = \gamma/M_r$。我们有：

$$\frac{d^2 x}{dt^2} + \gamma_I \frac{dx}{dt} + \omega_I^2 x = \frac{Q}{M_r} E_0 \exp(j\omega t) \qquad (7.88)$$

　受迫偶极谐振子，离子极化

式（7.88）是外力 QE 作用下相邻离子对在平衡间距上的诱导位移 x 的二阶微分方程。它被称为受迫谐振子方程，这在力学上已是熟知的。（同样的方程可以描述一个附在弹簧上的球在粘滞介质中在外力下的阻尼运动）。式（7.88）的解给出了位移 $x = x_0 \exp(j\omega t)$，它不仅取决于 E，而且还取决于相移，所以 x_0 是复数。离子由平衡位置的相对位移产生了净或**感应极化** $p_i = Qx$。因此，式（7.88）可以乘以 Q 来表示感应偶极子的受迫振动。式（7.88）也称为**洛伦兹偶极谐振子模型**。

感应偶极子 p_i 相对于外力 QE 有一相移。通过将 p_i 除以施加电场 E，我们可以得到**离子极化率** α_i，它由下式给出：

$$\alpha_i = \frac{p_i}{E} = \frac{Qx}{E} = \frac{Q^2}{M_r(\omega_I^2 - \omega^2 + j\gamma_I \omega)} \qquad (7.89)$$

　离子极化率

可以看出，极化率也是一个复数，即在电场 E 和感应 p_i 之间有一相移。因此，它有实部 α_i' 和虚部 α_i'' 分量，可以写成 $\alpha_i = \alpha_i' - j\alpha_i''$。我们注意到，根据习惯，虚部前加一负号，以保证 α_i'' 为正的量。此外，当 $\omega = 0$ 时（即在直流条件下），根据式（7.89），离子极化率 $\alpha_i(0)$ 为：

$$\alpha_i(0) = \frac{Q^2}{M_r \omega_I^2} \qquad (7.90)$$

　直流离子极化率

直流极化率是一个实数,因为在直流条件下没有相移。我们可以将公式(7.89)中的离子极化率以归一化频率(ω/ω_I)形式写出:

$$\alpha_i(\omega) = \frac{\alpha_i(0)}{\left[1 - \left(\dfrac{\omega}{\omega_I}\right)^2 + j\left(\dfrac{\gamma_I}{\omega_I}\right)\left(\dfrac{\omega}{\omega_I}\right)\right]} \qquad (7.91) \text{ 交流离子极化率}$$

α_i 的实部和虚部与电场的归一化频率(ω/ω_I)的关系见图 7.58,其中损耗因子为一个特定值,$\gamma_I = 0.1\omega_I$。应当注意,α_i'' 的峰值频率非常接近离子键的谐振频率 ω_I(当 $\gamma_I = 0$ 时,它们相等)。α_i'' 峰的陡度和幅度取决于损耗因子 γ_I。γ_I 越小,峰越陡和越高。另外,当频率低于 ω_I 时,α_i' 几乎是一个常数。的确,在直流电场下,$\alpha_i' = \alpha_i(0)$。但是,当通过 ω_I 时,α_i' 由正值迅速变化为负值。当频率远高于 ω_I 时,α_i' 趋向于零。

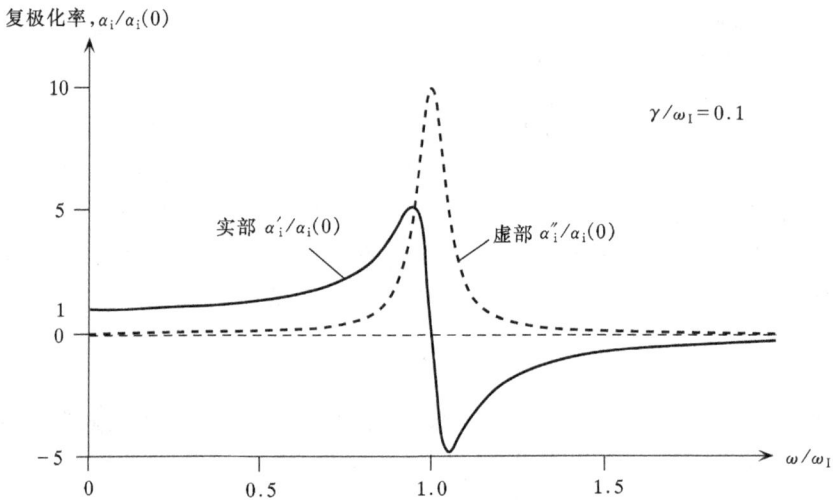

图 7.58 　归一化极化率 $\alpha_i/\alpha_i(0)$ 的实部和虚部与频率 ω/ω_I 的关系

α_i' 为负值或零并没有不妥之处,这是因为实际极化率的量值是由 $|\alpha_i'| = (\alpha_i'^2 + \alpha_i''^2)^{1/2}$ 给出的,它在通过 ω_I 时总是正值,而且在 ω_I 时达到最大。然而,α_i 通过 ω_I 时相位改变。α_i 的相位,以及极化相对于电场的相位在低频($\omega \ll \omega_I$)下为零。当频率增加时,极化滞后于电场,α_i 的相位变得更负。在 $\omega = \omega_I$ 时,极化滞后电场 $90°$。然而,极化的改变速率与电场变化同相位,它导致了能量的最大转移。在高频下,当远高于 ω_I 时,离子无法对快速变化的电场做出响应,电场与离子之间的耦合可以忽略。在 $\omega = \omega_I$ 附近,α_i'' 随 ω 变化出现的峰值被称为**介电谐振峰**,具体到这个例子,它被称为**离子极化弛豫峰**。它是由外电场与离子键的固有振动在 $\omega = \omega_I$ 时的强耦合引起的。

相对介电常数 ε_r 可以由克劳休斯-莫索提(Clausius-Mossotti)方程导出。但是我们也应当考虑这两类离子的电子极化 α_e,因为这类极化在光频段($\omega \gg \omega_I$)仍有贡献,这意味着:

$$\frac{\varepsilon_r(\omega) - 1}{\varepsilon_r(\omega) + 2} = \frac{N_i}{3\varepsilon_0}[\alpha_i + \alpha_{e+} + \alpha_{e-}] \qquad (7.92) \text{ 离子固体的介电常数}$$

其中 N_i 是正负离子对的浓度(假设正负离子数相等),α_{e+} 和 α_{e-} 分别是正负离子的电子极化。由于 α_i 是复数,相对介电常数 $\varepsilon_r(\omega)$ 也是复数。注意到在非常高的频率下,即当 $\omega \gg \omega_I$,$\alpha_i = 0$

时,相对介电常数可以表示成 $\varepsilon_{r,op}$,式(7.92)写成

$$\frac{\varepsilon_r(\omega)-1}{\varepsilon_r(\omega)+2} - \frac{\varepsilon_{r,op}-1}{\varepsilon_{r,op}+2} = \frac{N_i\alpha_i}{3\varepsilon_0} = \frac{N_i Q^2}{3\varepsilon_0 M_r(\omega_I^2 - \omega^2 + j\gamma_I\omega)} \quad (7.93)$$

离子极化的
色散关系

上式称为**介电色散关系**,它给出了由于离子极化引起的相对介电常数与电场频率的关系。图 7.16(b)给出了 KCl 的 $\varepsilon_r(\omega)$ 与频率的关系。当 $\omega = \omega_I = 2\pi(4.5\times10^{12})$ rad·s^{-1} 时,ε_r'' 达到峰值,并且 ε_r' 在这个频率附近发生强烈的变化。显而易见,当 ω 接近于 ω_I 时,$\varepsilon_r(\omega)$ 出现强烈变化。离子极化弛豫的谐振频率(ω_I)一般在红外频段,并且在晶体中"施加"的电场是由于传播电磁波(EM)产生的,而不是在晶体的两个外电极上施加的交流电场[①]。

需要指出,电子极化也可以用洛伦兹谐振子模型描述。如果我们用 α_e 取代 α_i,将 ω_I 和 γ_I 分别解释为电子极化的谐振频率和损耗因子,则电子极化可由式(7.91)表示。

例 7.17 KCl 中的离子极化谐振 考虑具有 FCC 晶体结构的 KCl 晶体及其性质。光学介电常数为 2.19,直流介电常数为 4.84,晶格常数 a 为 0.629 nm。计算直流离子极化率 $\alpha_i(0)$。估算离子谐振吸收频率,并与图 7.16(b)给出的实验观察谐振频率 4.5×10^{12} Hz 做比较。K 和 Cl 的原子质量分别为 39.09 和 35.45 g·mol^{-1}。

解: 在光学频率下,介电常数 $\varepsilon_{r,op}$ 是由电子极化决定的。在低频和直流条件下,介电常数 $\varepsilon_{r,dc}$ 是由电子和离子极化共同决定的。如果 N_i 是正负离子对的浓度,则式(7.93)变成

$$\frac{\varepsilon_{r,dc}-1}{\varepsilon_{r,dc}+2} = \frac{\varepsilon_{r,op}-1}{\varepsilon_{r,op}+2} + \frac{1}{3\varepsilon_0}N_i\alpha_i(0)$$

在每个晶胞中有 4 个正负离子对,晶胞尺寸为 a。正负离子对的浓度 N_i 为

$$N_i = \frac{4}{a^3} = \frac{4}{(0.629\times10^{-9}\,\text{m})^3} = 1.61\times10^{28}\,\text{m}^{-3}$$

将 $\varepsilon_{r,dc}=4.84$,$\varepsilon_{r,op}=2.19$ 和 N_i 代入式(7.93),得

$$\alpha_i(0) = \frac{3\varepsilon_0}{N_i}\left(\frac{\varepsilon_{r,dc}-1}{\varepsilon_{r,dc}+2} - \frac{\varepsilon_{r,op}-1}{\varepsilon_{r,op}+2}\right) = \frac{3\times(8.85\times10^{-12})}{1.61\times10^{28}}\left(\frac{4.84-1}{4.84+2} - \frac{2.19-1}{2.19+2}\right)$$

我们发现:

$$\alpha_i(0) = 4.58\times10^{-40}\,\text{F·m}^2$$

$\alpha_i(0)$ 和谐振吸收频率的关系涉及到 K^+Cl^- 离子对的折算质量 M_r,

$$M_r = \frac{M_+ M_-}{M_+ + M_-} = \frac{39.09\times35.45\times10^{-3}}{(39.09+35.45)\times(6.022\times10^{23})} = 3.09\times10^{-26}\,\text{kg}$$

当 $\omega=0$,极化率由公式(7.90)给出,所以谐振吸收频率 ω_I 为

$$\omega_I = \left[\frac{Q^2}{M_r\alpha_i(0)}\right]^{1/2} = \left[\frac{(1.6\times10^{-19})^2}{(3.09\times10^{-26})\times(4.58\times10^{-40})}\right]^{1/2} = 4.26\times10^{13}\,\text{rad·s}^{-1}$$

或

$$f_I = \frac{\omega_I}{2\pi} = 6.8\times10^{12}\,\text{Hz}$$

这大约是观察到谐振吸收频率 4.5×10^{12} Hz 的 1.5 倍。一般来讲,造成这种差别的原因是由于实际离子的电荷不完全是 K^+ 为 $+e$ 和 Cl^- 为 $-e$,而实际上 Q 为 0.76e。取 $Q=0.76e$,

---

① 有关离子极化更严格的理论应考虑传播的电磁波与晶体中声子模的相互作用,它已超出了本书的范围。

则 $f_r = 5.15 \times 10^{12}$ Hz，它只比观察值大 14%。通过对简单理论的修正和考虑在晶胞中沿施加电场的方向有多少个有效偶极子可以进一步提高结果的吻合性。

7.13 复合电介质和非均匀电介质

许多种电介质是复合材料，它们是两种或多种具有不同相对介电常数和损耗因子的电介质的混合物。一个最简单的例子就是多孔电介质，在这种材料体内，随机分布了许多微小的气孔，如图 7.59(a) 所示(类似于掺有葡萄干的布丁)。另外一个例子就是同一电介质的不同相随机地混合在一起，如图 7.59(b)(类似于含有气泡的瑞士硬干酪)。我们经常需要得到复合电介质的**有效介电常数**，这并非一个没有价值的问题。因为在得到 $\varepsilon_{r,eff}$ 后，复合电介质就可以被当作具有特定介电常数的单一电介质来对待。[①] 例如，电容就可以通过简单地将 $\varepsilon_{r,eff}$ 带入公式 $C = \varepsilon_0 \varepsilon_{r,eff} A/d$ 来计算。应当指出，如果混合是原子级的，这种复合材料就可以被看作是一种固溶体，那么原则上，这里可以使用克劳休斯-莫索提方程。利用该方程，有效极化率可以通过将各组份的极化率按百分比加权得到(在例 7.4 中，对 CsCl 我们就是这样处理的)。这里我们着重于讨论**非均匀材料**，因此不考虑这样的固溶体。

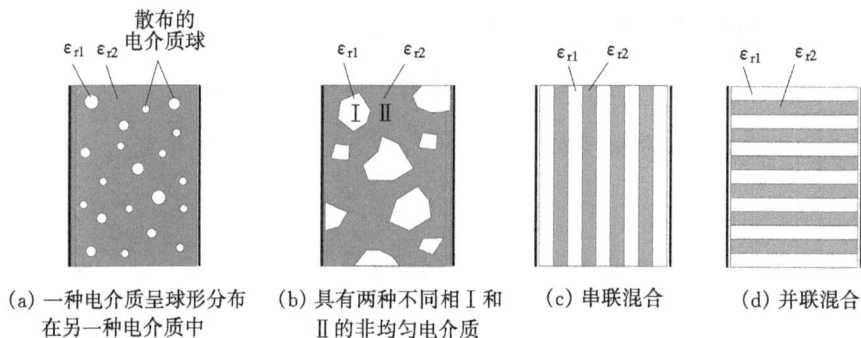

(a) 一种电介质呈球形分布　　(b) 具有两种不同相Ⅰ和　　(c) 串联混合　　(d) 并联混合
　　在另一种电介质中　　　　　　Ⅱ的非均匀电介质

图 7.59　非均匀电介质的例子

对混合物的介电常数进行理论计算是十分复杂的。因为此时不仅要考虑介电特性，而且要考虑几何形状、大小，以及复合材料中两相或多相的分布。很多情况下，采用从实验中总结的经验法则来预测 $\varepsilon_{r,eff}$ 被证明是非常有效的。考虑一种由相Ⅰ和相Ⅱ组成的非均匀介电材料，这两相的介电常数分别为 ε_{r1} 和 ε_{r2}，体积百分数分别为 v_1 和 v_2，并且有 $v_1 + v_2 = 1$，如图 7.59(b) 所示。那么一个简单实用的混合规则为

$$\varepsilon_{r,eff}^n = v_1 \varepsilon_{r1}^n + v_2 \varepsilon_{r2}^n \qquad (7.94) \text{ 一般混合法则}$$

其中指数常量 n 通常由实验得出，它依赖于混合形式。如果相Ⅰ和相Ⅱ以层状交替或随机平行排列，且电极也与层平面平行，如图 7.59(c)，这种结构类似于将许多电介质串联，此时 n 取 -1；如果相Ⅰ和相Ⅱ以层状交替或随机平行排列，但电极与层平面垂直，如图 7.59(d)，这种

---

① 有效介质理论(近似)设法通过有效数值来表征非均匀电介质。在过去，求解混合物有效介电常数的理论引起了很多有名的科学家的兴趣。经过多年努力，产生了许多十分复杂的混合法则，所以在该领域可用公式很多。但是，很多工程师仍然喜欢使用简单的经验法则来对复合电介质建模。这主要是由于许多理论混合法则需要精确地知道材料的几何形状、尺寸以及混合相的分布等。

结构类似于将许多电介质并联,此时 n 取 1。当 n 接近 0 时,式(7.94)可被证明等效于**混合对数法则**:

$$\ln\varepsilon_{r,eff} = v_2 \ln\varepsilon_{r1} + v_1 \ln\varepsilon_{r2} \qquad (7.95) \quad \text{李赫田纳科公式}$$

该式被称为**李赫田纳科公式**(Lichtenecker formula)(1926)。虽然该公式没有明显的科学理论依据,但是其对各种各样的非均匀介质的适用性却很强,这或许因为它是对串联和并联两种情况的一种折衷。

对于一种介电常数为 ε_{r1} 的球状电介质(例如气孔)散布在另一种介电常数为 ε_{r2} 的连续电介质中的情况,有一个特定的规则,当体积分数超过 20 % 时,该公式十分理想,这就是**麦克斯韦-加内特公式**(Maxwell-Garnett formula):

$$\frac{\varepsilon_{r,eff} - \varepsilon_{r2}}{\varepsilon_{r,eff} + 2\varepsilon_{r2}} = v_1 \frac{\varepsilon_{r1} - \varepsilon_{r2}}{\varepsilon_{r1} + 2\varepsilon_{r2}} \qquad (7.96) \quad \text{麦克斯韦-加内特公式}$$

麦克斯韦-加内特公式可以用来预测多种内部分布有气泡的电介质的有效介电常数。除了上面提到的法则外,还有一些其它的法则可以用于混合电介质,只是上面提到的最为常用。

例 7.18 用于微电子的低 κ 多孔电介质 在第 2 章我们曾经提到,现在的高密度集成电路具有多层金属互联线,不同的金属互联层之间均被隔离层电介质(ILD)分隔。芯片的速度(受 RC 时间常数限制)依赖于整个互联层的电容,而互联层的电容又由 ILD 的相对介电常数 $\varepsilon_{r,ILD}$ 决定。SiO_2 是惯用的 ILD 材料,其相对介电常数 $\varepsilon_r = 3.9$。很多研究致力于寻找适合用作 ILD 的低 κ 材料,尤其在超大规模集成电路(ULSI)方面。若多孔 SiO_2 的相对介电常数是 2.5,那么 SiO_2 中气孔的体积分数是多少?

解:麦克斯韦-加内特公式特别适合于这种多孔电介质的计算。将 $\varepsilon_{r2} = 3.9$,$\varepsilon_{r1} = 1$(空气孔)以及 $\varepsilon_{r,eff} = 2.5$ 带入式(7.96)则有

$$\frac{2.5 - 3.9}{2.5 + 2 \times 3.9} = v_1 \frac{1 - 3.9}{1 + 2 \times 3.9}$$

求解该等式可得

$$v_1 = 0.412$$

或者说气孔的体积分数为 41%。这个气孔体积分数是可以实现的,只是它会带来一些负面影响,比如较差的机械强度和较低的击穿电压。请注意,如果在这里使用李赫田纳科公式,则得到的结果是 32.6%。显然,可以由这个例子看出,具有较低介电常数的电介质更有优势。因为初始的 ε_r 越低,那么掺入气孔后的 ε_r 也越低。例如,若初始的介电常数为 $\varepsilon_r = 3$,那么对于同样的 41% 气孔体积分数可得到 $\varepsilon_{r,eff} = 2.05$。许多聚合物的 ε_r 接近于 2.5,它们可以作为微电子应用中低 κ ILD 的候选材料。

术语解释

边界条件(boundary conditions) 表示了边界附近电场的法向分量和切向分量相互之间的关系。切向分量在边界上必须是连续的。假定 E_{n1} 是电介质 1 边界电场的法向分量,ε_{r1} 是它的相对介电常数;类似的,E_{n2} 是电介质 2 边界电场的法向分量,ε_{r2} 是其相对介电常数。那么就有边界条件 $\varepsilon_{r1} E_{n1} = \varepsilon_{r2} E_{n2}$。

克劳休斯-莫索提方程(Clausius-Mossotti equation) 给出了电介质的宏观特性——介电

常数(ε_r),与其微观特性——极化率(α)之间的关系。

复相对介电常数（complex relative permittivity） （$\varepsilon'_r + j\varepsilon''_r$）的实部（$\varepsilon'_r$）表征了电介质的电荷存储能力,其虚部（$\varepsilon''_r$）则表征了由极化所引起的介质中的能量损耗。电容值可以由实部（ε'_r）通过公式 $C = \varepsilon_0 \varepsilon'_r A/d$ 得到;每单位体积内由电能转化为热能的损耗则可由虚部（ε''_r）通过公式 $E^2 \omega \varepsilon_0 \varepsilon''_r$ 得到。

电晕放电（corona discharge） 是空气中的一种局部放电现象。电晕放电的机理是高电场导致的介质击穿,例如,高电场下的雪崩电离。

居里温度（Curie temperature） 当铁电体的温度高于居里温度 T_C 时,其铁电性消失,即晶体的自发极化丧失。

德拜方程（Debye equations） 试图通过一个单一的弛豫时间 τ 来描述极性电介质复介电常数（$\varepsilon'_r + j\varepsilon''_r$）的频域响应。弛豫时间 τ 反映了偶极子在外部交变电场驱动下的迟滞时间。

电介质（dielectric）是能通过自身分子极化将电能储存起来的材料。它可以用来增加电容的电荷存储能力,或者说增大电容值。理想情况下,电介质是一种电绝缘体,因此,外加电场不能在其内部产生电流,但会使其内部的正负电荷发生反向偏移,从而导致了电介质的极化。

介电损耗（dielectric loss） 当给电介质施加交变电场时,由于存在极化过程,会使部分电能转化为热能并损失掉。注意不要将它和传导损耗（σE^2 或 V^2/R）混淆。

电介质强度（dielectric strength） 电介质在不击穿的情况下,所允许持续施加的最大电场强度（E_{br}）。当电介质击穿时,电介质两面的电极会发生短路,此时流过电介质的电流非常大。

偶极子(取向)极化（dipolar (orientational) polarization） 电介质内随机排列的极性分子,会在电场作用下发生转动并定向排列,引起净的分子平均偶极矩。若没有外加电场,电介质内偶极子(极性分子)随机排列,净的分子平均偶极矩为 0。当施加电场时,偶极子旋转并沿电场方向排列(部分与电场平行,部分与电场方向有一夹角),因此产生了净的分子平均偶极矩。

偶极子弛豫方程（dipolar relaxation equation） 描述了极性材料在时变电场作用下,分子平均感应偶极矩的时域响应。偶极子的时域响应取决于它们的弛豫时间。弛豫时间是指,通过晶格振动或分子碰撞,将偶极子定向排列时所储存的静电能转化为热能耗散掉所需的平均时间。

偶极子弛豫(电介质谐振)（dipole relaxation (dielectric resonance)） 外加交变电场对分子的极化和去极化交替进行,会将电能转换成电介质的热能。其实质是通过晶格振动或分子碰撞,将极化所储存的静电能以热的形式耗散掉。其峰值出现在交变电场的角频率为弛豫时间的倒数时。偶极子弛豫即发生在使这种能量转换达到最大的交变电场频率。

电偶极矩（electric dipole moment） 当正电荷$+Q$和负电荷$-Q$分开时就产生了电偶极矩。尽管此时净电荷为零,但仍然会存在电偶极矩 p,其计算公式为 $p = Qx$,其中 x 是$+Q$和$-Q$之间的距离。如同正负电荷之间存在库仑力一样,两个偶极子之间也存在相互作用力,其大小取决于偶极子的强弱、取向以及它们之间的距离。

电极化率（electric susceptibility, χ_e）是衡量单位电场下材料极化程度的量度。它通过公式 $P = \chi_e \varepsilon_0 E$,将材料内任一点的极化强度 P 和该点的电场 E 联系起来。如果 ε_r 是相对介电常数,则 $\chi_e = \varepsilon_r - 1$。真空没有电极化率。

机电击穿和电破裂（electromechanical breakdown and electrofracture）　是直接或间接由电致机械弱化引起的击穿。例如，裂纹扩展或机械变形最终都会导致介质击穿。

电子键极化（electronic bond polarization）　是共价键固体（例如 Ge，Si）中键内价电子的位移。它是键内诸电子相对于带正电原子核的共同位移。

电子极化（electronic polarization）　是原子核外电子云相对于原子核的位移。一般情况下，它对固体的相对介电常数贡献较小。

表面放电（external discharges）　当绝缘体表面受到污染时，比如过于潮湿，沉积了污染物、污垢、尘埃和盐雾等，都会导致其表面电导增加，此时即使电极间电场强度低于绝缘体正常击穿电场强度，也可能会沿其表面发生放电或短路现象。沿绝缘体表面发生的介质击穿称为**沿面放电**。

铁电现象（ferroelectricity）　是指像钛酸钡这类晶体中的自发极化现象。铁电晶体由于具有自发极化，所以具有永久的自发极化 **P**。**P** 的方向可以被外电场重行定向。

高斯定律（Gauss's law）　是一个基本的物理学定律，它反映了一个封闭曲面内电场的曲面积分与该曲面内电荷总数的关系。如果 E_n 是面元 dA 的法向电场，Q_{total} 是封闭曲面内的电荷总数，那么对于整个封闭曲面有

$$\varepsilon_0 \oint E_n \, dA = Q_{\text{total}}$$

感应极化（induced polarization）　是当分子位于电场中时所发生的极化。感应极化沿着电场的方向。如果分子已经是极性的，那么外加电场仍会使其产生附加的感应极化，其方向也沿着电场方向。

绝缘老化（insulation aging）　是一个描述绝缘体随着时间推移，其物理和化学特性退化，导致其绝缘特性变坏的术语。绝缘老化决定了绝缘体的使用寿命。

界面极化（interfacial polarization）　只要在两种材料的界面上，或一种材料内两个区域的界面上有电荷积累，就会有界面极化发生。晶界和电极是经常发生电荷积累并引起界面极化的两个地方。

内放电（internal discharges）　是发生在电介质内部微结构孔洞、裂纹或气孔处的局部放电现象。这些缺陷内的气体（一般是空气）通常具有较低的电介质强度。例如，当给多孔陶瓷施加足够大的电场时，就会发生内放电。起初，放电气孔的尺寸（或数量）较小，因此局部放电不太明显。但是，随着时间的推移，放电会逐渐侵蚀放电孔的内表面，最终（通常），在多孔陶瓷内部形成树形放电。局部放电扩散对多孔陶瓷所产生的侵蚀，就像一棵长有很多分枝的树一样，树枝就是侵蚀所形成的各种各样的细丝状通道。当电介质工作时就会沿着这些通道发生气体放电，形成传导电流。

本征击穿或**电击穿（intrinsic breakdown or electronic breakdown）**　一般由高电场下离子碰撞导致的电子（和固体内的空穴）雪崩引起。电子和空穴雪崩产生了大量的载流子，因而使电极间的电流激增，最终导致了绝缘击穿。

离子极化（ionic polarization）　离子晶体中相反电荷离子的相对位移，导致了整个材料的极化。典型的，红外辐射下，离子晶体的离子极化非常显著。

局域电场（local field，E_{loc}）　是电介质中分子真正受到的电场，该电场由电极自由电荷，以及分子周围的所有偶极子引起。因为附近感应偶极子电场的存在，分子处的真实电场不能简单地由公式（**V/d**）得到。

损耗因子（loss tangent）或 **tanδ**　是介电常数的虚部与实部之比 $\varepsilon_r''/\varepsilon_r'$。$\delta$ 是容性电流与总电流之间的相位夹角。如果没有介电损耗，则这两个电流相同，且有 $\delta=0$。

局域放电（partial discharge）　是发生在电介质内局部区域的放电现象，因此这种放电不会直接将两电极连通。

压电材料（piezoelectric material）　具有非中心对称晶体结构，因此，当受到机械力作用时，会产生极化矢量 P，或在其表面产生电荷。当有应变发生时，压电晶体在其内部建立内电场，因此它的两个表面之间显示出电压差。

PLZT　掺镧锆钛酸铅，是用镧取代 PZT 中的 Pb 所得到的一种材料。

极化率（polarizability, α）　表征了原子或分子在电场作用下发生极化的能力，是分子在单位电场作用下的感应极化。

极化现象（polarization）　是指体系内正负电荷的分离，因此单位体积内会有净的电偶极矩。

极化矢量（polarization vector, P）　表征单位体积电介质的极化程度。它是单位体积电介质内偶极子的向量和。如果 p 是每个分子的平均偶极矩，n 是单位体积电介质内分子的数量，则有 $P=np$。在被极化的电介质中（例如处在电场中），由极化引起的某点的束缚电荷面密度 σ_P 等于该点处 P 的法向分量，$\sigma_P=P_{法向}$。

极化（poling）　是指给材料施加一个较短时间的电场，通常还需将材料加热，以便使不同晶粒的极化沿电场方向定向，从而使材料具有压电性。

热释电材料（pyoelectric material）　是一类极性电介质（比如钛酸钡）。在这类电介质中如果温度改变 ΔT，则其极化强度也会成比例地改变 ΔP，即 $\Delta P=p\Delta T$，这里 p 是晶体的热释电系数。

PZT　是锆钛酸铅（PbZrO$_3$ – PbTiO$_3$ 或 PbTi$_{0.48}$Zr$_{0.52}$O$_3$）系晶体的常用缩写形式。

Q 值或品质因数（Q-factor or quality factor）　对阻抗而言，Q 值是指其电抗与电阻之比。电容的 Q 为 X_c/R_P，其中 $X_c=1/(\omega C)$，R_P 是等效并联电阻，它反映了介电和传导损耗。谐振电路的 Q 值反映了谐振峰的强度和宽度。Q 值越大，则其谐振峰越高越窄。对于串联的 RLC 谐振电路有

$$Q=\frac{\omega_0 L}{R}=\frac{1}{\omega_0 CR}$$

这里 ω_0 是谐振角频率，$\omega_0=1/\sqrt{LC}$。谐振峰的半功率宽度为 $\Delta\omega=\omega_0/Q$。

相对介电常数（relative permittivity, ε_r）或**介电常数**（dielectric constant）　是指当电容极板之间插入电介质时（假定两极板之间的整个空间都被电介质充满），其单位电压下储存电荷增加的比例。同样的，我们也可以将其定义为：保持电容的几何尺寸不变，把电容两极板之间的绝缘体由真空变为电介质后，其电容值增加的比例。

弛豫时间（relaxation time, τ）　反映了交变电场下，偶极子响应滞后于电场的特征时间。它是偶极子通过分子碰撞、晶格振动等方式，与其它分子发生随机的交互作用，从而失去其沿电场定向排列的平均时间。

沿面放电（surface tracking）　是一种发生在绝缘体表面的电介质表面击穿。

电容温度系数（temperature coefficient of capacitance, TCC）　是单位温度变化下电容值变化的比例。

热击穿（thermal breakdown）　是由热积累导致电极间放电或电流急剧增大，进而导致的

介质击穿。如果由于 ϵ_r'' 导致介质损耗所产生的热,或者由于有限小的 σ 导致的焦耳热不能被快速地散发掉,那么电介质的温度就会攀升,从而会使导电性和介质损耗增加。增加 ϵ_r'' 和 σ 使得更多的热量产生,最终使介质的温升失控,发生短路或者伴随局部放电使部分介质发生热分解。

　　换能器（transducer） 是能将电能转换成其它形式能量,或将其它能量转换成电能的器件。例如压电换能器可以将电能转换成机械能,或者将机械能转换成电能。

习　题

7.1　相对介电常数和极化率

a. 证明局域场可以由下式给定

$$E_{\text{loc}} = E\left(\frac{\epsilon_r + 2}{3}\right) \qquad \textbf{局域场}$$

　　b. 无定形硒(a - Se)是一种高阻半导体,其密度约为 4.3 g·cm^{-3},原子序数和原子量分别为 34 和 78.96。测得其 1 kHz 时的相对介电常数为 6.7。计算 a - Se 中的相对局域场强度。计算该结构中 Se 原子的极化率。它是那种类型的极化? ϵ_r 与频率有怎样的关系?

　　c. 如果一个孤立原子的电极化率可以由下式给出

$$\alpha_e \approx 4\pi\epsilon_0 r_0^3$$

这里 r_0 是原子半径。Se 的原子半径为 $r_0 = 0.12$ nm,计算孤立 Se 原子的电极化率,并与由 a - Se 中得到的结果作比较。试分析它们不相同的原因。

　　7.2　电子极化和 SF$_6$ SF$_6$(六氟化硫)气体具有高的绝缘强度,因此在高压应用中被广泛地用作绝缘体和电介质,例如高压变压器、开关、断路器、传输线以及高压电容等。在室温和一个大气压下 SF$_6$ 气体的介电常数为 1.0015。单位体积 SF$_6$ 的分子数 N 可以由气体定律 $P = (N/N_A)RT$ 得到。计算 SF$_6$ 分子的电极化率 α_e。将其与图 7.4 中 Z 线的极化率进行分析比较。(注:SF$_6$ 分子没有净偶极矩。假定所有的极化率都是由电极化所引起。)

　　7.3　液氩的电子极化 液氩常常被用于辐射探测器,其密度为 3.0 g·cm^{-3}。依据表 7.1 的电极化率计算其相对介电常数。(ϵ_r 的实验值是 1.96)

　　7.4　相对介电常数,键强,带隙和折射率 金刚石、硅和锗都是具有相同晶体结构的共价键固体,它们的相对介电常数如表 7.10 所示。

　　a. 解释为什么 ϵ_r 从金刚石到锗依次增加。

　　b. 计算每种晶体中原子的极化率,并作极化率-弹性模量(杨氏模量)图。它们有相关性吗?

　　c. 根据(b)中得到的极化率作极化率-带隙图。它们有联系吗?

　　d. 证明折射率 $n = \sqrt{\epsilon_r}$。该公式什么情况下有效,什么情况下失效?

　　e. 上面所得到的结论可以用于 NaCl 等离子晶体吗?

表 7.10　金刚石、硅和锗的特性

	ϵ_r	M_{at}	密度 (g·cm^{-3})	α_e	Y (GPa)	E_g (eV)	n
金刚石	5.8	12	3.52		827	5.5	2.42
Si	11.9	28.09	2.33		190	1.12	3.45
Ge	16	72.61	5.32		75.8	0.67	4.09

7.5　极性液体　若水的静态介电常数是 80,高频介电常数(由电子极化引起)是 4,水的密度是 $1\,g\cdot cm^{-3}$。使用克劳休斯-莫索提方程和简化的关系式(7.14)来计算每水分子的永久偶极矩 p_o,其间假设介电常数是由单个分子的偶极取向和电子极化引起,且这里局域场与宏观场相同。将所得到的结果和水分子的永久偶极矩 6.1×10^{-30} C·m 进行比较,能得到什么结论?当 p_0 取水分子的真实值 6.1×10^{-30} C·m 时,由克劳休斯-莫索提方程计算出的 ε_r 是多少?(注:静态介电常数是由偶极子取向和电子极化强度决定的。克劳休斯-莫索提方程不能应用于极性材料,因为洛伦兹电场不能描述局域场。)

7.6　水蒸气的介电常数　孤立水分子的永久偶极矩 p_0 为 6.1×10^{-30} C·m。直流电场下水分子的电子极化率 α_e 约为 4×10^{-40} C·m。在 400℃和 10 个大气压下,水蒸气的介电常数是多少?(单位体积水蒸气的分子数 N 可以由气体定律 $P=(N/N_A)RT$ 得到。克劳休斯-莫索提方程不能用于取向极化。因为 N 值较小,所以应用公式(7.14)。)

7.7　非均匀电场中的偶极矩　非均匀电场中的电偶极子如图 7.60 所示。假设电场在偶极子 p 处的梯度是 dE/dx,并且偶极子沿着 E 增长的方向定向,证明作用于这个偶极子上的净力为

$$F = p\,dE/dx$$

作用于偶极子上的净力

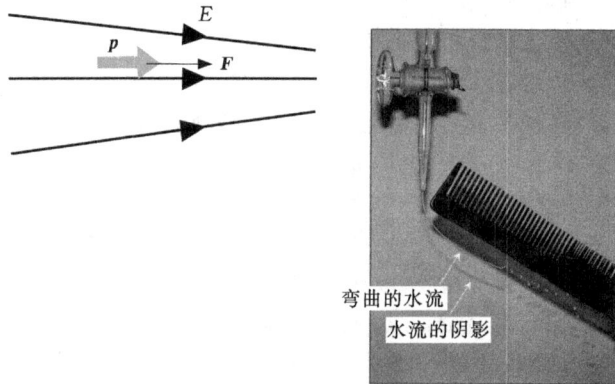

图 7.60　左:处于非均匀电场内的偶极子,受到一个取决于偶极矩 p 和电场梯度 dE/dx 的静力 F 作用
右:当带有电荷的梳子(通过梳头发得到)靠近水流时,梳子的电场通过取向极化将水流极化,因而产生了感应极化矢量 P。当电场较高时,水流就会受到梳子吸引而靠近

该力沿什么方向?当偶极子面向 E 减小的方向时,此净力将怎样变化?假定一个偶极子通常也会受到 7.3.2 节中所描述的扭矩,定性说明在非均匀电场内随机放置的偶极子会发生什么情况?图 7.60 中的照片显示,水流会在带电梳子所产生的非均匀电场作用下发生弯曲,解释所观察到的实验现象。(注意,置于电场中的电介质会产生沿着电场方向的极化 P。)

7.8　离子和电子极化　CsBr 晶体具有类似于 CsCl 的晶体结构(每个晶胞含有一个 Cs^+-Br^- 离子对),晶格参数 a 为 0.430 nm。Cs^+ 离子和 Br^- 离子的电子极化率分别是 3.35×10^{-40} F·m^2 和 4.5×10^{-40} F·m^2,Cs^+-Br^- 离子对的平均离子极化率是 5.8×10^{-40} F·m^2。低频和光频介电常数各是多少?

7.9　氯化钾的电子极化和离子极化　KCl 与 NaCl 具有相同的晶体结构,它的晶格参数为 0.629 nm。K^+—Cl^- 离子对的离子极化率为 $4.58×10^{-40}$ F·m^2,钾离子的电子极化率为 $1.26×10^{-40}$ F·m^2,氯离子的电子极化率为 $3.41×10^{-40}$ F·m^2。分别计算直流和光频介电常数。通过实验所得到的值分别为 4.84 和 2.19。

7.10　德拜弛豫　我们将通过近似计算 0.2℃(刚刚高于结冰点)水的介电常数实部和虚部来验证德拜方程。假设在德拜方程中,水的相关值为:$\varepsilon_{r,dc}=87.46$(dc),$\varepsilon_{r,\infty}=4.87$(当频率为 300 GHz 时,已经很好地越过了弛豫峰),且有 $\tau=1/\omega_0=(2\pi 9.18\ GHz)^{-1}=0.017$ ns。在表 7.11 中所列各频率处,计算水的 ε_r 的实部 ε' 和虚部 ε''_r。将实验值和计算值绘制成一张线性——对数图(频率作为对数轴)。通过该图能得到什么结论?(采用两个弛豫时间或更复杂的模型有可能会获得更好的结果。)

表 7.11　水在 0.2℃ 时的介电特性

	\multicolumn{12}{c}{f(GHz)}
	0.3	0.5	1	1.5	3	5	9.18	10	20	40	70	100	300
ε'_r	87.46	87.25	86.61	85.34	76.20	68.19	46.13	42.35	19.69	10.16	7.20	6.14	4.87
ε''_r	2.60	4.50	8.85	13.18	24.28	34.53	40.55	40.24	30.23	17.68	11.15	8.31	3.68

来源:数据摘自 R. Buchner et al., *chem. Phys. Letts*, 306,57,1999

* 7.11　德拜弛豫、非德拜弛豫和 Cole－Cole 图　德拜方程为:

$$\varepsilon_r = \varepsilon_{r,\infty} + \frac{\varepsilon_{r,dc} + \varepsilon_{r,\infty}}{1 + j\omega\tau} \qquad \text{德拜弛豫}$$

普适弛豫方程扩展了德拜方程的适用范围,其形式为:

$$\varepsilon_r = \varepsilon_{r,\infty} + \frac{\varepsilon_{r,dc} - \varepsilon_{r,\infty}}{[1 + (j\omega\tau)^\alpha]^\beta} \qquad \text{普适介电弛豫}$$

将 $\tau=1,\varepsilon_{r,dc}=5,\varepsilon_{r,\infty}=2,\alpha=0.8,\beta=1$ 代入以上两方程,并分别取频率值为 $\omega=0,0.1/\tau$,$1/(3\tau),3/\tau$ 和 $\omega=10\tau$。绘图表示用两种方程得到的各介电常数 ε_r 的实部和虚部与其相应频率的关系,其中频率轴取对数坐标。分别取 ε''_r 和 ε'_r 为线性坐标系的纵轴和横轴,且比例相同,绘图表示每一 ω 处的 ε''_r 和 ε'_r 之间的关系(Cole－Cole 图)。可得到什么结论?

7.12　聚酯电容器的等效电路　设一个 1 nF 的聚酯电容器的聚合膜厚度是 1 μm。计算这个电容器在 1 kHz 下 50℃ 和 120℃ 时的等效电路。可得到什么结论?

7.13　学生用微波加热土豆泥　微波炉是用 2.48 GHz 的电磁波,通过介电损耗来加热食物,也就是说,是通过利用含有充分水的食物材料的 ε''_r。一个本科生用微波将 10 cm^3 的土豆泥加热 60 s。微波将会在土豆泥内产生 200 V·cm^{-1} 的均方根等效场 E_{rms}。在 2.48 GHz 时,土豆泥的 $\varepsilon''_r=21$。计算加热每立方厘米食物时平均所消耗能量和加热这些食物总体所消耗的能量。(注:在式(7.32)中,可以用 E_{rms} 来代替 E。)

7.14　单位电容的介电损耗　观察表 7.12 中所列三种电介质介电常数的实部 ε'_r 和虚部 ε''_r。一定电压下,在 1 kHz 时,若工作温度为 50℃,则哪一种电介质单位电容的能量损耗最少?该结论在 120℃ 时还适用吗?

表 7.12　三种绝缘材料在 1 kHz 的介电特性

材料	$T=50℃$		$T=120℃$	
	ε'_r	ε''_r	ε'_r	ε''_r
聚碳酸酯	2.47	0.003	2.535	0.003
PET	2.58	0.003	2.75	0.027
PEEK	2.24	0.003	2.25	0.003

来源：数据来自 Kasap 和 Nomura (1995)。

7.15　并联和串联等效电路　图 7.61 是电容的简化并联和串联等效电路。并联模型中的 R_p 和 C_p 与串联模型中的 R_s 和 C_s 是相关的。我们可以分别写出两种电路中端点 A 与 B 间的阻抗 Z_{AB}，然后令其相等，即 $Z_{AB(parallel)}=Z_{AB(series)}$。证明

$$R_s = \frac{R_p}{1+(\omega R_p C_p)^2} \quad 和 \quad C_s = C_p\left[1+\frac{1}{(\omega R_p C_p)^2}\right]$$

串联等效
电阻和电容

类似地利用导纳(1/阻抗)证明

$$R_p = R_s\left[1+\frac{1}{(\omega R_s C_s)^2}\right] \quad 和 \quad C_p = \frac{C_s}{1+(\omega R_s C_s)^2}$$

并联等效
电阻和电容

有一 10 nF 的电容，在 1 MHz 时的并联等效电阻是 100 kΩ，那么它的 R_s 和 C_s 各是多少？

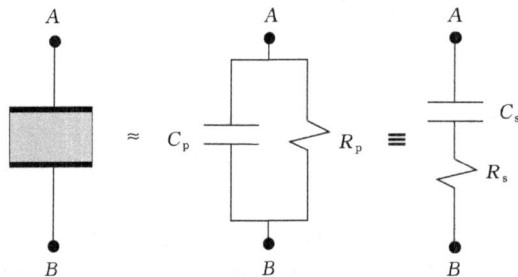

图 7.61　R_p 和 C_p 构成的并联模型与 R_s 和 C_s 构成的串联模型是等效的。因此，并联模型中的 R_p 和 C_p 与串联模型中的 R_s 和 C_s 是相关的

7.16　钽电容　电解电容较适合于采用串联等效模型 $R_s+j\omega C_s$。一个标称值为 22 μF 的钽电容(低频电容值为 22 μF)在 10 kHz 时的特性如下：$\varepsilon'_r \approx 20$，$\tan\delta \approx 0.05$，电介质厚度 $d=0.16\ \mu$m，有效面积 $A=150$ cm²，试计算 C_p，R_p，C_s 和 R_s。

7.17　钽电容与氧化铌电容的对比　与氧化钽(钽电容中的电介质)相比，氧化铌是一种富有竞争力的电介质。氧化铌的介电常数是 41，而氧化钽是 27。在同样的工作电压下，氧化钽的厚度是 0.17 μm，而氧化铌是 0.25 μm。试解释为什么氧化铌电容比钽电容更好(还是更差)？(使用定量论据，如单位体积内的电容量)。如果在这两者之间选择，你还会考虑什么因素？

*7.18　聚酯电容器的电容温度系数　平行板电容器的计算公式为

$$C = \frac{\varepsilon_0 \varepsilon_r xy}{z}$$

ε_r 是相对介电常数（或 ε'_r）。x 和 y 分别是电介质的边长,所以 xy 是其面积 A,z 是电介质的厚度。ε_r,x,y 和 z 的数值都会随着温度而改变。将上式对温度求微分,证明可得**电容温度系数**为

$$\text{TCC} = \frac{1}{C}\frac{dC}{dT} = \frac{1}{\varepsilon_r}\frac{d\varepsilon_r}{dT} + \lambda$$

电容温度系数

λ 是线膨胀系数,定义为

$$\lambda = \frac{1}{L}\frac{dL}{dT}$$

L 是材料的几何尺寸 x,y 和 z 中的任意一个。假设材料是各向同性的,λ 在各个方向均相同。利用图 7.62 中所示的 $\varepsilon'_r - T$ 关系图,并将聚合物的典型线膨胀系数 $\lambda = 50 \times 10^{-6}\ \text{K}^{-1}$ 代入,预测其 10 kHz 下室温时的 TCC。

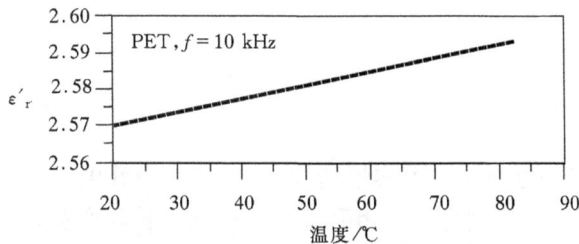

图 7.62　10 kHz 时 PET 的 $\varepsilon'_r - T$ 关系图
来源:数据来自 Kasap 和 Maeda(1995)

7.19　气体电介质的击穿和帕邢曲线　气体电介质的击穿,是由于外加电场加速的高能电子使气体分子发生雪崩电离引起的。碰撞之间的自由程必须足够长,以使电子能够从外电场获得碰撞电离气体分子所需的能量。两个电极之间的击穿电压 V_{br} 取决于电极之间的距离 d 和电极之间气体的压强 P。图 7.63 表示出了 V_{br} 与 Pd 之间的关系,该图形也被称为**帕邢曲线**。当空气和 SF_6 用作高压开关的绝缘气体时,

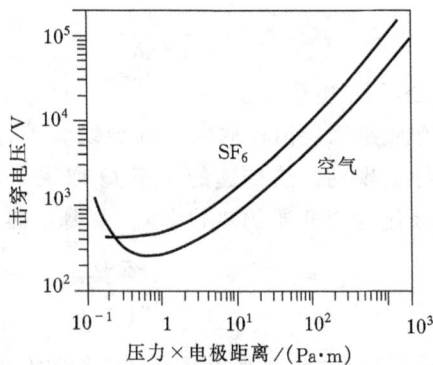

图 7.63　击穿电压与压力和电极距离乘积的关系(帕邢曲线)

　　a. 如果开关触点之间的气隙为 5 mm,在 1 个大气压下,当绝缘气体分别为空气和 SF_6 时,其击穿电压分别是多少?

　　b. 当 a 中的压力变为 10 个大气压时,其击穿电压又分别是多少? 由此可得出什么结论?

c. 压力为多少时击穿电压最小?

d. 在最小击穿电压下,1 个大气压时开关触点之间的空气隙 d 为多少?

e. 气体比液体或固体绝缘能力更好的原因是什么?

* 7.20　电容器设计　设计一个工作于 60 Hz 的 100 nF 无极性电容器,有三种备选的电介质,见表 7.13。

表 7.13　60 Hz 时几种电介质的介电特性比较(典型值)

	聚合物膜 PET	陶瓷 TiO$_2$	高 K 陶瓷 BaTiO$_3$ 基
名称	聚酯	多晶氧化钛	X7R
ε'_r	3.2	90	1800
tanδ	5×10^{-3}	4×10^{-4}	5×10^{-2}
E_{br}(kV·cm^{-1})	150	50	100
典型最小厚度	1~2 μm	10 μm	10 μm

a. 分别计算采用三种电介质时电容器的体积,假定所设计电容器工作于低电压下,均可按每种电介质的最小工艺厚度制作。采用哪一种电介质的电容器体积最小?

b. 如果电容器工作在 500 V 电压下,且电介质中的电场强度必须小于其击穿场强的一半,那么分别采用三种电介质设计的电容器,体积变为多少? 此时,采用哪一种电介质的电容器体积最小?

c. 工作于 60 Hz,500 V 电压下,每种电容器的功耗是多少? 哪一种功耗最小?

* 7.21　同轴电缆中的电介质击穿　一根水下高压同轴电缆如图 7.64(a)所示。电流流过内部导线时会产生热量,热量通过绝缘电介质传导给外部导线,然后通过传导和对流散失掉。假设当内导线流过直流电流 I 时达到了稳定状态。每秒产生热量 $Q' = dQ/dt$,若以内导线的焦耳热表示则为

$$Q' = RI^2 = \frac{\rho L I^2}{\pi a^2} \qquad (7.97) \text{ 产生热的速率}$$

其中 ρ 是电阻率,r 是导线半径,L 是电缆长度。

热量从内部导线通过电介质绝缘层沿径向向外部导线流动,然后传递到周围环境。这种热传递是通过电介质的热传导实现的。热传递的速率 Q' 取决于内外导线的温差 $T_i - T_0$,电缆的几何尺寸(a,b 和 L),以及绝缘电介质的热导率 κ。从基本热传导理论可知:

$$Q' = (T_i - T_0)\frac{2\pi\kappa L}{\ln\left(\dfrac{b}{a}\right)} \qquad (7.98) \text{ 热传递速率}$$

内导体的温度会一直上升,直到达到热平衡状态,此时式(7.97)表示的焦耳热产生速率等于由式(7.98)表示的电介质绝缘层的热传导速率。

a. 证明内导体的温度为

$$T_i = T_0 + \frac{\rho I^2}{2\pi^2 a^2 \kappa}\ln\left(\frac{b}{a}\right) \qquad (7.99) \text{ 稳态内导体温度}$$

b. 击穿发生在最大电场点。最大电场点位于 $r=a$ 处,即刚好处于内导线的外围,其计算

公式为(参见例 7.11)

$$E_{max} = \frac{V}{a \ln\left(\frac{b}{a}\right)} \qquad (7.100)$$

同轴电缆中的
最大电场强度

当 E_{max} 达到电介质击穿强度 E_{br} 时,就会发生电介质击穿现象。对于多数聚合物绝缘材料,其电介质强度 E_{br} 与温度有关,而且一般来说,会随着温度的升高而逐渐减小。图 7.64(b)所示就是一个典型的例子。如果负载电流 I 增大,那么每一秒的时间内就会产生更多的热量 Q',由式(7.99)可知,这会使内导线的温度更高。随电流增大而不断升高的 T_i,最终会使 E_{br} 降低得太多,以致于和 E_{max} 相等,使绝缘层击穿(热击穿)。假设某一同轴电缆的内导线为铝导线,直径10 mm,电阻率为 27 nΩ·m。绝缘层为 3 mm 厚的聚乙烯聚合物,其长期直流电介质强度如图7.64(b)所示。如果该电缆用于传输 40 kV 的电压,且外屏蔽层温度和环境温度相同,均为25℃,那么当聚合体的热导率为 0.3 W·K^{-1}·m^{-1}左右时,使该电缆失效的直流电流为多大?

c. 如考虑温度对 ρ 的影响,将 $\rho = \rho_0[1 + \alpha_0(T - T_0)]$(第 2 章)代入式(7.99),重新计算 b 中的电流。设 25 ℃时有 $\alpha_0 = 3.9 \times 10^{-3}$ ℃$^{-1}$。

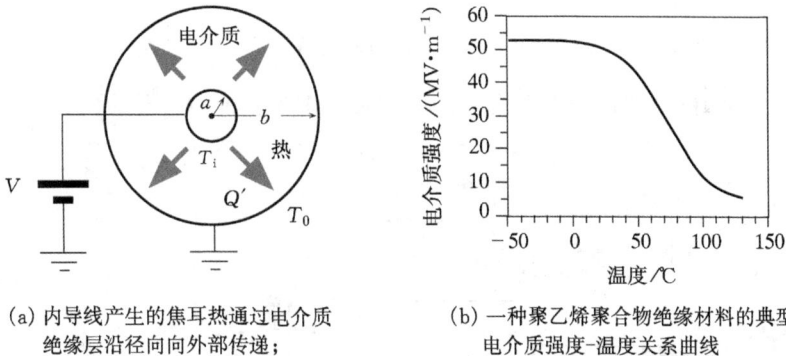

(a) 内导线产生的焦耳热通过电介质　　　(b) 一种聚乙烯聚合物绝缘材料的典型
　　绝缘层沿径向向外部传递;　　　　　　　电介质强度-温度关系曲线

图 7.64

7.22　压电效应　分别用石英晶体和 PZT 陶器设计一个工作于 $f_s = 1$ MHz 的滤波器,它们各自的带宽是多少?滤波器为两面覆盖有电极的圆片形,工作于径向振动模式。两种材料的杨氏模量和密度为:石英,$Y = 80$ GPa,$\rho = 2.65$ g·cm^{-3};PZT,$Y = 70$ GPa,$\rho = 7.7$ g·cm^{-3}。两个滤波器的直径分别为多少?假定晶体中的机械振动传播速度为 $v = \sqrt{Y/\rho}$,波长 $\lambda = v/f_s$,并且只考虑基频振动模式($n = 1$)。

7.23　压电电压系数　给晶体施加压力 T 会在压电晶体中产生极化 P,因此会在其内部建立电场 E,其表达式为

$$E = gT$$

压电电压系数

g 是压电电压系数。如果 $\varepsilon_0\varepsilon_r$ 是晶体的介电常数,证明

$$g = \frac{d}{\varepsilon_0\varepsilon_r}$$

一个 BaTiO$_3$ 样品沿某一方向定向(称为 3 方向),且沿该方向有 $d = 190$ pC·N^{-1},$\varepsilon_r \approx 1900$。那么,该方向上的 g 为多少?将该值与测量值 0.013 m^2·C^{-1} 进行分析比较。

7.24　压电效应与压电弯曲器

a. 压电材料可用于制作微小位移的位置调节器(像在扫描隧道显微镜中)。如图 7.65(a) 的压电平板,其长度、宽度和厚度分别为 $L=20\,\text{mm}, W=10\,\text{mm}, D=0.25\,\text{mm}$。当给其加上电压 V 时,该平板的长度、宽度和厚度均会改变,其改变量由压电因数 d_{ij} 决定。d_{ij} 表示了沿 i 方向的电场在 j 方向引起的的应变。

假如我们定义方向 3 沿着厚度 D 方向,方向 1 沿着长度 L 方向,如图 7.65(a)所示。证明厚度变化量和长度变化量分别为

$$\delta D = d_{33}V$$

$$\delta L = \left(\frac{L}{D}\right)d_{31}V \qquad \text{压电现象}$$

如果 $d_{33} \approx 500 \times 10^{-12}\ \text{m} \cdot \text{V}^{-1}, d_{31} \approx -250 \times 10^{-12}\ \text{m} \cdot \text{V}^{-1}$,计算 100 V 电压下长度和厚度的变化量。可以得出什么结论?

b. 如图 7.65(b)所示,将两块极化方向相反的压电陶瓷板 A 和 B 粘在一起,就构成了双压电晶片元件。将其安装成悬臂梁形式,一端固定,一端可自由运动。由于极化方向相反,当电场拉伸 A 时就会压缩 B,这种相对运动就会使悬臂梁弯曲。悬臂梁端部位移 h 的计算公式为

$$h = \frac{3}{2}d_{31}\left(\frac{L}{D}\right)^2 V \qquad \text{压电弯曲}$$

当外加电压为 100 V 时,悬臂梁端部的偏移量为多少? 能得出什么结论?

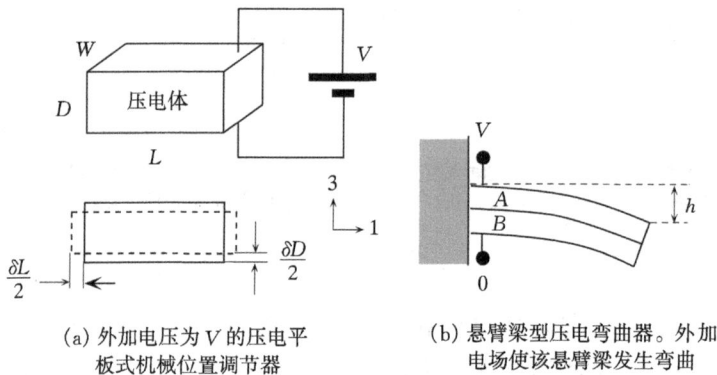

(a) 外加电压为 V 的压电平　　　　　(b) 悬臂梁型压电弯曲器。外加
　　板式机械位置调节器　　　　　　　电场使该悬臂梁发生弯曲

图 7.65

7.25　压电效应　　一个压电片中的机械振动波长满足下面的关系式:

$$n\left(\frac{1}{2}\lambda\right) = L$$

n 是整数,L 是机械振动波产生方向的压电片长度,波长 λ 由频率 f 和波速 v 决定。超声波波速 v 与杨氏模量 Y 有关,其表达式为

$$v = \left(\frac{Y}{\rho}\right)^{1/2}$$

ρ 为密度。对于石英,$Y=80\,\text{GPa}, \rho=2.65\ \text{g} \cdot \text{cm}^{-3}$。如果只考虑基频振动模式($n=1$),那么 1 kHz 和 1 MHz 晶体振荡器的实际尺寸是多少?

7.26　热释电探测器　两种热辐射探测器的热释电材料分别为 PZT 和 PVDF。PZT 和 PVDF 的特性如表 7.14 所示。探测器的接收区域为 4 mm²。PZT 陶瓷和 PVDF 薄膜的厚度分别为 0.1 mm 和 0.005 mm。两种探测器所接收的热辐射均被周期性斩波,允许持续通过的热辐射时间为0.05 s。

表 7.14　PZT 和 PVDF 的特性

	ε'_r	热释电系数 ($\times 10^{-6}$ C·m^{-2}·K^{-1})	密度 (g·cm^{-3})	比热容 (J·K^{-1}·g^{-1})
PZT	290	380	7.7	0.3
PVDF	12	27	1.76	1.3

　　a. 若两者均接受强度为 10 μW·cm^{-2} 的辐射,计算每个探测器输出电压的幅值。电路中相应的电流是多少? 在实际中,什么因素将限制输出电压的幅值?

　　b. 如果可探测的最小信号电压是 10 nV,可探测的最小辐射强度是多少?

7.27　LiTaO₃ 热释电探测器　LiTaO₃ 探测器是一种可以商业化的探测器。LiTaO₃ 的特性如下:热释电系数 $p \approx 200 \times 10^{-6}$ C·m^{-2}·K^{-1},密度 $\rho = 7.5$ g·cm^{-3},比热容 $c_s = 0.43$ J·K^{-1}·g^{-1}。现有一直径10 mm,厚度 0.2 mm 的圆柱形晶体探测器,如果将入射到它上面的热辐射周期性斩波,使其接收短的周期性热辐射,且每个辐射脉冲的宽度为 $\Delta t = 10$ ms。设两个相邻辐射脉冲之间的时间足够长,可以只考虑探测器对单个辐射脉冲的响应。并假定入射辐射被全部吸收。当辐射强度为 10 μW·cm^{-2}时,计算热释电电流及所能产生的最大输出电压。假设放大器输入阻抗足够大,因此可以不予考虑。探测器的电流响应率是多少? 在计算电压信号时,最主要的假设是什么?

*7.28　热释电探测器　图 7.66 是一个典型热释电辐射探测器电路。FET 接成电压跟随器形式(源跟随器)。R_1 表示通常位于 FET 与信号源之间的偏置电阻与 FET 输入电阻的并联电阻。C_1 代表了总的 FET 输入电容,包括除热释电探测器电容之外的所有寄生电容。假设入射辐射强度为常数 I。发射率 η 是一种表面特性,它代表了入射辐射被吸收的比率,ηI 是单位面积单位时间内吸收的能量。所吸收的部分能量使探测器温度升高,部分能量通过传导和对流散失到周围环境中。令探测器接受区域面积为 A,厚度为 L,密度为 ρ,比热(每单位质量的热容量)为 c。则热损失将与探测器温度 T 与周围环境温度 T_0 之差成正比,也与表面积 A(远大于 L)成正比。由能量守恒定律可得:

探测器内能(热量)的增率＝能量吸收率－热损失率

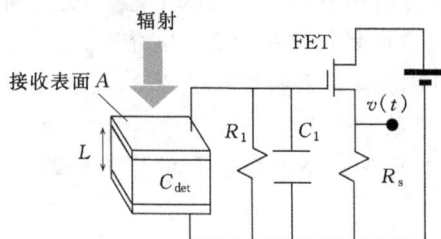

图 7.66　热释电探测器及其 FET 电压跟随器电路

即

$$(AL\rho)c\frac{\mathrm{d}T}{\mathrm{d}t} = A\eta I - KA(T - T_0)$$

式中 K 是表征热损失的比例常数,因此它取决于导热系数 κ。如果只考虑从探测器表面到探测器底部(探测器基底)的热损失,那么 $K = \kappa/L$。但实际上并非如此,因此 $K = \kappa/L$ 只是一种非常简化的形式。

a. 证明探测器温升满足下面的指数关系:

$$T = T_0 + \frac{\eta I}{K}\left[1 - \exp\left(-\frac{t}{\tau_{\mathrm{th}}}\right)\right]$$　　　探测器温度

τ_{th} 是**热时间常数**,可由 $\tau_{\mathrm{th}} = L\rho c/K$ 来计算。进一步证明,对于很小的 K,公式可以简化为

$$T = T_0 + \frac{\eta I}{L\rho c}t$$

b. 证明当 $\mathrm{d}t$ 时间内温度变化为 $\mathrm{d}T$ 时,热释电电流 i_{p} 可表示为

$$i_{\mathrm{p}} = Ap\frac{\mathrm{d}T}{\mathrm{d}t} = \frac{Ap\eta I}{L\rho c}\exp\left(-\frac{t}{\tau_{\mathrm{th}}}\right)$$　　　热释电电流

其中 p 是热释电系数。初始电流是多少?

c. 信号通过 FET 后,输出电压 $v(t)$ 可表示为

$$v(t) = V_o\left[\exp\left(-\frac{t}{\tau_{\mathrm{th}}}\right) - \exp\left(-\frac{t}{\tau_{\mathrm{el}}}\right)\right]$$　　　热释电探测器输出电压

式中 V_o 是一个常数,τ_{el} 是**电时间常数**,可由 $R_1 C_t$ 来计算,C_t 是总电容,等于 $C_1 + C_{\mathrm{det}}$,而 C_{det} 是探测器电容。有一面积为 $1\ \mathrm{mm}^2$,厚度为 $0.05\ \mathrm{mm}$ 的 PZT 热释电探测器,假定此 PZT 的 $\varepsilon_r = 250$,$\rho = 7.7\ \mathrm{g \cdot cm^{-3}}$,$c = 0.3\ \mathrm{J \cdot K^{-1} \cdot g^{-1}}$,$\kappa = 1.5\ \mathrm{W \cdot K^{-1} \cdot m^{-1}}$。将这个探测器与一个 $R_1 = 10\ \mathrm{M}\Omega$,$C_1 = 3\ \mathrm{pF}$ 的 FET 电路连接。令热传导损失常数 K 为 κ/L 和 $\eta = 1$,计算 τ_{th} 和 τ_{el}。绘制输出电压示意图。能得出什么结论?

7.29　点火器设计　用两个背对背的 PLZT 晶体设计一个 PLZT 压电点火器,50 N 的压力下,该点火器能够在 $0.5\ \mathrm{mm}$ 的空气隙中产生 $60\ \mu\mathrm{J}$ 的火花放电。1 个大气压下,$0.5\ \mathrm{mm}$ 空气隙的击穿电压为 3000 V。试确定该设计中晶体的尺寸以及介电常数。假定压电电压系数为 $0.023\ \mathrm{V \cdot m \cdot N^{-1}}$。

7.30　CsCl 的离子极化谐振　CsCl 晶体的光频介电常数为 2.62,直流介电常数为 7.20,晶格常数 a 为 $0.412\ \mathrm{nm}$。每个 CsCl 立方型晶胞中只有一个离子对($\mathrm{Cs^+ - Cl^-}$)。计算(或估算)离子谐振吸收频率,并将它与 $3.1 \times 10^{12}\ \mathrm{Hz}$ 的实验观察谐振值做比较。Q 的有效值取多大时,会使计算值落在实验值上下 10% 的范围内?

7.31　用于微电子的低 κ 多孔电介质　在互联工艺中,为了将互联电容降至最小,需要 ε_r 较低的隔离层电介质(ILDs)。这些材料被称为低 κ 电介质。

a. 考虑氟化二氧化硅,也称为氟硅酸盐玻璃(FSG),其 ε_r 为 3.2。如果 ILD 是 40% 的多孔电介质,那么它的有效介电常数是多少?

b. 如果需要一种有效介电常数 ε_r 小于 2,且孔的体积分数不能超过 40%,那么初始的 ε_r 应为多少?

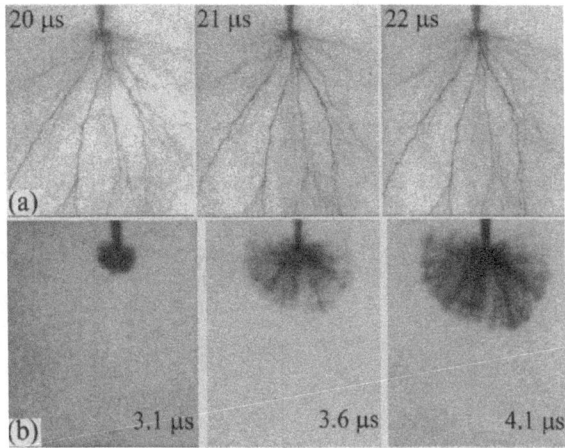

树形和丛形放电结构

(a) 电压 $V=160\,\mathrm{kV}$,气隙 $d=0.06\,\mathrm{m}$ 条件下,不同时间的树形放电结构;(b) 电压 $V=300\,\mathrm{kV}$,气隙 $d=0.06$ m 条件下,不同时间的密集丛形放电结构

照片来源:V. Lopatin, M. D. Noskov, R. Badent, K. Kist, A. J. Swab, "Positive Discharge Development in Insulating Oil:Optical Observation and Simulation," *IEEE Trans. On Dielec. and Elec. Insulation*, vol. 5, no. 2, 1998, p. 251, figure 2. (© IEEE, 1998)

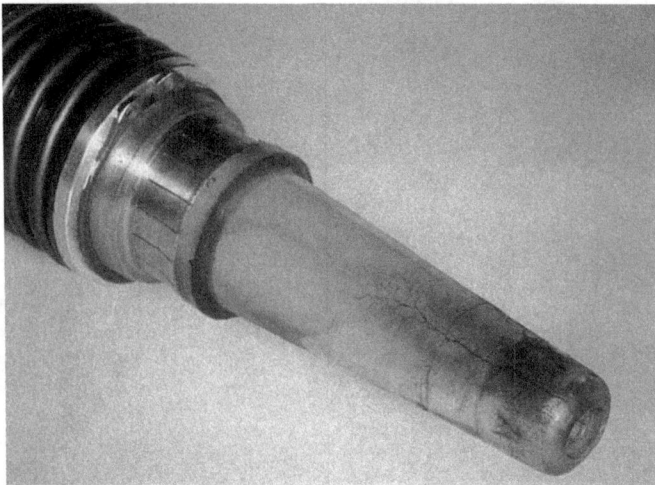

具有电晕放电和树形放电痕迹的同轴电缆连接器

照片来源:M. Mayer and G. H. Schröder, "Coaxial 30kV Connectors for the RG220/U Cable:20 Years of Operational Experience", *IEEE Electrical Insulation Magazine*, vol. 16, March/April 2000, p. 11, figure 6. (© IEEE, 2000)

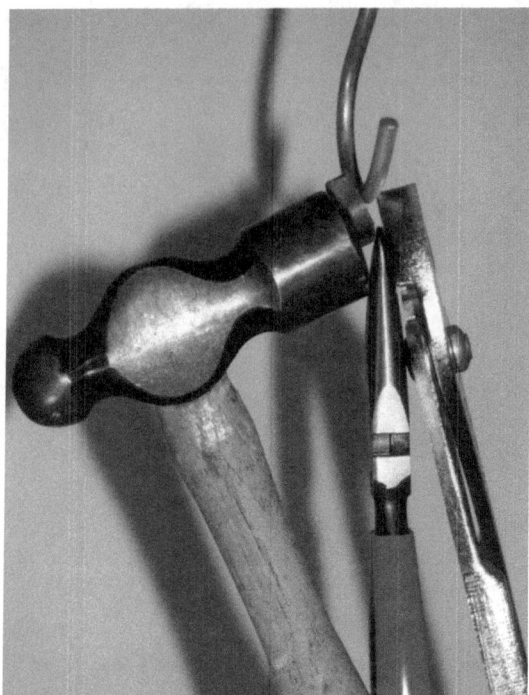

这个小钕铁硼永磁体(大约一分硬币的厚度)可以吊起10lb(1lb＝0.45 kg)重的物体。钕铁硼磁体的$(BH)_{max}$值通常比较大(200～275kJ·m^{-3})

1986 年,IBM苏黎世研究实验室的伯德诺兹(George Bendnorz)(右)和缪勒(K. Alex Müller)发现,当冷却到 35 K 以下时,具有高电阻性的铜氧化物基陶瓷型化合物表现出超导性。该发现荣获了诺贝尔奖,并且开创了人类高温超导研究的新纪元。如今已经有多种陶瓷化合物在液氮(一种廉价的冷却剂)温度(77 K)之上表现出超导性

照片来源:IBM苏黎世研究实验室

第8章 磁性和超导性

许多电气工程器件如电感器、变压器、旋转电机以及铁氧体天线等都是利用物质的磁性工作的。在很多情况下,也单独使用永磁体或将其作为一些设备如旋转电机或扬声器的组成部分。大部分工程器件都利用物质的铁磁或亚铁磁性,因此它们相对于其它的磁性如顺磁性和反磁性更受人们重视。虽然超导性是指导体电阻在低温下完全消失的特性,而且通常是从量子力学的角度加以阐释的,我们本章的主题却是磁性与超导,这是因为所有超导体都是理想的抗磁体,而且它们已经或将会在磁学领域得到应用。伯德诺兹(George Bednorz)和缪勒(Alex Müller)于1986年在IBM公司苏黎世实验室研究发现的高温超导现象,无疑是近五十年来最重要的发现。高温超导体已经在超导线圈、敏感磁力计、高品质因数微波滤波器等器件中获得应用。

8.1 物质的磁化

8.1.1 磁偶极矩

物质磁性中有许多基于磁偶极矩的概念。考虑图8.1所示回路,其电流为I,这相当于一个通电线圈。为简单起见,我们假设电流回路位于同一平面内,电流所围绕的区域为A。设u_n为射出平面A的单位向量,它与回路电流I满足右手螺旋法则。这样,磁偶极矩,或简称磁矩μ_m,可如下定义[①]:

$$\mu_m = IAu_n \qquad\qquad (8.1)\ \text{磁偶极矩的定义}$$

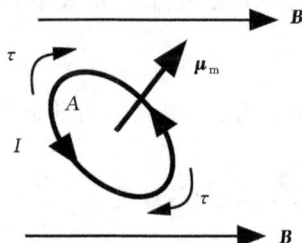

当一个磁偶极矩位于磁场中时,它受到转矩作用使其旋转并使其轴向与磁场方向一致,如图8.2所示。此外,由于磁偶极子本身就是一个电流环,因此会在其周围激发一个类似于条形

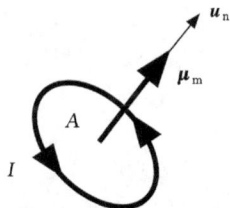

图8.1 磁偶极矩的定义   图8.2 磁偶极矩在外场中受到扭矩的作用

---

① μ 表示磁偶极矩,不要与磁导率混淆。绝对磁导率以及相对磁导率用 μ_0 和 μ_r 表示。

磁铁周围磁场分布的磁感应强度 B，如图 8.3 所示。根据物理课本上介绍的方法，我们可以得到由电流 I 及其分布产生的磁感应强度 B。例如，位于沿轴向距线圈中心距离为 r 的 P 点的磁场 B 的大小与磁偶极矩大小成正比，而与 r 的立方成反比，即 $B \propto \mu_m / r^3$。

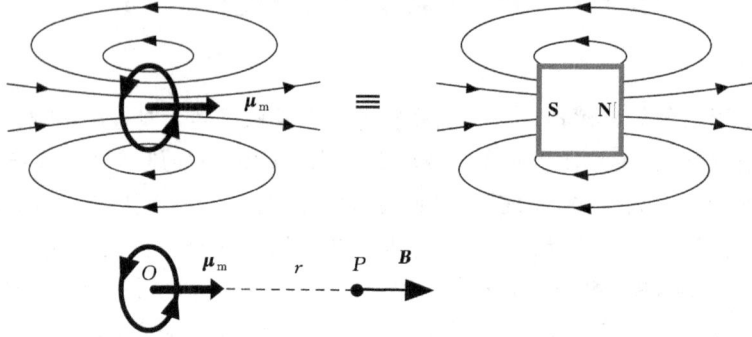

图 8.3　一个磁偶极矩同条形磁铁产生类似的磁场。磁场 B 与 μ_m 有关

8.1.2　原子磁矩

原子的轨道电子很像一个环形电流，因此也会相应地产生一个称为**轨道磁矩**（μ_{orb}）的磁偶极矩，如图 8.4 所示。当电子旋转角速度为 ω 时，轨道电子产生的环形电流 I 为

$$I = 单位时间内通过的电荷 = -\frac{e}{周期} = -\frac{e\omega}{2\pi}$$

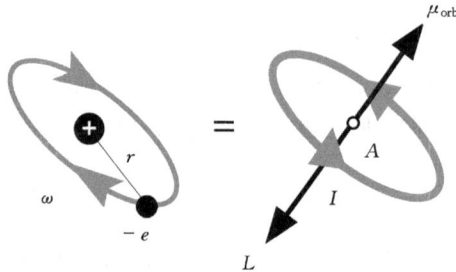

图 8.4　一个绕原子核旋转的电子等效于一个磁偶极矩 μ_{orb}

当轨道半径为 r 时，磁偶极矩大小为

$$\mu_{orb} = I(\pi r^2) = -\frac{e\omega r^2}{2}$$

而电子运动速率 v 为 ωr，其轨道角动量为

$$L = (m_e v)r = m_e \omega r^2$$

将其代入磁偶极矩表达式，可得

$$\mu_{orb} = -\frac{e}{2m_e}L \qquad\qquad (8.2)\ 电子的轨道磁矩$$

可以看出，磁矩与轨道角动量成正比，比例系数包含电子的荷质比。数值系数 $e/(2m_e)$ 将角动量与磁矩关联起来，称为**旋磁比**。式 (8.2) 中的负号表明由于电子带负电，因此 μ_{orb} 的方向与 L 方向相反。

电子也有其固有角动量 S，即自旋。自旋电子存在**自旋磁矩** μ_{spin}，但 μ_{spin} 和 S 的关系与式

(8.2)不同。旋磁比增加了一倍,即

$$\mu_{\text{spin}} = -\frac{e}{m_e}S \qquad \text{(8.3)} \text{ 电子的自旋磁矩}$$

μ_{orb} 和 μ_{spin} 适当叠加就可以得到电子的总磁矩。由于它们是向量,因此不能简单地作数值叠加。而且,原子总磁矩 μ_{atom} 本身与所有电子的轨道磁矩和自旋有关。然而,处于封闭的亚壳层中的电子,由于对每一个具有给定轨道角动量 L(或 S)的电子,总有另一个电子具有相反的 L(或 S),因此这些电子对总磁矩没有影响。其原因在于 L 的方向被 m_e 空间量子化,而一个封闭壳中充满了所有正的和负的 m_e,类似地,封闭壳中上自旋与下自旋的电子数相等,因此没有净电子自旋及净自旋矩 μ_{spin}。因此,只有**未填满亚壳层**对原子总磁矩有贡献。

考虑一个具有封闭内壳层和 s 轨道具有单电子的原子 $(l=0)$。此时轨道磁矩为零,原子磁矩与孤立电子的自旋磁矩相等,$\mu_{\text{atom}}=\mu_{\text{spin}}$。当存在沿 z 方向的外加磁场时,原子磁矩并不会简单地顺磁场方向旋转,因为根据量子力学的要求,自旋角动量被空间量子化,即,S 沿轴方向的分量 S_z 必须是 $m_s \hbar$,此处 $m_s = \pm\frac{1}{2}$ 为自旋磁量子数。自旋电子受到的转矩使自旋磁矩向外磁场方向运动,如图 8.5 所示,这个运动是 $S_z = -\frac{1}{2}\hbar$ 并导致由式(8.3)给出的沿磁场方向的平均磁矩 μ_z 与 S_z 的关系,即

$$\mu_z = -\frac{e}{m_e}S_z = -\frac{e}{m_e}(m_s \hbar) = \frac{e\hbar}{2m_e} = \beta$$

$$\text{(8.4)} \text{ 沿磁场的磁矩}$$

图 8.5 自旋磁矩沿外场方向(z)运动,大小为 μ_z,方向沿 z 轴

β 称为玻尔磁子,其值为 $9.27\times10^{-24}\text{A}\cdot\text{m}^2$ 或 $\text{J}\cdot\text{T}^{-1}$。

因此,单电子自旋具有沿外场方向一个玻尔磁子大小的磁矩。

8.1.3 磁化矢量 M

假设一个紧绕的无限长真空理想螺线管,如图 8.6(a)所示。用 B_0 表示螺线管内为真空时的磁场。这个磁场与通电螺线管电流 I、单位长度匝数 n 有关,具体公式为[①]

$$B_0 = \mu_0 nI = \mu_0 I' \qquad \text{(8.5)} \text{ 螺线管内的自由空间场}$$

这里 I' 为螺线管单位长度上的总环绕电流,$I'=nI$,μ_0 为真空中的绝对磁导率,单位为亨/米(H/m)。

当螺线管内充有圆柱形介质时,如图 8.6(b)所示,磁场将会发生改变。设此时螺线管内新的磁场为 B,并将 B_0 看作对介质空间所施的外加磁场。

在 B_0 的作用下每一个介质原子都会产生,或者说获得一个沿外场方向的净磁矩 μ_m。每个 μ_m 都可以看作每个原子磁矩随 B_0 运动的结果。这样介质就产生了一个沿外场方向的净磁矩而**被磁化**。磁化矢量 M 反映了介质被磁化的程度,定义为**单位体积磁偶极矩**。假设体积元 ΔV 内有 N 个原子,第 i(i 从 1 到 N)号原子对应的磁矩为 μ_{mi},则 M 为

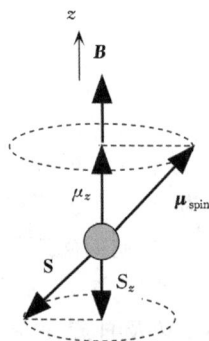

---

① 本式由安培定律推得,在电磁学方面的课本中都可以查到。

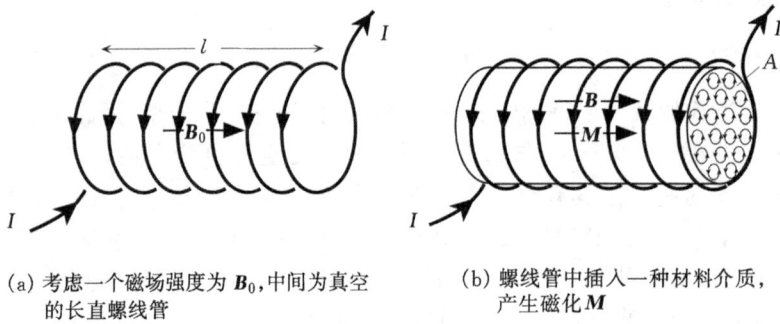

(a) 考虑一个磁场强度为 $\boldsymbol{B}_0$，中间为真空的长直螺线管

(b) 螺线管中插入一种材料介质，产生磁化 $\boldsymbol{M}$

图 8.6

$$M = \frac{1}{\Delta V}\sum_{i=1}^{N}\boldsymbol{\mu}_{\mathrm{m}i} = n_{\mathrm{at}}\boldsymbol{\mu}_{\mathrm{av}} \qquad (8.6) \text{磁化矢量}$$

此处 n_{at} 为单位体积内原子数，$\boldsymbol{\mu}_{\mathrm{av}}$ 为原子平均磁矩。可以认为每个原子获得了沿 $\boldsymbol{B}_0$ 方向的磁矩 $\boldsymbol{\mu}_{\mathrm{av}}$。每个沿 $\boldsymbol{B}_0$ 方向的磁矩可以看作一个原子规模的元电流环，如图 8.6(b) 所示。这些元电流环是由电子沿轨道旋转及自旋而在原子内产生的电子电流形成的。每个电流环平面的法线沿 $\boldsymbol{B}_0$ 方向。

图 8.7 所示为一个磁化介质的横截面。由于每个原子所得到的磁矩都为 $\boldsymbol{\mu}_{\mathrm{av}}$，因此截面内所有元电流环电流环绕方向一致。由图 8.7 易知，物质内部所有相邻电流环的相邻侧电流方向相反，相互抵消，因此在物质内部不存在净体电流，或内电流。然而靠近表层的电流环中的电流并不能完全抵消，因此形成了净面电流，如图 8.7 所示。面电流是磁介质在外加场作用下磁化产生的，因此取决于样品的磁化强度 M。

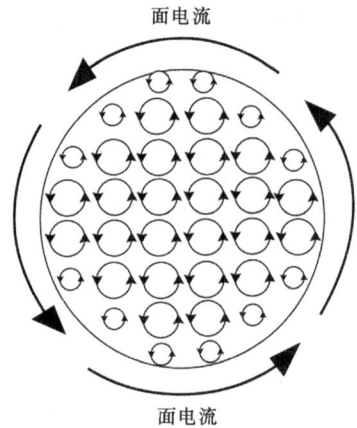

面电流

图 8.7 元电流环引起面电流

由于相邻电流环的电流方向相反，因此内部没有电流

根据 M 的定义，圆柱形样品的总磁矩为

$$\text{总磁矩} = M(\text{体}) = MAl$$

假设样品单位长度磁化面电流为 I_{m}，则总环绕面电流为 $I_{\mathrm{m}}l$，于是由定义可得总磁矩为

$$\text{总磁矩} = \text{总电流} \times \text{截面面积} = I_{\mathrm{m}}lA$$

令二者相等，于是可得

$$M = I_{\mathrm{m}} \qquad (8.7) \text{磁化和面电流}$$

以上结论是我们在一个简单的圆柱体中得到的，此时 $\boldsymbol{M}$ 沿圆柱轴线方向而电流 I_{m} 平面与 $\boldsymbol{M}$ 垂直。然而，由一些高级教材中得到的结果可知，这个结论却不仅局限于这种情况。应该指出，磁化电流 I_{m} 并不像在一个铜载流线圈中那样是由自由电荷产生的，而是属于固体表面的原子局域化的电子电流。式(8.7)表明我们可以用一个与 $\boldsymbol{M}$ 大小相等的单位长度面电流 I_{m} 表示磁介质的磁化程度。

8.1.4　磁化场或磁场强度 H

图 8.6(b)所示位于螺线管内部的磁化
介质产生了表面磁化电流,这样它的表现便
类似于一个螺线管。现在我们考虑一个内
部充有磁介质的螺线管,如图 8.8 所示。磁
介质内的磁场不仅由螺线管绕线中的单位
长度传导电流 I' 产生,而且还有面磁化电流
I_m 的贡献。此时,螺线管内部的磁场 B 仍
可由通常的螺线管表达式给出,只不过式中
的电流包含 I' 和 I_m,如图 8.8 所示,

$$B = \mu_0(I' + I_m) = B_0 + \mu_0 M$$

通常情况下,该式都是成立的,而且可
以写成向量形式:

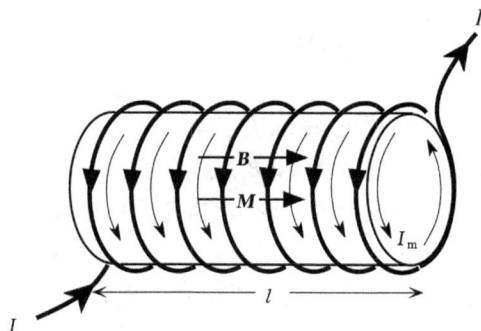

图 8.8　螺线管内介质中的磁场 B 是由绕线中的传导
电流 I 以及磁化介质表面的磁化电流 I_m 共同
产生的,即,$B = B_0 + \mu_0 M$

$$B = B_0 + \mu_0 M \qquad (8.8)\ \text{磁化介质中的磁感应强度}$$

磁化介质内一点的磁场是由外场 B_0 和介质磁化场 M 共同作用产生的。螺线管线圈内的
自由电荷产生的电流,即传导电流,在螺线管内部产生磁场 B_0,从而引起了介质的磁化。传导
电流的大小是可以外加调节的。这样,不妨引入一个表示外部或传导电流单独作用的向量场。
一般地,某点处的 $B - \mu_0 M$ 就是外部电流单独对介质内部该点处磁场的贡献,这就是 B_0。
$B - \mu_0 M$ 是一个磁化场,它表示了使介质磁化的外部电流所产生的场。因此我们引入**磁化场**
H,

$$H = \frac{1}{\mu_0}B - M \qquad (8.9)\ \text{磁化场的定义}$$

或

$$H = \frac{1}{\mu_0}B_0 \qquad \text{磁化场的定义}$$

磁化场 H 又称为**磁场强度**,单位为 $A \cdot m^{-1}$。式中除以 μ_0 后,向量场 H 和外部传导电流
的关系就简单化了(安培定律)。

由于在螺线管中磁场 B_0 为 $\mu_0 nI$,我们可以得到螺线管中的磁场为

$$H = nI = \text{单位长度总传导电流} \qquad (8.10)$$

通常,为了便于理解,我们可以认为 B 是由 H 引起的。H 仅取决于外部传导电流,而作为效应
的 B 取决于物质的磁化强度 M。

8.1.5　磁导率与磁化率

假设介质内一点 P,磁场为 B,磁化场为 H。我们用 B_0 表示 P 点处为没有任何物质(即自
由空间)时的磁场。介质中 P 点的磁导率定义为单位磁化场 H 引起的磁场 B 的大小:

$$\mu = \frac{B}{H} \qquad (8.11)\ \text{磁导率定义}$$

磁导率将磁介质内一点处的 B 与 H 联系了起来。定性地讲,μ 表示一种磁介质的磁传导
能力。而介质的相对磁导率 μ_r 则是存在磁介质时的磁导率相对于自由空间中磁导率增加的

比值。例如,假设螺线管内为自由空间时磁场为 B_0,充有磁介质时磁场为 B,则 μ_r 定义如下:

$$\mu_r = \frac{B}{B_0} = \frac{B}{\mu_0 H}$$ 　　(8.12) 相对磁导率定义

从式(8.11)与(8.12)可得

$$\mu = \mu_0 \mu_r$$

物质磁化强度 M 取决于净磁场 B。很自然的,我们可以类比电介质中极化场 P 与电场 E 之间的关系来建立 M 和 B 之间的联系。然而,由于历史原因,M 是与磁化场 H 建立了联系。假设介质为各向同性,那么介质磁化率 χ_m,可简单地定义为

$$M = \chi_m H$$ 　　(8.13) 磁化率定义

这个关系并不适用于所有磁介质。比如我们后面将要介绍的铁磁物质就不遵守式(8.12)。由于磁场 $B = \mu_0(H + M)$,因此有

$$B = \mu_0 H + \mu_0 M = \mu_0 H + \mu_0 \chi_m H = \mu_0(1 + \chi_m)H$$

和 $$\mu_r = 1 + \chi_m$$ 　　(8.14) 相对磁导率和磁化率

于是我们就可以方便地用相对磁导率 μ_r 或 $(1 + \chi_m)$ 直接乘以 μ_0 来表示磁性介质的作用了。也就是说,我们可以直接用 $\mu = \mu_0 \mu_r$ 来替换 μ_0。例如,螺线管内充有磁性介质时感应系数增加为 μ_r 倍。

表 8.1 总结出了各种重要的磁学参量以及它们的定义和单位。

表 8.1　磁学参量以及它们的单位

磁性参量	符号	定义	单位	备注
磁场; 磁感应	B	$F = qv \times B$	T(特斯拉)$= Wb \cdot m^{-2}$	由移动的电荷或电流产生,对运动电荷及电流有力的作用
磁通量	Φ	$\Delta\Phi = B_{normal}\Delta A$	Wb(韦伯)	$\Delta\Phi$ 是磁场 B_{normal} 垂直通过面积 ΔA 所产生的通量。通过任何闭合曲面的通量为 0
磁偶极矩	μ_m	$\mu_m = IA$	$A \cdot m^2$	在 B 中受到一个扭矩,在非均匀 B 中受到一个净力
玻尔磁子	β	$\beta = e\hbar/(2m_e)$	$A \cdot m^2$ 或 $J \cdot T^{-1}$	电子自旋磁矩,$\beta = 9.27 \times 10^{-24} A \cdot m^2$
磁化矢量	M	单位体积内的磁矩	$A \cdot m^{-1}$	材料中单位体积内的净磁矩
磁化场; 磁场强度	H	$H = B/\mu_0 - M$	$A \cdot m^{-1}$	H 仅由外部导体电流决定,并在材料中产生磁场 B
磁化率	χ_m	$M = \chi_m H$	无	反映材料的磁化与磁化场 H 间的关系
绝对磁导率	μ_0	$c = [\varepsilon_0 \mu_0]^{-1/2}$	$H \cdot m^{-1} = Wb \cdot m^{-1} \cdot A^{-1}$	磁学中一个非常重要的常数,自由空间中 $\mu_0 = B/H$
相对磁导率	μ_r	$\mu_r = B/(\mu_0 H)$	无	
磁导率	μ	$\mu = \mu_0 \mu_r$	$H \cdot m^{-1}$	避免与磁矩混淆
磁感	L	$L = \Phi_{total}/I$	H(亨)	单位电流产生的磁通量
静磁能密度	E_{vol}	$dE_{vol} = HdB$	$J \cdot m^{-3}$	dE_{vol} 是单位体积材料磁感应强度改变 dB 所需的能量

例 8.1 安培定律和环形线圈的电感 安培定律给出了传导电流 I 与环绕该电流的磁场强度 H 之间的关系。传导电流 I 是由导体内自由电荷运动产生的,与任何介质的磁化无关。考虑如图 8.9 所示的一个绕电流为 I 的载流导线任意环绕的路径 C,C 上 P 点处 H 的切向分量为 H_t。若 dl 表示 P 点处沿 C 方向的一个无限小的长度,则 $H_t dl$ 沿路径 C 的总和等于 C 内所包含的传导电流。这就是**安培定律**:

$$\oint_C H_t dl = I \qquad (8.15) \text{ 安培定律}$$

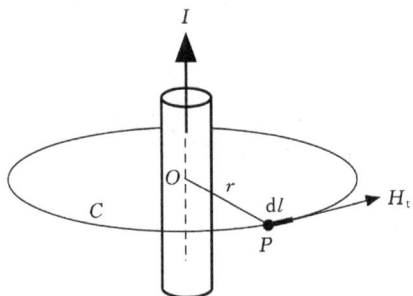

图 8.9 安培环路定律

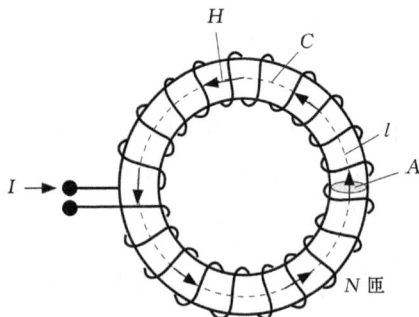

图 8.10 具有 N 匝绕线的环形线圈

考虑如图 8.10 所示的 N 匝的环形线圈。首先假设线圈磁芯为空气($\mu_r = 1$),并设绕组电流为 I,由对称性可知线圈磁芯内部磁场强度 H 处处相等,并且沿螺线管圆周方向。假设中间圆周 C 周长为 l,电流沿圆周 C 总共缠绕了 N 次,于是由式(8.15)可得

$$\oint_C H_t dl = Hl = NI$$

或

$$H = \frac{NI}{l}$$

于是易得线圈磁芯为空气时的磁场 B_0:

$$B_0 = \mu_0 H = \frac{\mu_0 NI}{l}$$

当环形线圈内充有相对磁导率为 μ_r 的磁介质时,由于传导电流 I 不变,磁场强度仍为 H,而磁场 B 此时却不再是 B_0,其表达式变为

$$B = \mu_0 \mu_r H = \frac{\mu_0 \mu_r NI}{l} \qquad \text{环形线圈内的磁场}$$

若线圈横截面为 A,则穿过线圈磁芯的总磁通量 Φ 为 BA,或 $\mu_0 \mu_r NAI/l$。在图 8.10 中,电流 I 匝链了磁通 N 次。因此由定义可得环形线圈的电感为

$$L = \frac{\text{总匝数}}{\text{电流}} = \frac{N\Phi}{I} = \frac{\mu_0 \mu_r N^2 A}{l} \qquad \text{环形线圈的电感}$$

与电介质使得电容增大 ε_r 倍一样,磁介质作为磁芯使得线圈电感增大为原来的 μ_r 倍。

例 8.2 单位体积静磁能 考虑一个由电压源通过可变电阻器给予能量的 N 匝环形线圈,如图 8.11 所示。线圈磁芯可以是任何介质。假设通过调节电阻可以增大线圈内的电流 i。电流 i 产生了穿过磁芯的磁通 $\Phi = BA$,此处 B 为磁场,而 A 是磁芯横截面积。现在我们可以

利用安培定律来建立 i 和 H 之间的联系。设圆环平均周长为 l，则有

$$Hl = Ni \qquad (8.16)$$

电流的改变引起了磁通的改变（均是增大）。由法拉第定律可知，变化的磁通在它所穿过的回路中产生感应电压 v，电压大小与回路总匝链磁通（$N\Phi$）的变化率有关。由楞次定律可知感应电压的极性与外加电压相反。设在时间 δt 内磁场变化量为 δB，则 $\delta\Phi = A\delta B$ 并且

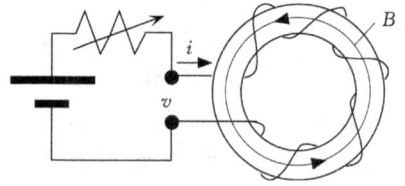

图 8.11　使环形线圈磁化所需的能量

$$v = \frac{N\delta\Phi}{\delta t} = NA\frac{\delta B}{\delta t} \qquad (8.17)$$

外加电源（电池）必须提供电流 i 以克服感应电压 v，这意味着外源每秒钟需做功 iv。换句话说，时间 δt 内电池需要做功 $iv\delta t$ 以提供必需的电流使得磁场增加 δB。则利用式（8.16）和（8.17）可以得到时间 δt 内流入线圈的电场能量 δE 为

$$\delta E = iv\delta t = \left(\frac{Hl}{N}\right)\left(NA\frac{\delta B}{\delta t}\right)\delta t = (Al)H\delta B$$

这些能量 δE 是在增加线圈内磁场 δB 时所做的功，Al 为线圈体积。因此，将线圈中的磁场从初始 B_1 增加到最终 B_2 所需要的总能量或单位体积的功为

$$E_{vol} = \int_{B_1}^{B_2} H dB \qquad (8.18)\ \text{磁化时单位体积所做的功}$$

这里积分上下限由初始及最终磁场决定。此式用来计算将磁场从 B_1 增加到 B_2 所需要的能量密度（单位体积能量）。需要强调的是，式（8.18）对任何介质都成立。我们可以得出，在任何介质（包括真空）中，要将某一点磁场增大 dB 则需要将能量密度增加 $dE_{vol} = HdB$。

现在我们考虑线圈内为具有固定相对磁导率 μ_r 的介质的情况，这意味着我们不考虑铁磁及亚铁磁等不具有 H-B 线性关系的物质，这些物质我们后面将会讨论。当线圈内为自由空间或空气时，$\mu_r = 1$。

假设我们将图 8.11 中的电流从零增加到某个值 I，则磁场也相应地从零增加到最终值 B。由于介质相对磁导率为常数，于是可以得到：

$$B = \mu_r\mu_0 H$$

将此式代入式（8.18）并求积分就可以得到建立磁场 B（或磁场强度 H）所需要的单位能量密度：

$$E_{vol} = \frac{1}{2}\mu_r\mu_0 H^2 = \frac{B^2}{2\mu_r\mu_0} \qquad (8.19)\ \text{磁场能量密度}$$

这就是磁场建立过程中单位体积的介质从外电源（电池）中吸收的能量，称为**静态磁能密度**。这些能量存储在磁场中，它是一种磁势能。如果我们突然将电池撤走并将导线两端短路，则此时电流仍会持续一段时间（大小为 L/R），做功使电阻发热。这些功是由磁场内部储存的能量所转化的。当介质为自由空间或空气时，能量密度为

$$E_{vol}(\text{空气}) = \frac{1}{2}\mu_0 H^2 = \frac{B^2}{2\mu_0} \qquad \text{自由空间的静态磁能密度}$$

一个 2T 的磁场对应的静态磁能密度为 1.6MJ·m^{-3} 或 1.6J·cm^{-3}。一个在 1cm^3 体积内（相当于顶针大小）的 2T 磁场中所具有的能量相当于将一个苹果升高 5ft（$1\text{ft} = 0.305\text{m}$）所做的功。需要指出的是，只要线圈内介质是线性的，即 μ_r 与磁场无关，则静态磁能密度也可以写

成：

$$E_{vol} = \frac{1}{2}HB \quad (8.20) \text{线性磁介质中的静态磁能密度}$$

8.2 磁性材料分类

一般来说，磁性材料可分为五个不同的类型：抗磁、顺磁、铁磁、反铁磁和亚铁磁。表 8.2 总结了这些类型材料的磁性。

表 8.2　磁性材料的分类

种类	χ_m(典型值)	χ_m 与 T 关系	备注及举例
反磁体	负值，绝对值较小 (-10^{-6})	与 T 无关	材料的原子有封闭的壳层。有机材料，如多种聚合物；共价键固体如 Si，Ge，金刚石；一些离子晶体，如碱性卤化物；一些金属，如铜，银，金
顺磁体	负而大(-1)	必须低于临界温度与温度无关	超导体
	正而小($10^{-5} \sim 10^{-4}$)		决定于导体中电子的自旋排列。如碱金属以及过渡金属
	正值，值较小(10^{-5})	符合居里-外斯定律，$\chi_m = C/(T - T_C)$	组成材料的原子有恒定磁矩，如气态或液态氧，铁磁物质(Fe)，反铁磁物质(Cr)，以及高温下的亚铁磁材料
铁磁体	正值，绝对值非常大	高于居里温度为顺磁体，低于居里温度为铁磁体	无外加场的情况下(Fe_3O_4)仍有大的恒定的磁化强度。一些过渡金属以及稀土金属，如 Fe，Co，Ni，Gd，Dy
反铁磁体	正值，绝对值较小	高于奈尔温度为顺磁体，低于奈尔温度为反铁磁体	一些主要的盐以及过渡金属氧化物如 MnO，NiO，MnF_2，和某些过渡金属，α - Cr，Mn 等
亚铁磁体	正值，绝对值非常大	高于居里温度为顺磁体，低于居里温度为亚铁磁体	无外加场的情况下仍保持很大的磁化强度，如铁氧体

8.2.1　抗磁性

典型的抗磁材料有负的且小的磁化率。例如，晶体硅是抗磁体，其磁化率 $\chi_m = -5.2 \times 10^{-6}$，其相对磁导率小于 1。当抗磁材料例如晶体硅被置于磁场中，材料中磁化矢量 M 的方向和外场 $\mu_0 H$ 相反，因而材料中的感应磁场 B 要小于 $\mu_0 H$。负磁化率可以被理解为抗磁体试图排斥施加于材料的外磁场。当一个抗磁样品被置于一个不均匀的场中，材料的磁化矢量 M 和 B 相反，样品受到一个指向弱场方向的净作用力的作用，如图 8.12 所示。当材料的组成原子具有封闭的亚壳层和壳层，将总是呈现抗磁性。这意味着每个组成原子在没有施加场时没有永久磁矩。共价晶体和许多离子晶体是典型的抗磁材料，因为其组成原子没有未填满的亚

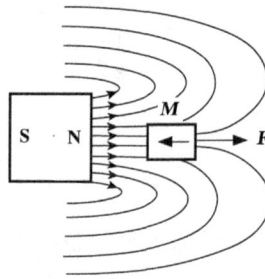

图 8.12　位于非匀强磁场中的抗磁物质受到沿磁场减小方向的力。这个(斥)力使
得抗磁物质远离永磁铁

壳层。我们随后将讨论的超导体是理想的抗磁体,其 $\chi_m = -1$,它能够完全排斥施加于材料的外磁场。

8.2.2　顺磁性

顺磁材料有一个小的正磁化率。例如,在大气压强和常温下,氧气是顺磁性的,其磁化率 $\chi_m = 2.1 \times 10^{-6}$。每个氧分子有一个净磁偶极矩 $\boldsymbol{\mu}_{mol}$。当没有外加磁场时,由于分子的随机碰撞,这些分子极矩是随机取向的,如图 8.13(a)所示,气体的磁化为零。当存在外加磁场时,分子磁矩沿外场方向取向排列,如图 8.13(b)所示。$\boldsymbol{\mu}_{mol}$ 沿外场的取向度以及磁化矢量 $\boldsymbol{M}$ 随着外场 $\mu_0 H$ 强度的增加而增加。磁化强度 M 随着温度的升高而减小,因为在更高的温度下有更多的分子碰撞发生,这破坏了分子磁矩沿外场的取向。当顺磁体被置于一非均匀的磁场中,感生的磁化矢量 $\boldsymbol{M}$ 沿着 $\boldsymbol{B}$ 的方向而且其净作用力指向强场的方向。例如,当液态氧在一个强磁铁附近倒下时,如图 8.14 所示,液体将被磁铁吸引。

许多金属也是顺磁性的,例如镁,其磁化率 $\chi_m = 1.2 \times 10^{-5}$。在这些金属中,顺磁性(叫做**泡利自旋顺磁性**)的起因是由于导电电子的大多数自旋方向与外场方向一致。

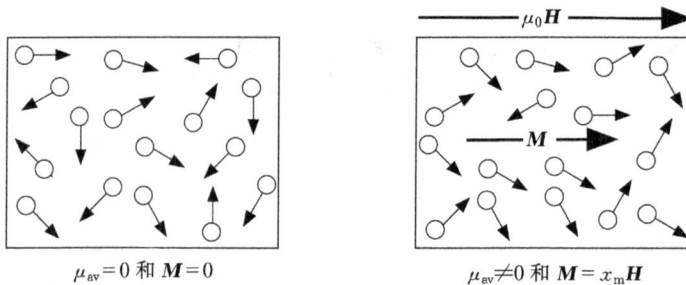

$\mu_{av} = 0$ 和 $\boldsymbol{M} = 0$ 　　　　　　$\mu_{av} \neq 0$ 和 $\boldsymbol{M} = x_m \boldsymbol{H}$

(a) 在顺磁物质中,每个原子都具有　　(b) 当有外场存在时,单个磁矩沿外场
永久磁矩,但是由于存在热振动,　　　　方向排列,$\boldsymbol{M}$ 为有限值,并且与 $\boldsymbol{B}$
每个原子中并没有平均磁矩,并　　　　同向
且 $\boldsymbol{M} = 0$

图 8.13

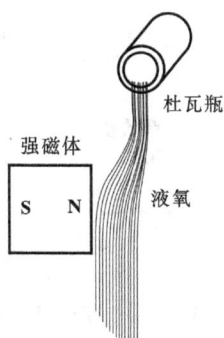

图 8.14　位于非匀强磁场中的顺磁质受到沿磁场增大方向的
力。这个力吸引顺磁质(例如液氧)靠近永磁体

8.2.3　铁磁性

铁磁材料例如铁即使在外加磁场不存在的情况下也具有大的永久磁化。磁化率 χ_m 为典型的正值而且非常大(甚至为无穷大),此外还依赖于外加场的场强。磁化矢量 M 和外加磁场 $\mu_0 H$ 呈高度非线性关系。在足够强的外场中,铁磁体的磁化强度 M 饱和。铁磁性的起因是组成原子间的量子力学的交互作用(随后讨论),这导致材料中的区域具有永久磁性。图 8.15 描述了铁晶体的一个区域,叫做**磁畴**,由于这一区域中所有铁原子的磁矩排列一致,使得磁畴具有一个净的磁化矢量 M。由于所有原子磁矩彼此平行排列,这个晶体中的畴具有**磁有序**。铁磁性在临界温度,也叫居里点温度 T_C 以下发生。在温度高于 T_C 时,铁磁性消失,材料变成顺磁性的。

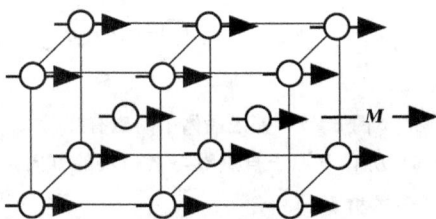

图 8.15　在铁磁质(如铁)的磁化区域中,所有磁矩都自动排列一致。即使在没有外
场的情况下,也存在很强的磁化矢量 M

8.2.4　反铁磁性

反铁磁性材料例如铬有一个小的正的磁化系数。相比于铁磁体,它们在外加场不存在的情况下不能维持任何磁化。反铁磁性材料具有磁有序,在这种磁有序中晶体的交互原子的磁矩呈反向排列,如图 8.16 所示。原子磁矩的反向排列归咎于量子力学交互力(将在 8.3 节中讲述)。因而当外加场不存在时,净磁化为零。反铁磁性在低于临界温度,叫做**尼尔(Néel)温度** T_N 的情况下存在。高于 T_N 时,反铁磁性材料变成顺磁性的。

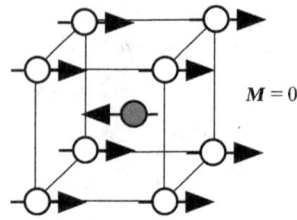

图 8.16　在这个反铁磁性体心立方晶体(C_r)中,中心原子的磁矩被顶
角原子的磁矩抵消(每个顶角原子的八分之一属于该晶胞)

8.2.5　亚铁磁性

亚铁磁性材料例如铁氧体(如 Fe_3O_4)所呈现的磁性类似于铁磁体在低于临界温度即居里温度 T_C 时的情况。高于 T_C 时它们变成顺磁性的。亚铁磁性的起因是基于磁有序,如图 8.17 所示。所有的 A 原子的自旋指向一个方向,而所有的 B 原子的自旋指向相反的方向。当 A 原子的磁矩大于 B 原子的磁矩时,晶体中产生净磁化矢量 M。和反铁磁性的情况不同,相反方向的磁矩不等而不能抵消。实际结果是晶体甚至能够在外加场不存在时仍具有磁性。由于亚铁磁材不导电,因此没有涡流损失,它们被广泛地用在高频电子应用中。

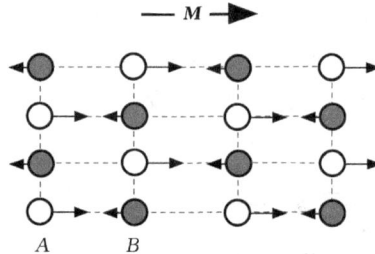

图 8.17　铁磁晶体中的磁有序
所有 A 原子自旋沿同一方向,所有 B 原子自旋沿与之相反的方向。由于 A 原子磁矩比 B 原
子磁矩大,因此晶体中存在净磁矩 M。

在电气工程中所有有用的磁性材料总是铁磁的或亚铁磁的。

8.3　铁磁性起源和交换相互作用

过渡金属元素铁、钴和镍在常温下都是铁磁体。稀土金属钆和镝在低于常温下是铁磁体。铁磁材料即使在外加磁场不存在时也具有永久磁性,也就是说它们的磁化率是无穷大。

在磁化的铁晶体中,所有的原子磁矩沿相同的方向排列,如图 8.15 所示,在这种情况下磁矩都沿[100]的方向排列,使得净磁化强度沿这个方向。认为磁矩这种排列的原因可能是磁矩之间的磁力,相当于条形磁铁趋向于按 SNSN 的方式首尾相接。然而,这不是原因,因为交感磁势能小,实际上比热能还小。

铁原子的电子结构为$[Ar]3d^6 4s^2$。一个孤立的铁原子仅仅在 3d 亚壳层的 5 个轨道中有

4 个轨道未被填满。根据洪特规则,电子努力排列其自旋使 5 个 3d 轨道包括 2 个成对电子和 4 个不成对电子,如图 8.18 所示。孤立原子有 4 个相同的电子自旋,因此有一个 4β 自旋磁矩。

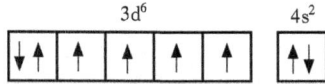

图 8.18 该孤立的铁原子具有四个未配对的自旋,和一个自旋磁矩为 4β

洪特规则的起因依赖于一个事实,形象地示于图 8.19 中,即当自旋是相同的时候(相同的 m_s),按照泡利不相容原理的要求,电子必须占据具有不同 m_1 的轨道,因此具有不同的空间分布状态(回忆一下 m_1 决定一个轨道的取向)。比较电子具有反向自旋(不同的 m_s)的情况,它们将处在相同的轨道上(相同的 m_1),也就是说在相同的空间区域的情况,不同的 m_1 值导致电子间更小的库仑排斥能。显然地,虽然电子间的相互作用能和磁力无关,但是它确实依赖于电子的自旋取向,或者依赖于它们的自旋磁矩,当自旋相同的时候相互作用能更小。两个电子使其自旋平行不是因为自旋磁矩间的直接的磁的相互作用,而是因为**泡利不相容原理和静电相互作用能**,它们一起构成了**交互作用**,这迫使两个电子取使静电能最小的 m_s 和 m_1 的值。因此在一个原子中,如果泡利不相容原理允许,交换相互作用迫使两个电子取相同的 m_s 和不同的 m_1。这就是一个孤立的铁原子在 3d 亚壳层有 4 个不成对自旋的原因。

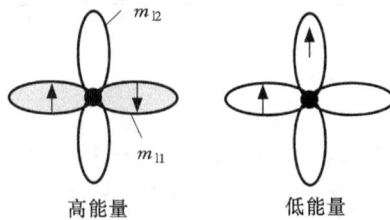

图 8.19 多电子原子的洪特规则是基于交互作用的

当然在晶体中,外部电子不再被严格地局限于它们的母体铁原子中,尤其是 4s 电子。电子现在有属于整个固体的波函数。像洪特规则也适用于铁、钴、镍的晶体。如果 2 个 3d 层电子使其自旋平行并占用不同的波函数(因此有不同的负电荷分布),它们之间以及它们和其它电子之间的库仑互斥和对铁的阳离子的吸引导致总的势能减小。这个能量的减少再次是由于交互作用并且是泡利不相容原理和库仑力的直接结果。因而,多数 3d 电子不需要外磁场的作用而自然地平行自旋。实际上平行自旋的电子的数量依赖于交互作用的强度,对于铁晶体大约是每个原子 2.2 个电子。因为典型地在整个铁晶体中 3d 电子的波函数显示出是局限于铁离子的周围,一些人更倾向于认为 3d 层电子大多数时候都围绕在铁原子周围,这解释了如图 8.15 所示的磁化铁晶体的画法的原因。

可能会有人认为所有的固体都应该和铁的例子一样,自然地变成铁磁体,因为平行自旋会导致负电荷的不同空间分布以及尽可能地减少静电能,但是通常情况根本不是这样的。我们知道,在共价键中,当两个电子反向自旋,电子具有最低的能量。在分子的共价键中,交互作用不减少能量。使电子自旋平行引起了空间负电荷的分布,这导致正的原子核间产生一个净的静电排斥。

在最简单的情况下,对于仅仅两个原子,互换能量依赖于两互相作用的原子间的距离以及两外部电子的相关自旋(标为 1 和 2)。以量子力学的观点,交互作用可以描述为交互作用能 E_{ex} 的形式:

$$E_{ex} = -J_e S_1 \cdot S_2 \tag{8.21}$$

其中 S_1 和 S_2 是两个电子的自旋角动量;J_e 是一个数字量叫做**交换积分**,它涉及到波函数与不同势能交互作用项的集合,因此它依赖于静电相互作用和原子间的距离。对于大多数的固体,J_e 是负值,所以如果 S_1 和 S_2 方向相反,也就是说自旋是反平行的(正如我们在共价键中见到的那样),交互作用能是负数,这是反铁磁态的情况。然而对于铁、钴和镍,J_e 是正值。那么,如果 S_1 和 S_2 是平行的,E_{ex} 就是负数。因此,为了减少交互作用能,铁原子中 3d 电子的自旋自发地沿相同的方向排列,这一自发磁化是铁磁性现象。图 8.20 说明了 J_e 怎样随着 3d 亚壳层半径的原子间距与原子半径比(r/r_d)而改变。对于过渡金属元素铁、钴和镍,r/r_d 对应的 J_e 是正值[①]。在其它情况,J_e 是负值,不表现铁磁性。我们要提到锰,它不是铁磁体,但能够同其它元素构成合金从而增大 r/r_d 的值,因而在合金中被赋予了铁磁性。

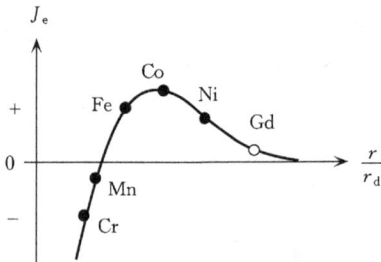

图 8.20 交换积分作为 r/r_d 的函数,此处 r 为原子间距,r_d 是 d 轨道的半径(即平均的 d 亚壳层半径)C_r 到 N_i 是过渡金属。对于 Gd,x 轴是 r/r_d,这里 r_f 是 f 轨道半径

例 8.3 铁中的饱和磁化   最大的磁化叫做饱和磁化 M_{sat},在铁中大约为 $1.75 \times 10^6 A \cdot m^{-1}$。这相当于所有可能的净自旋都彼此平行。给定铁的密度和相对原子质量分别为 $7.86 g \cdot cm^{-3}$ 和 55.85,计算每个原子的有效玻尔磁子数即可给出 M_{sat} 的值。

解:每单位体积内的铁原子数是

$$n_{at} = \frac{\rho N_A}{M_{at}} = \frac{(7.86 \times 10^3 kg \cdot m^{-3})(6.022 \times 10^{23} mol^{-1})}{55.85 \times 10^{-3} kg \cdot mol^{-1}}$$
$$= 8.48 \times 10^{28} 原子 \cdot m^{-3}$$

若每个铁原子贡献净自旋的数量为 x,则因为每一净自旋有一个 β 的磁矩,我们有

$$M_{sat} = n_{at}(x\beta)$$

所以得

$$x = \frac{M_{sat}}{n_{at}\beta} = \frac{1.75 \times 10^6}{(8.48 \times 10^{28})(9.27 \times 10^{-24})} \approx 2.2$$

① 对于实际中的磁性物质 J_e 的交换积分没有理论计算。(H. P. Myers. *Introductory Solid State Physics*, 2nd ed., London: Taylor and Francis Ltd., 1997, p. 362.)。

固体中,虽然孤立的铁原子有 4 个玻尔磁子,每个铁原子只为磁化贡献了 2.2 个玻尔磁子。固体中单位原子对于磁矩没有轨道的贡献,因为所有的外部电子,3d 和 4s 的电子,可以看作属于整个晶体,或者是在一个能量带中,而不是在某一单独的原子中运动。一个 3d 电子被晶体中各种铁离子吸引,因此不会受到一个中心力,这有别于孤立的铁原子中沿原子核轨道运动的 3d 电子,晶体中的轨道动量据说被淬灭了。

我们应该注意到当磁化饱和时,所有原子磁矩直线排列。结果是,当外加的磁化场不存在的情况下($H=0$),铁样品中的磁场为

$$B_{sat} = \mu_0 M_{sat} = 2.2T$$

8.4　饱和磁化与居里温度

铁磁体中所有原子磁矩的排列尽可能一致时的最大磁化强度称为**饱和磁化强度** M_{sat}。例如在铁晶体中,这相当于每个铁原子具有 2.2 个玻尔磁子的有效磁矩沿同向排列所产生的磁场 $\mu_0 M_{sat}$ 或 2.2T。当温度升高时,晶格振动加剧,从而严重破坏了原子自旋的排列。由于随着温度的升高,晶格振动会随机扰乱原子自旋,从而导致自旋排列不一致。当一个强烈的晶格振动经过一个自旋点时,振动能量足以改变原子自旋方向。当温度升高到某一临界值时,晶体内晶格振动所具有的热能足以克服交互作用势能进而破坏自旋排列,铁磁体的特性将会消失,该临界温度称为**居里温度**,用 T_C 表示。在居里温度之上,晶体表现出顺磁性。因此,饱和磁化强度 M_{sat} 从其绝对零度时的最大值 $M_{sat}(0)$ 降至居里温度时的零值。图 8.21 所示为 M_{sat} 对温度的依赖关系,这里 M_{sat} 被归一化到 $M_{sat}(0)$,而温度也是约化了的值,即取 T/T_C,当 T/T_C =1, $M_{sat}=0$。按照这种方式作图,则可以看出,铁磁体钴和镍与我们所观察到的铁的性质非常相似。需要指出,铁的临界温度为 1043 K,室温下 T/T_C 为 0.29, M_{sat} 非常接近于 $M_{sat}(0)$。

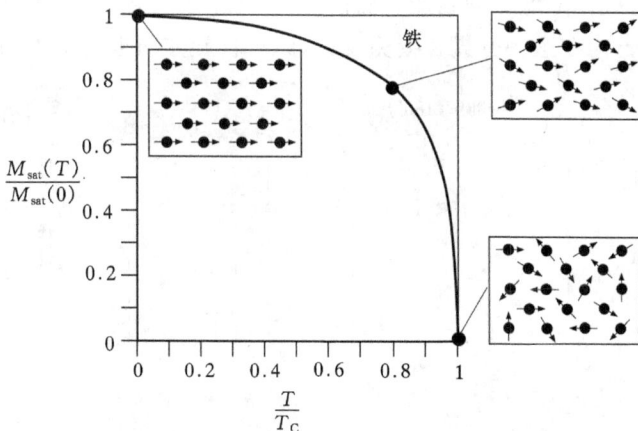

图 8.21　归一化的饱和磁化强度与约化温度 T/T_C 的曲线,这里 T_C 是居里温度(1043 K)

由于在居里温度,热能(kT_C 的量级)足以克服自旋排列所具有的交互作用能 E_{ex},我们可以把 kT_C 作为幅值的数量级来量度 E_{ex}。对铁而言,E_{ex} 约为 0.09eV 而钴的约为 0.1eV。

表 8.3 总结了铁磁质铁、钴、镍以及钆(稀有金属)的一些重要属性。

表 8.3 铁磁质铁、钴、镍和钆的性能

	Fe	Co	Ni	Gd
晶体结构	体心立方	六方最密堆积	面心立方	六方最密堆积
每个原子中的玻尔磁子	2.22	1.72	0.60	7.1
$M_{sat}(0)(\text{MA} \cdot \text{m}^{-1})$	1.75	1.45	0.50	2.0
$B_{sat} = \mu_0 M_{sac}(\text{T})$	2.2	1.82	0.64	2.5
T_C	770℃ (1043 K)	1127℃ (1400 K)	358℃ (631 K)	16℃ (289 K)

8.5 磁畴:铁磁材料

8.5.1 磁畴

没有外场的作用,一个铁单晶并不一定具有净的永久磁化。当将一块磁化的铁加热到其居里温度以上然后在没有外加磁场的情况下令其冷却,它将不再具有磁性。磁性的消失是由于磁畴的形成且相互抵消的原因,这个我们接下来会讨论。**磁畴**是晶体内的一个区域,在该区域内所有自旋磁矩排列一致产生同一方向的磁矩。

图 8.22(a)所示为一个由于铁磁性(所有原子自旋排列一致)而具有永磁的铁单晶。晶体就像一块有磁力线环绕的条形磁铁。我们知道,磁场内存储有称为**静磁**能的势能,我们将晶体划分成磁化方向相反的两个磁区(畴),如图 8.22(b)所示,这样就可以减少外场中的势能。外部磁力线被抵消,磁场内存储的势能减少。场线只存在于端部。这种排列是非常有利的,因为它通过抵消外场磁力线而降低了静磁能。然而,在这两个磁畴之间有了一个称为**畴壁**(或**布洛赫壁**)的分界。磁化方向在这一分界上变为反向,原子自旋方向也发生了相同的变化。将原子

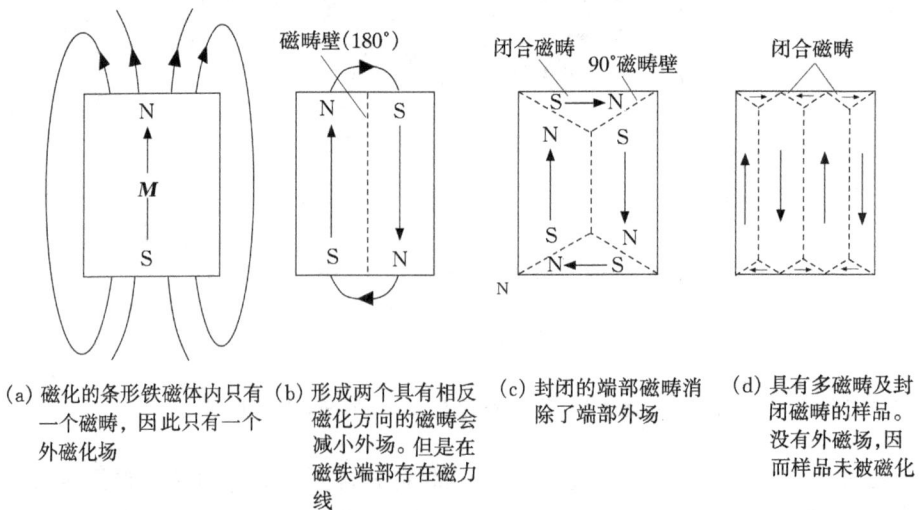

(a) 磁化的条形铁磁体内只有一个磁畴,因此只有一个外磁化场

(b) 形成两个具有相反磁化方向的磁畴会减小外场。但是在磁铁端部存在磁力线

(c) 封闭的端部磁畴消除了端部外场

(d) 具有多磁畴及封闭磁畴的样品。没有外磁场,因而样品未被磁化

图 8.22

自旋方向相对其相邻原子旋转 $180°$ 是需要能量的,因为交互作用能趋向于使相邻原子自旋排列一致($0°$)。由于两边介质磁化方向改变了 $180°$,因此图 8.22(b)所示的畴壁是一个 $180°$ 畴壁。很显然,由于在畴壁处两边的原子自旋方向相对发生了改变,因此畴壁处的势能要比其它自旋一致的区域高得多。下面我们会给出,畴壁不止一个原子间距大小,它具有一定的厚度。铁的经典畴壁厚度在 $0.1\,\mu\mathrm{m}$ 数量级,或几百个原子间距那么大。畴壁能量随畴壁区域的增加而增加。

通过采用 $90°$ 磁化的边沿磁畴使端部闭合以消除外部磁力线,如图 8.22(c)所示,端部磁力线(图 8.22(b))所对应的静磁能可以进一步被减小。这些端部磁畴都是**闭合磁畴**具有 $90°$ 畴壁,即磁壁两侧磁化方向相差 $90°$。由于增加了额外的畴壁,我们在减少静磁能的同时却增加了畴壁势能。当产生一个新的磁畴所减少的势能与建立新畴壁所增加的势能相等时,磁畴才会停止自发生成,此时介质具有最小的势能,而且整体不显磁性,处于平衡状态。图8.22(d)所示为一个具有多个磁畴且不显磁性的介质。磁畴的大小、形状以及分布与一系列因素有关,包括介质的大小与形状。对于尺寸小于 $0.01\,\mu\mathrm{m}$ 数量级的铁粒子,由于建立新的磁畴所增加的势能太大,它们都是单磁畴粒子,因此通常是被磁化的。

磁畴的磁化通常总是沿着原子自旋排列一致最容易(交互作用最强)的方向。铁的磁化会沿着⟨100⟩箭头所示的六个方向中的任一个方向(沿立方体边缘),这些方向称为**易磁化方向**,磁畴沿易磁化方向被磁化。原则上,晶体沿着外场方向磁化,是由于随着沿外场(H)的磁化(或 M 的分量)磁畴的生成,如图 8.23(a)和 8.23(b)所示。简言之,磁化场总是沿易磁化方向。磁畴 A 和 B 之间的布洛赫壁向右迁移,使得磁畴 A 变大,磁畴 B 变小,结果导致了晶体产生了沿 H 方向的有效磁化场 M。布洛赫壁的偏移是由壁内以及磁畴 B 中与畴壁相连的原子自旋导致的,这些自旋在外场作用下(受到转矩的作用)逐渐旋转(方向)。因此磁化过程涉及了晶体内布洛赫壁移动的过程。

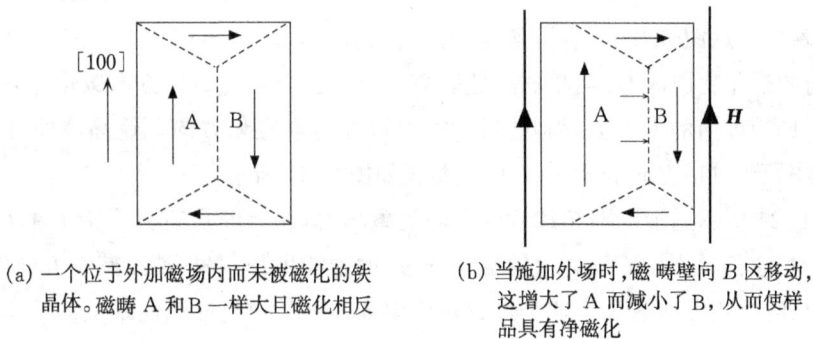

(a) 一个位于外加磁场内而未被磁化的铁晶体。磁畴 A 和 B 一样大且磁化相反

(b) 当施加外场时,磁畴壁向 B 区移动,这增大了 A 而减小了 B,从而使样品具有净磁化

图 8.23

8.5.2 磁晶各向异性

铁磁性晶体具有各向异性的磁性能,也就是说它们沿不同晶向的磁性能不同。对于铁(体心立方晶格)来说,磁畴内的自旋最易沿 6 个[100]方向中的任一个,这些方向共同标记为⟨100⟩,它们对应立方晶胞的 6 个边。由于存在交互作用,当自旋磁矩都指向这 6 个⟨100⟩方向中的一个时,它们就最容易一致排列。因此铁晶体中的⟨100⟩方向就是晶体最容易磁化的方向。当施加如图 8.23(a)与 8.23(b)所示的沿[100]向的磁场 H 时,磁畴壁就会发生偏移,结

果导致磁化方向与外场 H 一致的磁畴(如 A)扩大而磁化方向与外场 H 相反的磁畴(如 B)缩小。图 8.24 所示为所测到的 M-H 特性曲线,可以看出,晶体在不到 0.01T 的外场下就会迅速磁化并达到饱和。

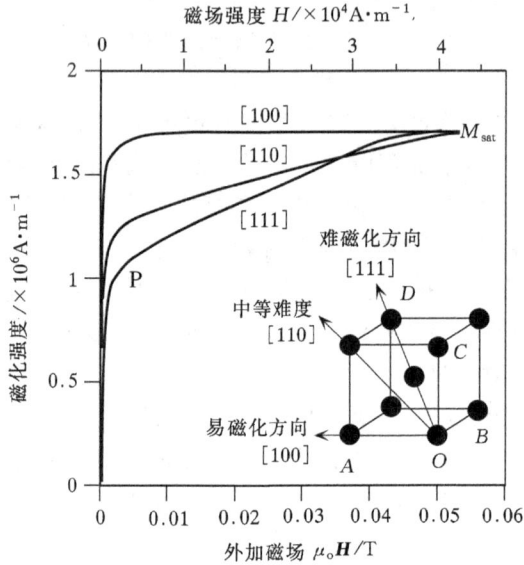

图 8.24 铁单晶中的磁晶各向异性。

M-H 曲线与晶向有关,并且沿[100]方向为最易磁化,沿[111]方向最难磁化。

另外,如果要想沿[111]方向施加外场使晶体沿该方向磁化,则我们需要施加一个比[100]方向更强的磁场。从图 8.24 可以清楚地看出,在相同幅值(但不同方向)的外场作用下,晶体沿[111]方向的磁化比[100]方向稍弱一些。事实上,使晶体沿[111]方向磁化达到饱和所需的外场比沿[100]方向的大 4 倍,因此[111]方向被称为**难磁化方向**。铁晶体的各向异性及其沿[100],[110]及[111]方向的 M-H 特性曲线如图 8.24 所示。

当如图 8.24 所示施加沿对角线 OD 方向的磁场时,初始时所有具有沿 OA,OB,OC 方向的磁化强度 M(它们具有沿 OD 方向的磁化分量)的磁畴生长,并抵消掉其它方向的磁化,最终使整个样品都沿这些方向磁化。这个过程对应图 8.24 中[111]磁化曲线上的 O 到 P 点部分,与沿[100]方向一样,该过程很容易发生,因此只需要较小的外加磁场。不过,从 P 点向上,磁畴的磁化将旋转离开最易磁化方向(即从 OA,OB,OC 转向 OD)。这个过程将会消耗较多的能量,因此需要外加较强的磁场。

很显然,晶体沿[100]方向磁化所需的能量最少,而沿[111]方向最多。单位体积的晶体沿某一方向磁化比沿最易磁化方向磁化所额外消耗的能量称为**磁晶体各向异性能**,用 K 表示。对铁而言,沿[100]方向 $K=0$,而沿[111]方向最大,为 48kJ·m^{-3} 或 3.5×10^{-6}eV/原子。对钴而言,由于它具有 HCP 晶体结构,其各向异性能至少大了一个数量级。表 8.4 为部分晶体的易磁化方向与难磁化方向,以及难磁化方向的各向异性能 K。

表 8.4　交换相互作用能、磁晶体各向异性能 K 和饱和磁阻系数 λ_{sat}

材料	晶体	$E_{ex} \approx KT_C$ (meV)	易磁化	难磁化	K (mJ·cm^{-3})	λ_{sat} (×10^{-6})
Fe	体心立方	90	〈100〉;立方体的边	〈111〉;立方体对角线	48	20[100] −20[111]
Co	六方最密堆积	120	平行于 c 轴	垂直于 c 轴	450	
Ni	面心立方	50	〈111〉;立方体的对角线	〈100〉;立方体的边	5	−46[100] −24[111]

注:K 是所谓第一各向异性常数(K_1)的量级且大约是各向异性能量的量级。E_{ex} 是从 kT_C 估算来的,T_C 为居里温度。所有的近似值来源不同。(进一步的数据可以参见 D. Jiles. *Introduction to magnetism and Magnetic Materials*, London, England: Chapman and Hall, 1991.)

8.5.3　畴壁

前面说过,原子自旋磁矩在越过畴壁时方向发生了旋转,而且畴壁也不简单地是一个原子间距宽,因为这意味着两个相邻的自旋方向相差 180°,因此具有过多的交换相互作用。图 8.25 所示为位于磁畴 A,B 之间的一个典型的 180° 布洛赫畴壁的结构示意图。可以看出相邻自旋磁矩渐进地旋转,经过几百原子间距后磁矩旋转了 180°。相邻原子自旋之间的相互作用力对二者之间的相对旋转并没有多大贡献。如果仅由这些相互作用力引起旋转,那么要使原子自旋方向旋转 180°,则畴壁厚度将会非常大(无穷大)。

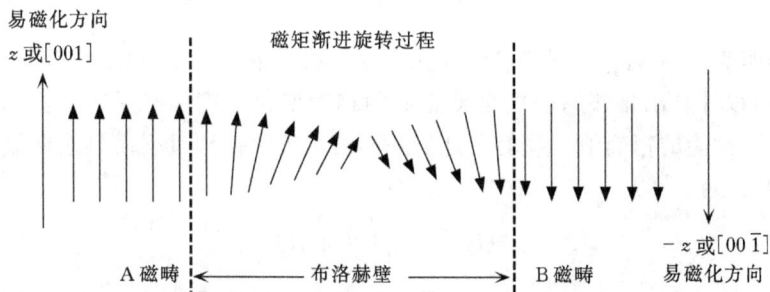

图 8.25　在布洛赫壁中,相邻自旋磁矩渐进地转动,经过若干原子间距后旋转 180°

然而,那些没有沿最易磁化方向的磁矩却具有很大能量(称为各向异性能 K)。如果畴壁很厚,那么它里面就有很多这类磁矩,畴壁内就有较强的各向异性能。原子磁矩单纯从图8.25 所示的最易磁化方向(＋z 方向)旋转 180° 到另一个最易磁化方向(−z 方向)时,所需要的各向异性能最少。此时畴壁厚度至少应为一个原子空间。事实上,畴壁厚度是交换相互作用能与各向异性能之间的一个折衷——前者需要较大的畴壁厚度,而后者则希望畴壁厚度小一些。最佳(平衡)畴壁厚度应使两种能量之和最小,即畴壁总势能最小。铁的这个厚度约为0.1 μm, 而钴要小一点,因为它的各向异性能相对较大。

例 8.4　磁畴壁能量与厚度　布洛赫畴壁的能量和厚度主要取决于两个因素:交换相互

作用能 E_{ex}（J·atom^{-1}）与磁晶体能 K（J·m^{-3}）。现在我们考虑单位面积，厚度为 δ 的布洛赫壁，并且通过交换能与各向异性静磁能来计算磁畴壁内的势能 U_{wall}。由图 8.25 可知，原子自旋磁矩经过厚度为 δ 的布洛赫壁后旋转了 180°。由于改变相邻原子的自旋方向需要能量，因此源于交换相互作用能的势能 $U_{exchange}$ 有所增大。当 δ 很大时，相邻原子自旋方向角度变化就比较小，因此 $U_{exchange}$ 也比较小。可见，$U_{exchange}$ 与 δ 成反比。同时 $U_{exchange}$ 与 E_{ex} 的幅值大小成正比，消耗 E_{ex} 可使相邻原子自旋方向呈 180°。因此 $U_{exchange} \propto E_{ex}/\delta$。

原子自旋偏离最易磁化方向的过程也是各向异性能引起的势能 $U_{anisotropy}$ 增加的过程。如果厚度 δ 很大，磁畴壁内有大量偏离最易磁化方向的原子自旋，$U_{anisotropy}$ 就很大。因此，$U_{anisotropy}$ 与厚度 δ 成正比，很显然同时也与各向异性能幅值大小成正比，即，$U_{anisotropy} \propto K\delta$。

图 8.26 所示为交换能 $U_{exchange}$ 与各向异性能 $U_{anisotropy}$ 对布洛赫壁总能量的贡献及其与畴壁厚度 δ 的关系。由图易见，交换能与各向异性能与厚度的关系完全相反，不过，存在一个最佳厚度 δ' 使得布洛赫壁势能最小，也就是说，在这个厚度下两种作用达到了平衡。

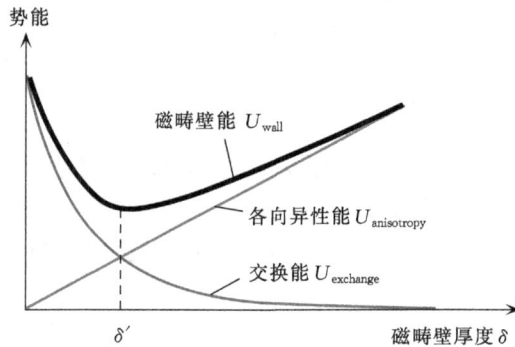

图 8.26　磁畴壁的势能取决于交换能及各向异性能

若原子间距为 a，则畴壁中就有 $N=\delta/a$ 个原子层。由于原子自旋磁矩经过厚度 δ 后变化了 180°，我们可以计算出相邻原子层自旋磁矩的相对变化角度（180°/N），这样就可以计算出交换能与各向异性能的精确值。我们在这里并不给出数学推理过程而直接近似地给出畴壁内单位面积势能大小：

$$U_{wall} \approx \frac{\pi^2 E_{ex}}{2a\delta} + K\delta \qquad \textbf{布洛赫壁的总势能}$$

右边第一项对应交换能（正比于 E_{ex}/δ），而第二项是各向异性能的贡献（正比于 $K\delta$），二者具有如前讨论过的特点。当势能最小时，畴壁厚度为

$$\delta' = \left(\frac{\pi^2 E_{ex}}{2aK}\right)^{1/2} \qquad \textbf{布洛赫壁厚度}$$

取 $E_{ex} \approx kT_C$（T_C 为居里温度），对于铁，$K \approx 50$ kJ·m^{-3}，$a \approx 0.3$ nm，估算铁晶体单位面积能量以及布洛赫壁的厚度。

解：将 U_{wall} 对 δ 求导数，可得

$$\frac{dU_{wall}}{d\delta} = -\frac{\pi^2 E_{ex}}{2a\delta} + K$$

对于 $\delta=\delta'$，令上式等于零，得

$$\delta' = \left(\frac{\pi^2 E_{ex}}{2aK}\right)^{1/2}$$

由于 $T_C = 1043\,K$，$E_{ex} = kT_C = (1.38 \times 10^{-23}\,J \cdot K^{-1}) \times (1043\,K) = 1.4 \times 10^{-20}\,J$，于是可得

$$\delta' = \left(\frac{\pi^2 E_{ex}}{2aK}\right)^{1/2} = \left[\frac{\pi^2 (1.4 \times 10^{-20})}{2 \times (0.3 \times 10^{-9}) \times (50\,000)}\right]^{1/2} = 6.8 \times 10^{-8}\,m \quad 即 \quad 68\,nm$$

且

$$U_{wall} = \frac{\pi^2 E_{ex}}{2a\delta'} + K\delta' = \frac{\pi^2 (1.4 \times 10^{-20})}{2 \times (0.3 \times 10^{-9}) \times (6.8 \times 10^{-8})} + (50 \times 10^3) \times (6.8 \times 10^{-8})$$

$$= 0.007\,J \cdot m^{-2} \quad 即 \quad 7\,mJ \cdot m^{-2}$$

采用更好的方法算出的 δ' 和 U_{wall} 分别为 40 nm 和 3 mJ·m^{-2}，为同一量级[①]。布洛赫壁厚度约为 70 nm 或 $\delta/a = 230$ 个原子层。当 $\delta = \delta'$ 时，交换能与各向异性能对势能的贡献是相同的，这个留作练习让读者去验证。

8.5.4　磁致伸缩

当对一个铁磁晶体施加某一方向的应力时，我们不仅改变了这个方向的原子间距，也改变了其它方向的原子间距，相应的也改变了原子自旋间的交换相互作用。这将改变晶体的磁化特性。反过来，晶体的磁化也会改变晶体的尺度。比如，定性地看，当铁晶体被[111]方向的强外场磁化，磁畴内原子自旋将会由易磁化方向转向难磁化方向[111]。这些电子自旋将会改变原子电荷的分布，因此改变原子耦合进而影响到原子间距。当铁晶体处于沿易磁化方向[100]的外场中时，它在该方向伸长而在横向[010]和[001]上产生收缩，如图 8.27 所示。镍的情况正好相反。沿磁化方向的纵向应变 $\Delta l / l$ 称为**磁致伸缩常数**，用 λ 表示。磁致伸缩常数取决于晶向，可正（延伸）可负（收缩）。另外，λ 也与外加磁场有关，当外场增加时它甚至有可能改变符号。例如，铁沿[110]方向最初的 λ 为正值，而在更强的磁场下却为负值。当磁化饱和时，λ 也达到了饱和值，称为**饱和磁致伸缩常数** λ_{sat}，典型值为 $10^{-6} \sim 10^{-5}$。表 8.4 给出了铁和镍沿易磁化与难磁化方向的 λ_{sat} 值。与磁致伸缩有关的晶格应变能称为**磁致伸缩能**，它一般比各向异性能要小。

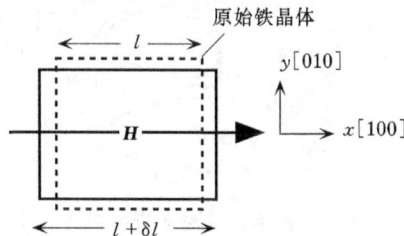

图 8.27　磁滞伸缩是指在沿 x 方向（易方向）的磁化（弱）场中，原子晶体沿 x 方向伸长，同时却沿横向收缩

我们通常在电力变压器旁听到的变压器噪声与磁化有关。变压器铁心在交流电压下沿不同方向轮番磁化，纵向应变的变化引起了周围物质（空气、变压器油等）的振动，进而产生两倍

---

① 可以查阅 D. Jiles. *Introduction to Magnetism and Magnetic Materials*，London，England：Chapman and Hall，1991

于主频的噪声(120 Hz)及其谐波。(为什么?)

磁致伸缩可以通过使用合金加以控制。例如,镍沿易磁化方向的饱和磁致伸缩常数为负而铁为正,但在85%镍-15%铁合金中,λ_{sat}为零。在某些磁性材料中,λ会很大(大于10^{-4}),这使得我们可以将磁致收缩效应应用在传感器领域。例如,钴铁合金磁性材料(如$CoO - Fe_2O_3$或类似化合物)的λ_{sat}为10^{-4}数量级,因此我们可以利用这些物质研制出应用于汽车方向盘上的转矩传感器[1]。

8.5.5 畴壁运动

单铁磁晶体的磁化包含了畴界的运动,使得沿磁化场方向取向的畴逐渐生长而偏离磁化场方向的畴逐渐消失(见图 8.23)。晶体中畴壁的运动要受到晶体缺陷及杂质的影响,因而并不平滑。例如在90°布洛赫壁中边界两侧的磁化方向相差90°。由于磁致收缩(图 8.27),沿90°边界的晶格畸变发生了变化,这导致边界上产生复杂的应变从而改变了边界上的应力分布。我们知道晶体缺陷如位错或点缺陷周围也存在应变及应力分布,这样磁畴壁与晶体缺陷相互作用。位错是线缺陷,它周围有大量应变晶格。图 8.28 所示为一个具有张应变和压应变的位错和位于位错一边的具有张应变的畴壁。当磁畴壁向位错靠近时,张应变和压应变相互抵消,结果晶格不再受力因此具有较小的应变能,这种能量最低的稳定排列使磁畴边界靠近位错,此时要想使磁畴边界远离位错就需要较大的外磁场。磁畴壁也会与非磁性杂质和组元发生作用,比如位于磁畴内部的杂质被磁化,并具有南北方向的极性,如图 8.29(a)所示。当磁畴壁与杂质相交并且杂质周围有两个相邻的磁畴,如图 8.29(b)所示,那么静磁能将会减小——这在能量上是有利的。因为静磁能的减少意味着要想使磁畴壁越过杂质则需要更大的力,仿佛畴壁被"钉"在杂质上了一样。

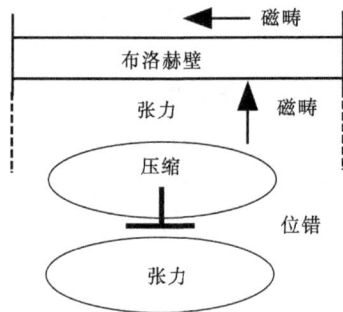

图 8.28　位错周围和磁畴壁附近的应力和应变分布

由此可以看出晶体内畴壁的运动并不平滑相反却非常急剧。磁畴壁可能会被某处的点缺陷或杂质钉扎从而需要更强的外场使之自由。一旦它自由就会一直运动直到被另一种杂质钉扎,此时又要等到外场足够大后才可重新自由运动。每当畴壁被解钉扎后,就会发生晶格振动,这意味着能量以热量的形式散失掉。畴壁运动的整个运动过程是不可逆的,而且运动中能量以热量的形式释放到晶体中去。

---

[1]　来源于 D. Jiles and C. C. H. Lo. *Sensors and Actuators*, A106, 3, 2003。

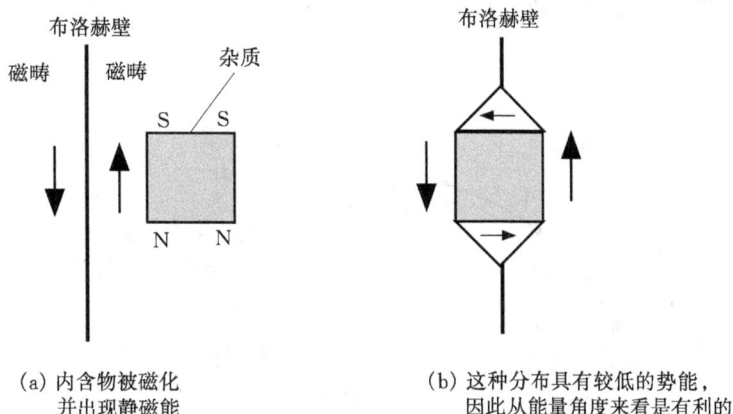

（a）内含物被磁化　　　　　　　　　　（b）这种分布具有较低的势能，
　　并出现静磁能　　　　　　　　　　　　　因此从能量角度来看是有利的

图 8.29　布洛赫壁与非磁性内含物（无永久磁化）的相互作用

8.5.6　多晶材料及其 M - H 特性

工程应用的磁性材料大多数都是多晶材料，因此具有由许多晶粒组成的微观结构。由于构成成分的制备及受热的情况不同，这些晶粒具有不同的大小和取向。在未磁化的多晶样品中，每个晶粒都具有一定的磁畴，如图 8.30 所示。每个晶粒内的磁畴结构都取决于该磁畴的大小及形状，同时在一定程度上也取决于周围晶粒的磁化情况。虽然微型晶粒（小于 $0.1\ \mu m$）有可能是单畴结构，但大多数情况下晶粒都是多畴结构的。就总体而言，只要没有施加过外场，这种结构整体上是不显磁性的。我们可以假定晶粒组成成分在没有外场的情况下被加热到居里点温度之上然后冷却到室温。

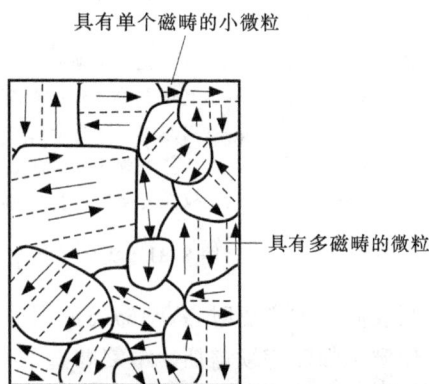

图 8.30　非磁化多晶铁样品晶粒中的磁畴示意图。微小晶粒具有单个磁畴

假设此时开始沿某一方向（记为 $+x$）施加一个非常小的外磁场（$\mu_0 H$），晶粒间的畴壁将会移动小段距离，具有沿 $+x$ 方向磁化分量的易磁化方向的磁畴将增大而偏离该方向的磁畴将减小，如图 8.31 中点 a 所示。被晶体缺陷钉住的畴壁将会消失。由图 8.31 中的 M - H 特性曲线的 Oa 段可以看出此时晶体具有很小的净磁化强度。当我们增加外磁场时，畴壁移动更大距离至图中 b 点处，此时畴壁开始遇到诸如晶体缺陷、杂质以及第二相等，它们会吸引畴壁从而阻碍其运动。因于晶体缺陷处的畴壁在给定外场下不能运动，只有当外加磁场增加到足够强时才能摆脱缺陷的束缚继续运动，并且涌向下一个杂质，这时主要有两个因素导致晶体发热：磁致效应引起的晶格畸变中的突变产生的晶格波带走一些能量；磁化涡流的突变使能量以焦尔热的形式释放（磁畴电阻为有限值）。这些过程包含了能量转化为热的过程并且是不可逆的。当磁场增加时，畴壁运动的急剧突变导致样品磁化强度的微小阶跃。这个现象称为**巴克豪森效应**（Barkhausen effect）。如果我们可以用

一个高灵敏度设备精确测出磁化强度,那么我们就可以得到如图 8.31 所示的 M-H 特性曲线。

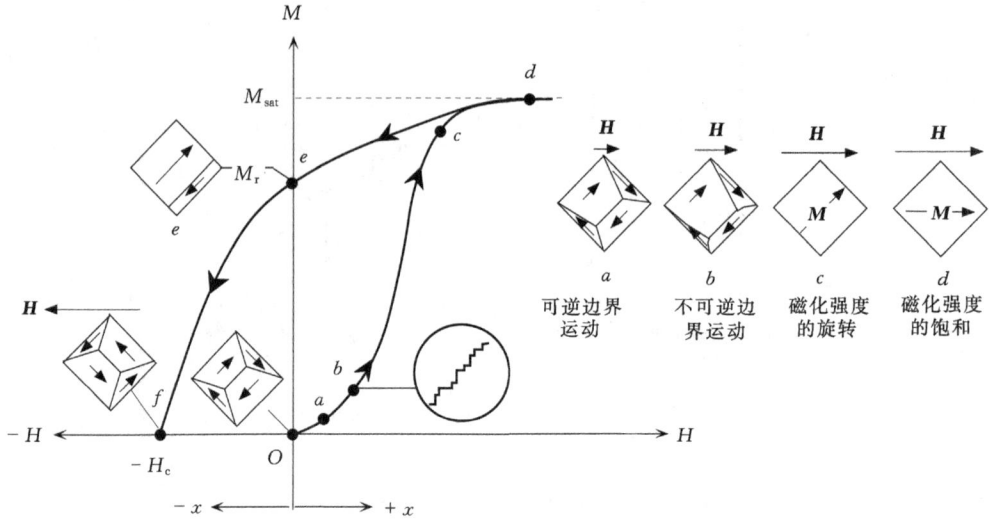

O 点为非磁化样品中的示例晶粒。

(a) 在很小的磁场下,磁畴边界运动可逆;

(b) 边界运动可逆且在瞬间发生;

(c) 几乎所有晶粒都是具有沿易磁化方向饱和磁化的单磁畴;

(d) 必须使单个晶粒的磁化发生反转以沿外场 H 排列;

(e) 当撤去外场时,样品沿 d-e 曲线复原;

(f) 要使样品去磁,必须施加相反方向的磁化场 H_c。

图 8.31 无磁化历史的多晶铁样品中的 M-H 特性曲线

当我们增加磁场时,急剧的畴壁运动使沿磁化场方向的畴长大而使偏离该方向的畴缩小,从而使磁化强度持续增加。最终畴壁的移动使得晶粒中都具有一个单畴且都是沿易磁化方向被磁化,如图 8.31 中 c 点所示。虽然有些晶粒具有沿最易方向的取向及沿外场方向的磁化,大部分晶体颗粒的磁化都是与外场 H 成一定角度的,如图 8.31 中 c 点所示。从 c 一直到 d,外场的增加使得晶粒的磁化向 H 的方向旋转。当外场足够大时,M 与 H 一致,晶体磁化也达到了饱和值 M_{sat},其方向沿 +x,即与外场一致,如图 8.31 中 d 点所示。

假如我们减小或撤除外加场,晶粒的磁化就会转向就近的最易磁化方向。进一步来说,在某些晶粒中,会产生额外的小磁畴,它们将会减小晶体颗粒的磁化,如图 8.31 中 e 点所示。从点 d 到点 e 的过程使晶体具有永久的磁化,称为**剩余磁化强度**,用 M_r 表示。

如果此时施加沿 -x 方向的外磁场,晶体沿 +x 方向的磁化将会被减弱,当外场足够大时 M 将会降为零而晶体也被彻底去磁化,如图 8.31 中 f 点所示。使晶体彻底去磁化的外场 H_c 称为**矫顽场**。去磁的过程代表了介质的磁阻性。我们应该注意到在 f 点时,晶粒又重新具有多个磁畴。这意味着在去磁过程中,也就是从 e 到 f 点的过程中,要有新的磁畴产生。因此去磁过程就不可避免地包括在不同晶体缺陷处不同磁畴的成核从而抵消晶体的总磁化强度。磁畴成核超出本书介绍范围,因此我们此处只将其视为晶体去磁化的必要过程而不深究。

当我们如图 8.32(a)继续增大沿 -x 方向的磁场时,从 f 点向后的磁化过程类似于我们前面描述过的图 8.31 中从 a 点到 d 点的过程,只不过前者是沿 +x 方向而后者是沿 -x 方

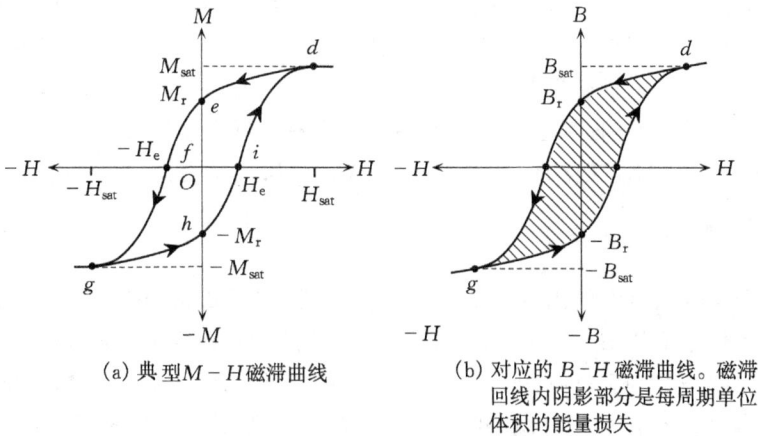

(a) 典型 $M-H$ 磁滞曲线　　　(b) 对应的 $B-H$ 磁滞曲线。磁滞回线内阴影部分是每周期单位体积的能量损失

图 8.32

向。在 g 点处，介质达到 $-x$ 方向的饱和磁化。外场在 $-x$ 到 $+x$ 之间循环变化对应的整个 $M-H$ 特性曲线是一个封闭回线，如图 8.32(a) 所示，我们称之为**磁滞回线**。可以看出无论是在 $+x$ 还是 $-x$ 方向，当 H 达到 H_{sat} 时介质磁化都达到了饱和值。当去掉外场后，介质仍然有一定的剩余磁化 M_r，途中对应于点 e, h。使介质去磁所必需的磁场 H_c 称为矫顽力，对应于点 f 和 i。从无磁状态开始的磁化曲线，即图 8.31 中的 $Oabcd$，称为**初始磁化曲线**。

当然，我们也可以以磁场 B 而不是 M 作为参量，如图 8.32(b) 所示，这里

$$B = \mu_0 M + \mu_0 H$$

这样，我们就得到了表示 $B-H$ 特性的磁滞回线。当 M 饱和时，B 仍随 H 有轻微的增长，这是由于要乘以真空磁导率 ($\mu_0 H$) 的缘故。$B-H$ 磁滞回线所包围的面积，即图 8.32 中阴影部分表示外场一个变化周期单位体积所消耗的能量。

假设我们给介质施加在 $+x$ 到 $-x$ 周期变化但未达饱和磁化的外加场，此时磁滞回线与外场达到饱和时的情况不同，如图 8.33 所示。当外场为 H_m 时，介质内的磁场不会饱和，而会达到某个最大值 B_m（此时 M 达到了饱和）。此时仍存在磁滞效应，因为介质磁化与去磁过程是不可逆的，因此它们不会重合。磁滞回线的形状取决于外场的大小以及样品介质的形状与大小。磁滞回线所包围的面积仍为外场振荡每周期单位体积所消耗的能量。图 8.32(a) 及图

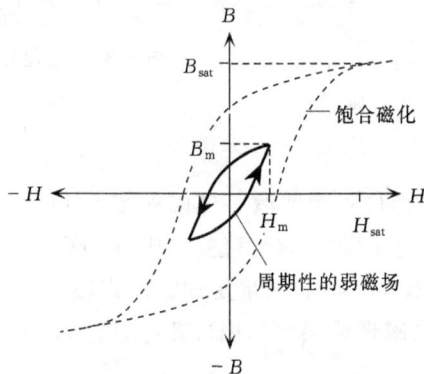

图 8.33　$B-H$ 磁滞回线与外加场的大小、介质材料以及样品形状及尺寸有关

8.32(b)所示的饱和情况下的磁滞回线称为**饱和磁滞回线**。由图 8.33 可见介质的剩余磁化强度及矫顽磁化强度取决于介质的 $B-H$ 回线,我们经常给出的都是饱和磁滞回线下的值。

亚铁磁物质表现出来的磁性与铁磁物质很相似。我们同样可以研究磁畴以及磁化与去磁过程中畴壁的移动,这些过程都会产生与铁磁物质具有相同参量的 $B-H$ 磁滞曲线,即饱和磁化强度(外场 H_{sat} 下的 M_{sat} 以及 B_{sat})、剩余磁化(M_r 和 B_r)、矫磁力(H_c)以及磁滞损耗等等。

8.5.7　去磁

对于磁性介质我们经常给出它的 $B-H$ 磁滞回线,如图 8.32(b)所示,该曲线表示了介质在周期变化磁场作用下的 $B-H$ 特性。施加的外场强度 H 来回在 $+x$ 与 $-x$ 之间周期变化。当我们施加反向磁场将一个具有图 8.34 所示 e 点剩余磁化的介质去磁时,磁化将从 e 点变化到 f 点。如果在 f 点突然撤掉外场,我们会发现 B 并不会立即变为零而是从 f 点变到 e' 点,即仍有一定的剩余磁化 B_r'。这主要是因为磁畴壁的微小移动是可逆的,每当磁场移动时,总有一些发生可逆运动的磁畴壁沿 $f-e'$ 反弹。这个恢复过程是可预见的,因此我们可以改变某点 f' 处的磁场大小以使得介质沿 $f'O$ 恢复,使介质磁化变为零。然而,要改变 f' 点的磁场大小我们不但需要知道精确的 $B-H$ 特性曲线,同时也要知道 f' 点的具体位置(恢复特性)。使介质去磁最简单的方法首先是使 H 幅值足够大且周期变化直到饱和,然后逐渐减小周期变化的磁场大小,如图 8.35 所示。当周期变化的 H 逐渐减小时,介质的 $B-H$ 特性曲线环逐渐减小,直至 H 等于零时回到起始点。图 8.35 所示的去磁过程就是通常所说的**消磁**。许多磁性设备如录音机磁头所不希望的磁化通常就是利用这种消磁过程消除的(例如一个靠近录音机磁头的消磁枪就是通过施加周期变化但不断减小的 H 来实现消磁的)。

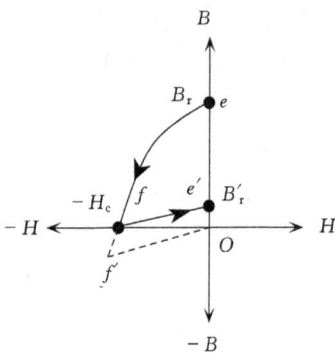

图 8.34　当介质沿 $f-e'$ 的方向复原时,f 点去磁磁场的撤离并不一定导致零磁化

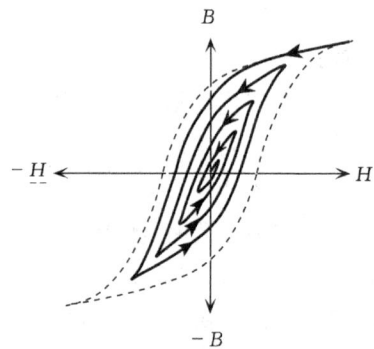

图 8.35　磁化介质可以通过循环减小外场幅值达到去磁的效果,也就是说,逐步减小 $B-H$ 环直至 $H=0$

例 8.5　单位体积能量消耗与磁滞回线　考虑如图 8.11 所示的一个通过可变电阻电压源给予能量的铁芯环形线圈。假设通过调节可变电阻我们可以调节线圈中电流的大小,进而调节铁芯中磁场 H 的大小。H 与 i 满足安培定律。而铁芯中的磁感应强度 B 则由铁芯物质的 $B-H$ 特性曲线决定。由电磁理论相关知识可知(见例 8.2),使磁场增加 dB 则电池对单位体积介质需要做功 dE_{vol},

$$dE_{vol} = HdB$$

因此使铁芯中磁场由初始时的 B_1 增加到最终的 B_2,单位体积内总的能量或功为

$$E_{vol} = \int_{B_1}^{B_2} H dB \quad (8.22)\; \text{磁化过程中单位体积所做的功}$$

此处积分限分别为起始与终止时刻的磁场大小。

式(8.22)对应于 B-H 曲线与 B 轴上 B_1 到 B_2 之间的区域。假设我们将螺线中的铁芯从磁滞曲线的点 P 移动到 Q,如图 8.36 所示。这是一个磁化过程,该过程中能量被储存于介质中。从 P 点到 Q 点单位体积所做的功等于区域 $PQRS$ 的面积(图中阴影部分)。介质从 Q 回到原始磁化点 S(与 P 点磁场 B 相同),能量将会从铁芯返回电路中。单位体积能量对应面积 QRS(灰线部分),这个比前面 $PQRS$ 的能量要小。区别就在于介质以热量形式消耗的能量部分(移动磁畴壁等),则部分对应磁滞回线上面积 PQS。在一个周期内,单位体积所消耗的能量等于整个磁滞回线的面积。

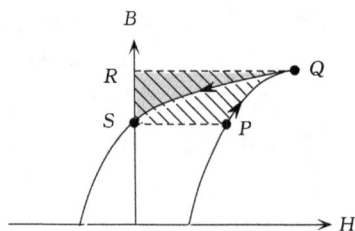

图 8.36　B-H 曲线与 B 轴之间的面积等于磁化过程中单位体积吸收的能量或去磁过程中单位体积释放的能量

磁滞回线以及每循环单位体积所消耗的能量不仅取决于铁芯物质还取决于磁场 B_m 的大小,如图 8.33 所示。例如,对于变压器铁芯中的磁性钢,单位体积铁芯磁滞**功率损耗** P_h 的经验公式包含磁场最大值 B_m、交流频率 f 等[①]:

$$P_h = K f B_m^n \qquad (8.23)\; \text{每平方米磁滞功率损耗}$$

这里 K 是与铁芯材料有关的常数(典型值 $K = 150.7$),f 是交流电压频率,B_m 是铁芯中磁场最大值(估计在 $0.1 \sim 1.5 T$),$n = 1.6$。由式(8.23)可得,可以通过减小变压器磁场来减少磁滞损耗。

8.6　软磁与硬磁材料

8.6.1　定义

根据它们的 B-H 特性,工程材料一般被划分为硬磁材料和软磁材料。典型的 B-H 磁滞曲线如图 8.37 所示。软磁材料很容易被磁化和去磁,因此只需要较弱的磁场强度。然而,它们的 B-H 回线比较窄,如图 8.37 所示。磁滞回线的面积很小,因而每个循环的磁滞功率损耗也很小。软磁材料很适合应用于需要不断循环磁化与去磁的场合,如电动机、变压器、互感器等,这些场合磁场呈周期性地循环变化。在这些应用场合同样要求小的磁滞功率损耗,即磁滞回线的面积很小。电磁继电器的吸合与

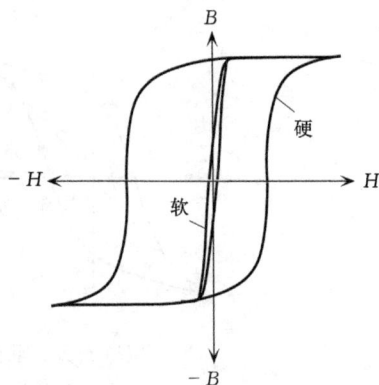

图 8.37　软磁与硬磁材料

---

① 这是美国电工学家斯坦梅茨(Steinmentz)对于商用磁钢给出的公式。它不仅被应用于硅铁(Fe^+ 少量硅),而且被广泛用于磁性材料中。

断开需要铁芯被磁化和去磁,因此,铁芯需用软磁材料。

相反的,正如图 8.37 所示,硬磁材料不容易被磁化和去磁,而且需要很强的磁场强度。硬磁材料的 B-H 回线比较宽,它具有较大的矫顽力,也就是说它需要很大的磁场强度才能使之去磁,通常会比软磁材料所需的场强大数百万倍。这种特性使得硬磁材料可作为永磁体应用于很多场合。同时可看出,它的磁化可以通过一个合适的强磁场强度从一个很顽固的方向翻转到另一个很顽固的方向,即从 $+B_r$ 状态到 $-B_r$ 状态。由于很大的矫顽力,使得 $+B_r$ 状态和 $-B_r$ 状态都很稳定,直到施加一个合适的强磁场才能使它从一个方向转向另一方向。显然,硬磁材料也可以应用于数字信息的磁存储,$+B_r$ 状态和 $-B_r$ 状态分别代表数字 1 和 0(或相反)。

8.6.2　初始和最大磁导率

用相对磁导率 μ_r 来表征磁性材料的磁化是很有用的,这简化了磁性的计算。例如,如果可以用 μ_r 来表征磁性材料,电感的计算会变得直接。但是由图 8.38(a)可清楚地得出

$$\mu_r = \frac{B}{\mu_0 H}$$

不是一个近似的常数,而是和实际场强以及材料样品的磁化历史有关。尽管如此,我们发现利用相对磁导率来比较不同的磁性材料甚至用于各种计算是很有用的。定义式 $\mu_r = B/(\mu_0 H)$ 表示了从原点 O 到 P 点直线的斜率,如图 8.38(a)所示。当这条直线与 B-H 曲线在 P 点相切时,斜率最大。其它从 O 点到 B-H 曲线上的线不是切线也就不会产生最大的相对磁导率(从图上可直观地看出,数学证明留给读者)。如图 8.38(a)所定义的**最大相对磁导率**用 $\mu_{r,max}$ 表示,它是一个很有用的磁参量。该图中的 P 点定义了最大磁导率,它相当于 B-H 曲线的"膝部"。许多变压器就被设计为工作于最强磁场,其目的就在于使其尽可能接近该点。对于纯铁物质,$\mu_{r,max}$ 不到 10^4,但是对于某些软磁材料如镍铁钼超导磁合金,$\mu_{r,max}$ 的值可达 10^6。

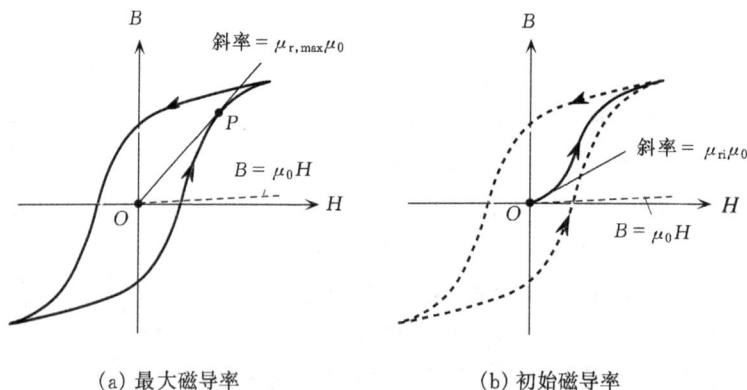

(a) 最大磁导率　　　　　　　　(b) 初始磁导率

图 8.38　最大磁导率与初始磁导率的定义

初始相对磁导率用 μ_{ri} 表示,如图 8.38(b)所示,它表示当磁性材料从未磁化状态第一次被磁化时其 B-H 曲线的起始斜率。这个定义对用于弱磁场的软磁材料是很有用的(如,电子和通信工程中的小信号)。实际上,μ_{ri} 很有用的弱磁场小于 10^{-4} T。相反,$\mu_{r,max}$ 在场强接近磁性

材料饱和状态时很有用的。初始相对磁导率对于不同的有磁性的软磁材料可相差好多数量级。例如,铁的 μ_{ri} 是 150,然而超金属(supernumetal)是 200,商用的镍铁合金大约是 2×10^5。

8.7 软磁材料:例子和应用

表 8.5 给出了一些描述软磁材料的性质的参数值,并列举了一些各种应用的典型例子。理想的软磁材料应具有零矫顽力(H_c)、很大的饱和磁感应强度(B_{sat})、零剩余磁感应强度(B_r)、零磁滞损耗和很大的 $\mu_{r,max}$ 和 μ_{ri}。表 8.5 列出了许多磁性材料的例子,从纯铁到亚铁磁的铁氧体。纯铁虽然软,一般不用于电气设备(除了少数继电器类的应用),因为它很好的导电性在很多场合会产生很大的涡流电流。在铁中产生涡流会导致发热和能量损失,这是不合需要的。向铁中加入一定成分的硅,典型的如硅钢片,可增大电阻率,进而可减小涡流损耗。硅钢被广泛应用于电力变压器和电器设备。

表 8.5 一些软磁性材料的典型参数值及应用

磁性材料	$\mu_0 H_C$ (T)	B_{sat} (T)	B_r (T)	μ_{ri}	$\mu_{r,max}$	W_h	典型应用
理想软磁性材料	0	很大	0	很大	很大	0	变压器芯、电感、电动机、电磁芯、继电器、写磁头
铁(商用等级,杂质含量 0.2%)	$<10^{-4}$	2.2	<0.1	150	10^4	250	涡流损耗大。一般不用于电气设备,除了一些特殊应用如电磁铁和继电器
硅铁(Fe:2%~4%Si)	$<10^{-4}$	2.0	$0.5\sim1$	10^3	$10^4 \sim 4 \times 10^5$	$30\sim100$	由于阻抗较高,涡流损耗较低。在电气设备中有广泛应用,如变压器
镍铁钼超导磁合金 (79%Ni-15.5%Fe-5%Mo-0.5%Mn)	2×10^{-7}	$0.7\sim0.8$	<0.1	10^5	10^6	<0.5	高磁导率、低损耗电子元器件、如专用变压器、磁性放大器
78 坡莫合金(78.5%Ni-21.5%Fe)	5×10^{-6}	0.86	<0.1	8×10^3	10^5	<0.1	低损耗电子元器件、音频变压器、高频变压器、写磁头、滤波器
玻璃金属 Fe-Si-B	2×10^{-6}	1.6	$<10^{-6}$	—	10^5	20	低损耗变压器芯
铁氧体 Mn-Zn 铁氧体	10^{-5}	0.4	<0.01	2×10^3	5×10^3	<0.01	高频下损耗低,低的传导率使得涡流损耗可以忽略。高频变压器、电感(壶型铁芯,E 和 U 芯)、读磁头

注:W_h 是磁滞损耗,指在一个磁滞周期中材料单位体积中损耗的能量,单位为 $J \cdot m^{-1} \cdot$ 周期$^{-1}$,上表在 $B_m = 1$ 时取值。

成分为 77% 镍-23% 铁的镍铁合金是一类很重要的软磁材料,它具有较小的矫顽力、小的磁滞损耗以及高的磁导率(μ_{ri} 和 $\mu_{r,max}$)。高的 μ_{ri} 使得这种合金在典型的高频电子等弱磁场应用方面被广泛应用(如音频和宽带传输器)。这种合金在许多工程应用中可以见到,如,灵敏继电器,脉冲和宽带传输器,电流传输器,磁记录头,磁屏蔽等等。镍铁合金增大了电阻率,进而减小了涡流损耗。有许多种类的镍铁合金,它们的应用场合取决于具体的精确成分(有时候还会含有少量钼、铜、铬)以及它们的制备方式(例如:机械滚轧)。例如,镍铁钼超合金(79% 镍-16% 铁-5% 钴)的 $\mu_{ri} \approx 10^5$,商用级的铁,其 μ_{ri} 只有 10^3。

非晶态磁性金属,如其名字所说,没有晶体结构(它们仅存在短程有序),因而它们没有诸如晶界和位错等晶体缺陷。它们通过特殊的技术如熔体纺丝(如第1章所述)使金属迅速凝固而成,因而它们通常是细丝状。由于它们没有晶体结构,所以它们也没有磁各向异性能量,这意味着它所有方向都很容易磁化。由于没有磁晶各向异性和一般的磁晶缺陷等阻碍畴壁的运动的因素,使它们有较小的磁矫顽力因而具有软磁特性。然而,其磁矫顽力并不为零,因而还会有一些磁各向异性,这是由金属快速凝固过程中冻结的方向性应变引起的。由于它们的无序结构,这些玻璃状的金属还具有高的电阻系数,因而具有较小的涡流损耗。尽管它们是各种变压器和电力设备的理想材料,但是它们有限的尺寸和形状,在当前情况下,限制了它们在电力方面的应用。

铁氧体是亚铁磁材料,典型的是含铁的过渡金属混合氧化物。例如锰铁氧体是 $Mn\text{-}Fe_2O_4$,锰锌铁氧体是 $Mn_{1-x}Zn_xFe_2O_4$。它们通常是绝缘的,所以没有涡流损耗。它们是高频工作场合下理想的磁性材料,在高频工作场合下涡流损耗限制了任何有传导特性的材料的应用。尽管它们可以有较高的初始磁导率以及低的损耗,但它们并没有如铁磁体那样大的饱和磁化强度,而且它们的有效温度范围(由居里温度决定)很低。有许多种类的商用铁氧体,其应用取决于可容忍的损耗以及所需的截止工作频率。例如,MnZn 铁氧体有很高的初始磁导率(如 2×10^3),但只能工作到 1 MHz。而 NiZn 铁氧体有很低的初始磁导率(如 10^2)却可以应用到高达 200 MHz。一般说来,在高频场合,初始磁导率随着频率的增加而减小。

石榴石是典型的应用于微波频率范围($1 \sim 300$ GHz)的亚铁磁材料。钇铁石榴石(YIG,$Y_3Fe_5O_{12}$)是一种简单的石榴石,它在微波范围内有非常低的磁滞损耗。石榴石拥有优异的介电性能,具有很高的电阻系数,因而损耗很小。它的主要缺点是饱和磁化强度很低以及很低的居里温度,如 YIG 的饱和磁化强度为 0.18T,居里温度为 280℃。石榴石的组成成分取决于微波应用所需的特殊性能。例如,$Y_{2.1}Gd_{0.98}Fe_5O_{12}$ 是一种用于 X 波段($8 \sim 12$ GHz)的处理高微波功率的三端口环形器(如峰值功率为 200 kW,平均功率为 200 W)。

例 8.6 具有铁氧体芯的电感 考虑一个具有铁氧体芯的螺线管。假设该螺线管有 200 匝,应用于高频小信号。螺线管的平均直径为 2.5 cm,铁芯直径为 0.5 cm。如果铁芯为 MnZn 铁氧体,则该铁芯的电感大约为多少?

解:螺线管线圈的电感 L 可用以下公式求得:

$$L = \frac{\mu_{ri}\mu_0 N^2 A}{l}$$

所以

$$L = \frac{(2 \times 10^3)(4\pi \times 10^{-7}\text{H} \cdot \text{m}^{-1})(200)^2 \pi \left(\frac{0.005}{2}\text{m}\right)^2}{(\pi 0.025\text{m})} = 0.025 \text{ H 或 } 25 \text{ mH}$$

如果螺线管内没有铁芯而为空气,则电感为 1.26×10^{-5} H 或 12.6 μH。主要的假设是铁芯内 B 是均匀的,这仅在螺线管的直径(2.5 cm)远远大于铁芯的直径(0.5 cm)时成立。这里,比率为 5 而且是近似计算。

8.8 硬磁材料:例子和应用

理想的硬磁材料,如表 8.6 所列,有很大的矫顽场和剩余磁化场。另外,由于它们被用作永磁体,为了使永磁体的外部磁场尽可能地强,每单位体积存储的能量应该尽可能地大,这是因为该能量是以磁场的形式表现出来的。表面磁场的能量密度(J·m^{-3})取决于 B-H 曲线在第二象限的 BH 乘积的最大值,用 $(BH)_{max}$ 表示。如图 8.39 所示,它相当于在 B-H 曲线的第二象限内的面积中最大的矩形面积。

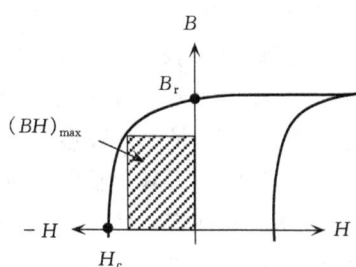

图 8.39 硬磁材料及其 $(BH)_{max}$

表 8.6 硬磁性材料及其主要参数

磁性材料	$\mu_0 H_c$ (T)	B_r (T)	$(BH)_{max}$ (kJ·m^{-3})	应用举例
理想硬磁体	很大	很大	很大	多种应用中的永磁体
铝镍钴合金(Fe-Al-Ni-Co-Cu)	0.19	0.9	50	作为永磁体应用很广
铝镍钴合金(柱状)	0.075	1.35	60	
锶铁氧体	0.3~0.4	0.36~0.43	24~34	启动马达、直流马达、扬声器、电话接收器和各种玩具
稀土钴永磁材料(例如,Sm$_2$Co$_{17}$)	0.62~1.1	1.1	150~240	伺服马达、步进马达、耦合器、离合器和高品质耳机
NdFeB 永磁体	0.9~1.0	1.0~1.2	200~275	广泛应用于小马达(例如,常用工具)、随身听设备、CD马达、核磁共振成像术(MRI)和计算机
硬磁颗粒 γ-Fe$_2$O$_3$	0.03	0.2		录像带和录音带、软盘

当铁磁样品的尺寸小于一定的临界尺寸,对于钴来说是 0.1 μm,整个样品便成为一个单一的畴,如图 8.40 所示。这是因为产生一个畴壁所需的能量相对于表面静磁能量的减少来说是很高的。这些小的颗粒状的磁体被称为**单畴微粒**。它们的磁性不仅取决于粒子的晶体结构,还取决于颗粒的形状,因为不同的形状可产生不同的磁场。对于一个球型的铁颗粒,它的磁化强度 M 将沿易磁化方向,例如,沿着 z 轴正方向[100]。要用一个磁场来反转该磁化强度从 +z 到 -z,我们必须使自旋旋转通过难磁化方向,如图 8.40 所示,因为我们不能产生相反的畴,或移动畴壁。由于磁晶各向异性能量,旋转磁性需要很大的能量,结果就表现为很大的

矫顽场。磁晶各向异性能量越大,矫顽场就越大。产生一个畴壁的能量随着磁晶各向异性能量的增大而增大,成为单畴微粒的临界尺寸因而也随着磁晶各向异性能量的增大而增大。钡铁氧体晶体有六方晶体结构,因而磁晶各向异性程度很高,钡铁氧体的单畴微粒临界尺寸大约是 $1\sim$ $1.5\,\mu m$,该微粒的磁矫顽场 $\mu_0 H_c$ 可高达0.3T,而对于多畴铁氧体来说则是 $0.02\sim0.1$T。

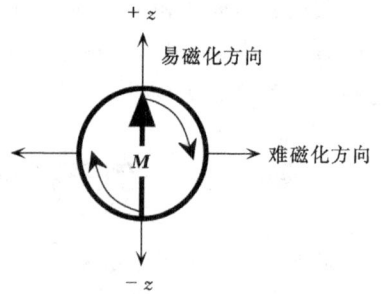

图 8.40　单磁畴微粒

由于形状各向异性,非球形的微粒甚至会有更大的矫顽场。考虑一个椭圆形的微粒,如图8.41(a)所示。如果磁化强度矢量 M 是沿椭圆形的长轴即 z 轴正方向,它的势能要小于其 M 沿着其短轴即 y 轴正方向时的势能,如图 8.41(a)和(b)所示。因此,必须做功才能将 M 从长轴旋转到短轴,或者说从图 8.41(a)到 8.41(b)。因而一个长形微粒使它的磁性沿着它的长度方向,这种效应就叫做**形状各向异性**。如果我们必须通过施加一个磁场来颠倒磁性使之从 $+z$ 到 $-z$,那么我们只能通过旋转磁化强度矢量来实现,如图 8.41(a)到 8.41(c)。M 只能被旋转通过其短轴,这需要足够的功,所以矫顽场很高。总的来说,微粒越细长,矫顽场就越高。小球状的 Fe‐Cr‐Co 粒子的矫顽场 $\mu_0 H_c$ 最大可达 0.02T,而**长形微粒**的矫顽场由于形状各向异性则可高达 0.075T。

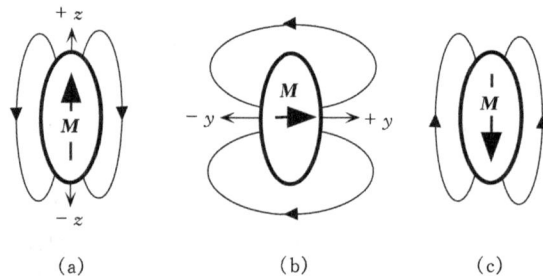

图 8.41　单磁畴长形微粒
由于形状的各向异性,介质磁化倾向于沿(a)图中长轴的方向。需要做功才能将 M 从(a)变到(b)再到(c)

高矫顽场永磁材料可以通过沉淀的方法在结构上分散长形微粒而制成,微粒可以成为单元畴。铝镍钴合金是一种常用的永磁材料,它是铝、镍、钴和铁的合金。它的微观结构中富含长形的铁‐钴微粒,称为 α' 相,分散在富含镍‐铝微粒被称为 α 相的基体中。这种结构的获得是通过适当的热处理使 α' 微粒从合金的固态体中沉淀出来。α' 微粒具有很强的磁性,然而 α 基体却只有很弱的磁性。当热处理过程处于强磁场中时,形成的 α' 微粒便会伸长,因而它们的磁化强度和外加磁场的方向相同。去磁过程需要旋转拉长的 α' 单畴微粒的磁化强度矢量,这是一个困难的过程(形状各向异性),所以矫顽场很强。铝镍钴合金磁体的主要缺点是机械特性上坚硬且易碎,除了铸造或烧结外不能成型。然而,却有其它可以加工的永磁体。

许多永磁材料都是运用粉末冶金技术来压制高矫顽场的微粒来制成的(如粉末压制和烧结)。微粒拥有很强的磁场,因为微粒都足够小使之成为单元畴,或拥有很强的形状各向异性(拉长的微粒可以是铁磁合金,如铁‐镍,或各种硬铁氧体)。这些通常称为粉末固体永磁体。

有一类是非常重要的**陶瓷磁体**,它由钡铁氧体 $BaFe_{12}O_9$ 或者锶铁氧体 $SrFe_{12}O_9$ 微粒压制而成。钡铁氧体具有六方晶体结构和很大的磁晶各向异性,即钡铁氧体微粒有很强的矫顽场。陶瓷磁体通常是在外加磁场下湿压铁氧体粉末制备而成,它使微粒沿易磁化方向排列,然后将其烘干并仔细烧结而成。它们通常用于低成本的应用。

稀土钴永磁体是基于钐-钴(Sm-Co)的合金,具有很大的 $(BH)_{max}$ 值,被广泛应用于诸如直流电机、步进和伺服电机、行波管、电子调速管和回转仪等领域。金属间化合物 $SmCo_5$ 具有六方晶体结构以及很大的磁晶各向异性,因而有很大的矫顽场。$SmCo_5$ 粉末在外加磁场下被压制成有磁性的微粒,随即被小心地烧结成固体粉末磁体。Sm_2Co_{15} 磁体相对比较新,它有特别高的 $(BH)_{max}$ 值,可高达 240 $kJ \cdot m^{-3}$。Sm_2Co_{15} 实际上是一类合金的名字,其中的部分钴原子可以被其它过渡金属离子取代。

更新发展的**钕-铁-硼**(NdFeB)固体粉末磁体具有非常大的 $(HB)_{max}$ 值,它高达 275 $kJ \cdot m^{-3}$。它的四方晶体结构拥有沿着长轴的易磁化方向,并且有很高的磁晶各向异性能量。这意味着需要做大量的功去旋转磁化强度通过难磁化方向,因此它的矫顽场也很强。其主要缺点是居里温度比较低,通常在 300℃ 左右,然而对于铝镍钴合金和稀土钴永磁体来说,居里温度大约在 700℃ 左右。另一种制备 NdFeB 磁体的方法是无定形的 NdFeB 在较高的温度下和外磁场作用下进行再结晶,再结晶结构中的微粒可以充分小而成为单元畴微粒,因而也拥有很高的矫顽场。

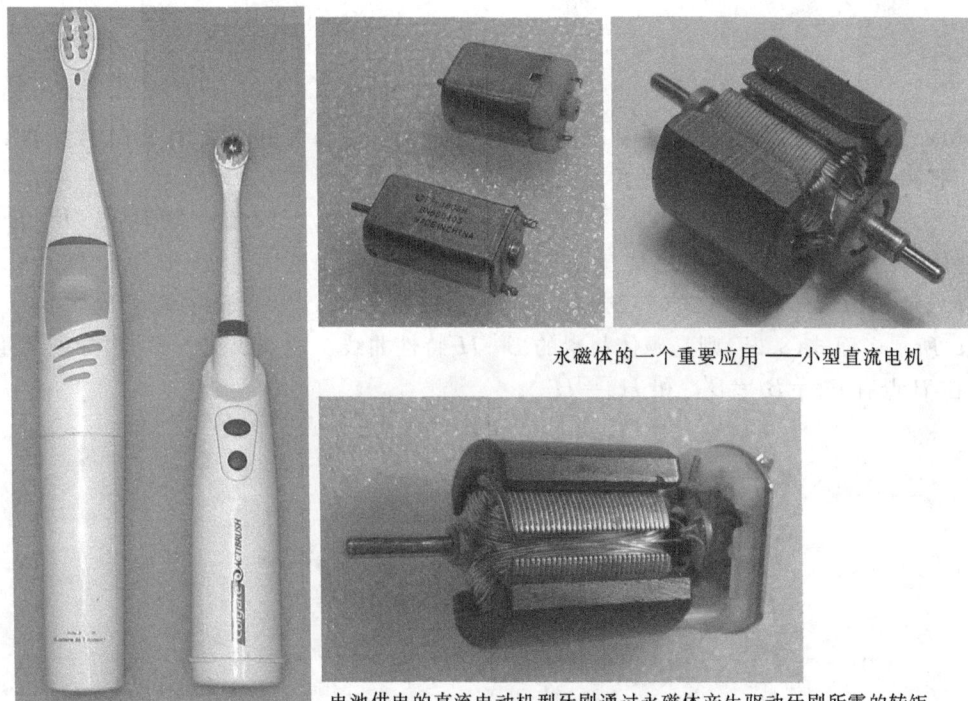

永磁体的一个重要应用——小型直流电机

电池供电的直流电动机型牙刷通过永磁体产生驱动牙刷所需的转矩

例 8.7 永磁体的 $(BH)_{max}$ 考虑如图 8.42 所示的永磁体,有一个宽为 l_g 的空气隙,在此有可以做功的外部磁场。例如,如果向空隙插入一个合适的螺线管并在线圈中通入电流,螺线管将像在线圈配电板式仪表中一样旋转。空气隙中单位体积存储的磁场能量和 BH 的最大

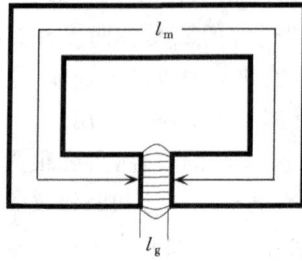

8.42　具有微小空气隙的永久磁铁

值成比例。请问$(BH)_{max}$随磁场的变化会怎样？

解：设l_m为从磁体一端到另一端的平均长度，如图 8.42 所示。假设截面 A 处处连续，磁体上没有线圈和电流，$I=0$。安培环路定律要求 H 应沿着闭合回路，或l_g+l_m平均路径积分。假定 H_m 和 H_g 分别为磁体上和气隙中的磁场强度。则沿l_g+l_m的积分 Hdl 为

$$\oint Hdl = H_m l_m + H_g l_g = 0$$

因此有

$$H_g = -H_m \frac{l_m}{l_g}$$

因而

$$B_g = -\mu_0 \frac{l_m}{l_g} H_m \qquad (8.24) \quad \text{空气隙中的}B\text{-}H\text{ 关系}$$

式(8.24)描述了空气隙中 B_g 和磁体中 H_m 之间的关系。另外，我们由磁体自身的B-H曲线可得磁体中 B_m 和 H_m 之间的关系，即

$$B_m = f(H_m) \qquad (8.25) \quad \text{磁体中的}B\text{-}H\text{ 关系}$$

磁体中的磁场和气隙中的磁通量是连续的。假设一均匀截面，由连续性有 $B_m = B_g$。因此式(8.24)和(8.25)相等。式(8.24)在 B_g-H_m 关系曲线上是一条斜率为负的直线，如图 8.43(a)所示。而式(8.25)则是磁体材料的 B-H 特性曲线。两条线交于 P 点，如图 8.43(a)所示，在 P 点有 $B_m = B_g = B'_m$ 和 $H_m = H'_m$。

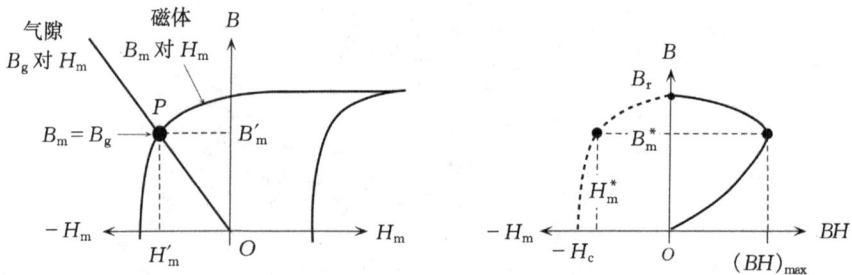

(a) P 点代表磁铁的工作点并且决定了磁体内外的磁场

(b) 气隙中的能量密度与 BH 成比例，对于给定几何形状与大小的气隙，BH 在磁场 B_m^* 或 B_g^* 处达到最大值

图 8.43

我们知道,空气隙中的磁能量为:

$$E_{mag} = \text{空气隙体积·隙中磁能密度}$$

$$= (Al_g)\left(\frac{1}{2}B_g H_g\right) = \frac{1}{2}(Al_g)B'_m H'_m \left(\frac{l_m}{l_g}\right)$$

$$= \frac{1}{2}(Al_m)B'_m H'_m \qquad (8.26) \boxed{\text{磁体空气隙中的能量}}$$

因此,外部磁场的能量取决于磁体的体积(Al_m)以及磁特性曲线上工作点 P 处的 B'_m 和 H'_m 的乘积。对于给定磁体尺寸,则空气隙的磁场能量正比于矩形面积 $B'_m H'_m$,如图 8.43(a)所示。因此我们必须使该面积最大化,从而可以获得最大的能量。图 8.43(b)描述了如何使磁性材料的 BH 达到最大。BH 在 $(BH)_{max}$ 达到最大,此时磁场是 B_m^* 且磁场强度是 H_m^*。我们可以选取合适的空气隙大小以达到此值,在这种情况下,仅仅受磁性材料的 $(BH)_{max}$ 限制。很明显,$(BH)_{max}$ 是一个很好的用来比较硬磁材料的优质因子。由表 8.6 我们可以看到如果不考虑质量和经济因素,使用相同尺寸的稀土钴永磁体要比铝镍钴合金多获得 4~5 倍的功。值得一提的是式(8.26)仅仅是近似计算,因为它忽略了所有的边缘磁场。

8.9 超导性

8.9.1 零电阻与迈斯纳效应

1911 年昂纳斯(Kamerlingh Onnes)在荷兰莱顿大学观察发现,当汞冷却到 4.2 K 以下时,其电阻完全消失,材料特性如**超导体**,对电流没有阻碍效应。此后,许多其它研究表明,存在很多这种物质(并不全是金属),当温度降低到某个**临界温度** T_c 以下时,它们都表现出超导性,临界温度 T_c 取决于材料。而另一方面,许多导体,包括金、银以及铜等具有高电导率的良导体,却不具有超导性。这些平常的导体在低温时的电阻率受到杂质和晶体缺陷的散射影响而在某个有限值处达到饱和,饱和值与剩余电阻率有关。图 8.44 给出了上述两种截然不同类型导体的特性曲线。在 1911 到 1986 年期间,人们研究了很多金属及金属合金。20 世纪 70 年代发现的超导物质——铌锗化合物(Nb_3Ge)的临界温度(23 K)是当时发现的最高临界温度。1986 年伯德诺兹和缪勒在位于苏黎世的 IBM 实验室中发现,通常具有高阻性的氧化铜

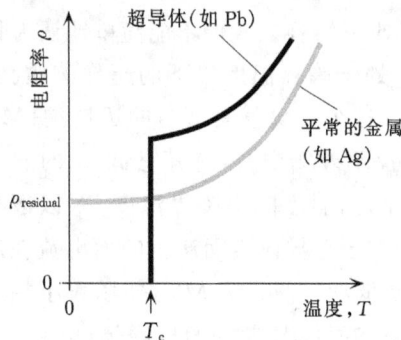

图 8.44 超导体如铅在临界温度 T_c(铅为 7.3 K)处向零电阻过渡。通常的导体如银即便在最低温度也有剩余电阻

导体的超导性，即在某一临界温度下的零电阻性是由荷兰物理学家昂纳斯（Heike Kamer-
lingh Onnes）于 1911 年发现的。昂纳斯与他的一个学生发现冷冻的汞电阻在 4.15 K 时消失；
昂纳斯获得 1913 年的诺贝尔奖

照片来源：美国物理学会塞格雷图像档案馆

陶瓷类化合物 La－Ba－Cu－O，在 35 K 以下表现出超导性，他们二人因这一发现而获得了诺
贝尔奖。在此之后，人们合成并研究出了一系列氧化铜基的化合物（称为铜酸盐陶瓷）。1987
年人们发现钇钡铜氧化物（Y－Ba－Cu－O）在 95 K 时具有超导性。这个发现意义重大，因为
与以前使用的冷却剂液氦相比，液氮是一种更便宜更易液化的冷却剂。目前发现的超导体的
最高临界温度约为 Hg－Ba－Ca－Cu－O 材料的 130 K 左右（－143℃）。通常，临界温度在 30
K 以上的超导体被称为是**高温超导体**。使临界温度靠近室温又成了人们新的追求目标，世界
上许多科学家对许多物质进行了研究与合成，希望进一步提高临界温度。已经有商业设备使
用了高温超导技术，例如可以准确测量极小磁通量的 SQUIDs[①] 薄膜及微波通信中用到的高
品质因数滤波器、谐振腔等。

　　零电阻性并不是超导体的唯一特性。我们不能简单地认为超导体就是在其临界温度以下
具有无限大导电能力的物质。处于临界温度以下的超导物质会完全排斥外磁场进入样品内
部，好像是理想的抗磁体一样。这个现象就是著名的**迈斯纳（Meissner）效应**。当我们将处于
临界温度 T_c 以上的超导材料置于外场中时，与其它低 μ_r 的磁介质一样，磁力线将会穿过样
品，磁场将进入样品内部。然而，当温度降至临界温度 T_c 以下时，样品中的磁场将全部被排
斥出来，如图 8.45 所示。原因在于超导体表面产生的面电流在超导体内激发磁场 M，因此在
超导体内部 M 和外加磁场处处抵消。假设 $\mu_0 M$ 与外场大小相等、方向相反，因此，处于临界
温度以下的超导体具有完全的抗磁性，是良好的抗磁体（$\chi_m = -1$）。将超导体与理想导体作

――――――――――――

　　① 　SQUID 是一种超导量子干涉器件，能够探测到很小的磁通量。

巴丁(John Bardeen),库珀(Leon N Cooper)以及施瑞弗(John Robert Schrieffer)在 1972 年的诺贝尔颁奖典礼上。他们因为利用库珀对来解释超导现象,因此获得了该奖项

照片来源:美国物理学会塞格雷图像档案馆

"我相信当大自然母亲创造这些迷人的高 T_c 系统时,她已经想到了其中的电子成对现象。

——罗伯特·施瑞弗(1991)

比较,在临界温度下,前者不仅具有零电阻性,同时还具有完全抗磁性;而后者只具有无限的导电性,即 $\rho=0$。当我们将一个理想导体置于外场中然后冷却到临界温度以下时,样品中的磁场并不会被排斥出来。这两种不同特性示于图 8.45 中。当撤去外场后,超导体周围的磁场将

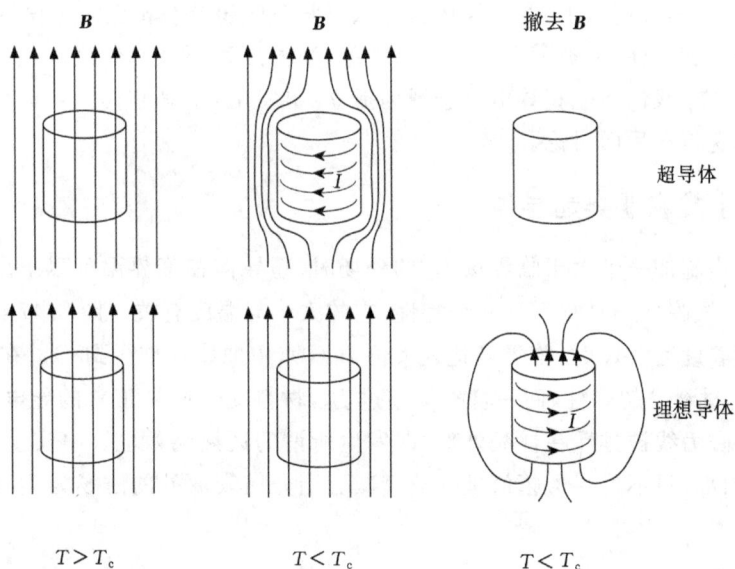

图 8.45　迈斯纳效应

冷却至临界温度以下的超导体产生表面电流,从而排斥所有来自外部的磁力线。理想导体($\sigma=\infty$)不表现出迈斯纳效应

立即消失。然而撤去外场是一个外场逐渐减小的过程,由法拉第电磁感应定律我们知道,此时将会在导体内感生电流。根据楞次定律,这些电流将会感生沿外场方向的磁场阻止外场变化;也就是说,这些电流感生出与外场同向的磁场以阻止其减小的趋势。由于理想导体内没有电阻,也就是说没有焦耳损耗,因此这些电流将一直存在下去,从而在理想导体周围维持一定的外场。上述两种导体磁场变化情况如图 8.45 所示,从图中我们可以清楚地看到只有超导体才具有迈斯纳效应(理想导体只具有零电导的性质,$\rho=0$)。图 8.46 中照片所示为一个小磁铁由于迈斯纳效应而悬浮在超导体表面的情形:磁铁内部的磁场被完全排斥在超导体外部。

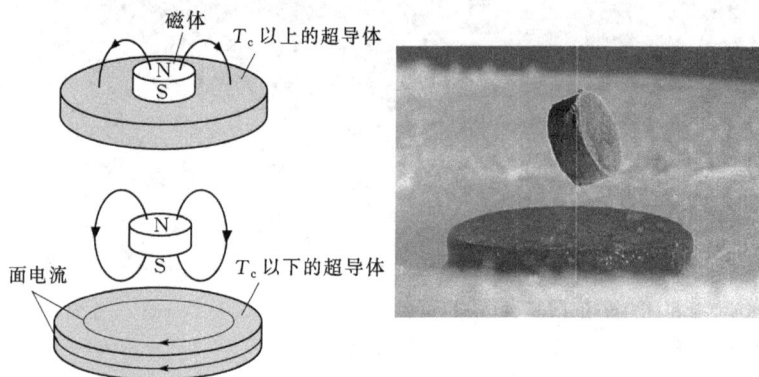

图 8.46　左:位于超导体上方的磁铁发生偏移。超导体是一个理想抗磁体,也就是说,在超导体内部没有磁场。右:磁铁在浸于液氮(77 K)中的超导体上方发生偏移的照片。这就是迈斯纳效应

照片来源:承蒙 Paul C. W. Chu 教授提供

(本图原书有误:箭头应反方向,即面电流方向应左旋。——译者注)

当温度降到临界温度以下时,超导体特性从正常态向超导态转变的过程与物质的相变(如固体到液体、液体到气体等)类似。在相变过程中,当温度达到临界温度时热容将会发生急剧的变化。在超导态,我们不能将导电电子视为孤立,事实上,正是它们的协同作用才使得物质具有了超导性,这将在后面讨论。

8.9.2　I 类和 II 类超导体

观察发现,当施加一个大于临界场 B_c 的外场时,超导体在临界温度以下所表现出来的超导性将会消失。该临界场是材料的一个特性,它的大小与温度有关。图 8.47 给出了临界场与温度的关系,当温度为 0 K 时,临界场达最大值 $B_c(0)$(由曲线外推得到[①])。在临界温度下,只要外场小于 B_c,材料呈超导性,而一旦外场超过 B_c,材料就会恢复正常的导电态。我们知道,在超导态,外界磁力线被排斥在样品外部,即发生所谓的迈斯纳效应。事实上,外场也会穿透样品表面进入内部,只不过穿透幅值呈指数衰减。当介质表面处的磁场为 B_0 时,其内部距表面 x 处的磁场为

$$B(x) = B_0 \exp\left(-\frac{x}{\lambda}\right)$$

---

① 除了被工程学界着重强调的热力学第一、第二定律外,还有热力学第三定律,即:物质永远不能达到绝对零度。

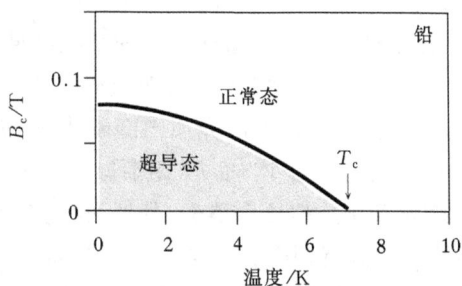

图 8.47　Ⅰ类超导中的临界场-温度曲线

这里 λ 是穿透的"特征长度",称为**穿透深度**,它与温度以及材料的临界温度有关。在临界温度时,透入深度为无限大,也就是说任何外场都可以穿过介质并改变其超导态。然而,在绝对零度附近,穿透深度通常为 $10 \sim 100 \text{ nm}$。图 8.48 为三种超导物质锡、汞、铅的 B_c-T 特性曲线。

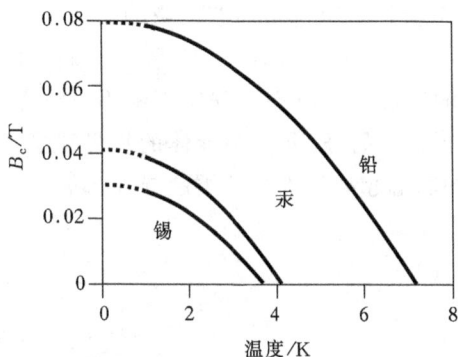

图 8.48　三种典型的Ⅰ类超导体中的临界场-温度曲线

　　根据其抗磁特性,超导体可以分成两种类型:Ⅰ类和Ⅱ类。对于Ⅰ类超导体,反向磁化场 M 会随外加磁场 B 一起增大直至临界场 B_c,此时物质的超导性消失,超导体失去其理想抗磁性即迈斯纳效应,如图 8.49 所示。当外场小于 B_c 时Ⅰ类超导体处于**迈斯纳态**,此时超导体将所有磁场排斥在外。当外场大于 B_c 时,进入正常态,此时磁力线可正常穿过导体,导体电导率也为有限值。

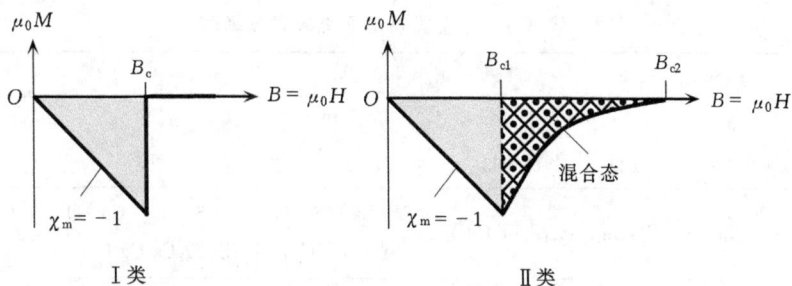

图 8.49　Ⅰ类和Ⅱ类超导体的特性。外场为 $B=\mu_0 H$,M 是整个样品的总磁化强度。样品内部的磁场,$B_{\text{inside}}=\mu_0 H+\mu_0 M$。当且仅当 $B<B_c$(Ⅰ类超导)且 $B<B_{c1}$(Ⅱ类超导)时,$B_{\text{inside}}=0$

对于 II 类超导体,从迈斯纳态向正常态的过渡不像 I 类超导体那样干脆,它会经历一个缓慢的中间过渡过程,在这个过程中外场可以穿透样品中的某些区域。在外场刚开始增加时,初始样品仍然表现出理想抗磁性,产生迈斯纳效应,然而当外场增加到所谓的**下限临界场** B_{c1} 时,磁力线就开始部分地透入样品内部了。此时介质内部磁化场 M 虽然与外场方向相反但却不足以完全抵消外场。随着外场的进一步增加,M 逐渐减小,更多的磁力线透入介质内部。当外场增加到所谓的上限临界场 B_{c2} 时,超导性消失,外场可以完全透入介质内部。这个特性示于图 8.49 中。可见,II 类超导体具有两个临界磁场 B_{c1} 和 B_{c2}。

当外场在 B_{c1} 和 B_{c2} 之间时,磁力线穿过样品上如图 8.50 所示的局部细丝状区域。在介质的超导态区域中间形成了一系列局部的细丝状区域,在这些区域上介质呈现正常态,因此磁力线可以穿过这些细丝状区域,如图 8.50 所示。超导体在 B_{c1} 和 B_{c2} 之间的状态称为混合态(或**涡流态**),因为在样品内部有两种不同的状态同时存在。细丝状区域具有一定的阻值同时有一定的磁通穿过。每个细丝状区域是磁力线的涡流区(因此称为涡流态)。很显然,在涡流区周围壁上应该存在环流。这些环流使得穿过超导态区域的磁通为零。由于超导态区域的存在,样品具有无限大的导电性。图 8.51 所示为 B_{c1} 和 B_{c2} 随温度的变化关系,同时也标出了迈斯纳态、混合态以及正常态对应的区域。在所有工程应用中不可避免地会用到 II 类超导体,因为 B_{c2} 比 I 类超导体的 B_c 要大很多。另外,II 类超导体的临界温度也比 I 类的高许多。许多超导物质,包括我们最新发现的高温超导体都是 II 类超导体。表 8.7 给出了部分 I 类和 II 类超导体的特性。

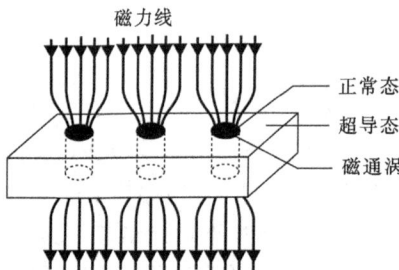

图 8.50　II 类超导体中的混合或涡流状态

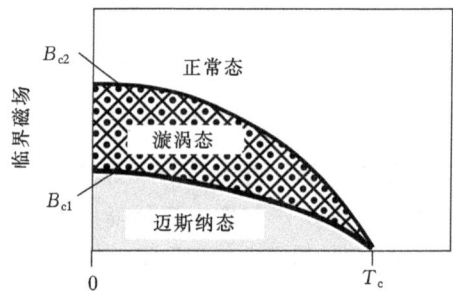

图 8.51　B_{c1} 和 B_{c2} 对温度的依赖关系

表 8.7　第 I 类与第 II 类超导体举例

第 I 类	Sn	Hg	Ta	V	Pb	Nb
T_c(K)	3.72	4.15	4.47	5.40	7.19	9.2
B_c(T)	0.030	0.041	0.083	0.14	0.08	0.198

第 II 类	Nb$_3$Sn	Nb$_3$Ge	Ba$_{2-x}$Br$_x$CuO$_4$	Y - Ba - Cu - O (YBa$_2$Cu$_3$O$_7$)	Bi - Sr - Ca - Cu - O (Bi$_2$Sr$_2$Ca$_2$Cu$_3$O$_{10}$)	Hg - Ba - Ca - Cu - O
T_c(K)	18.05	23.2	30~35	93~95	122	130~135
B_{c2}(T)(0 K)	24.5	38	~150	~300		
J_c(A·cm^{-2})(0 K)	~10^7			10^4~10^7		

注:由外推法得临界场接近于 0。第 I 类超导体指纯元素。

8.9.3　临界电流密度

超导态的另外一个重要的特性就是当介质内电流密度超过某个临界值 J_c 时,超导性也会消失。这并不奇怪,因为电流自身就会产生磁场,而在足够大的电流下,这个磁场超过临界场从而使超导性消失。B_c 和 J_c 之间这种关系只存在于 I 类超导体中,在 II 类超导体中,J_c 非常复杂地取决于电流和磁通涡流之间的交互作用。由表 8.7 可知,新型高温超导物质存在着非常高的临界场,但这似乎并不一定转化为高临界电流密度。第 II 类超导的临界电流密度不仅取决于温度和磁场,同时也和超导材料的制备及微观结构(例如多晶型)有关。新高温超导体的临界电流密度随制备条件变化很大。例如,对于 Y－Ba－Cu－O,一些精心制造的薄膜单晶体中 J_c 可能会大于 10^7 A·cm^{-2},而一些多晶材料中大概在 $10^3 \sim 10^6$ A·cm^{-2} 左右。而螺线管超导磁体采用的 Nb$_3$Sn 在 0 K 附近的临界电流密度可达 10^7 A·cm^{-2}。

在工程中临界电流密度的概念是非常重要的,因为它限制了通过超导线路或设备的允许最大电流。因此我们用临界温度 T_c、临界磁场 B_c(或 B_{c2})以及临界电流密度 J_c 来定义超导的有效范围。这些临界参量组成了如图 8.52 所示的三维曲面,该曲面将超导态与正常态分离开来:曲面内部的任一工作点 (T_1, B_1, J_1) 都处于超导态。铜酸盐陶瓷发现之初,由于其临界电流太低而无法广泛应用于工程中。在过去十年中人们通过合成已使得其临界温度与临界磁场大为增加,因而今天我们可以很好地应用它。

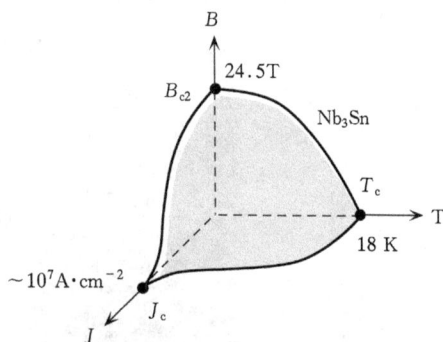

图 8.52　铌锡合金的临界面,这种合金是一个 II 类超导体

在相同的温度范围内,铜酸盐陶瓷超导体很容易就可以具有传统超导体所没有的性能。这些高温超导在市场上已有了一系列的应用。

例 8.8　超导螺线管[①]　超导螺线管磁体可以产生高达 15 T 左右的磁场,而一个铁芯螺线管所产生的磁场最大也不过 2 T。用于磁共振成像的高场强磁体就是基于超导线圈绕组螺线管制成的。它们工作在 4 K 左右,以比较昂贵的液氦作为冷却剂。这些超导线通常是嵌在铜基体中的 Nb$_3$Sn 或 NbTi 合金丝。导线中通入几百安培的大电流以产生所需的强磁场。当然,当导体工作在超导态时就不会有焦尔热损耗。主要问题是大电流在导线中产生的巨大力及相应应力。两个具有相反方向电流的导线之间产生与电流平方成正比的斥力。因此绕组导线中的磁场力便成为一种使螺线管有"爆炸"趋势的离心力,如图 8.53 所示。而相邻的导线之间则产生吸引力,从而使挤压螺线管的轴向压力增加。因此螺线管周围必须具有一个合适的机械支撑结构以防止其因为导线之间的力而解体。铜基体既可以作为机械支撑结构以缓冲应力,同时在运行失常时超导性消失的情况下也可以作为非常好的导热体。

---

① 设计超导螺线管决不是一件容易的事,有兴趣的同学可以参考 Janmes D. Doss. *Engineer's Guide to High Temperature Superconductivity*, NewYork: John Wiley&Sons, 1989, 第 4 章中一个很好的介绍。关于强场中螺线管制作的及其严重的错误的照片以及介绍可以在 G. Broebinger, A. Passner, and J. Bevk. *"Building World-Record Magnets" in Scientific American*, June 1995, pp.59~56 中找到。

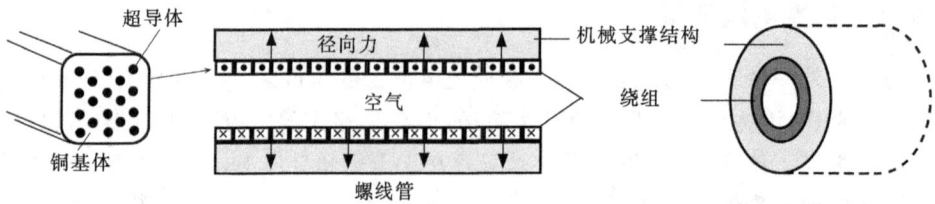

图 8.53 带电螺线管受到径向推力使绕线分离,轴向压力使绕线压紧

假设我们有一个直径 10 cm 长为 1 m,具有 500 匝 Nb$_3$Sn 绕线的螺线圈。该螺线圈在 4.2 K(液氦温度下)的临界场 B_c 约为 20 T,而临界电流密度 J_c 约为 3×10^6 A·cm^2。在螺线管中心产生 5 T 的磁场需要多大的电流呢? 螺线管内储能大概是多少? 假设临界电流密度随外场线性减小,同时假设螺线管内磁场沿径向不发生变化(即螺线管边缘和中心处的磁场一致)。

MRI 公司使用的超导电磁铁

照片来源:由 IGC 磁业集团提供

解:假设我们有一个足够长的螺线管,长(100 cm)≫直径(10 cm),螺线管中心处的场强可由

$$B = \frac{\mu_0 NI}{l}$$

求得,从而可得 $B=5$ T 所需的电流为

$$I = \frac{Bl}{\mu_0 N} = \frac{5 \times 1}{(4\pi \times 10^{-7}) \times 500} = 7958 \text{ A} \quad \text{或} \quad 7.96 \text{ kA}$$

由于线圈总长 1m,并且有 500 匝绕组,则绕组导线半径必须为 1 mm。如果所有导线截面都为超导介质,那么相应的电流密度为

$$J_{\text{wire}} = \frac{I}{\pi r^2} = \frac{7958}{\pi (0.001)^2} = 2.5 \times 10^9 \text{ A·m}^{-2} \quad \text{或} \quad 2.5 \times 10^5 \text{ A·cm}^{-2}$$

由于导线是嵌在金属基体里面的,因此通过超导线的实际电流密度要比上面计算的大。假定导线截面 20% 是超导体(这也是相应的体积比),则通过超导体的实际电流密度为

$$J_{\text{super}} = \frac{J_{\text{wire}}}{0.2} = 1.25 \times 10^6 \text{ A·cm}^{-2}$$

现在我们来求磁场为 5 T 时的临界电流密度 J'_c。假设 J_c 随外场线性减小,并且在 $B = B_c$ 时减小到零,从线性关系可以得出

$$J'_c = J_c \frac{B_c - B}{B_c} = (3 \times 10^6 \text{ A} \cdot \text{cm}^{-2}) \frac{20 \text{ T} - 5 \text{ T}}{20 \text{ T}} = 2.25 \times 10^6 \text{ A} \cdot \text{cm}^{-2}$$

通过超导体的实际电流密度 J_{super} 比临界值 J'_c 小。这样超导螺线管才能安全运行（假设其它运行条件已经满足）。需要指出的是，精确可靠的计算需要涉及到实际 $J_c - B_c - T_c$ 表面曲线，如图 8.52 所示。

螺线管中的磁场为 5 T，我们假定螺线管内部沿轴向磁场是均匀的且螺线管内部为空气，于是可得能量密度（或单位体积能量）为

$$E_{\text{vol}} = \frac{B^2}{2\mu_0} = \frac{5^2}{2 \times (4\pi \times 10^{-7})} = 9.95 \times 10^6 \text{ J} \cdot \text{m}^{-3}$$

因此总能量为

$$E = E_{\text{vol}} \cdot V = (9.95 \times 10^6 \text{ J} \cdot \text{m}^{-3}) \times [(1 \text{ m}) \times (\pi 0.05^2 \text{ m}^2)]$$
$$= 7.81 \times 10^4 \text{ J} \quad \text{或} \quad 78.1 \text{ kJ}$$

如果这些能量全部转化成电功，它可以使一个 100 W 的灯泡点亮 13min（如果转化为机械功，它可以使一辆 8t 的汽车前进 1m）。

8.10　超导性的起源

虽然超导体在 1911 年就为人们所发现，但对于超导性起源的认识却直到 1957 年才由巴丁（Bardeen）、库珀（Cooper）和施瑞弗（Schrieffer）用量子力学创建了理论（称为 BCS **理论**）。关于量子力学的论述显然已经超出了本书的范围，但读者至少可以得到以下直观的认识。最重要的思想是，当温度足够低时，两个自旋相反且运动方向相反的电子通过金属阳离子晶格的形变间接地相互吸引。这个思想形象地示于图 8.54。1 号电子使其周围的晶格形变并且在通过这一区域时自身振动发生了改变。晶格在低温时的随机热振动还不足以大到使这种诱导的晶格畸变随机化。畸变区域的振动相对另一个经过的电子 2 来说发生了变化。由于金属阳离子从其平衡位置发生了一个微小的位移，电子 2 受到"净"吸引力。两个电子通过阳离子晶格的形变及振动间接作用。在足够低的温度下，这种相互作用足以克服两个电子间的库仑斥力从而相互联系在一起，这一对电子称为**库珀对**（Cooper pair）。当然，图 8.54 中的定性图甚至没有定性地说明为什么两个电子的自旋是反向的。要求两个电子具有相反的自旋，这是量子力学理论所要求的。库珀对的净自旋应该为零，而且其净线性动量也应该为零。库珀对中的

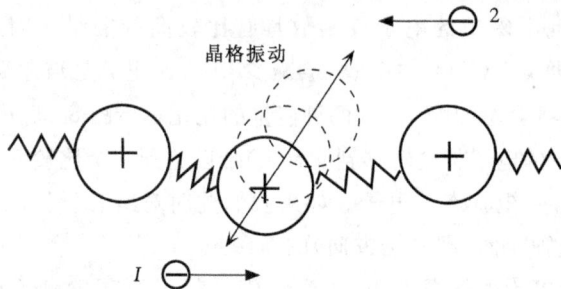

图 8.54　通过晶格畸变及振动对两个运动方向相反的电子之间的间接吸引力的直观认识

电子自旋对还有更深的意义。作为一个准粒子，或者一个整体，库珀对不具有净自旋因此不必遵守费密-狄拉克统计①。因此他们都可以"凝聚"到最低能量状态，并且具有可以描述整个库珀对集体的波函数。所有成对的电子都被一个单相干波函数 ψ 整体描述，而且这个函数可以推广到整个样品。一个晶体缺陷不能简单地散射库珀电子对，因为所有电子对都是一个整体——如同一个"大分子"。一个电子对被散射将会导致所有电子对被散射，这几乎是不可能发生的。打个比方，我们可以驱散一个独自跑动的足球运动员，但是如果全队所有运动员都手拉着手一起前进，那么要驱散任何一个运动员都是不可能的，因为其它人会紧紧地抓紧这个运动员并和他一起前进。超导据说是量子力学的宏观演示。BCS 理论对传统的超导体非常适用，但在新型高温超导上的应用却仍有疑问。关于高温超导目前有很多理论，感兴趣的同学可以很方便地找到相关的课外读物。

附加的专题

8.11　能带图与磁性

8.11.1　泡利自旋顺磁性

以顺磁性金属如钠为研究对象，导体电子自旋沿着外加磁场排列从而产生了顺磁性。金属中的导体电子具有扩展的波函数，它不绕任何金属离子旋转。导体电子的磁矩仅由电子自旋产生，并且 $\boldsymbol{\mu}_{\text{spin}}$ 与自旋方向相反；它可以向上（$m_s = -1/2$）或向下（$m_s = 1/2$）。在没有外场的情况下，磁矩向上和向下时的能量是相同的（波函数相同），而且磁矩向上的电子数和向下的电子数也相同。图 8.55(a) 所示为状态密度（单位体积单位能量状态数），磁矩向上（↑）的状态用 $g\!\uparrow\!(E)$ 表示，向下的状态（↓）用 $g\!\downarrow\!(E)$ 表示。两种状态具有相同的能量，并且有相同的填充。所有小于费密能级 E_F 的能量区域都以填充色表示，如图 8.55(a) 所示。我们可以将金属能量带看成磁矩向上和向下的两个子带。在没有外场的情况下，能量带重叠，不可区分。

当施加沿 z 轴方向的外场 B_0 时，会发生什么情况呢？如果一个电子的磁矩 μ_z 沿磁场方向（沿磁场方向排列），那么它具有较小的势能。因此，那些具有向上磁矩的电子波函数具有较低的能量，而那些具有向下磁矩的电子波函数具有比较高的能量。因此，当施加磁场 B_0 时，所有磁矩向上的状态（即 $g\!\uparrow\!(E)$）的能量将会减少 βB_0，这里 β 是玻尔磁子。而所有磁矩向下的状态（$g\!\downarrow\!(E)$）的能量将会增加 βB_0。这两种能量的变化示于图 8.55(b)。那些位于 $g\!\downarrow\!(E)$ 带能量在 E_F 附近磁矩向下的电子将会转移到 $g\!\uparrow\!(E)$ 带以达到一个比较低的能量状态。因此现在 $g\!\uparrow\!(E)$ 带具有较多向上磁矩状态的电子。如果我们此时对所有导体电子取平均，那么每个导体电子上将会出现沿 z 轴方向（即外场方向）的净磁矩。

为了求出每个导体电子上的净磁矩，我们首先得找出有多少电子从 $g\!\downarrow\!(E)$ 带转移到了 $g\!\uparrow\!(E)$ 带。磁矩向上和向下的两个状态之间的能量差 ΔE 为 $2\beta B_0$。$g\!\downarrow\!(E)$ 带所有能量在 E_F

---

① 事实上，没有净自旋的库珀对就像一个**玻色子**。

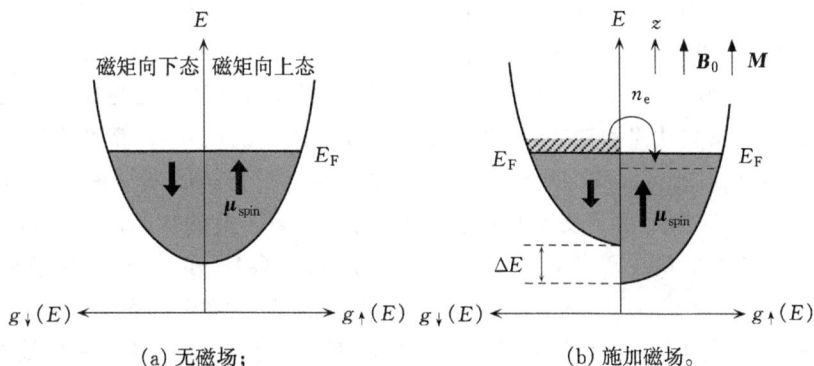

图 8.55　金属中由导体电子产生的泡利自旋顺磁性

周围 $\frac{1}{2}\Delta E$ 范围内的电子将会转移到 $g\uparrow(E)$ 区,设单位体积内具有 n_e 个这样的电子。由于 ΔE 比较小,因此 n_e 近似等于 $g\downarrow(E_F)(\Delta E/2)$ 或 $[g(E_F)(\Delta E/2)]/2$,因为 $g(E_F)$ 包括磁矩向上和向下两个状态,也就是说 $g\downarrow(E_F)=g(E_F)/2$。由于 $g\downarrow(E)$ 区域电子减少了 n_e 而 $g\uparrow(E)$ 区域电子增加了 n_e,因此单位体积的净磁矩变为

$$M \approx 2n_e\mu_z = 2\left[\frac{1}{2}g(E_F)\left(\frac{1}{2}\Delta E\right)\right]\beta$$

$$= 2\left[\frac{1}{2}g(E_F)\left(\frac{1}{2}2\beta B_0\right)\right]\beta = \beta^2 g(E_F)B_0$$

利用 $B_0 = \mu_0 H$ 以及 $\chi_m = M/H$,可以得到顺磁磁化率为

$$\chi_{para} \approx \mu_0 \beta^2 g(E_F)$$

泡利自旋顺磁性

可以看出处于费密能级的状态密度决定了磁化率的大小。

例 8.9　钠的泡利自旋顺磁性　钠的费密能量 E_F 为 3.15 eV。利用金属自由导电子的能量密度表达式 $g(E)$ 估计钠的顺磁磁化率,并与实验值 9.1×10^{-6} 相比较。

解:自由电子模型的状态密度 $g(E)$ 为:

$$g(E) = (8\pi 2^{1/2})\left(\frac{m_e}{h^2}\right)^{3/2} E^{1/2}$$

我们估算在费密能级下,$E=E_F=3.15$ eV 的状态密度为

$$g(E_F) = (8\pi 2^{1/2})\left(\frac{9.1\times10^{-31}}{(6.626\times10^{-34})^2}\right)^{3/2}(3.15\times1.6\times10^{-19})^{1/2} = 7.54\times10^{46} \text{ J}^{-1}\cdot\text{m}^{-3}$$

顺磁磁化率为:

$$\chi_{para} = \mu_0\beta^2 g(E_F) = (4\pi\times10^{-7})(9.27\times10^{-24})^2(7.54\times10^{46}) = 8.16\times10^{-6}$$

我们必须从计算得到的磁化率中减去抗磁磁化率以获得净磁化率,这会使计算结果稍微减小。尽管如此,鉴于该理论的近似性,我们的计算值与测量值相去并不远。

8.11.2　铁磁性的能带模型

顺磁性的能带模型可以进一步扩展到铁磁性。我们在使用能带模型时,本质上假定所有价(外层)电子为所有原子所共有,而并非为它们自身的父原子所拥有。在这个假设下,价电子为整个晶体所共有(该模型也被称为流动电子模型)。

回忆前面讲过的内容,由于存在一定数目的未配对电子,即使没有外场的存在,铁磁晶体中仍存在着内磁化;也就是说,就整体而言,晶体具有较多的磁矩向上的电子。这归咎于交互能量,这些能量导致两个电子的自旋磁矩相互平行而使其能量减小,这与原子中的洪特定理基本一致。在磁性金属如铁镍和钴中,有两个我们比较感兴趣的能带:s 带和 d 带。这两个能带相互交叠,但 s 带相对较宽。我们可以分开表示磁矩向上的状态的能量密度与磁矩向下的状态的能量密度。对于 d 带,由于交换相互能量的存在,磁矩向上的状态的状态密度 $g\uparrow(E)$ 相对于磁矩向下的状态的状态密度 $g\downarrow(E)$ 小 ΔE,如图 8.56(a)所示。s 带的能量变化 ΔE 可以忽略不计,如图 8.56(b)。所有处于费密能量以下的状态都以填充色表示。对铁而言,d 带磁矩向下的状态区几乎填充至顶(达 96%),而磁矩向下的状态区差不多有一半填充。因此,向上区比向下区具有更多的电子;换句话说,该区具有更多自旋排列一致的电子。电子自旋磁矩的一致排列正是产生净磁化所必需的(在一些书上,与图 5.56(a)不同,磁矩向下的能带比磁矩向上的能带低。这两种画法都对,因为它们都可以导致一定数量的电子自旋平行排列,从而在晶体内部产生净磁化。另一种理解的方法就是认为存在两个能带:一个"主自旋"能带,一个"次自旋"能带)。

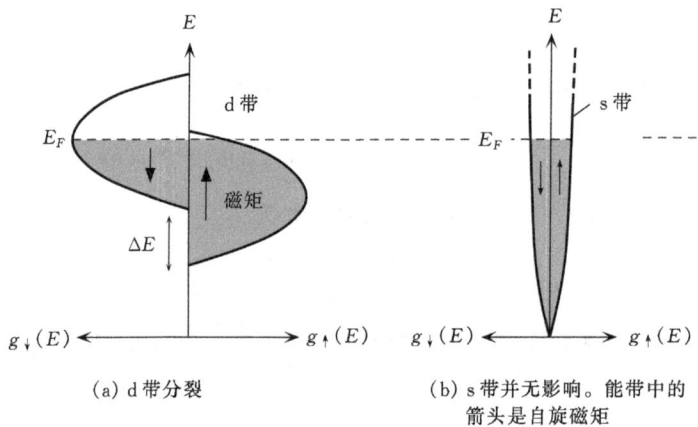

(a) d 带分裂   (b) s 带并无影响。能带中的
　　　　　　　　　　　箭头是自旋磁矩

图 8.56　铁磁性的能带模型

s 带在 E_F 以下的区域都呈填充状,该能带内向上自旋的电子和向下自旋的电子数量基本上一致。铁磁效应主要是由 d 带电子的特性引起的。另一方面,其导电性却是由 s 带电子决定的。其原因是 s 带相对 d 带比较宽,因此 s 带电子有效质量很小。因此,s 带电子比 d 带电子有更高的迁移率。当一个 s 带电子被散射到 d 带时(被声子、杂质或缺陷等散射),它对晶体的导电性并没有多少贡献,因为在 d 带电子迁移率很小。电子自旋不会在散射过程中轻易地翻转。一个 s 带的具有磁矩向下的电子很容易就会被散射到 d 带中对应的磁矩向下区中的空状态(在 E_F 能级上有很多空状态),但磁矩向上的电子在 d 带的磁矩向上区没有对应的散射状态。导体是通过磁矩向上的电子来导电的,这些电子对导电性有贡献。

能带模型在解释非整数玻尔磁子所引起的铁磁性时非常有用。孤立铁原子有 6 个 3d 和 2 个 4s 电子(即 8 个价电子)。晶体中的这些电子为所有原子所共有。设 N 是单位体积中的原子数,那么单位体积晶体具有 $8N$ 个价电子[①]。这些电子进入 s 和 d 带,填充了从最低能量以上的状态。电子的精确分布取决于在电子填充能带时在每个能级上有多少可填充的状态。我们简单地将图 8.56 所示的铁的电子填充过程的结果总结如下:

　　$0.3N$ 电子位于磁矩向上的 s 带(N 个状态可填充);

　　$0.3N$ 电子位于磁矩向下的 s 带(N 个状态可填充);

　　$4.8N$ 电子位于磁矩向上的 d 带($5N$ 个状态可填充);

　　$2.6N$ 电子位于磁矩向下的 d 带($5N$ 个状态可填充)。

　　为了找出有多少电子具有平行的自旋磁矩,我们将上面的值简单相加减,得到如下结果:单位体积有 $2.2N$ 个磁矩向上电子或 $2.2N$ 个玻尔磁子,或每原子有 2.2 个玻尔磁子。饱和磁化强度 M_{sat} 为 $2.2N\beta$ 或 2.2T。因此对于铁磁性的能带模型中的单位原子的非整数自旋就得到了一个自然的解释。

8.12　各向异性磁阻效应与巨磁阻效应

　　从一般意义上讲,磁阻是指把一种材料(任何材料)置于磁场中,其阻抗所发生的变化。但当把一些非磁性金属如铜放入磁场中时,其电阻率变化很小,因此样品的阻抗变化也非常小以至于基本可以忽略。当把磁性金属如铁置于磁场中时,其电阻率的变化与电流和磁场之间相对取向关系有关。平行电阻率($\rho_{//}$)因电流方向与磁场方向平行而下降,而垂直电阻率($\rho_{\perp}$)因电流方向和磁场方向垂直而增大,增大的量约与平行电阻率下降的量相同。这种电阻率的改变与所加磁场间的各向异性(取决于方向)的关系,被称为**各向异性磁阻效应**(AMR)。虽然电阻率的改变量仅限于几个百分点,但仍然是有益的。其产生的物理机理是,所加磁场能够使 3d 层电子的轨道角动量倾斜,如图 8.57(a)所示。所加磁场能够使 3d 层轨道发生偏转,从而使不同运动方向导电电子的散射发生不同改变;因此平行电阻率 $\rho_{//}$ 和垂直电阻率 $\rho_{\perp}$ 的变化不同,如图8.57(b)所示。

　　另一方面,在有外加磁场情况下,在特殊的多层结构中发现了一个很大的磁阻被称为**巨磁阻**(GMR),这里使电阻发生了显著变化(例如:大于 10％)[②]。虽说巨磁阻效应是一个相对较新的发现(1988),但它已经被广泛应用于硬盘驱动的读取磁头上。同时,也有很多种基于巨磁阻效应的磁传感器。

　　这种特殊的多层结构最简单的形式就是两个**铁磁层**(如 Fe 或 Co 或它们的合金,等等)被一个非磁性的过渡金属层(如 Cu)分开,这个过渡金属层被称为**间隔体**,如图 8.58(a)所示。磁性层很薄(少于 10 nm),而非磁性层更薄。两铁磁层的磁化方向不是随机的;因为它们要通过间隔体间接发生"耦合"[③],故其与间隔体的厚度有关。当外部磁场不存在时,两铁磁层就以这样的方式耦合,它们的磁化方向是反平行的,或者说方向是相反的。这种结构也被称为反铁磁耦合结构。FNA 将被用来表示这种反平行结构,其中 N 代表非磁性金属。

---

　　①　$8N$ 用来表示属于晶体的所有价电子,即,$8N \approx 7 \times 10^{24}\ cm^{-3}$ 。

　　②　巨磁阻效应由德国尤利西研究中心的彼得·格鲁伯格教授(Peter Grünberg)以及法国巴黎第十一大学的阿尔伯特·费尔教授(Albert Fert)和他们的同事在 1971 年发现(他们两人因此荣获 2007 年诺贝尔物理学奖——译者注)。而磁阻却早已广为人知,其可以追溯到 1857 年开尔文爵士(Lord Kelvin)的实验。

　　③　两个磁性层间"耦合"的物理机理为间接交换相互作用,不详细了解其机理并不影响了解巨磁阻现象的基本原理。

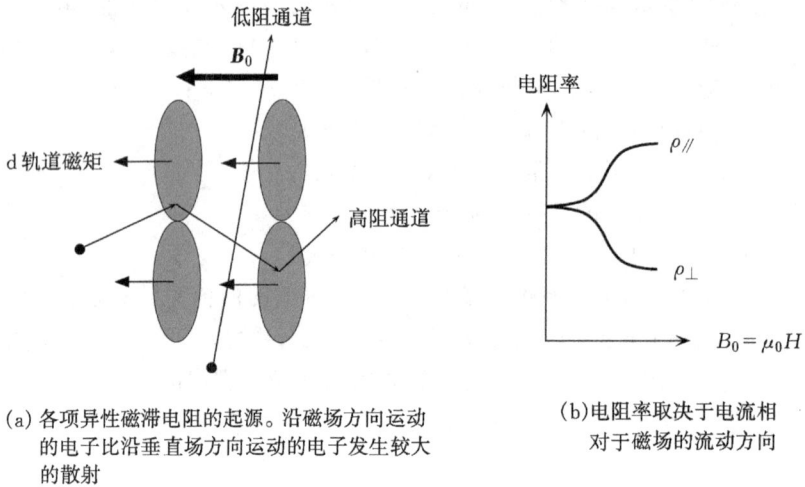

(a) 各项异性磁滞电阻的起源。沿磁场方向运动的电子比沿垂直场方向运动的电子发生较大的散射

(b) 电阻率取决于电流相对于磁场的流动方向

图 8.57

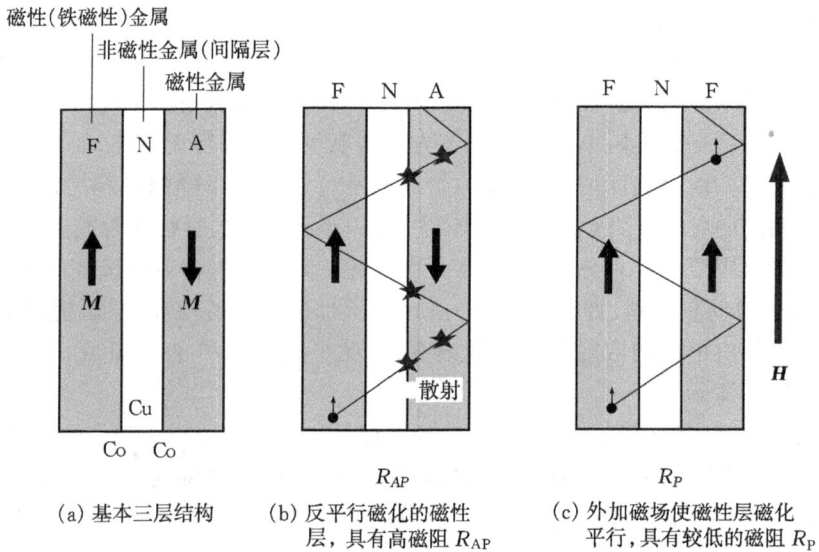

(a) 基本三层结构

(b) 反平行磁化的磁性层，具有高磁阻 R_{AP}

(c) 外加磁场使磁性层磁化平行，具有较低的磁阻 R_P

图 8.58

当给其中一层加上外部磁场,使其磁化方向发生旋转,则此时两层磁化方向平行,如图 8.58(c)所示。这种平行结构通常被称为铁磁耦合结构,被表示为 FNF。这两种结构的阻抗有巨大差距,因此这种现象被称为巨磁阻。图 8.58(b)所示的反平行结构 FNA 的阻抗比图 8.58(c)中的平行结构 FNF 的要高得多。

当电流通过这个多层结构时(无论沿层方向或垂直于层方向)都会使电子通过界面从一层到另一层。考虑到导电电子主要是在费密能级周围的电子,其平均速度的量级大于漂移速度,因此电子的运动轨迹不再平行于电流方向(不应与电流线方向混淆)。

在反平行的 FNA 结构中,第一磁性层中的磁矩向上的电子是能够通过传导层的导电电子;也就是说其散射很小。然而,当其抵达磁化强度反向的 A 层时,其自旋方向与磁矩方向都与 A 层磁化强度相反,现在该电子成为非导电电子受到散射。同时,磁矩向上电子不仅在 A 层内发生散射,更重要的是在其通过 N 层到 A 层的界面上也发生散射,如图 8.58(b)所示。因此,反平行的 FNA 结构有很高的阻抗,用 R_{AP} 表示。相反,磁化强度平行的结构中,磁矩向上的电子在两个磁性层中都能通过并且散射很小。平行结构 FNF 的阻抗 R_P 比 R_{AP} 小($R_P <R_{AP}$)。R_P 与 R_{AP} 之间的差距在这种简单的三层结构中只有大约 10% 或者更少。但在含有一系列磁性与非磁性层交替的多层结构中(如 50 层或更多,FNANFANFA…),两种阻抗的差距会异乎寻常的大,在低温下可达到 100%,室温下可达到 60% 到 80%。

巨磁阻效应一般用相对于 R_P 的电阻改变量来测量:

$$\left(\frac{\Delta R}{R_P}\right)_{GMR} = \frac{R_{AP} - R_P}{R_P}$$ **巨磁阻效应**

进一步来说,磁阻效应能够通过沿层面方向或垂直于层面方向加电流来测量。大多数实验都采取了第一种,即**面内电流**测量;但在电流垂直于层面的情况下磁阻改变最大。表 8.8 总结了在简单三层及多层结构的巨磁阻效应中所报道的典型的 $\Delta R/R_P$ 值。

表 8.8　三层以及多层结构中的巨磁阻效应

样品	结构以及层厚	$\Delta R/R_P$(%)	温度 (K)
CoFe/CAgCu/CoFe	3 层	4~7	300
NiFe/Cu/Co	3 层,10/2.5/2.2 nm (自旋阀)	4.6	300
$Co_{90}Fe_{10}$/Cu/$Co_{90}Fe_{10}$	3 层,4/2.5/0.8 nm (自旋阀)	7	300
$[Co/Cu]_{100}$	100 层,Co/Cu, 1 nm/1 nm	80	300
$[Co/Co]_{60}$	60 层, Co/Cu,0.8 nm/0.83 nm	115	4.2

注:数据来源于 P. Grünberg. *Sensors and Actuators*, A91,153,2001

反平行与平行结构显然是两种极端情况。如果两磁性层的磁化矢量 M_1 和 M_2 间夹角为 θ,则此结构的阻抗值就是以 θ 为自变量的函数,当 $\theta = 0°$ 时(FNF)其取最小值,当 $\theta = 180°$ 时(FNA)其取最大值,如图 8.59 所示。阻抗改变的比例与 θ 的关系为

$$\frac{\Delta R}{R_P} = \left(\frac{\Delta R}{R_P}\right)_{max} \frac{1-\cos\theta}{2}$$ **巨磁阻与磁性层的相对磁化**

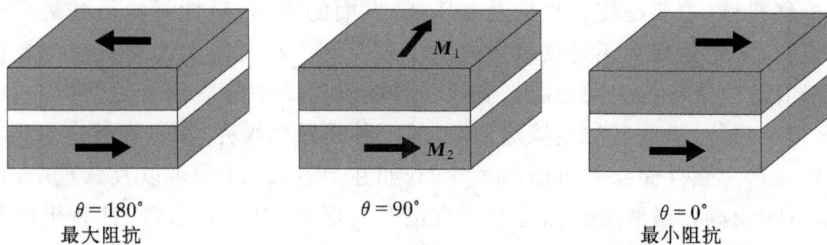

$\theta = 180°$　　　　　　　$\theta = 90°$　　　　　　　$\theta = 0°$
最大阻抗　　　　　　　　　　　　　　　　　　　最小阻抗

图 8.59　多层结构的阻抗取决于两个磁性层中的磁化的相对取向

显然,其在 $\theta = 180°$ 时取得最大值。

巨磁阻效应的最好应用之一是**自旋阀**,可以通过外加磁场来控制电流。也就是说可以通过所加磁场控制阀的阻抗。图 8.60(a)给出一种可能的简单的自旋阀结构,Co 磁性层的磁化是固定的,是被钉扎(pinned)了的,与一个被称为"钉扎层"的反铁磁层相邻。反铁磁 MnFe 层与铁磁 Co 层的交换相互作用有效地将 Co 层的磁化方向钉扎,需要很大的磁场才能改变 Co 层的磁化。作为间隔体的 Cu 层将 Co 层和相邻的磁性层 FeNi 分开。由于磁化可被外界磁场改变,FeNi 层被称为"自由层"。一般来说,在没有外加场的情况下,FeNi 层的磁化与 Co 层的磁化是反平行的,这种结构具有高阻抗 R_{AP}。一个大小为 $B_0 = \mu_0 H$ 的外加磁场就能够改变 FeNi 层的磁化方向,使得其磁化方向完全与 Co 层平行,以致这种结构的阻抗达到最小值,例如图 8.60(b)所示的 R_P。所以,外磁场可以通过这种结构来控制电流("自旋阀"这个名词反映了这种"阀"的操作是依赖于改变电子的自旋方向实现的)。自由层属软磁层,容易受到外加磁场影响,而钉扎层的磁化因矫顽力过大而很难改变。图 8.60(c)是一种特殊自旋阀的典型磁阻与所加磁场变化关系曲线。这种自旋阀表现出磁滞现象,这是因为,ΔR 与 H 的变化关系与磁化方向有关,如图所示。

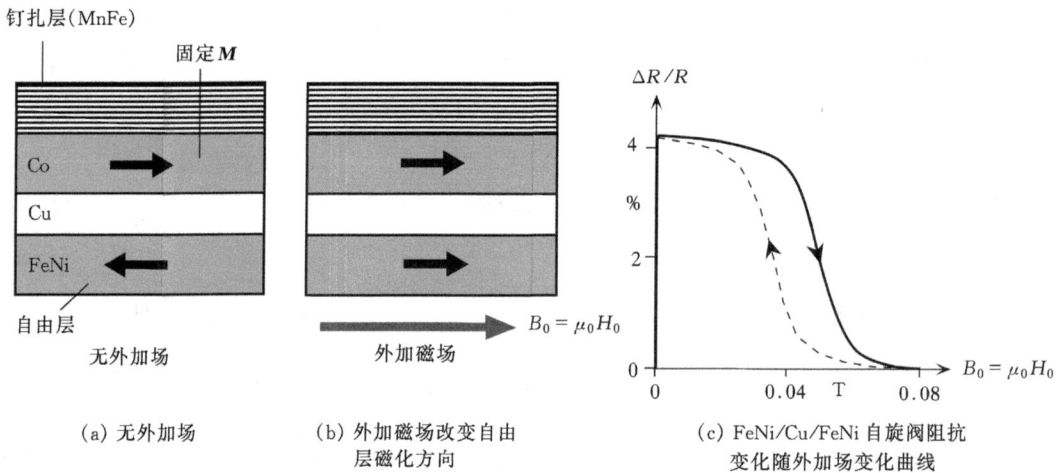

(a) 无外加场   (b) 外加磁场改变自由层磁化方向   (c) FeNi/Cu/FeNi 自旋阀阻抗变化随外加场变化曲线

图 8.60   自旋阀原理

8.13   磁存储材料

磁存储基本原理

除了在电气机械(主要是旋转机械及变压器)方面的应用,磁性材料得到最广泛应用的是作为磁记录媒介,无论是数字还是模拟形式的信息存储。绝大多数计算机使用者都尝过意外丢失硬盘上极有价值资料的失望滋味。磁性材料在磁存储中的应用分为两类:一种是应用于磁头上,用来记录(写),播放(读)或擦除信息,另一种是磁性媒介,信息在其中永久存储或直到下一次写操作需求。磁存储媒介可以是柔性的,如在录音带、录像带以及软盘中,也可以是刚性的,如计算机的硬盘。虽然磁存储看起来有很多实现形式(如录音带、计算机硬盘),但其基本原理都是十分相似的。

我们举一个比较简单的例子,将一条信息存储到录音带上,如图 8.61 所示。磁带就是在

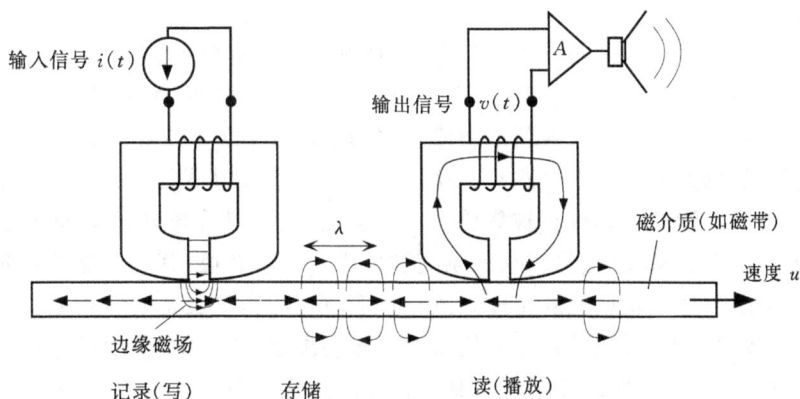

图 8.61　柔性介质上纵向磁记录原理,如盒式录音磁带

聚合物的带子上涂上一层磁性材料,这个后面会作描述。信息被转化为电流信号 $i(t)$,并使其调制绕电磁铁环形线圈流动的电流,电磁铁芯有一个小缝隙(约 $1\,\mu m$)。这个有缝隙的磁芯就是**感应记录头**。电流调制磁芯中的磁场密度因而也调制着缝隙及其附近的磁场密度。对信息的记录是通过缝隙周围的**边缘磁场**磁化匀速通过磁头的录音带而实现的(录音带通常是与磁头接触的)。由于边缘磁场随电流信号变化,所以录音带的磁化也随其变化。这表明电信号在磁带中是以空间磁化的形式存储的。记录头的边缘磁场使得磁带的磁化与其移动方向相同,也可以说,顺着磁带的长度方向,这种类型的磁信息存储被称为**纵向记录**。

录音带向前移动并通过称为播放头(或读取头)的第二个磁头,将其空间磁场的变化转化为电压信号,经放大并经过适当的调整以便重新播放,如图 8.61 所示。当然,记录头也可被用作播放头,就像在多种录音设备中所应用的那样。读取过程建立在法拉第电磁感应定律的基础上。当磁带的磁化区域通过播放头时,磁带上磁场的一部分磁力线进入磁芯,并在其内部环绕了整个磁芯,从而链接了线圈磁场。我们知道磁场容易在具有高磁导率的区域传递,所以磁场便在磁头的隙心部较为密集。这是因为隙心部的磁导率很高。在磁带通过播放头时,随着磁带上磁场强度不同,穿过螺旋线圈的磁场也在发生变化。通过螺旋线圈的磁通量变化使得线圈产生电压信号 $v(t)$,该感生电压正比于通过螺旋线圈的磁场强度因而也正比于磁头下的磁带的磁化强度。因此,以空间磁场形式储存在磁带中的信息在匀速通过播放头时被转换成输出电压信号。从而我们可以知道,磁带中的空间磁场是由电流信号决定的,而播放头处的输出信号是由感应电压信号 $v(t)$ 决定的。

设输入信号的频率为 f,或周期为 $1/f$,磁带运动速度为 u。则其磁图每 $1/f$ s 重复一次,这段时间内磁带前进了 $\Delta x = u/f$。这段距离 Δx 就是含有声音信息的空间磁图的波长 λ。通常录像带的 λ 都在深亚微米量级(如 $0.75\,\mu m$),这就使其能够将影像的高密度信息转化为空间磁图而储存起来。实际上,盒式录像带的录制过程是十分复杂的,其要将磁头螺旋式地通过录像带,这提高了磁带的相对速度,从而提高了感应电压。

数字信息的记录是较为简单的,因为信息只有 0 和 1 两种形式,即改变与不改变磁带的磁化方向。在模拟信号的记录中,录像信号是与交流偏压信号结合在一起的。实际上,通过适当的编码过程,模拟信号也可以被转化为数字信号储存起来。

硬盘存储

　　计算机硬盘磁性存储的基本原理与图8.61所示的磁带存储的原理相似,但不同点在于硬盘存储有更高的磁性存储能力以及存储密度。硬盘存储的基本原理如图8.62所示。硬盘上信息的存储媒介是一层镀有磁性材料的薄膜,比如在硬盘内转动的盘片上就是采用溅射法镀一层这样的膜。信息是通过感应写磁头在这层薄膜介质中以磁图的形式被记录的,与图8.61所示的记录头类似。读和写感应头被集成在一个感应头上,其在旋转的盘面上沿径向运动将信息写入特定的轨道或从其中读出,这种轨道被称为**磁比特轨道**,其处于磁性媒介上。整个区域的存储密度是由信息在轨道上的密度以及盘片上轨道的密度决定的。读磁头并不是一个感应头,而是一个微型**巨磁阻传感器**,其阻抗由外部磁场决定,在8.12节中已进行了阐述。在这种情况下,影响巨磁阻传感器的磁场来自其下盘片的磁化区域。图8.60表示了巨磁阻效应的原理。巨磁阻传感器是多层薄膜结构,给其外加磁场,其阻抗会有约10%的变化。这个阻抗的改变产生了读信号。一般来说通过巨磁阻传感器的电流是恒定的,读信号就是传感器上电压产生的波动,这个电压就是由传感器下的磁图产生的磁场而引起的阻抗变化而造成的。

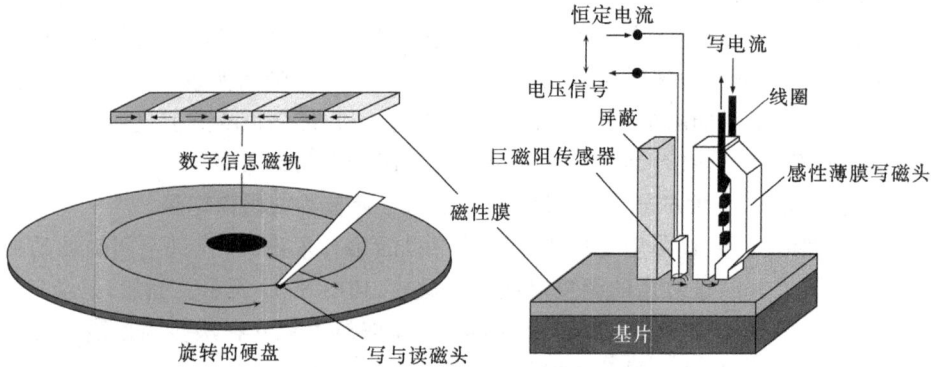

图8.62　硬盘磁记录原理
感应写磁头以及巨磁阻读传感器被集成于一个微小的读写磁头上

照片说明:左图:一个小的硬盘与一个纪念币——一个微硬盘
　　　　　右图:放在25美分硬币上的几个GMR硬盘头
照片来源:IBM公司

用巨磁阻传感器来代替传统的感应读磁头有两个重要原因。第一是因为巨磁阻传感器的体积比感应头小很多,其能够探触到磁性媒介上非常小的区域,因此我们能够在一定面积的磁存储媒介中存入更多的信息。一般的巨磁阻传感器的宽度约为 50 nm(大约是人的头发粗细的千分之一)。第二,同等体积下,巨磁阻传感器比感应头要灵敏很多。所以所有的硬盘读磁头都是如图 8.62 所示的微型的巨磁阻传感器。感应写磁头通常是**薄膜磁头**,其宽度很小。因此,信息能够被写入到磁性存储介质上非常小的区域内。通常,为了读写操作的方便,薄膜写磁头以及巨磁阻传感器被集成在同一个结构中。上述基本原理对于一般的硬盘存储器件都适用[①]。

磁记录头材料

磁记录头的材料必须是软磁性的,从而能够使其磁化强度随输入信号(如电流或磁场密度 H)变化而变化。同时,在缝隙处必须有一个边缘磁场来磁化录音带,也就是说要克服磁带的矫顽力。这需要高饱和性的磁化强度。因此,记录磁头需要小的矫顽力以及大的饱和磁化强度,这就需要有尽可能大的相对磁导率的软磁性材料。

通常用于磁记录头的材料有坡莫合金(Ni - Fe 合金),铁硅铝磁合金(Fe - Al - Si 合金),以及一些烧结的软铁氧体(如:MnZn 和 NiZn 铁氧体),最近多种磁性非晶态合金如 CoZrNb 合金也有所应用。通常,基于金属材料的感应头(坡莫合金,铁硅铝磁合金,或其它相近材料)是用碾压过的金属薄片(其间有绝缘层隔开)制成,以遏制高频时的涡流损耗。由于铁氧体为绝缘体以及无涡流损耗,故其在高频范围内有较多应用。但是,铁氧体的磁饱和强度低,以及需要低矫顽场的磁性存储介质。铁氧体记录磁头的主要问题是在空气隙处的磁极的边角很快变饱和。一旦饱和,缝隙处磁场将不随输入电流信号成比例变化,这就会降低存储质量。这个问题是通过如图 8.63 所示在磁极表面镀一层高磁化强度的金属合金如铁硅铝磁合金,或最近的一种磁性非晶态合金(CoZrNb)而解决的。因为磁金属合金只是在感应头的尖部,涡流损耗仍然很小。这种铁氧体芯外镀有一层金属的结构被称为隙间金属(MIG)感应头,在不同的信息记录过程中有广泛应用。缝隙的间距也影响其周围边缘磁场的大小,从而影响边缘磁场透入磁带的程度。缝隙越小,边缘磁场越大。当缝隙的尺寸为 1 μm 或者更小的时候才能产生记录所必需的边缘磁场。

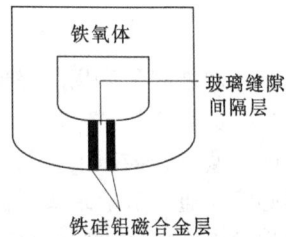

图 8.63　简化的 MIG(金属在缝隙内)磁头示意图。为了提高磁头性能,在铁氧体芯的磁极上镀上铁磁性的软金属材料

最近,多种铁磁性薄膜以及铁氧体合金薄膜被用于制造磁记录头器件,这些材料都能够在高频条件下使涡流损耗足够小。图 8.64 给出了简单薄膜磁头的原理。磁头是通过常用的几种薄膜淀积方法制造的,如在真空腔内溅射形成金属薄膜、光刻以及其它一些方法。磁芯就是厚为几微米,宽与磁带相同的薄膜。在磁芯末端的缝隙与磁芯一样宽,但其长度很短(如 0.25 μm),其产生所必需的边缘磁场。磁芯被淀积有非磁性金属薄膜的螺旋线圈缠绕。磁芯看起来就是一个被螺旋形的金属线缠绕着的 U 型芯。如果磁芯为金属性材料,则在磁芯金属

---

① 推荐读者阅读一本磁记录方面的好书:R. L Comstock, *Introduction to Magnetism and Magnetic Recording*, New York: Wiley, 1999. 也可以看这篇文章:R. L. Comstock, "Modern Magnetic Materials in Data Storage," *J. Mater. Sci: Mater. Electron.* 12, 509, 2002.

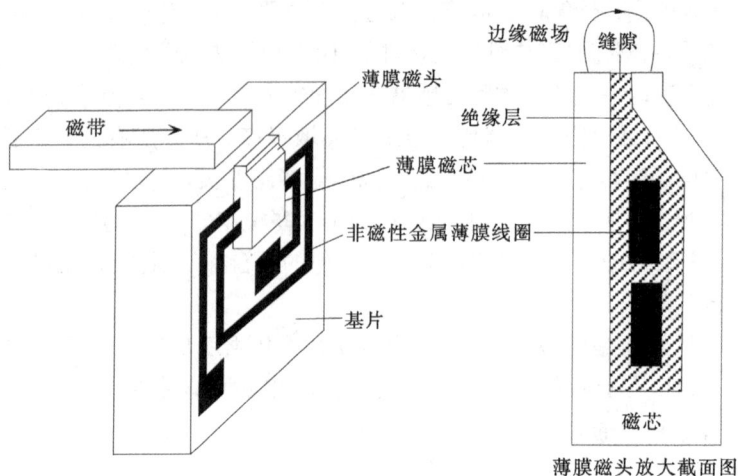

图 8.64 薄膜磁头原理高度简化示意图

与螺旋线圈之间最好用绝缘薄膜层隔开。

磁存储媒介材料

磁存储媒介如磁带、闪存、硬盘,以及其它在录音、录像、数字化等方面所用到媒介,所用的材料必须在通过磁记录头时能够保存其上所写的空间磁图,这需要高的剩余磁化强度 M_r。在读操作过程中,高的剩余磁化强度也很重要,因为引起感应电压的磁通量变化依赖于剩余磁化强度,而感应电压使媒介以相应速度通过读磁头。因此读操作需要高 M_r 媒介材料。

另一方面,为了不使含有磁性信息的磁带被杂散磁场去磁,需要高矫顽场 H_C。一个强磁铁掠过一个闪存能够破坏其存储的信息。故其矫顽场就决定了记录的稳定性。但其矫顽场不能过大,否则将阻碍其写操作过程,也就是记录头对存储媒介材料进行磁化的过程。所以磁存储媒介材料的矫顽场应是大小适当,使其既不影响写操作的进行,同时又能够避免被轻易去磁。

以上两点,高剩余磁化强度 M_r,以及中高矫顽场 H_C,决定了选择中磁性或硬磁性材料作为磁性存储媒介。典型的弹性存储媒介(如录音带、录像带)都是在聚合物薄片或胶带上的一层涂层,如图 8.65 所示。许多磁性材料的细长微粒都是硬磁性的,这是由两方面因素决定的。首先,由于磁晶的各向异性能量表现为硬磁性,所以这些微粒表现倾向于单畴微粒。其次,它们被拉长了,有较大的长宽比(as-pect ratio),这意味着由于形状的各向异性它们也是硬磁性的,它们倾向于沿长边被磁化。

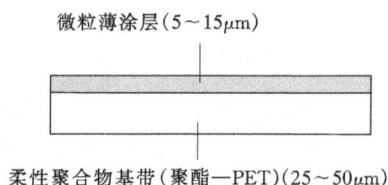

图 8.65 典型的磁带为在柔性聚合物(如 PET)上涂覆一层磁性物质形成

涂层的涂料中主要用的材料有 $\gamma\text{-}Fe_2O_3$,Co 掺杂的 $\gamma\text{-}Fe_2O_3$ 或 Co($\gamma\text{-}Fe_2O_3$),CrO_2 等金属氧化物微粒,以及金属微粒如 Fe,如表 8.9 中所示。涂层的磁性性质不仅与涂料中某种微粒(硬磁性)的性质有关而且与各种微粒在涂料中所占的比例及其分布方式有关。比如,随着微粒堆积密度的增加,饱和磁化强度 M_{sat}(单位体积内总磁矩)增加,这正是我们所希望看到的,但是矫顽场却变弱,这是我们所不愿意看到的。各种微粒在涂料中的浓度主要集中在 $5\times10^{14}\,cm^{-3}$(如软盘)到 $5\times10^{15}\,cm^{-3}$(如录像带)之间,其可以提供必需的剩余磁场,以及保持恰当的矫顽场。

表 8.9　基于微粒涂层的弹性磁性存储媒介示例及其主要参数值

涂层材料	典型应用	$\mu_0 M_r$ (T)	$\mu_0 H_c$ (T)	备注
$\gamma - Fe_2O_3$	录音带（I 型）	0.16	0.036	广泛应用的涂层材料
$\gamma - Fe_2O_3$	软磁盘	0.07	0.03	
$Co(\gamma - Fe_2O_3)$	录像带	0.13	0.07	Co 掺杂的 $\gamma - Fe_2O_3$ 微粒
CrO_2	录音带（II 型）	0.16	0.05	比 $\gamma - Fe_2O_3$ 贵很多
CrO_2	录像带	0.14	0.06	
Fe	录音带（IV 型）	0.30	0.11	高矫顽磁性和磁化强度。为了避免腐蚀，微粒做过处理（昂贵）

　　褐色的伽玛氧化铁 $\gamma - Fe_2O_3$ 是一种制备的亚铁磁的亚稳态铁氧化物，在 $\gamma - Fe_2O_3$ 微粒的表面注入一定量的钴，可以提高其磁硬度。Co 掺杂的 $\gamma - Fe_2O_3$ 微粒被用于多种录像带中。表 8.9 中所示的微粒都是针状的（被拉伸的棒状），其长度-直径比大于 5，由于形状的各向异性，故非常坚硬。一般的针状微粒长 $0.3 \sim 0.6\ \mu m$，直径为 $0.05 \sim 1\ \mu m$。在制作磁性存储介质过程中，先把微粒与像漆一样的粘合剂混合，接着涂于较薄的聚酯衬带上。当粘合剂凝固后，衬带上就形成了一层磁性涂层。一般来说，磁性涂层中有 20%～40% 为磁性微粒。

　　磁存储介质还有一些其它存储形式，如在多种硬衬底上，或是柔韧的塑料带上淀积磁性薄膜。如计算机的硬盘，就是典型的附有磁性薄膜（CoPtCr）的铝盘。磁性薄膜的沉积技术中包括真空沉积技术（电子束蒸发或溅射）或电镀技术。磁性薄膜的膜厚一般都小于 50 nm。运用薄膜的优势在于它是一种磁性材料的固态膜，磁性材料占 100%。而在微粒介质中，磁性微粒的堆积密度只有 20%～40%。因此，与弹性媒介相比磁性薄膜有较高的饱和磁化强度与剩余磁化强度，故其有更高的信息存储密度。因此，磁性薄膜存储媒介有一个显著的优点——存储密度得到提升。表 8.10 列举了一些磁性存储媒介薄膜的性质。大部分的薄膜都是钴合金，因为钴有较高程度的磁晶各向异性，因此其有较高的矫顽场 H_c。除钴外，铂和铌合金也能够使 H_c 升高。通过将钴和其它金属形成合金以及改善其沉积条件都可以提高薄膜的性能，这是研究的热点之一。目前，通过垂直磁记录代替纵向磁记录从而进一步提高存储密度具有巨大的商业价值。在垂直纪录中，薄膜内部的磁化强度与薄膜表面的磁化强度垂直。

表 8.10　一些磁性薄膜存储媒介的主要参数

薄膜	淀积方法	$\mu_0 M_s$ (T)	$\mu_0 H_c$ (T)	备注及应用
Co 和稀土	真空溅射	0.7～0.8	0.05～0.07	纵向磁存储媒介
$Co(\gamma - Fe_2O_3)$	真空溅射	0.3	0.07～0.08	纵向磁存储媒介
CoNiP	电镀	1	0.1	纵向磁存储媒介,硬盘
CoCr 合金	真空溅射	0.3～0.7	0.05～0.3	纵向以及垂直磁存储媒介,硬盘
CoPtCrB	真空溅射	0.3～0.5	0.25～0.6	纵向以及垂直磁存储媒介,硬盘

一些录像带的磁性涂层是通过电子束加热使磁性材料真空蒸发从而在胶带上沉积薄膜形成的。近来一些新型录像带的磁性涂层是通过电子束蒸发淀积在聚酯(PET)胶带上形成的CoNi薄膜。

8.14　约瑟夫森效应

约瑟夫森(Josephson)结是指两个超导体被一层绝缘体(几纳米厚)从中间分开,如图8.66所示。如果绝缘层足够薄,那么库珀对就有可能发生隧穿效应而穿过约瑟夫森结。因为受到了阻碍,库珀对的波函数ψ的相位在其通过这个结时改变了θ。能够通过这个绝缘层的最大超导电流I_c不仅取决于这个绝缘层的厚度,而且取决于超导材料以及环境温度。由于库珀对的隧穿引起的超导电流,其大小由相位角θ决定:

$$I = I_c \sin\theta \qquad\qquad (8.27)\text{ 约瑟夫森结超导电流}$$

这里I_c被称为最大电流值或临界电流值。如果通过外电路控制通过约瑟夫森结的电流,则在结两边的超导体中要发生隧穿的库珀对的相位会发生改变,最终满足式(8.27)。如图8.67作出约瑟夫森结的I-V特性曲线,当$I<I_c$时,其所对应电压沿OC变化,结两端无电压。

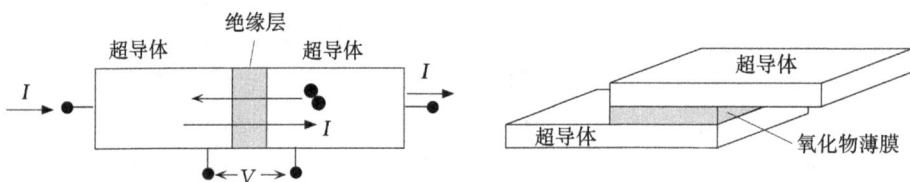

(a) 在两个半导体之间用薄绝缘体隔开形成的约瑟夫森结　　　(b)实际中,用薄膜技术制造约瑟夫森结

图 8.66

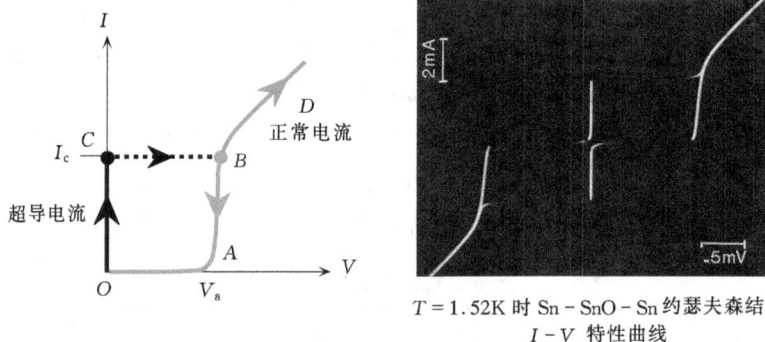

$T = 1.52$K 时 Sn-SnO-Sn 约瑟夫森结
I-V 特性曲线

图 8.67　由外电路控制的约瑟夫森结正向 I-V 特性曲线

如果通过结的电流大于I_c,由于式(8.27)无法被满足,库珀对不能发生隧穿。此时,通过结的电流便取决于一般的单个电子隧穿,由图8.67中的曲线$OABD$所表示。因此,电流状态从点C直接跳跃至点B然后与一般电子隧穿变化规律相同沿点B到点D。在B点,结两端有外加电压,并随电流的增大而增大。一般隧穿电流在OA曲线范围可以被忽略,而在结两端电

压超过 V_a 时,一般隧穿电流突然增大。其原因是,需要有一定的电压来提供电势能使得发生单个电子隧穿的电子脱离库珀对。很明显,这个绝缘体薄层在结中的作用相当于较弱的超导体,或是超导体中**弱连接**,之所以称其为"弱"的原因是在超导体中电流可以自由通过而在绝缘体薄层中不行。图 8.67 所示的 I-V 特性是关于原点 O 对称的(照片中是实际器件的 I-V 特性曲线),这被称为**约瑟夫森结的直流特性**。此外,其 I-V 特性表现出滞后,即当电流减小,其 I-V 特性并不沿 DBC 曲线回到 O,而是沿 DBA 曲线回到 O。当电流降至接近 0 时,一般隧穿电流转化为超导电流。约瑟夫森结是双稳态的,即其有两种不同的状态分别对应于超导状态 OC 以及常态 ABD。因此,运用约瑟夫森结这种性质制成的器件就是一个电子开关,其开关时间由隧穿时间决定,在皮秒数量级范围内。实际中,开关时间($\sim$10ps)由结电容决定。

另一方面,在约瑟夫森结两端加直流偏压,会对相变角 θ 起调制作用。最有趣的是,偏置电压通过绝缘层调节相位改变,即

$$\frac{\mathrm{d}\theta}{\mathrm{d}t} = \frac{2eV}{\hbar}$$

外加电压调制相位

当我们将上式积分,我们发现 θ 取决于时间和电压,由式(8.27)得电流为时间与电压的正弦函数,即

$$I = I_c \sin\left(\theta_0 - \frac{2\pi(2eV)t}{h}\right)$$

或

$$I = I_0 \sin(2\pi f t)$$

这里 I_0 是合并 θ_0 后的一个新常数,振荡电流的频率由下式给出:

$$f = \frac{2\,eV}{h} \qquad (8.28)$$

约瑟夫森交流效应

因此在约瑟夫森结两端电压加上直流偏压 V 将产生频率为 f 的振荡电流。这被称为**约瑟夫森交流效应**,在 1962 年被还是剑桥大学研究生的约瑟夫森证明。根据约瑟夫森效应,约瑟夫森结可产生频率为 $2e/h$ Hz/V 的交流电流,或 483.6 MHz/mV 的交流电流。进一步说,电流的振荡频率与材料的性质无关,而仅由外加偏压以及 e 和 h 决定。约瑟夫森交流效应被用来定义电压标准:1 V 的电压是指,在约瑟夫森结两端加如此大小的电压所产生的交流电流能够产生频率为 483 597.9 GHz 的电磁辐射。

8.15　磁通量子化

考虑一个环状超导材料在其 T_c 以上的情况。如图 8.68(a)所示,假设处于其上方磁铁所产生的磁通线穿过这个环状超导体。当我们将环状超导体的温度降到 T_c 之下时,由于迈斯纳效应磁通线被排除在环状超导体材料之外,但磁通线仍能穿过环形材料中间的通孔,如图 8.68(b)。如果我们将磁铁移走,可能以为磁通线会消失,但情况却不是这样。在超导体材料中形成了一个持续的电流,保证了穿过环状孔的磁通量为一定值。这个超导电流所产生的磁通量看起来是代替了移走磁铁而失去的磁通量,如图 8.68(c)所示。因为环形超导体中的电流会一直存在,所以其结果是这部分磁通量被限域于环形超导体中。而当我们将磁铁拿回,电流就会消失,从而确保通过孔洞的通量不发生改变。环状超导体中磁通量被限域的起源,可以

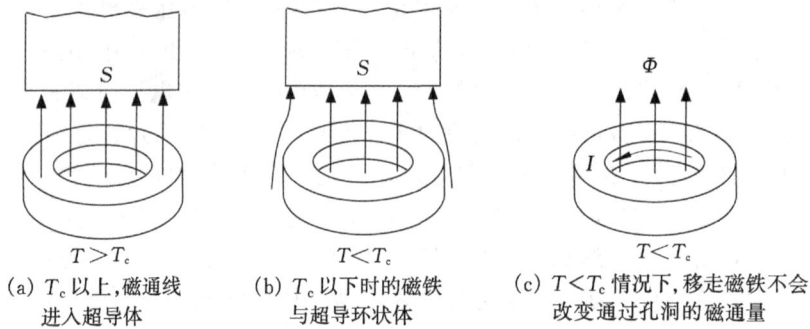

(a) T_c 以上，磁通线　　　　(b) T_c 以下时的磁铁　　　　(c) $T<T_c$ 情况下，移走磁铁不会
进入超导体　　　　　　与超导环状体　　　　　　改变通过孔洞的磁通量

图 8.68

通过假设允许环状超导体磁通量发生变化即 $d\Phi/dt \neq 0$ 的情况来考虑。如果磁通量发生改变，那么将在环状超导体中产生电压 $V = -d\Phi/dt$，在 $R=0$ 的超导体中这将产生无限大的电流 $I=V/R$，显然这是不可能的，因此通过环形超导体的磁通量不可能改变，即 $d\Phi/dt=0$。同时，我们还要注意到，超导体中不能有电场存在的原因为

$$E = \frac{J}{\sigma} = 0$$

因为传导率 σ 为无穷大。

　　如果对于一个环状超导体（温度低于 T_c）通过环孔洞的磁通量起初就为 0 将会怎样？如果我们将磁铁移近它，那么磁通线不但会被排除在体之外而且会被排除在孔洞之外，从而保持环状体中磁通量为 0。

　　因为超导是一种量子现象，超导环中的限域磁通量被量子化了。量子化后磁通量的最小量被称为磁量子，其大小为 $h/(2e)$ 或 2.0679×10^{-6} Wb。环中的磁通量 Φ 为磁量子的整数 n 倍，即

$$\Phi = n\frac{h}{2e} \qquad (8.29) \text{量子化的限域磁通量}$$

术语解释

　　反铁磁性材料（antiferromagnetic materials）的晶体中各原子自旋磁矩大小相等，方向相反（反平行），这使得晶体中无净磁化。

　　布洛赫壁（Bloch wall）是一种磁性畴壁。

　　玻尔磁子（Bohr magneton，β）是一个非常有用的原子的磁矩单位。它等于一个电子沿外加电场方向的自旋磁矩 $\beta = e\hbar/2m_e$。

　　矫顽磁性（coercivity）或**矫顽场（coercive field）**（H_c）表示磁性材料阻碍去磁的能力。它是消除材料剩余磁化即材料去磁所需的磁场。

　　库珀对（Cooper pair）是低于临界温度时，由自旋方向和线性动量方向相反并且互相吸引的两个电子形成的准粒子。其带电量为 $-2e$，质量为 $2m_e$，但无净自旋。它不符合费密–狄拉克分布。这对电子的成对是由该对电子相互作用的金属阳离子晶格的诱导畸变和振动引起。

　　临界磁场（critical magnetic field，B_c）是在不破坏超导效应的前提下，给超导体所能外加的最大磁场。B_c 在绝对零度时取最大值，在临界温度 T_c 时降至零。

临界温度 (critical temperature，T_c) 是将材料的超导态和正常态分开的温度。在 T_c 以上，物质处于正常态，其电阻为一定值，而在 T_c 以下，其处于超导态且电阻为零。

居里温度 (Curie temperature，T_C) 是材料的铁磁性与亚铁磁性消失的临界温度。居里温度以上，材料表现为顺磁性。

抗磁性材料 (diamagnetic material) 具有负的磁化率，减弱或排斥外加磁场。由于排斥外加磁场，超导体是近乎完美的抗磁性材料。许多物质都有较弱的抗磁性，所以外加磁场在材料中有轻微降低。

畴壁 (domain wall) 是在两个磁化强度方向相反的磁畴间的区域。

畴壁能 (domain wall energy) 是畴壁中原子的相邻自旋磁矩逐渐取向而产生的过剩能量。这些过剩的能量取决于畴壁区域内过剩的交换相互作用能量、磁晶的各向异性能量和磁致伸缩能量。

易磁化方向 (easy direction) 是晶体中沿原子磁矩方向（由自旋方向决定）的晶向，其自发地而且也最容易规律性排列。当晶体中原子自旋磁矩方向都沿这个方向排列时其交换相互作用能最小（因而是有利的）。对于铁晶体，它是 6 个[100]晶向之一（立方体的边）。

涡流损耗 (eddy current loss) 是由于铁磁材料在变化的磁场中（在交变场中）所产生的焦尔能量损失(I^2R)。变化的磁场在铁磁材料中感应产生电压从而生成电流（涡流），其在材料中产生大小为 I^2R 的焦尔热。

涡流 (eddy currents) 是铁磁材料处于变化的（交变的）磁场中所产生的电流。

交互作用能 (exchange interaction energy，E_{ex}) 是两个相邻电子和金属阳离子之间的库仑相互作用能，取决于由泡利不相容原理导致的电子间的相对自旋取向。其准确的起源可以从量子力学角度给以解释。定性地，不同的自旋方向导致不同的电子波函数，不同的负电荷分布，因此有不同的库仑相互作用。在铁磁性晶体中，当相邻电子自旋方向是平行时其 E_{ex} 为负值。

亚铁磁材料 (ferrimagnetic materials) 这类晶体中具有两套方向相反的原子磁矩，但其中一套磁矩稍强，因而整个晶体有净的磁化。未磁化的亚铁磁物质通常具有很多磁畴，其总的磁化矢量之和为零。

铁氧体材料 (ferrites) 属于亚铁磁材料，是一种具有绝缘性能的陶瓷材料。因此常应用于涡流损耗比较显著的高频环境中。其通用的组成为$(MO)(Fe_2O_3)$，其中 M 通常为二价金属。对软铁氧体而言，M 一般为铁、锌、锰或镍，而对于硬铁氧体而言，M 则为锶和钡。硬铁氧磁体（如 $BaOFe_2O_3$）具有六方晶体结构，由于该结构有较高的磁晶各向异性，因此铁氧体具有较高的矫顽场（即难以去磁）。

铁磁材料 (ferromagnetic materials) 即使在没有外场存在的情况下，铁磁材料也具有大的永久磁化。未被磁化时，铁磁材料含有许多磁畴，其磁化矢量相互叠加后对外总体不显磁性。然而，在足够强的磁化场中，整个铁磁物质变成单磁畴，所有自旋磁矩排列一致，形成沿外场方向的强磁化。这些磁化在外场撤去后仍会有部分保留。

巨磁阻 (giant magnetoresistance，GMR) 是在施加外磁场时，一种特殊的多层结构物质的电阻的巨大变化。一种简单的结构是由两个薄的铁磁层（如 Fe）夹住一个更薄的非铁磁层（如 Cu）构成的（看起来就像一个三明治）。

难磁化方向 (hard direction) 是相对于易磁化方向而言，原子自旋磁矩最难沿之排列的方向。交互能(E_{ex})有利于易磁化方向(E_{ex} 多为负值)而不利于难磁化方向(E_{ex} 很少为负值)。

　　硬磁材料 (hard magnetic particles) 的特点是拥有比较高的剩余磁化(B_r)以及比较高的矫顽场(H_c),因此,一旦被磁化,就很难去磁。适于永磁体方面的应用,具有较宽的 B–H 磁滞回线。

　　硬磁粒子 (hard magnetic particles) 是一些形状各异的微粒,由于其单磁畴结构具有较高的磁晶各向异性性能,或者说是具有形状各向异性(长宽比),硬磁粒子具有较大的矫顽场。

　　磁滞回线 (hysteresis loop) 是铁磁或亚铁磁物质在一个重复磁化(或去磁)周期内的 M–H 或 B–H 曲线。

　　磁滞损耗 (hysteresis loss) 是指铁磁或亚铁磁物质在磁化或去磁过程中所消耗的能量,它包括磁畴壁运动中不可避免的各种能量损耗。样品单位体积的磁滞损耗数值上等于 B–H 磁滞回线的面积。

　　初始磁导率 (initial permeability, $\mu_{ri}\mu_0$) 指未磁化的铁磁(或亚铁磁)物质 B–H 特性曲线的初始斜率,它代表很小的外加磁场下的磁导率。相对初始磁导率(μ_{ri})是铁磁(或亚铁磁)物质在非常小的外加磁场下的相对磁导率。

　　磁偶极矩 (magnetic dipole moment, μ_m) 定义为 $IA\mu_n$,这里 I 是面积为 A 的电流环中流过的电流,μ_n 是与电流 I 成右手螺旋法则的单位方向矢量(可以这样理解 μ_n 的方向,即当我们沿电流的方向旋转一个螺丝钉时螺钉前进的方向)。磁偶极矩定性地描述了电流环产生的磁场的强弱以及电流环与外界磁场之间交互作用的程度。磁矩在磁场中受到力图使其与磁场方向保持一致的扭矩的作用。在非均匀强场中,磁矩受到使其向强场方向运动的力。

　　磁畴 (magnetic domain) 是铁磁或亚铁磁晶体中具有自发磁化的区域,也就是说,在没有外场的情况下,所有自旋磁矩在此区域中排列一致而引起磁化。

　　磁感应强度或磁通密度(magnetic field, magnetic induction, or magnetic flux density, B) 是由载流导体产生的场,它对任何其它载流导体产生力的作用。我们可以等效地定义磁场是由运动电荷对其它运动电荷产生力的作用而产生的,这个力称为洛伦兹力,可以由公式 $F = qv \times B$ 求得,这里 B 表示磁感应强度,v 是带电为 q 的电荷垂直于磁场的运动速度。物质内磁感应强度 B 是由所有外加场 $\mu_0 H$ 与物质内磁化场 $\mu_0 M$ 的叠加得到的,即 $B = \mu_0(H + M)$。

　　磁场强度 (magnetic field intensity *or* magnetizing field, H) 表征了外部传导电流(如流过绕组的电流)在真空中的磁强度,它不包括磁场中在任何物质表面感应出来的磁化电流。$\mu_0 H$ 是真空中的磁场,也被称为外加场。术语"强度"用以区分 H 和我们通常所说的磁场 B。

　　磁通 (magnetic flux, Φ) 表示穿过与磁力线垂直的单位面积上的磁力线的多少。假设 δA 表示与磁场 B 垂直的某一面积,且在 δA 上 B 为常数。则通过 δA 的磁通 $\delta\Phi = B\delta A$。穿过任何闭合面的磁通为零。

　　磁导率 (magnetic permeability, μ) 指单位磁化场产生的磁场,即 $\mu = B/H$。磁导率反映了磁介质在单位磁化场下尽可能多地产生磁场的能力,即介质被磁化的难易程度。自由空间的磁导率,即绝对磁导率 μ_0 是在真空中单位磁化场产生的磁场。

　　磁化率 (magnetic susceptibility, χ_m) 表示物质在外场作用下被磁化的难易程度,它等于单位磁化场在材料中诱导的磁化强度,$\chi_m = M/H$。

　　磁化强度或磁化矢量 (magnetization or magnetization vector, M) 表示物质单位体积的净磁矩。在有外场存在的情况下,原子磁矩趋向于与外场方向一致,从而产生了净磁矩。介质的磁化强度可以用流过单位长度样品表面的电流来描述,即 $M = I_m$,这里 I_m 是单位长度面磁化电流。

　　磁化电流 (magnetization current, I_m) 是因磁化而在物质表面产生的单位长度束缚电流。

但它不是由自由电子运动产生的,而是由组成原子中电子运动的取向所产生的磁场引起的。在物质内部,电子运动相互抵消因此不存在净体电流,但在表面这些运动共同引起单位长度的面束缚电流 I_m,这在数值上等于物质磁化强度 M。

磁晶各向异性 (magnetocrystalline anisotropy) 指铁磁(或亚铁磁)晶体中磁性如磁化强度的各向异性。原子自旋倾向于沿晶体中所谓的易磁化方向。原子自旋最不易出现的方向称为难磁化方向。例如,铁晶体中所有原子自旋都沿[100]方向(所谓的易磁化方向),而很少有原子自旋沿[111]方向(所谓的难磁化方向)。

磁晶各向异性能 (magnetocrystalline anisotropy energy, K) 是将原子自旋从易磁化方向转向难磁化方向所需要的能量。例如,将铁晶体原子自旋从[100]方向旋转至[111]方向需要大约 48 mJ · cm^{-3} 的能量。

磁阻 (magnetoresistance) 通常是指磁性介质置于磁场中时电阻的变化。非磁性金属(如铜)的电阻的改变通常比较小。在磁性金属中,电阻系数随外场的变化是各向异性的,也就是说,它与相对于磁场的电流方向有关,因此称为**各向异性磁阻**(AMR)。

静磁能 (magnetostatic energy) 是外部磁场中存储的势能。建立一个磁场需要外部做功,功以能量的形式存储于磁场内。真空中某点单位体积的静磁能由下式求得:

$$E_{vol}(air) = \frac{1}{2}\mu_0 H^2 = \frac{B^2}{2\mu_0}$$

磁致伸缩 (magnetostriction) 是指铁磁或亚铁磁晶体由于磁化而引起的长度的变化。置于沿某一易磁化方向的磁场中的铁晶体在易磁化方向伸长而在横向收缩。

磁致伸缩能 (magnetostrictive energy) 是晶体中由于磁致伸缩而引起的应变能量,即在磁化过程中使晶体发生应变所做的功。

最大相对磁导率 (maximum relative permeability, $\mu_{r,max}$) 是铁磁或亚铁磁物质的最大相对磁导率。

迈斯纳效应 (Meissner effect) 是超导体排斥外界磁通进入其内部的现象。超导体表现出理想抗磁体的性质,$\chi_m = -1$。

顺磁体 (paramagnetic materials) 具有较小的正磁化系数。在外加磁场中,它们沿外场方向产生少量磁化,因此物质内部磁场有一些增高。它们会被强磁场吸引。

相对磁导率 (relative permeability, μ_r) 表征介质中磁场与真空磁场的相对大小,$\mu_r = B/(\mu_0 H)$。由于 B 与介质的磁化有关,μ_r 表征介质磁化的难易程度。

剩磁或剩余磁化强度 (remanence *or* remanent magnetization, M_r) 是指被充分磁化并将外场撤离后磁性物质中剩余的磁化强度。它表征了磁性物质在外场撤去后保留其磁化的能力。对应的磁场($\mu_0 M_r$)即剩余磁场 B_r。

饱和磁化强度 (saturation magnetization) 是指在一定温度下,当所有磁矩都沿外加磁场方向,且有一个沿外场方向的单磁畴磁化强度 M 时,铁磁晶体中可以获得的最大磁化强度。

形状各向异性 (shape anisotropy) 指与铁磁(或亚铁磁)物质形状相关的磁性的各向异性。一个细长形的磁棒容易沿长度(长轴)方向产生磁化,因为与其它磁化方向相比(如短轴向),该磁化方向会引起比较小的外磁场及较少的静磁能。扭转晶体磁化方向则需要将磁棒沿宽度方向进行旋转,由于在这一方向的外场较强,进而导致静磁能量比较大,因此需要外界做大量的功。因此将磁化方向从长轴方向旋转至短轴方向是比较困难的。

软磁材料（soft magnetic materials）的特点是拥有较高的饱和磁化强度（B_{sat}）、较低的饱和磁化场（H_{sat}）及低矫顽场（H_c）。因此这种材料比较容易磁化及去磁，具有高而窄的 B-H 磁滞回线。

超导（superconductivity）是物质呈现零电阻性（零电阻率）并且表现出迈斯纳效应（成为理想抗磁体）的一种现象。

I 类超导体（type I superconductors）具有单一的临界场（B_c），在该临界场以上物质的超导性完全消失。

II 类超导体（type II superconductors）具有一个下限临界场（B_{c1}）和一个上限临界场（B_{c2}）。在 B_{c1} 以下，物质表现出超导性，并具有迈斯纳效应，所有磁通都被排斥在物质外部。在 B_{c1} 和 B_{c2} 之间，磁通线穿透超导体局部细丝状区域，此时超导体仍具超导性；在 B_{c2} 以上，超导性消失。

习 题

8.1 长螺线管的电感 如图 8.69 所示一个非常长（近似无限长）的螺线管。r 为螺线管内芯的半径，l 为其长，$l \gg r$。其总匝数为 N，则单位长度内的匝数为 $n = N/l$。通过线圈的电流为 I。对区域 C 即有电流流过的矩形区域 $PQRS$ 用安培定律可得

$$B \approx \mu_0 \mu_r n I$$

并且，其电感为

$$L \approx \mu_0 \mu_r n^2 V_{core}$$

长螺线管的电感

这里 V_{core} 是螺线管内芯的体积。那么应该怎样提高长螺线管的电感？一个匝数为 500，长为 20 cm，管芯直径为 1 cm 的螺线管其电感约为多少？当通过螺线管的电流为 1 A 时，螺线管内部的磁场以及螺线管内存储的能量为多少？如果螺线管内芯的相对介电常数 μ_r 为 600，那么以上这些值会发生什么变化？

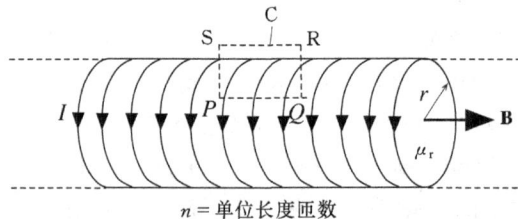

$n =$ 单位长度匝数

图 8.69

8.2 磁化 现有一段带有铁合金磁芯的长螺线管（请参考习题 8.1 的相关公式）。假设螺线管的直径 2 cm，长 20 cm。螺线管的线圈匝数为 200。逐渐增加电流强度直到铁芯达到磁化饱和，当电流为 $I = 2$ A 时饱和磁场为 1.5 T。

（a）螺线管中心的磁场强度是多少？为使磁铁饱和所需的外加磁场是多少？

（b）铁合金的饱和磁化率 M_{sat} 是多少？

（c）磁化后样品表面的总磁化电流是多少？

（d）假如移去铁合金磁芯，为了在螺线管中获得 1.5 T 的磁场，需要多少电流，有没有比较可行的方法做到这一点？

8.3　顺磁与抗磁材料　考虑 $\chi_m = -16.6 \times 10^{-5}$ 的铋和 $\chi_m = 2.3 \times 10^{-5}$ 的铝，假设将这两种样品分别置于沿 $+x$ 方向偏置的强度为 1T 的磁场 B_0 中，样品中的磁化强度 M 和等效磁场 $\mu_0 M$ 分别是多少？哪一个是顺磁材料，哪一个是抗磁材料？

8.4　质量和摩尔磁化率　有时磁化率被描述为摩尔磁化率或质量磁化率。**质量磁化率**（单位：$m^3 \cdot kg^{-1}$）是 χ_m / ρ，其中 ρ 是密度。**摩尔磁化率**（单位：$m^3 \cdot mol^{-1}$）是 $\chi_m (M_{at}/\rho)$，其中 M_{at} 是原子质量。铽（Tb）的摩尔磁化率为 2.0 $m^3 \cdot mol^{-1}$。铽的密度是 8.2 $g \cdot cm^{-3}$，原子质量是 158.93 $g \cdot mol^{-1}$。试求这种物质的磁化率、质量磁化率和相对磁导率。试求把该物质置于 2 T 磁场下的磁化强度。

8.5　泡利自旋顺磁性　金属中的顺磁性与其中导电电子的数目有关，这些电子在外磁场的作用下能够自旋翻转到与磁场取向一致。这些电子集中在费密能级 E_F 附近，数量由 E_F 处的态密度 $g(E_F)$ 决定。既然每个电子都有自旋磁矩 β，顺磁磁化率可以由下式给出：

$$\chi_{para} \approx \mu_0 \beta^2 g(E_F) \qquad \text{泡利自旋顺磁性}$$

其中的态密度由式（4.10）给出。钙的费密能 E_F 为 4.68 eV，试估计钙的顺磁磁化率并与实验值 1.9×10^{-5} 相比较。

8.6　铁磁性与交互作用　稀土金属元素镝（Dy）的密度是 8.54 $g \cdot cm^{-3}$，原子质量为 162.50 $g \cdot mol^{-1}$。其孤立原子的电子结构是 $[X_e]4f^{10}6s^2$。其孤立原子在玻尔磁子意义下的自旋磁矩是多少？假如近绝对零度时镝的饱和磁化率是 2.4 $MA \cdot m^{-1}$，铁电态下每个原子的有效自旋数是多少？与孤立原子中的自旋数相比有何变化？若镝的居里温度是 85 K，以 eV 为单位的每原子中交互作用量值的数量级是多少？

8.7　磁畴壁能量与厚度　布洛赫畴壁的能量取决于两个因素：交换能 E_{ex}（J/atom）与磁晶能 K（$J \cdot m^{-3}$）。若 a 是原子间距，δ 是畴壁厚度，可证明每单位面积畴壁的势能是

$$U_{wall} = \frac{\pi^2 E_{ex}}{2a\delta} + K\delta \qquad \text{布洛赫畴壁的势能}$$

试证明畴壁厚度为下值时能量值最小：

$$\delta' = \left(\frac{\pi^2 E_{ex}}{2aK} \right)^{1/2} \qquad \text{布洛赫畴壁的厚度}$$

并证明当 $\delta = \delta'$，交换能与各向异性能量值相等。各参数取合理的量值，估计 Ni 的布洛赫能和畴壁厚度。（参考例 8.4）

*8.8　环形线圈电感与射频工程师用环形线圈电感方程

（a）考虑如图 8.10 所示的环形线圈，其平均周长是 l，有 N 匝线圈紧密缠绕于其上。假定磁芯的直径是 $2a$，并且 $l \gg a$，试应用安培定理证明：假如通过线圈的电流是 I，线圈中的磁场将是

$$B = \frac{\mu_0 \mu_r NI}{l} \qquad\qquad (8.30)$$

其中 μ_r 是介质的相对磁导率。为什么一定要有 $l \gg a$？要是磁芯的截面不是圆形的而是方形的，$a \times b$，并且 $l \gg a, b$，这个公式还成立么？

（b）试证明环形线圈的电感是

$$L = \frac{\mu_0 \mu_r N^2 A}{l} \qquad\qquad (8.31) \text{ 环形线圈的电感}$$

其中 A 是磁芯的横截面积。

(c) 考虑一个电子学中应用的以型号 FT—37 的铁氧体为磁芯的环形线圈电感,这种电感的外形是环形的,铁芯的横截面是方形的。线圈的外半径是 9.52 mm,内半径是 4.75 mm,铁芯高 3.175 mm。铁氧体磁芯的初始相对磁导率是 2000,这实际上是一种名为 77 Mix 的铁氧体。如果电感有 50 匝,试用式(8.31)估算线圈的电感值。

(d) 射频工程师常用下式估算环形线圈的电感值:

$$L(\text{mH}) \approx \frac{A_L N^2}{10^6} \qquad (8.32)$$

其中 L 是电感值,单位是毫亨(mH)。A_L 是一个叫做**电感指数**的表征电感磁芯的参量。A_L 的值由铁氧体供应商提供,通常表达为多少毫亨(mH)每 1000 匝。通过(8.32)式,可以很简单地通过代换 A_L 的值得到以毫亨为单位的 L。对于以 77 Mix 为芯的 FT—37 型铁氧体螺线圈。A_L 取 884 mH/1000 匝。以射频工程师公式(8.32)计算(c)中的螺线圈电感的电感值是多少? 以式(8.32)和式(8.31)计算得到的值差了多少个百分数? 你的结论是什么?(提示:这两个计算值并不总是这么接近)

*8.9 环形线圈电感

(a) 式(8.31)和式(8.32)使得我们能够计算电子学中实际用到的环形线圈电感的电感值。式(8.32)是实际采用的公式。考虑一段电子学中用到的以 FT—23 为铁芯的环形线圈电感,铁芯是环形的但是截面是方形的。外半径是 5.842 mm,内半径是 3.05 mm,铁芯的高度是 1.5 mm。铁氧体磁芯采用 43—Mix 材料,其初始相对磁导率是 850,最大相对磁导率是 3000。以 43—Mix 铁氧体为磁芯的 FT—23 电感指数是 $A_L = 188(\text{mH}/1000$ 匝)。如果电感有 25 匝。试用式(8.31),(8.32)计算小信号下线圈的电感值并比较这两个值。

(b) 43—Mix 铁氧体的饱和磁场 B_{sat} 是 0.2750T。使铁芯饱和的典型直流值是多少(需要估算)? 我们在电子电路中经常会遇到带有这样直流值的电感。在这样的情况下,你的计算值还有效么?

(c) 假定(a)(b)中讨论的环形线圈电感位于一个强磁铁近旁,使得铁氧体磁芯中的磁场达到饱和。线圈的电感又是多少?

*8.10 变压器

(a) 考虑图 8.70(a)所示的变压器,其主线圈由频率为 f 的交流电压(正弦变化)激励。流入主线圈中的电流在变压器芯中建立起磁通量。由法拉弟定律和楞次定律知,磁芯中的磁通量所感生的电压与外加电压大小相当,方向相反。即

$$v = \frac{\text{d}(\text{全部链结磁通})}{\text{d}t} = \frac{NA\,\text{d}B}{\text{d}t}$$

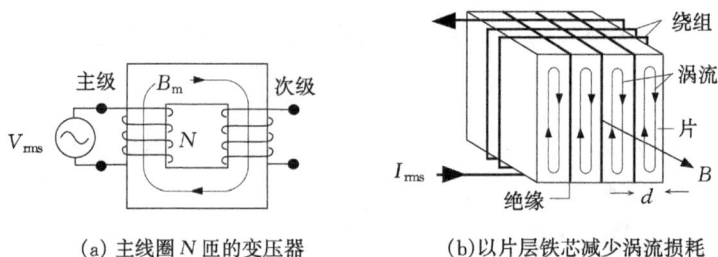

(a) 主线圈 N 匝的变压器 (b)以片层铁芯减少涡流损耗

图 8.70

其中 A 是主线圈的截面积(假定为常数), N 是主线圈的匝数。假定 V_{rms} 是主线圈处的均方根电压值($V_{\text{max}}=V_{\text{rms}}\sqrt{2}$), B_{m} 是磁芯中的最大磁场,试证：

$$V_{\text{rms}} = 4.44NAfB_{\text{m}} \qquad (8.33)\ \text{变压器方程}$$

变压器通常工作于 $B\text{-}H$ 曲线的拐点磁场 B_{m} 处,这基本上就是最大的磁导率了,对于铁芯变压器, $B_{\text{m}}\approx1.2$ T。取 $V_{\text{rms}}=120$ V,并设变压器铁芯的 $A=10$ cm×10 cm,为使次级线圈产生 240 V 的电压,主线圈所需的匝数 N 是多少?次级线圈的匝数又是多少?

(b) 变压器铁芯将会表现磁滞损耗和涡流损耗,以功率损耗的瓦数衡量,每秒的磁滞损耗表达为

$$P_{\text{h}} = KfB_{\text{m}}^{n}V_{\text{core}} \qquad (8.34)\ \text{磁滞损耗}$$

其中 $K=150.7$, f 是交流频率(Hz), B_{m} 是磁芯中的最大磁场(以 T 为单位,假定变动范围在 $0.2\sim1.5$ T 之间), $n=1.6$, V_{core} 是磁芯体积。如图 8.70(b)所示,利用将磁芯制成片层状的方法来减少涡流损耗。涡流损耗值由下式给出：

$$P_{\text{e}} = 1.65f^2B_{\text{m}}^2\left(\frac{d^2}{\rho}\right)V_{\text{core}} \qquad (8.35)\ \text{涡流损耗}$$

其中 d 是以 m 为单位的铁片厚度(图 8.70(b)), ρ 是其电阻率($\Omega\cdot$m)

设变压器磁芯的体积是 0.0108 m³(对应于平均周长 1.08 m),假定磁芯由厚度为 1 mm 的片层制成,电阻率值为 $6\times10^{-7}\ \Omega\cdot$m,试计算 $f=60$ Hz 时的磁滞损耗和涡流损耗值,比较两者的大小,如何降低这两种损耗呢?

8.11　磁记录头中的损耗　考虑应用于 10 kHz 声记录的坡莫合金磁头中的涡流损耗。我们将利用式(8.35)计算涡流损耗。考虑一个重 30 g 的以坡莫合金制成的磁头,这种合金的密度是 8.8 g·cm⁻³,电阻是 $6\times10^{-7}\ \Omega\cdot$m。磁头的工作磁场 B_{m} 是 0.5 T。如果要求涡流损耗不高于 1 mW,试估算所需的铁芯片的厚度,你将如何实现这一点?

*8.12　调幅波接收器的铁氧体天线的设计　考虑一个工作于 530 kHz～1600 kHz 频段的调幅波射频接收器。假设所用的接收天线是如图 8.71 所描述的以铁氧体为芯的螺线管。线圈共有 N 匝,长 l,截面积是 A。以一个可变电容 C 调谐电感值。电容的最大值是 265 pF,当电容取这个值时,它协同电感 L

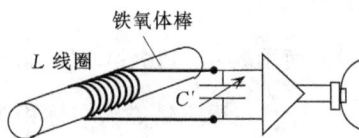

图 8.71　用于调幅波接收器的铁氧体天线

谐振获得最低的频率 530 kHz。带铁芯的线圈接收电磁波,电磁波中的磁场穿透铁氧体铁芯并在线圈中感应出电压。这个电压值被敏感的放大器检测到并且在接下来的电路中被适当地解调。这样带有铁芯的线圈充当了接收器天线的角色(铁氧体天线)。我们将用一些近似计算设计一个适当的铁氧体线圈——在实际工程中,反复试验修正误差是必要的。我们假设有限高度螺线管的电感值是

$$L = \frac{\gamma\mu_{\text{ri}}\mu_0 AN^2}{l} \qquad (8.36)\ \text{螺线管电感}$$

其中 A 是铁芯的截面积。 l 是线圈长, N 是匝数, γ 是计及圆筒形线圈有限长度的几何因数。假定 $\gamma\approx0.75$。 LC 电路的谐振频率是

$$f = \frac{1}{2\pi(LC)^{1/2}} \qquad (8.37)\ LC\ \text{电路谐振频率}$$

(a) 假设 d 是螺线圈的绕线漆包线的直径,则线圈长度为 $l \approx Nd$。如果我们采用直径为 1 mm 的漆包线和直径为 1 cm 的铁氧体磁芯,并且这种铁氧体的初始相对磁导率为 100,那么我们需要的绕线匝数 N 是多少?

(b) 假定自由空间中的磁场强度信号 H 是正弦变化的,即

$$H = H_m \sin(2\pi ft) \tag{8.38}$$

其中 H_m 是磁场强度的最大值。某点处 H 与电场 E 的关系由 $H = E/Z_{space}$ 给出,其中 Z_{space} 是值为 377 Ω 的自由空间阻抗。试证天线线圈上所感应出的电压值是

$$V_m = \frac{E_m d}{2\pi 377 C f \gamma} \tag{8.39}$$ 铁氧体天线的感应电压

其中 f 是调幅波的频率,E_m 是接收器端接收到的调幅波的电场强度。假设接收器接收到的本地调幅站的电场为 10 mV·m^{-1},铁氧体天线两端所感应出的电压是多少? 这个电压是否能被放大器检测到? 假如采用相同的电容 C,但是减少匝数 N,这样的铁氧体芯天线是否能够用在短波波段呢?

*8.13 带有空气隙的永磁体 永磁体缝隙处的磁场能可以用来做功。设 B_m 和 B_g 是磁场中和缝隙中的磁场,H_m 和 H_g 是磁场中和缝隙中的磁场强度,V_m 和 V_g 是磁体和缝隙的体积,证明

$$B_g H_g V_g \approx B_m H_m V_m$$ 磁体和缝隙的关系

这个结果的重要意义何在?

8.14 带有空气隙的永磁体

(a) 证明保存在永磁体空气隙中的最大能量可以由下面等式近似表示:

$$E_{gap} \approx \frac{1}{8} B_r H_c V_m$$ 磁体气隙中的能量

V_m 是磁体的体积,比空隙大得多;B_r 是永久磁场;H_c 是磁铁矫顽场。

(b) 使用表 8.6,比较 $(BH)_{max}$ 和乘积 $\left(\frac{1}{2} H_c\right)\left(\frac{1}{2} B_r\right)$。说明结果比较接近的原因。

(c) 计算在稀土钴磁铁中体积为 0.1 m^3 的空隙中的能量。举例说明这些能量全部被转换为机械能的话可以做多少实际工作(例如可以把 100 g 的苹果举多高)。

8.15 质量、价格和有空气隙的永磁体中的能量。对一些器件来说,有空气隙的永久磁铁需要提供的能量是 1 kJ。表 8.11 给出三种可供选择的永久磁铁。哪种材料做成的磁铁最轻? 哪种最便宜?

表 8.11   三种永磁体

磁体	$(BH)_{max}$ (kJ·m^{-3})	密度 (g·cm^{-3})	最近相对价格 (每单位质量)
铝镍钴合金	50	7.3	1
稀土族	200	8.2	2
铁氧体	30	4.8	0.5

*8.16 有轭和空气隙的永磁体。假设 L 形铁磁片贴在一个永磁体棒的底部,来使得磁场指向空气隙,如图 8.72 所示。指引磁场方向的 L 形高 μ_r 片被称为轭。假设 A_m, A_y, A_g 分

别是磁铁,轭和空气隙的截面区域,如图中所示。磁体、轭和空气隙的长度分别为 l_m, l_y, l_g。磁体,两个轭和空隙可以看作是底部和底部连在一起或者说是串联的。应用对 H 的安培电路定理,可以得到:

$$H_m l_m + 2H_y l_y + H_g l_g = 0$$

由于磁体、两个轭和空隙这四部分是串联,假设通过四部分的磁通量是一样的,

$$\Phi = B_m A_m = B_y A_y = B_g A_g$$

(a) 证明

$$H_m = -\frac{A_m}{l_m}\left[\frac{l_g}{\mu_0 A_g} + \frac{2l_y}{\mu_0 \mu_{ry} A_y}\right]B_m$$

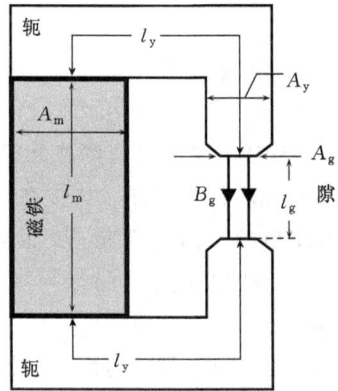

图 8.72 有两片轭和气隙的磁体

(b) (a)中的等式表示什么意思?磁铁中的 B_m 和 H_m 必须符合(a)中的公式和磁铁材料自身的 B-H 特性。你的结论是什么?

(c) 轭是软磁还是硬磁呢?证明你的结论。

(d) 如果 μ_{ry} 非常大($\mu_{ry} \approx \infty$),试证:

$$H_m = -\frac{1}{\mu_0}\left[\frac{A_m l_g}{A_g l_m}\right]B_m$$

(e) 如果 $V_m = A_m l_m$ 和 $V_g = A_g l_g$ 分别是磁体和空隙的体积,证明

$$B_g H_g V_g = B_m H_m V_m$$

你的结论是什么?(假设空隙中存有磁能)

(f) 假设一个稀土永磁体的密度为 $8.2\,\mathrm{g\cdot cm^{-3}}$,$(BH)_{max}$ 大约 $200\,\mathrm{kJ\cdot m^{-3}}$。假设 $(BH)_{max}$ 在 $B_m \approx \frac{1}{2}B_r$ 时变化最大,此时这种稀土磁体的 $B_r \approx 1\,\mathrm{T}$。假设 $A_m \approx A_g$。如果 $l_g = 1\,\mathrm{cm}$,$A_g = 1000\,\mathrm{cm^2}$,磁体的体积、有效长度 l_m 和质量是多少?空隙中存储的最大能量是多少?

8.17 超导性和临界电流密度 考虑两种超导线,Sn 和 Nb_3Sn,每种厚度为 $1\,\mathrm{mm}$。载流导体的表面磁场为

$$B = \frac{\mu_0 I}{2\pi r}$$

(a) 假设 Sn 线在表面电场达到临界场($0.2\,\mathrm{T}$)时失去超导性,计算接近绝对零度时可以通过 Sn 线的最大电流和临界电流密度。

(b) 取临界场为上限临界场($0\,\mathrm{K}$ 时为 $24.5\,\mathrm{T}$),在与(a)同样的条件下计算 Nb_3Sn 的最大电流和临界电流密度。与 Nb_3Sn 在 $0\,\mathrm{K}$ 时的临界密度为 $10^{11}\,\mathrm{A\cdot m^{-2}}$ 相比,你计算的 J_c 怎么样?

8.18 螺线管中的磁压 假设有一个中空的长螺线管。径向反绕产生反向电流,根据磁力,它们相互排斥。这说明螺线管受到一个力图打开它的径向力 F_r,拉直绕组在图 8.53 中有叙述。假设 A 为内芯的表面面积(线绕组缠绕)。如果减小芯的直径 $\mathrm{d}x$,体积变化 $\mathrm{d}v$。我们要做功 $\mathrm{d}W$ 来反抗磁力 F_r:

$$\mathrm{d}W = F_r \mathrm{d}x = \left(\frac{F_r}{A}\right)A\mathrm{d}x = P_r \mathrm{d}v$$

径向压力 $P_r = F_r/A$,又称磁压,作用在螺旋管的绕组上,使螺旋管裂开。因体积改变磁感应强度所做的功改变了线圈磁芯的磁能,得

$$P_r = \frac{B^2}{2\mu_0}$$ 螺线管中的径向磁压

当螺旋线圈中心的磁感应强度为 35 T 时的径向压力是多大？相当于多少个大气压？相当于海洋中多深处的压力？当线圈中心的磁感应强度为 100 T 的径向压力又是多少？

*8.19 企业工程师在北极圈区域建立超导电感 载流电感具有存储磁能的作用，它可以将磁能转化为电能。居住在加拿大 Nunavut Resolute 的一些工程师和科学家决定通过制造线圈电感来储存能量，从而提供社区中 10 个用户 6 个月夜间的能量消耗，每户大约为 3 kW。他们发现了一种超导体，在夜间温度范围内的磁感应强度 B_{c2} 为 100 T，临界电流密度 J_c 为 5×10^{10} A·m^{-2}（显然，这是一种高临界温度 T_c 的超导体）。这种超导线的直径为 5 mm，长度根据需要可取任意值。除了进行能量转换的部分外，社区中所有的导线都使用这种超导体。进行能量转换部分的螺旋线圈的具体尺寸设计如下：

螺旋线圈的平均直径（即内外直径和的一半），大于线圈中心磁芯直径的 10 倍。认为螺旋线圈内部的磁场是均匀的，差别在 10% 以内。

线圈中心能够承受的最大工作磁场为 35 T，强度再大会导致线圈的机械断裂，出现故障。

假设临界电流密度随磁场线性减小。控制开启线圈时力的大小，从而保证线圈结构的稳定和安全。

请确定螺旋线圈的尺寸（平均半径和周长）、匝数、所需超导线的长度、线圈中的电流，该电流是否低于临界电流值？这个方案可行吗？

8.20 磁存储介质

（a）考虑在录像磁带上存储视频信息（诸如调频信号）。假设以空间电磁波形式存在的信息的最大频率为 10 MHz，磁头螺旋式地扫描磁带，磁带相对于磁头的相对速率为 10 m·s^{-1}，磁带上存储的信号电磁波的最小波长是多少？

（b）假设在播放机中磁带的播放速率为 5 cm·s^{-1}，若需要存储信号电磁波的最大频率为 20 kHz，试求存储信号电磁波的最小波长。

注释：有关磁存储的经典定量描述见 R. L. Comstock 撰写的 *Introduction to Magnetism and Magnetic Recording*，New York：John Wiley&Sons，1999.

*8.21 磁记录原理 我们粗略地估计了磁头将音频或视频记录在磁带上的工作原理。磁头上有一个尺寸为 g（不到 1 μm）的空隙，它远小于磁头的平均周长 l（大约为几个毫米），如图 8.73 所示。磁头上的线圈匝数为 N，被信号电流 i 激发。空隙处的边缘磁场强度 H_f 将通过磁头下方的磁带磁化。边缘磁场强度 H_f 必须大于通过磁头下方的存储媒介得以磁化的矫顽磁场强度 H_c。假设 H_m 为磁头磁芯的磁场强度，H_g 为空隙处的磁场强度，H_f 为空隙下方的边缘磁场强度，磁头磁芯的磁感应强度 $B_m = \mu_r \mu_0 H_m$，空隙处的磁感应强度 $B_g = \mu_0 H_g$。

在磁芯和空隙的交界处磁通量必须连续，假设 A 为磁芯和空隙的交界面，磁芯中的磁通量 $= AB_m =$ 空隙中的磁通量 $= AB_g$，即 $B_g = B_m$。

（a）将安培环路定律用于计算磁心内的磁场强度，在平均周长为 $l+g$ 的环路内，证明

$$H_g = \frac{1}{g + l/\mu_r} NI$$ 气隙中的场

（b）将安培环路定律用于计算空隙下方的边缘磁场强度，若从空隙处向磁带辐射的半圆半径为 r，得

$$H_g g - H_f(\pi r) \approx 0$$

证明

$$H_f \approx \frac{\mu_r g}{\pi r (\mu_r g + l)} NI$$ **存储介质的边缘磁场**

（c）边缘磁场强度必须克服存储媒介的矫顽磁场强度。假设存储媒介的矫顽磁场强度 $H_c = 50\ \text{kA} \cdot \text{m}^{-1}$，选用 Ni 作为磁头材料。假定 $\mu_r \approx 10^4$，$g = 1\ \mu\text{m} = 10^{-6}\ \text{m}$，$l \approx 5\ \text{mm} = 5 \times 10^{-3}\ \text{m}$，$r = 1\ \mu\text{m} = 10^{-6}\ \text{m}$，从而记录的深度为 $1\ \mu\text{m}$。NI 的最小值是多少？若经过放大的信号电流的最小值为 5 mA，则线圈的匝数是多少？

（d）磁芯处的磁感应强度 B_m 是多少？能用铁氧体制作磁头吗？

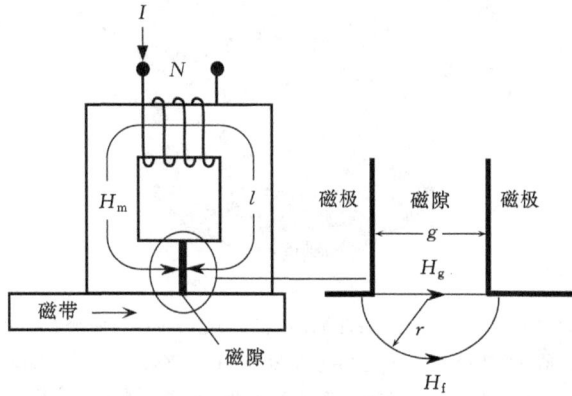

图 8.73　记录磁头的空隙结构和磁化磁带的边缘磁场

左图：基于 $(\text{Bi}_{2-x}\text{Pb}_x)\text{Sr}_2\text{Ca}_2\text{Cu}_3\text{O}_{10-\delta}$（Bi-2223）材料的高温超导扁平带。扁平带表面包覆一层保护金属。

右图：高温超导扁平带较相同尺寸的金属导体具有明显的优点，它能向更大功率负载发送信号。使用高温超导扁平带可以制作结构更加紧凑、效率更高的电动机、发电机、磁体、变压器和储能设备

照片来源：澳大利亚超导体公司

奥古斯丁·菲涅耳(Augustin Jean Fresnel,1788—1827)是一位法国物理学家、法国政府的土木工程师,也是光的波动理论的主要支持者之一。他对光学做出了许多重要的贡献,包括19世纪广泛应用在灯塔中的菲涅耳棱镜。1815年他与拿破仑发生争执后被软禁起来,直到拿破仑统治结束。在他被禁期间,他用数学理论阐述了他的光的波动思想

照片来源:美国物理学会塞格雷图像档案馆

克利斯蒂安·惠更斯(Christiaan Huygens,1629—1695),一位荷兰物理学家,利用寻常光和非常光解释了方解石中的双折射现象。惠更斯为光学做出了许多贡献,在此方面著作颇丰

照片来源:美国物理学会塞格雷图像档案馆

第9章 材料的光学特性

电磁辐射和物质相互作用的方式与电磁波波长有着密切的关系。电磁辐射的波长范围跨越了许多数量级。虽然无线电波和 X 射线都是电磁波,但是它们和物质相互作用的方式却截然不同。我们把能看见的电磁辐射叫做"光",即其波长位于人眼可见范围内,典型可见光波长的范围在 400～700nm。然而,实际上光也被用于描述波长稍短于或稍长于可见光的电磁波,即紫外光(UV)和红外光(IR)。实际应用中,通常把波长短于 $100\mu m$(很粗略地)但长于 X 射线波长 10nm(粗略地)这一范围内的电磁波定义为光。现代光通信中使用的电磁波的波长是 1 300 nm 和 1 550 nm,这两个波长位于红外波段。材料的**光学特性**是指那些决定光和物质相互作用的特性;最好的例子就是折射率 n,折射率决定了介质中的光速,关系式为 $v=c/n$,其中 v 为介质中的光速,c 为自由空间中的光速。本章将探讨物质重要的光学性质,以及这些性质与物质之间、电磁波特性之间的关系。如:折射率 n 就与介质的偏振作用过程以及波长 λ 有关。材料的 $n\sim\lambda$ 之间的关系称为**色散关系**,这是光学器件最重要的特性之一。

我们从第 3 章已经知道,根据实验得出的结论,既可把光看作具备典型的波的特性的电磁波,也可把光看作具备粒子行为的光子。虽然对光吸收而言,用光的粒子性来解释材料中光子与电子的相互作用更为准确,但本章中我们将重点讨论光的波动本质。

9.1 均匀介质中的光波

光的波动性已经被著名的干涉和衍射等实验证实。光可以被认为是由相互正交且与传播方向 z 垂直的电场 E_x 和磁场 B_y 合成且随时间变化的电磁波,如图 9.1 所示。最简单的行波是正弦波,若其传播方向为 z,则具有普遍的数学形式:[①]

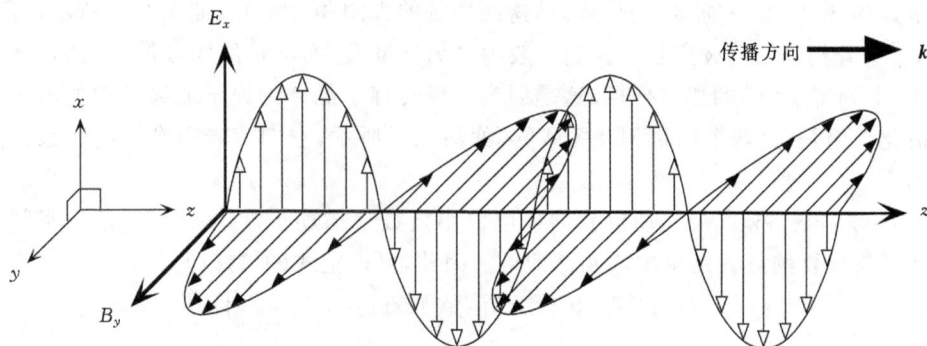

图 9.1 电磁波为行波,其随时间变化的电场、磁场彼此正交,传播方向为 z

---

① 本章中用 E 来表示电场,而在前几章中多用 E 来表示能量。这里应当注意不要与表示能隙的 E_g 混淆。此外,n 用来表示折射率而不是电子浓度。

$$E_x = E_0\cos(\omega t - kz + \phi_0) \tag{9.1}$$

其中 E_x 是 t 时刻在 z 位置的电场；k 为**传播常数**，或称为**波数**，由 $2\pi/\lambda$ 给出，其中 λ 是波长；ω 是角频率；E_0 为波的振幅；ϕ_0 是初始相位，它表示 $t=0$、$z=0$ 的相位；E_x 是否为零取决于零点的选择。幅角（$\omega t - kz + \phi_0$）称为波的**相位**，用 ϕ 表示。式（9.1）描述了沿 z 的正方向向无穷远处传播的**单色平面波**，如图 9.2 所示。由式（9.1）可知，在正交于传播方向（z 方向）的任意平面内，波的相位是不变的，即场在这个平面内也是不变的。**波前**是同相位的各点组成的面。显然，平面波的波前是一个垂直于传播方向的平面，如图 9.2 所示。

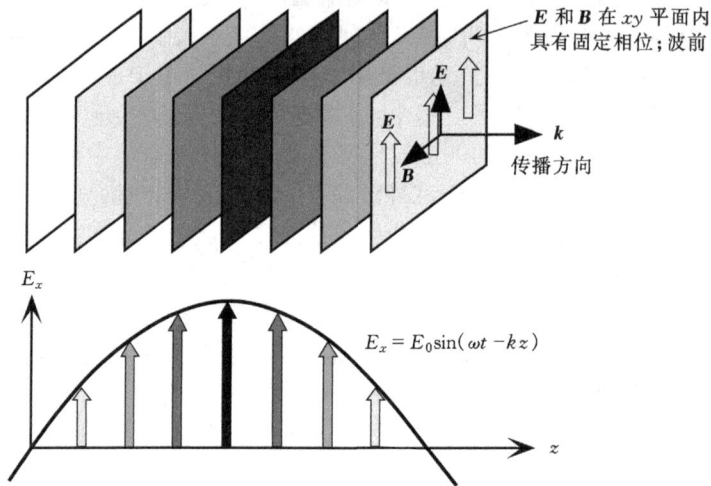

图 9.2　沿着 z 轴传播的平面电磁波在一个给定的 xy 平面内在任何点上都有相同的 E_x（或 B_y）

从电磁学可知，时变磁场产生时变电场（法拉第定律），反之亦然。时变电场产生相同频率的时变磁场。依据电磁学定律[①]，式（9.1）中所示的电场 E_x 传播时，必然伴随着具有相同频率和传播常数（ω 和 k）的磁场 B_y 的传播，但这两个场的方向相互垂直，如图 9.1 所示。因此，磁场分量 B_y 有着相似的行波方程。我们一般用电场分量 E_x 而不是磁场分量 B_y 来描述光与非传导物质（电导率 $\sigma=0$）的相互作用，这是因为电场转移了晶体中原子或离子中的电子从而使物质被极化。但是，这两个场是相互关联的，如图 9.1 所示，它们有着很密切的联系。**光场**指的是电场 E_x。

由于 $\cos\phi = \mathrm{Re}[\exp(j\phi)]$，所以我们也可以用指数来描述行波，其中 Re 是指实部。我们只需要从最终计算的复数结果中取实部即可。因此，可以把式（9.1）改写为：

$$E_x(z,t) = \mathrm{Re}\{E_0\exp(j\phi_0)\exp[j(\omega t - kz)]\}$$

或

$$E_x(z,t) = \mathrm{Re}\{E_c\exp[j(\omega t - kz)]\} \tag{9.2}$$ 沿 z 轴的行波

其中 $E_c = E_0\exp(j\phi_0)$ 是一个复数，它描述了波的振幅并包含了初始位相信息 ϕ_0。

---

① 麦克斯韦（Maxwell）方程描述了电磁现象，并阐明了电场和磁场与它们空间和时间的导数之间的相互关系。我们只需要使用部分麦克斯韦方程中得到的结论，而不过于强调它们的由来。磁场 B 也被称为磁感或磁通密度。

　　传播方向可以用矢量 k 来表示,称为**波矢**,其大小为传播常数 $k=2\pi/\lambda$。显然,k 垂直于等相位面,如图 9.2 所示。当电磁波沿着某任意 k 方向传播时,如图 9.3 所示,垂直于 k 的平面上点 r 处的电场 $E(r,t)$ 为

$$E(r,t) = E_0\cos(\omega t - k \cdot r + \phi_0) \qquad (9.3)\ \text{三维光波}$$

因为点乘 $k \cdot r$ 是沿着传播方向的,故与 kz 类似。$k \cdot r$ 是 k 与 r 在 k 上的投影(即 r')之积,如图 9.3 所示,所以,$k \cdot r = kr'$。实际上,如果传播方向沿着 z,$k \cdot r$ 就变成了 kz。通常,k 具有沿着 x,y,z 三个方向的分量 k_x,k_y 和 k_z,则由点积的定义可知:$k \cdot r = k_x x + k_y y + k_z z$。

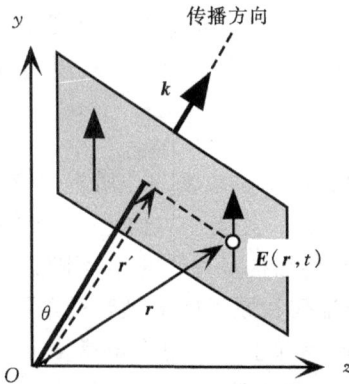

图 9.3　沿 k 方向传播的平面电磁波

　　给定相位 ϕ 的时空演变,例如对应于极大场的相位,按照式(9.1)有 $\phi=\omega t - kz + \phi_0$ 为一常数。

　　经过一段时间 Δt,这一恒定相位(因而是最大场)移动了一段距离 Δz,从而这个波的相位速度为 $\Delta z/\Delta t$。因此**相速度** v 为:

$$v = \frac{\mathrm{d}z}{\mathrm{d}t} = \frac{\omega}{k} = \nu\lambda \qquad (9.4)\ \text{相速度}$$

其中 ν 为频率($\omega=2\pi\nu$)。

　　我们更感兴趣的是,在给定时间,波中有一定距离的两个点之间的相位差 $\Delta\phi$,如图 9.1 所示。如式(9.1),若波以波矢 k 沿 z 轴传播,则距离 Δz 的两点间的相位差为 $k\Delta z$,因为每个点的 ωt 都是一样的。如果相位差为 0 或 2π 的整数倍,则称两点的相位相同。因此,相位差 $\Delta\phi$ 可以表示为 $k\Delta z$ 或 $2\pi\Delta z/\lambda$。

9.2　折射率

　　当电磁波在电介质中传播时,振荡电场以波的频率使介质分子极化。直观地说,电磁波的传播可以看作是这种极化作用在介质中的传播。场与感应分子的偶极子将会耦合。最终结果是极化延迟了电磁波的传播。场和偶极子间的作用越强,波传播的速度越慢。介质被极化后,可以用相对介电常数 ε_r 计算这一延迟,ε_r 也表征了场与感应偶极子之间相互作用的程度。对于在相对介电常数为 ε_r 的非磁性电介质中传播的电磁波,其相速度 v 由下式给出:

$$v = \frac{1}{\sqrt{\varepsilon_r \varepsilon_0 \mu_0}} \qquad \text{(9.5) 介质 } \varepsilon_r \text{ 中的相速度}$$

若其频率 ν 在光波频率范围内,则 ε_r 将取决于电子极化过程,因为此时离子极化对场的响应将变得非常迟缓。但是,处于红外频率或更低频率时,离子极化对相对介电常数的影响将十分显著,从而导致相速度更低。对在自由空间中传播的电磁波,$\varepsilon_r = 1$,则真空中的光速 $v_{vacuum} = 1/\sqrt{\varepsilon_0 \mu_0} = c = 3 \times 10^8 \text{ m} \cdot \text{s}^{-1}$。光在介质中和在真空中传播速度之比称为介质的**折射率** n:

$$n = \frac{c}{v} = \sqrt{\varepsilon_r} \qquad \text{(9.6) 折射率的定义}$$

设 k_0 为真空中的波矢($k_0 = 2\pi/\lambda_0$),λ_0 为波长,则介质中波矢 k 为 nk_0,波长 λ 为 λ_0/n。实际上,我们也可以用介质中的波矢 k 和真空中的波矢 k_0 来定义折射率:

$$n = \frac{k}{k_0} \qquad \text{(9.7) 折射率的定义}$$

式(9.6)与我们的直觉是相符的,即越致密的介质折射率越大,光在其中的传播速度也越慢。我们应当注意到频率 ν 是不变的。在各个方向上介质的折射率可能不同。对于玻璃和液体等非晶材料而言,各个方向的材料结构是一样的,n 不随方向变化,即折射率是**各向同性**的。但是在晶体中,不同方向的原子排列和原子间的键合是不同的。一般而言,晶体是各向异性的。由于与晶体的结构有关,不同晶向上的相对介电常数 ε_r 是不同的。这就意味着,与晶体中电磁波传播特性有关的折射率 n 将取决于沿振荡电场方向(即沿极化方向)上的 ε_r 的值。例如,假设图 9.1 中的波在一种特殊的晶体中沿 z 方向传播,电场振荡沿 x 方向。若沿 x 方向的相对介电常数为 ε_{rx},则 $n_x = \sqrt{\varepsilon_{rx}}$。因此,波将以相速度 c/n_x 传播。不同传播方向和不同电场方向上的 n 的变化与晶体结构有关。除了立方晶体(例如金刚石)外,所有晶体都有一定的光学各向异性,这种性质有着许多重要的应用。典型的非晶态固体,如玻璃和液体,和立方晶体都是光学各向同性的,各个方向的折射率是一样的。

例 9.1 相对介电常数和折射率 材料的相对介电常数 ε_r(或称电介质常数)与频率有关。另外,因为波沿晶体中特定方向传播时介质更容易被极化,所以相对介电常数还和晶向有关。玻璃没有晶体结构,是无定形的。因此其介电常数是各向同性的,但是也和频率有关。

折射率 n 和 ε_r 的关系式 $n = \sqrt{\varepsilon_r}$ 必须在 n 和 ε_r 都是同一频率时才能使用。对于许多晶体而言,在高频和低频时相对介电常数相差很大,这是由于在不同的频率下极化的机制不同。在低频时,所有的极化机制都会对 ε_r 产生作用,但是在光频下,只有电子极化对振荡场有响应。表 9.1 列出了低频下(例如用实验室中的电容电桥来测量 60 Hz 或者 1 kHz 时)的不同材料的相对介电常数 $\varepsilon_r(\text{LF})$,并将 $\sqrt{\varepsilon_r(\text{LF})}$ 和 n 进行比较。

表 9.1 低频相对介电常数 $\varepsilon_r(\text{LF})$ 与折射率 n

材料	$\varepsilon_r(\text{LF})$	$\sqrt{\varepsilon_r(\text{LF})}$	n(光学的)	备 注
金刚石	5.7	2.39	2.41(在 590nm)	至紫外光频段的电子极化
Si	11.9	3.44	3.45(在 2.15μm)	至光频的电子极化
AgCl	11.14	3.33	2.00(在 1~2 μm)	离子极化对 $\varepsilon_r(\text{LF})$ 的贡献
SiO$_2$	3.84	2.00	1.46(在 600nm)	离子极化对 $\varepsilon_r(\text{LF})$ 的贡献
水	80	8.9	1.33(在 600nm)	偶极子极化对 $\varepsilon_r(\text{LF})$ 的贡献很大

金刚石和硅的 $\sqrt{\varepsilon_r(\text{LF})}$ 与 n 符合得很好。它们都是共价晶体,在低频和高频下,电子极化(电子键极化)是唯一的极化机制。电子极化使光电子偏离晶体中的阳离子。这个过程很容易对光频甚至紫外频率的振荡场产生响应。

对于 AgCl 和 SiO$_2$,因为低频下这些固体会产生一定程度的离子极化,所以 $\sqrt{\varepsilon_r(\text{LF})}$ 比 n 大。它们原子间的结合具有一定程度的离子特性,故在频率低于远红外频率时会产生极化(AgCl 晶体内几乎都是离子键)。在水中,$\varepsilon_r(\text{LF})$ 受偶极子取向或极化支配,极化太缓慢以致不能对光频下场的高频振荡产生响应。

研究折射率的影响因素是很有意义的。最简单(近似)的介电常数的表达式为:

$$\varepsilon_r \approx 1 + \frac{N\alpha}{\varepsilon_0} \qquad (9.8) \qquad \boxed{\text{相对介电常数和极化率}}$$

其中 N 是单位体积中的分子数目,α 是单个分子的极化率。因此提高原子浓度(或密度)和极化率都可以使 n 增大。例如特定类型的玻璃因为有着较高的密度而具有较高的 n。

9.3　色散:波长和折射率关系

材料的折射率一般和频率或者是波长有关。因为相对介电常数和频率有关,这也就导致折射率和波长有关。图 9.4 显示了光波通过一区域时,其振高电场 E 对该区域内原子的影响。振荡电场的存在也可能是由于施加了外加电场。

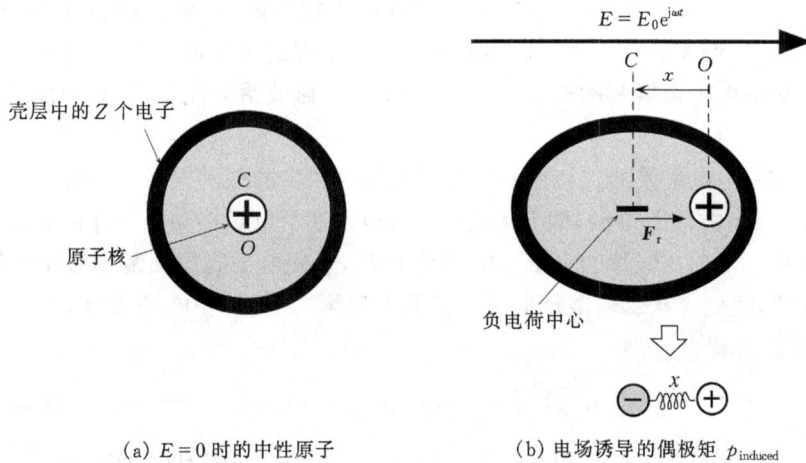

(a) $E = 0$ 时的中性原子　　　　　(b) 电场诱导的偶极矩 p_{induced}

图 9.4　原子的电子极化。在 $+x$ 方向加一个电场,电子就向 $-x$ 方向(从 O)转移,回复力是朝着 $+x$ 方向的

如图 9.4(a)所示,在没有电场和处于平衡状态下,电子轨道运动的质心 C 和带正电原子核的中心 O 是重合的,净的电偶极矩为零。假设原子有 Z 个围绕着原子核运动的电子,并且所有的电子都位于一给定的壳层内。但是,如图 9.4(b)所示,在有电场存在的情况下,轻的电子将向与电场方向相反的方向偏移,以核心 O 为原点,质心 C 将相对于原子核移动一段距离 x。随着外加电场对电子的向外"推移",电子和原子核的库仑引力会向内吸引电子。电场的

作用力试图把电子从原子核中分离。当 x 较小时,回复力 F_r,即电子和原子间的库仑引力,和偏移量 x 是成比例的。原因是 $F_r = F_r(x)$ 可展开为 x 的级数,且对于很小的 x 可只考虑其线性项。当 C 和 O 重合($x=0$)时,回复力 F_r 显然为零。故可令 $F_r = -\beta x$,其中 β 是常数,负号表示 F_r 方向总是指向原子核 O。

首先考虑施加直流电场的情况。在平衡状态时,加在负电荷上的合力为零或者 $ZeE = \beta x$,由此可求出 x。所以,偶极矩的大小由下式给出:

$$p_{\text{induced}} = (Ze)x = \frac{Z^2 e^2}{\beta}E \qquad (9.9) \quad \text{诱导电子直流偶极矩}$$

可以看出,p_{induced} 和外加电场是成正比的。式(9.9)中求出的电子偶极矩在静态下(电场为直流电场条件)是准确的。如果突然把使原子极化的外加电场去掉,则只剩下把电子拉向原子核的回复力 $-\beta x$。负电荷中心运动方程为(力=质量×加速度):

$$-\beta x = Zm_e \frac{\mathrm{d}^2 x}{\mathrm{d}t^2} \qquad\qquad\qquad \text{简谐运动}$$

解此微分方程我们可以证明任何时刻的偏移都是简谐运动,即:

$$x(t) = x_0 \cos(\omega_0 t)$$

其中振动的角频率 ω_0 为:

$$\omega_0 = \left(\frac{\beta}{Zm_e}\right)^{1/2} \qquad\qquad (9.10) \quad \text{原子的本征频率}$$

本质上而言,角频率 ω_0 是原子核附近的电子云的质心的振动频率并且 x_0 是去除电场前的位移。去掉电场后,电子云将会在原子核附近以**本征频率** ω_0 做简谐运动,ω_0 的大小由式(9.10)决定,也叫做**谐振频率**。由于振荡电子云产生不可避免地损失能量,这种振荡将随着时间最终消失。振荡电子像振荡的电流一样,通过辐射电磁波消耗能量;所有的加速电荷都会产生辐射。

现在来研究一下电磁波通过该原子所在的区域时产生的振荡电场。如图 9.4(b)所示,外加电场在 $+x$ 和 $-x$ 方向上谐振,即 $E = E_0 \exp(j\omega t)$。这个电场推动电子并使其在原子核周围振荡。同样存在一个加在偏移的电子上的回复力 F_r,迫使电子壳层回复到原子核周围的平衡位置。为了简便,我们再次忽略能量损失。根据牛顿第二定律,在电场 E 作用下,Z 个质量为 m_e 的电子的运动方程为

$$Zm_e \frac{\mathrm{d}^2 x}{\mathrm{d}t^2} = -ZeE_0 \exp(j\omega t) - \beta x \qquad (9.11) \quad \text{洛伦兹振荡模型}$$

解此方程可以得到电子质心相对于原子核(C 相对于 O)的瞬时偏移量 $x(t)$:

$$x = x(t) = -\frac{eE_0 \exp(j\omega t)}{m_e(\omega_0^2 - \omega^2)}$$

则很容易得到感应电子偶极矩 $p_{\text{induced}} = -(Ze)x$。此处的负号是因为通常 x 都是从负电荷指向正电荷来求出的,但是在图 9.4(b)中,它是从原子核指向电子的。根据定义,电子极化率 α_e 是单位电场内的感应偶极矩:

$$\alpha_e = \frac{p_{\text{induced}}}{E} = \frac{Ze^2}{m_e(\omega_0^2 - \omega^2)} \qquad (9.12) \quad \text{电子极化率}$$

因此,位移 x 和电子极化率 α_e 随 ω 的增大而增大。当 ω 处于自然频率 ω_0 时,两者都变得非常大。实际上,电荷位移 x 和此后电子极化率 α_e 在 $\omega = \omega_0$ 时不会变得无限大,因为有两个

因素起了限制作用。一是当 x 非常大时系统不再是线性的,从而这种分析也就不再成立。二是总是存在着能量的损耗。

假设极化率和频率的关系如式(9.12)所示,则很容易推知其对折射率 n 的作用。最简单的(因而很粗略地)相对介电常数 ε_r 与极化率 α_e 间的关系为

$$\varepsilon_r = 1 + \frac{N}{\varepsilon_0}\alpha_e$$
相对介电常数和极化率

其中 N 为单位体积内的原子数目。假设折射率 n 和 ε_r 的关系为 $n^2 = \varepsilon_r$,则很显然 n 必定也是和频率有关的,即

$$n^2 = 1 + \left(\frac{NZe^2}{\varepsilon_0 m_e}\right)\frac{1}{\omega_0^2 - \omega^2} \qquad (9.13)\ \text{色散关系}$$

我们也可以用波长 λ 来表达上式。若 $\lambda_0 = 2\pi c/\omega_0$ 为谐振波长,则式(9.13)等效于

$$n^2 = 1 + \left(\frac{NZe^2}{\varepsilon_0 m_e}\right)\left(\frac{\lambda_0}{2\pi c}\right)^2 \frac{\lambda^2}{\lambda^2 - \lambda_0^2} \qquad (9.14)\ \text{色散关系}$$

这种 n 和频率 ω(或者波长 λ)之间的关系叫做**色散方程**。尽管上述处理方法是十分简单化的,但仍然可以看出 n 总是和波长有关的,并且当频率增加到接近极化机制的本征频率 ω_0 时,n 将大幅度增加。在上面的例子中,我们考虑的是有确定的本征频率 ω_0 的孤立原子的电子极化。然而在晶体中,原子间相互作用,我们必须进一步考虑键中的价电子。最终结果便是 n 变成频率或者波长的复杂函数。一种可能性就是假设有很多的谐振频率,即:不仅只有 λ_0,还有一系列的谐振频率 $\lambda_1, \lambda_2, \cdots$,然后对每一个频率加入一些权重因子 $A_1, A_2, \cdots$ 等来计算总的作用:

$$n^2 = 1 + \frac{A_1\lambda^2}{\lambda^2 - \lambda_1^2} + \frac{A_2\lambda^2}{\lambda^2 - \lambda_2^2} + \frac{A_3\lambda^2}{\lambda^2 - \lambda_3^2} + \cdots \qquad (9.15)\ \text{Sellmier 方程}$$

其中 $A_1, A_2, A_3, \cdots$ 和 $\lambda_1, \lambda_2, \lambda_3, \cdots$ 都是常数,叫做**塞尔迈耶尔(Sellmeier)系数**。[①] 如果已知塞尔迈耶尔系数,式(9.15)就变为可用来计算不同波长下的 n 的非常有用的半经验方程。对于我们关心的典型波长,在描述 n 和 λ 的关系时,包括 A_4 的高阶项和更高阶的 A 系数就可以被忽略。例如,对于金刚石,只需要用到 A_1 和 A_2 项即可。许多光学数据手册中都列出了塞尔迈耶尔系数。

还有另外一个著名的十分有用的 $n \sim \lambda$ 色散方程,最先是由柯西(1836)提出的,其简单形式由下式给出:

$$n = A + \frac{B}{\lambda^2} + \frac{C}{\lambda^4} \qquad (9.16)\ \text{简化的柯西色散方程}$$

其中 A, B 和 C 是材料的特性常数。柯西方程经常用于各种光学玻璃在可见光谱范围内的 n 值计算。更加通用的柯西色散方程具有如下的形式:[②]

$$n = n_{-2}(h\nu)^{-2} + n_0 + n_2(h\nu)^2 + n_4(h\nu)^4$$
$$(9.17)\ \text{光子能量的柯西色散关系}$$

其中 $h\nu$ 是光子能量,n_{-2}, n_0, n_2 和 n_4 都是常数;金刚石、Si 和 Ge 的这些常数值列于表 9.2 中。一般柯西方程可以在很宽的光子能量范围内应用。

---

① 这也就是通常所说的塞尔迈耶尔-赫兹伯格(Sellmeier-Herzberger)公式。

② D. Y. Smith et al., *J. Phy. CM* 13, 3883, 2001。

表 9.2　塞尔迈耶尔系数与柯西系数

	塞尔迈耶尔系数					
	A_1	A_2	A_3	$\lambda_1\,(\mu m)$	$\lambda_2\,(\mu m)$	$\lambda_3\,(\mu m)$
SiO₂（熔融石英）86.5%	0.696 749	0.408 218	0.890 815	0.069 066 0	0.115 662	9.900 559
SiO₂ - 13.5% GeO₂	0.711 040	0.451 885	0.704 048	0.064 270 0	0.129 408	9.425 478
GeO₂	0.806 866 42	0.718 158 48	0.854 168 31	0.068 972 606	0.153 966 05	11.841 931
蓝宝石	1.023 798	1.058 264	5.280 792	0.061 448 2	0.110 700	17.926 56
金刚石	0.330 6	4.335 6	—	0.175 0	0.106 0	—

	柯西系数				
	$h\nu(eV)$的范围	$n_{-2}\,(eV^2)$	n_0	$n_2\,(eV^{-2})$	$n_{-4}\,(eV^{-4})$
金刚石	0.05～5.47	-1.07×10^{-5}	2.378	8.01×10^{-3}	1.04×10^{-4}
硅	0.002～1.08	-2.04×10^{-8}	3.418 9	8.15×10^{-2}	1.25×10^{-2}
铬	0.002～0.75	-1.0×10^{-8}	4.003	2.2×10^{-1}	1.4×10^{-1}

例 9.2　GaAs 的色散方程　对于 GaAs，从 $\lambda=0.89$ 到 $4.1\ \mu m$，折射率由下面的色散关系给出：

$$n^2 = 7.10 + \frac{3.78\lambda^2}{\lambda^2 - 0.2767} \qquad (9.18)\ \text{GaAs 色散关系}$$

其中 λ 的单位为微米（μm）。对光子能量为 1eV 的光，GaAs 的折射率为多少？

解：当 $h\nu=1eV$ 时，

$$\lambda = \frac{hc}{h\nu} = \frac{(6.62\times10^{-34}\ \text{J}\cdot\text{s})\times(3\times10^8\ \text{m}\cdot\text{s}^{-1})}{(1\ \text{eV}\times1.6\times10^{-19}\ \text{J}\cdot\text{eV}^{-1})} = 1.24\ \mu m$$

因此，

$$n^2 = 7.10 + \frac{3.78\lambda^2}{\lambda^2 - 0.2767} = 7.10 + \frac{3.78\times1.24^2}{1.24^2 - 0.2767} = 11.71$$

故 $n=3.42$。

注意到 GaAs 的 n 和 λ 的关系实际上是一个塞尔迈耶尔形式的方程，这是因为当 $\lambda^2 \gg \lambda_1^2$ 时，只要给 A_1 加 1 即可得到 $1+A_1 = 7.10$。

例 9.3　塞尔迈耶尔方程和金刚石　金刚石的相关塞尔迈耶尔系数已在表 9.2 中给出。求 550 nm（绿光）处的折射率，保留到小数点后三位。

解：金刚石的塞尔迈耶尔色散关系如下

$$n^2 = 1 + \frac{0.3306\lambda^2}{\lambda^2 - (175\ nm)^2} + \frac{4.3356\lambda^2}{\lambda^2 - (106\ nm)^2}$$

$$= 1 + \frac{0.3306\times(550\ nm)^2}{(550\ nm)^2 - (175\ nm)^2} + \frac{4.3356\times(550\ nm)^2}{(550\ nm)^2 - (106\ nm)^2} = 5.8707$$

故 $n=2.423$。这和实验数据 2.426 大约相差了 0.1%。

例 9.4　柯西方程和金刚石　金刚石的柯西系数在表 9.2 中已给出，计算 550 nm 处的折射率。

　　解： 当 $\lambda = 550$ nm 时，光子能量为

$$h\nu = \frac{hc}{\lambda} = \frac{(6.62 \times 10^{-34} \text{ J} \cdot \text{s}) \times (3 \times 10^8 \text{ m} \cdot \text{s}^{-1})}{550 \times 10^{-9} \text{ m}} \times \frac{1}{1.6 \times 10^{-19} \text{ J} \cdot \text{eV}^{-1}} = 2.254 \text{ eV}$$

从表 9.2 中查出金刚石的柯西色散关系及系数，

$$n = n_{-2}(h\nu)^{-2} + n_0 + n_2(h\nu)^2 + n_4(h\nu)^4$$

$$= (-1.07 \times 10^{-5}) \times 2.254^{-2} + 2.378 + (8.01 \times 10^{-3}) \times 2.254^2 + (1.04 \times 10^{-4}) \times 2.254^4$$

$$= 2.421$$

和例 9.3 计算出的 n 值相差 0.08%，这是由于从表 9.2 中引用的柯西系数可以在更宽的波长范围内应用，因此更为准确。

9.4　群速度和群折射率

　　由于实际中不存在纯粹的单色波，我们必须考虑沿 z 轴传播且波长上有细微差别的波群，如图 9.5 所示。在图 9.5 中，当两个频率分别为 $\omega - \delta\omega$ 和 $\omega + \delta\omega$、波矢分别为 $k - \delta k$ 和 $k + \delta k$ 的完全谐振波干涉时，产生了一个包含振荡电场的**波包**，振荡电场的中心频率为 ω，振幅大小由一个频率为 $\delta\omega$ 的缓变场调制。最大振幅和波矢 δk 一起运动，于是其**群速度**可由 $\delta\omega/\delta k$ 给出，即

$$v_g = \frac{d\omega}{dk} \qquad\qquad (9.19) \boxed{\text{群速度}}$$

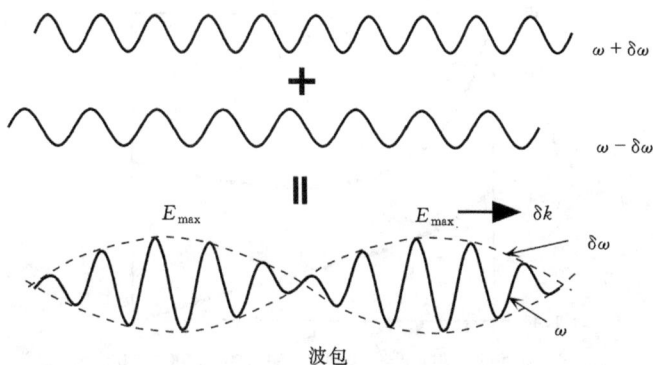

图 9.5　两个在波长上有细微差别且沿着同一方向传播的波，会
产生一个以群速传播的振幅不断变化的波包

　　因此，群速度定义了振幅变化的包络线的速度，所以也定义了能量或者信息的传播速度。图 9.5 中电场最大值以速度 v_g 推进，然而电场中的相位变化则以相速度 v 传播。

　　由于角频率 $\omega = vk$ 和相速度 $v = c/n$，介质中的群速度可以很容易由式(9.19)计算出。在真空中，v 显然就是 c，而且与波长或 k 无关。因此对于在真空中传播的波，$\omega = ck$，且群速度为

$$v_g(\text{vacuum}) = \frac{d\omega}{dk} = c = \text{相速度} \qquad (9.20) \boxed{\text{真空中的群速度}}$$

　　另一方面，假定 v 与波长或 k 有关，比如对玻璃而言，由于 n 是波长的函数，则

$$\omega = vk = \left[\frac{c}{n(\lambda)}\right]\left(\frac{2\pi}{\lambda}\right) \qquad (9.21)$$

其中 $n=n(\lambda)$ 是波长的函数。将式(9.21)代入微分方程(9.19)中,则介质中的群速度 v_g 近似为

$$v_g(\text{medium}) = \frac{d\omega}{dk} = \frac{c}{n-\lambda\dfrac{dn}{d\lambda}}$$

可写成

$$v_g(\text{medium}) = \frac{c}{N_g} \qquad (9.22) \quad \text{介质中的群速度}$$

其中

$$N_g = n - \lambda\frac{dn}{d\lambda} \qquad (9.23) \quad \text{群折射率}$$

被定义为介质的**群折射率**。式(9.23)定义了介质的群折射率 N_g,并通过式(9.22)确定了介质对群速度的影响。

一般情况下,由于许多介质的相对介电常数 ε_r 都和频率有关,于是折射率 n 和群折射率 N_g 也与光的波长有关。如果相速度 v 和群速度 v_g 都与波长有关,这种介质称为**色散介质**。纯 SiO_2(石英)的折射率 n 和群折射率 N_g 是光通信中光纤设计的重要参数。如图 9.6 所示,这两个参数都与光波波长有关。在 1300 nm 附近时,N_g 达到最小值,即波长位于 1300 nm 附近时,可近似认为 N_g 与波长无关。所以,波长在 1300 nm 附近的光波传播时,群速度是一样的,不产生色散。这一现象对于光在用于光通信的光纤中传播时是有意义的。

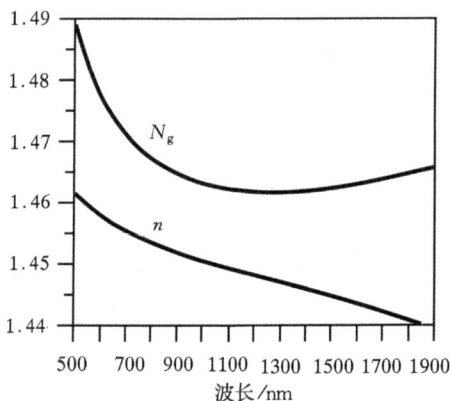

图 9.6 纯 SiO_2(石英)的折射率 n 和群折射率 N_g 都是波长的函数

例 9.5 群速度 如图 9.5 所示,考虑两列频率相近的正弦波,即频率分别为 $\omega-\delta\omega$ 和 $\omega+\delta\omega$ 的波。其波矢分别为 $k-\delta k$ 和 $k+\delta k$。则合成波为

$$E_x(z,t) = E_0\cos[(\omega-\delta\omega)t - (k-\delta k)z] + E_0\cos[(\omega+\delta\omega)t - (k+\delta k)z]$$

利用三角恒等式 $\cos A + \cos B = 2\cos\left[\dfrac{1}{2}(A-B)\right]\cos\left[\dfrac{1}{2}(A+B)\right]$,可以得到

$$E_x(z,t) = 2E_0\cos[(\delta\omega)t - (\delta k)z]\cos[\omega t - kz]$$

如图 9.5 所示,这代表了一列频率为 ω 的正弦波,其振幅由一个频率为 $\delta\omega$ 的极缓慢变化的正弦波调制。即,被调制的光波沿 z 轴传播,速度由调制项 $\cos[(\delta\omega)t - (\delta k)z]$ 决定。电场

最大值位于 $[(\delta\omega)t - (\delta k)z] = 2m\pi =$ 常数时（m 为整数），其传播速度为

$$\frac{\mathrm{d}z}{\mathrm{d}t} = \frac{\delta\omega}{\delta k} \quad \text{或} \quad v_g = \frac{\mathrm{d}\omega}{\mathrm{d}k}$$

群速度

这就是波的群速度，如式（9.19）所述，因为它确定了最大电场沿 z 轴传播的速度。

例 9.6　群速度和相速度　考虑在纯 SiO_2（石英）玻璃中传播的光。若光的波长为 1300 nm，且此波长下的折射率为 1.447，则相速度、群折射率（N_g）和群速度（v_g）分别为多少？

解：相速度为

$$v = \frac{c}{n} = \frac{3 \times 10^8 \ \mathrm{m \cdot s^{-1}}}{1.447} = 2.073 \times 10^8 \ \mathrm{m \cdot s^{-1}}$$

由图 9.6，当 $\lambda = 1300$ nm 时，$N_g = 1.462$，则

$$v_g = \frac{c}{N_g} = \frac{3 \times 10^8 \ \mathrm{m \cdot s^{-1}}}{1.462} = 2.052 \times 10^8 \ \mathrm{m \cdot s^{-1}}$$

群速度大约比相速度小了 0.7%。

9.5　磁场：辐射和坡印廷矢量

虽然前面已经研究过了电磁波中的电场分量 E_x，但我们应该回想起，在电磁波的传播过程中，磁场（磁感应）分量 B_y 总是伴随着 E_x。实际上，若各向同性介质中传播的电磁波的相速度为 v，折射率为 n，则根据电磁学，在任意时刻任意位置的电磁波中，[1]有

$$E_x = vB_y = \frac{c}{n}B_y \qquad (9.24)$$

电磁波中的场

其中 $v = (\varepsilon_0\varepsilon_r\mu_0)^{-1/2}$，$n = \sqrt{\varepsilon_r}$。因此，对于在各向同性介质中传播的电磁波，电场和磁场有着简单而紧密的联系。根据式（9.24），任何改变 E_x 的过程也同样会改变 B_y。

如图 9.7 所示，由于电磁波沿波矢 $\pmb{k}$ 的方向传播，故在此方向上存在着能量的流动。波携带着电磁能。当电场为 E_x 时，空间中一个非常小的区域内的能量密度，即单位体积内的能量为 $\frac{1}{2}\varepsilon_0\varepsilon_r E_x^2$。同样可以定义磁场为 B_y 的空间范围内的能量密度 $\frac{1}{2}B_y^2/\mu_0$。因为电场和磁场由式（9.24）联系起来，故电场 E_x 和磁场 B_y 中的能量密度也相等，即：

$$\frac{1}{2}\varepsilon_0\varepsilon_r E_x^2 = \frac{1}{2\mu_0}B_y^2 \qquad (9.25)$$

电磁波中的能量密度

因此波的总能量密度为 $\varepsilon_0\varepsilon_r E_x^2$。假设把一理想的"能量计"放在电磁波的传播路径上，这个仪器的接收面积 A 垂直于传播方向。在一段时间 Δt 内，空间长度为 $v\Delta t$ 的波的一部分通过 A，如图 9.7 所示。因此，在时间 Δt 内，通过 A 的电磁波的体积为 $Av\Delta t$。那么这一体积内的能量必然被接收到。若 S 为单位面积内流过的电磁波能量，即单位时间单位面积内的能流，则

$$S = \frac{(Av\Delta t)(\varepsilon_0\varepsilon_r E_x^2)}{A\Delta t} = v\varepsilon_0\varepsilon_r E_x^2 = v^2\varepsilon_0\varepsilon_r E_x B_y \qquad (9.26)$$

在各向同性介质中，能流方向与波传播的方向一致。如果用矢量 $\pmb{E}$ 和 $\pmb{B}$ 来表示电磁波中

---

[1]　这实际上是静态法拉第电磁定律。通常用矢量符号表述为 $\omega\pmb{B} = \pmb{k} \times \pmb{E}$。

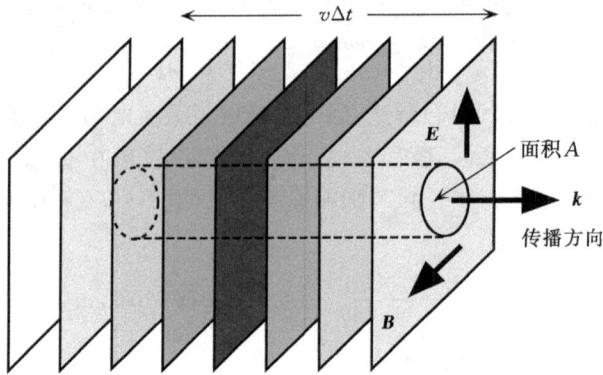

图 9.7   一束沿 k 向传播的平面电磁波穿过与 k 垂直的面积 A。在 Δt 内，在体积为 $Av\Delta t$ 的圆柱体(虚线表示)内的能量流过了 A

的电场和磁场，则波沿 $E \times B$ 方向传播，因为这一方向与 E 和 B 都垂直。式(9.26)中单位面积内电磁波的能流可以写为

$$S = v^2 \varepsilon_0 \varepsilon_r E \times B \qquad\qquad (9.27) \; \boxed{\text{坡印廷矢量}}$$

其中，S 称为**坡印廷(Poynting)矢量**，表示沿 $E \times B$ 所确定的方向(传播方向)上单位时间单位面积内的能流。它的大小，即单位面积内的能流称为**辐照度**。[①]

在接收位置上($z=z_1$ 处)的电场 E_x 以正弦形式变化，意味着能流也以正弦形式变化。式(9.26)中的辐照度是**瞬时辐照度**。若我们把电场写成 $E_x = E_0 \sin(\omega t)$，然后通过计算一定时间内的平均 S，可得到平均辐照度为

$$\mathcal{I} = S_{average} = \frac{1}{2} v \varepsilon_0 \varepsilon_r E_0^2 \qquad\qquad (9.28) \; \boxed{\text{平均辐照度(强度)}}$$

由于 $v = c/n$ 和 $\varepsilon_r = n^2$，因此可以将式(9.28)写为

$$\mathcal{I} = S_{average} = \frac{1}{2} c \varepsilon_0 n E_0^2 = (1.33 \times 10^{-3}) n E_0^2$$

$$(9.29) \; \boxed{\text{平均辐照度(强度)}}$$

只有当功率计的响应比电场的振荡快得多时，才能测量瞬时辐照度，由于这是处于光学频率范围内，所有实际的测量仪器总是只能得到平均辐照度，这是因为所有探测器的响应频率比电磁波的频率慢很多。

9.6   斯涅耳定律和全内反射(TIR)

下面我们考虑平面电磁行波从折射率为 n_1 的介质 1 传播到折射率为 n_2 的介质 2 中的情况。如图 9.8 所示，等相面和虚线重合，波矢 k_i 垂直于波面。当波传到两介质分界面时，出现了介质 2 中的透射波和介质 1 中的反射波。透射波称为**折射光**。如图 9.8，分界面上与法线

---

①   "强度"这一术语应用广泛，并被许多工程师解释为单位面积上的能流，实际上更准确的术语应该是"辐照度"。许多光电数据手册都简单地用强度来表示辐照度。

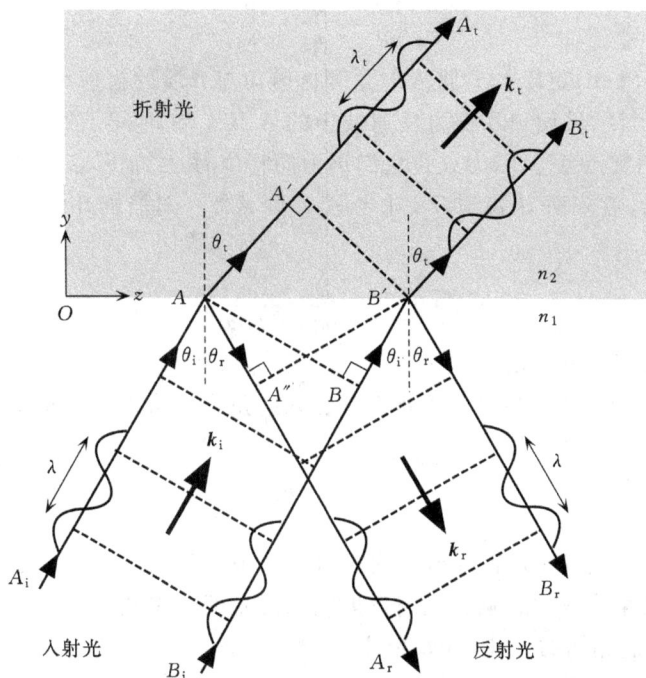

图 9.8　光从折射率为 n_1 的介质传播到折射率为 $n_2\,(n_1>n_2)$ 的介质上时，在分界面处会发生反射和折射

的夹角 θ_i,θ_t 和 θ_r 分别定义了入射波、透射波和反射波的方向。反射波和透射波的波矢分别记为 $\boldsymbol{k}_r$ 和 $\boldsymbol{k}_t$。因为入射波和反射波在同一介质中，故 $\boldsymbol{k}_r$ 和 $\boldsymbol{k}_i$ 的大小是一样的，$k_r=k_i$。

基于干涉相长的简单论证可用来证明，只能在角度等于入射角的方向上存在一列反射波。沿着 A_i 和 B_i 的两列波是同相位的。这两列波被反射变为 A_r 和 B_r 时，它们必定仍是同相位的，否则它们将干涉相消。两列波保持同相位的唯一条件是 $\theta_r=\theta_i$。所有其它的角度将导致 A_r 波和 B_r 波不同相并干涉相消。

折射波 A_t 和 B_t 在折射率为 $n_2\,(<n_1)$ 的介质中传播，n_2 与 n_1 不相等，因此波 A_t 和 B_t 的速度与波 A_i 和 B_i 的速度是不同的。考虑当光从介质 1 传播到介质 2 中时，可能对应于最大场的波面 AB 将会发生什么样的变化。在这个波面上的点 A 和 B 总是同相位的。一段时间后，波 B_i 上 B 点的相位到达点 B'，波 A_t 中 A 点相位前进到点 A'。因此，波面 AB 变为介质 2 中的波面 $A'B'$。除非两列波在 A' 和 B' 的相位仍然相同，否则将会没有透射波。而波面上的点 A' 和 B' 仅对一个特定的透射角 θ_t 才同相位。

经过时间 t 后，波 B_i 上 B 点的相位到达点 B'，则 $BB'=v_1t=ct/n_1$。在这段时间 t 后，点 A 相位前进到点 A'，其中 $AA'=v_2t=ct/n_2$。由于 A' 和 B' 像 A 和 B 一样处于同一波面，故在介质 1 中 AB 垂直于 $\boldsymbol{k}_i$，在介质 2 中 $A'B'$ 也将垂直于 $\boldsymbol{k}_t$。根据几何关系，$AB'=BB'/\sin\theta_i$，$AB'=AA'/\sin\theta_t$，故：

$$AB'=\frac{v_1t}{\sin\theta_i}=\frac{v_2t}{\sin\theta_t}$$

或

$$\frac{\sin\theta_i}{\sin\theta_t} = \frac{v_1}{v_2} = \frac{n_2}{n_1} \qquad (9.30)\ \textbf{斯涅耳(Snell)定律}$$

这就是**斯涅耳(Snell)定律**[①],它将入射角和折射角与介质的折射率联系了起来。

若我们考虑反射波,波面 AB 变为反射波中的 $A''B'$。在时间 t 后,点 B 的相位移动到点 B',点 A 的相位移动到点 A''。因为只有它们仍为同相位时,才能形成反射波,故 BB' 必须等于 AA''。假设时间 t 后,波阵面 B 移到 B'(或者 A 移到 A'')。则根据几何关系,因为 $BB'=AA''=v_1t$,有

$$AB' = \frac{v_1 t}{\sin\theta_i} = \frac{v_1 t}{\sin\theta_r}$$

可得 $\theta_i=\theta_r$。入射角等于反射角。

当 $n_1 > n_2$ 时,由图9.8明显可看出折射角比入射角大。当折射角 θ_t 达到90°时,此时的入射角称为**临界角** θ_c,由下式给出:

$$\sin\theta_c = \frac{n_2}{n_1} \qquad (9.31)\ \textbf{全内反射(TIR)的临界角}$$

当入射角大于临界角时,只有反射波而没有折射波。这种现象叫做**全内反射**(TIR)。图9.9给出了增大入射角造成的影响。全内反射现象使光可以在被较小折射率介质环绕着的介质中传播,也就是我们熟知的光波导(如光纤)。

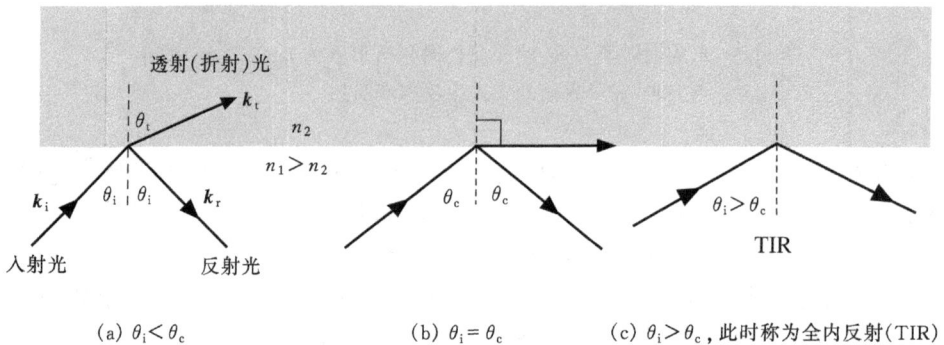

图 9.9　光波从光密介质入射到光疏介质

根据入射角 θ_i 与 θ_c 的关系和折射率,光可能透射(折射)或反射

例9.7　通信用的光纤　图9.10给出了简化了的现代光通信系统。信息被转换成数字信号(例如电流脉冲)来驱动光发射器(如半导体激光器)。产生的光脉冲被耦合进**光纤**中,光纤起着光的导向作用。光纤是细如发丝的玻璃纤维(由石英(SiO_2)制成),能够将光脉冲导引到目的地。设置在目的地的光探测器将把光信号转换为电信号,进而解码得到输入的信息。

如图9.10所示,**纤芯**的折射率比周围区域(称为**包层**)的折射率大。用于短距离传输(如一幢大厦内局域网络的通信)的纤芯直径大约为100 μm,整个光纤直径大约为150~200 μm。纤芯和包层的折射率分别为 n_1 和 n_2,二者通常仅仅相差1%~3%。如图9.10所示,因为光

---

① 韦勒波德·斯涅耳(Willebrord von Roijen Snell,1581—1626),荷兰物理学家和数学家,出生于莱顿并最终成为莱顿大学的教授。他于1621年得到了他的折射定律并于1637年由笛卡尔(Réne Descartes)在法国出版;至于笛卡尔是知道斯涅耳定律还是他们各自独立发现的,就不得而知了。

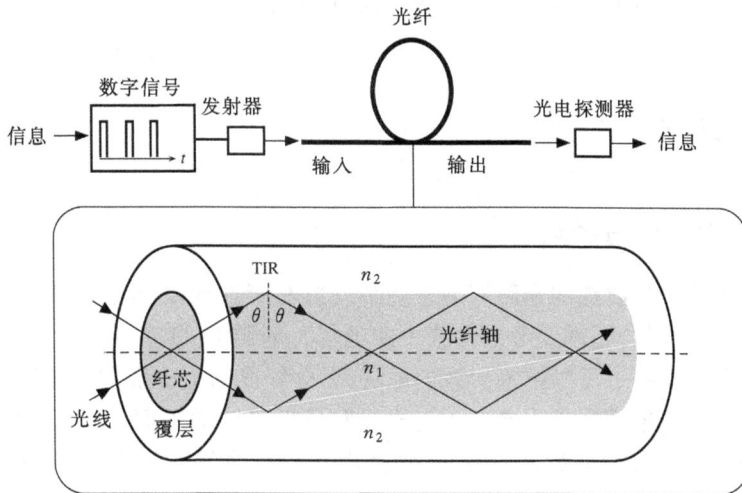

图 9.10　通信中用于传输数字信号的光纤连接
纤芯具有较高的折射率,因此在纤芯和包层分界面上可以发生全内反射,光
信号可以沿纤芯传播

在纤芯和包层分界面上发生了全内反射,所以光得以沿纤芯传播。只有那些沿着光纤长度发生全内反射的光才能最终到达目的地。考虑一根光纤,n_1(纤芯)= 1.455,n_2(包层)= 1.440,光波在纤芯中传播的临界角为

$$\theta_c = \arcsin\left(\frac{n_2}{n_1}\right) = \arcsin\left(\frac{1.440}{1.445}\right) = 81.8°$$

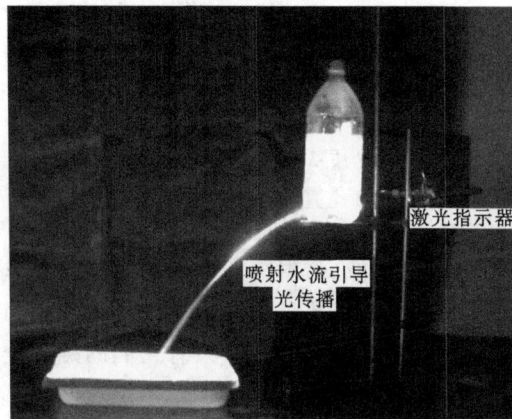

在一个装满水的塑料瓶底部开了一个小洞,用来产生喷射水流。当这个洞被激光束(由一个绿色激光指示器产生)照明时,光由于全反射而沿着水流照到盘子里。喷射水流的导光实验在 1854 年由皇家学会的约翰·丁锋尔(John Tyndall)验证。(有气泡的水流用来增加光的可见度,这是因为气泡散射光。)

对于入射角 $\theta > \theta_c$ 满足全内反射条件的光线，可以沿着光纤传播[①]。注意：入射角相对于光纤轴的角度必须小于 $8.2°$。

9.7 菲涅耳方程

9.7.1 振幅反射和透射系数

虽然利用带有等相位波前的光路图便于理解反射和折射现象，但为了得到反射和折射波的振幅及它们的相对相位，还需要考虑光波中的电场。如图 9.11 所示，光波的电场方向必定垂直于光传播的方向。我们可以把入射波的电场 E_i 分解成两个分量：在入射面内的 $E_{i,\parallel}$ 和垂直于入射面的 $E_{i,\perp}$。**入射面**定义为包含入射光线和反射光线的平面，如图 9.11 所示，即与纸面重合。[②] 同样地，对于反射波和透射波，也把其电场分解为平行于和垂直于入射面的分量，即 $E_{r,\parallel}$，$E_{r,\perp}$ 和 $E_{t,\parallel}$，$E_{t,\perp}$。

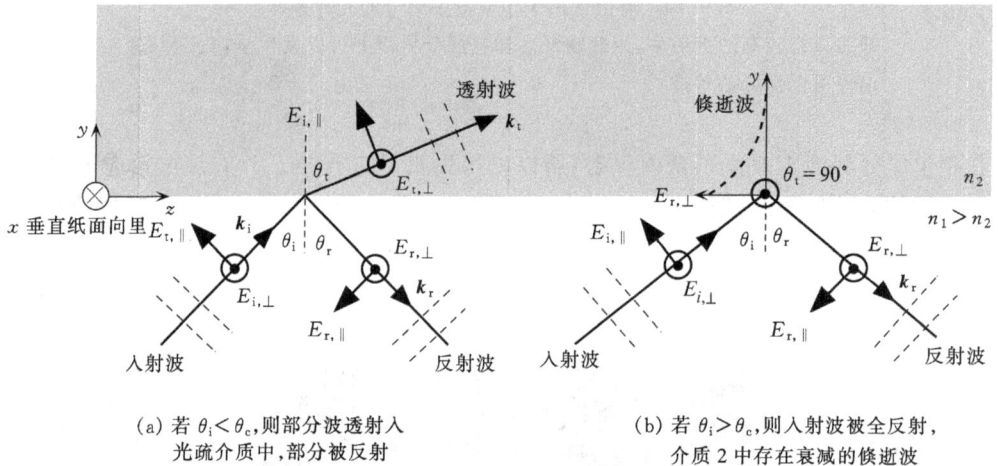

(a) 若 $\theta_i < \theta_c$，则部分波透射入光疏介质中，部分被反射

(b) 若 $\theta_i > \theta_c$，则入射波被全反射，介质 2 中存在衰减的倏逝波

图 9.11 光波从光密介质入射到光疏介质

入射平面与纸面重合并与两介质的分界面垂直。电场与传播方向正交且分解为垂直和平行两个分量

从图 9.11 中可以明显看出，入射波、透射波和反射波都有沿 z 方向的波矢分量，也就是说它们都有沿 z 方向的速度分量。场 $E_{i,\perp}$，$E_{r,\perp}$ 和 $E_{t,\perp}$ 都垂直于 z 方向。这种波称为**横电**(TE)波。另一方面，对于有 $E_{i,\parallel}$，$E_{r,\parallel}$ 和 $E_{t,\parallel}$ 分量的波，只有它们的磁场分量垂直于 z 方向，这种波称为**横磁**(TM)波。

---

① 光在光纤中的传播比在纤芯-覆层界面上全内反射以 Z 字形传播复杂得多。波在纤芯中不但要满足全内反射条件，还要避免破坏性干涉的发生，以便它们在沿着波导传播时不会被破坏；可参考 S. O. Kasap, *Optoelectronics and Photonics*：*Principles and Practices*，Upper Saddle River：Prentice Hall，2001，chap. 2。

② 场分量的定义参照 S. G. Lipson et al.，*Optical Physics*，3rd ed.，Cambridge，MA，Cambridge University Press，1995，和 Grant Fowles，*Introduction to Modern Optics*，2nd ed.，New York，Dover Publications, Inc.，1975。他们清晰的表述被学术界高度推崇。大多数作者使用不同的规定会导致在后面的方程中出现反号；菲涅耳方程的导出与上述特定的电场方向密切相关。

我们用指数形式来表示入射波、反射波和折射波,即:

$$E_i = E_{i0} \exp[j(\omega t - \boldsymbol{k}_i \cdot \boldsymbol{r})] \tag{9.32} 入射波$$

$$E_r = E_{r0} \exp[j(\omega t - \boldsymbol{k}_r \cdot \boldsymbol{r})] \tag{9.33} 反射波$$

$$E_t = E_{t0} \exp[j(\omega t - \boldsymbol{k}_t \cdot \boldsymbol{r})] \tag{9.34} 透射波$$

其中 $\boldsymbol{r}$ 为位置矢量;波矢 $\boldsymbol{k}_i$,$\boldsymbol{k}_r$ 和 $\boldsymbol{k}_t$ 分别表示入射波、反射波和透射波的方向;E_{i0},E_{r0} 和 E_{t0} 分别为其各自的振幅。反射波和透射波中相对于入射波发生的任何相位变化(例如 ϕ_r 和 ϕ_t)都被包含于复振幅 E_{r0} 和 E_{t0} 中。因此需要求出 E_{r0} 和 E_{t0} 与 E_{i0} 的关系。

应当注意到,在入射波、反射波和透射波中,磁场分量有着相似的表达式,只是此时它们垂直的是各自相应的电场。作为电磁波理论的一个必要条件,波面上任何地方的电场和磁场都必须是相互垂直的。这就意味着,由于电磁波中存在 $E_\parallel$,有与之相关的磁场 $B_\perp$,且 $B_\perp = (n/c)E_\parallel$。同样,$E_\perp$ 也有与之相关的磁场 $B_\parallel$,且 $B_\parallel = (n/c)E_\perp$。

在电磁学中有两个十分有用的基本原理,它们确定了在两种介质的分界上电场和磁场的行为,我们可以任意标记两种介质为 1 和 2。这些原理被称为边界条件。第一个边界条件表述为:从介质 1 到 2 时,分界面上电场的切线分量 $E_{tangential}$ 是连续的,即,如图 9.11 所示,在分界面 $y=0$ 处,有

$$E_{tangential}(1) = E_{tangential}(2) \tag{9.35} 边界条件$$

第二个边界条件表述为:倘若两种介质是无磁性的(相对磁导率 $\mu_r = 1$),从介质 1 到 2 时,分界面上磁场的切线分量 $B_{tangential}$ 同样是连续的,即

$$B_{tangential}(1) = B_{tangential}(2) \tag{9.36} 边界条件$$

利用 $y=0$ 处场的边界条件及电场与磁场关系,可以根据入射波求出反射波和透射波。只有当入射角和反射角相等,即 $\theta_r = \theta_i$ 时,边界条件才成立,且入射波和透射波的角度服从斯涅耳定律,$n_1 \sin\theta_i = n_2 \sin\theta_t$。

对从介质 1 到介质 2 的电磁波应用边界条件[①],根据 n_1,n_2 和入射角 θ_i,就可以很容易得到反射波和透射波的振幅。这种关系称为**菲涅耳方程**。若我们定义 $n = n_2/n_1$ 为介质 2 对于介质 1 的相对折射率,则 $E_\perp$ 的**反射系数和透射系数**为

$$r_\perp = \frac{E_{r0,\perp}}{E_{i0,\perp}} = \frac{\cos\theta_i - (n^2 - \sin^2\theta_i)^{1/2}}{\cos\theta_i + (n^2 - \sin^2\theta_i)^{1/2}} \tag{9.37} 反射系数$$

和

$$t_\perp = \frac{E_{t0,\perp}}{E_{i0,\perp}} = \frac{2\cos\theta_i}{\cos\theta_i + (n^2 - \sin^2\theta_i)^{1/2}} \tag{9.38} 透射系数$$

$E_\parallel$ 场的相应的系数,反射系数 $r_\parallel$ 和透射系数 $t_\parallel$ 为

$$r_\parallel = \frac{E_{r0,\parallel}}{E_{i0,\parallel}} = \frac{(n^2 - \sin^2\theta_i)^{1/2} - n^2\cos\theta_i}{(n^2 - \sin^2\theta_i)^{1/2} + n^2\cos\theta_i} \tag{9.39} 反射系数$$

$$t_\parallel = \frac{E_{t0,\parallel}}{E_{i0,\parallel}} = \frac{2n\cos\theta_i}{n^2\cos\theta_i + (n^2 - \sin^2\theta_i)^{1/2}} \tag{9.40} 透射系数$$

此外,反射和透射系数关系为

---

① 这些方程在任何电磁学手册上都很容易找到。它们来自于两个边界条件,涉及到许多代数运算,这里将不做讨论。边界两侧的电场和磁场分量沿垂直于边界表面的方向分解,并应用了边界条件。随后使用了关系式 $\cos\theta_t = (1 - \sin^2\theta_t)^{1/2}$,$\sin\theta_t$ 由斯涅耳定律决定。

$$r_\parallel + nt_\parallel = 1 \quad \text{和} \quad r_\perp + 1 = t_\perp \quad (9.41) \text{ 透射和反射系数关系}$$

这些方程的重要性在于可以通过 $r_\perp$，$r_\parallel$，$t_\perp$ 和 $t_\parallel$ 这些系数来确定反射波和透射波的振幅和相位。为简便起见，设 E_{i0} 为实数，从而把 $r_\perp$ 和 $t_\perp$ 的相位角和相对于入射波的**相位变化**联系起来。例如，如果 $r_\perp$ 是复数，可以将其写作 $r_\perp = |r_\perp| \exp(-j\phi_\perp)$，其中 $|r_\perp|$ 和 $\phi_\perp$ 分别表示垂直于入射面的反射波相对于入射波的相对振幅和相位。当然，当 $r_\perp$ 是实数时，则正数表示没有相位变化，负数表示相位变化 180°(或 π)。对于所有的波而言，负号都对应于相位变化了180°。只有当方根下的项为负数时，才会从菲涅耳方程中得到复系数，这只发生在 $n < 1$(或 $n_1 > n_2$)且 $\theta_i > \theta_c$(临界角)时。因此当发生全内反射时，相位变化既不是0，也不是180°。

图 9.12(a)给出的是，当光从光密介质($n_1 = 1.44$)进入光疏介质($n_2 = 1.00$)中，反射系数 $|r_\perp|$ 和 $|r_\parallel|$ 随入射角 θ_i 的变化规律，这与根据菲涅耳定律计算的结果一致。图 9.12(b)给出了反射波相位的变化，即 $\phi_\perp$ 和 $\phi_\parallel$ 随入射角 θ_i 的变化规律。临界角 θ_c 由 $\sin\theta_c = n_2/n_1$ 求出，在此情形下为 44°。很明显，当入射光靠近法线(入射角 θ_i 很小)时，反射波的相位没有变化。例如，将从法线方向入射(正入射 $\theta_i = 0$)代入到菲涅耳方程中，可以得到

$$r_\parallel = r_\perp = \frac{n_1 - n_2}{n_1 + n_2} \quad (9.42) \text{ 正入射}$$

当 $n_1 > n_2$ 时，上式取正值，这意味着反射波的相位无变化。图 9.12(b)中的 $\phi_\perp$ 和 $\phi_\parallel$ 也证实了这一点。随着入射角度的增加，最后 $r_\parallel$ 在约 35°处变成零。也可以令 $r_\parallel = 0$ 解菲涅耳方程[式(9.39)]。来求得这个特殊的入射角，记为 θ_p。其中，反射波中的场总是垂直于入射面因而意义明确。这个特殊的角被称为**起偏角**或者**布儒斯特(Brewster)角**，从式(9.39)得到

$$\tan\theta_p = \frac{n_2}{n_1} \quad (9.43) \text{ 布儒斯特偏振角}$$

这种情况下，反射波是**线偏振**的，因为其电场在确定的平面内振动，这一平面垂直于入射面和传播方向。另一方面，**非偏振光**中电场在垂直于传播方向的平面内的任意方向上振动。

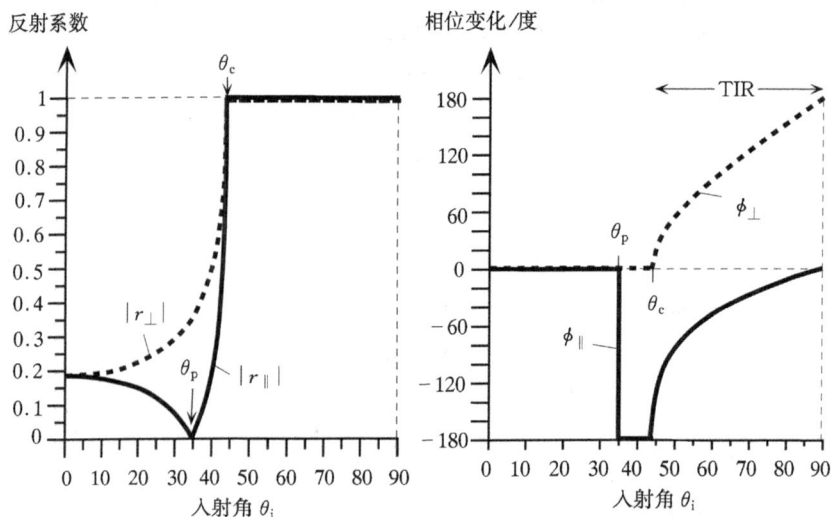

(a) 反射系数 $r_\perp$ 和 $r_\parallel$ 随入射角 θ_i 的变化规律。其中 $n_1 = 1.44$，$n_2 = 1.00$，临界角是 44°

(b) 相位变化 $\phi_\perp$ 和 $\phi_\parallel$ 随入射角的变化

图 9.12　内反射

但是,对线偏振光而言,其电场在确定的平面内振动。从许多光源,如钨灯泡或者 LED 二极管发出的光是非偏振的,电场振动在垂直于传播方向的任意方向上取向。

当入射角大于 θ_p 但小于 θ_c 时,由菲涅耳方程[式(9.39)],$r_\parallel$ 取负值,这说明相位变化了180°,如图 9.12(b)所示。在图 9.12(a)中可以明显看到,$r_\parallel$ 和 $r_\perp$ 的大小随 θ_i 的增加而增加。当达到并超过临界角时(在图 9.12 中超过44°),即当 $\theta_i \geqslant \theta_c$ 时,$r_\parallel$ 和 $r_\perp$ 的大小是相同的,所以反射波与入射波有着相同的振幅。此时入射波发生**全内反射**(TIR)。当 $\theta_i > \theta_c$,发生全内反射时,式(9.37)至式(9.40)均为复数,因为此时 $\sin\theta_i > n$,方根下的项为负值。反射系数为复数时,可表示为 $r_\perp = 1 \cdot \exp(-j\phi_\perp)$ 和 $r_\parallel = 1 \cdot \exp(-j\phi_\parallel)$,相位角 $\phi_\perp$ 和 $\phi_\parallel$ 既不是 0 也不是180°。因此,反射波电场分量 $E_\perp$ 和 $E_\parallel$ 经历的相位变化为 $\phi_\perp$ 和 $\phi_\parallel$。从图 9.12(b)中明显看到,这些相位变化既与入射角有关,也同 n_1 和 n_2 有关。

分析式(9.37)中的 $r_\perp$,可以看出当 $\theta_i > \theta_c$ 时,$|r_\perp| = 1$,相位变化 $\phi_\perp$ 为

$$\tan\left(\frac{1}{2}\phi_\perp\right) = \frac{(\sin^2\theta_i - n^2)^{1/2}}{\cos\theta_i} \qquad (9.44) \text{ TIR 的相位变化}$$

对于 $E_\parallel$ 分量,相位变化 $\phi_\parallel$ 由下式给出:

$$\tan\left(\frac{1}{2}\phi_\parallel + \frac{1}{2}\pi\right) = \frac{(\sin^2\theta_i - n^2)^{1/2}}{n^2\cos\theta_i} \qquad (9.45) \text{ TIR 的相位变化}$$

总之,对于内反射($n_1 > n_2$),全内反射时反射波的振幅和入射波振幅相等,但是相位发生改变,其改变量由式(9.44)和式(9.45)确定。[①] 实际上,由于反射光场 $E_{r,\parallel}$ 方向的选择不同,当 $\theta_i > \theta_c$ 时,$\phi_\parallel$ 有一个附加的 π 相移,使 $\phi_\parallel$ 为负值,如图 9.11 所示。(如果简单地反转 $E_{r,\parallel}$ 的方向,这个 π 相移则可以被忽略)。

在图 9.12 中,讨论了 $n_1 > n_2$ 情况下的反射系数。当光从折射率较高的一侧接近分界面时,即 $n_1 > n_2$ 时,反射为**内反射**,并且正入射时无相位变化。另一方面,当光从折射率较低的一侧接近分界面时,即 $n_1 < n_2$ 时,反射为**外反射**。因此,在外反射中,光被光密(较高折射率)介质的表面反射。上述两种情况有一个重要的区别。图 9.13 描述了外反射时反射系数 $r_\perp$ 和 $r_\parallel$ 与入射角 θ_i 的关系($n_1 = 1$,$n_2 = 1.44$)。对于正入射,这两个系数都是负值,意味着正入射时的外反射有 180°的相位变化。此外,由式(9.43),以布儒斯特角入射时 $r_\parallel$ 为 0。入射角为布儒斯特角时,反射波只有 $E_\perp$ 分量,是偏振光。对于内反射($\theta_i < \theta_c$)和外反射($n_1 < n_2$)两种情况,透射光都没有产生相位变化。

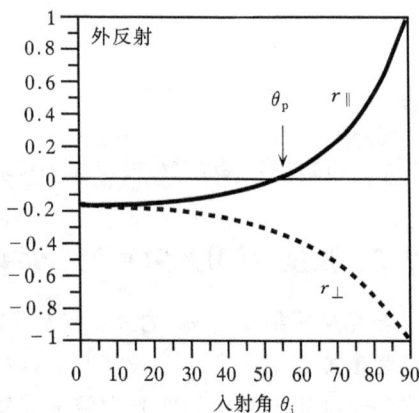

图 9.13 反射系数 $r_\perp$ 和 $r_\parallel$ 与入射角 θ_i 的关系($n_1 = 1.00$,$n_2 = 1.44$)

当 $\theta_i > \theta_c$ 时,透射波会有什么变化? 根据边界条件,在介质 2 中仍然存在电场;否则将不能满足边界条件。当 $\theta_i > \theta_c$ 时,介质 2 中的电场在表面附近沿着 z 方向传播,如图 9.14 所示。这种波称为倏逝波,沿 z 方向传播,在介质 2 中时迅速减小,即

---

① 显然这里已经将有关概念和合成方程应用在了线性偏振光波上。

$$E_{t,\perp}(y,z,t) \propto e^{-\alpha_2 y} \exp[j(\omega t - k_{iz}z)] \qquad (9.46)\ \text{倏逝波}$$

其中 $k_{iz} = k_i \sin\theta_i$ 是沿 z 轴的入射波的波矢，α_2 是电场在介质 2 中的**衰减系数**：

$$\alpha_2 = \frac{2\pi n_2}{\lambda}\left[\left(\frac{n_1}{n_2}\right)^2 \sin^2\theta_i - 1\right]^{1/2} \qquad (9.47)\ \text{倏逝波的衰减}$$

其中 λ 是自由空间中的波长。根据式(9.46)，倏逝波沿 z 方向传播，其振幅从分界面向介质 2 内(沿着 y)按指数衰减，如图 9.11(b)所示。当 $y = 1/\alpha_2 = \delta$(称为**透射深度**)时，在介质 2 中倏逝波的振幅为 e^{-1}。当 $\theta_i > \theta_c$ 时，利用斯涅耳定律不难证明倏逝波的存在。倏逝波沿着边界法线(z 方向)传播，其速度与入射波和折射波的 z 分量速度一样。在式(9.32)至式(9.34)中，假定入射波和折射波均为**平面波**，即无限大范围内的。如果延伸反射波的波面，将会与分界面相交，如图 9.14 所示。在图 9.14 中，沿 z 方向传播的倏逝波可以被看作是在分界面上的这些平面波前产生的(在光波导中，如光纤，倏逝波对光的传播具有重要意义)。假设入射波是一束很细的光(如激光器发出的光)，则反射波也有相同的横截面。此时在分界面上也存在倏逝波，但是仅仅存在于分界面上反射波的横截面内。

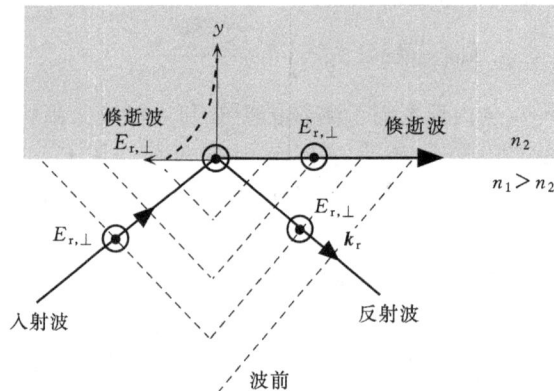

图 9.14 当 $\theta_i > \theta_c$ 时，对于被反射的平面波，在分界面上存在沿 z 轴传播的倏逝波

9.7.2 强度、反射系数和透射系数

当光从折射率为 n_1 的介质传播到折射率为 n_2 的分界面上时，经常要计算反射波和透射波的强度或者辐照度。一般情况下，我们只对正入射 $\theta_i = 0°$ 的情形感兴趣。例如，激光二极管发出的光在折射率变化的光学腔末端发生的反射。

反射比 R 用来衡量反射光相对于入射光的强度，可以分别由垂直于和平行于入射面的电场分量来定义。反射系数 $R_\perp$ 和 $R_\parallel$ 定义为

$$R_\perp = \frac{|E_{r0,\perp}|^2}{|E_{i0,\perp}|^2} = |r_\perp|^2 \quad \text{和} \quad R_\parallel = \frac{|E_{r0,\parallel}|^2}{|E_{i0,\parallel}|^2} = |r_\parallel|^2 \qquad (9.48)$$

正入射时，式(9.37)至式(9.40)可简化为

$$R = R_\perp = R_\parallel = \left(\frac{n_1 - n_2}{n_1 + n_2}\right)^2 \qquad (9.49)\ \text{正入射的反射比}$$

玻璃材料的折射率约为 1.5，可以计算出在空气和玻璃界面上将有 4% 的入射波被反射。

与反射比类似,**透射比** T 可以将透射波的强度与入射波的强度联系起来。但必须考虑到透射波是位于不同的介质中,它相对于边界面的方向会由于折射发生改变。正入射时,入射波和透射波均沿法线方向,透射比定义为

$$T_\perp = \frac{n_2 |E_{t0,\perp}|^2}{n_1 |E_{i0,\perp}|^2} = \left(\frac{n_2}{n_1}\right) |t_\perp|^2 \quad 和 \quad T_\parallel = \frac{n_2 |E_{t0,\parallel}|^2}{n_1 |E_{i0,\parallel}|^2} = \left(\frac{n_2}{n_1}\right) |t_\parallel|^2 \quad (9.50)$$

或

$$T = T_\perp = T_\parallel = \frac{4n_1 n_2}{(n_1 + n_2)^2} \qquad (9.51) \quad \boxed{\text{正入射的透射比}}$$

并且,光的反射部分与透射部分之和必须趋于 1,故 $R + T = 1$。

例 9.8　从光疏介质到光密介质光的反射(内反射)　光从折射率 $n_1 = 1.460$ 的玻璃介质入射到折射率 $n_2 = 1.440$ 的光疏玻璃介质中。假设自由空间中光的波长 λ 为 1300nm。

a. 全内反射时的最小入射角为多少?

b. 当 $\theta_i = 87°$ 和 $\theta_i = 90°$ 时,反射波相位变化为多少?

c. 当 $\theta_i = 80°$ 和 $\theta_i = 90°$ 时,介质 2 中的倏逝波的透射深度为多少?

解:a. 全反射的临界角 θ_c 由 $\sin\theta_c = n_2/n_1 = 1.440/1.460$ 给出,故 $\theta_c = 80.51°$。

b. 由于入射角 $\theta_i > \theta_c$,反射波将发生相移。$E_{r,\perp}$ 的相位改变由 $\phi_\perp$ 给出。当 $n_1 = 1.460$, $n_2 = 1.440$ 且 $\theta_i = 87°$ 时,有

$$\tan\left(\frac{1}{2}\phi_\perp\right) = \frac{(\sin^2\theta_i - n^2)^{1/2}}{\cos\theta_i} = \frac{\left[\sin^2(87°) - \left(\frac{1.440}{1.460}\right)^2\right]^{1/2}}{\cos(87°)}$$

$$= 2.989 = \tan\left[\frac{1}{2}(143.0°)\right]$$

所以相位改变为 143°。对于 $E_{r,\parallel}$ 分量,相位改变为

$$\tan\left(\frac{1}{2}\phi_\parallel + \frac{1}{2}\pi\right) = \frac{(\sin^2\theta_i - n^2)^{1/2}}{n^2\cos\theta_i} = \frac{1}{n^2}\tan\left(\frac{1}{2}\phi_\perp\right)$$

故

$$\tan\left(\frac{1}{2}\phi_\parallel + \frac{1}{2}\pi\right) = \left(\frac{n_1}{n_2}\right)^2 \tan\left(\frac{\phi_\perp}{2}\right) = \left(\frac{1.460}{1.440}\right)^2 \tan\left[\frac{1}{2}(143°)\right]$$

则 $\phi_\parallel = 143.95° - 180° = -36.05°$。

对 $\theta_i = 90°$ 重复上述计算,可得 $\phi_\perp = 180°$ 和 $\phi_\parallel = 0°$。

注意到,只要 $\theta_i > \theta_c$,反射系数的大小是 1,仅仅相位发生了变化。

c. 进入介质 2 中的倏逝波的振幅为

$$E_{t,\perp}(y,t) \approx E_{t0,\perp} \exp(-\alpha_2 y)$$

当其沿着 z 方向传播时,可以忽略振幅与 z 的关系,即忽略 $\exp[j(\omega t - k_z z)]$。当 $y = 1/\alpha_2 = \delta$(称为**透射深度**)时,电场强度变为原来的 e^{-1}。衰减常数 α_2 为

$$\alpha_2 = \frac{2\pi n_2}{\lambda}\left[\left(\frac{n_1}{n_2}\right)^2 \sin^2\theta_i - 1\right]^{1/2}$$

即,

$$\alpha_2 = \frac{2\pi(1.440)}{(1300 \times 10^{-9}\ \text{m})}\left[\left(\frac{1.460}{1.440}\right)^2 \sin^2(87°) - 1\right]^{1/2} = 1.104 \times 10^6\ \text{m}^{-1}$$

所以透射深度为 $\delta = 1/\alpha_2 = 1/(1.104 \times 10^6\ \text{m}^{-1}) = 9.06 \times 10^{-7}$ m,或 0.906 μm。对于 90°,重

复上述计算得到 $\alpha_2 = 1.164 \times 10^6$ m^{-1},所以 $\delta = 1/\alpha_2 = 0.859$ μm。可以看到对于较小的入射角,透射的深度较大。这些折射率和波长的值是光纤通信中的典型值。

例 9.9　正入射的反射、内反射和外反射　考虑在折射率为 1.5 的玻璃介质和折射率为 1 的空气构成的分界面上正入射的光的反射。

　a. 若光从空气中进入玻璃,反射系数和反射光相对于入射光的强度是多少?

　b. 若光从玻璃中进入空气,反射系数和反射光相对于入射光的强度是多少?

　c. 在 a 中,外反射时的偏振角为多少? 如何制作基于偏振角的偏振器件?

解:a. 对应于外反射,空气中传播的光在玻璃表面被部分反射,故 $n_1 = 1, n_2 = 1.5$,则

$$r_\parallel = r_\perp = \frac{n_1 - n_2}{n_1 + n_2} = \frac{1 - 1.5}{1 + 1.5} = -0.2$$

负号意味着存在 180° 的相移。由部分反射的功率求出的反射比(R)为

$$R = r_\parallel^2 = 0.04 \quad 或 \quad 4\%$$

b. 对应于内反射,玻璃中传播的光在玻璃-空气界面被部分反射,故 $n_1 = 1.5, n_2 = 1$,则

$$r_\parallel = r_\perp = \frac{n_1 - n_2}{n_1 + n_2} = \frac{1.5 - 1}{1.5 + 1} = 0.2$$

此时相位没有改变。反射比为 0.04 或者 4%。对于 a 和 b,被反射的光是一样多的。

c. 光以偏振角从空气入射到玻璃中。这里 $n_1 = 1, n_2 = 1.5$ 且 $\tan\theta_p = (n_2/n_1) = 1.5$,故 $\theta_p = 56.3°$。

若以偏振角 56.3° 入射到玻璃表面,则被玻璃面反射的反射光为偏振光,其电场分量垂直于入射面。在入射面中的透射光将变强,即透射光为部分偏振光。利用玻璃堆可以增加透射光的偏振度。(这种玻璃堆起偏器于 1812 年由 Dominique F. J. Arago 发明。)

例 9.10　太阳能电池中的增透膜　当光照射到半导体表面时,光被部分反射。在太阳能电池中,进入半导体器件中的透射光能量被转化成电能,所以被部分反射的光是需要重点考虑的因素。波长 700~800 nm 附近处的硅的折射率约为 3.5。因此对于 n_1(空气)$= 1$ 和 n_2(Si)≈ 3.5的反射系数为

$$R = \left(\frac{n_1 - n_2}{n_1 + n_2}\right)^2 = \left(\frac{1 - 3.5}{1 + 3.5}\right)^2 = 0.309$$

这说明 30% 的光被反射而不能被转化成电能,这对太阳能电池利用光能的效率来说是一个很大的损失。

这时,我们可以考虑在硅器件表面覆盖一层电介质薄膜(例如 Si$_3$N$_4$,氮化硅),其折射率值在两个介质折射率值之间。图 9.15 描述了利用薄介质包层减少反射光强度的原理。此时,n_1(空气)$= 1, n_2$(包层)$\approx 1.9, n_3$(Si)$= 3.5$。光首先照射到空气和包层的分界面上,被部分反射;这一反射波在图 9.15 中记为 A。因为这是一个外反射,所以波 A 存在着 180° 相位变化。然后光进入包层并在包层中传播,在包层和硅的分界面上反射。由于 $n_3 > n_2$,同样存在着 180° 相位变化,这一反射波记为 B。当波 B 到达 A 时,由于 B 两次通过厚度为 d 的包层而有一个总延迟。相位差等于 $k_c(2d)$,其中 $k_c = 2\pi/\lambda_c$ 是包层中的波矢,λ_c 为包层中的波长。由于 $\lambda_c = \lambda/n_2$,其中 λ 是自由空间中的波长,A 和 B 的相位差为 $(2\pi n_2/\lambda)(2d)$。为了减少反射光,A 和 B 必须实现干涉相消,这就要求其相位差为 π 或 π 的奇数倍($m\pi$,其中 $m = 1, 3, 5, \cdots$ 为奇数)。故

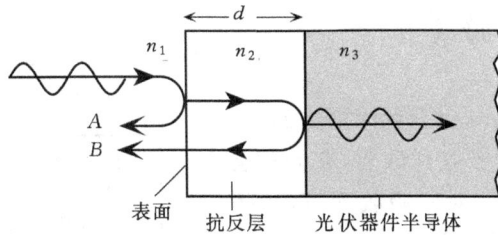

图 9.15 增透膜降低反射光光强的示意图

$$\left(\frac{2\pi n_2}{\lambda}\right)2d = m\pi \quad 或 \quad d = m\left(\frac{\lambda}{4 n_2}\right)$$

因此,包层的厚度和波长有关,需为经过包层中光波长的四分之一的奇数倍。

为了获得较好的 A 与 B 相消干涉的效果,它们的振幅必须是同量级的。即需要 $n_2 = \sqrt{n_1 n_3}$。当 $n_2 = \sqrt{n_1 n_3}$ 时,空气与包层间的反射系数和包层与硅间的反射系数相同。在本例中需要折射率为 $\sqrt{3.5}$ 或 1.87。因此 Si_3N_4 是很好的硅太阳能电池增透包层材料。

令波长为 700 nm, $d = (700 \text{ nm})/(4 \times 1.9) = 92.1 \text{ nm}$ 或 d 的奇数倍。

例 9.11 介质镜 介质镜是由两种折射率的介质层交替构成的介质层堆,如图 9.16 所示,其中 n_1 小于 n_2。每一层的厚度为四分之一个波长,即 $\lambda_{layer}/4$,其中 λ_{layer} 为光在该层中的波长,即 λ_0/n, λ_0 是该层入射光自由空间中的波长, n 为该层的折射率。分界面上的反射波干涉相长,产生较强的反射波。若介质层的层数足够多,则在波长 λ_0 处的反射系数趋于 1。图 9.16 还给出了多层介质镜典型的反射比与波长的关系。

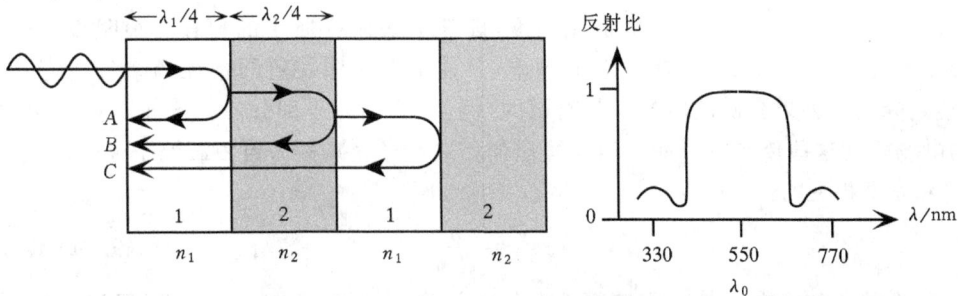

图 9.16 具有两种折射率介质层交替排列的介质镜原理示意图以及它的反射比

第一层中的光波在 1-2 分界面上被反射,其反射比 $r_{12} = (n_1 - n_2)/(n_1 + n_2)$,这是一个负值,表示存在 π 的相位变化。层 2 中的光波在 2-1 分界面上被反射,其反射比 $r_{21} = (n_2 - n_1)/(n_2 + n_1)$,为 $-r_{12}$(正值),意味着没有相位变化。因此反射系数在镜子中交替反号。考虑在两个连续界面上被反射的任意两列波 A 和 B。由于在不同的界面上被反射,这两列波的相位已经相差了 π。此外,波 B 在到达 A 之前多走了两倍于 $(\lambda_2/4)$ 的距离,因此相位改变了 $2(\lambda_2/4)$ 或 $\lambda_2/2$,即 π。所以, A 与 B 的相位差为 $\pi + \pi$,即 2π。因此 A 和 B 是同相位的且干涉相长。此外也很容易得到 B 和 C 也属于干涉相长,以此类推,所有的连续界面上的反射波都干涉相长。经过若干层后(取决于 n_1 和 n_2),透射波的强度将变得非常小,而反射波的强度将趋于 1。介质镜目前已被广泛用于现代垂直腔面发射半导体激光器上。

9.8　复折射率和光吸收

通常,光在介质中传播时会沿着传播方向衰减,如图 9.17 所示。具体分为吸收和散射,它们都会在传播方向上造成光强减弱。对于**吸收**而言,传播中电磁波能量的衰减是由于光能转换成了其它形式的能量,如介质分子极化过程中的晶格振动(热能)、杂质离子的局部振动和电子从价带到导带上的激发。另一方面,**散射**则是一种电磁波能量偏离原始传播方向的过程,关于散射将会在 9.11 节中讨论。

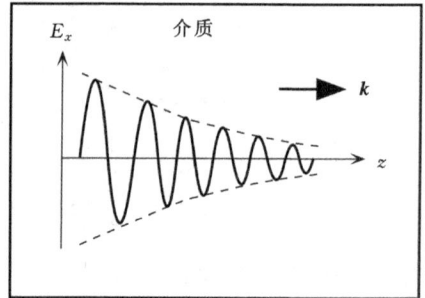

图 9.17　沿着传播方向的光的衰减

当一列如下式所示的单色波在电介质中传播时,考虑其会发生什么是有益的,

$$E = E_0 \exp[j(\omega t - kz)] \tag{9.52} \text{无损传输}$$

式(9.52)中的电场 E 由于沿着 z 轴传播,它不是平行于 x 轴就是平行于 y 轴。当波穿过介质时,分子将被极化。极化效应由介质的**相对介电常数** ε_r 来表征。如果极化过程中没有损耗,则相对介电常数 ε_r 和相应的折射率 $n = \sqrt{\varepsilon_r}$ 都将是一个实数。然而,在所有的极化过程中总会存在着一些损耗。例如,当离子晶体中的离子在交变电场的作用下偏移平衡位置并开始振荡,电场中的部分能量将被耦合和转化为晶格振动(简单讲,即"声"和热)。这些损耗一般用整个介质的**复介电常数**(或**电导率**)ε_r 来表示,即

$$\varepsilon_r = \varepsilon_r' - j\varepsilon_r'' \tag{9.53} \text{复介电常数}$$

其中实部 ε_r' 表示不计损耗时介质的极化强度,虚部 ε_r'' 表示介质中的损耗。很明显,对于无损耗介质而言,$\varepsilon_r = \varepsilon_r'$。损耗 ε_r'' 取决于波的频率,且通常在一些一定的本征频率(产生共振的频率)上达到峰值。如果介质的电导率是有限的(例如,只有一小部分**传导电子**),则将会因为光波中的电场驱动这些传导电子而产生焦耳损耗。这类光衰减称为**自由载流子吸收**。在这种情况下,ε_r'' 和 σ 是相关的:

$$\varepsilon_r'' = \frac{\sigma}{\varepsilon_0 \omega} \tag{9.54} \text{传导损耗}$$

其中 ε_0 是绝对介电常数,σ 是电磁波频率下的电导率。由于 ε_r 是一个复数,可以想象折射率也必为复折射率。

电磁波在介质中传播并衰减,取决于介质对光的吸收,通常可由**复传播常数** k 表述,即

$$k = k' - jk'' \tag{9.55} \text{复传播常数}$$

其中 k' 和 k'' 分别是实部和虚部。如果将式(9.55)代入式(9.52),可得到

$$E = E_0 \exp(-k''z) \exp[j(\omega t - k'z)] \tag{9.56} \text{传输衰减}$$

当波沿着 z 轴传播时,其振幅将按指数衰减。复传播常数(波矢)的实部 k' 描述了传播特性,例如相速度 $v = \omega/k'$。虚部 k'' 描述了沿着 z 轴传播时的衰减速度。沿着 z 轴任意处的光强为

$$\mathscr{I} \propto |E|^2 \propto \exp(-2k''z)$$

故光强随距离的改变速度为

$$\frac{d\mathscr{I}}{dz} = -2k''\mathscr{I} \tag{9.57} \text{复折射率}$$

其中负号表示衰减。

假设 k_0 是真空中的传播常数。当平面波在自由空间无损耗传播时，它是一个实数。复折射率 N，实部为 n，虚部为 K，定义为介质中复传播常数与自由空间中传播常数之比，

$$N = n - \mathrm{j}K = \frac{k}{k_0} = \left(\frac{1}{k_0}\right)(k' - \mathrm{j}k'') \qquad (9.58\mathrm{a})\ \text{复折射率}$$

即：

$$n = \frac{k'}{k_0} \quad \text{和} \quad K = \frac{k''}{k_0} \qquad (9.58\mathrm{b})\ \text{折射率和消光系数}$$

实部 n 通常简称为**折射率**，虚部 K 称为**消光系数**。在没有衰减的情况下，

$$k'' = 0, \quad k = k', \quad N = n = \frac{k}{k_0} = \frac{k'}{k_0}$$

我们知道在没有损耗时，折射率 n 和相对介电常数 ε_r 的关系为 $n = \sqrt{\varepsilon_\mathrm{r}}$。使用复折射率和复相对介电常数时，这一关系对于有损耗的情况也是正确的。即

$$N = n - \mathrm{j}K = \sqrt{\varepsilon_\mathrm{r}} = \sqrt{\varepsilon_\mathrm{r}' - \mathrm{j}\varepsilon_\mathrm{r}''} \qquad (9.59)\ \text{复折射率}$$

公式两边同时平方，可以得到 n 和 K 与 ε_r' 和 ε_r'' 的关系。最终的结果为：

$$n^2 - K^2 = \varepsilon_\mathrm{r}' \quad \text{和} \quad 2nK = \varepsilon_\mathrm{r}'' \qquad (9.60)\ \text{复折射率}$$

材料的光学特性通常可由 n 和 K 或 ε_r' 和 ε_r'' 与频率的关系表示。显然，可以用式（9.60）来从一系列参数推导出另一系列参数。图 9.18 表示了非晶硅（硅的非晶态）的复折射率的实部 n 和虚部 K 与光子能量（$h\nu$）的函数关系。当光子能量低于带隙能量时，K 可以忽略，n 在 3.5 左右。当光子能量远高于带隙能量时，n 和 K 变化极大。

如果已经知道介质相对介电常数的实部 ε_r' 与频率的关系，同样可以确定虚部 ε_r'' 与频率的关系，反之亦然。这一点也许是值得注意的，但如果可以在尽可能宽的频率范围内知道实部或虚部与频率的关系，且介质是**线性的**，例如介质的

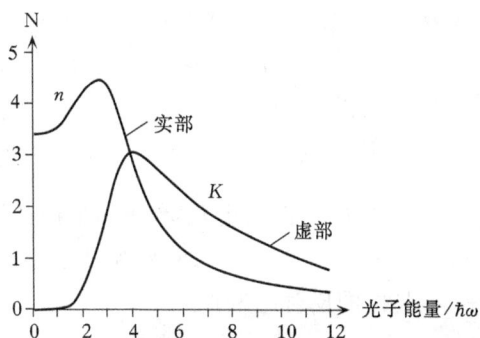

图 9.18　用复折射率的实部（n）和虚部（K）表述的非晶硅薄膜的光学性质

相对介电常数与施加的电场无关，则极化反应必是与施加电场线性成比例的。[①] 将相对介电常数的实部与虚部联系起来的关系称之为**克拉莫-克朗尼克（Kramers-Kronig）关系**。如果 $\varepsilon_\mathrm{r}'(\omega)$ 和 $\varepsilon_\mathrm{r}''(\omega)$ 分别表示实部和虚部与频率的关系，则可如图 9.19 所示从一个推导出另一个来。

光学特性 n 和 K 可以由测量介质表面的反射比来确定，反射系数是极化强度和入射角的函数（基于菲涅耳方程组）。

值得一提的是，9.7 节中推导出的反射系数和透射系数是基于使用实折射率的，换句话说，是忽略损耗的。但只要用复折射率 N 代替实折射率 n，仍然可以使用反射系数和透射系数的表达式。例如，考虑自由空间传播的光波垂直入射介质（$\theta_\mathrm{i} = 90°$），则反射系数为

$$r = -\frac{N-1}{N+1} = -\frac{n - \mathrm{j}K - 1}{n - \mathrm{j}K + 1} \qquad (9.61)\ \text{反射系数}$$

---

① 此外，介质系统必须是无源的，即不含任何能量源。

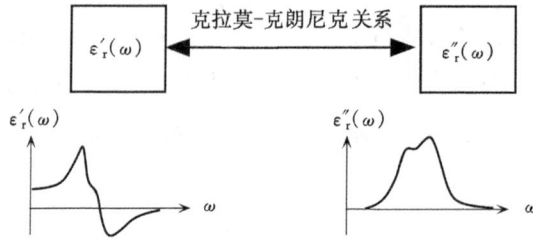

图 9.19　由克拉莫-克朗尼克关系,相对介电常数的实部和虚部与频率的关系可以相互导出。但材料必须为线性系统

反射比为

$$R = \left| \frac{n - jK - 1}{n - jK + 1} \right|^2 = \frac{(n-1)^2 + K^2}{(n+1)^2 + K^2} \qquad (9.62) \quad \textbf{反射比}$$

当消光系数 $K = 0$ 时它简化为普通的形式。

例 9.12　复折射率　波长 826.6 nm 下进行硅晶体分光镜椭圆偏振测量时,复相对介电常数的实部和虚部分别为 13.488 和 0.038。求该波长下的复折射率、反射比、吸收系数及相速度。

解:已知 $\varepsilon_r' = 13.488$ 和 $\varepsilon_r'' = 0.038$,由式(9.60)可知

$$n^2 - K^2 = 13.488 \quad \text{和} \quad 2nK = 0.038$$

消去两式中的 K,有

$$n^2 - \left(\frac{0.038}{2n} \right)^2 = 13.488$$

这是一个关于 n^2 的二次方程,很容易用计算机求得 $n = 3.67$。一旦知道了 n,就可以求得 $K = 0.038/(2n) = 0.00517$。如果将实部 ε_r' 开根号,就可以得到 $n = 3.67$,因为消光系数 K 非常小。硅晶体的反射比为

$$R = \frac{(n-1)^2 + K^2}{(n+1)^2 + K^2} = \frac{(3.67-1)^2 + 0.00517^2}{(3.67+1)^2 + 0.00517^2} = 0.327$$

这与简单地用 $(n-1)^2 / (n+1)^2 = 0.327$ 时一致,因为 K 非常小。

吸收系数 α 可以描述光强 $\mathscr{I}$ 的损耗:$\mathscr{I} = \mathscr{I}_0 \exp(-\alpha z)$。根据式(9.57),有

$$\alpha = 2k'' = 2k_0 K = 2 \left(\frac{2\pi}{826.6 \times 10^{-9}} \right)(0.00517) = 7.9 \times 10^4 \text{ m}^{-1}$$

几乎所有的吸收都是由于**带-带吸收**(光致电子-空穴对)。

相速度由下式给出:

$$v = \frac{c}{n} = \frac{3 \times 10^8 \text{ m} \cdot \text{s}^{-1}}{3.67} = 8.17 \times 10^7 \text{ m} \cdot \text{s}^{-1}$$

例 9.13　InP 的复折射率　InP 晶体在 620 nm(光子能量为 2eV)下的折射率(实部)为 3.549。这一波长下的空气-InP 晶体表面反射比为 0.317。计算 InP 在此波长下的消光系数和吸收系数。

解:反射比由下式给出:

$$R = \frac{(n-1)^2 + K^2}{(n+1)^2 + K^2} \quad \text{或} \quad 0.317 = \frac{(3.549-1)^2 + K^2}{(3.549+1)^2 + K^2}$$

解得 $K = 0.302$。

吸收系数为

$$\alpha = 2k_0 K = 2 \times \left(\frac{2\pi}{620 \times 10^{-9}} \right) \times 0.302 = 6.1 \times 10^6 \ \text{m}^{-1}$$

例 9.14　自由载流子吸收系数和电导率　考虑一个有电导率和折射率的半导体样品,自由载流子吸收(由于电导率)形成的吸收系数为

$$\alpha = \left(\frac{1}{c\varepsilon_0} \right) \frac{\sigma}{n}$$

n 型 Ge 的电阻系数约为 $5 \times 10^{-3} \ \Omega \cdot \text{m}$。计算 10 μm 波长下相对介电常数的虚部 ε_r'',其中折射率为 4。并求因自由载流子吸收形成的衰减系数 α。

解:电导率和吸收系数之间的关系为

$$\varepsilon_r'' = \frac{\sigma}{\varepsilon_0 \omega} \qquad (9.63) \ \text{相对介电常数的虚部和电导率}$$

相对介电常数的虚部 ε_r'' 与消光系数 K 的关系为

$$2nK = \varepsilon_r''$$

其中 n 是折射率(N 的实部)。从例 9.13 中得到的吸收系数为

$$\alpha = 2k'' = 2k_0/K = 2 \left(\frac{2\pi}{\lambda} \right) \left(\frac{\varepsilon_r''}{2n} \right)$$

则

$$\alpha = \left(\frac{\omega}{c} \right) \frac{\varepsilon_r''}{n} \quad (9.64) \ \text{吸收系数和相对介电常数的虚部}$$

其中 ω 是电磁辐射的角频率,$\omega = 2\pi c/\lambda$。用 ε_r'' 代替 σ 得

$$\alpha = \left(\frac{1}{c\varepsilon_0} \right) \frac{\sigma}{n} \qquad (9.65) \ \text{吸收系数和电导率}$$

频率 ω 为

$$\omega = \frac{2\pi c}{\lambda} = \left[\frac{2\pi(3 \times 10^8 \ \text{m} \cdot \text{s}^{-1})}{10 \times 10^{-6} \ \text{m}} \right] = 1.88 \times 10^{14} \ \text{rad} \cdot \text{s}^{-1}$$

电导率和 ε_r'' 的关系由下式给出:

$$\varepsilon_r'' = \frac{\sigma}{\varepsilon_0 \omega} = \frac{(5 \times 10^{-3} \ \Omega \cdot \text{m})^{-1}}{(8.85 \times 10^{-12} \ \text{F} \cdot \text{m}^{-1})(1.88 \times 10^{14} \ \text{rad} \cdot \text{s}^{-1})}$$

即 $\varepsilon_r'' = 0.120$。

由自由载流子决定的吸收系数由下式给出:

$$\alpha = \left(\frac{1}{c\varepsilon_0} \right) \frac{\sigma}{n} = \left[\frac{1}{(3 \times 10^8 \ \text{m} \cdot \text{s}^{-1})(8.85 \times 10^{-12} \ \text{F} \cdot \text{m}^{-1})} \right] \frac{(5 \times 10^{-3} \ \Omega \cdot \text{m})^{-1}}{4} = 1.9 \times 10^4 \ \text{m}^{-1}$$

例 9.15　复折射率和共振吸收　对于振荡场中的电子极化率 α_e,式(9.12)是一个很简单的表达式。它是基于洛伦兹模型的,即存在一个回复力与原子或分子的极化相对抗。ω_0 是这类电子极化的**共振频率**,或称本征频率。同样的表达式也可以应用于**离子极化**,除了共振频率 ω_0 降低,质量 m_e 也变为离子的有效质量[①]。实际上,会有一些损耗机制造成吸收或抵消振荡场能量。例如,在离子极化中,会涉及能量从光到晶格振动的转移。力学上,众所周知,损耗力

———————————————————

① 电子和离子极化率具有相似的表达式。振荡场离子极化率的推导见第 7 章,与式(9.66)极为相似。

(摩擦力)始终都与速度 $\mathrm{d}x/\mathrm{d}t$ 成比例。如果我们考虑交流极化的能量损耗,式(9.11)右端将会有个附加项 $-\gamma \mathrm{d}x/\mathrm{d}t$。如果我们按照相同的步骤推导 α_e,可得到

$$\alpha_e = \frac{Ze^2}{m_e(\omega_0^2 - \omega^2 + \mathrm{j}\gamma\omega)} \qquad (9.66) \;\text{有损电子极化率}$$

为一有实部和虚部的复数 $\alpha_e = \alpha_e' - \mathrm{j}\alpha_e''$。

由于 α_e 是一个复数,ε_r 便也是复数,于是折射率也是复数。考虑最简单的相对介电常数 ε_r 与极化率 α_e 的关系:

$$\varepsilon_r = 1 + \frac{N}{\varepsilon_0}\alpha_e \qquad (9.67) \;\text{相对介电常数}$$

其中 N 是单位体积内的原子数(或离子极化中单位体积内的离子对)。从而,相对介电常数是一个复数,即 $\varepsilon_r = \varepsilon_r' - \mathrm{j}\varepsilon_r''$。将式(9.66)代入式(9.67),并根据当 $\omega = 0$ 时 $\varepsilon_r = \varepsilon_{r,dc}$,得到一个 ε_r 简单的表达式,

$$\varepsilon_r = 1 + \frac{\varepsilon_{r,dc} - 1}{1 - \left(\dfrac{\omega}{\omega_0}\right)^2 + \mathrm{j}\dfrac{\gamma\omega}{\omega_0^2}} \qquad (9.68) \;\text{复相对介电常数}$$

复折射率 N 和复相对介电常数 ε_r 之间的关系为

$$N = n - \mathrm{j}K = \varepsilon_r^{1/2} = (\varepsilon_r' - \mathrm{j}\varepsilon_r'')^{1/2} \qquad (9.69) \;\text{复折射率}$$

为简单起见,只考虑离子极化,并设 $\varepsilon_{r,dc} = 9$ 和 $\gamma = 0.1\omega_0$(离子极化的合理值)。可以从式(9.68)计算任选 ω/ω_0 比值的 ε_r 值(或令 $\omega_0 = 1$,直接取 ω),然后计算 N,即 n 和 K。(计算机或数学程序必须能够处理复数)。图 9.20(a)展示了式(9.68)的简易洛伦兹振荡模型下 n 和 K 与频率 ω/ω_0 的关系。注意 n 和消光系数 K 的峰值是如何接近 $\omega = \omega_0$ 的。

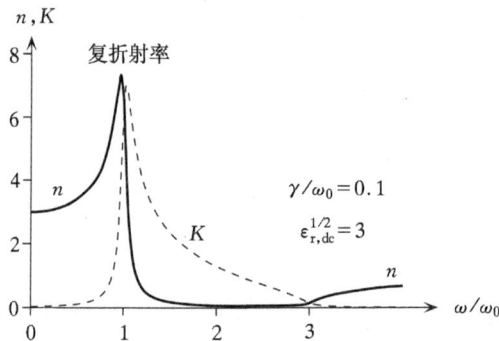

(a) 折射率、消光系数与归一化频率(ω/ω_0)之间的关系

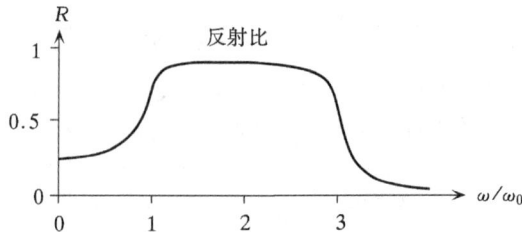

(b) 反射比与归一化频率的关系

图 9.20

式(9.62)得到的反射比如图 9.20(b),$R \sim \omega/\omega_0$。显然,R 在频率稍高于 $\omega = \omega_0$ 时达到最大值,并持续到 ω 接近于 $3\omega_0$;当吸收十分强烈时,反射比达到饱和。这点看起来似乎很奇怪,晶体既产生强烈反射又产生强烈吸收。即光被强烈反射,且晶体内部的光又被强烈吸收。这一现象称为**红外反射**,发生在频率超过称为 **Reststrahlen 带**的频带时;如该例中的从 ω_0 到约 $3\omega_0$。

9.9　晶格吸收

在光学吸收中,部分传播中电磁波的能量转变为其它形式的能量,例如晶格振动产生的热。有许多吸收过程都会消耗波的能量。一个很重要的机制称为**晶格吸收(Reststrahlen 吸收)**,还包括图 9.21 中所显示的晶格原子振动。图示例子中,晶体由离子组成,且随着电磁波的传播,离子会取代相反方向上的带有相反电荷的离子,并随着入射光波的频率开始振动。换句话说,介质经历着离子极化过程。这些离子的取代产生了离子极化,其结果是产生了相对介电常数 ε_0。由于电磁波的经过,离子且晶格随之开始振动,如图 9.21,部分能量被耦合到固体的本征晶格振动中。当波的频率接近于本征晶格振动频率时,这一能量达到峰值。通常这些频率在红外范围内。大部分电磁波的能量因此被吸收,并转化成为晶格振动能量(热)。我们将这一吸收与共振峰值或离子极化弛豫损耗峰值(相对介电常数的虚部 ε''_r)联系起来。

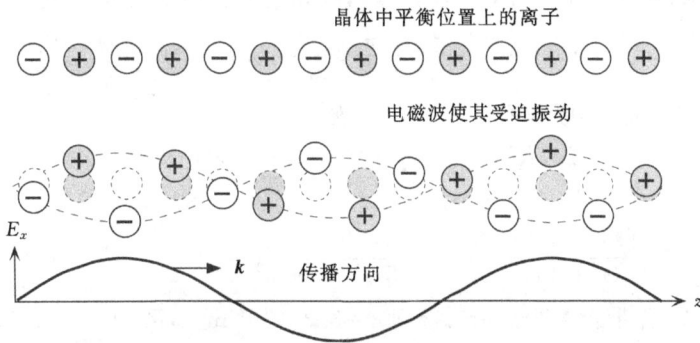

图 9.21　光通过晶体时的晶格吸收。电磁波的场引起离子的振荡从而
在晶体中产生"机械波";能量从电磁波中转移到晶格振动

图 9.22 展示了 GaAs 和 CdTe 的消光系数 K 的红外共振吸收峰值相对于波长的特性;两种晶体都具有饱和离子结合特性。图 9.22 中所示的吸收峰值称为 **Reststrahlen 带**,这是由于吸收发生在高于一定的频带时(即使带宽也许很窄),而且在某些状态下,甚至还具有可确认的特征。实际上,如果我们画出反射比(R)与波长的曲线,它将与图 9.20(b)所示的曲线相似,而且带宽可以由高反射比区域确定。

尽管图 9.21 将离子固体吸收描述为晶格波,但传播的电磁波的能量还会被介质中不同的离子杂质吸收,这些电荷也会与电场耦合并振荡。振荡的离子与其附近的原子结合,将会使得离子的机械振动与附近的原子耦合。这会导致晶体波的产生,从而带走电磁波的能量。

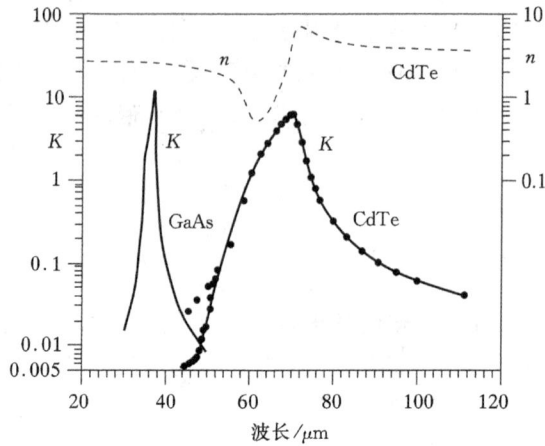

图 9.22　利用消光系数与波长的关系表示 CdTe 和 GaAs 的晶格吸收或 *Reststrahlen* 吸收。同时给出了 CdTe 的 n 随 λ 变化的关系

例 9.16　Reststrahlen 吸收　图 9.22 给出了 GaAs 和 CdTe 的红外消光系数 K。考虑 CdTe。计算 CdTe 在 Reststrahlen 峰、50 μm 和 100 μm 处的吸收系数 α 和反射比 R。

解: 在共振峰值处,$\lambda \approx 72\ \mu m$,$K \approx 6$,$n \approx 5$,故相应的自由空间波矢为

$$k_0 = \frac{2\pi}{\lambda} = \frac{2\pi}{72 \times 10^{-6}\ m} = 8.7 \times 10^4\ m^{-1}$$

根据式(9.57)的定义,吸收系数 α 为 $2k''$,故

$$\alpha = 2k'' = 2k_0 K = 2 \times (8.7 \times 10^4\ m^{-1}) \times 6 = 1.0 \times 10^6\ m^{-1}$$

相应的吸收深度 $1/\alpha$ 约为 1μm。反射比为

$$R = \frac{(n-1)^2 + K^2}{(n+1)^2 + K^2} = \frac{(5-1)^2 + 6^2}{(5+1)^2 + 6^2} = 0.72 \quad 或 \quad 72\%$$

重复上述计算,并带入 $\lambda = 50\ \mu m$,得到 $\alpha = 8.3 \times 10^2\ m^{-1}$,$R = 0.11$ 或 11%。当接近共振峰时,反射比从 11% 剧增至 72%。在 $\lambda = 100\ \mu m$ 时,$\alpha = 6.3 \times 10^3\ m^{-1}$,$R = 0.31$ 或 31%,也小于峰值反射比。R 在 Reststrahlen 峰附近最大。

9.10　带-带吸收

光致产生电子-空穴对(EHP)的光子吸收过程,需要光子能量至少等于半导体材料的带隙能量 E_g,才能将电子从价带(VB)激发到导带(CB)上去。因此,光致吸收的**截止波长**(或阈值波长)λ_g 由半导体的带隙能量 E_g 决定,即 $h(c/\lambda_g) = E_g$,或

$$\lambda_g (\mu m) = \frac{1.24}{E_g (eV)} \qquad (9.70)\ \text{截止波长和带隙}$$

例如,对于 Si,$E_g = 1.12eV$,$\lambda_g = 1.11\ \mu m$;而对于 Ge,$E_g = 0.66eV$,相应的 $\lambda_g = 1.87\ \mu m$。显然,Si 光电二极管不能用于 1.3 μm 和 1.55 μm 波长的光通信,而 Ge 光电二极管商业上可用于这些波长时的光通信。表 9.3 列出了不同半导体材料的光电二极管一些典型的带隙能量

和截止波长。

随着波长短于 λ_g 的入射光子在半导体内部传播时被吸收,与光子数目成正比的光强也随着在半导体内传播的距离呈指数衰减。距离半导体表面 x 处的光强 $\mathscr{I}$ 由下式给出:

$$\mathscr{I}(x) = \mathscr{I}_0 \exp(-\alpha x) \qquad (9.71)\ \text{吸收系数}$$

其中 $\mathscr{I}_0$ 是入射光的光强,α 是由光子能量或波长 λ 确定的**吸收系数**。吸收系数 α 是物质的一种特性。超过距离 $1/\alpha$ 后,大部分光子被吸收(63%),$1/\alpha$ 称为**透射深度** δ。图 9.23 给出了 α 与 λ 的特性关系,显然,α 与波长 λ 的关系因半导体材料不同而异。

表 9.3　一些光电探测器材料的带隙能量 E_g(300 K)、截止波长 λ_g 和带隙类型(D 为直接带隙 ,I 为间接带隙)

半导体	E_g(eV)	$\lambda_g(\mu m)$	类型
InP	1.35	0.91	D
$GaAs_{0.88}Sb_{0.12}$	1.15	1.08	D
Si	1.12	1.11	I
$In_{0.7}Ga_{0.3}As_{0.64}P_{0.36}$	0.89	1.4	D
$In_{0.53}Ga_{0.47}As$	0.75	1.65	D
Ge	0.66	1.87	I
InAs	0.35	3.5	D
InSb	0.18	7	D

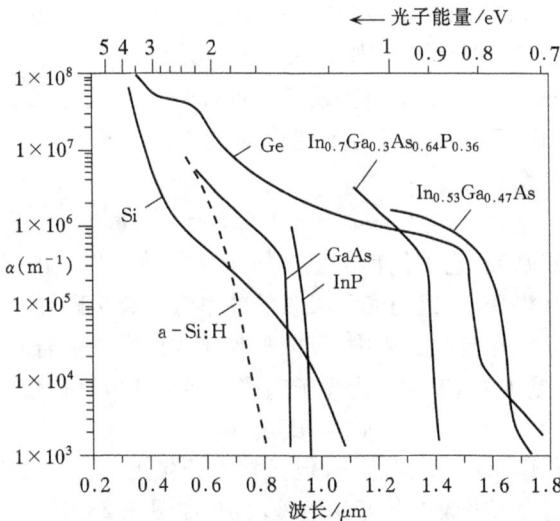

图 9.23　不同半导体的吸收系数 α 与波长 λ 的关系
来源:数据是从不同地方有选择地收集整理得来

半导体内的吸收可以用晶体内的电子能量(E)随着电子动量($\hbar k$)的变化来理解,称为**晶体动量**。如果 k 是晶体内电子波函数的波矢,则晶体内电子的动量为 $\hbar k$。直接和间接带隙半导体的导带和价带电子的 E 与 $\hbar k$ 的关系分别如图 9.24(a)和(b)所示。在**直接带隙半导体**

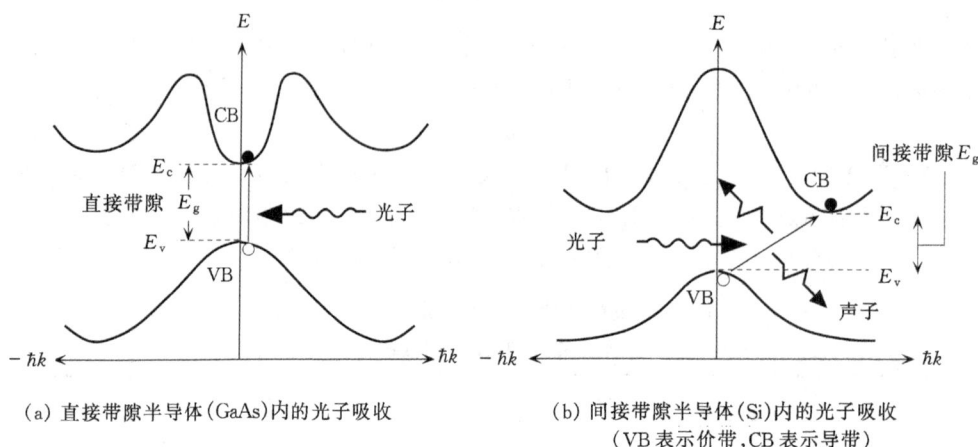

(a) 直接带隙半导体(GaAs)内的光子吸收

(b) 间接带隙半导体(Si)内的光子吸收
(VB 表示价带,CB 表示导带)

图 9.24　电子能量 E 与晶体动量$\hbar k$ 的关系和光子吸收

内,如 III - V 族半导体(如 GaAs,InAs,InP,GaP)及其它许多合金(如 InGaAs,GaAsSb),光子吸收过程是一个直接的过程而不需要借助于晶格振动。光子被吸收,电子从价带上直接激发到导带上,波矢 k 或晶体动量$\hbar k$ 并没有变化,这是因为光子动量非常小。从价带激发到导带上的电子的动量变化为

$$\hbar k_{CB} - \hbar k_{VB} = 光子动量 \approx 0$$

这一过程符合电子能量 E 与电子动量$\hbar k$ 关系图(图 9.24(a))里所示的直接跃迁。显然,这类半导体的吸收系数随着波长短于 λ_g 而急剧增加,如图 9.23 中的 GaAs 和 InP。

在**间接带隙**半导体中,如 Si 和 Ge,吸收过程中光子能量在 E_g 附近的光子的吸收需要借助于晶格振动的吸收和辐射,即**声子**,[①]如图 9.24(b)所示。若晶格波(晶体内晶格振动的传播)的波矢为 $\boldsymbol{K}$,则$\hbar \boldsymbol{K}$ 表示这样一类晶格振动的动量,即**声子动量**。当一个电子从价带激发到导带上,晶体动量将会变化,而这一变化并不能由动量非常小的入射光子提供。于是,动量的差值必须由声子动量来平衡:

$$\hbar k_{CB} - \hbar k_{VB} = 声子动量 = \hbar \boldsymbol{K}$$

这一过程称之为**间接跃迁**,它由依赖于温度的晶格振动产生。由于光子和价带电子的相互作用需要第三方——晶格振动,因而光子吸收的效率低于直接跃迁。而且,波长上限并不像直接带隙半导体那么明显。在吸收过程中,可能吸收或放出声子。若 ν' 为晶格振动的频率,则声子能量为 $h\nu'$。光子能量为 $h\nu$,其中 ν 为光子频率。能量守恒定律使得:

$$h\nu = E_g \pm h\nu'$$

因此,吸收的产生并不与 E_g 严格相符,但通常十分接近 E_g,这是由于 $h\nu'$ 非常小(<0.1 eV)。显然,随着波长短于 λ_g,吸收系数开始缓慢增加,如图 9.23 中的 Si 和 Ge。

例 9.17　本征吸收　一个 GaAs 红外 LED 发射的波长为 860 nm,用一个 Si 光电二极管来检测这一射线,那么需要多厚的 Si 晶体才能吸收绝大部分射线?

解:按照图 9.23,在 $\lambda \approx 0.8$ μm 处,Si 的 $\alpha \approx 6 \times 10^4$ m^{-1},故吸收深度

---

① 正如电磁辐射按照光子被量子化,晶体中的晶格振动也按照声子被量子化。一个声子是晶格振动的一个量子。若 $\boldsymbol{K}$ 是晶体晶格一列振动波的波矢,ω 是其角频率,则波的动量为$\hbar \boldsymbol{K}$,能量为$\hbar\omega$ 。

$$\delta = \frac{1}{\alpha} = \frac{1}{6 \times 10^4 \text{ m}^{-1}} = 1.7 \times 10^{-5} \text{ m} \quad \text{或} \quad 17 \ \mu\text{m}$$

如果晶体厚度为 δ，则可吸收 63% 的射线。若厚度为 2δ，可吸收射线的比例，由式（9.71）可得

$$\text{吸收的辐射的百分比} = 1 - \exp[-\alpha(2\delta)] = 0.86 \quad \text{或} \quad 86\%$$

9.11　介质的光散射

电磁波的散射意味着光束中的部分光能量离开原来的传播方向，图 9.25 给出了一个微小的电介质粒子散射光束的过程。散射有很多类型。

下面考虑当分子或粒子（或区域）的尺寸小于光波长时，一列行波经过将会发生什么。光波中的电场将粒子中较轻的电子与较重的原子核分开，从而使粒子被极化。分子中的电子与光波中的电场耦合并振荡（交流电子极化）。电荷"上下"振荡，或感应偶极子振荡，在分子周围辐射出电磁波，如图 9.25 所示。我们已经知道，振荡的电荷就像交流电一样，会一直辐射出电磁波（就像一根天线）。最终结果使得入射波的一部分在不同的方向上再辐射，于是原传播方向的强度就会被损耗。可以认为，这一过程就是粒子通过电子极化和再辐射在不同的方向上吸收了部分能量。尽管可以想象到，散射波是由散射分子发出的球面波组成，但实际上再辐射出的次波取决于分子在不同方向上的形态和极化率。假设粒子很小，以致于在任何时候场通过粒子时都能产生极化并与电场一起振荡，而原来的场在空间上不会变化。不论是一个多相、一个粒子，还是一个分子，只要其散射区域的尺寸远小于入射波的波长 λ，这种散射过程通常被称为**瑞利（Rayleigh）散射**。这类散射中，典型的粒子尺寸小于波长的十分之一。

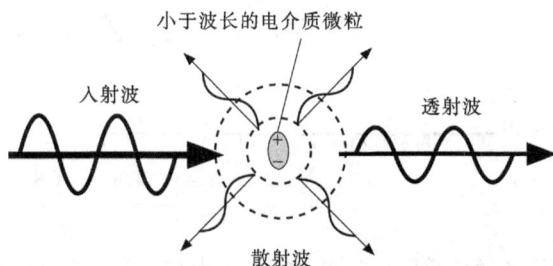

图 9.25　包括了一个电介质微粒的区域（其尺寸远小于光波长）极化的瑞利散射。电场通
　　　　　过极化作用于微粒中的偶极子，使之振荡，从而引起电磁波向许多方向发射，使
　　　　　光子能量由入射光方向发散开去

介质中只要有小的不均匀区域，其折射率与介质的平均折射率不同，波的瑞利散射就会发生。这意味着局部的相对介电常数和极化率的改变。结果就是，小的不均匀区域就像微小的电介质粒子一样，会向不同的方向散射传播的波。光纤中，由于玻璃内部结构的一部分相对介电常数的波动，因而形成电介质不均匀区域。光纤是从黏稠状的玻璃拉制冷却而成，从黏稠状冷却到固态时，其成分和结构的热力起伏都是随机的。因此，玻璃光纤就会形成相对介电常数的微小波动而导致瑞利散射。作为玻璃内部结构的一部分，瑞利散射是无法消除的。

显然，散射过程涉及分子或电介质粒子的电极化。这一过程中将会耦合绝大部分紫外波

段的能量,而电极化造成的介质损耗将达到最大值,损耗大小取决于电磁波的频率。因此,随着入射光波频率的增大,散射会越来越强烈。或者说,散射随着波长的增加而减弱。例如,蓝光的波长比红光短,空气对蓝光的散射也比红光强。当直视太阳时,太阳显露出黄色,因为自然光中蓝光比红光散射掉的多。当我们看太阳以外的天空时,我们眼睛接收到了散射光而使天空显现成蓝色,所以天空是蓝色的。在日出和日落时,太阳发出的光在大气中经历了很长的距离而散射掉了绝大部分的蓝光,这时太阳看起来是红色的。

9.12　光纤中的衰减

　　光通过光纤传输时,会被许多与光波长有关的过程衰减。图 9.26 展示了典型石英光纤的衰减系数(单位为 dB/km)与波长的关系曲线。红外波段当波长超过 1.6 μm 时衰减剧增,这是由于玻璃材料成分离子的"晶格振动"形成的能量吸收所致。基本上,这一波段的能量吸收对应于电磁波诱导的离子极化拉伸 Si - O 键。当波长逐渐接近 Si - O 键的共振波长(约 9 μm)时,吸收也增加。对于 Ge - O 玻璃,这一波长更长,约为 11 μm。在图 9.26 中,有另一种低于 500 nm 的材料内在吸收没有给出,这是由光子将玻璃中价带上的电子激发到导带上所致。

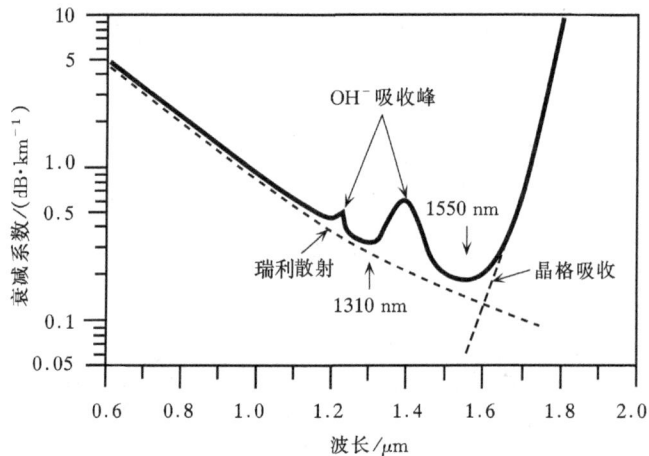

图 9.26　石英光纤典型的衰减系数与波长的关系。在 1310 nm 和
1550 nm 处有两个通信通道

　　在以 1.4 μm 为中心处有一个明显的衰减峰,而在 1.24 μm 处仅有一个刚刚可分辨的次峰。这些衰减峰的存在是由于氢氧离子作为杂质存在于玻璃当中,而在光纤生产过程中很难彻底清除所有的氢氧基(水)。此外,在生产过程中的高温使得氢原子很容易扩散进入玻璃结构中,从而在石英结构中形成氢键和 OH 离子。能量大部分被石英结构中的 OH 键拉伸振动所吸收,其本征谐振波长位于红外波段(大于 2.7 μm),但倍频波和谐波的波长较短(或频率较高)。一倍频位于 1.4 μm 处,在图 9.26 中是最显著的。二倍频位于 1 μm 处,在高质量的光纤中,这是可以忽略的。OH 振动的第一倍频与 SiO_2 的本征振动频率相结合,便在 1.24 μm 处产生了较小的损耗峰。在衰减与波长关系曲线中有两个很重要的窗口,窗口处衰减达到最小值。1.3 μm 处的窗口介于两个相邻的 OH⁻ 吸收峰之间。这一窗口被广泛应用于 1310 nm 的

光通信。1.55 μm 处的窗口介于 OH^- 的一次谐波吸收和红外晶格吸收尾部之间,而且形成最低的衰减。目前技术的趋势是利用这一窗口进行远距离通信。显然,将光纤内的氢氧基数量控制在一定的水平内是十分重要的。

衬底衰减随着波长变短而降低,它源于折射率的局部变化而形成的光的瑞利散射。玻璃具有非晶态或无定形态结构,即不存在原子的长周期排列,只存在其短周期排列。玻璃结构就像熔化状态被急速冷却后形成的结构一样。我们只能确定这种结构中给定原子的键的数目。从原子到原子键角的随机变化使得整体结构变得无序。因此,随机的密度的局部变化越过几个键长,导致折射率在几个原子长度上的起伏。这些折射率的随机起伏导致了光的散射,因而造成光在光纤中传输时衰减。很明显,由于一定程度上结构的无序性是玻璃结构的一种内在属性,这一散射过程是不可避免的,也表现出在穿过玻璃介质时出现最低衰减的可能。作为一种猜测,当光在一种"完美的"介质中传播时,介质中散射的衰减将达到最小。在这种情况下,散射机制只取决于热力学缺陷(空缺)和晶格原子的随机热振动。

如上所述,瑞利散射随着波长的增大而降低,按照瑞利定律,它与 λ^4 成反比。单一成分玻璃中瑞利散射形成的衰减 α_R 的表达式由下式近似给出:

$$\alpha_R \approx \frac{8\pi^3}{3\lambda^4}(n^2-1)^2\beta_T k T_f \qquad (9.72) \text{二氧化硅中的瑞利散射}$$

其中 λ 是自由空间波长,n 是对应特定波长下的折射率,β_T 是温度 T_f 时玻璃的等温压缩系数,k 是玻耳兹曼常数,T_f 是一个被称为虚温度的量,约等于玻璃的软化温度,即在光纤冷却过程中从液态结构冷却为玻璃结构时的温度。光纤是在高温下拉制而成,光纤冷却实际上是温度充分下降,原子运动迟缓,以至于完全"冷却",并在室温下仍保持这种状态。因此,T_f 低于液态结构冷却的温度,因而密度波动也被冻结在玻璃结构中。显然,可以在玻璃结构中达到瑞利散射所示的最低衰减。通过适当的设计,1.5 μm 处的衰减窗口会降低至接近瑞利散射极限。

例 9.18　瑞利散射极限　求纯石英(SiO_2)在下列给定条件下瑞利散射在 $\lambda=1.55~\mu m$ 窗口处的衰减:$T_f=1730℃$(软化温度),$\beta_T=7\times10^{-11}~m^2 \cdot N^{-1}$(高温下),1.5 μm 时 $n=1.4446$。

解:可以采用下式简单计算瑞利散射衰减:

$$\alpha_R \approx \frac{8\pi^3}{3\lambda^4}(n^2-1)^2\beta_T k T_f$$

即

$$\alpha_R \approx \frac{8\pi^3}{3\times(1.55\times10^{-6})^4}(1.4446^2-1)^2(7\times10^{-11})(1.38\times10^{-23})(1730+273)$$

$$= 3.27\times10^{-5}~m^{-1} \quad \text{或} \quad 3.27\times10^{-2}~km^{-1}$$

则衰减(dB/km)为

$$\alpha_{dB} = 4.34\alpha_R = (4.34dB)\times(3.27\times10^{-2}~km^{-1}) = 0.142~dB \cdot km^{-1}$$

这就是石英玻璃在 1.55 μm 处最低可能的衰减。

9.13　发光、磷光体和白光 LED

根据日常经验可以知道,某些材料——通常所说的磷光体会吸收光,然后即使在激发光源关闭后也能发射光,这是一个发光的例子。通常,**发光**是指一种被称为**磷光体**的材料由于能量的吸收并转换成电磁辐射来发射光,如图 9.27(a)和(b)所示。磷光体材料发出的光辐射与依赖于温度的热辐射是完全不同的。发光是非热源被激发后发射的光,这与从像电灯泡里的钨丝这样的受热物质发出的光是不同的;后者称为**白炽**。通常,光发射发生于一定的掺杂、杂质,甚至是缺陷,它们被称为**光源**或**发光中心**,特意引入一个新的概念——**基质晶格**(host matrix),就像图 9.27(c)所示的晶体或者玻璃。发光中心也叫**活化剂**(activator)。有许多磷光体的例子,如在红宝石里,Cr^{3+} 离子是在蓝宝石(Al_2O_3)晶体基质里的发光中心。Cr^{3+} 离子可以吸收紫外线或紫光然后发射出红光。这一磷光体系统写为 $Al_2O_3:Cr^{3+}$。激发和发射仅涉及 Cr^{3+} 离子。另一种情况,活化剂的激发也包括基质,这点我们将在后面讨论。

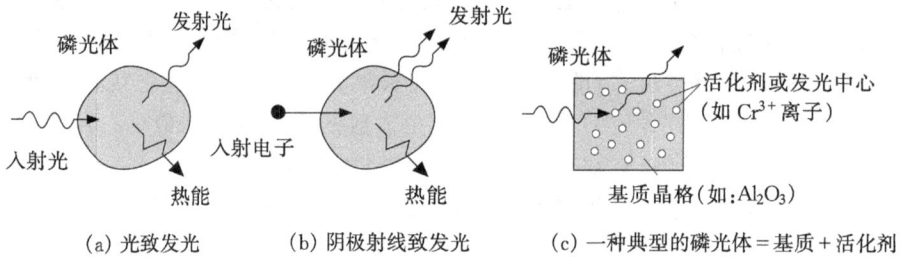

(a) 光致发光   (b) 阴极射线致发光   (c) 一种典型的磷光体=基质+活化剂

图 9.27 光致发光、阴极射线发光和一种典型的磷光体

通常,可以根据激发源的不同对发光进行分类。**光致发光**源于光子(光)的激发,如图 9.27(a)所示。**X 射线发光**源于入射 X 射线激发发光物质来发光。**阴极射线发光**是用像电视里阴极射线管里的电子轰击发光物质激发的光,如图 9.27(b)所示。**场致发光**是由于电流通过产生光辐射。在半导体材料中出现的场致发光是激发电子跃迁到基态能级时发生的,这与电子和空穴复合的结论是相符的,激发电子位于导带(CB),它的基态对应于价带(VB)里的空穴。电子-空穴的复合通常发生得非常快。例如,典型的少数载流子的寿命在纳秒级,所以在激发停止后半导体发出的光也在数纳秒内停止。这种快速的发光过程发生在纳秒级或者更短时间内,一般定义为**荧光**。荧光管的发光实际上是荧光过程。荧光管里是氩和汞的混合气体。氩原子和汞原子被电子放电过程激发,发出的光主要位于紫外波段。这些紫外光被荧光管内侧的荧光粉涂层吸收。磷光体涂层中激发了的活化剂发出可见光。荧光管中使用了许多磷光体,以获得白光。

这个手电筒使用了白色 LED 代替白炽灯泡。手电筒可连续工作 200 个小时,光斑大小超过 30 英尺。白色 LED 使用的发光物质可以从 LED 的半导体芯片中发出的蓝光中产生黄光。蓝光和黄光的混合光成为白光

也有些磷光体,激发停止后发光时间可持续数毫秒到数小时。这种慢发光过程通常称之为**磷光现象**(也被叫做辉光)。

　　许多磷光体是基于活化剂掺杂到基质晶格中,例如,在 Y_2O_3(氧化钇)晶格中掺入 Eu^{3+}(铕离子)被广泛应用于现代发光物质。被紫外线激发后,它可以发出大量的红光(613 nm)。它通常在彩色显像管和现代三基色荧光管中用做红色发光物质。总之,可以用高度简并能级图来描述基质中活化剂的能量,如图 9.28 所示。活化剂的基态是 E_1。经过适当能量 $h\nu_{ex}$ 的入射光激发后,活化剂被激发到 E_2。在这个能级上衰减,或弛豫,以发射光子或晶格振动的形式相对较快地(皮秒量级)跃迁到能级 E_2' 上。这种衰减称为无辐射或非辐射衰减。活化剂通过发射光子(自发辐射)从 E_2' 跃迁到 E_1',即发光。辐射出的光子能量为 $h\nu_{em}$,小于激发光子的能量 $h\nu_{ex}$。从 E_1' 回到基态 E_1 会辐射声子。此外,对于某些活化剂,E_1' 要么十分接近 E_1,要么就是 E_1。E_2、E_2'、E_1' 等能级并不是确切的单能级,而是包含很多有间隔的多能级。高能级也会形成多能级的窄能"带"。在这个例子中,活化剂吸收入射光并被直接激发,被称为**活化剂激发**。Al_2O_3 中的 Cr^{3+} 离子可被蓝光直接激发并辐射出红光。在**基质激发**中,基质晶格吸收入射光并将能量转移给活化剂,则活化剂被激发到 E_2,如图 9.28 所示。例如,在 X 射线发光物质中,X 射线被基质吸收,接着将能量转移给活化剂。从图 9.28 中显然可见,发射光($h\nu_{em}$)的波长长于激发射线($h\nu_{ex}$),即 $h\nu_{em} < h\nu_{ex}$。从吸收到发射光频率的降低称为**斯托克频移(Stoke's shift)**。需要强调的是,活化剂的能级(如图 9.28 所示)也依赖于基质,因为基质晶体的内电场影响着活化剂并改变着这些能级的升降。发射特性主要取决于活化剂,其次是基质。

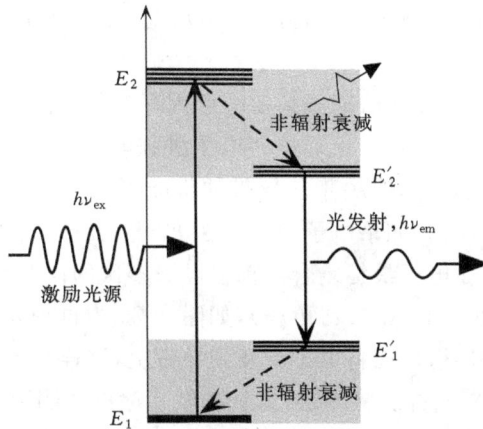

图 9.28　光致发光:光吸收,激发,非辐射衰减并发射出光子,回到基态 E_1。为了能够清楚地显示,能级被水平移动了

　　基质激发的机理有许多种。一种可能的过程,包括半导体的基质,如图9.29所示,入射光子先将价带(VB)电子激发到导带(CB)上。随后电子被热化,就是电子在与晶格振动的碰撞中损耗掉多余的能量,并回落到接近于 E_c,最后停留在晶体内。如图 9.29 中 a 所示的过程,电子被位于激发态 D 的发光中心或活化剂所俘获。接着电子释放出一个光子而回落到活化剂的基态 A,即发出光。然后,位于基态的电子与价带中的空穴复合。这样,活化剂扮演了一个**辐射复合中心**的角色。在某些情况下,D 和 A 分别集中代表施主和受主一样的中心,所以

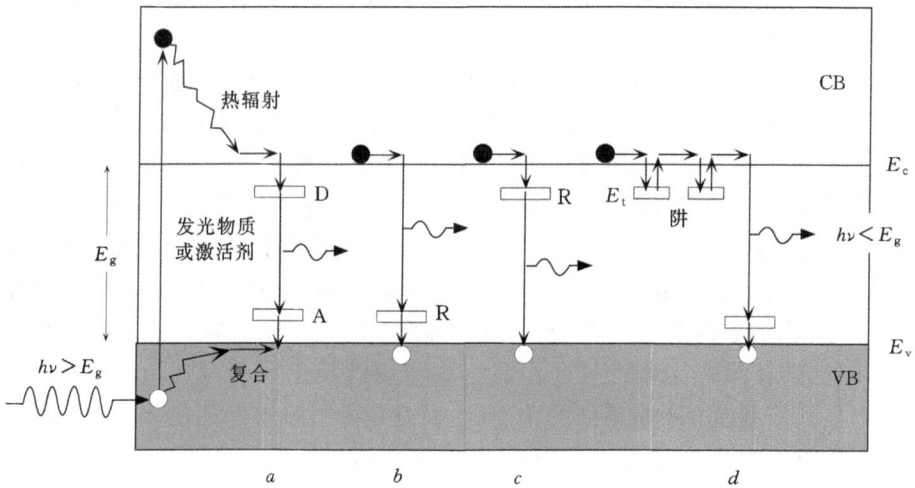

图 9.29　光子吸收产生 EHP
两种载流子都被热化。一系列的复合过程最终导致发光

被标记为 D 和 A。在另一些情况下,辐射复合中心会被简并到带隙中的一个能级上,如图 9.29 中所示的 R。当电子被俘获到 R 时释放出一个光子,如图 9.29 中的过程 b 所示,或被俘获到 R 后与一个空穴复合释放出一个光子,如图 9.29 中的过程 c 所示。过程 a 和 b 发生在不同的 ZnS 基磷光体中。例如,在 $ZnS:Cu^+$ 中,活化剂是 Cu^+,其能级位于图 9.29 中的 A。使用联合活化剂可以增强光辐射,例如在 $ZnS:Cu^+$ 中加入 Al。Al 担当一个浅施主 D,发光过程如图 9.29 中过程 a 所示。

半导体中也可能因为多种晶体缺陷或杂质等原因存在很多阱。电子可能被一个阱俘获并停留在带隙中十分接近 E_c 的能级 E_t 上。这些电子阱临时从导带俘获一个电子,从而使其固定不动。电子停留在 E_t 上的时间取决于从导带的阱能深 $E_c - E_t$。随后,强烈的晶格振动使电子回到导带上(通过热激发)。如果电子被俘获在 E_t 上的时间相当长,发光和复合的时间间隔可能相对较长。事实上,在电子最终复合之前会经历多次的俘获和释放,所以发光在激发停止后会持续相对较长的时间(如数毫秒或更长),如图 9.29 中过程 d 所示。

用高能电子束轰击材料时,也能将电子激发到导带上,这样会导致阴极射线致发光。彩色 CRT 显示器通常均匀地涂覆三种发光涂层,这三种发光涂层在阴极射线致发光时分别发出蓝光、红光和绿光。在场致发光中,电流不论直流或交流都可用于将电子注入导带,使其与空穴复合并发光。例如,一定的半导体磷光体,如掺杂 Mn 的 ZnS,通过电流时可产生场致发光。发光二极管(LED)的发光就是**注入场致发光**的一个例子,它用电压使带电载流子注入,并在一个含有 p 型半导体与 n 型半导体的结的器件(二极管)中复合。

含有不同活化剂的硫化锌是一类十分典型的磷光体。$ZnS:Ag^+$ 中的 Ag^+ 为活化剂,仍被用于蓝光发光,在某些情况下会用 Cd 代替部分 Zn。$ZnS:Cu^+$ 可以发出绿光,也是十分有用的磷光体。另一方面,许多现代磷光体是在不同的基质中使用稀土元素作为活化剂。例如,$Y_2O_3:Eu^{3+}$ 吸收紫外线并发出红光,$Y_3Al_5O_{12}:Ce^{3+}$ 吸收蓝光并发出黄。一些普遍使用的活化剂中,Eu^{3+} 用来发红光,Eu^{2+} 用来发蓝光,Tb^{3+} 用来发绿光。表 9.4 总结了一些在不同应用中的磷光物质。

表 9.4　磷光体举例

磷光体	活化剂	常见的发光	样品激发	备注或应用
$Y_2O_3:Eu^{3+}$	Eu^{3+}	红光	紫外	荧光灯,彩色电视
$BaMgAl_{10}O_{17}:Eu^{2+}$	Eu^{2+}	蓝光	紫外	荧光灯
$CeMgAl_{11}O_{19}:Tb^{3+}$	Tb^{3+}	绿光	紫外	荧光灯
$Y_3Al_5O_{12}:Ce^{3+}$	Ce^{3+}	黄光	蓝、紫光	白光 LED
$Sr_2SiO_4:Eu^{3+}$	Eu^{3+}	黄光	紫光	白光 LED(实验中)
$ZnS:Ag^+$	Ag^+	蓝光	电子束	彩色电视蓝色磷光体
$Zn_{0.68}Cd_{0.32}S:Ag^+$	Ag^+	绿光	电子束	彩色电视绿色磷光体
$ZnS:Cu^+$	Cu^+	绿光	电子束	彩色电视绿色磷光体

最近,市面上出现了廉价的白光 LED,肉眼看起来它能够发出白光,实际上是蓝光和黄光的混和光。(黄色是红色和绿色的混和色,所以将蓝与黄混合就能获得"白"。)白光 LED 的出现主要归功于基于氮化镓铟(GaInN)的高亮度蓝光 LED 的发展。白光 LED 用一个半导体晶片发射出短波长的光(蓝光、紫光或紫外光),再用一种磷光体将部分蓝光转换为黄光,如图 9.30(a)所示。磷光体从二极管吸收光并发出较长波长的光。显然,不同的设计可以得到不同质量和不同光谱特性的混合光;图 9.30(b)展示了白光 LED 发出的白光——蓝光和黄光的混和光的实际光谱。典型的磷光体是用钇铝($Y_3Al_5O_{12}$)石榴石(YAG)作为基质的。这种基质中掺杂了稀土元素作为活化剂。铈(Ce)是 YAG 磷光体中一种普遍的掺杂元素,即磷光体为 $Y_3Al_5O_{12}:Ce^{3+}$,它可以充分吸收蓝光并发出黄光。白光 LED 有望很快替代现有的白炽光源作为日常照明。

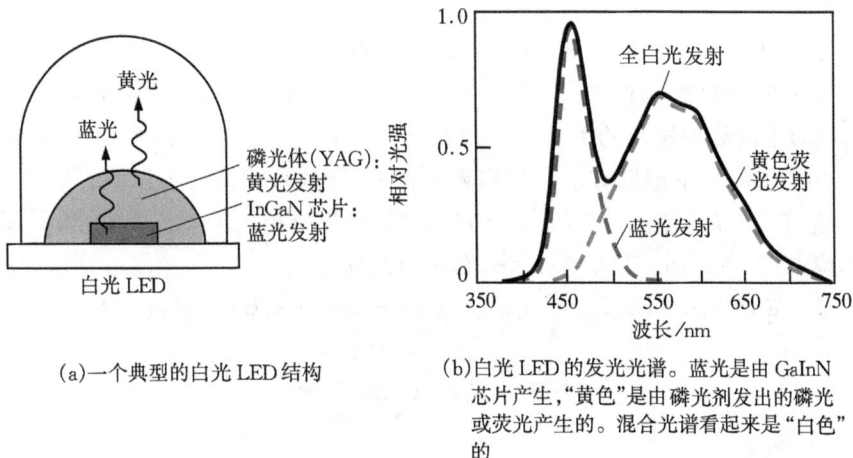

(a)一个典型的白光 LED 结构

(b)白光 LED 的发光光谱。蓝光是由 GaInN 芯片产生,"黄色"是由磷光剂发出的磷光或荧光产生的。混合光谱看起来是"白色"的

图 9.30

9.14　偏振

传播中的电磁波的电场和磁场与其传播方向是垂直的。如果我们将其传播方向作为 z 轴,则电场位于与 z 轴垂直的平面内的任意方向上。电磁波的**偏振**这一名词描述了电磁波穿过介质时其电场矢量的行为。若电场的振荡一直位于一条确定的线上,则称电磁波是**线偏振**

的，如图9.31(a)所示。场的振动和传播方向(z)定义了一个线偏振面（振动面），所以线偏振意味着一列波是**平面偏振**的。相反，若一束光中的电场波动各自位于任意的但垂直于z的方向上，则这束光称为非偏振的。当光束经过起偏器（如偏振片）后就可以变成线偏振的，这类器件只能通过位于确定的、平行于其透光轴的平面内的电场振荡。

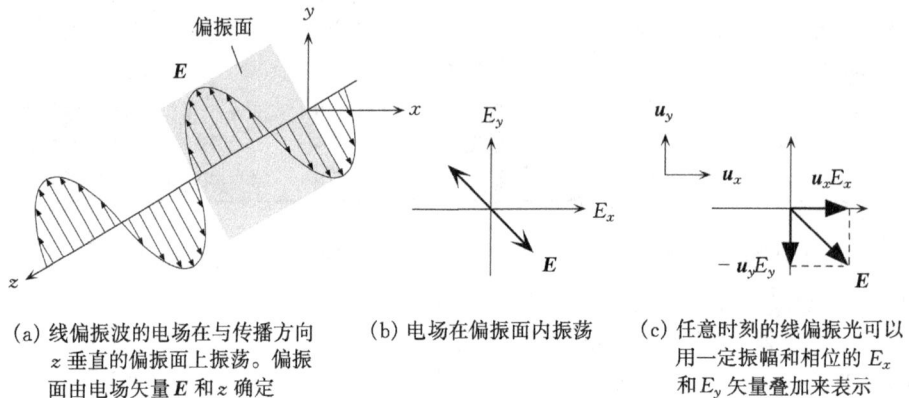

(a) 线偏振波的电场在与传播方向 z 垂直的偏振面上振荡。偏振面由电场矢量 E 和 z 确定

(b) 电场在偏振面内振荡

(c) 任意时刻的线偏振光可以用一定振幅和相位的 E_x 和 E_y 矢量叠加来表示

图 9.31

假设任意选取 x 和 y 轴，并用电场沿 x 轴和 y 轴的分量 E_x、E_y 来描述电场（可以证明这样做是正确的，因为 E_x 和 E_y 都垂至于z）。为了求得波中任意位置任意时刻的电场，我们将 E_x 和 E_y 矢量相加。E_x 和 E_y 可各自由一个波动方程来表述，且具有相同的角频率 ω 和波数 k。但是，必须引入一个两者间的相位差 ϕ：

$$E_x = E_{x0}\cos(\omega t - kz) \tag{9.73}$$

和

$$E_y = E_{y0}\cos(\omega t - kz + \phi) \tag{9.74}$$

其中 ϕ 是 E_x 与 E_y 之间的相位差；若其中一个分量被延迟（减速），就会产生 ϕ。

图9.31(a)中的线偏振波的 E 在与 x 轴成 $-45°$ 的方向上振动，如图9.31(b)所示。只要在式(9.73)和式(9.74)中选取 $E_{x0}=E_{y0}$ 和 $\phi=\pm180°(\pm\pi)$，我们就可以获得这样的场的表达式。换句话说，E_x 和 E_y 有相同的振幅，但它们之间的相位相差 $180°$。若 u_x 和 u_y 是沿着 x 和 y 方向的单位矢量，在式(9.74)中令 $\phi=\pi$，则波中的场为

$$E = u_x E_x + u_y E_y = u_x E_{x0}\cos(\omega t - kz) - u_y E_{y0}\cos(\omega t - kz)$$

或

$$E = E_0\cos(\omega t - kz) \tag{9.75}$$

其中

$$E_0 = u_x E_{x0} - u_y E_{y0} \tag{9.76}$$

式(9.75)和式(9.76)表明，矢量 E_0 是与 x 轴成 $-45°$ 且沿着 z 方向传播的。

电场除了如图9.31所示的线偏振态以外，还有许多其它的状态。例如，若电场矢量 E 的振幅保持不变，但波的接收者观察到：其末端在 z 上给定的位置随时间按顺时针方向旋转并描绘出一个圆，则该光波被称为是**右旋圆偏振**的[1]，如图9.32所示。若 E 的末端的旋转方向为

①　这个定义在光学上和工程学上是有区别的。这里的定义是按照光学上的定义，在光电子学里使用更为普遍。

逆时针,则该光波被称为是**左旋圆偏振**的。从式(9.73)和式(9.74)中显然可知:对于右旋偏振波而言,$E_{x0}=E_{y0}=A$(振幅),$\phi=\pi/2$。这意味着

$$E_x = A\cos(\omega t - kz) \tag{9.77}$$

和

$$E_y = -A\sin(\omega t - kz) \tag{9.78}$$

很容易明白,式(9.77)和式(9.78)表示了一个圆,即:

$$E_x^2 + E_y^2 = A^2 \tag{9.79}$$

如图 9.32 所示。

当相位差 ϕ 既不是 0,也不是 $\pm\pi$,也不是 $\pm\pi/2$ 时,合成波是椭圆偏振的,矢量的末端描绘出的是一个椭圆,如图 9.32 所示。

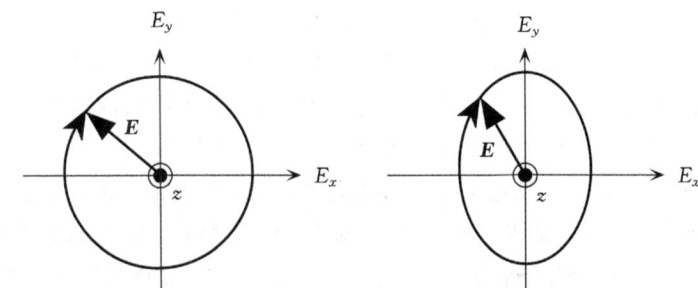

(a) 沿 z 轴传播的右旋圆偏振光
(方向垂直于纸面向外)。电
场矢量 E 始终与 z 轴垂直,
围绕 z 轴沿顺时针方向旋
转,且每传播一个波长距离
E 旋转一圈

(b) 椭圆偏振光

图 9.32

9.15　光学各向异性

晶体的许多特性都同晶轴方向有着密切的关系,这是晶体的一个重要特征。也就是说,晶体通常是各向异性的。介电常数 ε_r 取决于电子的极化,它涉及电子相对于阳性原子核的偏移。由于在特定晶轴方向上电子更加容易偏移,所以电子极化同晶轴方向有关。这意味着,晶体的折射率 n 同传输光束中电场的方向有关。因此,光在晶体中的传播速率取决于光的传播方向和晶体的偏振态,即电场的方向。大多数非晶材料,比如玻璃、液体以及所有的立方晶体都是**光学各向同性**的,即折射率在各个方向上都是相同的。对于除立方晶体以外的其它晶体材料,其折射率取决于传播方向及偏振态。晶体的这种各向异性造成除非沿某些特定的方向入射,否则任何非偏振光入射晶体后都会分成两束偏振态和相速度均不相同的光。当透过方解石(一种各向异性晶体)看一幅图像时,能看到两个像,每个像都是由穿过晶体的一种偏振态的光形成的。而透过各向同性晶体只能看到一个像,如图 9.33 所示。由于光束可能发生**双折射**现象,各向异性晶体又称为双折射晶体。

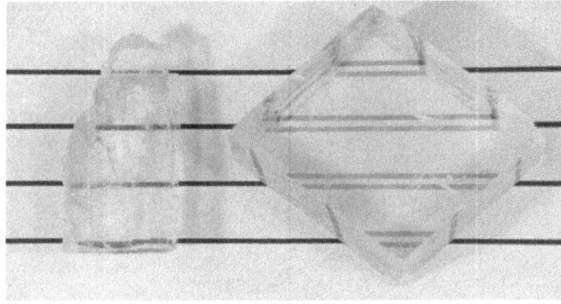

图 9.33　分别透过氯化钠立方晶体(光学各向同性)和方解
石晶体(光学各向异性)观察一根线

对"大多数各向异性晶体"(即那些具有极高各向异性的晶体)的实验和理论表明,可以通过沿着晶体中相互垂直方向,即 x,y 和 z(**主轴**方向)上的三个折射率来描述光的传播,这三个折射率称为**主折射率** n_1,n_2 和 n_3。这些折射率对应于沿着这些轴的电磁波的偏振态。另外,各向异性晶体可能有一个或者两个光轴。**光轴**是一个非常特殊的方向,光在晶体中沿光轴方向传播的速率与偏振态无关。无论电磁波偏振态如何,其在光轴方向的传播速率均相同。

具有三个不同主折射率的晶体有两个光轴,称之为**双轴晶体**。另一方面,**单轴晶体**有两个主折射率相同($n_1=n_2$)并只有一个光轴。表 9.5 根据光学各向异性对晶体进行了分类。单轴晶体,如石英,其折射率 $n_3>n_1$,称为**正单轴晶体**;而方解石之类晶体,其折射率 $n_3<n_1$,则称之为**负单轴晶体**。

表 9.5　部分光学各向同性与各向异性晶体的主折射率(589 nm 附近,Na 双黄线)

光学各向同性	$n=n_o$		
玻璃(无铅)	1.510		
金刚石	2.417		
氟石(CaF$_2$)	1.434		
正单轴晶体	n_o	n_e	
冰	1.309	1.3105	
石英	1.5442	1.5533	
金红石(TiO$_2$)	2.616	2.903	
负单轴晶体	n_o	n_e	
方解石(CaCO$_3$)	1.658	1.486	
电石	1.669	1.638	
铌酸锂(LiNbO$_3$)	2.29	2.20	
双轴晶体	n_1	n_2	n_3
白云母	1.5601	1.5936	1.5977

9.15.1　单轴晶体和菲涅耳光率体

为了讨论光学各向异性,我们以方解石和石英这两种单轴晶体为例。所有实验和理论可以得出以下几条基本理论:[①]

———————————

① 这些表述可以通过求解各向异性介质中的麦克斯韦方程证明。

任何电磁波在进入单轴晶体后都会分成两束不同相速度且偏振方向相互垂直的线偏振波；即它们的折射率不同。在单轴晶体中，这两束偏振方向相互垂直的光分别叫做寻常光（o光）和非常光（e光）。沿任何方向，o光的相速度都相同，就好像普通的光一样，其电场垂直于相传播方向。而e光的相速度和它的传播方向以及偏振态有关，并且其电场不一定垂直于相传播方向。只有沿着一个特定的方向，称为光轴，o光和e光的传播速度才相同。o光的偏振方向总是垂直于光轴并且服从斯涅耳定律。

如图9.33所示，透过方解石可以观察到两个像，这是由于o光和e光发生了不同的折射的结果，所以当两束光射出晶体后便被分开了。每束光形成一个像，但它们的电场是相互垂直的。实际上，这一点很容易用两个透射轴相互垂直的检偏器（图9.34）来证明。如果我们沿着晶体的光轴方向观察物体时，不会看到两个像，这是因为在这个方向上两束光的折射率是相同的。

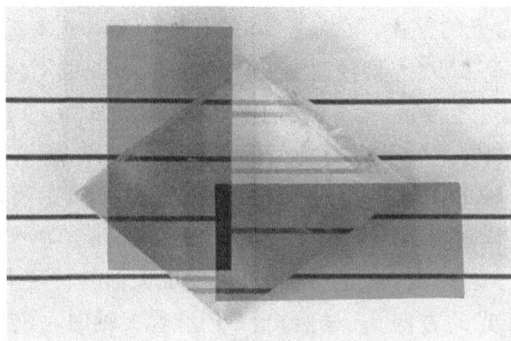

图 9.34　两个检偏器沿着各自光轴方向（与检偏器长边平行）相互垂直地放置。寻常光通过左边的检偏器没有偏转，而非寻常光通过右边的偏振器会发生偏转。因此两种光偏振方向垂直

正如所说的，可以用沿着三个相互垂直的方向，即主光轴方向上的折射率来表征晶体的光学性质；在图9.35(a)中，晶体的主光轴表示为x, y, z。沿着这些特定轴的方向，光的偏振矢量和电场方向是平行的。（或者说，电位移矢量$\boldsymbol{D}$[①]和电场矢量$\boldsymbol{E}$是平行的。）沿x, y, z轴方向的折射率称为主折射率n_1, n_2和n_3，电场沿着这些方向振动（注意不要和光传播方向混淆）。例如，对于一束偏振方向平行于x轴的光而言，其折射率就是n_1。

利用称为**光率体**的菲涅耳折射率椭球[②]可以将折射率与晶体中特定的电磁波联系起来，它是一个置于主光轴中心的折射率面，如图9.35(a)所示，其中x, y, z轴上的截距对应于n_1，n_2和n_3。如果三个折射率相同，$n_1 = n_2 = n_3 = n_0$，折射率椭球将变成正球面，且所有电场偏振方向都有着相同的折射率n_0。这样的一个正球面代表一个各向同性晶体。对于正单轴晶体，例如石英，$n_1 = n_2 < n_3$，为一椭球，如图9.35(a)所示。

假设需要求得以任意波矢$\boldsymbol{k}$（代表相传播方向）传播的光的折射率。在图9.35(b)中，这个相传播方向记为OP，它与z轴的夹角为θ。通过光率体中心O作一垂直于OP的平面。此平面与椭球面相交，截出的曲线$ABA'B'$为一椭圆。椭圆的长轴（BOB'）和短轴（AOA'）确定了光的电场振荡方向和与此波相应的折射率大小。现在可以用两个相互垂直的偏振电磁波来表示初始光。

---

① 任意一点的电位移矢量$\boldsymbol{D}$由$\boldsymbol{D} = \varepsilon_0 \boldsymbol{E} + \boldsymbol{P}$定义，其中$\boldsymbol{E}$和$\boldsymbol{P}$分别是该点的电场和极化强度。

② 在文献中有带微妙的细微差别的不同名称：菲涅耳椭球、光率体、折射率椭球、倒易椭球、潘索椭球、波法线椭球。

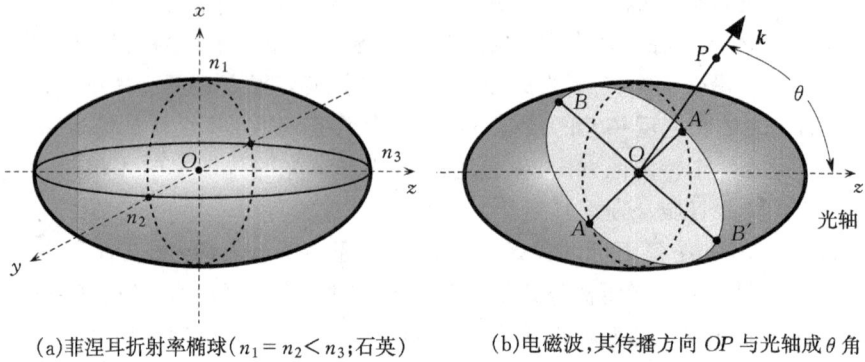

(a)菲涅耳折射率椭球($n_1 = n_2 < n_3$;石英)　　　　(b)电磁波,其传播方向 OP 与光轴成 θ 角

图 9.35

短轴 AOA' 对应于寻常光的偏振,短半轴 OA 的长度代表 o 光的折射率 $n_o = n_2$。电位移矢量和电场的方向相同且平行于 AOA'。即便改变 OP 的方向,短轴也不会发生变化,也就是说,无论 OP 的方向如何,n_o 的大小始终为 n_1 或 n_2(我们不妨试试让 OP 沿 y 轴和 x 轴方向)。这表明 o 光沿着任何方向折射率均相同。(o 光的行为就像普通的光一样,所以有这样的名称。)

如图 9.35(b)所示,长轴 BOB' 对应于 e 光中的电位移场($\boldsymbol{D}$)振荡,且半轴 OB 的长度代表 e 光的折射率 $n_e(\theta)$。该折射率小于 n_3 但大于 $n_2(=n_o)$。因此,e 光在这一特定的方向上且在晶体中的传播速率要小于 o 光。若改变 OP 的方向,可以发现长轴的长度会随着 OP 方向的变化而变化。即 $n_e(\theta)$ 的大小取决于光的方向 θ。显然,当 OP 沿着 z 轴时,或者说当光沿着 z 轴传播时,$n_e = n_o$,如图 9.36(a)所示。这一方向即为光轴,并且任意偏振态的光沿光轴传播时,其相速度都相同。当 e 光沿着 y 轴或 x 轴传播时,$n_e(\theta) = n_3 = n_e$,此时 e 光的相速度最低,如图 9.36(b)所示。沿着与光轴方向夹角为 θ 的任意 OP 方向传播时,e 光的折射率 $n_e(\theta)$ 由下式给出:

$$\frac{1}{n_e^2(\theta)} = \frac{\cos^2\theta}{n_o^2} + \frac{\sin^2\theta}{n_e^2} \qquad (9.80) \text{ e 光的折射率}$$

显然,$\theta = 0°$ 时,$n_e(0°) = n_o$;$\theta = 90°$ 时,$n_e(90°) = n_e$。

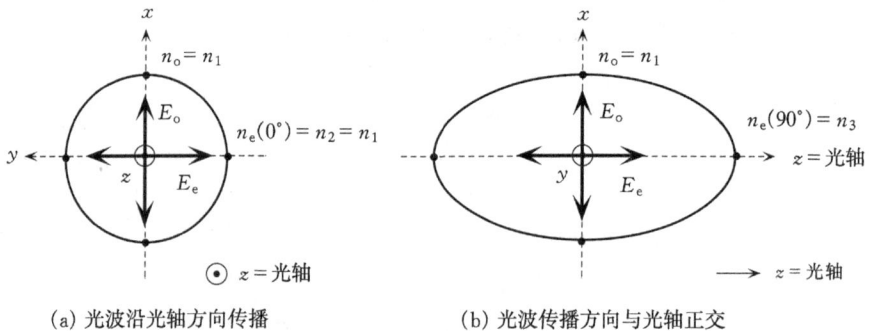

(a) 光波沿光轴方向传播　　　　　　　(b) 光波传播方向与光轴正交

图 9.36　$E_o = E_{\text{o-wave}}$,$E_e = E_{\text{e-wave}}$

通过定义电位移矢量 $\boldsymbol{D}$ 的方向,而不是 $\boldsymbol{E}$ 的方向,可由长轴 BOB' 确定 e 光的偏振态,如图 9.35(b)所示。即使 $\boldsymbol{D}$ 垂直于 $\boldsymbol{k}$,$\boldsymbol{E}$ 不一定也垂直于 $\boldsymbol{k}$。e 光的电场 $\boldsymbol{E}_{\text{e-wave}}$ 垂直于 o 光的电场,且位于由 $\boldsymbol{k}$ 和光轴确定的平面内。只有当 e 光沿着某一主轴的方向传播时,$\boldsymbol{E}_{\text{e-wave}}$ 才垂直

于 k。在双折射晶体中,通常取光传播的方向为能流方向,即坡印廷矢量(S)的方向。则 E_{e-wave} 垂直于光的传播方向。对于 o 光,波前传播方向 k 与能流方向 S 相同。然而对于 e 光,波前传播方向 k 与能流方向 S 却不相同。

9.15.2 方解石的双折射

方解石晶体($CaCO_3$)为负单轴晶体,因具有双折射现象而著称。当方解石晶体表面解理,也就是说,沿着特定的晶面切开,晶体所呈现出的形状称为解理型,方解石的晶面为平行四边形(两对角度分别为 78.08° 和 101.92°)。有一类晶体的解理型称为方解石斜方体。若方解石斜方体的一个平面包含光轴,且垂直于一对相对的晶面,则称为主截面。

当一束非偏振光或自然光正入射方解石晶体,即垂直于入射表面的主截面,但与光轴有一定夹角时,将会发生什么?如图 9.37 所示。光束将分成偏振方向相互垂直的寻常光(o 光)和非常光(e 光)。光在主截面中传播,因为该平面同时包含着入射光。o 光的电场振荡方向与主光轴垂直。它服从斯涅耳定律,说明 o 光射入晶体时未发生偏折。所以电场的振荡方向一定垂直于纸面,并与光轴和传播方向垂直。o 光中电场用 $E_\perp$ 圆点表示,表示振荡进出纸面。

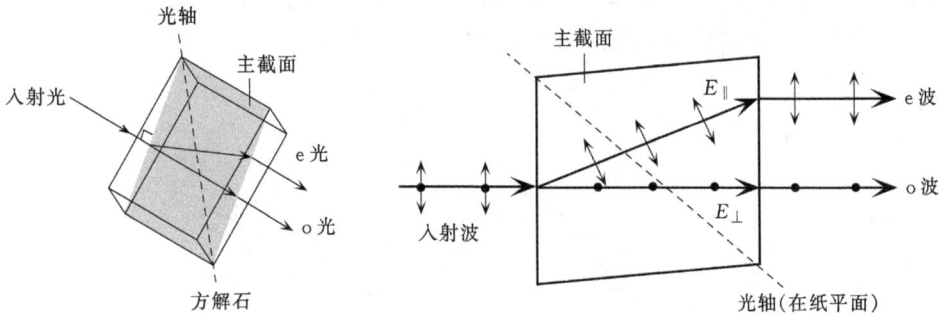

图 9.37 一束电磁波与石英晶体光轴呈一定夹角入射后分成寻常光和非常光。这两种光偏振方向垂直,传播速度不同。o 光的偏振方向与光轴垂直

e 光的偏振方向同 o 光相互垂直且位于主截面内。e 光的偏振方向在纸面内,用 $E_\parallel$ 表示,如图 9.37 所示。e 光的传播速率和方向都与 o 光不同。显然,由于折射角不为 0,e 光并不服从斯涅耳定律。e 光的传播方向朝一侧偏离,且与 $E_\parallel$ 垂直,除此之外,不能确定 e 光的方向。

9.15.3 二向色性

除了折射率的变化,一些各向异性晶体还表现出**二向色性**,即物质对光的吸收本质上依赖于光束的传播方向及偏振态。二向色性晶体是对 e 光和 o 光都有强烈衰减(吸收)的光学各向异性晶体。这意味着,进入二向色性晶体的任意偏振光将会变成具有特定偏振方向的光,这是因为其它方向的偏振光都被衰减了。二向色性一般依赖于光波长。例如,电气石晶体(硼硅酸铝)中,对 o 光的吸收要比对 e 光的吸收强烈得多。

9.16 双折射延迟片

对一个正单轴晶体,如石英($n_e > n_o$)薄片,它的光轴(设为 z 轴)平行于薄片表面,如图9.38所

示。假设线偏振光正入射晶体表面。当电场 E 平行于光轴(用 $E_\parallel$ 表示),这束光通过晶体时,由于 $n_e > n_o$,e 光的速度为 c/n_e,比 o 光慢。因此,光轴称为偏振方向平行于光轴的"慢轴"。若 E 垂直于光轴(用 $E_\perp$ 表示),则光将以速度 c/n_o 传播,这将是光在晶体中最快的速度。所以垂直于光轴的轴(即 x 轴)称为偏振方向沿着该轴的光的"快轴"。当光束垂直于光轴和延迟片表面入射进入晶体后,o 光和 e 光沿着相同方向传播,如图

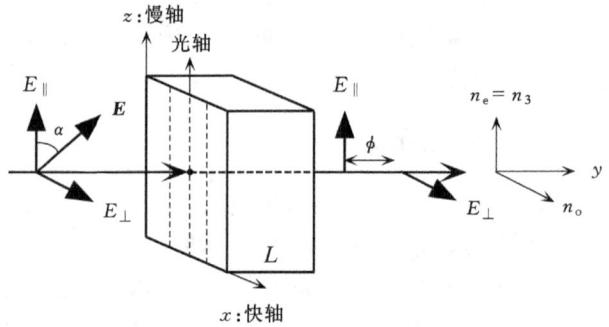

图 9.38 相位延迟片
光轴与延迟片表面平行。o 光和 e 光沿着相同方向传播但速度不同

9.38 所示。当然,可以也将与 z 轴夹角为 α 的线偏振光分解为 $E_\perp$ 和 $E_\parallel$。o 光对应于晶体中 $E_\perp$ 的传播,而 e 光则对应于 $E_\parallel$ 的传播。当光从晶体另一面出射时,这两个分量 $E_\perp$ 和 $E_\parallel$ 之间将产生相移 ϕ。E 的初始位相角 α 和晶体的长度将确定通过延迟片的总相移 ϕ,出射光的线偏振方向会发生旋转,或者变成椭圆偏振光或圆偏振光,如图 9.39 中所示。

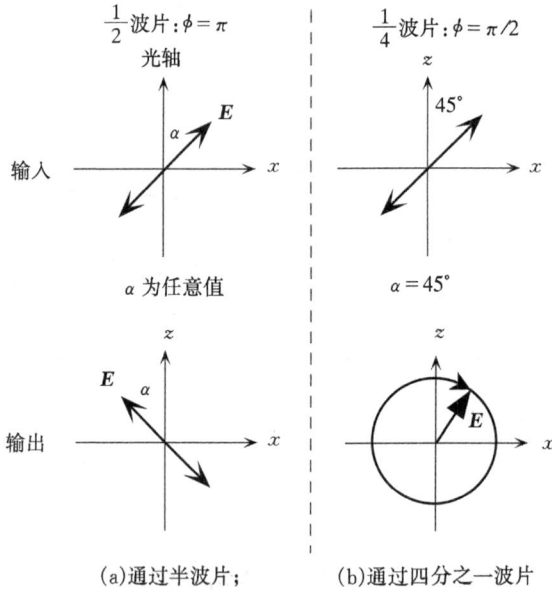

图 9.39 光的输入输出偏振状态。

若 L 是延迟片的厚度,则 o 光通过延迟片后的相位改变为 $k_{o\text{-wave}}L$,其中 $k_{o\text{-wave}}$ 是 o 光的波矢;$k_{o\text{-wave}} = (2\pi/\lambda)n_o$,$\lambda$ 是自由空间中的波长。同样地,e 光通过延迟片后的相位改变为 $(2\pi/\lambda)n_e L$。于是,出射光中两个相互垂直的分量 $E_\perp$ 和 $E_\parallel$ 之间的相差 ϕ 为

$$\phi = \frac{2\pi}{\lambda}(n_e - n_o)L \qquad (9.81) \text{ 通过延迟片的相对相位}$$

相位差 ϕ 用全波长来表示,称为延迟片的**延迟**。例如,180°的相差为半波长延迟。

出射光的偏振态取决于晶体类型，$n_e - n_o$，及延迟片的厚度 L。我们知道，由于电场的两个相互垂直的分量之间不同的相差 ϕ，电磁波既可以是线偏振的，也可以是圆偏振的，还可以是椭圆偏振的。

半波长延迟片(半波片)的厚度 L 使产生的相差 ϕ 为 π 或 180°，对应于半个波长($\lambda/2$)的延迟。这使得 $E_\parallel$ 比 $E_\perp$ 延迟了 180°。若在相加出射的 $E_\perp$ 和 $E_\parallel$ 时考虑到这一相移 ϕ，E 将与光轴夹 $-\alpha$ 角，且仍为线偏振的。E 被逆时针旋转了 2α。

四分之一波长延迟片(四分之一波片)的厚度 L 使产生的相差 ϕ 为 π/2 或 90°，对应于四分之一个波长($\lambda/4$)的延迟。若在相加出射的 $E_\perp$ 和 $E_\parallel$ 时考虑到这一相移 ϕ，若 $0 < \alpha < 45°$，则出射光将为椭圆偏振的；若 $\alpha = 45°$，则出射光将为圆偏振的。

例 9.19 石英半波片 对于波长 $\lambda \approx 707$ nm 的光，石英半波片的厚度应为多少？假定非常光和寻常光的折射率为 $n_e = 1.549$ 和 $n_o = 1.541$。

解：半波延迟的相差为 π，故由式(9.81)得

$$\phi = \frac{2\pi}{\lambda}(n_e - n_o)L = \pi$$

故

$$L = \frac{\frac{1}{2}\lambda}{(n_e - n_o)} = \frac{\frac{1}{2} \times (707 \times 10^{-9} \text{ m})}{(1.549 - 1.541)} = 44.2 \text{ } \mu\text{m}$$

这大约为一张纸的厚度。

9.17 旋光效应和圆偏振双折射

当一束线偏振光沿着光轴方向通过石英晶体时，出射光的 E 矢量(偏振面)将发生旋转，如图 9.40 所示。旋转的程度会随着光线在晶体中通过距离的增加而不断增加(通过 1 mm 石英大约偏转 21.7°)。这种通过物质时光的偏振面发生旋转的现象称为**旋光效应**。直观地说，旋光效应发生在材料内，其电子运动路径(轨迹)受到外界电磁场作用而变成螺旋式。[①] 电子沿螺旋线运动，就像电流在线圈中运动一样，这时会有磁矩产生。因此，在光场的作用下会产生振动磁矩，它与感应振荡电偶极子是平行或反平行的。振荡感应磁场和电偶极子会产生微波辐射，这些辐射波相互干涉，形成向前传输的波，但该波的光场已产生了顺时针或逆时针的旋转。

若旋转的角度为 θ，则 θ 正比于光在旋光晶体中传播的距离 L，如图 9.40 所示。对观察通过石英的波的接收者而言，偏振面可能顺时针旋转(右旋)，也可能逆时针旋转(左旋)，分别称为旋光性的**右旋和左旋**。石英晶体的结构使得内部原子绕光轴螺旋排列时可以采取顺时针或逆时针两种方式。因此石英有两种截然不同的晶体类型，右旋和左旋，它们分别表现出旋光的右旋和左旋。采用石英仅仅是举个例子，实际上有很多物质都具有旋光性，包括一些生物材料，甚至是某些含有具有旋光能力的有机分子的溶液(例如玉米糖浆)。

旋光率(θ/L)定义为光通过单位长度旋光物质的偏转程度。旋光率还取决于波长。例如，对石英晶体来说，400 nm 入射光偏转 49°/mm，而 650 nm 入射光则偏转 17°/mm。

---

① 旋光性的解释还包括分析感应磁场和电偶极矩，这里将不做详述。

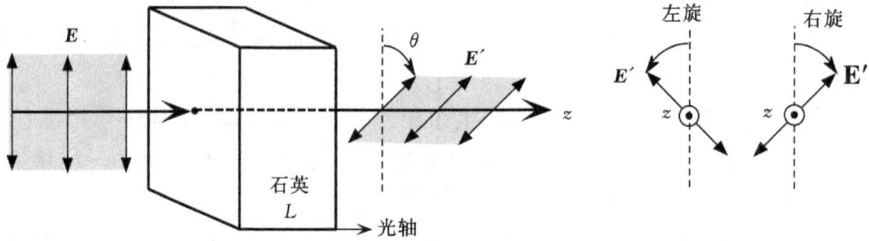

图 9.40 旋光材料(如石英)可以旋转入射光的偏振面。光场 E 旋转到 E'
如果我们将波反射回材料, E' 便转回到 E

关于旋光效应,可以理解为左旋和右旋圆偏振光在晶体中传播的速度不同,也就是折射率不同。由于晶体中分子或者原子的螺旋状排列,圆偏振光的传播速度取决于光场是左旋还是右旋的。垂直入射的线偏振光的电场 E 在沿旋光晶体的光轴传播时,可以分解为关于 y 轴对称的右旋圆偏振光 E_R 和左旋圆偏振光 E_L,即在任何情况下都有 $\alpha = \beta$,如图 9.41 所示。如果它们在晶体中的传播速度相同,它们就仍将关于垂面保持对称($\alpha = \beta$ 保持不变),其合成波仍是垂直偏振光。但是,如果它们以不同的速度通过介质,则出射的 E_L' 和 E_R' 就不再关于垂面对称,$\alpha' \neq \beta'$,合成波的矢量 E' 会与 y 轴夹 θ 角。

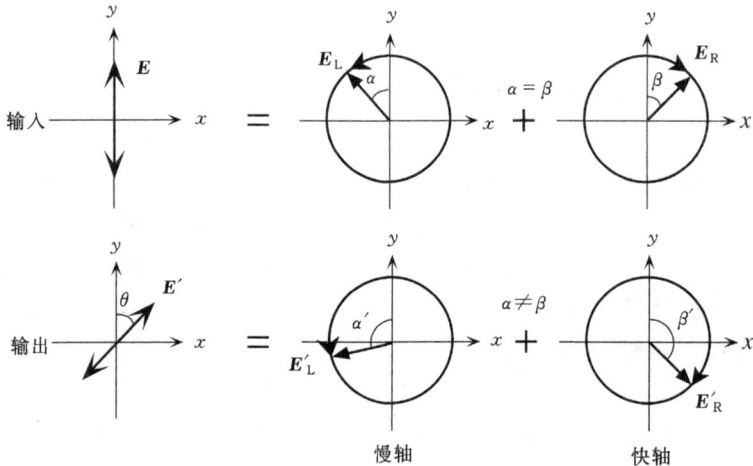

图 9.41 垂直入射的线偏振光可以分解为对 y 轴对称的右旋圆偏振光和左旋圆偏振光,即任何情况下 $\alpha = \beta$。如果它们以不同的速度通过介质,则出射后它们就不再对 y 轴对称,$\alpha' \neq \beta'$,合成波矢 E' 与 y 轴成 θ 角

假设介质对于右旋圆偏振光和左旋圆偏振光的折射率分别为 n_R 和 n_L。在介质中传输距离 L 之后,输出光的两个光场 E_R' 和 E_L' 之间会产生相差,而形成一个新的光场 E',即 E 偏转了 θ,θ 由下式给出:

$$\theta = \frac{\pi}{\lambda}(n_L - n_R)L \qquad (9.82) \text{ 旋光性}$$

式中 λ 为自由空间中的波长。当 589nm 的光沿左旋石英晶体的光轴传播时,$n_R = 1.544\,27$,$n_L = 1.544\,20$,这意味着这种晶体的 θ 约为 $21.4°/mm$。

　　在双折射介质中,右旋圆偏振光和左旋圆偏振光具有不同的传播速度,即具有不同的折射率 n_R 和 n_L。由于旋光介质可以旋转光场,自然可以想到,圆偏振光的光场同样也会被旋转,因为旋光性会使其更加容易通过旋光介质。因此,旋光介质对右旋和左旋圆偏振光具有不同的折射率,并表现出圆偏振双折射。值得一提的是,若图 9.40 中光的方向翻转,则光会转回原方向,且 E' 变回 E。

附加的专题

9.18　电光效应[①]

　　电光效应指的是外加电场引起材料折射率的变化,因此可以用来"调制"材料的光学性质。可以通过在晶体的两面放置一对与电池相连的电极来产生这种外加电场。这样一个电场的出现,会改变物质的分子或原子中的电子运动,或改变晶体的结构,从而使其光学性质发生改变。比如,外加电场可以使得各向同性晶体,如 GaAs,表现出双折射性。在这个例子中,电场会诱导产生主轴和光轴。在一般情况下,折射率的变化很小。外加电场的频率必须保证在材料性质变化(响应)的时间尺度内不发生变化,也就是光穿过物质的时间内不发生变化。电光效应可以分为一阶电光效应和二阶电光效应。

　　如果把折射率 n 看成外加电场 E 的函数,即 $n=n(E)$,就可以将其按 E 的泰勒(Taylor)级数展开。新的折射率 n' 为:

$$n' = n + a_1 E + a_2 E^2 + \cdots \qquad (9.83)$$ 场致折射率变化

其中,系数 a_1 和 a_2 分别称为线性电光效应系数和二阶电光效应系数。式(9.83)中的更高次项一般都很小,而且即便对于实际能够达到的最强的电场,它们带来的影响也可以忽略。由电场的一次项 E 引起的折射率 n 的改变称为**普克尔(Pockels)效应**,由二次项 E^2 引起的 n 的变化称为**克尔(Kerr)效应**,[②]系数 a_2 一般写作 λK,其中 K 称为克尔系数。因此,这两种效应为:

$$\Delta n = a_1 E \qquad (9.84)$$ 普克尔效应

和

$$\Delta n = a_2 E^2 = (\lambda K) E^2 \qquad (9.85)$$ 克尔效应

　　所有的材料都具有克尔效应。人们或许会认为所有的材料也应该有一定的(非零)a_1 值,但实际不是这样的,只有特定的晶体材料具有普克尔效应。若先在一个方向上外加电场 E,随后将电场改变方向变为 $-E$,则根据式(9.84),Δn 应该变号。如果折射率随电场 E 的增大而增大,那它也一定随 $-E$ 增大而减小。电场反转不应该产生同样的效应(相同的 Δn)。材料的结构对 E 和 $-E$ 的响应是不同的。因此材料中必定存在某种程度的不对称才能区别出 E 和 $-E$。在非晶材料中,E 的 Δn 应当与 $-E$ 的 Δn 相同,因为所有方向上的介电性质都是相同

　　[①]　关于电光效应更为深入的讨论和应用请参阅:S. O. Kasap, *Optoelectronics and Photonics:Principles and Practices*, Prentice Hall, 2001, Upper Saddle River, NJ, ch. 7.

　　[②]　约翰·克尔(John Kerr,1824—1907),苏格兰物理学家,曾在苏格兰自由教会师范学院任教。格拉斯哥(Glasgow, 1857—1901)建立了一个光学实验室并证明了克尔效应(1875)。

的。因此,对于所有的非晶材料(例如玻璃和液体),$a_1=0$。类似地,若晶体中只有一个对称中心,则电场反转方向还是会引起同样的结果,即 a_1 仍然为 0。只有非中心对称的晶体①才具有普克尔效应。例如,NaCl(中心对称)晶体不具有普克尔效应,而 GaAs 晶体(非中心对称)晶体则具有普克尔效应。

式(9.84)表达的普克尔效应显得过于简化,因为实际上必须要考虑沿特定晶向的外加电场引起的对给定传播方向和偏振态的光的折射率的变化。例如,假设 x,y,z 是晶体的主轴方向,这三个方向上的折射率分别为 n_1,n_2 和 n_3。对于光学各向同性晶体,n_1,n_2 和 n_3 是相同的,而对于单轴晶体,例如 LiNbO$_3$,$n_1=n_2\neq n_3$,如图 9.42(a)所示的 xy 截面。假如选取适当大小的电压加在晶体上,从而产生外加直流电场 E_a。根据普克尔效应,外场将改变光率体。具体如何变化将取决于晶体的结构。例如,对于 GaAs 一类的晶体,具有光学各向同性,光率体为球体,在外场作用下产生双折射,有两个不同的折射率。而对于 LiNbO$_3$(铌酸锂)这种光电子学中非常重要的单轴晶体,沿 y 方向的外场 E_a 将把主折射率 n_1 和 n_2(都等于 n_o)变成 n_1' 和 n_2',如图 9.42(b)所示。另外,对某些晶体,例如 KDP(KH$_2$PO$_4$,磷酸二氢钾),沿 z 轴的外场 E_a 会将主轴旋转到与 z 轴夹 $45°$ 角,并改变其主折射率。对 LiNbO$_3$ 晶体,主轴旋转量很小,可以忽略。

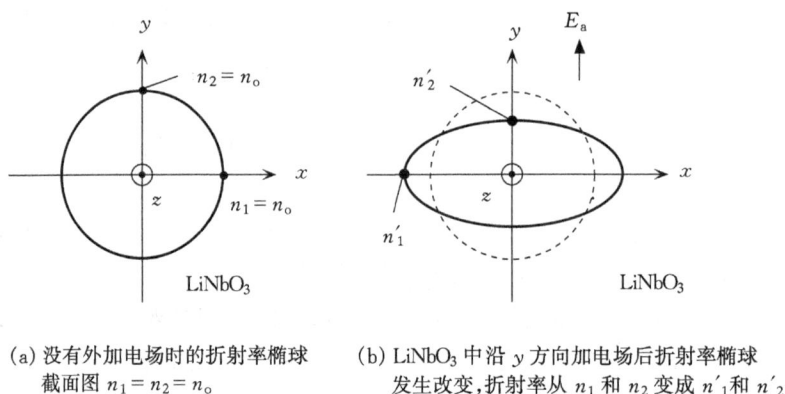

(a) 没有外加电场时的折射率椭球截面图 $n_1=n_2=n_o$
(b) LiNbO$_3$ 中沿 y 方向加电场后折射率椭球发生改变,折射率从 n_1 和 n_2 变成 n_1' 和 n_2'

图 9.42

作为一个例子,考虑在 LiNbO$_3$ 中沿 z 方向(光轴方向)传播的波。不论其偏振态如何,晶体对这一束光都有相同的折射率($n_1=n_2=n_o$),如图 9.42(a)所示。但是,对于外加电场 E_a 平行于主轴 y 的情况,如图 9.42(b),光传播中两个相互垂直的偏振波(平行于 x 和 y)会具有不同折射率 n_1' 和 n_2'。因此,外场对沿 z 轴传输的光诱导了双折射效应。(这种情况下外场会使得主轴发生旋转,尽管这种效应确实存在,但是它的影响小到可以忽略。)在加外场 E_a 之前,折射率 n_1 和 n_2 都等于 n_o。加上外场 E_a 后,普克尔效应产生新的折射率 n_1' 和 n_2':

$$n_1' \approx n_1 + \frac{1}{2}n_1^3 r_{22}E_a \quad \text{和} \quad n_2' \approx n_2 - \frac{1}{2}n_2^3 r_{22}E_a \quad (9.86) \text{ 普克尔效应}$$

其中 r_{22} 是常数,称为**普克尔系数**,它取决于晶体的结构及材质。下标看起来有些奇特,这是因为存在不止一个常数,且这些常数是一个张量里的元素,这个张量是用来表征晶体对沿相对于

① 一个晶体关于点 O 中心对称,若任一原子(或点)相对于 O 具有位矢 r,当我们反转 r 时即为 $-r$。

主轴的某一特定方向的外场的光学响应的(关于这方面精确的理论是极为数学化的)。因此，必须要使用正确的普克尔系数来描述给定的晶体和给定方向的外电场引起的折射率变化。[①]若电场沿 z 方向,则式 9.86 中普克尔系数则为 r_{13}。表 9.6 给出了几种晶体的普克尔系数的典型值。

表 9.6　不同材料中的普克尔系数(r)

材料	晶体	折射率	普克尔系数($\times 10^{-12}$ m/V)	备注
LiNbO₃	单轴	$n_o = 2.272$	$r_{13} = 8.6$；$r_{33} = 30.8$	$\lambda \approx 500$ nm
		$n_e = 2.187$	$r_{22} = 3.4$；$r_{51} = 28$	
KDP	单轴	$n_o = 1.512$	$r_{41} = 8.8$；$r_{63} = 10.5$	$\lambda \approx 546$ nm
		$n_e = 1.470$		
GaAs	各向同性	$n_o = 3.6$	$r_{41} = 1.5$	$\lambda \approx 546$ nm

　　显然,通过外加电场(即电压)来控制普克尔晶体的折射率具有明显的优势,因为通过普克尔晶体产生的相位变化是可以被控制或调制的;这种**相位调制器**被称为普克尔盒。在纵向普克尔盒相位调制器中,外加电场与光的传播方向一致;而在横向普克尔盒相位调制器中,外加电场与光的传播方向垂直。

　　分析图 9.43 所示的横向相位调制器。在此例中,电场 $E_a = V/d$ 被加在平行于 y 轴的方向上,垂直于光的传播方向 z。假设入射光是线偏振光(如图中 E 所示),偏振方向与 y 成 45°角。可以用沿 x 和 y 轴的线偏振光(E_x 和 E_y)来表征入射光。这两个分量 E_x 和 E_y 经历的折射率分别为 n'_1 和 n'_2。因此,当 E_x 在晶体中经过距离 L 后,其相位改变 ϕ_1 为

$$\phi_1 = \frac{2\pi n'_1}{\lambda}L = \frac{2\pi L}{\lambda}\left(n_o + \frac{1}{2}n_o^3 r_{22}\frac{V}{d}\right)$$

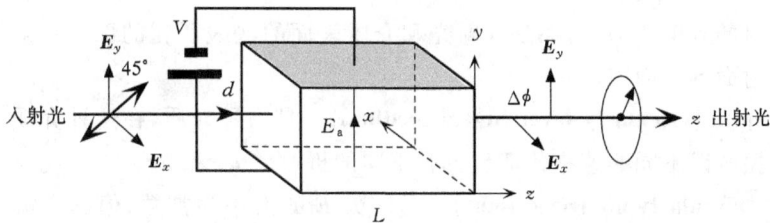

图 9.43　普克尔盒横向相位调制器。线偏振入射光入射电光晶体后变成圆偏振光

　　当分量 E_y 在晶体中经过距离 L 后,其相位改变为 ϕ_2,其表达式与上式相似,只是 r_{22} 改变了符号。故两个场分量之间的相位差 $\Delta\phi$ 为

$$\Delta\phi = \phi_1 - \phi_2 = \frac{2\pi}{\lambda}n_o^3 r_{22}\frac{L}{d}V \qquad (9.87)\ \text{横向普克尔效应}$$

---

① 　读者不必过分关注其下角标,只需将它们理解为在研究特定的电-光问题中需要确认的普克尔系数值。

　　因此,外加电压在两个场分量之间加入了一个可控的相位差 $\Delta\phi$。于是,输出光的偏振态可以由外加电压控制,普克尔盒成为一个**偏振态调制器**。只需调节 V,就可以将介质从四分之一波片变成半波片。电压 $V=V_{\lambda/2}$,称为半波电压,对应于 $\Delta\phi=\pi$,形成半波片。

术语解释

　　吸收 (absorption)　是电磁辐射在介质中传播时能量的损耗。损耗取决于光能转化为其它形式的能量——如介质分子极化过程中产生的晶格振动(热)、杂质离子的局部振动、电子从价带到导带的激发等的程度。

　　活化剂 (activator)　当其被外界激发源(如紫外线)激发后成为基质晶体中的发光中心,激发后,活化剂辐射出射线并回到其基态或亚激发态。

　　光学各向异性 (anisotropy (optical))　指晶体折射率 n 的大小取决于光的传播方向和光的偏振态,即光的电场方向。

　　增透膜 (antireflection coating)　是覆盖在光学器件或元件上的一层电介质薄膜,用于降低反射光强,增强透射光强。

　　衰减 (attenuation)　是光波在其传播方向上因为吸收和散射等原因造成的光能(或辐照度)减弱。

　　衰减系数 (attenuation coefficient, α)　用来表征电磁波沿其传播方向衰减的空间速率。若 P_O 是 O 点处的光能,沿着传播方向与 O 点相距 L 处的光能为 P,则 $P=P_O\exp(-\alpha L)$。

　　双折射晶体 (birefringent crystals)　如方解石是光学各向异性的,这就使得入射光分解为偏振方向相互垂直的寻常光和非常光;由于晶体对这两种光的折射率不同,分别为 n_o 和 n_e,入射光被双折射。

　　布儒斯特角 或 **偏振角 (Brewster's angle or polarization angle, θ_p)**　是导致反射波在入射面内没有电场时的入射角,入射面是入射光和介质表面的法线所在的面。反射波的电场振荡位于垂直于入射面的平面内。

　　圆双折射介质 (circularly birefringent medium)　是一种介质,在这种介质中右旋圆偏振波和左旋圆偏振波以不同的速率传播且具有不同的折射率 n_R 和 n_L。

　　圆偏振光 (circularly polarized light)　是波矢 E 的大小为常数,但其末端在传播方向上给定位置处的轨迹是一个圆,若波的接收者观察到其轨迹随时间沿顺时针方向运动则为*右旋圆偏振光*,若沿逆时针方向运动则为*左旋圆偏振光*。

　　复传播常数 (complex propagation constant, $k'-jk''$)　描述了电磁波在有损介质中传播时被衰减的传播特性。若 $k=k'-jk''$ 为复传播常数,则一列平面波在有损介质中传播时,其电场分量可表述为

$$E=E_0\exp(-k''z)\exp[j(\omega t-k'z)]$$

波沿 z 方向传播时振幅按指数衰减。复传播常数(波矢)的实部 k' 描述了传播特性,即相速度 $v=\omega/k'$,虚部 k'' 描述了沿 z 方向的衰减率。

　　复折射率 (complex refractive index, N)　其实部 n 和虚部 K 定义为介质中复传播常数 k 与自由空间中传播常数 k_0 的比值,即:

$$N = n - \mathrm{j}K = \frac{k}{k_0} = \left(\frac{1}{k_0}\right)(k' - \mathrm{j}k'')$$

实部 n 简称为折射率,虚部 K 称为消光系数。

临界角 (critical angle, θ_c)　是导致反射角为 90°时的入射角,此时光从光疏(低折射率)介质入射到光密介质边界上。

电介质镜 (dielectric mirror)　是折射率高低交替的、每层为四分之一波长厚的电介质层堆,产生部分反射波干涉相长,以达到高度的选择波长反射。

色散关系 (dispersion relation)　是折射率 n 与电磁波波长 λ 之间的关系,$n = n(\lambda)$;波长一般指自由空间的波长。角频率 ω 与传播常数 k 之间的关系,即 $\omega \sim k$ 曲线,也称为色散关系。

色散介质 (dispersion medium)　其折射率 n 的大小取决于波长;即 n 不是常数。

电光效应 (electro-optic effects)　指外加电场引起介质折射率的变化,因此可以"调制"其光学性质;外加电场不是任何光波的电场,而是独立的外场。

消光系数 (extinction coefficient)　为复折射率 N 的虚部。

荧光 (fluorescence)　是非常短的时间范围内的发光,通常短于 10^{-8} s(或 10 ns)。荧光的时间是非常短的,其发光辐射的开始和衰减取决于发光物质激发的开始和终止,看起来几乎是瞬间的。

菲涅耳方程 (Fresnel's equations)　用两种介质的折射率和入射角度描述了入射波、反射波和透射波在电介质-介质界面上的振幅和相位关系。

群折射率 (group index, N_g)　表征了介质中一群波的群速度与在自由空间中传播时相比的降低因子,即 $N_\mathrm{g} = c/v_\mathrm{g}$,其中 v_g 为群速度。

群速度 (group velocity, v_g)　是传输能量或信息的一群波的速度;v_g 定义为 $\mathrm{d}\omega/\mathrm{d}k$,而相速度定义为 ω/k。

瞬时辐照度 (instantaneous irradiance)　是单位时间内单位面积上的瞬时能流,由坡印廷矢量 S 的瞬时值给出。

辐照度(平均) (irradiance(average))　是单位时间内单位面积上的平均能流,通常由光检测器来平均(跨越很多振荡周期)。平均辐照度也可以在数学上由坡印廷矢量 S 的平均值来定义。瞬时辐照度只有在能量计的响应比电场振荡快得多的时候才能测量,而由于这是在光学频率范围内的,所以实际上的测量仪器给出的总是平均辐照度。

克尔效应 (Kerr effect)　是二阶电光效应,折射率的变化取决于电场的平方,即 $\Delta n = a_2 E^2$,其中 a_2 是介质本身的常数。

克拉莫-克朗尼克色散关系 (Kramers-Kronig relations)　将相对介电常数的实部与虚部联系了起来。若已知实部与频率的关系 $\varepsilon_\mathrm{r}'(\omega)$,用克拉莫-克朗尼克关系就可以得到虚部与频率的关系 $\varepsilon_\mathrm{r}''(\omega)$。

发光 (luminescence)　是**磷光体**(phosphor)因吸收能量并将其转化为电磁辐射而发射光。通常,光辐射源自于有目的地在**基质晶格**中引入的、一定的掺杂杂质或缺陷,称为**发光体** (luminescent)、**发光中心** (luminescence centers)或**活化剂** (activators),基质晶格可能是晶体或玻璃,能接受活化剂。**光致发光 (photoluminescence)** 是光子(光)激发。**阴极射线发光** (cathodoluminescence)是用像电视阴极射线管里的高能电子轰击发光物质激发的光。**场致发光**(electroluminescence)是因通过电流而产生光辐射,如 LED。

光轴（optical axis） 是晶体结构的一个轴向,当光沿着这个轴向传播时不会产生双折射。

旋光效应（optical activity） 是指平面偏振光通过物质(如石英)时,其偏振面发生偏转。

光率体（optical indicatrix）也称为**菲涅耳椭球（Fresnel's ellipsoid）**,是一个折射率曲面,晶体的主光轴 x,y,z 位于其中心;轴上的截距分别为 n_1,n_2 和 n_3。可以用分别沿三个相互正交的轴向(即晶体的主光轴 x,y,z)上的三个折射率来表征晶体的光学性质。

相位（phase） 一列行波的相位的值是$(kx-\omega t)$,它确定了在给定的传播常数 $k(=2\pi/\lambda)$ 和角频率 ω 下波在 x 处 t 时刻的振幅。在三维空间中,相位的值为$(k\cdot r-\omega t)$,其中 k 是波矢,r 是位矢。

相速度（phase velocity） 是给定行波的相位行进速度。它表征了给定相位的速度,而不是波携带的信息的速度。一列波的两个连续的波峰之间相距波长 λ,从一个波峰到达下一个波峰需要经历 $1/\nu$ 长的时间(或某一处两个连续的波峰之间的时间距离 $1/\nu$);则相速度定义为 $v=\lambda\nu$。

磷光体（phosphor） 是由活化剂和基质晶格(晶体或玻璃)形成的、在适当的激发下能发光的物质。

光致发光（photoluminescence） 是一个慢发光过程,在激发终止数分钟甚至数小时后才开始产生光辐射。

普克尔效应（Pockels effect） 指折射率 n 随着外加电场 E(而不是光波的场)线性变化,即 $\Delta n=a_1 E$,其中 a_1 是晶体结构本身的常数。

偏振（polarization） 描述的是电磁波在介质中传播时电场矢量的行为。若电场的振荡方向永远在一条线内,则称电磁波为线偏振的。场的振荡方向和传播方向,例如 z 方向,定义了一个偏振面(振荡面),故线偏振意味着一列波是平面偏振的。

坡印廷矢量（Poynting vector, S） 表征的是一定方向上单位时间内单位面积上的能流(传播方向上),由 $E\times B$ 确定,$S=v^2\varepsilon_0\varepsilon_r E\times B$。它的大小,即单位面积上的能流,称为辐照度。

主轴（principal） 晶体的主轴,一般标记为 x,y 和 z,是偏振方向与电场方向平行的特殊轴向。换言之,电位移 D 和电场 E 矢量平行。沿着 x,y 和 z 轴的折射率分别为主折射率 n_1,n_2 和 n_3,电场振荡也沿着这些方向(不要与波的传播方向混淆)。

反射比（reflectance） 是被反射的电磁波的能量与入射能量的比值。

反射系数（reflection coefficient） 是被反射的电磁波的振幅与入射波振幅的比值。它可以是正数,也可以是负数或复数,分别表征不同的相位变化。

折射（refraction） 是波进入不同折射率的介质中方向发生的变化。当波入射到两种不同折射率介质的分界面上时会发生折射,而进入另一个介质时改变方向。

折射率（refractive index, n） 光学介质的折射率 n 是光在真空中的速度与在介质中的速度的比值,$n=c/v$。

延迟片（retarding plates） 是一种光学器件,可以改变入射光束的偏振态。例如,当一束线偏振光进入四分之一波片时,出射的可能是圆偏振光或椭圆偏振光,这取决于入射电场与延迟片光轴间的夹角。

散射（scattering） 是传播中的电磁波的能量以二次电磁波的形式偏离原传播方向重新定向到各个方向上过程。散射过程有许多类型。瑞利散射是由折射率的波动或介质的不均匀性等引起的,它随着波长的增大而降低,与 λ^4 成反比。

斯涅耳定律（Snell's law）　当电磁波在一种介质中传播,若其进入临近的另一种介质时发生折射,斯涅耳定律将入射角与折射角联系起来。若在折射率为 n_1 的介质中传播的光入射到折射率为 n_2 的介质上,且若入射角和折射角(透射角)分别为 θ_i 和 θ_t,则按照斯涅耳定律有

$$\frac{\sin\theta_i}{\sin\theta_t} = \frac{n_2}{n_1}$$

旋光率（specific rotatory power）　定义为线偏振光的光场通过单位长度旋光物质的偏转程度。

斯托克频移（Stoke's shift）　发光中的斯托克频移是指发射光的频率相对于激发光频率的下移。

全反射（total internal reflection, TIR）　是指波在介质中传播时,当它入射到另一种折射率较低的介质的分界面上会产生全部被反射的现象。入射角必须大于临界角 θ_c,临界角取决于折射率比,$\sin\theta_c = n_2/n_1$。

透射系数（transmission coefficient）　当在介质中传播的波入射到与另一种介质(不同折射率)的分界面上时,透射波的振幅与入射波的振幅之比定义为透射系数。

透射比（wavefront）　当在介质中传播的波入射到与另一种介质(不同折射率)的分界面上时,透射能量所占的比例定义为透射比。

波前（wavefront）　是一个面,其上所有点的相位都相同。平面波的波前是一个无限大的平面,并垂直于传播方向。

波数/传播常数（wavenumber or propagation constant）　定义为 $2\pi/\lambda$,其中 λ 为波长。它是波单位长度距离上的相移。

波包（wavepacket）　是频率稍有不同的一群波一起传播并形成一个"群"。波包以群速度 v_g 行进,其群速度取决于波包 ω-k 的特征曲线的斜率,即 $v_g = \mathrm{d}\omega/\mathrm{d}k$。

波矢（wavevector）　是一个矢量,记为 $\boldsymbol{k}$,其方向为波的传播方向,其大小为波数,$k = 2\pi/\lambda$。

习　题

9.1　折射率和相对介电常数　利用 $n = \sqrt{\varepsilon_r}$ 计算表中介质的折射率,已知它们的低频相对介电常数 ε_r(LF)。

	介质			
	a - Se	Ge	NaCl	MgO
ε_r(LF)	6.4	16.2	5.90	9.83
n(约 1~5 μm)	2.45	4.0	1.54	1.71

9.2　折射率和带隙　金刚石、硅和锗均具有相同的金刚石单胞。这三种物质都是共价键固体。它们的折射率(n)和能量带隙(E_g)列于下表中。(a)画出 n-E_g 曲线;(b)画出 n^4-$1/E_g$曲线。近似按照摩斯(Moss)定律,有

$$n^4 E_g \approx K = 常数 \qquad\qquad 摩斯定律$$

K 值为多少?

	材料		
	金刚石	硅	锗
带隙,E_g(eV)	5	1.1	0.66
n	2.4	3.46	4.0

*9.3　折射率的温度系数　假设根据赫夫(Hervé)和范德姆(Vandamme)的提议,可以写出折射率 n(在频率远低于紫外线的情况下)与半导体的带隙 E_g 之间的关系式为[①]

$$n^2 = 1 + \left(\frac{A}{E_g + B}\right)^2$$

其中 E_g 的单位为 eV,$A=13.6\text{eV}$,$B=3.4\text{eV}$。(B 取决于入射光子能量。)n 对温度的依赖源自于 dE_g/dT 和 dB/dT。折射率的温度系数(TCRI)为

$$\text{TCRI} = \frac{1}{n} \cdot \frac{dn}{dT} = -\frac{(n^2-1)^{3/2}}{13.6n^2}\left(\frac{dE_g}{dT} + B'\right) \qquad \text{赫夫-范德姆关系}$$

其中 B' 为 dB/dT。假设 $B'=2.5\times10^{-5}\text{eV} \cdot \text{K}^{-1}$,计算如下两种半导体的 TCRI:Si,$n\approx3.5$,$dE_g/dT\approx-3\times10^{-4}\text{eV} \cdot \text{K}^{-1}$;AlAs,$n\approx3.2$,$dE_g/dT\approx-4\times10^{-4}$ eV $\cdot$ K^{-1}。

9.4　塞尔迈耶尔色散方程　利用塞尔迈耶尔方程和表 9.2 中的系数,计算石英(SiO_2)和氧化锗(GeO_2)在 1550 nm 处的折射率。哪一个折射率大,为什么?

9.5　GaAs 的色散($n\sim\lambda$)　利用 GaAs 的色散关系,计算其在 1300nm 处的折射率 n 和群折射率 N_g。

9.6　柯西色散方程　利用柯西系数和通用的柯西方程,在两个数量级波长变化范围内,计算硅晶体在 200 μm 和 2 μm 处的折射率。你是否认为 $\hbar\omega > E_g$ 时 n 会有明显的变化?

9.7　硒化锌的柯西色散关系　ZnSe 为 Ⅱ-Ⅵ族半导体,是应用极为广泛的光学材料,如用于光学窗口(特别是高能激光窗口)、透镜、棱镜等。它可以传播 0.5~19 μm 的波。n 在 1~11 μm 范围内由柯西表达式形式给出:

$$n = 2.4365 + \frac{0.0485}{\lambda^2} + \frac{0.0061}{\lambda^4} - 0.0003\lambda^2 \qquad \text{ZnSe 色散关系}$$

其中 λ 的单位为 μm。在 5 μm 处 ZnSe 的折射率 n 和群折射率 N_g 为多少?

*9.8　色散($n\sim\lambda$)　考虑振荡电场中的一个原子,如图 9.4 所示。外加电场在 $+x$ 和 $-x$ 方向上谐振,表示为 $E=E_0\exp(j\omega t)$。能耗可用一个分力来表征,其大小与速度 dx/dt 成正比。若 γ 是单个电子电荷和单位电子质量的荷质比,则极化原子内的 Z 个电子的牛顿第二定律为

$$Zm_e\frac{d^2x}{dt^2} = -ZeE_0\exp(j\omega t) - Zm_e\omega_0^2 x - Zm_e\gamma\frac{dx}{dt}$$

其中,$\omega_0 = (\beta/Zm_e)^{1/2}$ 为包含 Z 个电子和一个 $+Ze$ 的原子核系统的本征频率,β 是电子和原子核之间的库仑回复力的力常数。电子极化率 α_e 为

$$\alpha_e = \frac{p_{\text{induced}}}{E} = \frac{Ze^2}{m_e(\omega_0^2 - \omega^2 + j\gamma\omega)} \qquad \text{电子极化率}$$

---

① P. J. L. Hervé and L. K. J. Vandamme, J. *Appl. Phys.*, 77, 5476, 1995 及其参考文献。

复极化率表示什么？由于 α_e 是一个复数，ε_r 和折射率也都是复数。按照复折射率 $N =$ $\sqrt{\varepsilon_r}$，其中 ε_r 与 α_e 的关系为克劳休斯-莫索提（Clausius – Mossotti）方程，即：

$$\frac{N^2 - 1}{N^2 + 2} = \frac{NZe^2}{3\varepsilon_0 m_e(\omega_0^2 - \omega^2 + j\gamma\omega)}$$ **复折射率**

其中 N 是单位体积内的原子数。你的结论是什么？

9.9　色散和金刚石　考虑对金刚石应用单一电子极化率和克劳休斯-莫索提方程。忽略损耗，有

$$\alpha_e = \frac{Ze^2}{m_e(\omega_0^2 - \omega^2)}$$

和

$$\frac{\varepsilon_r - 1}{\varepsilon_r + 2} = \frac{NZe^2}{3\varepsilon_0 m_e(\omega_0^2 - \omega^2)}$$ **金刚石中的色散**

对于金刚石可取 $Z = 4$（只取能响应的价带电子），$N = 1.8 \times 10^{29}$ 个原子·m^{-3}，$\varepsilon_{r,dc} = 5.7$。求 ω_0，并求解 $\lambda = 0.5~\mu m$ 和 $5~\mu m$ 处的折射率。

9.10　光波的电场和磁场　测得 He – Ne 激光器发出的红色激光在空气中的强度（辐照度）为 $1~mW·cm^{-2}$。其电场和磁场的振幅分别为多少？若此 $1~mW·cm^{-2}$ 的光束在折射率 $n = 1.45$ 的玻璃中，其振幅为多少？是否仍具有相同的光强？

9.11　光从光密介质到光疏介质的反射（内反射）　在折射率 $n_1 = 1.450$ 的玻璃介质中的光入射到折射率 $n_2 = 1.430$ 的光疏玻璃介质上。假设光在自由空间中的波长（λ）为 $1~\mu m$。

a. 全反射的最小角度是多少？

b. 当 $\theta_i = 85°$ 和 $\theta_i = 90°$ 时，反射波的相位改变多少？

c. 当 $\theta_i = 85°$ 和 $\theta_i = 90°$ 时，介质 2 中倏逝波的透射深度为多少？

9.12　正入射的内反射和外反射　考虑正入射到折射率为 3.6 的 GaAs 晶体介质与折射率为 1 的空气的分界面上的反射。

a. 若光从空气入射到 GaAs，反射系数和反射光强分别为多少？

b. 若光从 GaAs 入射到空气，反射系数和反射光强分别为多少？

9.13　增透膜

a. 考虑三层折射率分别为 n_1，n_2 和 n_3 的平面介质，且分界面相互平行。正入射时，若 $n_2 = \sqrt{n_1 n_3}$，则层 1 和层 2 间的反射系数与层 2 和层 3 间的反射系数相同。这一点的意义何在？

b. 考虑设计为在 900nm 下运行的 Si 光电二极管。假定有两种抗反膜可供选择，一种是折射率为 1.5 的 SiO_2，一种是折射率为 2.3 的 TiO_2，你会选择哪个？你所选择的抗反膜的厚度为多少？Si 的折射率为 3.5。

9.14　通信光纤　用于远程的光纤一般有一个直径约为 $10~\mu m$ 纤芯，而整个光纤的直径约为 $125~\mu m$。纤芯和包层的折射率分别为 n_1 和 n_2，通常相差 $0.3\% \sim 0.5\%$。考虑处于 1550 nm 的光纤，n_1（纤芯）$= 1.4510$，n_2（包层）$= 1.4477$。能够在光纤中传播的光与光纤轴向的夹角最大为多少？

9.15　通信光纤　对于短途光纤，在 870nm 下 n_1（纤芯）$= 1.455$，n_2（包层）$= 1.440$。假设纤芯与包层的界面像图 9.11 所示的两个无限介质的分界平面一样。考虑一束光传播时以

85°入射到纤芯-包层界面上。这束光是否被全反射？它在包层中的透射深度是多少？

9.16　复折射率　用分光椭圆偏振仪在波长为 620 nm 下测量硅晶体，测得复折射率的实部和虚部分别为 15.2254 和 0.172。求复折射率。此波长下的反射比和吸收系数相速度为多少？

自由载流子吸收

9.17　复折射率　用分光椭圆偏振仪在光子能量为 1.5 eV 时测量锗晶体，测得复折射率的实部和虚部分别为 21.56 和 2.772。求复折射率。此波长下的反射比和吸收系数为多少？你的计算结果是否与以下实验值相符？$n=4.653, K=0.298, R=0.419, \alpha=4.53\times10^6$ m^{-1}。

9.18　n 型锗样品的电导率约为 300 $\Omega^{-1}\cdot$m^{-1}，计算在 20 μm 波长下相对介电常数的虚部 ϵ_r''，并求自由载流子吸收的衰减系数 α。锗在该波长下的折射率 $n=4$。

9.19　CdTe 的 Reststrahlen 吸收　图 9.22 给出了 CdTe 的红外消光系数 K。计算 CdTe 在 60 μm 和 80 μm 下的吸收系数 α 和反射比 R。

9.20　GaAs 的 Reststrahlen 吸收　图 9.22 给出了 GaAs 的红外消光系数 K 与波长的关系函数。光学测量显示 K 在 $\lambda=37.1$ μm 处达到峰值，此时 $K\approx11.6, n\approx6.6$。计算此波长下的吸收系数 α 和反射比 R。

9.21　本征吸收　如图 9.23 所示的半导体，这些半导体的参数列于表 9.3 中。

　　a. 哪种半导体可作为光电探测器在光纤通信中用于检测 1550 nm 的光？

　　b. 对于无定形硅（a-Si），光学带隙的一种定义为：可以产生光学吸收系数 α 为 10^4 cm^{-1} 的光子能量。图 9.23 中 a-Si 的光学带隙为多少？

　　c. 考虑多晶硅太阳能电池。1000 nm 下和 500 nm 下的吸收深度为多少？

9.22　石英半波片　对于波长 $\lambda\approx1.01$ μm 的石英半波片，其可能的厚度为多少？假定寻常光和非常光的折射率分别为 $n_o=1.534$ 和 $n_e=1.543$。

9.23　普克尔盒调制器　横向 LiNiO$_3$ 相位调制器的纵横比 d/L 为多少？若此调制器将工作在自由空间波长为 1.3 μm，需在通过晶体的光的两个场分量间产生 π 的相移 $\Delta\phi$，外加电压为 20 V。普克尔系数 r_{22} 为 3.2×10^{-12} m/V，$n_o=2.2$。

附录 A　布喇格衍射定律与 X 射线衍射

布喇格衍射条件

X 射线是电磁(EM)波,波长范围通常从 0.01 nm 到几个纳米,与典型的晶体晶面间距相当。当 X 射线光束入射到晶体表面,光束中的 X 射线波与晶体中原子面相作用,从而导致光波被散射,并且 X 射线发生衍射。类比无线电波可以帮助我们加深理解。无线电波的波长范围在 1~10 m(短波、高频波),易与相同尺寸的物体相作用。我们都知道,这种无线电波会被树木、房屋、建筑等与之波长尺寸相当的物体散射。但是,波长达几公里的长波无线电波并不会被这些物体散射,因为它们的尺寸远远小于波长。

当 X 射线束轰击晶体时,电磁波将穿透晶体外部结构。晶体原子的不同晶面将会反射不同部分的波。这些从不同晶面反射回来的波相互干涉从而形成了**衍射波**,如图 A.1 所示,衍射波与入射波的夹角定义为 2θ。入射波射入晶体时只有一部分被衍射,而且仅在某些方向存在衍射。这些衍射方向对应于图 A.1 中明确定义的衍射角 2θ。衍射角 2θ、X 射线波长 λ 以及晶体内衍射面上的原子面间距 d 之间存在所谓的布喇格衍射条件,即

$$2d\sin\theta = n\lambda \quad n = 1,2,3,\cdots \qquad \text{(A.1)} \ \boxed{\text{布喇格定律}}$$

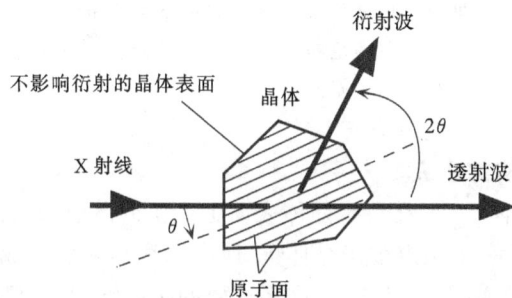

图 A.1　X 射线被晶体衍射的示意图。X 射线射入
晶体后被一系列原子面衍射

假设 X 射线射入晶体结构并被一定排列的原子面反射,如图 A.2 所示。同时假设 X 射线由许多相位相同的平行光波组成,这些光波射入晶体结构后被一系列连续的原子面反射。这些原子面晶面间距为 d。只有当这些反射光波的波程差是波长的整数倍时——干涉相长的前提条件,这些由相邻原子面反射回来的光波才发生干涉相长而形成衍射光束。但这只是某些特定反射方向的情形。为简单起见,我们只考虑 X 射线中的两道光束 A 和 B 被晶体原子连续晶面反射的情形。X 射线和原子表面的夹角如图 A.2 所示。A,B 同相位入射,A 在第一个平面被反射,反射点为 O,而 B 则在第二个平面发生反射,反射点为 P。光波 B 在第二个平面

的 O' 反射后沿着 B' 的方向传播,因此光波 B 要落后光波 A 一定的距离 $PO'Q$,也就是 $2d\sin\theta$。因此,两个反射光线 A' 和 B' 的波程差就是 $PO'Q$ 或 $2d\sin\theta$。为了形成干涉相长,这个程差应该为 $n\lambda$,此处 n 为整数,否则反射光将会干涉相消,彼此抵消。因此存在衍射的条件是 A' 和 B' 的波程差是波长 λ 的整数倍,正如式(A.1)所示,这个条件式被称为**布喇格定律**,夹角 θ 称为**布喇格角**,而 2θ 称为**衍射角**,n 为衍射指数。入射角 θ 指入射 X 光与晶体内原子面的夹角,而并非与晶体实际表面的夹角。事实上,晶体表面的形状并不影响整个衍射过程,因为 X 光线是穿透晶体表面而在一系列平行的原子面发生了衍射。布喇格衍射条件不仅仅应用于结晶学,它还对现代半导体激光器的工作也有极为重要的应用。

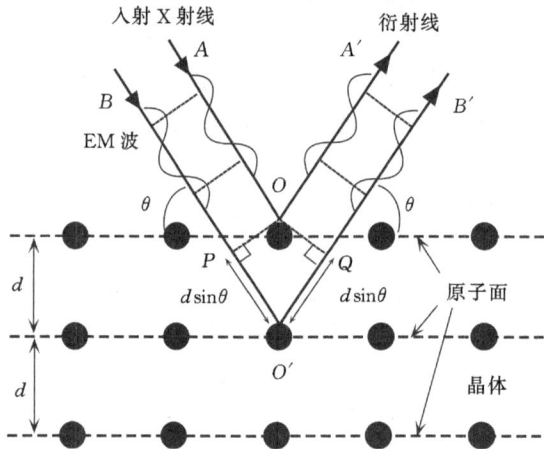

图 A.2　被晶体中不同原子面反射的 X 射线的衍射。这些波只在满足布喇格条件的特定衍射角发生干涉相长而形成衍射波

X 射线衍射和晶体结构的研究

当 X 射线入射到单晶体上时,在特定晶体表面上产生的散射波的散射角度 2θ 满足布喇格定律。在三维空间,形成了一个顶点位于晶体上、所有母线与入射光成 2θ 角度的圆锥,称为衍射锥,如图 A.3(a)所示。衍射发生时,存在许多这样的衍射锥,每个锥对应一个具有特定密勒(Miller)指数 (hkl) 的衍射面。虽然衍射锥上的所有衍射线满足布喇格定律,但衍射光线的准确方向却取决于各衍射面相对入射光线的(倾斜)倾角。当一束单色 X 射线入射到一个单晶体上时,衍射光束将沿着相应衍射面 (hkl) 所对应的衍射锥上一个特定的方向,此时衍射光与入射光构成特定的倾斜角。

研究晶体结构的**劳埃(Laue)技术**涉及采用一束具有宽波长范围的白光 X 射线照射单晶体。用一张照相底片来捕获衍射图案,如图 A.3(b)所示。这样,每当布喇格定律满足时,我们就可以有效地扫描波长 λ 并接收不同 (hkl) 衍射面上的衍射光线。每当一个特定 (hkl) 衍射面上对应的波长 λ 和波程差 d 满足布喇格定律时,就会(在该平面上)发生衍射。衍射图案是一系列点,每个点都是在与入射光线成一定倾斜角的特定 (hkl) 平面上发生衍射形成的。以一定波长范围的波入射可以得到在某一特定平面上发生衍射所需的波长。而衍射图案(点)的相对位置则可以用来测定晶体结构。

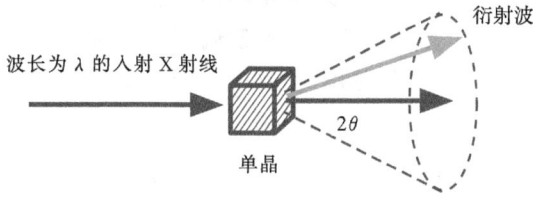

（a）所有绕入射光的 2θ 方向构成一个衍射锥。衍射波位于锥面上,但其精确的
　　方向取决于衍射面相对于入射光的精确取向

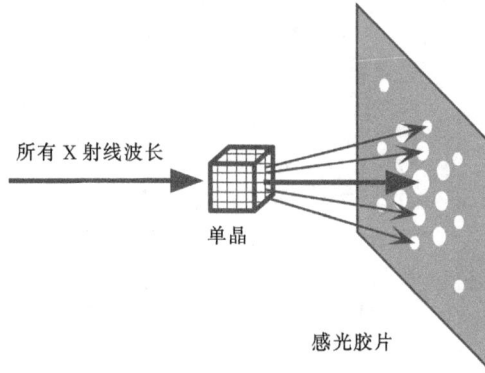

（b）劳埃技术。单晶用一束宽波长范围的 X 射线白光照射,衍射波在照相
　　板上产生衍射点图案

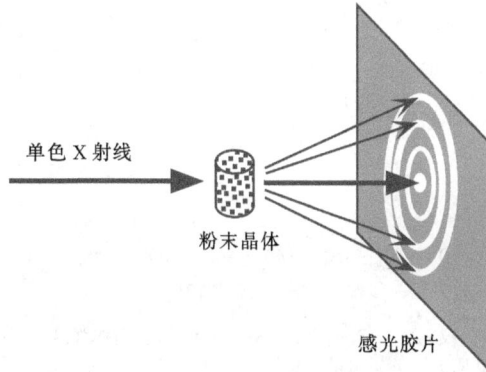

（c）粉末衍射技术。粉末晶体样品用一束单色 X 射线光(单波长)照射,衍射线
　　在照相板上产生衍射环

图 A.3

　　研究晶体结构最简单的方法之一是所谓的"粉末技术",用一束已知波长的单色 X 光照射晶体粉末或多晶样品,如图 A.3(c)所示。将晶体粉碎可使入射 X 光从不同角度 θ、不同取向(倾角)照射到给定的 (hkl) 衍射面上。换言之,这样就可以对不同取向晶体的入射角 θ 进行扫描。

　　既然有效的粉末可以提供全部可能的晶向,那么就会在摄影底片上产生衍射图形和衍射环,如图 A.3(c)所示。

　　在图 A.3(c)中,粉末衍射方法中各衍射环都代表一组 (hkl) 平面。对于一组具有一定密勒指数 (hkl) 和晶面间距的给定的原子面,只要一个角度满足布喇格定律,那么就会形成一个衍射束。当一个 X 射线检测器也处在与衍射束相同的角度时,就会记录下一个衍射峰,如图 A.4(a)。这种用于 X 射线衍射研究的设备叫做**衍射仪**,在不同衍射角检测到的强度变化组成了晶体的衍射图样。铝单质的衍射图样见图 A.4(b),这是一个面心立方晶体。不同的晶体产生不同的衍射图样。

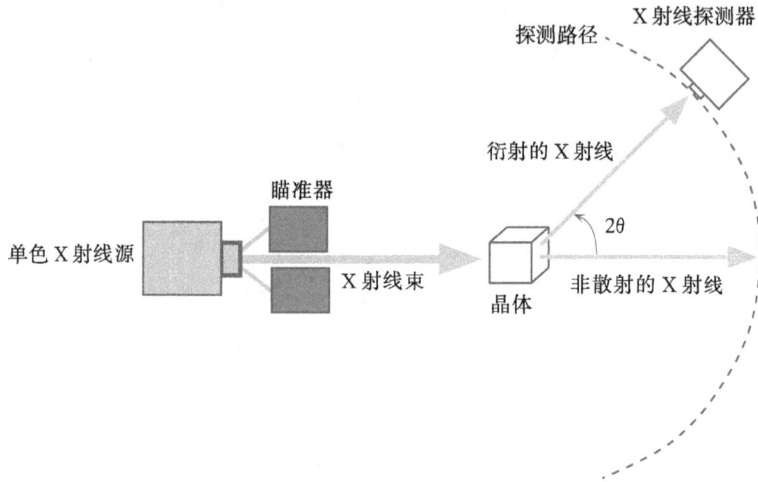

(a) 用于晶体 X 射线衍射研究的衍射仪原理图

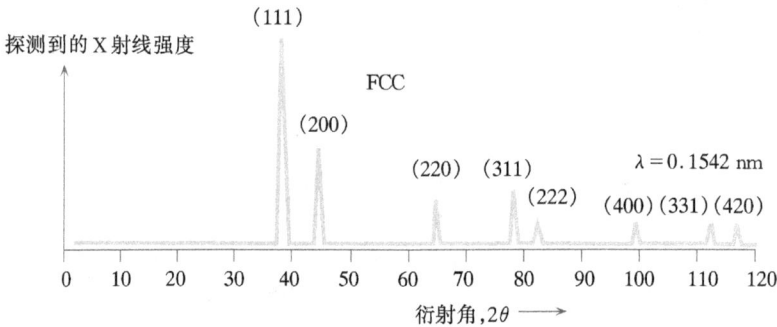

(b) 衍射仪(a)检测到的立方晶体(如 Al)的 X 射线强度与衍射角
2θ 的关系的衍射谱示意图

图 A.4

就立方晶体而言,晶面间距 d 与一个平面的密勒指数 (hkl) 相关。相邻的 (hkl) 平面的间距是由下式给出:

$$d_{hkl} = \frac{a}{\sqrt{h^2 + k^2 + l^2}} \qquad (A.2) \quad \text{立方晶体的面间距}$$

其中 a 是晶格常数。我们用 $d=d_{hkl}$ 代入布喇格条件式(A.1),再将两边平方,并且重新整理等式后,得到

$$\sin^2\theta = \frac{n^2\lambda^2}{4a^2}(h^2 + k^2 + l^2) \qquad (A.3) \quad \text{立方晶体的布喇格条件}$$

这就是重要的**立方晶体的布喇格定律**。衍射角随着 $(h^2+k^2+l^2)$ 的增加而增加。高阶的密勒指数,也就是 $(h^2+k^2+l^2)$ 值较大,可以造成更宽的衍射角。例如,对于(111)的衍射角小

于(200)的衍射角,因为(111)的($h^2+k^2+l^2$)值为 3,比(200)的($h^2+k^2+l^2$)值 4 要小。此外,由于 λ 和 α 值也影响 X 射线衍射,所以二阶和高阶($n=2,3,\cdots$)的衍射峰可以忽略。

在简立方晶体中,全部可能的(hkl)晶面产生的衍射峰以及对应的衍射角满足布喇格定律或式(A.3)。因为可以产生对于一个晶面所有可能的 2θ 角,所以后者实际上定义了简立方晶体的衍射图形。然而在面心立方和体心立方晶体中,并非所有的(hkl)晶面都可以产生根据式(A.3)预测的衍射峰。观察图形 A.4(b)的衍射图形可以发现只有密勒指数为全奇或全偶的情况下才产生衍射峰。密勒指数为混合奇偶数的晶面不能产生衍射。

式(A.3)表示的立方晶体布喇格定律是产生衍射的必要条件而不是充分条件,因为衍射是电磁波与晶体中的电子共同作用的结果。决定晶体中的一组晶面是否可以产生衍射峰,我们还需要研究晶体中原子与电子的分布情况。在面心立方和体心立方结构中,某些晶面产生的衍射消失了,这是因为这些平面上的原子引起相反相位的反射造成的。

附录 B　通量、光通量和辐射亮度

　　许多光电发光器件用其发光效率来比较,这要求对光度学有一定的认识。**辐射度学**是一门研究辐射测量的科学,例如对发射、吸收、反射、透射能量的测量;辐射可以理解为在光频范围内(紫外、可见和红外)的平均电磁场。另一方面,**光度学**是辐射度学的一个分支,其中辐射的测量是借助人眼对可见光敏感度,也就是说,在可见光范围内考虑在正常光照条件下人眼的光谱视觉灵敏度,即光适应条件。

　　光通量(Φ)在辐射度学中有三个相关定义:辐射通量、发光通量和光子通量,它们分别对应于辐射能流率和可感光能流率和光子能流率。(注意:在辐射度学中,光通量不是按照单位面积流量定义的。)例如,**辐射通量**是每单位时间里能流的瓦特数。辐射测量的量,如辐射通量 Φ_e,即单位时间内的辐射能流,通常有一个下标 e,并常常涉及能量或功率。辐射测量的光谱量,如光谱辐射通量 Φ_λ,表示在单位波长上的辐射量,即 $\Phi_\lambda = \mathrm{d}\Phi_e/\mathrm{d}\lambda$,是每波长的辐射通量。

　　光通量或**光度计通量** Φ_v,是在适于人眼的平均日光下一个可见光源的"明亮度",并且和光源的辐射通量(发射的辐射功率)和眼睛对一定发射光谱的感知效率成正比。比如人眼看得见红色光源,但看不见红外光源,所以对红外光源的光通量等于零。同样地,眼睛对紫色光不如对绿色光敏感,所以只需要较少的绿色辐射通量就可以和蓝色光源获得同样的光通量。光通量的单位是流明(lm),在特定波长下可以表示为

$$\Phi_v = \Phi_e \times K \times \eta_{eye} \qquad \text{以流明表示的光通量}$$

其中 Φ_e 为辐射通量(单位:瓦特(W)),K 是转换常数(标准值为 633 lm/W),η_{eye}(也记为 V)是人眼适应的日光的光照效率(光照功率),它在 555nm 时为 $1\eta_{eye}$,由波长决定。根据定义,发射 555nm(绿光,$\eta_{eye}=1$)光线的 1W 光源发射出 633 lm 的光通量。相比之下,同样发射 1W、650nm 的光源(红光),其 $\eta_{eye}=0.11$,就只有 70 lm。当我们买一个灯泡时,我们本质上是为其流明数掏钱,因为光通量是眼睛可察觉的。一个典型的 60W 白炽灯可以提供大约 900 lm,日光灯可以提供比白炽灯更多的光通量,因为在相同功率下,日光灯有更多发射光线在可见光谱范围中,这样就可充分利用眼睛的光谱灵敏度。一个例子是 100W 白炽灯,依靠灯丝的工作温度(由灯泡设计决定)可以提供 1300～1800 lm,相比之下,25W 的日光灯,则可以提供 1500～1700 lm。

　　在照明工业中,**光源的发光效率**(比如一个灯泡)是指一个电光源将输入电功率(W)转化为可见光通量(lm)的效率。一个 100W 的灯泡产生 1700 流明的效率为 17 lm/W。虽然目前 LED 的效率低于某些日光灯,快速发展的 LED 技术可以将效率提高到 50 lm/W 或更高。LED 作为固态发光器件拥有更长的寿命和更高的稳定性,所以与白炽灯和日光灯相比更经济。

从左至右:米歇尔·法拉第(Michael Faraday),托马斯·亨利·胡克斯利(Thomas Henry Huxley),查理斯·惠斯通(Charles Wheatstone),大卫·布鲁斯特(David Brewster)和约翰·廷德尔(John Tyndall)。廷德尔教授第一次(1854 年)演示了光基于全内反射在一束水柱中传输的现象。

照片来源:美国物理学会塞格雷图像档案馆,Zeleny 收藏

附录 C　主要符号和缩写

A	area; cross-sectional area; amplification	面积;截面面积;放大
a	lattice parameter; acceleration; amplitude of vibrations; half-channel thickness in a JFET (Ch. 6)	晶格常数;加速度;振幅;JFET(结型场效应管)的半沟道厚度(第6章)
a (subscript)	acceptor, e.g., Na = acceptor concentration (m^{-3})	(作为下标)受主,例如,Na＝受主浓度(每立方米)
ac	alternating current	交流电
a_o	Bohr radius (0.0529 nm)	玻尔半径(0.0529nm)
A_V, A_P	voltage amplification, power amplification	电压放大,功率放大
APF	atomic packing factor	原子排列因子
$\mathbf{B}$, B	magnetic field vector (T), magnetic field	磁场矢量(特斯拉),磁场
B	frequency bandwidth	频带宽度
B_c	critical magnetic field	临界磁场强度
B_m	maximum magnetic field	最大磁场强度
B_o, B_e	Richardson – Dushman constant, effective Richardson – Dushman constant	理查森-杜什曼常数,有效理查森-杜什曼常数
BC	base collector	基极-集电极
BCC	body-centered cubic	体心立方
BE	base emitter	基极-发射极
BJT	bipolar junction transistor	双极型晶体管
C	capacitance; composition; the Nordheim coefficient ($\Omega \cdot m$)	电容;组成;诺德海姆系数($\Omega \cdot m$)
c	speed of light (3×10^8 m·s^{-1}); specific heat capacity (J·K^{-1}·kg^{-1})	光速;比热容
C_{dep}	depletion layer capacitance	耗尽层电容
C_m	molar heat capacity (J·K^{-1}·mol^{-1})	摩尔热容
C_{diff}	diffusion (storage) capacitance of a forward-biased pn junction	正向偏置pn结的扩散电容
c_s	specific heat capacity (J·K^{-1}·kg^{-1})	比热容
C_v	heat capacity per unit volume (J·K^{-1}·m^{-3})	单位体积热容
CB	conduction band; common base	导带;共基极
CE	common emitter	共射极
CMOS	complementary MOS	互补型金属氧化物半导体
CN	coordination number	配位数
CVD	chemical vapor deposition	化学气相沉积

D	diffusion coefficient $(m^2 \cdot s^{-1})$; thickness; electric displacement $(C \cdot m^{-2})$	扩散系数;厚度;电位移 $(C \cdot m^{-2})$
d	density $(kg \cdot m^{-3})$; distance; separation of the atomic planes in a crystal, separation of capacitor plates; piezoelectric coefficient; mean grain size (Ch. 2)	密度;距离;晶面间距;电容极板距离;压电系数;平均晶粒尺寸(第2章)
d (subscript)	donor, e.g., Nd = donor concentration (m^{-3})	(作为下标)施主,例如 N_d=施主浓度 (m^{-3})
dc	direct current	直流电
d_{ij}	piezoelectric coefficients	压电系数
E	energy; electric field $(V \cdot m^{-1})$ (Ch. 9)	能量;电场强度(第9章)
E_a, E_d	acceptor and donor energy levels	受主和施主能级
E_c, E_v	conduction band edge, vale nce band edge	导带边界,价带边界
E_{ex}	exchange interaction energy	交互作用能
E_F, E_{FO}	Fermi energy, Fermi energy at 0 K	费密能级,绝对零度费密能级
E_g	bandgap energy	带隙能
E_{mag}	magnetic energy	磁能
E	electric field $(V \cdot m^{-1})$	电场强度
E_{br}	dielectric strength or breakdown field $(V \cdot m^{-1})$	击穿场强
E_{loc}	local electric field	局域电场强度
e	electronic charge $(1.602 \times 10^{-19} C)$	电子电量 $(1.602 \times 10^{-19} C)$
e (subscript)	electron, e.g., μ_e = electron drift mobility; electronic	(作为下标)电子,例如,μ_e=电子迁移率;电子的
eff(subscript)	effective, e.g., μ_{eff}=effective drift mobility	(作为下标)有效的,例如,μ_{eff}=有效迁移率
EHP	electron-hole pair	电子空穴对
EM	electromagnetic	电磁的
EMF (emf)	electromagnetic force (V)	电磁力
F	force (N); function	力(N);函数
f	frequency; function	频率;函数
$f(E)$	Fermi-Dirac function	费密-狄拉克函数
FCC	face-centered cubic	面心立方
FET	field effect transistor	场效应管
G	rate of generation	产生率
G_{ph}	rate of photogeneration	光生效率
G_p	parallel conductance (Ω^{-1})	并联电导 (Ω^{-1})
$g(E)$	density of states	态密度
g	conductance; transconductance (A/V); piezoelectric voltage coefficient (Ch. 7)	电导;跨导;压电电压系数(第7章)
g_d	incremental or dynamic conductance (A/V)	动态电导
g_m	mutual transconductance (A/V)	跨导
$\boldsymbol{H}$, H	magnetic field intensity (strength), magnetizing field $(A \cdot m^{-1})$	磁场强度;磁化场 $(A \cdot m^{-1})$

h	Planck's constant $(6.6261 \times 10^{-34} \text{J} \cdot \text{s})$	普朗克常数 $(6.6261 \times 10^{-34} \text{J} \cdot \text{s})$
$\hbar$	Planck's constant divided by 2π $(\hbar = 1.0546 \times 10^{-34}$ $\text{J} \cdot \text{s})$	约化普朗克常数
h (subscript)	hole, e. g. , μ_h = hole drift mobility	(作为下标)空穴,例如,μ_h=空穴迁移率
h_{FE}, h_{fe}	dc current gain, small-signal (ac) current gain in the common emitter configuration	直流电流增益,共射极小信号(交流)电流增益
HCP	hexagonal close-packed	六角密堆
HF	high frequency	高频
I	electric current (A); moment of inertia (kg $\cdot$ m^2) (Ch. 1)	电流(安培);转动惯量(kg $\cdot$ m^2)(第 1 章)
$\mathscr{I}$	light intensity (W $\cdot$ m^{-2})	光强度
I,i(subscript)	quantity related to ionic polarization	(下标)离子极化量
I_{br}	breakdown current	击穿电流
I_B, I_C, I_E	base, collector, and emitter currents in a BJT	BJT 的基极、集电极、发射极电流
i	instantaneous current (A); small-signal (ac) current,	瞬时电流;小信号(交流)电流
i (subscript)	intrinsic, e. g. , n_i = intrinsic concentration	本征的,例如,n_i=本征浓度
i_b, i_c, i_e	small signal base, collector, and emitter currents in a BJT	BJT 的小信号的基极、集电极、发射极电流
IC	integrated circuit	集成电路
J	current density (A $\cdot$ m^{-2})	电流密度(A $\cdot$ m^{-2})
$\boldsymbol{J}$	total angular momentum vector	总角动量矢量
j	imaginary constant: $\sqrt{-1}$	虚数单位: $\sqrt{-1}$
J_c	critical current density (A $\cdot$ m^{-2})	临界电流密度
J_p	pyroelectric current density	热电电流密度
JFET	junction FET	结型场效应管
K	spring constant (Ch. 1); phonon wavevector (m^{-1}); bulk modulus (Pa); dielectric constant (Ch. 7)	弹簧常数(第 1 章),声子波向量(m^{-1});体积模量(Pa);介电常数(第 7 章)
k	Boltzmann constant $(k = R/N_A = 1.3807 \times 10^{-23} \text{J} \cdot \text{K}^{-1})$; wavenumber $(k = 2\pi/\lambda)$, wavevector (m^{-1}); electromechanical coupling factor (Ch. 7)	玻耳兹曼常数,波数,波矢;机电耦合系数(第 7 章)
KE	kinetic energy	动能
$\boldsymbol{L}$	total orbital angular momentum	总轨道角动量
L	length; inductance	长度;电感
l	length; mean free path; orbital angular momentum quantum number	长度;平均自由程;轨道角动量量子数
L_{ch}	channel length in a FET	场效应管沟道长度
L_e, L_h	electron and hole diffusion lengths	电子和空穴扩散距离
L_n, L_p	lengths of the n-and p-regions outside depletion region in a pn junction	pn 结耗尽区外 n 区和 p 区长度

$\ln(x)$	natural logarithm of x	x 的自然对数
LCAO	linear combination of atomic orbitals	原子轨道的线性组合
$\boldsymbol{M}, M$	magnetization vector $(A \cdot m^{-1})$, magnetization $(A \cdot m^{-1})$	磁化矢量 $(A \cdot m^{-1})$，磁化强度 $(A \cdot m^{-1})$
M	multiplication in avalanche effect	雪崩效应的倍增参数
M_{at}	relative atomic mass; atomic mass; "atomic weight" $(g \cdot mol^{-1})$	相对原子质量；原子质量；原子量 $(g \cdot m)$
M_r	remanent or residual magnetization $(A \cdot m^{-1})$; reduced mass of two bodies A and B, $M_r = M_A M_B / (M_A + M_B)$	剩余磁化强度 $(A \cdot m^{-1})$；两物体 A 和 B 的约化质量，$M_r = M_A M_B / (M_A + M_B)$
M_{sat}	saturation magnetization $(A \cdot m^{-1})$	饱和磁化强度 $(A \cdot m^{-1})$
m	mass (kg)	质量 (kg)
m_e	mass of the electron in free space $(9.10939 \times 10^{-31}$ kg)	自由空间电子质量 $(9.10939 \times 10^{-31}$ kg)
m_e^*	effective mass of the electron in a crystal	晶体中电子的有效质量
m_h^*	effective mass of a hole in a crystal	晶体中空穴的有效质量
m_l	magnetic quantum number	磁量子数
m_s	spin magnetic quantum number	自旋磁量子数
MOS(MOST)	metal-oxide-semiconductor (transistor)	金属氧化物半导体（晶体管）
MOSFET	metal-oxide-semiconductor FET	金属氧化物半导体场效应管
N	number of atoms or molecules; number of atoms per unit volume (m^{-3}) (Chs. 7 and 9); number of turns on a coil (Ch. 8)	原子数或分子数；单位体积内的原子数（第 7 章和第 9 章）；螺线管线圈数（第 8 章）
N_A	Avogadro's number	阿伏加德罗常数
n	electron concentration (number per unit volume); atomic concentration; principal quantum number; integer number; refractive index (Ch. 9)	电子浓度（单位体积内的数目）；原子浓度；主量子数；整数；折射率（第 9 章）
n^+	heavily doped n-region	重掺杂 n 型区
n_{at}	number of atoms per unit volume	单位体积内的原子数
N_c, N_v	effective density of states at the conduction and valence band edges (m^{-3})	导带顶和价带底的有效态密度 (m^{-3})
N_d, N_d^+	donor and ionized donor concentrations (m^{-3})	施主和施主离子浓度 (m^{-3})
n_e, n_o	refractive index for extraordinary and ordinary waves in a birefringent crystal	在双折射晶体中 o 光和 e 光的折射率
n_i	intrinsic concentration (m^{-3})	本征浓度 (m^{-3})
n_{n0}, p_{p0}	equilibrium majority carrier concentrations (m^{-3})	多数载流子的热平衡浓度 (m^{-3})
n_{p0}, p_{n0}	equilibrium minority carrier concentrations (m^{-3})	少数载流子的热平衡浓度 (m^{-3})
N_s	concentration of electron scattering centers	电子散射中心浓度
n_v	velocity density function; vacancy concentration (m^{-3})	速率分布密度函数；空位浓度 (m^{-3})
P	probability; pressure (Pa); power (W) or power loss (W)	概率；压力 (Pa)；功率 (W) 或功率损耗 (W)

p, p	electric dipole moment (C・m)	电偶极矩(C・m)
p	hole concentration (m^{-3}); momentum (kg・m・s^{-1}); pyroelectric coefficient (C・m^{-2}・K^{-1}) (Ch. 7)	空穴浓度(m^{-3});动量(kg・m・s^{-1});热释电系数(C・m^{-2}・K^{-1})(第7章)
p^+	heavily doped p-region	重掺杂 p 型区
p_{av}	average dipole moment per molecule	每分子平均电偶极矩
p_e	electron momentum (kg・m・s^{-1})	电子动量(kg・m・s^{-1})
PE	potential energy	势能
$p_{induced}$	induced dipole moment (C・m)	感应偶极矩(C・m)
p_0	permanent dipole moment (C・m)	永久电偶极矩(C・m)
PET	polyester, polyethylene terephthalate	聚酯;聚对苯二甲酸聚乙烯
PZT	lead zirconate titanate	锆钛酸铅
Q	charge (C); heat (J); quality factor	电荷量(C);热量(J);品质因数
Q'	rate of heat flow (W)	热流功率(W)
q	charge (C); an integer number used in lattice vibrations (Ch. 4)	电荷量(C);晶格振动中使用的整数(第4章)
R	gas constant ($N_A k = 8.3145$ J・mol^{-1}・K^{-1}); resistance; radius; reflection coefficient (Ch. 3); rate of recombination (Ch. 5)	普适气体常数($N_A k = 8.3145$ J・mol^{-1}・K^{-1});电阻;半径;反射系数(第3章);复合效率(第5章)
R	reflectance (Ch. 9)	反射率(第9章)
R_I, R_V	pyroelectric current and voltage responsivities	热释电电流和电压响应
r	position vector	位置矢量
r	radial distance; radius; interatomic separation; resistance per unit length	径向距离;半径;原子间距;单位长度上的电阻
r	reflection coefficient (Ch. 9)	反射系数(第9章)
R_H	Hall coefficient (m^3・C^{-1})	霍尔系数(m^3・C^{-1})
r_0	bond length, equilibrium separation	键长;平衡距离
rms	root mean square	均方根
S	total spin momentum, intrinsic angular momentum; Poynting vector (Ch. 9)	总自旋动量;本征角动量;坡印廷矢量(第9章)
S	cross-sectional area of a scattering center; Seebeck coefficient, thermoelectric power (V・m^{-1}); strain (Ch. 7)	散射中心的横截面积;塞贝克系数;热电功率(V・m^{-1});应变(第7章)
S_{band}	number of states per unit volume in the band	能带中单位体积中的态数量
S_j	strain along direction j	沿 j 方向的应变
SCL	space charge layer	空间电荷层
T	temperature in Kelvin; transmission coefficient	热力学温度(K);传输系数
T	transmittance	透射率
t	time (s); thickness (m)	时间(s);厚度(m)
t	transmission coefficient	传输系数
$\tan\delta$	loss tangent	损耗角正切值
T_C	Curie temperature	居里温度

T_c	critical temperature (K)	临界温度(K)
T_j	mechanical stress along direction j (Pa)	沿 j 方向的机械应力(Pa)
TC	thermocouple	热电偶
TCC	temperature coefficient of capacitance (K^{-1})	电容的温度系数(K^{-1})
TCR	temperature coefficient of resistivity (K^{-1})	电阻温度系数(K^{-1})
U	total internal energy	总内能
u	mean speed (of electron) ($m \cdot s^{-1}$)	电子平均速度
V	voltage; volume; PE function of the electron, $PE(x)$	电压;体积;电子的势能函数,$PE(x)$
V_{br}	breakdown voltage	击穿电压
V_0	built-in voltage	内建电压
V_P	pinch-off voltage	夹断电压
V_r	reverse bias voltage	反向偏压
v, V	velocity ($m \cdot s^{-1}$); instantaneous voltage (V)	速度($m \cdot s^{-1}$);瞬时电压(V)
$\overline{v^2}$	mean square velocity; mean square voltage	均方速度;均方电压
v_{dx}	drift velocity in the x direction	沿 x 方向的漂移速度
v_e, v_{rms}	effective velocity or rms velocity of the electron	电子的有效速度或均方根速度
v_F	Fermi speed	费密速度
v_g	group velocity	群速度
v_{th}	thermal velocity	热速度
VB	valence band	价带
W	width; width of depletion layer with applied voltage; dielectric loss	宽度;加电压后的耗尽层宽度;介电损耗
W_0	width of depletion region with no applied voltage	无施加电压的耗尽层宽度
W_n, W_p	width of depletion region on the n-side and on the p-side with no applied voltage	无施加电压的 n 区和 p 区的耗尽层宽度
X	atomic fraction	原子分数
Y	admittance (Ω^{-1}); Young's modulus (Pa)	导纳(Ω^{-1});杨氏模量(Pa)
Z	impedance (Ω); atomic number, number of electrons in the atom	阻抗;原子数;原子中的的电子数
α	polarizability; temperature coefficient of resistivity (K^{-1}); absorption coefficient (m^{-1}); gain or current transfer ratio from emitter to collector of a BJT	极化;电阻温度系数(K^{-1});吸收系数(m^{-1});双极晶体管发射极到集电极的增益或电流变换比
β	current gain I_C/I_B of a BJT; Bohr magneton ($9.2740 \times 10^{-24} J \cdot T^{-1}$); spring constant (Ch. 4)	双极晶体管电流增益;玻尔磁子;弹性系数(第 4 章)
β_s	Schottky coefficient	肖特基常数
γ	emitter injection efficiency (Ch. 6); gyromagnetic ratio (Ch. 8); Grüneisen parameter (Ch. 4); loss coefficient in the Lorentz oscillator model	发射极注入效率(第 6 章);回转比(第 8 章);格林爱森系数(第 4 章);洛伦兹振荡模型下的损耗系数
Γ, Γ_{ph}	flux ($m^{-2} \cdot s^{-1}$), photon flux (photons $m^{-2} \cdot s^{-1}$)	通量($m^{-2} s^{-1}$);光通量(光子 $\cdot m^{-2} \cdot s^{-1}$)

δ	small change; skin depth (Ch. 2); loss angle (Ch. 7); domain wall thickness (Ch. 8); penetration depth (Ch. 9)	小变量;趋肤深度(第 2 章);损耗角(第 7 章);畴壁厚度(第 8 章);穿透深度(第 9 章)
Δ	change, excess (e. g., Δn = excess electron concentration)	变量;过量(如 Δn=过量电子浓度)
∇^2	$\partial^2/\partial x^2 + \partial^2/\partial y^2 + \partial^2/\partial z^2$	
ε	$\varepsilon_0 \varepsilon_r$, permittivity of a medium (C $\cdot$ V^{-1} $\cdot$ m^{-1} or F $\cdot$ m^{-1}); elastic strain	介质的介电常数(C $\cdot$ V^{-1} $\cdot$ m^{-1} 或 F $\cdot$ m^{-1});弹性应变
ε_0	permittivity of free space or absolute permittivity (8.8542×10^{-12} C $\cdot$ V^{-1} $\cdot$ m^{-1} 或 F $\cdot$ m^{-1})	自由空间的介电常数或绝对介电常数(8.8542×10^{-12} C $\cdot$ V^{-1} $\cdot$ m^{-1} 或 F $\cdot$ m^{-1})
ε_r	relative permittivity or dielectric constant	相对电容率或相对介电常数
η	efficiency; quantum efficiency; ideality factor	效率;量子效率;理想因子
θ	angle; an angular spherical coordinate; thermal resistance; angle between a light ray and normal to a surface (Ch. 9)	角度;球面角坐标;热阻;光线和表面法线的夹角(第 9 章)
κ	thermal conductivity (W $\cdot$ m^{-1} K^{-1}); dielectric constant	热导率(W $\cdot$ m^{-1} K^{-1});介电常数
λ	wavelength (m); thermal coefficient of linear expansion (K^{-1}); electron mean free path in the bulk crystal (Ch. 2); characteristic length (Ch. 8)	波长(m);线性热膨胀系数(K^{-1});晶体中电子的平均自由程(第 2 章);特征长度(第 8 章)
$\boldsymbol{\mu}, \mu$	magnetic dipole moment (A $\cdot$ m^2) (Ch. 3)	磁偶极矩(A $\cdot$ m^2)(第 3 章)
μ	μ_0, μ_r magnetic permeability (H $\cdot$ m^{-1}); chemical potential (Ch. 5)	磁导率(H $\cdot$ m^{-1});化学势(第 5 章)
μ_0	absolute permeability ($4\pi \times 10^{-7}$ H $\cdot$ m^{-1})	绝对磁导率($4\pi \times 10^{-7}$ H $\cdot$ m^{-1})
μ_r	relative permeability	相对磁导率
$\boldsymbol{\mu}_m, \mu_m$	magnetic dipole moment (A $\cdot$ m^2) (Ch. 8)	磁偶极矩(A $\cdot$ m^2)(第 8 章)
μ_d	drift mobility (m^2 $\cdot$ V^{-1} $\cdot$ s^{-1})	迁移率(m^2 $\cdot$ V^{-1} $\cdot$ s^{-1})
μ_h, μ_e	hole drift mobility, electron drift mobility (m^2 $\cdot$ V^{-1} $\cdot$ s^{-1})	空穴迁移率,电子迁移率(m^2 $\cdot$ V^{-1} $\cdot$ s^{-1})
ν	frequency (Hz); Poisson's ratio; volume fraction (Ch. 7)	频率(Hz);泊松比;体积分数(第 7 章)
π	pi, 3.14159...; piezoresistive coefficient (Pa^{-1})	圆周率;压阻系数(Pa^{-1})
π_L, π_T	longitudinal and transverse piezoresistive coefficients (Pa^{-1})	纵向和横向压阻系数(Pa^{-1})
Π	Peltier coefficient (V)	珀耳帖系数(V)
ρ	resistivity ($\Omega \cdot$ m); density (kg $\cdot$ m^{-3}); charge density (C $\cdot$ m^{-3})	电阻率($\Omega \cdot$ m);密度(kg $\cdot$ m^{-3});电荷密度(C $\cdot$ m^{-3})
ρ_E	energy density (J $\cdot$ m^{-3})	能量密度(J $\cdot$ m^{-3})
ρ_{net}	net space charge density (C $\cdot$ m^{-3})	净空间电荷密度(C $\cdot$ m^{-3})
ρJ^2	Joule heating per unit volume (W $\cdot$ m^{-3})	单位体积内的焦耳热(W $\cdot$ m^{-3})
σ	electrical conductivity ($\Omega^{-1} \cdot$ m^{-1}); surface concentration of charge (C $\cdot$ m^{-2}) (Ch. 7)	电导($\Omega^{-1} \cdot$ m^{-1});表面电荷浓度(C $\cdot$ m^{-2})(第 7 章)

σ_p	polarization charge density ($C \cdot m^{-2}$)	极化电荷密度($C \cdot m^{-2}$)
σ_0	free surface charge density ($C \cdot m^{-2}$)	自由表面电荷密度($C \cdot m^{-2}$)
σ_s	Stefan's constant (5.670×10^{-8} $W \cdot m^{-2} \cdot K^{-4}$)	斯特藩常数(5.670×10^{-8} $W \cdot m^{-2} \cdot K^{-4}$)
τ	time constant; mean electron scattering time; relaxation time; torque ($N \cdot m$)	时间常数;平均电子散射时间;弛豫时间;扭矩($N \cdot m$)
τ_g	mean time to generate an electron – hole pair	电子-空穴对平均产生时间
ϕ	angle; an angular spherical coordinate	角度;球面角坐标
Φ	work function (J or eV), magnetic flux (Wb)	功函数(J 或 eV);磁通量(Wb)
Φ_e	radiant flux (W)	辐射通量(W)
Φ_m	metal work function (J or eV)	金属功函数(J 或 eV)
Φ_n	energy required to remove an electron from an n-type semiconductor (J or eV)	从 n 型半导体中移去一个电子所需要的能量(J 或 eV)
Φ_v	luminous flux (lumens)	光通量(lm)
χ	volume fraction; electron affinity; susceptibility (χ_e is electrical; χ_m is magnetic)	体积分数;电子亲和能;极化率(χ_e 是电学的;χ_m 是磁的)
$\Psi(x,t)$	total wavefunction	全波函数
$\psi(x)$	spatial dependence of the electron wavefunction under steady-state conditions	定态条件下电子波函数的空间关系
$\psi_k(x)$	Bloch wavefunction, electron wavefunction in a crystal	布洛赫波函数,晶体中的电子波函数
Ψ_{hyb}	hybrid orbital	杂化轨道
ω	angular frequency($2\pi\nu$); oscillation frequency ($rad \cdot s^{-1}$)	角频率($2\pi\nu$);振荡频率($rad \cdot s^{-1}$)
ω_I	ionic polarization resonance frequency (angular)	离子极化谐振频率(角)
ω_o	resonance or natural frequency (angular) of an oscillating system	振荡系统的谐振或本征频率(角)

附录 D 元素特性(氢至铀)

元素名称	符号	Z	原子量 (g·mol^{-1})	核外电子分布	密度(g·cm^{-3}) (*at 0 ℃, 1 atm)	晶型
Hydrogen 氢	H	1	1.008	1s^1	0.000 09 *	六角密堆
Helium 氦	He	2	4.003	1s^2	0.000 18 *	面心立方密堆
Lithium 锂	Li	3	6.941	[He]2s^1	0.54	体心立方
Beryllium 铍	Be	4	9.012	[He]2s^2	1.85	六角密堆
Boron 硼	B	5	10.81	[He]2s^{2}p^1	2.5	三角晶系
Carbon 碳	C	6	12.01	[He]2s^{2}p^2	2.3	六角晶系
Nitrogen 氮	N	7	14.007	[He]2s^{2}p^3	0.001 25 *	六角密堆
Oxygen 氧	O	8	16.00	[He]2s^{2}p^4	0.001 43 *	单斜晶系
Fluorine 氟	F	9	18.99	[He]2s^{2}p^5	0.001 70 *	单斜晶系
Neon 氖	Ne	10	20.18	[He]2s^{2}p^6	0.000 90 *	面心立方
Sodium 钠	Na	11	22.99	[Ne]3s^1	0.97	体心立方
Magnesium 镁	Mg	12	24.31	[Ne]3s^2	1.74	六角密堆
Aluminum 铝	Al	13	26.98	[Ne]3s^{2}p^1	2.70	面心立方
Silicon 硅	Si	14	28.09	[Ne]3s^{2}p^2	2.33	金刚石结构
Phosphorus 磷	P	15	30.97	[Ne]3s^{2}p^3	1.82	三斜晶系
Sulfur 硫	S	16	32.06	[Ne]3s^{2}p^4	2.0	正交晶系
Chlorine 氯	Cl	17	35.45	[Ne]3s^{2}p^5	0.003 2 *	正交晶系
Argon 氩	Ar	18	39.95	[Ne]3s^{2}p^6	0.001 8 *	面心立方
Potassium 钾	K	19	39.09	[Ar]4s^1	0.86	体心立方
Calcium 钙	Ca	20	40.08	[Ar]4s^2	1.55	面心立方
Scandium 钪	Sc	21	44.96	[Ar]3d^{14}s^2	3.0	六角密堆
Titanium 钛	Ti	22	47.87	[Ar]3d^{24}s^2	4.5	六角密堆
Vanadium 钒	V	23	50.94	[Ar]3d^{34}s^2	5.8	体心立方
Chromium 铬	Cr	24	52.00	[Ar]3d^{54}s^1	7.19	体心立方
Manganese 锰	Mn	25	54.95	[Ar]3d^{54}s^2	7.43	体心立方
Iron 铁	Fe	26	55.85	[Ar]3d^{64}s^2	7.86	体心立方
Cobalt 钴	Co	27	58.93	[Ar]3d^{74}s^2	8.90	六角密堆
Nickel 镍	Ni	28	58.69	[Ar]3d^{84}s^2	8.90	面心立方
Copper 铜	Cu	29	63.55	[Ar]3d^{10}4s^1	8.96	面心立方
Zinc 锌	Zn	30	65.39	[Ar]3d^{10}4s^2	7.14	六角密堆
Gallium 镓	Ga	31	69.72	[Ar]3d^{10}4s^{2}p^1	5.91	正交晶系
Germanium 锗	Ge	32	72.61	[Ar]3d^{10}4s^{2}p^2	5.32	金刚石结构
Arsenic 砷	As	33	74.92	[Ar]3d^{10}4s^{2}p^3	5.72	三角晶系

Selenium 硒	Se	34	78.96	$[Ar]3d^{10}4s^2p^4$	4.80	六角晶系
Bromine 溴	Br	35	79.90	$[Ar]3d^{10}4s^2p^5$	3.12	正交晶系
Krypton 氪	Kr	36	83.80	$[Ar]3d^{10}4s^2p^6$	3.74	面心立方
Rubidium 铷	Rb	37	85.47	$[Kr]5s^1$	1.53	体心立方
Strontium 锶	Sr	38	87.62	$[Kr]5s^2$	2.6	面心立方
Yttrium 钇	Y	39	88.90	$[Kr]4d^15s^2$	4.5	六角密堆
Zirconium 锆	Zr	40	91.22	$[Kr]4d^25s^2$	6.50	六角密堆
Niobium 铌	Nb	41	92.91	$[Kr]4d^45s^1$	8.55	体心立方
Molybdenum 钼	Mo	42	95.94	$[Kr]4d^55s^1$	10.2	体心立方
Technetium 锝	Tc	43	(97.91)	$[Kr]4d^55s^2$	11.5	六角密堆
Ruthenium 钌	Ru	44	101.07	$[Kr]4d^75s^1$	12.2	六角密堆
Rhodium 铑	Rh	45	102.91	$[Kr]4d^85s^1$	12.4	面心立方
Palladium 钯	Pd	46	106.42	$[Kr]4d^{10}$	12.0	面心立方
Silver 银	Ag	47	107.87	$[Kr]4d^{10}5s^1$	10.5	面心立方
Cadmium 镉	Cd	48	112.41	$[Kr]4d^{10}5s^2$	8.65	六角密堆
Indium 铟	In	49	114.82	$[Kr]4d^{10}5s^2p^1$	7.31	面心四角
Tin 锡	Sn	50	118.71	$[Kr]4d^{10}5s^2p^2$	7.30	体心四方
Antimony 锑	Sb	51	121.75	$[Kr]4d^{10}5s^2p^3$	6.68	三角晶系
Tellurium 碲	Te	52	127.60	$[Kr]4d^{10}5s^2p^4$	6.24	六角晶系
Iodine 碘	I	53	126.91	$[Kr]4d^{10}5s^2p^5$	4.92	正交晶系
Xenon 氙	Xe	54	131.29	$[Kr]4d^{10}5s^2p^6$	0.005 9 *	面心立方
Cesium 铯	Cs	55	132.90	$[Xe]6s^1$	1.87	体心立方
Barium 钡	Ba	56	137.33	$[Xe]6s^2$	3.62	体心立方
Lanthanum 镧	La	57	138.91	$[Xe]5d^16s^2$	6.15	六角密堆
Cerium 铈	Ce	58	140.12	$[Xe]4f^15d^16s^2$	6.77	面心立方
Praseodymium 镨	Pr	59	140.91	$[Xe]4f^36s^2$	6.77	六角密堆
Neodymium 钕	Nd	60	144.24	$[Xe]4f^46s^2$	7.00	六角密堆
Promethium 钷	Pm	61	(145)	$[Xe]4f^56s^2$	7.26	六角晶系
Samarium 钐	Sm	62	150.4	$[Xe]4f^66s^2$	7.5	三角晶系
Europium 铕	Eu	63	151.97	$[Xe]4f^76s^2$	5.24	体心立方
Gadolinium 钆	Gd	64	157.25	$[Xe]4f^75d^16s^2$	7.90	六角密堆
Terbium 铽	Tb	65	158.92	$[Xe]4f^96s^2$	8.22	六角密堆
Dysprosium 镝	Dy	66	162.50	$[Xe]4f^{10}6s^2$	8.55	六角密堆
Holmium 钬	Ho	67	164.93	$[Xe]4f^{11}6s^2$	8.80	六角密堆
Erbium 铒	Er	68	167.26	$[Xe]4f^{12}6s^2$	9.06	六角密堆
Thulium 铥	Tm	69	168.93	$[Xe]4f^{13}6s^2$	9.32	六角密堆
Ytterbium 镱	Yb	70	173.04	$[Xe]4f^{14}6s^2$	6.90	面心立方
Lutetium 镥	Lu	71	174.97	$[Xe]4f^{14}5d^16s^2$	9.84	六角密堆
Hafnium 铪	Hf	72	178.49	$[Xe]4f^{14}5d^26s^2$	13.3	六角密堆
Tantalum 钽	Ta	73	180.95	$[Xe]4f^{14}5d^36s^2$	16.4	体心立方
Tungsten 钨	W	74	183.84	$[Xe]4f^{14}5d^46s^2$	19.3	体心立方

Rhenium 铼	Re	75	186.21	$[Xe]4f^{14}5d^56s^2$	21.0	六角密堆
Osmium 锇	Os	76	190.2	$[Xe]4f^{14}5d^66s^2$	22.6	六角密堆
Iridium 铱	Ir	77	192.22	$[Xe]4f^{14}5d^76s^2$	22.5	面心立方
Platinum 铂	Pt	78	195.08	$[Xe]4f^{14}5d^96s^1$	21.4	面心立方
Gold 金	Au	79	196.97	$[Xe]4f^{14}5d^{10}6s^1$	19.3	面心立方
Mercury 汞	Hg	80	200.59	$[Xe]4f^{14}5d^{10}6s^2$	13.55	三角晶系
Thallium 铊	Tl	81	204.38	$[Xe]4f^{14}5d^{10}6s^2p^1$	11.8	六角密堆
Lead 铅	Pb	82	207.2	$[Xe]4f^{14}5d^{10}6s^2p^2$	11.34	面心立方
Bismuth 铋	Bi	83	208.98	$[Xe]4f^{14}5d^{10}6s^2p^3$	9.8	三角晶系
Polonium 钋	Po	84	(209)	$[Xe]4f^{14}5d^{10}6s^2p^4$	9.2	简立方
Astatine 砹	At	85	(210)	$[Xe]4f^{14}5d^{10}6s^2p^5$	—	—
Radon 氡	Rn	86	(222)	$[Xe]4f^{14}5d^{10}6s^2p^6$	0.009 9 *	三角晶系
Francium 钫	Fr	87	(223)	$[Rn]7s^1$	—	—
Radium 镭	Ra	88	226.02	$[Rn]7s^2$	5	体心立方
Actinium 锕	Ac	89	227.02	$[Rn]6d^17s^2$	10.0	面心立方
Thorium 钍	Th	90	232.04	$[Rn]6d^27s^2$	11.7	面心立方
Protactinium 镤	Pa	91	(231.03)	$[Rn]5f^26d^17s^2$	15.4	体心四方
Uranium 铀	U	92	(238.05)	$[Rn]5f^36d^17s^2$	19.07	正交晶系

Quartz
SiO₂
Mt. Ida, Hot Springs, Arkansas

附录 E 一些常数和有用的资料

物理常数

原子质量(atomic mass unit)	amu	1.66054×10^{-27} kg
阿伏加德罗常数(Avogadro's number)	N_A	6.02214×10^{23} mol^{-1}
玻尔磁子(Bohr magneton)	β	9.2740×10^{-24} J·T^{-1}
玻耳兹曼常数(Boltzmann constant)	k	1.3807×10^{-23} J·K$^{-1}=8.6174 \times 10^{-5}$ eV·K^{-1}
自由空间电子质量(electron mass in free space)	m_e	9.10939×10^{-31} kg
电子电荷量(electron charge)	e	1.60218×10^{-19} C
普适气体常数(gas constant)	R	8.3145 J·K^{-1}·mol^{-1}或 m^3·Pa·K^{-1}·mol^{-1}
万有引力常数(gravitational constant)	G	6.6742×10^{-11}·N·m^2·kg^{-2}
真空磁导率(或绝对磁导率)(permeability of vacuum or absolute permeability)	μ_0	$4\pi \times 10^{-7}$ H·m^{-1}(或 Wb·A^{-1}·m^{-1})
真空介电常数(绝对介电常数)(permittivity of vacuum or absolute permittivity)	ε_0	8.8542×10^{-12} F·m^{-1}
普朗克常数(Planck's constant)	h	6.626×10^{-34}·J·s$=4.136 \times 10^{-16}$ eV·s
约化普朗克常数(Planck's constant/2π)	$\hbar$	1.055×10^{-34} J·s$=6.582 \times 10^{-16}$ eV·s
质子静止质量(proton rest mass)	m_p	1.67262×10^{-27} kg
里德伯常数(Rydberg constant)	R_∞	1.0974×10^7 m^{-1}
光速(speed of light)	c	2.9979×10^8 m·s^{-1}
斯特藩常数(Stefan's constant)	σ_s	5.6704×10^{-8} W·m^{-2}·K^{-4}

有用的资料

纬度45°处的重力加速度(acceleration due to gravity at 45° latitude)	g	9.81 m·s^{-2}
kT, $T=293$ K(20 ℃)	kT	0.02525 eV
kT, $T=300$ K(27 ℃)	kT	0.02585 eV
玻尔半径(Bohr radius)	a_0	0.0529 nm
1 埃	Å	10^{-10} m
1 微米	μm	10^{-6} m

1 eV$=1.6022 \times 10^{-19}$ J

1 kJ·mol$^{-1}=0.010364$ eV·atom^{-1}

1 大气压 $=1.013 \times 10^5$ Pa

LED 颜色

表中给出通常所指的 LED 的波长范围和颜色。

颜色	蓝	翠绿	绿	黄	琥珀色	橙色	橘红	红	深红	红外
λ (nm)	λ<500	530～564	565～579	580～587	588～594	595～606	607～615	616～632	633～700	λ>700

可见光谱

表中给出典型的波长范围和普通人的色觉。

颜色	紫色	蓝色	绿	黄	橙	红
λ (nm)	390～455	455～492	492～577	577～597	597～622	622～780

复数

$j = (-1)^{1/2}$　　$j^2 = -1$

$\exp(j\theta) = \cos\theta + j\sin\theta$

$Z = a + jb = re^{j\theta}$　　　$r = (a^2+b^2)^{1/2}$　　　$\tan\theta = \dfrac{b}{a}$

$Z^* = a - jb = re^{-j\theta}$　　$\text{Re}(Z) = a$　　　$\text{Im}(Z) = b$

$幅值^2 = |Z|^2 = ZZ^* = a^2 + b^2$　　　　　$幅角 = \theta = \arctan\left(\dfrac{b}{a}\right)$

$\cos\theta = \dfrac{1}{2}(e^{j\theta} + e^{-j\theta})$　　　　　　　$\sin\theta = \dfrac{1}{2j}(e^{j\theta} - e^{-j\theta})$

展开式

$e^x = 1 + x + \dfrac{1}{2!}x^2 + \dfrac{1}{3!}x^3 + \cdots$

$(1+x)^n = 1 + nx + \dfrac{n(n-1)}{2!}x^2 + \dfrac{n(n-1)(n-2)}{3!}x^3 + \cdots$

x 足够小时，$(1+x)^n \approx 1 + nx$　　$\sin x \approx x$　　$\tan x \approx x$　　$\cos x \approx 1$

Δx 足够小时，在 $x = x_0 + \Delta x$ 处：$f(x) \approx f(x_0) + \Delta x\left(\dfrac{df}{dx}\right)_{x_0}$

麦格劳-希尔教育教师服务表

尊敬的老师：您好！

　　感谢您对麦格劳-希尔教育的关注和支持！我们将尽力为您提供高效、周到的服务。与此同时，为帮助您及时了解我们的优秀图书，便捷地选择适合您课程的教材并获得相应的免费教学课件，请您协助填写此表，并欢迎您对我们的工作提供宝贵的建议和意见！

麦格劳-希尔教育　教师服务中心

★ 基本信息

姓		名		性别	
学校		院系			
职称		职务			
办公电话		家庭电话			
手机		电子邮箱			
省份		城市		邮编	
通信地址					

★ 课程信息

主讲课程-1		课程性质	
学生年级		学生人数	
授课语言		学时数	
开课日期		学期数	
教材决策日期		教材决策者	
教材购买方式		共同授课教师	
现用教材 书名/作者/出版社			

主讲课程-2		课程性质	
学生年级		学生人数	
授课语言		学时数	
开课日期		学期数	
教材决策日期		教材决策者	
教材购买方式		共同授课教师	
现用教材 书名/作者/出版社			

★ 教师需求及建议

提供配套教学课件 （请注明作者／书名／版次）		
推荐教材 （请注明感兴趣的领域或其他相关信息）		
其他需求		
意见和建议 （图书和服务）		
是否需要最新图书信息	是/否	感兴趣领域
是否有翻译意愿	是/否	感兴趣领域或 意向图书

填妥后请选择电邮或传真的方式将此表返回，谢谢！
地址：北京市东城区北三环东路36号环球贸易中心A座702室，教师服务中心, 100013
电话：010-5799 7618/7600　传真：010-5957 5582
邮箱：instructorchina@mheducation.com
网址：www.mheducation.com, www.mhhe.com

欢迎关注我们的微信公众号：
MHHE0102